"十一五"国家重点图书　俄罗斯数学教材选译

实变函数论

—第5版—

□ И.П.那汤松 著
□ 徐瑞云 译　□ 陈建功 校

中国教育出版传媒集团
高等教育出版社·北京

出版者的话

自 2006 年至今,《俄罗斯数学教材选译》系列图书已出版了 50 余种, 涵盖了代数、几何、分析、方程、拓扑、概率、动力系统等主要数学分支, 包括了 А. Н. 柯尔莫戈洛夫、Л. С. 庞特里亚金、В. И. 阿诺尔德、Г. М. 菲赫金哥尔茨、В. А. 卓里奇、Б. П. 吉米多维奇等数学大家和教学名师的经典著作, 深受理工科专业师生和广大数学爱好者喜爱.

为了方便学生学习和教师教学参考, 本系列一直采用平装的形式出版, 此举虽然为读者提供了一定便利, 但对于喜爱收藏大师名著精品的读者来说不能不说是一种遗憾.

为了弥补这一缺憾, 我们将精心遴选系列中具有代表性、经久不衰的教材佳作, 陆续出版它们的精装典藏版, 以飨读者. 在这一版中, 我们将根据近些年来多方收集到的读者意见, 对部分图书中的错误和不妥之处进行修改; 在装帧设计和印刷方面, 除了重新设计典雅大气的封面并采用精装形式之外, 我们还精心选择正文用纸, 力求最大限度地使其更加完美.

我们希望精装典藏版能成为既适合阅读又适合收藏的数学精品文献, 也真诚期待各界读者继续提出宝贵的意见和建议.

高等教育出版社
2025 年 1 月

《俄罗斯数学教材选译》序

从 20 世纪 50 年代初起,在当时全面学习苏联的大背景下,国内的高等学校大量采用了翻译过来的苏联数学教材. 这些教材体系严密,论证严谨,有效地帮助了青年学子打好扎实的数学基础,培养了一大批优秀的数学人才. 到了 60 年代,国内开始编纂出版的大学数学教材逐步代替了原先采用的苏联教材,但还在很大程度上保留着苏联教材的影响,同时,一些苏联教材仍被广大教师和学生作为主要参考书或课外读物继续发挥着作用. 客观地说,从新中国成立初期一直到"文化大革命"前夕,苏联数学教材在培养我国高级专门人才中发挥了重要的作用,产生了不可忽略的影响,是功不可没的.

改革开放以来,通过接触并引进在体系及风格上各有特色的欧美数学教材,大家眼界为之一新,并得到了很大的启发和教益. 但在很长一段时间中,尽管苏联的数学教学也在进行积极的探索与改革,引进却基本中断,更没有及时地进行跟踪,能看懂俄文数学教材原著的人也越来越少,事实上已造成了很大的隔膜,不能不说是一个很大的缺憾.

事情终于出现了一个转折的契机. 今年初,在由中国数学会、中国工业与应用数学学会及国家自然科学基金委员会数学天元基金联合组织的迎春茶话会上,有数学家提出,莫斯科大学为庆祝成立 250 周年计划推出一批优秀教材,建议将其中的一些数学教材组织翻译出版. 这一建议在会上得到广泛支持,并得到高等教育出版社的高度重视. 会后高等教育出版社和数学天元基金一起邀请熟悉俄罗斯数学教材情况的专家座谈讨论,大家一致认为:在当前着力引进俄罗斯的数学教材,有助于扩大视野,开拓思路,对提高数学教学质量、促进数学教材改革均十分必要. 《俄罗斯数学教材选译》系列正是在这样的情况下,经数学天元基金资助,由高等教育出版社组织出版的.

  经过认真遴选并精心翻译校订, 本系列中所列入的教材, 以莫斯科大学的教材为主, 也包括俄罗斯其他一些著名大学的教材; 有大学基础课程的教材, 也有适合大学高年级学生及研究生使用的教学用书. 有些教材虽曾翻译出版, 但经多次修订重版, 内容已有较大变化, 至今仍广泛采用、深受欢迎, 反映出俄罗斯在出版经典教材方面所作的不懈努力, 对我们也是一个有益的借鉴. 这一教材系列的出版, 将中俄数学教学之间中断多年的链条重新连接起来, 对推动我国数学课程设置和教学内容的改革, 对提高数学素养、培养更多优秀的数学人才, 可望发挥积极的作用, 并产生深远的影响, 这无疑值得庆贺, 特为之序.

李大潜

2005 年 10 月

初版序言摘要

本书是适用于我国大学现行教学大纲的一本教科书. 鉴于函数论在培养数学家的教学体系中日趋重要, 我在本书中 (用小型铅字排印) 放入了一系列超出大纲范围的问题.

在大学中, 实变函数论是在三年级开始讲授的. 所以我假定读者已能灵活掌握分析的基本概念: 无理数, 极限理论, 连续函数的最重要的性质, 导数, 积分, 级数等都假定已为读者所熟知, 这些概念都包括在任何一本详尽的微积分书中.

书中大部分的章后都附有习题. 这些习题一般说来是相当难的, 有时需要经过很大的努力才能解决. 但是对于要想切实地通晓这门知识的读者, 我仍然建议他们务必尽最大努力至少解决其中一部分的问题.

本书的现在形式是从我以前所写的 "实变函数论基础" 改编而成的, 该书在 1941 年在列宁格勒大学出版, 印数不多, 不久即行销完. 我早有意于再版, 并且这个愿望已经部分地实现了, 这就是 "拉强西卡学派" 出版部曾用乌克兰译文刊印了该书, 译者是基辅大学的副教授 С. И. 苏贺维茨基.

Е. Я. 列梅兹教授曾经对于上述的乌克兰译本加以评论并且提出了一系列宝贵的意见, 我在从事于新版的修正时也采纳了这些意见. 此外, 我很感谢 Н. К. 巴里教授, Д. К. 法捷耶夫教授, 尤其是 Г. М. 菲赫金哥尔茨教授的许多建议和批评. 对于以上提到的各位我都致以衷心的谢意.

И. 那汤松
1949 年 12 月 3 日

第 2 版序言

本版与初版的重要区别如下:
1. 叙述了勒贝格积分的变量变换问题 (就旧变量是新变量的单调函数的情形).
2. 介绍了凸函数的某些知识, 包括延森和杨不等式 (杨不等式在 "附录" 中).
3. 证明了康托尔定理及杜布瓦雷蒙–瓦莱–普桑定理和某些其他结果, 以及关于函数的三角级数展开的唯一性问题.
4. 叙述了当茹瓦–佩龙积分理论并给出了当茹瓦–辛钦积分的概念.
5. 讨论了将书中主要结果搬到在无界域上定义的函数上去的问题[①].
6. 叙述了 (在 "附录" 中) 显式表示的曲线的求长问题.

为了避免本书篇幅过大起见, 我去掉了豪斯多夫定理 (关于 "较易" 测度问题的不可解性) 以及初版的第十七章 (关于祖国学者在函数论的贡献的概述).

在新版的准备中我得到了 Г. М. 菲赫金哥尔茨教授许多宝贵的指示, 校阅者 Г. П. 阿基洛夫和我的儿子 Г. И. 那汤松给我提供了很多有益的意见. 我感谢以上提到的各位.

И. 那汤松

1956 年 12 月 8 日

[①] 这一章的材料我是利用了本书在美国出版的译本上的附录, 系由翻译者 E. 海维特教授所引进.

目录

《俄罗斯数学教材选译》序

初版序言摘要

第 2 版序言

第一章　无穷集 ... 1
   §1. 集的运算 ... 1
   §2. 一一对应 ... 6
   §3. 可数集 ... 8
   §4. 连续统的势 ... 13
   §5. 势的比较 ... 19

第二章　点集 ... 27
   §1. 极限点 ... 27
   §2. 闭集 ... 30
   §3. 内点及开集 ... 35
   §4. 距离及隔离性 ... 38
   §5. 有界开集及有界闭集的结构 ... 42
   §6. 凝聚点、闭集的势 ... 46

第三章　可测集 — 51

- §1. 有界开集的测度 — 51
- §2. 有界闭集的测度 — 56
- §3. 有界集的内测度与外测度 — 61
- §4. 可测集 — 64
- §5. 可测性及测度对于运动的不变性 — 69
- §6. 可测集类 — 74
- §7. 测度问题的一般注意 — 78
- §8. 维塔利定理 — 80

第四章　可测函数 — 85

- §1. 可测函数的定义及最简单的性质 — 85
- §2. 可测函数的其他性质 — 90
- §3. 可测函数列、依测度收敛 — 92
- §4. 可测函数的结构 — 99
- §5. 魏尔斯特拉斯定理 — 105

第五章　有界函数的勒贝格积分 — 112

- §1. 勒贝格积分的定义 — 112
- §2. 积分的基本性质 — 117
- §3. 在积分号下取极限 — 124
- §4. 黎曼积分与勒贝格积分的比较 — 126
- §5. 求原函数的问题 — 131

第六章　可和函数 — 134

- §1. 非负可测函数的积分 — 134
- §2. 任意符号的可和函数 — 142
- §3. 在积分号下取极限 — 148

第七章　平方可和函数 — 160

- §1. 主要定义、不等式、范数 — 160
- §2. 均方收敛 — 163
- §3. 正交系 — 171
- §4. 空间 l_2 — 180
- §5. 线性无关组 — 189
- §6. 空间 L_p 与 l_p — 193

第八章　有界变差函数、斯蒂尔切斯积分 ... **200**

§1. 单调函数 ... 200
§2. 集的映射、单调函数的微分 ... 203
§3. 有界变差函数 ... 212
§4. 黑利的选择原理 ... 217
§5. 有界变差的连续函数 ... 220
§6. 斯蒂尔切斯积分 ... 225
§7. 在斯蒂尔切斯积分号下取极限 ... 230
§8. 线性泛函 ... 235

第九章　绝对连续函数、勒贝格不定积分 ... **239**

§1. 绝对连续函数 ... 239
§2. 绝对连续函数的微分性质 ... 242
§3. 连续映射 ... 244
§4. 勒贝格不定积分 ... 248
§5. 勒贝格积分的变量变换 ... 256
§6. 稠密点、近似连续 ... 260
§7. 有界变差函数及斯蒂尔切斯积分的补充 ... 262
§8. 求原函数的问题 ... 266

第十章　奇异积分、三角级数、凸函数 ... **272**

§1. 奇异积分的概念 ... 272
§2. 用奇异积分在给定点表示函数 ... 276
§3. 在傅里叶级数论中的应用 ... 281
§4. 三角级数及傅里叶级数的其他性质 ... 288
§5. 施瓦茨导数及凸函数 ... 295
§6. 函数的三角级数展开的唯一性 ... 306

第十一章　二维空间的点集 ... **317**

§1. 闭集 ... 317
§2. 开集 ... 319
§3. 平面点集的测度论 ... 322
§4. 可测性及测度对于运动的不变性 ... 329
§5. 平面点集的测度与其截线的测度间的联系 ... 335

第十二章　多元可测函数及其积分 ... 340
§1. 可测函数、连续函数的拓广 ... 340
§2. 勒贝格积分及其几何意义 ... 344
§3. 富比尼定理 ... 346
§4. 积分次序的变更 ... 351

第十三章　集函数及其在积分论中的应用 ... 354
§1. 绝对连续的集函数 ... 354
§2. 不定积分及其微分 ... 360
§3. 上述结果的推广 ... 362

第十四章　超限数 ... 366
§1. 有序集、序型 ... 366
§2. 良序集 ... 371
§3. 序数 ... 374
§4. 超限归纳法 ... 377
§5. 第二数类 ... 378
§6. 阿列夫 ... 381
§7. 策梅洛公理和定理 ... 383

第十五章　贝尔分类 ... 388
§1. 贝尔类 ... 388
§2. 贝尔类的不空性 ... 394
§3. 第一类的函数 ... 400
§4. 半连续函数 ... 410

第十六章　勒贝格积分的某些推广 ... 419
§1. 引言 ... 419
§2. 佩龙积分的定义 ... 420
§3. 佩龙积分的基本性质 ... 422
§4. 佩龙不定积分 ... 425
§5. 佩龙积分与勒贝格积分的比较 ... 427
§6. 积分的抽象定义及其推广 ... 431
§7. 狭义的当茹瓦积分 ... 436
§8. Γ. 哈盖定理 ... 439
§9. П. С. 亚历山德罗夫–Γ. 罗曼定理 ... 445

§10. 广义的当茹瓦积分的概念 · · · · · · · · · · · · 450

第十七章　在无界区域上定义的函数 · · · · · · · · · · · · **453**

§1. 无界集的测度 · · · · · · · · · · · · 453
§2. 可测函数 · · · · · · · · · · · · 455
§3. 在无界集上的积分 · · · · · · · · · · · · 455
§4. 平方可和函数 · · · · · · · · · · · · 457
§5. 有界变差函数、斯蒂尔切斯积分 · · · · · · · · · · · · 458
§6. 不定积分及绝对连续的集函数 · · · · · · · · · · · · 461

第十八章　泛函分析的某些知识 · · · · · · · · · · · · **464**

§1. 度量空间及其特殊情形 —— 赋范线性空间 · · · · · · · · · · · · 464
§2. 紧性 · · · · · · · · · · · · 470
§3. 某些空间的紧性条件 · · · · · · · · · · · · 474
§4. 巴拿赫的"不动点原理"及其某些应用 · · · · · · · · · · · · 489

附录 · · · · · · · · · · · · **498**

I. 曲线弧的长 · · · · · · · · · · · · 498
II. 施坦豪斯例子 · · · · · · · · · · · · 502
III. 关于凸函数的某些补充知识 · · · · · · · · · · · · 503

补充　豪斯多夫定理 · · · · · · · · · · · · **509**

外国数学家译名对照表 · · · · · · · · · · · · **519**

名词索引 · · · · · · · · · · · · **523**

第 5 版校订后记 · · · · · · · · · · · · **528**

第一章 无穷集

§1. 集的运算

"集论"是实变数函数论的基础. 它的历史并不久: 有关集论的最初的重要文献是 G. 康托尔在 19 世纪末叶才发表的, 可是, 现在集论已是数学中一门范围很广的学科了. 在这本书里, 集论只有辅助的意义, 所以我们只讨论这门学科的一些基础知识. 读者对于这方面的理论若需要深入研究, 可参阅 П. C. 亚历山德罗夫及 F. 豪斯多夫所著的书[①].

集这个概念, 是不可以精确定义的数学基本概念之一, 所以我们只给予一种描写. 凡是具有某种特殊性质的对象的汇集, 总合或集合称之为集. 例如自然数的全体为一集; 直线上点的全体为一集; 以实数为系数的多项式的全体为一集; 诸如此类.

任何对象, 对于某一集而言, 或是属于该集, 或是不属于该集. 二者必居其一, 但不可得兼.

若 A 为某集, x 是一个属于 A 的对象, 则称 x 为 A 的元素, 记作:

$$x \in A.$$

若 x 不属于 A, 则写为

$$x \bar{\in} A.$$

[①] П. C. 亚历山德罗夫, Введение в общую теорию множеств и функций. Гостехиздат, 1948 (有中译本: 集与函数的汎论初阶. 杨永芳译. 北京: 商务印书馆, 1954, 上下册).

F. 豪斯多夫, Теория множеств, ОНТИ, 1937 (有中译本: 集论. 张义良, 颜家驹译. 北京: 科学出版社, 1966).

例如, $\mathbb{Q}$ 为有理数全体所成之集, 则
$$\frac{3}{4} \in \mathbb{Q}, \quad \sqrt{2} \bar{\in} \mathbb{Q}.$$

一个集的自身决不能作它的元素:
$$A \bar{\in} A.$$

以后为行文方便起见, 我们引入空集这一概念, 就是不含任何元素的集. 例如方程
$$x^2 + 1 = 0$$
的实根的全体就是"空集". 我们用记号 0 表示空集, 从行文的前后呼应来看, 运用这个记号不致与数 "零" 发生混淆, 空集有时也用 Λ 来记①.

除空集外, 我们在研究中必然会遇到的还有 "单元素集". 凡仅含一个元素之集称为单元素集. 例如方程
$$2x - 6 = 0$$
的根的全体是一个单元素集, 它是由单独的一个元素, 就是数 3, 所组成的. 但应注意不要把单元素的集和它所含的唯一元素混为一谈.

若集 A 的一般元素是 x, 则有时写为:
$$A = \{x\}.$$

有时集的元素可以全部写出的, 那么可将集的元素全部写出后外加一个花括弧. 例如
$$A = \{a, b, c, d\}.$$

定义 1 两集 A 与 B, 若 A 所有的元素都是 B 的元素, 则称 A 为 B 的子集, 写为:
$$A \subset B \quad \text{或} \quad B \supset A.$$
B 称为 A 的包括集.

例如 $\mathbb{N}$ 为自然数全体的集, $\mathbb{Q}$ 为有理数全体的集, 则
$$\mathbb{N} \subset \mathbb{Q}.$$

显然, 任何集本身是它的子集:
$$A \subset A.$$

空集是任何集 A 的子集. 要使这断言完全明白, 只要把定义 1 改述如下: 所谓 $A \subset B$ 乃表示凡元素不属于 B 的也不属于 A.

———————
① 现在通行的教科书, 均用 ⌀ 表示空集, 本次修订为方便读者, 均改为 ⌀. —— 第 5 版校订者注.

定义 2　两集 A 与 B，若 $A \subset B, B \subset A$，则称 A 与 B 相等，写为：

$$A = B.$$

例如 $A = \{2, 3\}$，B 为方程

$$x^2 - 5x + 6 = 0$$

的根所成之集，则 $A = B$.

定义 3　设 A 与 B 为二集，又集 S 包含 A 与 B 中所有元素但不含其他元素，称 S 为 A 与 B 的和集或并集，写为：

$$S = A + B \quad \text{或} \quad S = A \cup B.$$

同样可以定义 n 个集 $A_1, A_2, \cdots, A_n$ 的和集，可以定义一系列集 $A_1, A_2, A_3, \cdots$ 的和集；更一般的，如果有一组集合 A_ξ，它们用不同的记号 ξ 以示区别，那么也可以定义所有 A_ξ 的和集. 写作

$$S = A_1 + A_2 + \cdots + A_n, \quad S = \sum_{k=1}^{n} A_k, \quad S = A_1 \cup A_2 \cup \cdots \cup A_n, \quad \text{或} \quad S = \bigcup_{k=1}^{n} A_k,$$

$$S = A_1 + A_2 + A_3 + \cdots, \quad S = \sum_{k=1}^{\infty} A_k, \quad S = A_1 \cup A_2 \cup A_3 \cup \cdots, \quad \text{或} \quad S = \bigcup_{k=1}^{\infty} A_k,$$

$$S = \sum_{\xi} A_\xi \quad \text{或} \quad S = \bigcup_{\xi} A_\xi.$$

例如[①]，S 为所有正数的集，则

$$S = \sum_{k=1}^{\infty} (k-1, k].$$

若 $A \subset B$，则显然的

$$A + B = B,$$

特别是

$$A + A = A.$$

定义 4　设 A 与 B 为二集，又集 P 包含 A 与 B 的所有共同元素但不含任何其他元素，称 P 为 A 与 B 的交集，写为：

$$P = AB \quad \text{或} \quad P = A \cap B.$$

[①] 如同平常一样，当 $a \leqslant b$，我们以 $(a, b), [a, b], [a, b), (a, b]$ 分别表示满足 $a < x < b, a \leqslant x \leqslant b, a \leqslant x < b, a < x \leqslant b$ 的 x 的集. 其中每一个称为间隔，而 a 及 b 为其端点. 间隔 (a, b) 又称区间，而 $[a, b]$ 称为线段或闭区间. 间隔 $[a, b)$ 及 $(a, b]$ 称为半开半闭区间.

例如 $A = \{1,2,3,4\}, B = \{3,4,5,6\}$, 则

$$AB = \{3,4\}.$$

同样可以定义 n 个集 $A_1, A_2, \cdots, A_n$ 的交集, 也可定义一系列集 $A_1, A_2, A_3, \cdots$ 的交集; 更一般的, 对于一组集合 A_ξ, 它们用不同的记号 ξ 以示区别, 那么也可以定义所有 A_ξ 的交集. 相应的记号是:

$$P = A_1 A_2 \cdots A_n, \quad P = \prod_{k=1}^{n} A_k, \quad P = A_1 \cap A_2 \cap \cdots \cap A_n, \quad 或 \quad P = \bigcap_{k=1}^{n} A_k,$$

$$P = A_1 A_2 A_3 \cdots, \quad P = \prod_{k=1}^{\infty} A_k, \quad P = A_1 \cap A_2 \cap A_3 \cap \cdots, \quad 或 \quad P = \bigcap_{k=1}^{\infty} A_k,$$

$$P = \prod_{\xi} A_\xi \quad 或 \quad P = \bigcap_{\xi} A_\xi.$$

例如

$$\prod_{k=1}^{\infty} \left(-\frac{1}{k}, \frac{1}{k}\right) = \{0\} \text{ (单元素集)},$$

$$\prod_{k=1}^{\infty} \left(0, \frac{1}{k}\right) = \varnothing \text{ (空集)}.$$

若 $A \subset B$, 则显然的

$$AB = A,$$

特别是

$$AA = A.$$

若二集 A 与 B 没有共同元素, 则写为

$$AB = \varnothing;$$

此时也称 A 与 B 是 "不相交" 的.

定理 1 设 A 为一集, $\{E_\xi\}$ 是以集 E_ξ 做元素的集, 则

$$A \sum_{\xi} E_\xi = \sum_{\xi} A E_\xi.$$

证明 假设

$$S = A \sum_{\xi} E_\xi, \quad T = \sum_{\xi} A E_\xi.$$

设 $x \in S$, 则 $x \in A$ 并且 $x \in \sum_{\xi} E_\xi$. 后者表示有 ξ_0 适合于 $x \in E_{\xi_0}$, 那么 $x \in AE_{\xi_0}$, 所以 $x \in T$. 从而证明了

$$S \subset T.$$

反之, 若设 $x \in T$, 则必有 ξ_0 适合于 $x \in AE_{\xi_0}$. 换言之: $x \in A$ 又 $x \in E_{\xi_0}$. 由 $x \in E_{\xi_0}$ 知 $x \in \sum_{\xi} E_\xi$. 又因 $x \in A$, 所以 $x \in S$. 于是

$$T \subset S.$$

由 $T \subset S$ 和 $S \subset T$, 得 $S = T$.

推论　$A(B + C) = AB + AC$.

定义 5　设 A 与 B 为二集, 又集 R 包含属于 A 而不属于 B 的一切元素且除此而外无其他元素, 则称 R 为 A 与 B 的差集, 写作:

$$R = A - B \quad \text{或} \quad R = A \setminus B.$$

例如 $A = \{1, 2, 3, 4\}$, $B = \{3, 4, 5, 6\}$, 则

$$A - B = \{1, 2\}.$$

定理 2　设 A, B, C 为三集, 则

$$A(B - C) = AB - AC.$$

其证明可由读者自行补足.

集的运算与普通算术的运算颇有相似之处, 但是并不完全相同, 如上面所说的关系式 $A + A = A$ 及 $AA = A$, 在算术上是不成立的. 下面我们还要举一个不相似的例子.

定理 3　关系式

$$(A - B) + B = A \tag{1}$$

当且仅当 $B \subset A$ 时成立.

证明　设 (1) 为真, 则每一被加集均为其和集的子集, 所以 $B \subset A$. 又设 $B \subset A$, 则 $(A - B) + B \subset A$. 但是另一方面, 关系式 $(A - B) + B \supset A$ 的成立是无条件的, 所以 $B \subset A$ 推出 (1).

§2. 一一对应

设 A 与 B 为两个有限集, 自然会发生下面的问题: 它们所含元素的个数是否相同. 我们可以数一下每一集所含元素的个数是多少, 从所得的数字是否相同就可以解决这个问题. 但是不数也可以解决问题. 例如

$$A = \{a, b, c, d, e\},$$
$$B = \{\alpha, \beta, \gamma, \delta, \varepsilon\}.$$

如果我们细察下面的表:

$A:$	a	b	c	d	e
$B:$	α	β	γ	δ	ε

我们虽然不数, 也晓得 A 与 B 的元素个数是相同的.

上面所说的比较法有这样一个特性: 对于一集的每一个元素, 另一个集中有一个并且只有一个元素和它对应, 反之亦然. 这个比较法的优点是它也可以用之于无穷集. 例如, $\mathbb{N}$ 为自然数全体的集①, 而 M 为所有 $\dfrac{1}{n}$ 的全体, 用比较法, 将 $\mathbb{N}$ 中的 n 对应于 M 中的 $\dfrac{1}{n}$:

$\mathbb{N}:$	1	2	3	4	$\cdots$
$M:$	1	$\dfrac{1}{2}$	$\dfrac{1}{3}$	$\dfrac{1}{4}$	$\cdots$

立即可以看到 $\mathbb{N}$ 与 M 所含元素是一对一对地配得起来的.

现在我们给配对无余的概念以精确的定义:

定义 1 设 A 与 B 为二集. 具有下面性质的法则 φ: 使 A 的任一元素 a, 有 B 的唯一元素 b 与之对应, 并且使 B 的任一元素 b, 也有 A 的唯一元素 a 与之对应, 此时称 φ 建立了 A 与 B 的一对一的对应 (简称一一对应).

定义 2 若 A 与 B 间能建立一一对应, 则称 A 与 B 是"对等"的, 或者称它们的"势"② 是相同的. 此事记作

$$A \sim B.$$

不难明白, 两个有限集只有当它们的元素的个数是相同时才是对等的. 由上可见, "其势相同"一语乃是有限集的元素"个数相同"的直接扩充.

---

①在本书中所说的自然数集 $\mathbb{N}$ 中不包含元素 0, 这一点请读者注意. ——第 5 版校订者注

②现今的有关书中多称为"基数" (cardinal), 但原书作者采用势这个词 (power, мощность), 译文中未加改动. —— 第 5 版校订者注.

§2. 一一对应

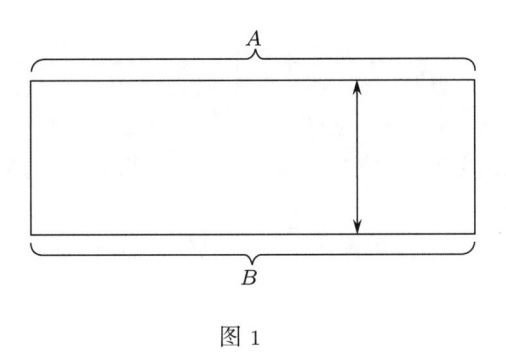

图 1

下面举几个对等集的例子.

设 A 与 B 是一个长方形的一对平行边上点的集 (图 1), 则 $A \sim B$.

其次, 设 A 与 B 是两个同心圆周上点的集 (图 2), 显然 $A \sim B$.

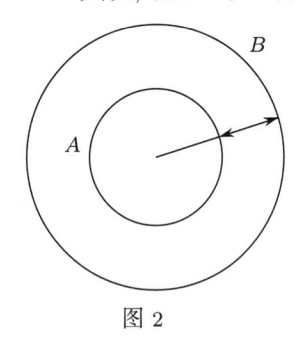

所可注意的, 此时若将此二圆周展开为直线, 则此二线段的长并不相同. 似乎较长的线段含有 "更多的" 点. 我们看到并不如此. 这种悖论, 由下例更为显然. 假设 A 表示直角三角形斜边上点的集, B 表示底边上点的集, 那么由图 3, 可以看到 $A \sim B$, 虽然底边的长小于斜边. 假使我们将底边覆盖在斜边的上面, 那么 B 就成为 A 的子集, 并且是 A 的真子集 (B 是 A 的真子集乃是: $B \subset A$, 但 $B \neq A$). 由此例

图 2

可以明白: 的确有集可与其真子集对等的. 不言而喻, 任何有限集却不能和它的真子集对等. 由此可见, 只有无穷集才有此种奇妙的性质. 以后我们还要证明, 凡无穷集必含有与它自身对等的真子集. 此地我们再举一个例子.

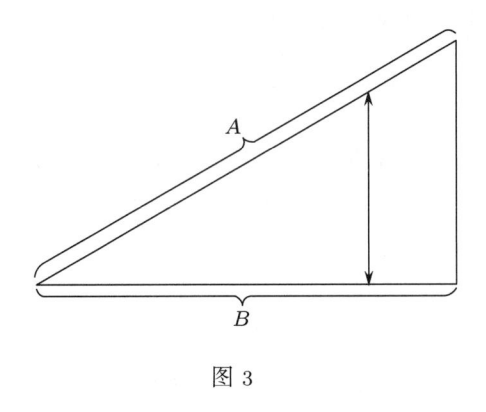

图 3

设 $\mathbb{N}$ 表示自然数全体的集, 而 M 为偶数的全体:

$$\mathbb{N} = \{n\},\ M = \{2n\}.$$

将此二集用下法使成一一对应:

ℕ:	1	2	3	4	5	⋯
M:	2	4	6	8	10	⋯

则 M 与 ℕ 是对等的, 虽然 M 是 ℕ 的真子集. 因此得到: "自然数有多少, 偶数也有多少".

下面关于对等集的若干简单性质, 读者无疑可以自己证明之.

定理 1 a) 总有 $A \sim A$.
b) 若 $A \sim B$, 则 $B \sim A$.
c) 若 $A \sim B, B \sim C$, 则 $A \sim C$.

定理 2 设 $A_1, A_2, A_3, \cdots$ 及 $B_1, B_2, B_3, \cdots$ 为二集的系列. 若诸集 A_n 各不相交, 诸集 B_n 亦各不相交, 即

$$A_n A_{n'} = \varnothing, \ B_n B_{n'} = \varnothing \quad (n \neq n'),$$

且

$$A_n \sim B_n \quad (n = 1, 2, 3, \cdots),$$

则

$$\sum_{k=1}^{\infty} A_k \sim \sum_{k=1}^{\infty} B_k.$$

§3. 可数集

定义 1 设 ℕ 为自然数全体所成之集

$$\mathbb{N} = \{1, 2, 3, \cdots\}.$$

凡与集 ℕ 对等的集 A 称为可数集, 或者称 A 是可数的.

此时也称 A "具有势 a"[①]. 很明显的, 所有可数集是两两对等的.

下面是几个可数集的例子:

$$A = \{1, 4, 9, 16, \cdots, n^2, \cdots\},$$
$$B = \{1, 8, 27, 64, \cdots, n^3, \cdots\},$$
$$C = \{2, 4, 6, 8, \cdots, 2n, \cdots\},$$
$$D = \left\{1, \frac{1}{2}, \frac{1}{3}, \frac{1}{4}, \cdots, \frac{1}{n}, \cdots\right\}.$$

[①] 现今有关书中, "势 a" 或者说 "基数 a", 通常用 $\aleph_0$ (阿列夫零) 表示, $\aleph$ 是希伯来文的字母. 可参看本书第 14 章. —— 第 5 版校订者注.

§3. 可 数 集

定理 1 集 A 为可数的必要且充分条件是可以把它们编号, 即表成如下序列的形式:
$$A = \{a_1, a_2, a_3, \cdots, a_n, \cdots\}. \tag{1}$$

证明 若 A 具有 (1) 的形式, 那么将 A 的元素 a_n 对应于它的下标 n, 因而得 A 与 $\mathbb{N}$ 间的一一对应. 所以 A 是可数的.

反之, 若设 A 是可数的, 那么在 A 与 $\mathbb{N}$ 之间存在一种一一对应法 φ. 由 φ 得 n 的对应元素 a_n, 于是 A 就可写成 (1) 的形式了.

定理 2 任何无穷集 A 必含有可数子集.

证明 设 A 为一无穷集. 从 A 取一元素 a_1. 因为 A 是无穷集, 它不会因取出 a_1 而耗尽, 所以从 $A - \{a_1\}$ 又可取一元素 a_2. $A - \{a_1, a_2\}$ 决非空集, 所以又可以由此取一元素 a_3. 因为 A 是无穷集, 所以此种手续可以继续做去不会终止. 因此得到 A 的可数子集:
$$a_1, a_2, a_3, \cdots, a_n, \cdots.$$

定理 3 可数集的任何无穷子集是可数的.

证明 设 A 为可数集, B 是它的无穷子集. 如果将 A 列成
$$a_1, a_2, a_3, \cdots, a_n, \cdots,$$
那么依照次序逐一地看下去, 不时会遇到 B 中的元素. 而且对于 B 中每一个元素, 早晚会被我们遇到, 因此也就有一个自然数与之 "相遇". 若将 B 中元素重新编号, 顺次地用自然数来对应, 就知道 B 是可数的.

推论 从可数集 A, 除去一个有限子集 M, 所得的 $A - M$ 仍为可数集.

定理 4 一个有限集和一个可数集如无公共元素, 那么它们的和集是一个可数集.

证明 设
$$A = \{a_1, a_2, a_3, \cdots, a_n\},$$
$$B = \{b_1, b_2, b_3, \cdots\},$$
在假设 $AB = \varnothing$ 下, 证明 $A + B = S$ 是一个可数集就好了. 此时 S 可表示为
$$S = \{a_1, a_2, \cdots, a_n, b_1, b_2, b_3, \cdots\};$$
然后, 将 S 重新编号即可见 S 为一可数集.

假定无公共元素这个条件, 无论在本定理中还是下面几个定理中, 都是可以略去的.

定理 5　两两不相交的有限个可数集的和集是一个可数集.

证明　我们只对三个被加集的情形加以证明, 由此可以看出论断的一般性.

设 A, B, C 是三个可数集:

$$A = \{a_1, a_2, a_3, \cdots\},$$
$$B = \{b_1, b_2, b_3, \cdots\},$$
$$C = \{c_1, c_2, c_3, \cdots\}.$$

那么它们的和集 $S = A + B + C$ 可以写成

$$S = \{a_1, b_1, c_1, a_2, b_2, c_2, a_3, \cdots\},$$

显然 S 是可数的.

定理 6　两两不相交的可数个有限集的和集是一个可数集.

证明　设 $A_k (k = 1, 2, 3, \cdots)$ 是两两不相交的可数个有限集.

$$A_1 = \left\{a_1^{(1)}, a_2^{(1)}, \cdots, a_{n_1}^{(1)}\right\},$$
$$A_2 = \left\{a_1^{(2)}, a_2^{(2)}, \cdots, a_{n_2}^{(2)}\right\},$$
$$A_3 = \left\{a_1^{(3)}, a_2^{(3)}, \cdots, a_{n_3}^{(3)}\right\},$$
$$\cdots\cdots\cdots\cdots\cdots\cdots\cdots$$

设 $S = \sum_{k=1}^{\infty} A_k$. 要证 S 是一可数集, 可将 S 中的元素给以如下之排列: 先写出 A_1 中所有元素, 然后写 A_2 中所有元素, 如此进行, 得到 S 的表示, 由此表示知 S 为一可数集.

定理 7　两两不相交的可数个可数集的和集是一可数集.

证明　设 $A_k (k = 1, 2, 3, \cdots)$ 是两两不相交的可数个可数集:

$$A_1 = \left\{a_1^{(1)}, a_2^{(1)}, a_3^{(1)}, \cdots\right\},$$
$$A_2 = \left\{a_1^{(2)}, a_2^{(2)}, a_3^{(2)}, \cdots\right\},$$
$$A_3 = \left\{a_1^{(3)}, a_2^{(3)}, a_3^{(3)}, \cdots\right\},$$
$$\cdots\cdots\cdots\cdots\cdots\cdots\cdots$$

设 $S = \sum_{k=1}^{\infty} A_k$. 我们将 S 中的元素给以如下之排列: 先写 $a_1^{(1)}$. 然后写 $a_2^{(1)}$ 及 $a_1^{(2)}$, 此时 a 之上下标之和都是 3. 然后写 $a_3^{(1)}, a_2^{(2)}, a_1^{(3)}$, 此时 a 之上下标之和都是 4. 如

此进行下去, 乃得
$$S = \left\{ a_1^{(1)}, a_2^{(1)}, a_1^{(2)}, a_3^{(1)}, a_2^{(2)}, a_1^{(3)}, a_4^{(1)}, \cdots \right\},$$
由此可知 S 为一可数集.

以记号 a 表示可数集的势, 我们可将上述诸定理叙述成便于记忆的模式: 设 n_v 和 n 都是自然数, 那么,
$$a - n = a, \ a + n = a, \ a + a + \cdots + a = na = a,$$
$$n_1 + n_2 + n_3 + \cdots = a, \ a + a + a + \cdots = aa = a.$$

定理 8 有理数的全体所成之集 $\mathbb{Q}$ 是一可数集.

证明 具有给定分母 q 的形如 $\dfrac{p}{q}$ 的分数的集合, 即集合
$$\frac{1}{q}, \frac{2}{q}, \frac{3}{q}, \cdots$$
显然这个集合是可数的. 而分母同样是可以取自然数值 $1, 2, 3, \cdots$ 的可数集合. 由定理 7, 这表明分数 $\dfrac{p}{q}$ 的集合是可数的; 在此集合中去掉那些可约分的分数并应用定理 3, 便可证明所有的正有理数集合 $\mathbb{Q}_+$ 的可数性. 因为负有理数集合 $\mathbb{Q}_-$ 显然与集合 $\mathbb{Q}_+$ 是对等的, 所以它也可数, 从而集合 $\mathbb{Q}$ 是可数的, 因为
$$\mathbb{Q} = \mathbb{Q}_- + \{0\} + \mathbb{Q}_+.$$

推论 任何闭区间 $[a, b]$ 中的有理数的全体是一可数集.

定理 9 添加一个有限集或可数集 A 的所有元素于一个无穷集 M, 得到一个新集 $M + A$, 则 M 与 $M + A$ 之势相同, 即
$$M + A \sim M.$$

证明 由定理 2, M 含有可数子集 D. 设 $M - D = P$, 则
$$M = P + D, \ M + A = P + (D + A).$$
由 $P \sim P$, $D + A \sim D$ (定理 4 及定理 5), 所以 $M + A \sim M$.

定理 10 若 S 是一个不可数的无穷集, A 是 S 的一个有限子集或可数子集, 则
$$S - A \sim S.$$

证明 差集 $M = S - A$ 不是有限的; 否则 S 变成有限集或可数集了. 今 M 既为无穷集, 所以应用定理 9, 乃得 $M + A \sim M$, 即 $S \sim S - A$.

推论 凡无穷集必定含有一个和它自身对等的真子集.

根据定理 3 及 10, 从无穷集中除去一个任意的有限子集, 并不改变它的势, 故必含有和它自身对等的真子集.

于此我们看到: 无穷集具有一种性质, 是有限集所没有的. 所以我们可以给无穷集一个正面的定义 (这一定义归功于 R·戴德金):

定义 2 凡集包含一个与它自身对等的真子集的称为无穷集.

下面我们要证明一个非常一般的定理.

定理 11 若 A 中每元素由 n 个互相独立的记号所决定, 而每一记号各自独立地跑遍一个可数集:
$$A = \{a_{x_1, x_2, \cdots, x_n}\} \quad (x_k = x_k^{(1)}, x_k^{(2)}, \cdots; \ k = 1, 2, \cdots, n),$$
那么 A 是可数的.

证明 本定理可用数学归纳法证之.

若 $n = 1$, 则本定理显然是真的. 今假设, 本定理当 $n = m$ 时是真的, 由此证明当 $n = m + 1$ 时亦真.

设
$$A = \{a_{x_1, x_2, \cdots, x_m, x_{m+1}}\}.$$
A 中的元素其 $x_{m+1} = x_{m+1}^{(i)}$ 的, 记其全体为 A_i, 则由假定,
$$A_i = \left\{a_{x_1, x_2, \cdots, x_m, x_{m+1}^{(i)}}\right\}$$
为一可数集. 因
$$A = \sum_{i=1}^{\infty} A_i,$$
所以 A 是可数集.

由此定理可得下列诸命题:

1) 平面上的点 (x, y), 其坐标为有理数的, 其全体成一可数集.

2) 元素 $(n_1, n_2, \cdots, n_k)$, 由 k 个自然数所组成的, 其全体成一可数集.

更有趣的是下列事实:

3) 整数系数的多项式
$$a_0 x^n + a_1 x^{n-1} + \cdots + a_{n-1} x + a_n$$
的全体是一可数集.

事实上, 先固定 n, 由定理 11, 整数系数的 n 次多项式的全体是一可数集. 再用定理 7 即得命题 3).

每个多项式只有有限个的根, 所以得到下面的定理:

定理 12 代数数的全体成一可数集.

(所谓代数数, 乃是整数系数的多项式的根.)

§4. 连续统的势

无穷集不一定是可数的, 现在举一个重要例子说明如下:

定理 1 线段 $U = [0,1]$ 是不可数的.

证明 如果 U 是可数的, 那么 U 中一切点可写为:

$$x_1, x_2, x_3, \cdots. \tag{*}$$

于是 U 中任一点必在 (*) 之中. 将 U 由点 $\frac{1}{3}$ 与 $\frac{2}{3}$ 分成相等的三部分:

$$\left[0, \frac{1}{3}\right], \quad \left[\frac{1}{3}, \frac{2}{3}\right], \quad \left[\frac{2}{3}, 1\right], \tag{1}$$

显然 x_1 不可能属于所有三个闭区间且其中至少有一个不含有点 x_1 (图 4). 今以 U_1 表示 (1) 式中不含点 x_1 的一个闭区间 (三个闭区间中可能有两个都不含有 x_1, 此时取 U_1 为其中任何一个好了, 例如取较左的一个).

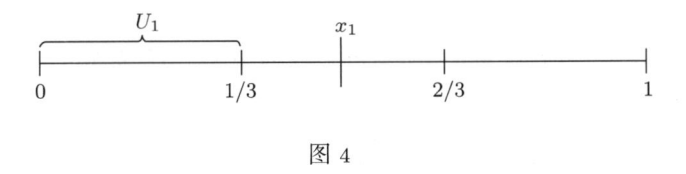

图 4

现在再将 U_1 等分成三部分, 取其中不含 x_2 的一个闭区间 U_2. 然后再将 U_2 分成三个相等的部分, 取其中不含 x_3 的一个闭区间 U_3, 依此类推.

如此进行不已, 我们得到一系列的闭区间 $\{U_i\}$. 由其取法, 知道

$$U \supset U_1 \supset U_2 \supset U_3 \supset \cdots,$$

且

$$x_n \overline{\in} U_n.$$

闭区间 U_n 的长是 $\frac{1}{3^n}$. 因 $\lim\limits_{n\to\infty} \frac{1}{3^n} = 0$, 根据极限论中一个著名的定理, 必有点 ξ 适合

$$\xi \in U_n \quad (n = 1, 2, 3, \cdots).$$

由于 ξ 是 U 的一个点, 必然要在 (*) 中出现. 但是不论 n 取什么值, 总有

$$x_n \overline{\in} U_n, \quad \xi \in U_n,$$

从而得到
$$\xi \neq x_n,$$
换言之. 即 ξ 不能与 (∗) 中任一点相同. 是乃矛盾, 因此定理得证.

由于这个定理的事实, 我们建立下面的定义:

定义 若集 A 与闭区间 $U = [0,1]$ 对等, 即
$$A \sim U,$$
称 A 具有 "连续统的势", 简称 A 的势是 c①.

定理 2 闭区间 $[a,b]$, 开区间 (a,b) 以及半闭区间 $(a,b]$ 及 $[a,b)$ 的势都是 c.

证明 设
$$A = [a,b], \ U = [0,1].$$
由
$$y = a + (b-a)x$$
就建立了 $A = \{y\}$ 与 $U = \{x\}$ 间的一一对应, 所以 A 具有连续统的势. 又从一个无穷集除去一点或者两点, 所得的集与原来的集是对等的, 所以 $(a,b), (a,b], [a,b)$ 的势与 $[a,b]$ 的势相同, 都是 c.

定理 3 两两不相交的有限个势为 c 的集的和集, 其势是 c.

证明 设
$$S = \sum_{k=1}^{n} E_k \quad (E_k E_{k'} = \varnothing, \ k \neq k'),$$
E_k 的势都是 c. 将半闭区间 $[0,1)$ 用分点
$$c_0 = 0 < c_1 < c_2 < \cdots < c_{n-1} < c_n = 1$$
分成 n 个半闭区间
$$[c_{k-1}, c_k) \quad (k = 1, 2, \cdots, n).$$
每一个半闭区间的势是 c, 所以我们可以使 E_k 与 $[c_{k-1}, c_k)$ 做成一一对应. 因
$$[0,1) = \sum_{k=1}^{n} [c_{k-1}, c_k),$$
所以 S 和 $[0,1)$ 成一一对应. 于是定理得证.

定理 4 两两不相交的可数个势为 c 的集的和集, 其势是 c.

---
①现今有关书中, 将连续统的基数, 或称连续统的势, 记为 $\aleph$ (阿列夫). —— 第 5 版校订者注.

§4. 连续统的势

证明 设
$$S = \sum_{k=1}^{\infty} E_k \quad (E_k E_{k'} = \varnothing, \ k \neq k'),$$
其中每一个 E_k 的势都是 c.

于半闭区间 $[0,1)$ 中取一列单调增加的数列 $\{c_n\}$:
$$c_0 = 0 < c_1 < c_2 < \cdots,$$
且
$$\lim_{k \to \infty} c_k = 1.$$
将 E_k 与 $[c_{k-1}, c_k)$ 做成一一对应, 即得 S 与 $[0,1)$ 也是一一对应的.

推论 1 实数全体所成之集 $\mathbb{R}$, 其势是 c.

因为
$$\mathbb{R} = \sum_{k=1}^{\infty} \{[k-1, k) + [-k, -k+1)\}.$$

推论 2 无理数的全体是一个势为 c 的集.

推论 3 超越数 (非代数数) 是存在的.

定理 5 正整数列的全体成一集 Q, Q 的势是 c.

证明 设 $Q = \{(n_1, n_2, n_3, \cdots)\}$. 令 Q 中的元素
$$(n_1, n_2, n_3, \cdots)$$
和 $(0,1)$ 中的无理数
$$x = \cfrac{1}{n_1 + \cfrac{1}{n_2 + \cfrac{1}{n_3 + \ddots}}}$$
对应. 于是, Q 与 $(0,1)$ 中无理数的全体成一一对应. 但后者显然具有连续统的势, 故定理得证.

上面的证法是假定读者已熟悉了连分数的理论而作的[①]. 本定理还可用他法证之. 下面的证明是用到二进制小数的理论. 这种理论我们将来还要用到, 所以此地先把它说明一下:

(1) 级数
$$\sum_{k=1}^{\infty} \frac{a_k}{2^k} \quad a_k = \begin{cases} 0, \\ 1 \end{cases}$$

[①] 参考例如 А. Я. Хинчин, Цепные дроби, Гостехиздат, 1949.

的和称为二进制小数, 简写此和为

$$0.a_1a_2a_3\cdots. \tag{1}$$

(2) 对于 $x \in [0,1]$, 必可用二进制小数

$$x = 0.a_1a_2a_3\cdots$$

表示之.

若 x 不是分数 $\dfrac{m}{2^n}(m = 1, 3, \cdots, 2^n - 1)$ 时, 则 (1) 的表示是唯一的. 数 0 与 1 (唯一地) 可由下式表示它:

$$0 = 0.000\cdots, \quad 1 = 0.111\cdots.$$

若 $x = \dfrac{m}{2^n}(m = 1, 3, \cdots, 2^n - 1)$, 则 x 可有二种表示法. 如 x 可表示为 $0.a_1a_2\cdots a_{n-1}1000\cdots$, 则也可表示为 $0.a_1a_2\cdots a_{n-1}0111\cdots$. 例如

$$\frac{3}{8} = \begin{cases} 0.011000\cdots, \\ 0.010111\cdots. \end{cases}$$

(3) 每一个二进制小数一定等于 $[0,1]$ 中的某一个数 x.

如一个二进制小数 x 从某一位起全是 0 或全是 1, 则一定属于形式 $\dfrac{m}{2^n}(m = 1, 3, \cdots, 2^n - 1)$ ($0.000\cdots$ 及 $0.111\cdots$ 除外), 即存在二种表示法; 否则 $x \neq \dfrac{m}{2^n}$, 其表示法是唯一的.

现在我们再来证明定理 5. 我们规定: 对于 $[0,1)$ 中的数用二进制小数表示时, 不允许取从某一位起全是 1 的形式. 如是, 对于 $[0,1)$ 中每一数用二进制小数表示时, 其法是唯一的. 并且对于 $[0,1)$ 中每一个数的表示

$$0.a_1a_2a_3\cdots \tag{1}$$

中, 不论 N 是什么数, 必定可以找到 a_k, 使

$$a_k = 0, \quad k > N.$$

反过来, 对于小数 (1) 具有上述的性质时, 必有 $[0,1)$ 中的一个数与之对应. 假如我们已经先知道使 $a_k = 0$ 的那些 k, 那么小数 (1) 即可完全决定. 这种 k 组成一个单调增加的自然数列

$$k_1 < k_2 < k_3 < \cdots \tag{2}$$

因此对于每一个自然数列 (2) 可以作一个小数 (1) 与之对应. 显然, 所有 (2) 的自然数数列的全体组成一集, 记作 H, 其势是 c. 对于 H 与 Q 我们可以作如下的对应: 对于适合 (2) 的 $\{k_n\}$, 作

$$(n_1, n_2, n_3, \cdots),$$

与之对应, 其中
$$n_1 = k_1,\ n_2 = k_2 - k_1,\ n_3 = k_3 - k_2,\ \cdots.$$

如是, H 与 Q 成为一一对应了. 上面已经证明了 H 的势是 c, 所以 Q 的势是 c.

定理 6 若集 A 中每一个元素由 n 个互相独立的记号所决定, 而每一个记号各自取 c 个值[①]

$$A = \{a_{x_1, x_2, \cdots, x_n}\},$$

则 A 的势是 c.

证明 证明时, 不妨设 $n = 3$, 因为论证具有一般性. 设

$$A = \{a_{x,y,z}\}, \quad x \in X, y \in Y, z \in Z,$$

此地 X, Y, Z 的势都是 c. 又设 Q 是自然数数列的全体. 由定理 5, Q 的势是 c. 将 X, Y, Z 各个与 Q 做成一一对应. 设 $x_0 \in X, y_0 \in Y, z_0 \in Z$, 其在 Q 中的对应元素, 分别写明如下:

$$x_0 \text{ 与 } (n_1, n_2, n_3, \cdots) \text{ 对应},$$
$$y_0 \text{ 与 } (p_1, p_2, p_3, \cdots) \text{ 对应},$$
$$z_0 \text{ 与 } (q_1, q_2, q_3, \cdots) \text{ 对应}.$$

今使 A 的元素 $\xi = a_{x_0, y_0, z_0}$ 与 Q 的元素

$$(n_1, p_1, q_1, n_2, p_2, q_2, n_3, \cdots)$$

对应, 即得 A 与 Q 之间的一一对应.

由此定理即得下列诸重要的推论:

推论 1 平面上点的全体成一势是 c 的集.

推论 2 三维空间中点的全体, 是一个势是 c 的集.

或者说, 空间中点的集, 它的势与空间的维数无关.

推论 3 两两不相交的 c 个势为 c 的集的和集成一势为 c 的集.

事实上, 对于每一个被加集使与平面 xy 上平行于 Ox 轴的直线做成一一对应的时候, 也就使得所述的和集与平面 xy 做成了一一对应.

定理 3、4 以及最后的推论, 可用记号简写如下:

$$c + c + \cdots + c = cn = c,\ c + c + c + \cdots = ca = c,\ cc = c.$$

[①] 今后用 "c 个值", "集中有 c 个元素" 来代替 "具有势为 c 的集" 等等, 希望不使读者感到困难.

定理 7 若集 A 中每元素, 由互相独立的可数个记号所决定, 即

$$A = \{a_{x_1,x_2,x_3,\cdots}\},$$

而每一个 x_i 取 c 个值, 则 A 的势也是 c.

证明 设 x_k 取自 X_k. Q 是自然数数列全体所成的集. 每一个 X_k 与 Q 成一一对应 $(k = 1, 2, 3, \cdots)$, 今记其对应为 φ_k.

设 $\xi \in A$, 则

$$\xi = a_{x_1^{(0)},x_2^{(0)},x_3^{(0)},\cdots},$$

其中

$$x_k^{(0)} \in X_k \quad (k = 1, 2, 3, \cdots).$$

由 φ_k 得 $x_k^{(0)}$ 的对应元素是 Q 中的数列:

$$\left(n_1^{(k)}, n_2^{(k)}, n_3^{(k)}, \cdots\right) \in Q.$$

于是对于 $\xi \in A$, 有一个以正整数为元素的无穷矩阵

$$\begin{vmatrix} n_1^{(1)}, & n_2^{(1)}, & n_3^{(1)}, & \cdots \\ n_1^{(2)}, & n_2^{(2)}, & n_3^{(2)}, & \cdots \\ n_1^{(3)}, & n_2^{(3)}, & n_3^{(3)}, & \cdots \\ \cdots\cdots\cdots\cdots\cdots\cdots\cdots \end{vmatrix} \qquad (*)$$

与之对应. 设这种行列的全体为 L, 则 L 与 A 之间组成一一对应. 所以只要确定 L 的势是 c 就行了. 令 $(*)$ 与

$$\left(n_1^{(1)}, n_2^{(1)}, n_1^{(2)}, n_3^{(1)}, n_2^{(2)}, n_1^{(3)}, n_4^{(1)}, \cdots\right)$$

对应 (此数列的取法与 §3 定理 7 证明中取法相同), 立即得到 L 与 Q 间的一一对应.

定理 8 设 $a_n (n = 1, 2, 3, \cdots)$ 是 0 或 1, 其取法是互相独立的, 则以所有数列

$$(a_1, a_2, a_3, \cdots)$$

为元素之集 T, 其势是 c.

证明 T 中有一部分元素 $(a_1, a_2, a_3, \cdots)$ 从某一位起全是 1, 设这种元素的全体做成 T 的子集 S. S 中每一元素 $(a_1, a_2, a_3, \cdots)$ 对应于一个二进制小数 $0.a_1 a_2 a_3 \cdots$, 这个小数所表示的数或是 1 或是 $\dfrac{m}{2^n}$ $(m = 1, 3, \cdots, 2^n - 1)$. 所以 S 是一可数集.

又令 $T - S$ 中的元素 $(a_1, a_2, a_3, \cdots)$ 对应于二进制小数 $0.a_1 a_2 a_3 \cdots$, 乃得 $T - S$ 与 $[0, 1)$ 间的一一对应. 所以, $T - S$ 的势是 c. 因之 T 的势是 c.

推论 设集 A 中每元素由互相独立的可数个符号所决定,且每一符号仅有二种取法,那么 A 的势是 c.

事实上,假使 $A = \{a_{x_1,x_2,x_3,\ldots}\}$ 而

$$x_k = \begin{cases} l_k, \\ m_k, \end{cases}$$

将 A 与定理 8 中之 T 组成如下的对应: 当 $x_k = l_k$ 时 $a_k = 0$, 当 $x_k = m_k$ 时 $a_k = 1$. 在此条件下,令 A 的 $a_{x_1,x_2,x_3,\ldots}$ 对应于 T 的 $(a_1, a_2, a_3, \cdots)$,那么 A 与 T 成一一对应了.

§5. 势的比较

我们在前面虽然讲到关于势的事情,例如: "二集有相同的势"、"某集的势是 a"、"某集的势是 c". 但是究竟什么是势? 这是还没有定义的.

G. 康托尔曾经对于势的概念,有过一个相当模糊的定义,他说: "所谓一个集 A 的势,乃表示 A 的一种一般概念,当我们考虑这个集时,无论是 A 的元素的所有性质,还是 A 的元素的次序都抽去之后,这个概念仍旧是保持的". 他用

$$\overline{\overline{A}}$$

表示 A 的势 (A 上面的两条横线表示 "两次" 抽象化).

今天我们对于康托尔定义势的概念的方法不能认为满意,但是仍沿用他的记号 $\overline{\overline{A}}$. 我们给势下这样的定义:

定义 1 将所有的集分类,凡二集对等时且只有对等时称为属于同一类. 对于每一类与以一个记号. 称此记号为该类中任一集的势. 若 A 的势是 α, 则记以

$$\overline{\overline{A}} = \alpha.$$

用这样的定义方法,显然凡对等的集,其势相同. 包含自然数全体所成之集 N 的一类以记号 a 记其任一集的势. 所以可数集的势都是 a.

其次,包含集 $U = [0,1]$ 的一类予以记号 c. 那么,凡是与 U 对等的集,其势都是 c.

还可举出应用定义 1 的一个例子. 对包含一个集 $A = \{a,b,c\}$ 的类,令记号 "3" 与之对应. 那么,凡集仅含三个元素的,其势都是 3. 所以无穷集的势是有限集元素的个数的扩充,空集的势是 0. 单元素集的势是 1.

定义 2 设二集 A 和 B 的势分别是 α 和 β:

$$\overline{\overline{A}} = \alpha, \quad \overline{\overline{B}} = \beta.$$

如果: 1) A 不与 B 对等, 而 2) B 中含有一个子集 B^* 与 A 对等, 那么说: A 的势小于 B 的势, 或是说: B 的势大于 A 的势, 记作

$$\alpha < \beta \quad \text{或} \quad \beta > \alpha.$$

例如

$$A = \{a_1, a_2, \cdots, a_{32}\}, \quad \overline{\overline{A}} = 32,$$
$$B = \{b_1, b_2, \cdots, b_{49}\}, \quad \overline{\overline{B}} = 49.$$

A 不与 B 对等. 但是 B 有子集 $B^* = \{b_1, b_2, \cdots, b_{32}\}$ 使 $A \sim B^*$. 所以

$$32 < 49.$$

用与此同样的方法, 可知任何一个自然数 n 小于 $\mathbb{N}$ 的势 a, 也小于 $[0,1]$ 的势 c. 最后, 设

$$\mathbb{N} = \{1, 2, 3, \cdots\}, \quad \overline{\overline{\mathbb{N}}} = a$$
$$U = [0,1], \quad \overline{\overline{U}} = c,$$

则 $\mathbb{N}$ 不 $\sim U$ (见 §4 定理 1), 但 U 有子集 $U^* = \left\{1, \dfrac{1}{2}, \dfrac{1}{3}, \cdots\right\}$ 适合 $U^* \sim \mathbb{N}$. 所以

$$a < c.$$

至于在 a 与 c 之间是否有势 μ 满足

$$a < \mu < c,$$

虽然对此有许多研究但是尚未解决①.

可是我们容易找到集, 其势大于 c.

定理 1 设 F 是在 $[0,1]$ 上定义的一切实函数所成的集, 则 F 的势大于 c.

证明 设 $U = [0,1]$. 首先来证明 F 不与 U 对等. 假如不然, $F \sim U$, 那么存在某个对应法 φ, 使 F 与 U 成一一对应. 假设以 $f_t(x)$ 表示 F 中的函数, 它在对应 φ 之下对应于数 $t \in [0,1]$, 令

$$F(t, x) = f_t(x),$$

---

①康托尔预料没有这种 μ, 这是康托尔的假设. 人们往往称此假设为 "连续统假设".

第 5 版校订者按: 关于这个问题, 可参看周民强编著的《实变函数论》(北京大学出版社, 2001 年) 第 75 页. 今摘录如下: "在现今的 Z – F (指 Zermelo-Fraenkl——本书第 5 版校订者注) 集合论公理系统里, Gödel 在 1940 年发表的文章中指出了连续统假设的相容性 (即不能证明连续统假设的不真), 而在 1963 年 Cohen 又证明了它的独立性 (即不能用其他公理给予证明). 因此, 在目前最广泛采用的集合论公理系统中, 这一问题就算有了一个解答."

那么, $F(t,x)$ 是在 $0 \leqslant t \leqslant 1$, $0 \leqslant x \leqslant 1$ 中完全确定的二元函数.

现在令
$$\psi(x) = F(x,x) + 1$$

这个函数对 $0 \leqslant x \leqslant 1$ 是给定的, 即 $\psi(x) \in F$. 但此时在对应 φ 之下, 函数 $\psi(x)$ 对应于某个数 $a \in U$, 即 $\psi(x) = f_a(x)$ 或者
$$\psi(x) = F(a,x)$$

换言之, 对 $[0,1]$ 中一切 x 有
$$F(x,x) + 1 = F(a,x).$$

但是比如取 $x = a$, 上式却不可能成立. 所以 F 不与 U 对等. 但如果考虑函数的集合
$$F^* = \{\sin x + k\} \quad (0 \leqslant k \leqslant 1)$$

它是 F 的子集, 那么立即可见 F^* 是与 U 对等的, 因使 U 中的数 k 与 F^* 中的函数 $\sin x + k$ 做成对应, 这个对应是一一的.

于是定理完全证毕.

定义 3 闭区间 $[0,1]$ 上所定义的一切实函数所成之集, 记其势为 f.

由定理 1, 知
$$c < f.$$

然则是否有大于 f 的势? 答曰然. 不但如此, 从任何一个势出发, 我们可以造一个集使其势大于所设的势.

定理 2 设 M 是任一集, T 是 M 的一切子集所成之集, 那么
$$\overline{\overline{T}} > \overline{\overline{M}}.$$

证明 因为 T 含有 M 的一切子集, 所以 T 中有 M 本身, 有空集, 又有 M 中每一元素所成的单元素集. 后者成一集 T^*, $T^* \sim M$, $T^* \subset T$.

下面只要证明 T 不对等于 M 就好了.

如果不然, 则 $T \sim M$: 设 φ 使 T 与 M 组成一一对应, 于是对于 M 中的每个 m, T 中有唯一的 $\varphi(m)$ 与之对应, 而 T 中每一个元素一定有且仅有一个 $m \in M$, 使其是 $\varphi(m)$.

M 中元素 m, 满足 $m \in \varphi(m)$ 的姑且称为 "好" 的元素. 否则称为 "坏" 的元素. 那么, 与 M 本身对应的元素便是 "好" 的, 与空集对应的元素便是 "坏" 的. 于是 M 中的元素不是 "好" 的就是 "坏" 的. 设 M 中所谓 "坏" 的元素的全体为 S, 则 $S \in T$. 而 M 中必有元素 m_0 适合
$$S = \varphi(m_0).$$

然则这个元素 m_0 是 "好" 的呢还是 "坏" 的呢? 如果说 m_0 是 "好" 的, 那么
$$m_0 \in \varphi(m_0) = S,$$
可是 S 中仅含 "坏" 的元素, 乃得矛盾. 如果说 m_0 是 "坏" 的, 那么
$$m_0 \overline{\in} \varphi(m_0) = S,$$
可是最后的式子即表示 m_0 是 "好" 的, 亦为不可能. 因此从而得到 m_0 既非 "好" 的又非 "坏" 的, 于是陷于矛盾. 所以 T 与 M 不能对等.

定理证毕.

附注 若 M 是一个由 n 个元素所组成的有限集, 则 T 的元素的个数是 2^n. 因为 T 含有一个空集, C_n^1 个单元素集, C_n^2 个二个元素的集, $\cdots$. 所以 T 的元素的个数是
$$1 + C_n^1 + C_n^2 + \cdots + C_n^n = 2^n.$$
这个事实当 $n = 0$ 及 $n = 1$ 时亦真. 前者表示 M 是空集, 而 T 仅含一个元素即 M 自身. 后者表示 M 为单元素集, 则 T 含有二个元素, 一为空集, 一为 M.

下面的定义与上述结果联系起来就是很自然的了.

定义 4 若 M 的势是 μ, 而以它的一切子集所组成的集为 T, T 的势是 τ, 则定义
$$\tau = 2^\mu.$$

定理 2 表示
$$2^\mu > \mu.$$

定理 3 公式 $c = 2^a$ 为真.

证明 设 $\mathbb{N}$ 是自然数的全体, T 是 $\mathbb{N}$ 的一切子集的集, L 是一切数列
$$(a_1, a_2, a_3, \cdots) \quad a_k = \begin{cases} 0, \\ 1 \end{cases}$$
的集. 由 §4 的定理 8,
$$\overline{\overline{T}} = 2^a, \quad \overline{\overline{L}} = c.$$

对于 T 中任一元素 N^*, N^* 为某些自然数所成之集, 作 L 的元素 $(a_1, a_2, a_3, \cdots)$ 与之对应, 对应之规则如下: $k \in N^*$ 时定 $a_k = 1$, $k \overline{\in} N^*$ 时定 $a_k = 0$. 从而得到 T 与 L 间的一一对应. 于是定理证毕.

由定理 2 及定理 3 我们又得到
$$c > a.$$

下面两个定理具有重大的意义.

§5. 势的比较

定理 4 设 $A \supset A_1 \supset A_2$. 若 $A_2 \sim A$, 则 $A_1 \sim A$.

证明 设由对应法 φ 使 A 与 A_2 成一一对应. 于是对于 A 中每一元素, 在 A_2 中有唯一的元素与之对应. 所以在该对应法 φ 下, A_2 中有子集 A_3 对等于 A_1. 又因 $A_2 \subset A_1 \sim A_3$, 所以 A_3 有子集 A_4 对等于 A_2.

此种手续继续进行, 乃得 A 的一串子集

$$A \supset A_1 \supset A_2 \supset A_3 \supset A_4 \supset A_5 \supset \cdots,$$

具有性质:
$$A \sim A_2$$
$$A_1 \sim A_3$$
$$A_2 \sim A_4$$
$$A_3 \sim A_5$$
$$\cdots\cdots\cdots$$

由此以及 A_n 的定义[①]推得

$$\left.\begin{array}{l} A - A_1 \sim A_2 - A_3 \\ A_1 - A_2 \sim A_3 - A_4 \\ A_2 - A_3 \sim A_4 - A_5 \\ \cdots\cdots\cdots \end{array}\right\} \quad (*)$$

设
$$D = AA_1A_2A_3\cdots,$$
则
$$A = (A-A_1) + (A_1-A_2) + (A_2-A_3) + (A_3-A_4) + (A_4-A_5) + \cdots + D,$$
$$A_1 = (A_1-A_2) + (A_2-A_3) + (A_3-A_4) + (A_4-A_5) + \cdots + D,$$

在上面的两个式子, 每一式中的被加集之间两两无共同元素. 由性质 $(*)$, 可是底下划一线的两集为对等, 底下划二线的两集为对等 $\cdots\cdots$ 以此推得 A 与 A_1 对等.

定理 5 (E. 施罗德 (E. Schröder)–F. 伯恩斯坦 (F. Bernstein)) 设 A, B 为二集, 如果 A, B 中任何一个都与另一集的某子集对等, 则 A 与 B 对等.

证明 设
$$A \sim B^*, \quad B^* \subset B,$$
$$B \sim A^*, \quad A^* \subset A.$$

[①] 读者应注意到: 由 $A^* \subset A$, $B^* \subset B$, $A^* \sim B^*$, $A \sim B$ 并不能推得 $A - A^* \sim B - B^*$.

因 $B^* \subset B \sim A^*$, 所以 A^* 有子集 A^{**} 对等于 B^*. 由是, $A \supset A^* \supset A^{**}$ 且 $A \sim A^{**}$ (因 $A \sim B^*, B^* \sim A^{**}$). 由定理 4, 所以 $A \sim A^*$. 然 $A^* \sim B$, 故 $A \sim B$.

由定理 4 及定理 5 得到下列若干重要的推论.

推论 1 设 α, β 是两个势, 则下面三个关系式

$$\alpha = \beta, \quad \alpha < \beta, \quad \alpha > \beta$$

的任何两个不能同时成立.

事实上, 当关系式 $\alpha = \beta$ 成立时, 其他二个当然都不会成立.
现设 $\alpha < \beta$ 与 $\alpha > \beta$ 同时成立. 设 A 之势为 α, B 之势为 β.
由 $\alpha < \beta$, 则
1) A 与 B 不对等;
2) B 有子集 B^* 使 $A \sim B^*$.
但由 $\alpha > \beta$, 则
3) A 有子集 A^* 使 $B \sim A^*$.
由 2) 及 3) 乃得 $A \sim B$, 此事与 1) 矛盾.

推论 2 设 α, β, γ 是三个势. 若

$$\alpha < \beta, \quad \beta < \gamma,$$

则

$$\alpha < \gamma.$$

换言之, 关系 "<" 对于势是传递的.

事实上, 假设 A, B, C 三集的势分别是 α, β, γ. 则由 $A \sim B^* \subset B$, $B \sim C^* \subset C$, 得 $A \sim C^{**} \subset C^*$. 现在只要证明 A, C 不对等就好了. 如果 $A \sim C$, 则由 $A \sim C^{**}$, 得到 $C \sim C^{**}$. 又由定理 4, 得 $C^* \sim C$, 从而 $B \sim C$, 于是 $\beta = \gamma$, 此语与假定矛盾.

附注 由定义 2 得到下列的事实: 若 $A \sim B^* \subset B$, 则或是 $\overline{\overline{A}} = \overline{\overline{B}}$ 或是 $\overline{\overline{A}} < \overline{\overline{B}}$. 若简记作

$$\overline{\overline{A}} \leqslant \overline{\overline{B}},$$

则定理 5 的别种形式是:

如果 $\alpha \geqslant \beta$ 和 $\alpha \leqslant \beta$ 都成立, 那么 $\alpha = \beta$.

设 m 及 n 为二个自然数, 则下面三个关系式

$$m = n, \ m < n, \ m > n$$

中必成立一个且只成立一个. 在第十四章中我们将要证明对于两个势 α, β, 下面三个互相排斥的关系

$$\alpha = \beta, \ \alpha < \beta, \ \alpha > \beta$$

只成立一个. 这叫做势的三歧性.

下面是定理 5 的一个应用.

定理 6 闭区间 $[0,1]$ 上所定义的连续函数的全体组成一集 Φ, Φ 的势是 c.

证明 设 $\Phi^* = \{\sin x + k\}$ (k 是实数), 则 $\Phi^* \subset \Phi$ 且 $\overline{\overline{\Phi^*}} = c$, 因此

$$\overline{\overline{\Phi}} \geqslant c, \tag{1}$$

所以只要证明

$$\overline{\overline{\Phi}} \leqslant c \tag{2}$$

就好了.

设 H 是实数数列

$$(u_1, u_2, u_3, \cdots)$$

的全体. 由 §4 的定理 7, $\overline{\overline{H}} = c$.

将 $[0,1]$ 中所有的有理数写成

$$r_1, r_2, r_3, \cdots.$$

对于每一个 $f(x) \in \Phi$, 令 H 中的数列

$$a_f = (f(r_1), f(r_2), f(r_3), \cdots)$$

与之对应. 当 $f(x)$ 与 $g(x)$ 不相同时, $a_f \neq a_g$.

事实上, $a_f = a_g$ 乃表示 $f(x)$ 与 $g(x)$ 在 $[0,1]$ 中的一切有理点 x 取值相同. 由于函数的连续性, $f(x)$ 与 $g(x)$ 在 $[0,1]$ 中任何点取值亦相同, 于是 $f(x) = g(x)$.

上面的话表示: 记 $H^* = \{a_f\}$, 则 $\Phi \sim H^*$. 但因 $H^* \subset H$ 和 $\overline{\overline{H}} = c$, 故得关系式 (2). 定理于是证毕.

第一章的习题

1. 单调函数的不连续点的全体至多为一可数集, 试证之.

2. 试作 $(0,1)$ 与 $[0,1]$ 间的一一对应.

3. 证明 $f = 2^c$.

4. 设 $A = B + C$, $\overline{\overline{A}} = c$, 则 B 与 C 中, 至少有一集的势是 c.

5. 假如 $f(x)$ 具有如下特性: 对于每一个 x_0 有正数 δ 与之对应, 当 $|x - x_0| < \delta$ 时, $f(x) \geqslant f(x_0)$; 那么 $f(x)$ 的函数值的全体至多成一可数集.

6. 在 §3 的定理 4, 5, 7 及在 §4 的定理 3 及定理 4 中, 诸被加集无公共元素的条件是可以除去的, 试说明之.

7. 证明 $AB + C = (A+C)(B+C)$. 且加以推广.

8. 设 $A_1, A_2, A_3, \cdots$ 为一集的系列, 若记 $\overline{A}$ 为有无穷多个 A_n 都含有的元素的全体. 又记 $\underline{A}$ 为只有有限个 A_n 不含有的元素的全体. 证明
$$\overline{A} = \prod_{n=1}^{\infty} \sum_{k=n}^{\infty} A_k, \quad \underline{A} = \sum_{n=1}^{\infty} \prod_{k=n}^{\infty} A_k.$$

9. 如果 $A = \sum\limits_{n=1}^{\infty} A_n$, $\overline{\overline{A}} = c$, 则至少有一个 A_n 的势是 c.

第二章 点集

在本章中专论直线上点的集. 实数的全体所成之集记之以 $\mathbb{R}$. 在下面所说到的 "点"，"线段"，"区间" 等语都是有算术意义的. 例如："点 y 位在 x 的右面" 就是 $y > x$, 等等.

§1. 极限点

定义 1 设 E 是一点集, x_0 是一点. 如任何含有 x_0 的区间除 x_0 而外至少还含有 E 的一点的话, 称 x_0 为 E 的一个极限点[①].

附注 1) E 的极限点 x_0 本身不一定属于 E.

2) E 的点 x_0, 假如不是 E 的极限点, 则称为 E 的孤立点.

3) 如 x_0 是 E 的极限点, 则任一含有 x_0 的区间 (α, β) 必含有 E 的无穷个的点.

附注中 3) 的证明：如果在 (α, β) 中只含有 E 的有限个的点, 假设这种点之异于 x_0 者为 $\xi_1, \xi_2, \cdots, \xi_n$. 又设 δ 为下列诸数 $|x_0-\xi_1|, |x_0-\xi_2|, \cdots, |x_0-\xi_n|, x_0-\alpha, \beta-x_0$ 中之最小数. 那么, 区间 $(x_0-\delta, x_0+\delta)$ 不含 $\xi_k (k=1,2,\cdots,n)$ 中的任何一个, 也就是除了 x_0 而外不含 E 中其他的点, 但因

$$(x_0 - \delta, x_0 + \delta) \subset (\alpha, \beta),$$

故区间 $(x_0 - \delta, x_0 + \delta)$ 不包含 E 中的点而异于 x_0 的, 这就与假定 x_0 为 E 的极限点矛盾.

从另一观点出发也可达到极限点的观念. 为此我们来证明下面的命题.

[①] 或聚点.

定理 1　x_0 为 E 的极限点的必要且充分条件是: E 有点列 $\{x_n\}$ ($x_n \neq x_0$, 当 $n \neq m$ 时 $x_n \neq x_m$) 适合
$$x_0 = \lim_{n \to \infty} x_n.$$

证明　条件的充分性一望而知. 今证其必要性.

设 x_0 为 E 之极限点. 先在 $(x_0 - 1, x_0 + 1)$ 中选取一点 x_1 属于 E 而异于 x_0. 然后在 $\left(x_0 - \dfrac{1}{2}, x_0 + \dfrac{1}{2}\right)$ 中选取一点 $x_2 \in E$ 异于 x_0 亦异于 x_1. 一般地说: 在 $\left(x_0 - \dfrac{1}{n}, x_0 + \dfrac{1}{n}\right)$ 中选取一点 x_n 属于 E 而异于 x_0, 亦异于先取好的 $x_1, x_2, \cdots, x_{n-1}$. 如此乃得数列 $\{x_n\}$, 而是
$$x_0 = \lim_{n \to \infty} x_n.$$

利用这个定理可将定义 1 变为另一种形式.

定义 2　设 E 是一点集, x_0 是一点. 假如 E 有点列 $\{x_n\}$($x_n \neq x_0$; 当 $n \neq m$ 时 $x_n \neq x_m$) 收敛于 x_0, 称 x_0 是 E 的一个极限点.

定理 2 (B. 波尔查诺–K. 魏尔斯特拉斯)　凡有界无穷集 E 至少有一个极限点 (但此极限点不一定属于 E).

证明　因为 E 是有界, 所以有闭区间 $[a,b]$ 包含 E.
设
$$c = \frac{a+b}{2},$$
两个闭区间 $[a,c]$ 和 $[c,b]$ 中, 至少有一个含有 E 的无穷个点. 否则 E 变成有限集了. 设具有上述性质的那个闭区间是 $[a_1, b_1]$. 如果 $[a,c]$ 及 $[c,b]$ 均各含有 E 的无穷个点, 则取 $[a_1, b_1]$ 为其中任何一个好了.

然后设
$$c_1 = \frac{a_1 + b_1}{2}.$$
同理, $[a_1, c_1]$ 及 $[c_1, b_1]$ 二者之中至少有一个含有 E 的无穷个点, 今以 $[a_2, b_2]$ 记之. 如此手续进行不已, 得到一系列嵌套的闭区间
$$[a,b] \supset [a_1, b_1] \supset [a_2, b_2] \supset \cdots,$$
在其中的每一个 $[a_n, b_n]$ 中含有 E 的无穷个点, 且
$$b_n - a_n = \frac{b-a}{2^n}.$$
因 $\lim\limits_{n \to \infty} (b_n - a_n) = 0$, 按照一个熟知的极限定理, 必有一个点 x_0 含在所有的 $[a_n, b_n]$ 之中, 且
$$\lim_{n \to \infty} a_n = \lim_{n \to \infty} b_n = x_0.$$

§1. 极 限 点

今证 x_0 是 E 的极限点. 设 (α, β) 为含有 x_0 的任一区间, 则当 n 适当大时,

$$[a_n, b_n] \subset (\alpha, \beta).$$

所以 (α, β) 含有 E 的无穷个点. 由是 x_0 是 E 的极限点.

所当注意的, 定理中"有界"一语不能除去. 例如 $E = \mathbb{N}$, $\mathbb{N}$ 是自然数的全体. 那么 E 是无穷集, 可是没有极限点.

在应用上有时将定理 2 写成另外的形式, 是就数列而言的.

如对每一个 n, 对应一个定数 x_n, 则得数列

$$x_1, x_2, x_3, \cdots, \qquad (*)$$

其中任何两数可以是相同的. 例如数列

$$0,\ 1,\ 0,\ 1,\ 0,\ 1,\ \cdots$$

如果将它看成点集, 那么只有两个点, 倒是一个有限集; 如果把它看作数列, 它是无穷的.

如果有常数 K, 对任一 n 有

$$|x_n| < K \quad (n = 1, 2, 3, \cdots),$$

则称数列 $(*)$ 为有界.

波尔查诺–魏尔斯特拉斯定理还可以述之如下:

定理 2* 从任一有界数列

$$x_1,\ x_2,\ x_3,\ \cdots \qquad (*)$$

必定可以选取一个收敛的子数列

$$x_{n_1},\ x_{n_2},\ x_{n_3},\ \cdots \quad (n_1 < n_2 < n_3 < \cdots).$$

证明 将 $(*)$ 中每一项 x_n 看作点. 如果 $(*)$ 所表示的点集是有限集, 那么必有点在 $(*)$ 中出现无穷次. 假使这个点是 ξ, 而

$$x_{n_1} = x_{n_2} = x_{n_3} = \cdots = \xi,$$

那么 $\{x_{n_k}\}$ 就是我们所需要的子数列.

如果 $(*)$ 所表示的集 E 是一无穷集, 那么由定理 2, E 有极限点 x_0. E 中可选取一点列

$$x_{m_1},\ x_{m_2},\ x_{m_3},\ \cdots \qquad (**)$$

以 x_0 为极限点, 此数列的每一项各不相同, 其指标 $m_1, m_2, m_3, \cdots$ 也是各不相同.

今取 $n_1 = m_1$, 取 n_2 为在 $m_1, m_2, m_3, \cdots$ 中第一个大于 n_1 的数, 取 n_3 为 $m_1, m_2, m_3, \cdots$ 中第一个大于 n_2 的数, 以下仿此. 于是得到

$$x_{n_1}, x_{n_2}, x_{n_3}, \cdots$$

其指标 n_k 是单调增加的. 此数列乃为 (∗∗) 的子数列, 所以

$$\lim_{k \to \infty} x_{n_k} = x_0.$$

定理因此证毕.

§2. 闭集

与极限点的概念紧密联系着的我们还有下面一连串的定义.

定义 设 E 为一点集,

1. E 的所有极限点所成之集称为 E 的导集, 记为 E'.
2. 如果 $E' \subset E$, 则称 E 为闭集.
3. 如果 $E \subset E'$, 则称 E 为自稠密集.
4. 如果 $E = E'$, 则称 E 为完满集.①
5. 点集 $E + E'$ 称为 E 的闭包而以 $\overline{E}$ 记之.

由上所述, 闭集就是它含有它的所有极限点的集. 自稠密集乃是不含孤立点的集. 完满集既为闭的又是自稠密的.

今举数例以明之.

例 1. $E = \left\{ 1, \dfrac{1}{2}, \dfrac{1}{3}, \dfrac{1}{4}, \cdots \right\}$, $E' = \{0\}$. E 不是闭集, 也不是自稠密集.
2. $E = (a, b)$, $E' = [a, b]$. E 为自稠密集, 但不是闭集.
3. $E = [a, b]$, $E' = [a, b]$. E 为完满集.
4. $E = \mathbb{R}$, $E' = \mathbb{R}$. 所以实数的全体成一完满集.
5. $E = \left\{ 1, \dfrac{1}{2}, \dfrac{1}{3}, \cdots, 0 \right\}$, $E' = \{0\}$. E 是闭集, 但不是自稠密集.
6. $E = \mathbb{Q}$ (有理数的全体), $E' = \mathbb{R}$. E 是自稠密集但不是闭集.
7. $E = \varnothing, E' = \varnothing$. 故空集是完满集.
8. E 为有限集, $E' = \varnothing$. 故一切有限集是闭集, 但不是自稠密集.

下面我们来认识一些较复杂的但是有趣味的闭集及完满集的例子.

---

① "完满集" 的原文为 "совершенное множество", 相当于英文的 "Perfect set", 过去称此种集合为 "完全集". 今根据全国科学技术名词审定委员会公布的《数学名词》中的定名改译此名. —— 第 5 版校订者注.

定理 1　任何集 E 的导出集 E' 必为闭集.

证明　若 E' 是空集, 定理自然成立. 若 E' 是有限集, E' 没有极限点, 所以是闭集. 若 E' 是一无穷集, 设 x_0 为 E' 的一个极限点. 任意取一个包含 x_0 的区间 (α, β). 由极限点的定义, (α, β) 中必含有 E' 的点 z. 因此 (α, β) 中必含有无穷个 E 之点 (图 5), 即 x_0 同时也是 E 的极限点. 因此, $x_0 \in E'$. 由此观之, E' 含有它的所有极限点, 所以 E' 是闭集.

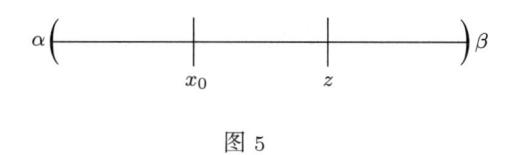

图 5

定理 2　如果 $A \subset B$, 则 $A' \subset B'$.

这是显而易见的事.

定理 3　$(A + B)' = A' + B'$.

证明　由定理 2, 因 A, B 均为 $A + B$ 的子集, 所以 $A' \subset (A+B)'$, $B' \subset (A+B)'$, 于是
$$A' + B' \subset (A + B)'.$$
另一方面可证
$$(A + B)' \subset A' + B'. \tag{$*$}$$
因为假使
$$x_0 \in (A + B)',$$
则在 $A + B$ 中存在点列 $x_1, x_2, x_3, \cdots$, 而
$$\lim_{n \to \infty} x_n = x_0.$$
如果在点列 $\{x_n\}$ 中有无穷个的点属于 A, 则 x_0 乃为 A 的极限点, 从而 $x_0 \in A' \subset A' + B'$. 如果点列 $\{x_n\}$ 中仅有有限个的点属于 A, 则 $x_0 \in B' \subset A' + B'$. 不论哪种情形, 总之 $x_0 \in A' + B'$. 故得 $(*)$. 于是定理证毕.

推论 1　任何集 E 的闭包 $\overline{E}$ 为闭集.

事实上,
$$(\overline{E})' = (E + E')' = E' + (E')' \subset E' + E' = E' \subset \overline{E}.$$

推论 2　点集 E 为闭集的必要且充分的条件是
$$E = \overline{E}.$$

由推论 1, 当 $E = \overline{E}$, 则 E 为闭集, 所以条件是充分的. 又若 E 为闭集, 则由

$$\overline{E} = E + E' \subset E \subset \overline{E},$$

得 $E = \overline{E}$.

下面的定理也可以从定理 3 导出.

定理 4 有限个闭集的和集是闭集.

证明 先就二个集的场合证之. 设 F_1, F_2 为二个闭集,

$$\Phi = F_1 + F_2.$$

由定理 3, 得

$$\Phi' = F_1' + F_2'.$$

但 $F_1' \subset F_1$, $F_2' \subset F_2$, 所以

$$\Phi' \subset \Phi.$$

所以定理当二个闭集时成立. 由数学归纳法, 知定理 4 在一般场合下也成立.

附注 无穷个闭集的和集可能不是闭集.

例如取

$$F_n = \left[\frac{1}{n}, 1\right] \quad (n = 1, 2, 3, \cdots),$$

则每一个 F_n 是闭集, 但其和集

$$\sum_{n=1}^{\infty} F_n = (0, 1]$$

不是闭集.

关于闭集的交集则有下面的定理:

定理 5 任意个闭集的交集是闭集.

证明 设 F_ξ 表示闭集, 对于不同的 ξ 表示不同的集. 所有 F_ξ 的交集记以 Φ,

$$\Phi = \prod_\xi F_\xi.$$

因对所有的 $\xi, \Phi \subset F_\xi$, 所以 $\Phi' \subset F_\xi'$, 因之 $\Phi' \subset F_\xi$. 此关系式对于所有的 ξ 成立, 所以

$$\Phi' \subset \prod_\xi F_\xi,$$

即 $\Phi' \subset \Phi$, 所以 Φ 是闭集.

引理 设 E 为有上界 (有下界) 的集, 又设 $\beta = \sup E (\alpha = \inf E)$, 则
$$\beta \in \overline{E} \quad (\alpha \in \overline{E}).$$

证明 如果 $\beta \in E$, 则当然 $\beta \in \overline{E}$. 设 $\beta \bar{\in} E$. 那么对于任一正数 ε, 存在 $x \in E$ 适合 $x > \beta - \varepsilon$, 所以在任何一个包含 β 的区间中必定含有 E 中的点, 根据假定 $\beta \bar{\in} E$, 此点当然不是 β. 由此, β 是 E 之极限点, 因而 $\beta \in E' \subset \overline{E}$. 总之 $\beta \in \overline{E}$.

定理 6 有上界 (下界) 的闭集 F 必有最右 (最左) 的点.

事实上, 设 $\beta = \sup F$, 则
$$\beta \in \overline{F} = F.$$

定义 6 设 E 为点集, $\mathfrak{M}$ 为区间集. 如果对于每一个 $x \in E$, 有一个区间 $\delta \in \mathfrak{M}$, 使
$$x \in \delta,$$
则称 E 被 $\mathfrak{M}$ 所覆盖.

定理 7 (E. 博雷尔) 如果有界闭集 F 被无穷的区间集 $\mathfrak{M}$ 所覆盖, 那么从 $\mathfrak{M}$ 中可以选取有限个区间所成的集 $\mathfrak{M}^*$, 也覆盖 F.

证明 我们用反证法来证明. 假设没有 $\mathfrak{M}^*$, 如定理所说, 那么 F 必为无穷集. 因为 F 是有界, 我们可假设 $F \subset [a,b]$. 置
$$c = \frac{a+b}{2},$$
则 $F \cdot [a,c]$ 及 $F \cdot [c,b]$ 中至少有一个 —— 记它做 $F \cdot [a_1, b_1]$ —— 不能被有限集 $\mathfrak{M}^*$ 所覆盖. 若 $[a,c]$ 及 $[c,b]$ 均具有此性质, 则取 $[a_1, b_1]$ 为其中任何一个好了. 显然的, $F \cdot [a_1, b_1]$ 仍为无穷集.

现在取
$$c_1 = \frac{a_1 + b_1}{2}.$$
对于 $[a_1, c_1]$ 和 $[c_1, b_1]$ 处理如前, 得 $[a_2, b_2]$. 点集 $F \cdot [a_2, b_2]$ 不能为一 $\mathfrak{M}^*$ 所覆盖. 将此手续继续进行, 得:
$$[a,b] \supset [a_1, b_1] \supset [a_2, b_2] \supset [a_3, b_3] \supset \cdots,$$
点集
$$F \cdot [a_n, b_n] \quad (n = 1, 2, 3, \cdots)$$
不能被 $\mathfrak{M}$ 之有限子集 $\mathfrak{M}^*$ 所覆盖, 并且都是无穷集.

因为 $[a_n, b_n]$ 之长为 $\dfrac{b-a}{2^n}$, 当 n 无限增大时趋向于 0. 所以所有的 $[a_n, b_n]$ 有一公共点 x_0, 且

$$\lim a_n = \lim b_n = x_0.$$

但我们可证 x_0 必属于 F. 为此目的, 我们首先从 $F \cdot [a_1, b_1]$ 中取一点 x_1, 随后在 $F \cdot [a_2, b_2]$ 中取一点 x_2 但异于 x_1, 接着再在 $F \cdot [a_3, b_3]$ 中取一点 x_3 异于 x_1 及 $x_2, \cdots$. 依照这种取法, 从 $F \cdot [a_n, b_n]$ 取一点 x_n 但异于先取好的 $x_1, x_2, \cdots, x_{n-1}$. 于是得到 F 中的点列

$$x_1, x_2, x_3, \cdots.$$

因

$$a_n \leqslant x_n \leqslant b_n,$$

所以

$$x_0 = \lim x_n,$$

是乃表示 x_0 为 F 的极限点. 今 F 为闭集, 故 $x_0 \in F$.

因为 F 被 $\mathfrak{M}$ 所覆盖, 所以 $\mathfrak{M}$ 中有区间 $\delta_0 \in \mathfrak{M}$ 覆盖着 x_0. 但是当 n 适当大的时候, (图 6)

$$[a_n, b_n] \subset \delta_0,$$

因之,

$$F \cdot [a_n, b_n] \subset \delta_0.$$

这表示 $F \cdot [a_n, b_n]$ 被 $\mathfrak{M}$ 中一个区间就覆盖了, 此结果与 $[a_n, b_n]$ 的取法矛盾. 由是定理得证.

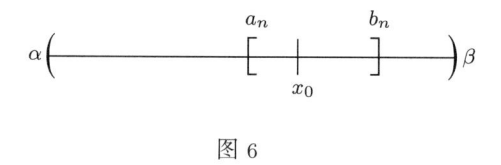

图 6

附注 若除去有界或闭的假定, 则定理不复为真.

此事由下面的二个例子, 即可明了.

例如 $\mathbb{N}$ 是自然数全体所成之集. 它是一个闭集 (因 $\mathbb{N}' = \varnothing$), 但不是有界的. 设

$$\mathfrak{M} = \left\{ \left(n - \dfrac{1}{3}, n + \dfrac{1}{3} \right) \right\} \quad (n = 1, 2, 3, \cdots),$$

则 $\mathfrak{M}$ 覆盖 $\mathbb{N}$. 但是 $\mathfrak{M}$ 的任何有限子集不能覆盖 $\mathbb{N}$. 因之有界的条件是不可缺的.

又如 $E = \left\{ 1, \dfrac{1}{2}, \dfrac{1}{3}, \cdots \right\}$. E 是一有界集，但是不是闭的. 取 δ_n 为包含 $\dfrac{1}{n}$ 的小区间，但使 δ_n 中不含有 E 的其他的点. 设 $\mathfrak{M}$ 为由 δ_n $(n = 1, 2, 3, \cdots)$ 所成的区间集，则 $\mathfrak{M}$ 覆盖 E，但是 $\mathfrak{M}$ 中有限个 δ_n 不能覆盖 E. 因之闭的条件也是不可缺的.

最后我们注意闭集的一个性质，利用这个性质可以简化定理 7 的证明.

定理 8 设 F 为闭集，
$$x_1, x_2, x_3, \cdots \tag{$*$}$$
为 F 的一个点列. 如果
$$\lim x_n = x_0,$$
则 $x_0 \in F$.

事实上，如果点列 $(*)$ 包含无穷个不同的点，则 x_0 为 F 之一极限点. 如果 $(*)$ 只含有有限个不同的点，那么此点列从某项以后，x_n 就是 x_0，所以 $x_0 \in F$.

§3. 内点及开集

定义 1 对于一点 x_0，假如 E 中有一个区间 (α, β) 含有 x_0，称 x_0 是 E 之一内点. 此时
$$x_0 \in (\alpha, \beta) \subset E.$$
所以，E 之内点必属于 E.

定义 2 E 的点都是它的内点的时候，称 E 是一开集.

例 1. 任何区间 (a, b) 为一开集.
2. 实数的全体所成之集为一开集.
3. 空集为开集.
4. 闭区间 $[a, b]$ 不是开集，因为它的端点不是内点.

定理 1 任意个开集的和集是一开集.

证明 设
$$S = \sum_{\xi} G_\xi,$$
其中一切 G_ξ 都是开集. 设 $x_0 \in S$，则 x_0 属于某一个 G_{ξ_0}. 因为 G_{ξ_0} 是开集，所以有 (α, β) 如下：
$$x_0 \in (\alpha, \beta) \subset G_{\xi_0},$$
因之
$$x_0 \in (\alpha, \beta) \subset S,$$
意即 x_0 是 S 之一内点. 由是，S 中任何点都是内点. 所以 S 是一开集.

推论 凡集可由区间之和集表示的必为开集.

定理 2 有限个开集的交集是开集.

证明 设
$$P = \prod_{k=1}^{n} G_k,$$
其中 $G_1, G_2, \cdots, G_n$ 都是开集. 若 P 是空集的话, P 是一开集. 如果 P 不是空集, 设 $x_0 \in P$, 则 $x_0 \in G_k$ $(k=1,2,\cdots,n)$. 对于每一个 k 有 (α_k, β_k) 满足
$$x_0 \in (\alpha_k, \beta_k) \subset G_k.$$
置
$$\lambda = \max(\alpha_1, \alpha_2, \cdots, \alpha_n); \quad \mu = \min(\beta_1, \beta_2, \cdots, \beta_n),$$
则
$$x_0 \in (\lambda, \mu) \subset P,$$
是即表示 x_0 为 P 的内点.

定理证毕.

附注 无穷个开集的交集未必是一开集.

事实上, 诸开集
$$G_n = \left(-\frac{1}{n}, \frac{1}{n}\right) \quad (n=1,2,3,\cdots)$$
的交集
$$\prod_{n=1}^{\infty} G_n = \{0\}$$
不是开集.

定义 3 设 E 和 S 是两个点集. 当 $E \subset S$ 时, 称差集 $S-E$ 为集 E 关于 S 的余集, 记作
$$\complement_S E.$$
特别, 对于 $\mathbb{R} = (-\infty, +\infty)$, 简称 $\complement_\mathbb{R} E$ 为 E 的余集, 简记作
$$\complement E.$$

利用余集的概念, 可得闭集与开集间的关系.

定理 3 如果 G 是一开集, 则其余集 $\complement G$ 是一闭集.

证明 设 $x_0 \in G$, 则 G 中必有区间 (α, β) 包含 x_0:
$$x_0 \in (\alpha, \beta) \subset G.$$
区间 (α, β) 中不含 $\complement G$ 中之任何点, 所以 x_0 不是 $\complement G$ 的极限点. 因此凡 $\complement G$ 的极限点一定不属于 G, 所以属于 $\complement G$. 故 $\complement G$ 为一闭集.

定理 4 如果 F 是一闭集, 则 $\complement F$ 是一开集.

证明 余集 $\complement F$ 中的任一点 x_0 不是 F 的极限点. 所以有区间 (α, β) 包含 x_0 而不包含 F 中其他的点, 而 x_0 本身也不是 F 中的点, 由是 $(\alpha, \beta) \subset \complement F$. 从而 x_0 乃为 $\complement F$ 之一内点, 所以 $\complement F$ 是一开集.

作为例子, 可以看出集 $\mathbb{R}$ 与空集 $\varnothing$ 互为余集. 所以 $\mathbb{R}$ 和 $\varnothing$ 都是开集, 也都是闭集.

易知下列诸事: 1) 如果 G 为开集, $G \subset [a,b]$ 时, 则 $[a,b] - G$ 为闭集. 2) 如果 F 为闭集, $F \subset (a,b)$ 时, 则 $(a,b) - F$ 为开集. 上述二事由下列二式
$$[a,b] - G = [a,b] \cdot \complement G,$$
$$(a,b) - F = (a,b) \cdot \complement F$$
即可明了.

不过, F 为闭集, $F \subset [a,b]$ 时, $[a,b] - F$ 不一定是开集. 例如 $F = [0,1], [a,b] = [0,2]$, 则 $[a,b] - F = (1,2]$.

为此, 我们给以下面的定义.

定义 4 设 E 是不空的有界集, $a = \inf E$, $b = \sup E$, 则称闭区间 $S = [a,b]$ 为包含 E 的最小闭区间.

定理 5 若 S 是包含有界闭集 F 的最小闭区间, 则 F 关于 S 的余集
$$\complement_S F = [a,b] - F$$
是一开集.

证明 若能证明
$$\complement_S F = (a,b) \cdot \complement F$$
就好了. 设 $x_0 \in \complement_S F$, 则
$$x_0 \in [a,b], \quad x_0 \overline{\in} F.$$
由 §2 的定理 6, a 与 b 都属于 F. 故 $x_0 \neq a$, $x_0 \neq b$. 所以 $x_0 \in (a,b)$. 又 $x_0 \in \complement F$, 因之 $x_0 \in (a,b) \cdot \complement F$. 所以
$$\complement_S F \subset (a,b) \cdot \complement F.$$

左端 $\complement_S F = [a,b] \cdot \complement F$, 故 $(a,b) \cdot \complement F \subset \complement_S F$. 于是得到

$$\complement_S F = (a,b) \cdot \complement F.$$

定理证毕.

§4. 距离及隔离性

定义 1 设 x, y 为直线上的二点. 数

$$|x - y|$$

称为点 x 与 y 间的距离, 记之以

$$\rho(x, y).$$

显然, $\rho(x, y) = \rho(y, x) \geqslant 0$, 且等式

$$\rho(x, y) = 0$$

当且仅当 $x = y$ 时成立.

定义 2 设 x_0 为某一点, E 为一非空的点集. x_0 与 E 中的点的距离之下确界称为点 x_0 与点集 E 间的距离, 记作 $\rho(x_0, E)$ 或是 $\rho(E, x_0)$. 用式子表示时, 即

$$\rho(x_0, E) = \inf\{\rho(x_0, x)\} \quad (x \in E).$$

显然, $\rho(x_0, E)$ 一定存在, 这是一正数或 0. 如果 $x_0 \in E$, 则

$$\rho(x_0, E) = 0.$$

所当注意的, 其逆未必为真, 例如 $x_0 = 0$, $E = (0, 1)$, 则 $\rho(x_0, E) = 0$, 但 $x_0 \bar{\in} E$.

定义 3 设 A 和 B 是两个不空的点集. 作 A 的点与 B 的点间的距离的下确界, 称为集 A 与集 B 间之距离, 记以 $\rho(A, B)$, 即

$$\rho(A, B) = \inf\{\rho(x, y)\} \quad (x \in A,\ y \in B).$$

显然, $\rho(A, B)$ 必存在, 且 $\rho(A, B) = \rho(B, A) \geqslant 0$.

如果 A 及 B 有共同点, 则

$$\rho(A, B) = 0,$$

但其逆不真. 例如

$$A = (-1, 0),\ B = (0, 1),\ \text{则}\ \rho(A, B) = 0,\ \text{但}\ AB = \varnothing.$$

我们注意到这个事实: 所谓点 x_0 与点集 E 的距离, 也就是只含一个点 x_0 的点集 $\{x_0\}$ 与另一点集 E 间的距离. 这个事实颇为有用.

定理 1 设 A 及 B 为两个不空的闭集, 并且其中至少有一个是有界的, 那么 A 存在点 x^*, B 存在点 y^* 适合

$$\rho(x^*, y^*) = \rho(A, B).$$

证明 由下确界的定义, 对于每一个自然数 n, 存在

$$x_n \in A, \quad y_n \in B$$

适合

$$\rho(A,B) \leqslant |x_n - y_n| < \rho(A,B) + \frac{1}{n}. \tag{1}$$

由假设, A 及 B 中至少有一个为有界. 我们可设 A 为有界集. 那么 $\{x_n\}$ 是一有界数列. 由波尔查诺–魏尔斯特拉斯定理, 其中有一收敛子数列: $x_{n_1}, x_{n_2}, x_{n_3}, \cdots$,

$$\lim x_{n_k} = x^*.$$

由于 A 为闭集, 所以 $x^* \in A$.

现在我们来看 $\{y_{n_k}\}$. 如果 $|x_{n_k}| < C$, 那么从

$$|y_{n_k}| \leqslant |x_{n_k}| + |y_{n_k} - x_{n_k}| < C + \rho(A,B) + \frac{1}{n_k} \leqslant C + \rho(A,B) + 1,$$

知道 $\{y_{n_k}\}$ 也是有界数列. 因此, 它必有如下的收敛子数列:

$$y_{n_{k_1}}, y_{n_{k_2}}, x_{n_{k_3}}, \cdots, \lim y_{n_{k_i}} = y^*.$$

但 B 是一闭集, 所以 $y^* \in B$. 不难看出

$$|y^* - x^*| = \lim |y_{n_{k_i}} - x_{n_{k_i}}| = \rho(A,B),$$

于是定理证毕.

如果定理中的 A 和 B 均非有界, 则定理不真. 此可由下例明之.
设 $N = \{n\}$, $M = \left\{n + \dfrac{1}{2n}\right\}$, 则因 $N' = M' = \varnothing$, N 及 M 都是闭集. 显然, $\rho(N, M) = 0$, 然因 $N \cap M = \varnothing$, 故不存在如下的 $x^*, y^*: x^* \in N, y^* \in M, \rho(x^*, y^*) = 0$.

又定理中 A 与 B 二集均为闭的条件减为其中只有一个是闭集, 那么定理就不成立. 例如 $A = [1, 2]$, $B = [3, 5]$, 则 $\rho(A, B) = 1$.

下面是本定理的推论.

推论 1 设 A 与 B 都是闭集且其中至少有一个是有界点集. 若 $\rho(A,B)=0$, 则 A 与 B 相交.

推论 2 设 F 是一不空的闭集, x_0 是任意的一点, 那么 F 中必有点 x^* 适合:
$$\rho(x_0,x^*) = \rho(x_0,F).$$

推论 3 如果点 x_0 与闭集 F 满足条件 $\rho(x_0,F)=0$, 则 $x_0 \in F$.

由已证的结果不难引出

定理 2 若闭集 A 不是空集也不是全直线 $\mathbb{R}$, 则它不可能是开的.

证明 设 $A \neq \varnothing$, $A \neq \mathbb{R}$, A 为闭的又为开的. 那么它的余集 $B = \complement A$ 也同样如此. 设 D 为含有集 A 的点和集 B 的点的线段. 设 x,y 为这样的点使 $x \in AD$, $y \in BD$, $|x-y| = \rho(AD,BD) = d$, 而置 $2z = x+y$. 则 $z \in D$ 且关系式 $z \in AD$, $z \in BD$ 中的一个一定被满足. 假设 $z \in AD$. 则 $d = \rho(AD,BD) \leqslant |z-y| = \dfrac{d}{2}$, 这是不可能的, 因为 $d > 0$.

下面我们将引入一个重要的概念, 就是所谓"隔离性". 不过事前还得证明两个简单的引理.

引理 1 设 A 是一不空的点集, d 是一正数. 设 B 表示适合 $\rho(x,A) < d$ 的 x 的全体:
$$B = \mathbb{R} \cap (\rho(x,A) < d).$$

则 $A \subset B$, 且 B 是开集.

证明 显然 $A \subset B$. 要证的是 B 为开集.

设 $x_0 \in B$. 则 $\rho(x_0,A) < d$, 从而 A 中必有点 x^* 适合
$$\rho(x_0,x^*) < d.$$

置 $d - \rho(x_0,x^*) = h$. 下面将证 (x_0-h, x_0+h) 含在 B 中. 因此证得 x_0 是 B 的内点, 也就是说 B 是开集.

于 (x_0-h, x_0+h) 中任取一点 y, 则 $|y-x_0| < h$. 又因 $|x_0-x^*| = d-h$, 所以
$$|y-x^*| \leqslant |y-x_0| + |x_0-x^*| < h + d - h = d.$$

因此, $\rho(y,x^*) < d$. 由是
$$\rho(y,A) < d,$$

从而 $y \in B$. 由此得
$$(x_0-h, x_0+h) \subset B,$$

引理证毕.

引理 2 设 A_1, A_2 是如下的两个不空点集:

$$\rho(A_1, A_2) = r > 0.$$

设

$$B_1 = \mathbb{R} \cap \left(\rho(x, A_1) < \frac{r}{2}\right), \quad B_2 = \mathbb{R} \cap \left(\rho(x, A_2) < \frac{r}{2}\right).$$

则 $B_1 B_2 = \varnothing$.

证明 假如 $B_1 B_2 \neq \varnothing$, 有 $z \in B_1 B_2$. 那么

$$\rho(z, A_1) < \frac{r}{2}, \quad \rho(z, A_2) < \frac{r}{2}.$$

因此 A_1 有点 x_1, A_2 有点 x_2 适合

$$|z - x_1| < \frac{r}{2}, \quad |z - x_2| < \frac{r}{2},$$

由是,

$$|x_1 - x_2| < r.$$

从而 $\rho(A_1, A_2) < r$, 这是不可能的. 引理证毕.

定理 3 (隔离性) 对于两个不相交的有界闭集 F_1, F_2 必有如下的开集 G_1, G_2:

$$G_1 \supset F_1, \ G_2 \supset F_2, \ G_1 G_2 = \varnothing.$$

证明 由定理 1 的推论 1,

$$\rho(F_1, F_2) = r > 0.$$

余下的证明只要置

$$G_i = \mathbb{R} \cap \left(\rho(x, F_i) < \frac{r}{2}\right) \quad (i = 1, 2),$$

应用引理 1 及引理 2 即行.

顺便我们要提出下面的注意: 定理中 F_1 及 F_2 为有界的条件, 如果除去, 仍不失定理的真实, 此地不拟加以仔细讨论. 相反, F_1 及 F_2 是闭的条件是不能缺少的. 例如取

$$A = [0, 1), \quad B = [1, 2]$$

即明.

§5. 有界开集及有界闭集的结构

定义 1 设 G 是一开集. 假如开区间 (a,b) 完全含在 G 中, 而其两端都不属于 G; 即

$$(a,b) \subset G,\ a\overline{\in}G,\ b\overline{\in}G,$$

那么称 (a,b) 是 G 之一构成区间①.

定理 1 假如 G 是一个不空的有界开集, 那么 G 的任一点必属于其某一构成区间.

证明 设 $x_0 \in G$. 置 $F = [x_0, +\infty) \cap \complement G$.

因 $[x_0, +\infty)$ 与 $\complement G$ 都是闭集, 又 G 是有界集, 所以 F 是一个不空的闭集. 在 x_0 的左面没有 F 的点, 所以 F 是有下界的. 设 F 的最左的点是 μ, 则 $\mu \geqslant x_0$. 因 $x_0 \in G$, 故 $x_0 \overline{\in} F$. 因此 $x_0 \neq \mu$. 由是 $x_0 < \mu$.

注意 $\mu\overline{\in}G$ (因 $\mu \in F \subset \complement G$), 就可以证明

$$[x_0, \mu) \subset G.$$

否则存在着如下的 y:

$$y \in [x_0, \mu),\ y\overline{\in}G,$$

因此

$$y \in F,\ y < \mu.$$

此与 μ 的定义相抵触.

总而言之, 对于 $x_0 \in G$, 有如下的点 μ:

1) $\mu > x_0$, 2) $\mu\overline{\in}G$, 3) $[x_0, \mu) \subset G$.

同样可以证明有如下的点 λ:

1) $\lambda < x_0$, 2) $\lambda\overline{\in}G$, 3) $(\lambda, x_0] \subset G$.

由是得 G 的一个构成区间 (λ, μ), 它包含点 x_0. 定理证毕.

从已证的定理, 我们知道: 凡是不空的有界开集都具有构成区间.

定理 2 设 (λ, μ) 和 (σ, τ) 是开集 G 的两个构成区间, 那么它们或者是完全一致, 或者是互不相交.

证明 假设 (λ, μ) 和 (σ, τ) 有共同点 x, 则必

$$\lambda < x < \mu,\ \sigma < x < \tau.$$

若

$$\tau < \mu,$$

---

①这个名词在此地第一次引用.

则 $\tau \in (\lambda, \mu)$, 但这是不可能的, 因为

$$(\lambda, \mu) \subset G, \text{ 而 } \tau \overline{\in} G.$$

于是得到

$$\mu \leqslant \tau.$$

同理,

$$\tau \leqslant \mu.$$

所以 $\tau = \mu$.

仿此可得 $\sigma = \lambda$. 因此 (λ, μ) 与 (σ, τ) 完全一致.

推论 不空的有界开集 G 的不同的构成区间之全体是一有限集或是可数集.

事实上, 如果我们对于每一个构成区间, 取其中的一个有理数与之对应. 这样, G 的构成区间所成之集与有理数之一子集对等.

综合上述, 得定理如下:

定理 3 每一不空有界开集 G 可以表示为有限个或可数个不相重叠的区间的和集; 每一个区间完全含在 G 中, 而其两端点都不属于 G, 即

$$G = \sum_k (\lambda_k, \mu_k), \quad \lambda_k \overline{\in} G, \quad \mu_k \overline{\in} G.$$

其逆定理我们在前面已经证过: 凡集可用区间之和集表示的一定是开集.

定理 4 设 G 是一不空的有界开集, (a, b) 是一个含在 G 中的区间. 则 G 含有一个构成区间 (λ, μ) 适合于 $(a, b) \subset (\lambda, \mu)$.

证明 设 $x_0 \in (a, b)$, 则 $x_0 \in G$. G 必有构成区间 (λ, μ) 包含 x_0, 现在证明 $(a, b) \subset (\lambda, \mu)$ 好了.

如果

$$\mu < b,$$

则 $\mu \in (a, b)$, 但这是不可能的, 因为 $\mu \overline{\in} G$. 由是

$$b \leqslant \mu.$$

同样,

$$\lambda \leqslant a,$$

因此,

$$(a, b) \subset (\lambda, \mu),$$

定理证毕.

下面我们研究有界闭集的结构.

假设 F 是一个有界闭集, S 是包含 F 的最小闭区间. 则 $\complement_s F$ 是一开集. 若该集不是空集, 则可应用定理 3. 于是得到下面的定理.

定理 5 不空的有界闭集 F, 假如它不是一个闭区间, 则一定是从一个闭区间除去有限个或可数个不相重叠的区间 (其两端属于 F) 所成.

其逆显然亦真: 从一个闭区间除去一个区间集可得闭集.

称 $\complement_s F$ 的构成区间是闭集 F 的余区间.

因为完满集是闭集, 所以对于完满集可以应用定理 5, 现在我们发生下面的问题: 要使一个闭集成为完满集, 它的余区间应具有些什么条件? 下面的定理回答了这个问题.

定理 6 设 F 是一个不空的有界闭集, $S = [a, b]$ 是包含 F 的最小闭区间. 则

1. F 的两个余区间的共同端点 x_0 是 F 的孤立点.

2. 如果 S 的端点 a (或 b) 同时是 F 的一个余区间的端点, 那么它也是 F 的孤立点.

3. 除了 1 和 2 中的孤立点而外, F 没有其他的孤立点.

证明 1 和 2 的结果很明白. 所要证明的是 3. 设 x_0 是 F 的孤立点. 先假定 $a < x_0 < b$. 由孤立点的定义, 有区间 $(\alpha, \beta) \subset [a, b]$, 在 (α, β) 中除 x_0 而外不含 F 的其他点. 因区间 (x_0, β) 中不含 F 的点, 所以 $(x_0, \beta) \subset \complement_s F$. 由定理 4, F 有一个余区间 (λ, μ) 包含 (x_0, β). 因 $\lambda < x_0$ 表示 x_0 不属于 F, 与假定矛盾; 所以 $\lambda \geqslant x_0$. 从 $(x_0, \beta) \subset (\lambda, \mu)$ 知 $\lambda > x_0$ 亦不成立, 故必 $\lambda = x_0$. 即 x_0 是 F 的一个余区间的左端. 同样的可证 x_0 是 F 的某个余区间的右端. 故得定理中第三个结论之证. 当 $x_0 = a$ 或 $x_0 = b$ 时亦可同法证明之.

从定理 6 得到如下的定理:

定理 7 不空的有界完满集 P, 假如它不是一个闭区间, 它一定是从一个闭区间除去有限个或可数个不相重叠的区间所成, 这种区间之间没有共同端点, 且与原来的闭区间也无共同端点. 倒过来说, 凡从上述方法而得的集是一完满集.

下面举一个关于完满集的有趣并且重要的例子.

康托尔的集 G_0 与 P_0 将闭区间 $U = [0, 1]$ 用分点 $\dfrac{1}{3}$, $\dfrac{2}{3}$ 分成三部分, 而取去 $\left(\dfrac{1}{3}, \dfrac{2}{3}\right)$. 将每一个留下来的闭区间 $\left[0, \dfrac{1}{3}\right]$, $\left[\dfrac{2}{3}, 1\right]$ 又各各等分成三部分 (对于第一个闭区间用 $\dfrac{1}{9}$, $\dfrac{2}{9}$ 当作分点, 对于第二个闭区间用 $\dfrac{7}{9}$, $\dfrac{8}{9}$ 当作分点), 而各各取去中间的区间 $\left(\dfrac{1}{9}, \dfrac{2}{9}\right)$ 与 $\left(\dfrac{7}{9}, \dfrac{8}{9}\right)$. 再将留下来的四个闭区间等分成三部分而取去其中间的一个区间 (图 7). 将此手续逐次继续, 以至无穷.

§5. 有界开集及有界闭集的结构

图 7

这样，从 $[0,1]$ 取去了一个开集 G_0. G_0 是可数个区间的和集：

$$G_0 = \left(\frac{1}{3}, \frac{2}{3}\right) + \left[\left(\frac{1}{9}, \frac{2}{9}\right) + \left(\frac{7}{9}, \frac{8}{9}\right)\right] + \cdots.$$

留下来的集记作 P_0，由定理 7，P_0 是一完满集.

称 G_0 及 P_0 为康托尔的集.

现在利用三进制小数，来讨论康托尔集的算术性质.

用三进制小数将区间 $\left(\frac{1}{3}, \frac{2}{3}\right)$ 中的数 x 表示为

$$x = 0.a_1 a_2 a_3 \cdots \quad (a_k = 0, 1, 2),$$

必须是

$$a_1 = 1.$$

区间 $\left(\frac{1}{3}, \frac{2}{3}\right)$ 的两端各有两种表示法：

$$\frac{1}{3} = \begin{cases} 0.100000\cdots, \\ 0.022222\cdots; \end{cases} \qquad \frac{2}{3} = \begin{cases} 0.12222\cdots, \\ 0.20000\cdots. \end{cases}$$

从 $[0,1]$ 除了 $\left[\frac{1}{3}, \frac{2}{3}\right]$，其余的点用三进制小数表示时，它的第一位小数一定不是 1.

因此，构成 G_0 的第一步手续，就是从 U 取出在三进制小数表示中第一位小数必定是 1 的那些点而且只取出那些点.

仿此，在第二步手续中所取出的点用三进制小数表示时，小数第二位的数字必定是 1，而且这样的点一定取出. 以下类推.

因此，在取出 G_0 以后，所留下来的点，用三进制小数

$$0.a_1 a_2 a_3 \cdots$$

表示时，可使没有一个 a_k 是 1，而且这样的点一定留下来.

简言之，G_0 乃是从这种点所成，它由三进制小数表示时不可能不出现数字 1. 而用三进制小数表示 P_0 中的点时，可以没有数字 1 出现.

推论 康托尔的完满集 P_0 具有势 c.

事实上,
$$P_0 = \{0.a_1a_2a_3\cdots\} \qquad a_k = \begin{cases} 0, \\ 2, \end{cases}$$

由第 1 章 §4 的定理 8, 知 P_0 的势是 c.

G_0 的一切端点成一可数集, 所以势为 c 的康托尔的集 P_0 除了取去的区间的端点而外还含有其他的点. 这种 "非端点" 的点, 用三进制小数

$$0.a_1a_2a_3\cdots \qquad a_k = \begin{cases} 0, \\ 2 \end{cases}$$

表示时, 决不会从某一位开始全是 0 或全是 2.

§6. 凝聚点、闭集的势

在 §5 中我们得到, 康托尔集 P_0 的势是 c. 现在要证: 所有不空的完满集均有此性质.

定理 1　凡不空的完满集, 其势是 c.

证明　设 P 是一个不空的完满集. 取点 $x \in P$ 及一个包含 x 的区间 δ. 由于 x 不是 P 的孤立点, 所以 $P\delta$ 是一个无穷集.

于 $P\delta$ 中取两个相异的点 x_0 和 x_1, 又作具有下列诸性质的两个区间 δ_0, δ_1: 当 $i = 0, 1$ 时,

1) $x_i \in \delta_i$, 2) $\delta_i \subset \delta$, 3) $\overline{\delta}_0 \overline{\delta}_1 = \varnothing$, 4) $m\delta_i < 1$

($\overline{\delta}$ 表示区间 δ 的闭包, $m\delta$ 表示 δ 的长).

因为 x_0 是 P 的极限点, 所以在 δ_0 中有无数个点属于 P. 于其中取这样的相异两点 $x_{0,0}$ 和 $x_{0,1}$. 又作如下的区间 $\delta_{0,0}$ 和 $\delta_{0,1}$: 当 $k = 0, 1$ 时,

1) $x_{0,k} \in \delta_{0,k}$, 　2) $\delta_{0,k} \subset \delta_0$, 　3) $\overline{\delta}_{0,0} \cap \overline{\delta}_{0,1} = \varnothing$, 　4) $m\delta_{0,k} < \dfrac{1}{2}$.

对于点 x_1 我们施行同样的手续. 如是得到如下的点 $x_{i,k}$ ($i, k = 0, 1$) 和区间 $\delta_{i,k}$:

1) $x_{i,k} \in P\delta_{i,k}$, 2) $\delta_{i,k} \subset \delta_i$, 3) $\overline{\delta}_{i,k} \cap \overline{\delta}_{i',k'} = \varnothing$ $((i,k) \neq (i',k'))$, 4) $m\delta_{i,k} < \dfrac{1}{2}$.

这种手续继续进行, 至 n 次我们得到如下的点:

$$x_{i_1, i_2, \cdots, i_n} \quad (i_k = 0, 1;\ k = 1, 2, \cdots, n)$$

和区间 $\delta_{i_1, i_2, \cdots, i_n}$:

1) $x_{i_1, i_2, \cdots, i_n} \in P\delta_{i_1, i_2, \cdots, i_n}$,
2) $\delta_{i_1, i_2, \cdots, i_{n-1}, i_n} \subset \delta_{i_1, \cdots, i_{n-1}}$,
3) $\overline{\delta}_{i_1, i_2, \cdots, i_n} \cap \overline{\delta}_{i'_1, i'_2, \cdots, i'_n} = \varnothing$ $((i_1, i_2, \cdots, i_n) \neq (i'_1, i'_2, \cdots, i'_n))$,
4) $m\delta_{i_1, i_2, \cdots, i_n} < \dfrac{1}{n}$.

因为每一个点 $x_{i_1,i_2,\cdots,i_n}$ 是 P 的极限点，所以在 $P\cap\delta_{i_1,i_2,\cdots,i_n}$ 中可以取两个相异的点

$$x_{i_1,i_2,\cdots,i_n,0} \quad \text{和} \quad x_{i_1,i_2,\cdots,i_n,1},$$

又可以作如下的两个区间：

$$\delta_{i_1,i_2,\cdots,i_n,0} \quad \text{和} \quad \delta_{i_1,i_2,\cdots,i_n,1},$$

当 $i_{n+1}=0,1$ 时

(1) $x_{i_1,i_2,\cdots,i_n,i_{n+1}} \subset \delta_{i_1,i_2,\cdots,i_n,i_{n+1}}$,
(2) $\delta_{i_1,i_2,\cdots,i_n,i_{n+1}} \subset \delta_{i_1,i_2,\cdots,i_n}$,
(3) $\overline{\delta}_{i_1,i_2,\cdots,i_n,0} \cap \overline{\delta}_{i_1,i_2,\cdots,i_n,1} = \varnothing$,
(4) $m\delta_{i_1,i_2,\cdots,i_n,i_{n+1}} < \dfrac{1}{n+1}$.

我们假设这种手续对于所有的自然数 n 均已施行. 于是对于每一无穷数列

$$(i_1, i_2, i_3, \cdots) \quad (i_k=0,1)$$

我们有一个点

$$z_{i_1,i_2,i_3,\cdots}$$

与之对应. 而这个点乃是一列闭区间的交集

$$\overline{\delta}_{i_1} \cap \overline{\delta}_{i_1,i_2} \cap \overline{\delta}_{i_1,i_2,i_3} \cap \cdots$$

中唯一的一点.

容易看到，两个不同的数列

$$i_1, i_2, i_3, \cdots \quad \text{和} \quad i'_1, i'_2, i'_3, \cdots$$

对应于不同的两点 $z_{i_1,i_2,i_3,\cdots}$ 和 $z_{i'_1,i'_2,i'_3,\cdots}$. 因为假如 n 是满足 $i_m \neq i'_m$ 的诸 m 的最小数，那么

$$i_1=i'_1,\ i_2=i'_2,\ \cdots,\ i_{n-1}=i'_{n-1},\ i_n \neq i'_n,$$

而两闭区间

$$\overline{\delta}_{i_1,i_2,\cdots,i_n} \quad \text{和} \quad \overline{\delta}_{i'_1,i'_2,\cdots,i'_n}$$

不会相交，从而

$$z_{i_1,i_2,i_3,\cdots} \neq z_{i'_1,i'_2,i'_3,\cdots}.$$

置

$$S = \{z_{i_1,i_2,i_3,\cdots}\},$$

则由第 1 章 §4 之定理 8，知

$$\overline{\overline{S}} = c.$$

但是 $S \subset P$, 所以
$$\overline{\overline{P}} \geqslant c.$$

另一方面
$$\overline{\overline{P}} \leqslant c.$$

因此 $\overline{\overline{P}} = c$, 定理证毕.

现在我们要将所得的结果用到任意的闭集上去. 为此目的我们先导入 "凝聚点" 的概念.

定义 若包含点 x_0 的每一个区间 (a,b) 包含 E 中不可数的无穷个点, 则 x_0 称为 E 的凝聚点.

显然, 点集的凝聚点是它的极限点.

定理 2 (E. 林得勒夫 (E. Lindelöf)) 如果 E 的点都不是 E 的凝聚点, 则 E 至多是一可数集.

证明 假如两端 r,R 都是有理数的区间 (r,R) 中至多含有 E 的可数个点的话, 称这种区间 (r,R) 是 "正规" 的. "正规" 区间的全体显然至多是可数的, 因为根本只存在可数个有理数的数对 (r,R).

我们将证明, E 中每一点 (当然假定 E 不是空集) 必定含在某一个 "正规" 区间中. 事实上, 设 $x \in E$. 因 x 不是 E 的凝聚点, 必有区间 (a,b) 含有点 x 而 E 在 (a,b) 中的部分至多成一可数集. 现在取如下的有理数 r, R:
$$a < r < x < R < b,$$
则 (r,R) 乃是含有 x 的 "正规" 区间. 换言之, 对于 $x \in E$, 有 "正规" 区间含有 x.

设 "正规" 区间的全体是
$$\delta_1,\ \delta_2,\ \delta_3,\ \cdots$$
则
$$E = \sum_{k=1}^{\infty} E\delta_k,$$
其中每一个被加集至多是一可数集, 所以 E 至多是一可数集.

推论 1 假如 E 不是可数集, 则至少有一个 E 的凝聚点属于 E.

今将此结果与波尔查诺-魏尔斯特拉斯定理来对照一下: 波尔查诺-魏尔斯特拉斯定理是对于一切无穷集而言, 而此结果只对于不可数的集而言. 不过在此地, 并不需要 E 是有界, 其结果不但得到凝聚点之存在, 并且知道存在着这种凝聚点而属于集 E 的.

推论 2　设 E 是一点集，P 是 E 的凝聚点的全体，则 $E-P$ 至多是一可数集.

事实上，$E-P$ 没有 E 的凝聚点，所以更加没有 $E-P$ 的凝聚点.

推论 3　设 E 是一不可数的点集，P 是 E 的凝聚点的全体，那么 EP 是一不可数的集.

事实上，$EP = E - (E-P)$，故由第 1 章 §3 之定理 10，知 EP 是一不可数集. 推论 3 实际上包含推论 1.

定理 3　设集 E 是不可数的集. 则 E 的凝聚点的全体 P 成一完满集.

证明　先证 P 是闭集. 设 x_0 是 P 的任一极限点，任取含有 x_0 的区间 (a,b)，其中至少含有 P 的一个点 z. z 是 E 的凝聚点，所以 (a,b) 中含有 E 的不可数个的点. 就是说，包含 x_0 的任何区间 (a,b) 中含有 E 的不可数个的点，从而 x_0 自己也是 E 的凝聚点，即 $x_0 \in P$. 所以 P 是一闭集.

其次证明 P 无孤立点. 设 $x_0 \in P$，(a,b) 是包含 x_0 的区间，则 $Q = E(a,b)$ 是不可数的集. 由定理 2 之推论 3，Q 含有不可数个 Q 的凝聚点. 因 $Q \subset E$，所以 Q 的凝聚点也是 E 的凝聚点，因此 Q 中 (也可以说在 (a,b) 中) 必含有不可数个 P 的点. 所以含有 x_0 的任何区间含有不可数个 P 的点. 是必 $x_0 \in P'$. 定理证毕.

定理 4 (G. 康托尔–I. 本迪克松 (I. Bendixson))　每一个不可数的闭集 F 可以写成
$$F = P + D,$$
其中 P 为完满集，D 至多是一可数集.

证明　事实上，假使 P 表示 F 的所有凝聚点的集合，则 $P \subset F$，而 $D = F - P$ 至多是一可数集.

推论　不可数的闭集，其势是 c.

第二章的习题

1. 若 $f(x)$ 是在闭区间 $[a,b]$ 上所定义的连续函数，则对于任何实数 c，满足 $f(x) \geqslant c$ 的 x 全体成一闭集.

2. 每一个闭集是可数个开集的交集.

3. 证明区间 (a,b) 不能表示成可数个两两不相交的闭集的和集.

4. 试拓广隔离性定理于无界闭集.

5. 证明用十进制小数表示 $[0,1]$ 中的数时，其用不着数字 7 的一切数成一完满集.

6. 将点集 $[0,1]$ 表示为 c 个无共同点的完满集的和集.

7. 证明 [0,1] 中无理数的全体不可能表示为可数个闭集的和集.

8. 试在 [0,1] 上定义一个函数 $\varphi(x)$, 它在任一有理点为不连续, 但在任一无理点为连续.

9. 证明在 [0,1] 上不可能定义一个如下的函数, 它在每一个有理点为连续而在每一个无理点为不连续.

10. 如果 $f(x)$ $(a \leqslant x \leqslant b)$ 具有下面的性质: 对于任意的 c, $Z(f(x) \geqslant c)$ 与 $Z(f(x) \leqslant c)$ 常为闭集, 则 $f(x)$ 是一连续函数.

11. 假如点集 E 被区间系 $\mathfrak{M}$ 所覆盖, 则 $\mathfrak{M}$ 中有至多可数子系 $\mathfrak{M}^*$ 即可覆盖 E (E. 林得勒夫).

12. 证明任何点集的内点的全体成一开集.

第三章 可测集

§1. 有界开集的测度

在实变数函数论中点集的测度概念很是重要. 它是区间的长, 矩形的面积, 以及平行六面体的体积等等这种概念的扩充. 本章叙述 H. 勒贝格 (H. Lebesgue) 的线性测度, 但是仅就线性有界集而言.

由于开集具有极简单的结构, 所以我们从开集说起.

定义 1 区间 (a,b) 的测度, 就是它的长 $b-a$. 记以
$$m(a,b) = b - a,$$
显然总有 $m(a,b) > 0$.

引理 1 如果区间 Δ 中含有有限个不相重叠的区间 $\delta_1, \delta_2, \cdots, \delta_n$, 则
$$\sum_{k=1}^{n} m\delta_k \leqslant m\Delta.$$

证明 设
$$\Delta = (A, B), \quad \delta_k = (a_k, b_k) \quad (k = 1, 2, \cdots, n).$$
不损害一般性, 我们不妨假设
$$a_1 < a_2 < a_3 < \cdots < a_n.$$
从而
$$b_k \leqslant a_{k+1} \quad (k = 1, 2, \cdots, n-1),$$

这是因为 δ_k 与 δ_{k+1} 不相重叠之故. 所以
$$Q = (B - b_n) + (a_n - b_{n-1}) + \cdots + (a_2 - b_1) + (a_1 - A)$$
不是负数. 因此, 显然有
$$m\Delta = \sum_{k=1}^{n} m\delta_k + Q,$$
由此得引理的证明.

推论 如果区间 Δ 中含有可数个不相重叠的区间 $\delta_k(k=1,2,\cdots)$, 则
$$\sum_{k=1}^{\infty} m\delta_k \leqslant m\Delta.$$

[对于正项发散级数若记其和为 $+\infty$, 则凡正项级数必有和. 正项级数 $\sum_{k=1}^{\infty} a_k$ 满足 $\sum_{k=1}^{\infty} a_k < C$ 时, 它是收敛级数].

定义 2 设 G 是不空的有界开集, 则其一切构成区间之长的和称为 G 的测度. 即
$$mG = \sum_{k} m\delta_k.$$

[记号 $\sum_{k} m\delta_k$ 表示 $\sum_{k=1}^{n} m\delta_k$ 或 $\sum_{k=1}^{\infty} m\delta_k$, 视集 $\{\delta_k\}$ 为有限或可数而定]. 由上面所述的推论, 知
$$mG < +\infty.$$

如果集 G 是空集, 则定义
$$mG = 0,$$
所以, G 是一开集的话, 则 $mG \geqslant 0$. 假如 Δ 是一包含开集 G 的区间, 则由上述推论知
$$mG \leqslant m\Delta.$$

例 (康托尔的开集 G_0) 康托尔的开集 G_0 是经过一系列的步骤而得的. 第一步是取一个长为 $\frac{1}{3}$ 的区间 $\left(\frac{1}{3}, \frac{2}{3}\right)$. 第二步是添加两个区间: $\left(\frac{1}{9}, \frac{2}{9}\right)$ 及 $\left(\frac{7}{9}, \frac{8}{9}\right)$, 每一区间之长是 $\frac{1}{9}$. 第三步是添加四个区间, 每区间之长是 $\frac{1}{27}$. 依此类推.

故得
$$mG_0 = \frac{1}{3} + \frac{2}{9} + \frac{4}{27} + \cdots = 1.$$

§1. 有界开集的测度

定理 1 设 G_1, G_2 是两个有界开集. 若 $G_1 \subset G_2$, 则
$$mG_1 \leqslant mG_2.$$

证明 设 $\delta_i(i=1,2,3,\cdots)$ 及 $\Delta_k(k=1,2,3,\cdots)$ 分别是 G_1 及 G_2 的构成区间.

由第二章 §5 之定理 4, 每一个区间 δ_i 必定含在某一个 (且只有一个) 区间 Δ_k 之中. 把区间集 $\{\delta_i\}$ 划分出如下的不相交的子集 $A_1, A_2, A_3, \cdots$: 当 $\delta_i \subset \Delta_k$ 时, 称 δ_i 在 A_k 之中. 由二重级数的性质, 得
$$mG_1 = \sum_i m\delta_i = \sum_k \left(\sum_{\delta_i \in A_k} m\delta_i \right).$$

由引理 1 之推论
$$\sum_{\delta_i \in A_k} m\delta_i \leqslant m\Delta_k,$$
由是,
$$mG_1 \leqslant \sum_k m\Delta_k = mG_2.$$

推论 有界开集 G 的测度是一切可能包含 G 的有界开集的测度的下确界.

定理 2 若有界开集 G 是有限个或可数个不相重叠的开集 G_k 的和集:
$$G = \sum_k G_k \quad (G_k G_{k'} = \varnothing,\ k \neq k'),$$
则
$$mG = \sum_k mG_k.$$

这个性质称为完全可加性, 即开集的测度具有完全可加性.

证明 设 $\delta_i^{(k)}(i=1,2,3,\cdots)$ 是 G_k 的构成区间, 则每一个 $\delta_i^{(k)}$ 也是 G 的构成区间. 实际上, $\delta_i^{(k)} \subset G$. 所要证的是 $\delta_i^{(k)}$ 之两端都不属于 G. 假如 $\delta_i^{(k)}$ 的右端 μ 属于 G, 则 μ 必属于某一个 $G_{k'}$ (显然的, $k \neq k'$, 因为 μ 不属于 G_k). 然而 $G_{k'}$ 是一开集, μ 必属于它的一个构成区间之中. 设
$$\mu \in \delta_{i'}^{(k')},$$
则 $\delta_i^{(k)}$ 与 $\delta_{i'}^{(k')}$ 有共同点, 这是与 $G_k G_{k'} = \varnothing$ 相冲突的. 同样, $\delta_i^{(k)}$ 的左端也不属于 G.

由是, 一切 $\delta_i^{(k)}$ 都是 G 的构成区间. 另一方面, G 中任一点必属于一个 $\delta_i^{(k)}$. 这些 $\delta_i^{(k)}$ 两两相异. 所以集
$$\{\delta_i^{(k)}\} \quad (i=1,2,\cdots;\ k=1,2,\cdots)$$

的确是 G 的构成区间的全部.

因此,从
$$mG = \sum_{i,k} m\delta_i^{(k)} = \sum_k \left(\sum_i m\delta_i^{(k)} \right) = \sum_k mG_k$$
得到所要的结果.

如果 $G = \sum G_k$ 中诸被加集不是两两不相交,那么结果要略加更动. 首先证明两个引理:

引理 2 假如 $[P,Q]$ 被有限个区间所成之集 $H = \{(\lambda,\mu)\}$ 所覆盖,则
$$Q - P < \sum_H m(\lambda,\mu).$$

证明 我们从 H 依下面的手续选取一个部分集 H^*: 首先从 H 取一个包含 P 的区间 (λ_1,μ_1):
$$\lambda_1 < P < \mu_1$$
(这种区间至少存在一个). 如果 $\mu_1 > Q$, 则区间 (λ_1,μ_1) 即为所要的 H^*.

如果 $\mu_1 \leqslant Q$, 则因 $\mu_1 \in [P,Q]$, 从 H 中取一个包含 μ_1 的区间 (λ_2,μ_2):
$$\lambda_2 < \mu_1 < \mu_2.$$

如果 $\mu_2 > Q$, 则 (λ_1,μ_1) 和 (λ_2,μ_2) 组成 H^*, 而手续终了.

如果 $\mu_2 \leqslant Q$, 则因 $\mu_2 \in [P,Q]$, 从 H 中取一个包含 μ_2 的区间 (λ_3,μ_3):
$$\lambda_3 < \mu_2 < \mu_3.$$

如果 $\mu_3 > Q$, 则手续完毕. 如果 $\mu_3 \leqslant Q$, 则我们可以再继续进行同样的手续.

但 H 是一个有限区间集, 而我们进行上述手续时, 每次取出的区间必与已经取出的不同, 因为它们的右端适合于
$$\mu_1 < \mu_2 < \mu_3 < \cdots$$
的缘故. 所以这种手续不能无限制地进行, 最后必有 μ_k 居 Q 的右方.

设
$$\mu_n > Q,$$
而 $\mu_{n-1} \leqslant Q$, 则我们的手续至第 n 回而告终止.

n 个的区间
$$(\lambda_1,\mu_1),\ (\lambda_2,\mu_2),\ \cdots,\ (\lambda_n,\mu_n)$$
组成 H^*. 由上述的取法,
$$\lambda_{k+1} < \mu_k \quad (k=1,2,\cdots,n-1).$$

所以
$$\sum_{k=1}^{n}(\mu_k - \lambda_k) > \sum_{k=1}^{n-1}(\lambda_{k+1} - \lambda_k) + (\mu_n - \lambda_n) = \mu_n - \lambda_1,$$
又因
$$\mu_n - \lambda_1 > Q - P,$$
所以
$$Q - P < \sum_{k=1}^{n}(\mu_k - \lambda_k),$$
由是更有
$$Q - P < \sum_{H}(\mu - \lambda).$$

引理 3 设区间 Δ 是有限个或可数个开集 G_k 的和集:
$$\Delta = \sum_k G_k,$$
则
$$m\Delta \leqslant \sum_k mG_k.$$

证明 设 $\Delta = (A, B)$. 又设 G_k 的构成区间是 $\delta_i^{(k)}(i = 1, 2, \cdots)$. 设 $0 < \varepsilon < \dfrac{B-A}{2}$, 则 Δ 含有 $[A + \varepsilon, B - \varepsilon]$. 此闭区间 $[A + \varepsilon, B - \varepsilon]$ 被区间集 $\delta_i^{(k)}(i = 1, 2, \cdots; k = 1, 2, \cdots)$ 所覆盖. 应用第二章 §2 中的博雷尔定理, 存在有限个区间
$$\delta_{i_s}^{(k_s)} \quad (s = 1, 2, \cdots, n)$$
覆盖 $[A + \varepsilon, B - \varepsilon]$ 中一切点. 因此, 由引理 2,
$$B - A - 2\varepsilon < \sum_{s=1}^{n} m\delta_{i_s}^{(k_s)}.$$
所以更有
$$B - A - 2\varepsilon < \sum_{i,k} m\delta_i^{(k)} = \sum_k \left(\sum_i m\delta_i^{(k)}\right) = \sum_k mG_k.$$
但 ε 是一任意的正数, 故得
$$B - A \leqslant \sum_k mG_k.$$

定理 3 如果有界开集 G 是有限个或可数个开集 G_k 的和集

$$G = \sum_k G_k,$$

则

$$mG \leqslant \sum_k mG_k.$$

证明 设 $\Delta_i (i=1,2,\cdots)$ 是 G 的构成区间, 则

$$mG = \sum_i m\Delta_i.$$

但

$$\Delta_i = \Delta_i \sum_k G_k = \sum_k (\Delta_i G_k),$$

由引理 3,

$$m\Delta_i \leqslant \sum_k m(\Delta_i G_k),$$

因此

$$mG \leqslant \sum_i \left[\sum_k m(\Delta_i G_k)\right] = \sum_k \left[\sum_i m(\Delta_i G_k)\right]. \tag{$*$}$$

另一方面,

$$G_k = G_k \cap \sum_i \Delta_i = \sum_i (\Delta_i G_k).$$

由于 (注意: 这是要点!) 上式右方之任何两项为不相交 (因为当 $i \neq i'$ 时 $\Delta_i \Delta_{i'} = \varnothing$), 所以从定理 2, 得到

$$\sum_i m(\Delta_i G_k) = mG_k. \tag{$**$}$$

比较 $(*)$ 和 $(**)$ 即得所要的结果.

§2. 有界闭集的测度

设 F 是一不空的有界闭集, S 是包含 F 的最小闭区间, 则 $\complement_s F$ (由第二章 §3 定理 5) 是一有界开集, 所以它有一定的测度 $m[\complement_s F]$. 现在我们来定义有界闭集的测度.

定义 1 设 F 是一不空的有界闭集, $S = [A, B]$ 是包含 F 的最小闭区间, 则定义 F 的测度

$$mF = B - A - m[\complement_s F].$$

§2. 有界闭集的测度

对于空的闭集,其测度不必再下定义,因为空集同时也是开集,它的测度我们已定义作 0. 不空的有界闭集不能同时是一开集,所以不必定义又开又闭的集的测度.

我们考察下面几个例子.

1. $F = [a, b]$. 此时 $S = [a, b], \complement_s F = \varnothing$. 故

$$m[a, b] = b - a,$$

即: 闭区间的测度等于其长.

2. F 为有限个两两不相交的闭区间的和集

$$F = [a_1, b_1] + [a_2, b_2] + \cdots + [a_n, b_n].$$

假设这些闭区间的次序已经安排好, 使得

$$b_k < a_{k+1} \quad (k = 1, 2, \cdots, n-1),$$

则

$$S = [a_1, b_n], \complement_s F = (b_1, a_2) + (b_2, a_3) + \cdots + (b_{n-1}, a_n).$$

因此,

$$mF = b_n - a_1 - \sum_{k=1}^{n-1}(a_{k+1} - b_k) = \sum_{k=1}^{n}(b_k - a_k).$$

这就是说: 对有限个两两不相交的闭区间的和集而言, 它的测度等于这些闭区间的长度的和.

3. 设 $F = P_0$ (康托尔的完满集), 则 $S = [0, 1], \complement_s F = G_0$. 由是,

$$mP_0 = 1 - 1 = 0,$$

所以康托尔的完满集 P_0 的测度等于 0. 耐人寻味的是: 与此对照, P_0 的势是 c. 这样看来, 势为 c 的集, 其测度可能等于 0.

定理 1 有界闭集 F 的测度决不是负数.

证明 利用定义 1, $\complement_s F \subset (A, B)$. 由 §1 的定理 1,

$$m(\complement_s F) \leqslant m(A, B) = B - A,$$

故

$$mF \geqslant 0.$$

引理 1 设 F 是含在区间 Δ 中的有界闭集, 则

$$mF = m\Delta - m[\complement_\Delta F].$$

证明 $\complement_\Delta F$ 是一开集, 所以引理 1 是有意义的. 今设 $\Delta = (A, B)$, 又设包含 F 的最小闭区间是 $S = [a, b]$ (图 8).

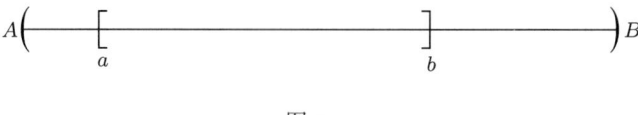

图 8

易知
$$\complement_\Delta F = \complement_\Delta S + \complement_S F.$$

上式中右边两个开集是不相交的. 根据 (§1 定理 2 所说的) 测度的可加性, 就有

$$m[\complement_\Delta F] = m[\complement_\Delta S] + m[\complement_S F].$$

因 $\complement_\Delta S = (A, a) + (b, B)$, 故

$$m[\complement_\Delta S] = (a - A) + (B - b).$$

因此,
$$m[\complement_\Delta F] = (B - A) - (b - a) + m[\complement_S F],$$

由此可得所要证的结果.

定理 2 设 F_1, F_2 是两个有界闭集. 如果 $F_1 \subset F_2$, 则

$$mF_1 \leqslant mF_2.$$

证明 设 Δ 是包含 F_2 的一个区间, 则不难相信

$$\complement_\Delta F_1 \supset \complement_\Delta F_2,$$

因此
$$m[\complement_\Delta F_1] \geqslant m[\complement_\Delta F_2],$$

再应用上述之引理即得.

推论 有界闭集 F 的测度是 F 一切可能含在 F 中的闭集的测度的上确界.

定理 3 设 F 是一闭集, G 是含有 F 的有界开集, 则

$$mF \leqslant mG.$$

证明 设 Δ 是包含 G 的一个区间, 则

$$\Delta = G + \complement_\Delta F,$$

由 §1 定理 3, 得
$$m\Delta \leqslant mG + m[\complement_\Delta F],$$
再用引理 1 即得 $mF \leqslant mG$.

定理 4 有界开集 G 的测度是一切可能含在 G 中的闭集的测度的上确界.

证明 由定理 3, 我们已知 mG 是 G 一切可能含有的闭集 F 的上界, 其测度 $mF \leqslant mG$. 现在只要证明 F 的测度可以任意接近于 mG 即可.

设 G 之构成区间是 (λ_k, μ_k) $(k=1,2,\cdots)$, 则
$$mG = \sum(\mu_k - \lambda_k).$$
对于任意的正数 ε, 取 n 充分大, 使下式成立:
$$\sum_{k=1}^n (\mu_k - \lambda_k) > mG - \frac{\varepsilon}{2}.$$
然后对于每一个 $k(k=1,2,\cdots,n)$, 作如下的闭区间 $[\alpha_k, \beta_k]$:
$$[\alpha_k, \beta_k] \subset (\lambda_k, \mu_k), \quad m[\alpha_k, \beta_k] > m(\lambda_k, \mu_k) - \frac{\varepsilon}{2n}$$
(取 η_k 适合 $0 < \eta_k < \min\left[\dfrac{\mu_k - \lambda_k}{2}, \dfrac{\varepsilon}{4n}\right]$, 而置 $\alpha_k = \lambda_k + \eta_k$, $\beta_k = \mu_k - \eta_k$ 就行). 设
$$F_0 = \sum_{k=1}^n [\alpha_k, \beta_k],$$
则 F_0 是含在 G 中的一个闭集, 它的测度
$$mF_0 = \sum_{k=1}^n (\beta_k - \alpha_k) > \sum_{k=1}^n (\mu_k - \lambda_k) - \frac{\varepsilon}{2} > mG - \varepsilon.$$
因 ε 是一任意的正数, 所以定理证毕.

定理 5 有界闭集 F 的测度是一切可能包含 F 的有界开集的测度的下确界.

证明 如同前定理一样, 只要证明: 包含 F 的有界开集的测度可以任意接近于 mF 好了.

取一个包含 F 的区间 Δ. 对于任一正数 ε, 由定理 4, 有闭集 Φ 满足
$$\Phi \subset \complement_\Delta F, \quad m\Phi > m[\complement_\Delta F] - \varepsilon.$$
置
$$G_0 = \complement_\Delta \Phi,$$

则 G_0 是包含 F 的开集, 并且

$$mG_0 = m\Delta - m\Phi < m\Delta - m[\complement_\Delta F] + \varepsilon = mF + \varepsilon.$$

因此定理证毕.

定理 6 设有界闭集 F 是有限个不相交的闭集的和集:

$$F = \sum_{k=1}^{n} F_k \quad (F_k F_{k'} = \varnothing,\ k \neq k'),$$

则

$$mF = \sum_{k=1}^{n} mF_k.$$

证明 本定理对 $n = 2$ 时来证明就行了. 设

$$F = F_1 + F_2 \quad (F_1 F_2 = \varnothing).$$

对于任一正数 ε, 根据定理 5, 取如下的两个有界开集 G_1, G_2:

$$G_i \supset F_i, \quad mG_i < mF_i + \frac{\varepsilon}{2} \quad (i = 1, 2).$$

今置

$$G = G_1 + G_2,$$

则 G 是一个包含 F 的有界开集, 并且显然的,

$$mF \leqslant mG \leqslant mG_1 + mG_2 < mF_1 + mF_2 + \varepsilon.$$

由于 ε 是任意的, 故得

$$mF \leqslant mF_1 + mF_2. \tag{$*$}$$

另一方面, 由于隔离性定理, 存在着如下的开集 B_1, B_2:

$$B_i \supset F_i\ (i = 1, 2), \quad B_1 B_2 = \varnothing.$$

又对于任意的正数 ε, 可取一个如下的有界开集 G:

$$G \supset F,\ mG < mF + \varepsilon.$$

两个有界开集 $B_1 G$ 和 $B_2 G$ 是没有共同点的, 并且分别包含着 F_1 和 F_2. 因此

$$mF_1 + mF_2 \leqslant m(B_1 G) + m(B_2 G) = m[B_1 G + B_2 G]$$

(此地我们用到开集的测度的可加性). 因 $B_1 G + B_2 G \subset G$, 故

$$mF_1 + mF_2 \leqslant mG < mF + \varepsilon.$$

但 ε 是任意的, 所以
$$mF_1 + mF_2 \leqslant mF. \qquad (**)$$
由 $(*)$ 与 $(**)$, 得到
$$mF = mF_1 + mF_2.$$

§3. 有界集的内测度与外测度

定义 1 有界集 E 的外测度 m^*E 是一切可能包含 E 的有界开集的测度的下确界, 即
$$m^*E = \inf_{G \supset E}\{mG\}.$$
那么显然的, 一切有界集 E 都有外测度 m^*E:
$$0 \leqslant m^*E < +\infty.$$

定义 2 有界集 E 的内测度 m_*E 是一切可能含在 E 中的闭集的测度的上确界, 即
$$m_*E = \sup_{F \subset E}\{mF\}.$$
那么显然的, 一切有界集 E 都有内测度:
$$0 \leqslant m_*E < +\infty.$$

定理 1 假如 G 是一有界开集, 则
$$m^*G = m_*G = mG.$$
本定理由 §1 定理 1 的推论及 §2 定理 4 即明.

定理 2 假如 F 是一有界闭集, 则
$$m^*F = m_*F = mF.$$
本定理由 §2 定理 2 的推论及定理 5 即明.

定理 3 对于所有的有界集 E,
$$m_*E \leqslant m^*E.$$

证明 设 G 是包含 E 的有界开集, F 是含在 E 中的闭集, 则 $F \subset G$. 由 §2 中定理 3, 知 $mF \leqslant mG$. 因此
$$m_*E \leqslant mG.$$
上式对于一切包含 E 的有界开集 G 都成立, 故得
$$m_*E \leqslant m^*E.$$

定理 4　假如有界集 B 含有 A, 则
$$m_*A \leqslant m_*B, \quad m^*A \leqslant m^*B.$$

证明　上面两个不等式的证明相仿. 我们只要证明第一式即行. 设 S 是 A 的所有闭子集的测度所组成之集, T 是 B 的所有闭子集的测度所组成之集, 则
$$m_*A = \sup S, \quad m_*B = \sup T.$$

设 F 是 A 的任一闭子集, 则 F 同时是 B 的闭子集, 因此
$$S \subset T,$$

由于任何一个集合的子集的上确界不超过这个集合本身的上确界, 从而 $\sup S \leqslant \sup T$, 是即 $m_*A \leqslant m_*B$.

定理 5　假如有界集 E 是有限个或可数个集 E_k 的和集
$$E = \sum_k E_k,$$

那么
$$m^*E \leqslant \sum_k m^*E_k.$$

证明　假如 $\sum_k m^*E_k$ 是一发散级数, 则定理自真. 今设级数 $\sum m^*E_k$ 是收敛的. 对于任意的正数 ε, 有如下的有界开集 G_k:
$$G_k \supset E_k, \quad mG_k < m^*E_k + \frac{\varepsilon}{2^k} \quad (k = 1, 2, 3 \cdots).$$

设 Δ 是包含 E 的某一区间, 则 $E \subset \Delta \sum_k G_k$. 因此由 §1 定理 3,
$$m^*E \leqslant m\left[\Delta \sum_k G_k\right] = m\left[\sum_k \Delta G_k\right] \leqslant \sum_k m(\Delta G_k)$$
$$\leqslant \sum_k mG_k < \sum_k m^*E_k + \varepsilon,$$

因 ε 是任意的正数, 故由上式得到所要的结果 $m^*E \leqslant \sum_k m^*E_k$.

定理 6　假如有界集 E 是有限个或可数个不相重叠的集 E_k 的和集:
$$E = \sum_k E_k \quad (E_k E_{k'} = \varnothing, \ k \neq k'),$$

那么
$$m_*E \geqslant \sum_k m_*E_k.$$

证明 首先考察 n 个集 $E_1, E_2, \cdots, E_n$. 对于任意的正数 ε, 有如下的闭集 F_k:
$$F_k \subset E_k, \quad mF_k > m_*E_k - \frac{\varepsilon}{n} \quad (k=1,2,\cdots,n).$$

今 n 个集 $F_1, F_2, \cdots, F_n$ 之间两两不相交, 其和集 $\sum_{k=1}^{n} F_k$ 是一闭集. 由 §2 的定理 6, 得
$$m_*E \geqslant m\left[\sum_{k=1}^{n} F_k\right] = \sum_{k=1}^{n} mF_k > \sum_{k=1}^{n} m_*E_k - \varepsilon.$$

因为 ε 是任意的, 所以
$$\sum_{k=1}^{n} m_*E_k \leqslant m_*E.$$

这样, 本定理对于 E 是有限个集的和集时已成立. 假如 E 是可数个集的和集时, 则因上式对于所有的 n 为真, 所以 $\sum_{k} m_*E_k$ 是一收敛级数, 并且
$$\sum_{k=1}^{\infty} m_*E_k \leqslant m_*E.$$

如果将 $E_1, E_2, \cdots$ 两两不相重叠的条件除去, 则定理不复成立. 例如
$$E_1 = [0,1], \quad E_2 = [0,1], \quad E = E_1 + E_2,$$

则 $m_*E = 1$, 而 $m_*E_1 + m_*E_2 = 2$.

定理 7 设 E 是一有界集, Δ 是包含 E 的区间, 则
$$m^*E + m_*[\complement_\Delta E] = m\Delta.$$

证明 对于任一正数 ε, 取闭集 F 使
$$F \subset \complement_\Delta E, \quad mF > m_*[\complement_\Delta E] - \varepsilon.$$

设 $G = \complement_\Delta F$, 则 G 是包含 E 的有界开集. 利用 §2 的引理, 得
$$m^*E \leqslant mG = m\Delta - mF < m\Delta - m_*[\complement_\Delta E] + \varepsilon.$$

因 ε 是任意的, 所以
$$m^*E + m_*[\complement_\Delta E] \leqslant m\Delta.$$

下面我们为得到与上式相反的不等式:
$$m^*E + m_*[\complement_\Delta E] \geqslant m\Delta, \qquad (*)$$

需要更精致的论述.

取 $\varepsilon > 0$, 作有界开集 G_0, 使

$$G_0 \supset E, \quad mG_0 < m^*E + \frac{\varepsilon}{3}.$$

设 $\Delta = (A, B)$, 又作含在 (A, B) 中的区间 (a, b) 使满足

$$A < a < A + \frac{\varepsilon}{3}, \quad B - \frac{\varepsilon}{3} < b < B.$$

置

$$G = \Delta G_0 + (A, a) + (b, B),$$

则 G 是一个包含 E 的有界开集, 并且

$$mG < m^*G + \varepsilon.$$

此外, 集 $F = \complement_\Delta G$ 又可写为 $F = [a, b] \cap \complement G$, 它是一个有界闭集, 这结果在此地是很重要的. 又因 $F \subset \complement_\Delta E$, 所以

$$m_*[\complement_\Delta E] \geqslant mF = m\Delta - mG > m\Delta - m^*E - \varepsilon.$$

由于 ε 是任意的, 由上式即得 $(*)$. 定理已证毕.

推论 设区间 Δ 含有点集 E, 则

$$m^*[\complement_\Delta E] - m_*[\complement_\Delta E] = m^*E - m_*E.$$

证明 将定理用到点集 $\complement_\Delta E$ 上, 则得

$$m^*[\complement_\Delta E] + m_*E = m\Delta,$$

因此

$$m^*[\complement_\Delta E] + m_*E = m^*E + m_*[\complement_\Delta E],$$

由是即得所要求的结果.

§4. 可测集

定义 如果有界集 E 的内测度和外测度相等, 则称 E 是一个可测集. 这时 E 的内测度或外测度的数值就称作 E 的测度, 记为 mE:

$$mE = m^*E = m_*E.$$

§4. 可 测 集

这种测度概念的规定法归功于勒贝格, 因此有时称这种可测集是 "依勒贝格的意义是可测的", 或简称为 "(L) 可测".

如果 E 不是可测集, 则不能言其测度, 那时 mE 就没有意义. 特别对每个无界集, 我们都认为是不可测的①.

定理 1 有界开集是可测集, 且新定义的测度与 §1 中所说的是一致的.

这是 §3 定理 1 的直接结果. 又由 §3 定理 2, 还可导出下面的定理:

定理 2 有界闭集是可测集, 且新定义的测度与 §2 中所说的是一致的.

又由 §3 定理 7 之推论可得:

定理 3 如果 E 是含在区间 Δ 中的有界集, 则 E 和 $C_\Delta E$ 同时为可测或同时为不可测.

比较 §3 的定理 5 与定理 6 又得:

定理 4 假如有界集 E 是有限个或可数个两两不相交的可测集的和集:

$$E = \sum_k E_k \quad (E_k E_{k'} = \varnothing,\ k \neq k'),$$

则 E 是一可测集, 且

$$mE = \sum_k mE_k.$$

其证明从下面的一串不等式就可明白:

$$\sum_k mE_k = \sum_k m_* E_k \leqslant m_* E \leqslant m^* E \leqslant \sum_k m^* E_k = \sum_k mE_k.$$

这结果叫做可测集的完全可加性.

在最后所证的定理中, 我们假定被加集是两两不相交的. 现在我们把这个限制除去, 来讨论有限个可测集的和集.

定理 5 有限个可测集的和集是一可测集.

证明 设

$$E = \sum_{k=1}^n E_k,$$

其中 $E_k\ (k=1,2,\cdots,n)$ 都是可测集.

对于任一正数 ε, 对每一个 k 作如下的闭集 F_k 及有界开集 G_k:

$$F_k \subset E_k \subset G_k, \quad mG_k - mF_k < \frac{\varepsilon}{n} \quad (k=1,2,\cdots,n).$$

---

①在本书第十七章里可以将可测概念扩充到某些无界集上去.

置
$$F = \sum_{k=1}^{n} F_k, \quad G = \sum_{k=1}^{n} G_k,$$
则 F 是一闭集而 G 是一有界开集，且
$$F \subset E \subset G,$$
从而得到
$$mF \leqslant m_*E \leqslant m^*E \leqslant mG. \qquad (*)$$
但集 $G - F$ 是一有界开集 (因 $G - F = G \cap \complement F$)，它是可测的. 还有集 F 也是可测的. 因 F 与 $G - F$ 不相交，所以应用上一定理于
$$G = F + (G - F),$$
即得
$$mG = mF + m(G - F),$$
从而
$$m(G - F) = mG - mF.$$
同理得到
$$m(G_k - F_k) = mG_k - mF_k \quad (k = 1, 2, \cdots, n).$$
因 $G - F$ 与 $G_k - F_k$ 都是有界开集，所以从
$$G - F \subset \sum_{k=1}^{n} (G_k - F_k)$$
及 §1 中的定理得到
$$m(G - F) \leqslant \sum_{k=1}^{n} m(G_k - F_k),$$
由是
$$mG - mF \leqslant \sum_{k=1}^{n} [mG_k - mF_k] < \varepsilon.$$
由上式及 $(*)$，乃得
$$m^*E - m_*E < \varepsilon,$$
因 ε 是一任意的正数，所以
$$m^*E = m_*E.$$

定理 6 有限个可测集的交集是可测的.

证明 设
$$E = \prod_{k=1}^{n} E_k,$$
其中 E_k 都是可测集. 设区间 Δ 包含所有的 E_k, 那么易见
$$\complement_\Delta E = \sum_{k=1}^{n} \complement_\Delta E_k.$$

两集 $\complement_\Delta E_k$ 与 E_k 同时为可测, 故由定理 5, 知 $\complement_\Delta E$ 是一可测集. 因此 E 是一可测集, 这就是所要证明的.

定理 7 两个可测集的差是一可测集.

证明 设
$$E = E_1 - E_2,$$
其中 E_1 与 E_2 都是可测集. 设区间 Δ 包含 E_1 及 E_2, 则
$$E = E_1 \cap \complement_\Delta E_2,$$
因此由定理 6 得定理 7.

定理 8 假设除了定理 7 中诸条件外, 再加上条件 $E_1 \supset E_2$, 则
$$mE = mE_1 - mE_2.$$

证明 显然,
$$E_1 = E + E_2 \quad (EE_2 = \varnothing),$$
故由定理 4,
$$mE_1 = mE + mE_2,$$
由是即得所要的结果.

定理 9 假如有界集 E 是可数个可测集的和集, 则 E 是一可测集.

证明 设
$$E = \sum_{k=1}^{\infty} E_k.$$
置
$$A_1 = E_1, \ A_2 = E_2 - E_1, \cdots, A_k = E_k - (E_1 + \cdots + E_{k-1}), \cdots,$$
则
$$E = \sum_{k=1}^{\infty} A_k,$$
此式中的 A_k 都是可测集, 并且两两不相交. 故由定理 4, 知 E 是一可测集.

本定理假定 E 为有界, 这条件不能去掉. 例如 $E_k = [0, k]$, 其和集 $\sum_{k=1}^{\infty} E_k = [0, +\infty)$ 并非可测. (在定理 5 中, E 是有限个可测集的和集, 所以 E 为有界这一条件是自然满足的.)

定理 10 可数个可测集的交集是可测的.

证明 设
$$E = \prod_{k=1}^{\infty} E_k,$$
其中 E_k 都是可测集. 因 $E \subset E_1$, 故 E 是一有界集. 设 Δ 是任何一个包含 E 的区间, 又设
$$A_k = \Delta E_k \quad (k = 1, 2, 3, \cdots),$$
则
$$E = \Delta E = \Delta \prod_{k=1}^{\infty} E_k = \prod_{k=1}^{\infty} (\Delta E_k) = \prod_{k=1}^{\infty} A_k.$$
易于验证
$$\complement_{\Delta} E = \sum_{k=1}^{\infty} \complement_{\Delta} A_k,$$
由定理 9, 知 $\complement_{\Delta} E$ 是可测集. 又由定理 3, 知 E 是一可测集.

下面两个定理在函数理论中颇为重要.

定理 11 设 $E_1, E_2, E_3, \cdots$ 都是可测集. 如果
$$E_1 \subset E_2 \subset E_3 \subset \cdots$$
且 $E = \sum_{k=1}^{\infty} E_k$ 为有界, 则
$$mE = \lim_{n \to \infty} [mE_n].$$

证明 容易明白, 点集 E 可用下式表示:
$$E = E_1 + (E_2 - E_1) + (E_3 - E_2) + (E_4 - E_3) + \cdots,$$
其中任何两项都不相交. 由定理 4 及定理 8,
$$mE = mE_1 + \sum_{k=1}^{\infty} m(E_{k+1} - E_k) = mE_1 + \sum_{k=1}^{\infty} [mE_{k+1} - mE_k].$$
根据无穷级数和的定义, 上式可改写为
$$mE = \lim_{n \to \infty} \left\{ mE_1 + \sum_{k=1}^{n-1} [mE_{k+1} - mE_k] \right\} = \lim_{n \to \infty} mE_n.$$
定理证毕.

定理 12 设 $E_1, E_2, E_3, \cdots$ 都是可测集, $E = \prod_{k=1}^{\infty} E_k$. 如果
$$E_1 \supset E_2 \supset E_3 \supset \cdots,$$
则
$$mE = \lim_{n \to \infty} [mE_n].$$

证明 这个定理易于归结为上一定理, 事实上, 任取一包含 E_1 的区间 Δ, 则
$$\complement_\Delta E_1 \subset \complement_\Delta E_2 \subset \complement_\Delta E_3 \subset \cdots,$$
$$\complement_\Delta E = \sum_{k=1}^{\infty} \complement_\Delta E_k.$$

从定理 11, 得
$$m(\complement_\Delta E) = \lim_{n \to \infty} [m(\complement_\Delta E_n)],$$
此式可以改写为:
$$m\Delta - mE = \lim_{n \to \infty} [m\Delta - mE_n].$$

故定理得证.

§5. 可测性及测度对于运动的不变性

设 A 和 B 是两个集, 集中元素是具有某种性质的东西. 如果有如下的一种规则: 对于 A 中任一元素 a, 在 B 中有一个并且只有一个元素 b 与它对应, 那么这个对应是将 A 单值地映射于 B 上. 此时 B 中任一元素不一定在 A 中有它的对应元素. 映射的概念是函数概念的直接扩充. 设 $a \in A$, a 在 B 中的对应元素常记为 $f(a)$:
$$b = f(a).$$

此时称 b 为 a 的像, 而称 a 为 b 的原像. 一个元素 b 可能有几个原像.

设 A^* 是 A 的一个子集, B^* 是 A^* 中元素的像的全体 (意即当 $a \in A^*$ 时 $f(a) \in B^*$; 又当 $b \in B^*$ 时, A^* 中至少有一个 a 适合 $f(a) = b$). 此时称 B^* 为集 A^* 的像, 而写成
$$B^* = f(A^*).$$

称 A^* 为 B^* 的原像.

这是映射的一般概念. 下面所讲的映射是一种很重要的特殊形式.

定义 1 设 $\mathbb{R}$ 是实数的全体, $\varphi(x)$ 是一个单值映射, 当 $x \in \mathbb{R}$ 时, 得一实数 $\varphi(x)$. 如果对于任何两个实数 x 和 y, 像点 $\varphi(x)$ 与 $\varphi(y)$ 间的距离常等于原像 x 与 y 间之距离:
$$|\varphi(x) - \varphi(y)| = |x - y|$$

的话, 则称此映射为一运动.

换言之: 运动是这样一种映射, $\mathbb{R}$ 中的点经运动后仍旧是 $\mathbb{R}$ 中的点并且原来任二点间的距离经运动后保持不变.

运动概念的定义并不要求 $\mathbb{R}$ 中每一点是某点的像, 也不要求 $\mathbb{R}$ 中不同的点有不同的像. 但这两种情况均可由定义推导出来. 其中之一可由下面定理看出.

定理 1 设 $\varphi(x)$ 是一运动, 那么当 $x \neq y$ 时 $\varphi(x) \neq \varphi(y)$.

事实上,
$$|\varphi(x) - \varphi(y)| = |x - y| \neq 0.$$

定理 2 a) 若 $A \subset B$, 则 $\varphi(A) \subset \varphi(B)$.

b) $\varphi\left(\sum_\xi E_\xi\right) = \sum_\xi \varphi(E_\xi)$.

c) $\varphi\left(\prod_\xi E_\xi\right) = \prod_\xi \varphi(E_\xi)$.

d) $\varphi(\varnothing) = \varnothing$.

本定理的证明可由读者自行完成. 此地仅指出只有在证明 c) 时要用到定理 1. 下面三种映射都是运动:

I. $\varphi(x) = x + d$ (移动);

II. $\varphi(x) = -x$ (反射);

III. $\varphi(x) = -x + d$.

$\mathbb{R}$ 中的运动除了上面三种之外 (严格地说来只有两种, 因为 II 是 III 的特殊情形) 没有别的了. 将这个非常重要的事实写成定理就是.

定理 3 假如 $\varphi(x)$ 是运动, 那么或是
$$\varphi(x) = x + d,$$
或是
$$\varphi(x) = -x + d.$$

证明 设
$$\varphi(0) = d,$$
则对于任何 x,
$$|\varphi(x) - d| = |x|,$$
此式可以写为
$$\varphi(x) = (-1)^{\sigma(x)} x + d \quad [\sigma(x) = 0, 1].$$

函数 $\sigma(x)$ 对于每一个 $x \neq 0$ 都有意义. 现在要证 $\sigma(x)$ 乃是一个常数.

§5. 可测性及测度对于运动的不变性

设 x 与 y 是如下的两点:$x \neq 0, y \neq 0, x \neq y$.
则
$$\varphi(x) - \varphi(y) = (-1)^{\sigma(x)}x - (-1)^{\sigma(y)}y,$$
或
$$\varphi(x) - \varphi(y) = (-1)^{\sigma(x)}[x - (-1)^\rho y],$$
其中 $\rho = \sigma(y) - \sigma(x)$ 是下列三数之一:
$$\rho = 1, 0, -1.$$
由运动之定义, 必须
$$|x - (-1)^\rho y| = |x - y|.$$
因此, 或是
$$x - (-1)^\rho y = x - y,$$
或是
$$x - (-1)^\rho y = -x + y.$$
第二种情形是不会发生的, 因为从第二式会得到
$$2x = y[1 + (-1)^\rho],$$
当 $\rho = \pm 1$ 时, $x = 0$; 当 $\rho = 0$ 时, $x = y$, 这都是不可能的事.

于是, 只留下第一种情形为可能, 即 $\rho = 0$. 亦即 $\sigma(x) = \sigma(y)$.

因此当 $x \neq 0$ 时, $\sigma(x)$ 是一常数:
$$\sigma(x) = \sigma \quad (\sigma = 0, 1),$$
因此
$$\varphi(x) = (-1)^\sigma x + d.$$
上式当 $x = 0$ 时仍旧成立. 从而定理得证.

推论 对于运动, $\mathbb{R}$ 的任何一点 y 一定是 $\mathbb{R}$ 中某一点 x 的像, 这就是说: $\varphi(\mathbb{R}) = \mathbb{R}$.

事实上, 如果 $\varphi(x) = (-1)^\sigma x + d$, 则 y 之原像是
$$x = (-1)^\sigma (y - d).$$

如果 $\varphi(x) = (-1)^\sigma x + d$ 是一个运动, 则称运动
$$\varphi^{-1}(x) = (-1)^\sigma (x - d)$$

是它的逆运动. 这两个运动之间有关系
$$\varphi[\varphi^{-1}(x)] = \varphi^{-1}[\varphi(x)] = x.$$

换言之, 如果 x 由运动 φ 得到像 y, 则由运动 φ^{-1}, y 之像是 x. 非常重要的事实是: 对于每一个运动存在着一个逆运动.

定理 4 经运动后: a) 区间的像仍是区间, 且测度不变; 像的区间的两端的原像乃是原来区间的两端.

b) 有界集之像仍为有界集.

证明 a) 设区间 $\Delta = (a,b)$. 经过运动 $\varphi(x) = x + d$ 它就变为区间 $(a+d, b+d)$; 而经过运动 $\varphi(x) = -x + d$ 它变为 $(d-b, d-a)$. 在无论哪种情形下,
$$m\varphi(\Delta) = b - a = m\Delta.$$

b) 任取一个有界集 E. 设 Δ 是包含 E 的一个区间, 则
$$\varphi(E) \subset \varphi(\Delta),$$
因此 $\varphi(E)$ 是有界集. 实际上, 如 E 中所有的点 x 满足 $|x| < k$, 则 $\varphi(E)$ 中所有的点 y 满足 $|y| < k + |d|$.

定理 5 经运动后: a) 闭集之像仍为闭集.

b) 开集之像仍为开集.

证明 a) 设 $\varphi(F)$ 是闭集 F 的像. 设 y_0 是 $\varphi(F)$ 之一极限点, 又设 $\{y_n\}$ 是如下的一列点:
$$\lim_{n \to \infty} y_n = y_0, \quad y_n \in \varphi(F).$$
设
$$x_0 = \varphi^{-1}(y_0), \quad x_n = \varphi^{-1}(y_n),$$
则 $x_n \in F$. 因
$$|x_n - x_0| = |y_n - y_0|,$$
故
$$x_n \to x_0.$$

由于 F 是一闭集, 必然有 $x_0 \in F$. 因此,
$$y_0 = \varphi(x_0) \in \varphi(F).$$

所以 $\varphi(F)$ 是一闭集.

b) 设 G 是一开集. 置
$$F = \complement G,$$
则 F 是一闭集, 且
$$G + F = \mathbb{R}, \quad G \cdot F = \varnothing.$$
因此由定理 2 及定理 3 之推论, 得
$$\varphi(G) + \varphi(F) = \mathbb{R}, \quad \varphi(G) \cap \varphi(F) = \varnothing,$$
是即证明 $\varphi(G)$ 是闭集 $\varphi(F)$ 的余集, 所以 $\varphi(G)$ 是一开集.

定理 6 有界开集之测度对于运动不变.

证明 设 G 是一有界开集, 则 $\varphi(G)$ 也是一有界开集. 设 $\delta_k(k=1,2,3,\cdots)$ 是 G 的所有构成区间, 则由定理 4, $\varphi(\delta_k)$ 是 $\varphi(G)$ 的构成区间, 而且易于验证, $\varphi(G)$ 再没有其他构成区间. 因此
$$m\varphi(G) = \sum_k m\varphi(\delta_k) = \sum_k m\delta_k = mG,$$
此即所要证的结果.

定理 7 有界集的内测度和外测度对于运动都不变.

证明 a) 设 E 是一有界集. 取任意的 $\varepsilon > 0$, 作有界开集 G 如下:
$$G \supset E, \; mG < m^*E + \varepsilon.$$
因有界开集 $\varphi(G)$ 包含集 $\varphi(E)$, 故
$$m^*\varphi(E) \leqslant m\varphi(G) = mG < m^*E + \varepsilon.$$
因 ε 是一任意的正数, 故得
$$m^*\varphi(E) \leqslant m^*E,$$
由是, 有界集经过运动, 它的外测度不会增加的. 这同时证明了它也不会减少的, 因为否则逆运动要引起外测度的增加了. 故得
$$m^*\varphi(E) = m^*E.$$

b) 设 Δ 是一个包含 E 的区间, 则 $\varphi(\Delta)$ 是一个包含集合 $\varphi(E)$ 的区间. 又记
$$A = \complement_\Delta E.$$

由关系式
$$E + A = \Delta, \quad E \cap A = \varnothing$$
得到
$$\varphi(E) + \varphi(A) = \varphi(\Delta), \quad \varphi(E) \cap \varphi(A) = \varnothing,$$
由于 $\varphi(E)$ 是 $\varphi(A)$ 关于 $\varphi(\Delta)$ 的余集, 由 §3 的定理 7 得到
$$m^*\varphi(A) + m_*\varphi(E) = m\varphi(\Delta),$$
再由本定理的已证部分及定理 4, 得到
$$m^*A + m_*\varphi(E) = m\Delta.$$
意即 $m_*\varphi(E) = m\Delta - m^*(\complement_\Delta E)$, 最后利用 §3 的定理 7, 即得
$$m_*\varphi(E) = m_*E.$$

推论 运动后, 可测集变为可测集, 且测度不变.

定义 2 假如有运动可使集 A 变到集 B, 那么说 A 与 B 是相合的两集.

利用这个定义, 上述的结果可以写成如下的形式:

定理 8 相合的两集有相同的内测度和外测度. 与可测集相合的集也是可测集, 且两集的测度相等.

§6. 可测集类

在前两节 §4 及 §5 中所讨论的是关于某一可测集本身的性质. 现在要详谈可测集类的性质.

定理 1 有界可数集是可测的, 其测度等于 0.

证明 设有界集 E 由点
$$x_1, x_2, x_3, \cdots$$
所组成. 设 E_k 是单独由一个元素 x_k 所成的单元素集, 则 E_k 显然是可测的, 其测度是 0. 由等式
$$E = \sum_{k=1}^{\infty} E_k$$
和 §4 的定理 4, 即得本定理的证明.

定理 1 之逆不成立, 康托尔的完满集 P_0 是其一例.

§6. 可测集类

定义 1 假如集 E 是可数个闭集 F_k 的和集:
$$E = \sum_{k=1}^{\infty} F_k,$$
则称 E 是一 F_σ 型集.

定义 2 假如集 E 是可数个开集 G_k 的交集:
$$E = \prod_{k=1}^{\infty} G_k,$$
则称 E 是一 G_δ 型集.

由 §4 中的定理 9 和定理 10, 得

定理 2 F_σ 型或是 G_δ 型的有界集都是可测集.

证明 对 F_σ 型的有界集来说, 每一个被加集都是有界闭集. 有界闭集是可测的, 故由 §4 的定理 9, 其和集也是可测的.

今设 E 是一 G_δ 型的有界集. 取一个包含 E 的区间 Δ, 则
$$E = \prod_{k=1}^{\infty} (\Delta G_k),$$
此地 ΔG_k 都是可测的, 于是由 §4 的定理 10, 即知 E 是一可测集.

定义 3 如果 E 是从开集和闭集经过有限次或可数次 "和" 与 "交" 的手续所生成的集, 则称 E 是博雷尔集. 又称有界的博雷尔集是 (B) 可测的.

例如 F_σ 型或 G_δ 型的集都是博雷尔集.

由定理 2 即得下面的定理.

定理 3 凡 (B) 可测的集是 (L) 可测的.

本定理之逆不真. 事实上, 存在着 (L) 可测的集而不是 (B) 可测的. 首先举这种例的是不幸早夭的苏联数学家 М. Я. 苏斯林 (М. Я. Суслин, 1894—1919). 他发现了一类非常重要的集, 所谓 A 集. 每一个 A 集 (但假定是有界的) 是 (L) 可测的. A 集类中包含着所有的博雷尔集, 但比博雷尔集的类宽.

然则是否存在有界集而不是 (L) 可测的呢? 下面的定理指出: 我们不能用直接计算来解决这个问题.

定理 4 设 M 是所有可测集所成的集, 则 M 的势等于所有点集所成之集的势, 即 $\overline{\overline{M}} = 2^c$.

证明 显然的是
$$\overline{\overline{M}} \leqslant 2^c.$$

另一方面, 我们任取一个测度为 0, 势为 c 的可测集 E (例如康托尔集 P_0). 又记 S 为 E 的一切子集的全体. 因为测度为 0 的集, 其子集的外测度也是 0, 所以一切子集都是可测集. 因此

$$S \subset M,$$

但是由于 $\overline{\overline{S}} = 2^c$, 得到 $\overline{\overline{M}} \geqslant 2^c$. 因此证得

$$\overline{\overline{M}} = 2^c.$$

定理证毕.

虽然如此, 但是却有下面的定理.

定理 5 不可测的有界集是存在的.

实例如下.

不可测集的例子 将 $\left[-\frac{1}{2}, +\frac{1}{2}\right]$ 中所有的点按以下方法分类, 两点 x 与 y, 当 $x - y$ 是有理数时, 且仅限于此时, 称 x 与 y 属于同类. 设 $x \in \left[-\frac{1}{2}, +\frac{1}{2}\right]$, 将 $\left[-\frac{1}{2}, +\frac{1}{2}\right]$ 中具有形式 $x + r$ (r 表示有理数) 点的全体归为一类 $K(x)$. 这样, 对于一个 x, 有一类 $K(x)$ 与之对应, 特别地, $x \in K(x)$.

其次可证不同[①]的两类 $K(x)$ 和 $K(y)$ 是不相交的. 因为如果它们相交, 那么必有 $z \in K(x)K(y)$. 因而

$$z = x + r_x = y + r_y,$$

其中 r_x 和 r_y 都是有理数, 故得

$$y = x + r_x - r_y.$$

现在, 假定 $t \in K(y)$, 则由

$$t = y + r = x + (r_x - r_y + r) = x + r',$$

得 $t \in K(x)$, 从而 $K(y) \subset K(x)$. 同理可得 $K(x) \subset K(y)$, 因此 $K(x) = K(y)$, 即 $K(x)$ 与 $K(y)$ 是同一类, 此与假定相冲突.

将 $\left[-\frac{1}{2}, +\frac{1}{2}\right]$ 给以上述的分类以后, 在每一类中任意选定一点作为代表元素, 这种点的全体记它做 A. 下面证明 A 是一不可测的集.

设 $[-1, +1]$ 中的有理点的全体是

$$r_0 = 0,\ r_1,\ r_2,\ r_3,\ \cdots,$$

[①] "不同" 是在集合论的意义上, 即 $K(x) \neq K(y)$. 相反, 完全有可能虽然 $x \neq y$ 却 $K(x) = K(y)$, 它们所确定的类没有区别.

§6. 可测集类

设 A 经移动

$$\varphi_k(x) = x + r_k$$

而得集 A_k. 若 $x \in A$, 则 $\varphi_k(x) \in A_k$; 又若 $x \in A_k$, 则 $x - r_k \in A$. 特别是 $A_0 = A$. 所得的集 A_k 都是相合的, 所以 (§5 的定理 8)

$$\begin{aligned} m_* A_k &= m_* A = \alpha, \\ m^* A_k &= m^* A = \beta \end{aligned} \quad (k = 0, 1, 2, \cdots).$$

先证

$$\beta > 0, \tag{1}$$

为此首先注意

$$\left[-\frac{1}{2}, +\frac{1}{2}\right] \subset \sum_{k=0}^{\infty} A_k. \tag{2}$$

事实上, 当 $x \in \left[-\frac{1}{2}, +\frac{1}{2}\right]$ 时 x 必属于上述分类中的某一类, 设此类的代表元素是 x_0, 则 $x - x_0$ 是一个有理数并且一定含在 $[-1, +1]$ 中, 因此

$$x - x_0 = r_k,$$

而 $x \in A_k$. 于是 (2) 式得到证明.

由于 (§3 的定理 5)

$$1 = m^* \left[-\frac{1}{2}, +\frac{1}{2}\right] \leqslant m^* \left[\sum_{k=0}^{\infty} A_k\right] \leqslant \sum_{k=0}^{\infty} m^* A_k,$$

即

$$1 \leqslant \beta + \beta + \beta + \cdots,$$

知 (1) 式是真的.

另一方面, 容易证明

$$\alpha = 0, \tag{3}$$

事实上, 当 $n \neq m$ 时,

$$A_n A_m = \varnothing, \tag{4}$$

何以呢? 因为如果有点 $z \in A_n A_m$, 则

$$x_n = z - r_n \quad \text{和} \quad x_m = z - r_m$$

(显然是不同的) 都属于 A 而代表不同的类. 此事由

$$x_n - x_m = r_m - r_n$$

是一个有理数而知为不可能. 由是, 得 (4) 式.

又对于任意的 k,
$$A_k \subset \left[-\frac{3}{2}, +\frac{3}{2}\right]$$

(因为 $x \in A_k$ 含有 $x = x_0 + r_k$, 其中 $|x_0| \leqslant \frac{1}{2}$, $|r_k| \leqslant 1$). 由是

$$\sum_{k=0}^{\infty} A_k \subset \left[-\frac{3}{2}, +\frac{3}{2}\right]. \tag{5}$$

由 (5) 式及 (4) 式, 又由 §3 的定理 6, 得

$$3 = m_*\left[-\frac{3}{2}, +\frac{3}{2}\right] \geqslant m_*\left[\sum_{k=0}^{\infty} A_k\right] \geqslant \sum_{k=0}^{\infty} m_* A_k,$$

从而
$$\alpha + \alpha + \alpha + \cdots \leqslant 3,$$

故得 $\alpha = 0$. 这就是 (3) 式.

将 (1) 式和 (3) 式合并得
$$m_* A < m^* A,$$

所以 A 是一不可测的集.

附注 如果我们不是从闭区间 $\left[-\frac{1}{2}, +\frac{1}{2}\right]$ 出发, 而是从任何一个具有正的测度的集 E 出发, 施行同样的手续而给以分类, 那么就知道 E 中存在着不可测的子集 A. 因此, 凡具有正测度的集含有不可测的子集.

§7. 测度问题的一般注意

从 §6 的末尾, 我们知道不可测集的存在, 会产生勒贝格度量测定 (mensuration) 本身不好的念头. 因此很自然地会发生下面的问题: 是否可以将勒贝格测度定义加以改良呢? 为了回答这个问题, 首先我们把要讨论的问题说得明白一些.

关于点集的测度问题可以从两方面来着手讨论.

I. 较难的测度问题[①] 对于任一有界集 E, 要求给它一个非负的数 μE 作为它的测度, 但须满足下列条件:

1. 如果 $E = [0, 1]$, 则 $\mu E = 1$.
2. 假如 A 与 B 是相合的两集, 则 $\mu A = \mu B$.
3. 假如 E 是有限个或可数个互不重叠的集 $E_k (k = 1, 2, \cdots)$ 的和集, 则

$$\mu E = \sum_k \mu E_k \quad \text{(测度的完全可加性)}.$$

[①] "较难的" 及 "较易的" 测度问题的名词并不通用, 这里只是为简便计才引进的, 虽然自认并不很恰当.

§7. 测度问题的一般注意

此地我们仅是就一维空间 $\mathbb{R}^1$ 提出上述问题: 事实上这个问题可以扩充到 $\mathbb{R}^2$, 乃至一般的 n 维空间 $\mathbb{R}^n$. 自然, 那时条件 1 中的 $[0,1]$ 必须改为正方形 $[0,1;0,1]$, 乃至 n 维空间的单位立方体.

但是容易证明下面的定理.

定理 1 较难的测度问题甚至对于 $\mathbb{R}^1$ 空间, 也没有解法.

证明 在 §6, 我们曾经作出了一系列不相重叠而是两两相合的不可测集:

$$A_0,\ A_1,\ A_2,\ \cdots,\quad \left[-\frac{1}{2},+\frac{1}{2}\right]\subset\sum_{k=0}^{\infty}A_k\subset\left[-\frac{3}{2},+\frac{3}{2}\right].$$

如果对于所有的集, 较难的测度问题可解, 那么从上式, 可得

$$\mu\left[-\frac{1}{2},+\frac{1}{2}\right]\leqslant\sum_{k=0}^{\infty}\mu A_k\leqslant\mu\left[-\frac{3}{2},+\frac{3}{2}\right].$$

但是闭区间 $\left[-\frac{1}{2},+\frac{1}{2}\right]$ 与 $[0,1]$ 是相合的, 并且对于任意的 k, 必须

$$\mu A_k=\mu A=\sigma;$$

又集 $\left[-\frac{3}{2},+\frac{3}{2}\right]$ 是有界的, 由第三个条件,

$$1\leqslant\sigma+\sigma+\cdots<+\infty,$$

此关系不论 $\sigma>0$ 或 $\sigma=0$ 都不能成立. 定理证毕.

与此相关联的是

II. 较易的测度问题 于 I 所述的三个条件中的条件 3, 将被加集的个数改为有限个, 这就是说, 将完全可加性改为有限可加性, 则成较易的测度问题.

对这个问题我们说出下面的结果, 但是不加以证明.

定理 2 (S. 巴拿赫) 对于 $\mathbb{R}^1$ 和 $\mathbb{R}^2$ 两空间中, 较易的测度问题有解, 但是解法不是唯一的.

定理 3 (F. 豪斯多夫) 若 $n\geqslant 3$, 则对于空间 $\mathbb{R}^n$ 的较易测度问题也无解.

上面的结果, 其差异处在于 "两集相合" 的概念, "相合" 的概念是与运动有关的. 在高维空间, 运动群的情形较为复杂, 从而欲求其不变量, 亦更困难.

最后, 我们谈谈几个在一定程度上能证实勒贝格的测定的考虑.

假设我们对于较易的测度问题, 已经有了适当的解答, 那么从关系 $A\subset B$ 得 $\mu A\leqslant\mu B$ (单调法则), 这是由于 $\mu B=\mu A+\mu(B-A)$. 因此, 若 E 为单元素集, 由于 $[0,1]$ 中可以取出任意多个集与 E 相合, 故 E 的测度一定是 0.

由是, 任意有限集的测度 μ 等于 0, 因此,

$$\mu(a,b)=\mu(a,b]=\mu[a,b)=\mu[a,b].$$

其次, 从关系
$$[0,1] = \left[0, \frac{1}{n}\right] + \left(\frac{1}{n}, \frac{2}{n}\right) + \cdots + \left(\frac{n-1}{n}, 1\right]$$
得
$$\mu\left[0, \frac{1}{n}\right] = \frac{1}{n},$$

从此可以导出长度为有理数的闭区间 $[a, b]$ 的测度是 $b - a$. 又由测度的单调法则, 对于任何闭区间 $[a, b]$, 得测度
$$\mu[a, b] = b - a.$$

由是, 假如开集 G 是由有限个构成区间所组成, 那么
$$\mu G = mG,$$

如果 G 由可数个构成区间所组成, 则
$$\mu G \geqslant mG.$$

对于解决较易的测度问题, 最自然的方法是使有界开集的测度 μ 等于它的构成区间长的和 (由上所述, 只需对由无穷个区间构成的 G, 要求 $\mu G \leqslant \sum_k \mu \delta_k$). 由巴拿赫定理的证明可知, 具有上述性质的方法是存在的 (因此, 我们在此地承认它而不加证明). 今称之为 "正规" 方法, 由是可证下面的定理.

定理 4 若以 "正规" 方法解决较易的测度问题, 则可测集 E 的测度 μE 等于勒贝格测度 mE.

证明 由 "正规" 方法的意义, 有界开集 G 的测度等于勒贝格测度 mG. 因此对于所有有界闭集 F 有下面的等式:
$$\mu F = mF.$$

如果有界集 E 含有闭集 F 而又含在有界开集 G 之中, 则从单调法则
$$mF \leqslant \mu E \leqslant mG$$

得到
$$m_* E \leqslant \mu E \leqslant m^* E,$$

定理证毕.

§8. 维塔利定理

定义 设 E 是一点集, M 是闭区间所组成的集 (但其中每一个闭区间不退缩为一点). 对于 E 中任一点 x, 及任一正数 ε, M 中有如下的闭区间 d:
$$x \in d, \quad md < \varepsilon,$$

此时称点集 E 依照维塔利的意义被 M 所覆盖.

这就是说: 如果 E 中每一点必含在 M 中任意小的一个闭区间中的话, 则 E 依照维塔利的意义被 M 所覆盖.

下面的定理在函数论中常被用到.

定理 1 (G. 维塔利) 如果有界集 E 依照维塔利的意义被一闭区间集 M 所覆盖, 则从 M 可以选出有限个或可数个闭区间 $\{d_k\}$, 使

$$d_k d_i = \varnothing (k \neq i), \quad m^*\left[E - \sum_k d_k\right] = 0.$$

换句话说, 闭区间 d_k 是两两不相交的, 且除一测度为 0 之集而外, $\sum d_k$ 覆盖 E.
下面的证明属于 S. 巴拿赫.

证明 因为 E 是一有界集, 可以取一个包含 E (因它是有界的!) 的区间 Δ. 将 M 中的闭区间不完全含在 Δ 中的全部除去. 记剩下来的闭区间的全体为 M_0 (M_0 中的元素取自 M 中的闭区间, 但每个闭区间全部含在 Δ 中). 依照维塔利的意义, M_0 也覆盖 E.

于 M_0 中任取一闭区间 d_1. 如果 $E \subset d_1$, 则问题已解决. 否则我们可依照下面所述的规则导出一列闭区间 $\{d_k\}$. 设

$$d_1, d_2, d_3, \cdots, d_n \tag{1}$$

是已经取好了的两两不相交的闭区间. 如果

$$E \subset \sum_{k=1}^n d_k,$$

则手续完毕而定理得证. 如果

$$E - \sum_{k=1}^n d_k \neq \varnothing \tag{2}$$

则置

$$F_n = \sum_{k=1}^n d_k, \quad G_n = \Delta - F_n$$

来考虑所有含于开集 G_n 中的那些闭区间的全体 M_0. 由 (2) 式, 必存在这样一些闭区间, 这种闭区间的长是有界的 (因为均不大于 $m\Delta$). 设此种闭区间的长的上确界是 k_n, 在 G_n 中取一个如下的闭区间 d_{n+1}[①]:

$$m d_{n+1} > \frac{1}{2} k_n. \tag{3}$$

显然的, 这种闭区间 d_{n+1} 与 (1) 式中任一闭区间都不相交.

[①] 因为闭区间集 M 的闭区间不退缩为点, 故 $k_n > 0$.

如果此手续至有限次而止，则定理的证明已毕. 否则的话，得到一列两两不相交的闭区间

$$d_1,\ d_2,\ d_3,\ \cdots, \tag{4}$$

我们将证明这一列闭区间正合于我们的要求. 也就是说：

$$m^*(E-S)=0, \tag{5}$$

其中

$$S=\sum_{k=1}^{\infty}d_k.$$

为此目的，对于每一个 d_k 作闭区间 D_k，D_k 与 d_k 有相同的中心，但是 D_k 的长是 d_k 的五倍：$mD_k=5md_k$.

容易明白

$$\sum_{k=1}^{\infty}mD_k<+\infty, \tag{6}$$

这是由于所有的闭区间 d_k 是两两不相交且都含在 Δ 中的，所以

$$\sum_{k=1}^{\infty}md_k\leqslant m\Delta, \tag{7}$$

由是得 (6) 式.

要证明 (5) 式，只要证明

$$E-S\subset\sum_{k=i}^{\infty}D_k \tag{8}$$

对于任意的 i 成立好了. 下面证明 (8) 式的成立.

设 $x\in E-S$，当 $x\in G_i$ 时（因 G_i 是开集），M_0 中有 d 适合于

$$x\in d\subset G_i.$$

关系

$$d\subset G_n \tag{9}$$

不能对于所有的 n 成立，否则上式将引出

$$md\leqslant k_n<2md_{n+1},$$

另一方面从 (7) 式得 $md_n\to 0$，两者不相容. 所以有 n 使 (9) 式不能成立，因此有如下的 F_n：

$$d\cap F_n\neq\varnothing. \tag{10}$$

设 n 是满足 (10) 式的最小数, 则因
$$d \cap F_i = \varnothing,$$
而 $F_1 \subset F_2 \subset F_3 \subset \cdots$, 显然的,
$$n > i.$$
根据 n 的定义,
$$d \cap F_{n-1} = \varnothing, \quad d \cap F_n \neq \varnothing$$
所以得到下面两事: 第一,
$$d \cap d_n \neq \varnothing; \tag{11}$$
第二, 由 $d \subset G_{n-1}$, 所以
$$md \leqslant k_{n-1} < 2md_n. \tag{12}$$
从 (11) 和 (12), 得到
$$d \subset D_n,$$
因之,
$$d \subset \sum_{k=i}^{\infty} D_k.$$
于是
$$x \in \sum_{k=i}^{\infty} D_k,$$
所以 (8) 式成立, 从而定理证毕.

在应用上, 将维塔利定理略为变动其形式更为方便.

定理 2 (G. 维塔利) 在定理 1 的条件下, 对于任一正数 ε, M 中存在着有限个两两不相重叠的闭区间 $d_1, d_2, \cdots, d_n$ 适合
$$m^*\left(E - \sum_{k=1}^{n} d_k\right) < \varepsilon.$$

证明 如同定理 1 的证明一样, 先取一个包含 E 的区间 Δ. 将 M 中的闭区间不完全含在 Δ 中的全部除去, 记剩下来的全体为 M_0. 那么依照维塔利的意义 M_0 也覆盖 E. 应用定理 1 于 M_0, 在 M_0 中可以选出一列两两不相重叠的闭区间 $\{d_k\}$ 适合
$$m^*\left[E - \sum_{k} d_k\right] = 0.$$
如果此地的 $\{d_k\}$ 是一有限集, 则定理已得证. 假如 $\{d_k\}$ 是一无穷集, 则由 (7) 式,
$$\sum_{k=1}^{\infty} md_k \leqslant m\Delta,$$

所以可取 n 适当的大, 使
$$\sum_{k=n+1}^{n} md_k < \varepsilon.$$

但是易见
$$E - \sum_{k=1}^{n} d_k \subset \left[E - \sum_{k=1}^{\infty} d_k\right] + \sum_{k=n+1}^{\infty} d_k, \tag{13}$$

由于上式右边第一项是一个外测度等于 0 的集, 所以得到
$$m^* \left[E - \sum_{k=1}^{n} d_k\right] < \varepsilon.$$

第三章的习题

证明下面的种种结果.

1. 每一个完满集必含有一个测度为 0 的完满子集.
2. 设 A 是一个具有正测度的可测集, 则 A 中必有两点 x 与 y, 此两点间的距离是一有理数.
3. 有界集 E 为可测的必要且充分的条件是: 对于任一正数 ε, 存在着一个闭集 $F \subset E$, 使 $m^*(E - F) < \varepsilon$ (瓦莱–普桑 (Vallée-Poussin) 的检验法).
4. 对于任一有界集 E 存在着两集 A 和 B, A 是 F_σ 型, B 是 G_δ 型而适合于 $A \subset E \subset B$,
$$mA = m_*E, \quad mB = m^*E.$$
5. 假如 A 与 B 是两个无共同点的可测集, 那么对于任一点集 E,
$$m^*[E(A+B)] = m^*(EA) + m^*(EB),$$
$$m_*[E(A+B)] = m_*(EA) + m_*(EB).$$
6. 有界集 E 为可测的必要且充分的条件是: 对于任一有界集 A,
$$m^*A = m^*(AE) + m^*(A \cdot \complement E).$$

(卡拉泰奥多里 (C. Carathéodory) 的检验法)

7. 设 E 为一集, 如果任何区间必含有 $\complement E'$ 中的点, 则 E 称为疏集. 试作一个具有正测度的有界疏完满集.
8. 作一个含在 $U = [0, 1]$ 中的可测集 E, 使它对于任一区间 $\Delta \subset U$ 而有
$$m(\Delta E) > 0, \quad m(\Delta \cdot \complement E) > 0.$$
9. 设 $E_1 \subset E_2 \subset E_3 \subset \cdots$. 若 $E = \sum_{k=1}^{\infty} E_k$ 是一有界集, 则当 $n \to \infty$ 时,
$$m^*E_n \to m^*E.$$
10. 凡能解答较易的测度问题的测度理论必使有界可数集的测度为 0.

第四章 可测函数

§1. 可测函数的定义及最简单的性质

如果对于集 E 中每一点 x 有一个数 $f(x)$ 与之对应,那么我们称 $f(x)$ 是点集 E 上所定义的函数. 我们允许函数值可以是无穷的, 不过它们要有一定的符号, 为此我们引用 "非真正" 的数 $+\infty$ 和 $-\infty$. 这两个数与任何有限数 a 之间满足下面的不等式
$$-\infty < a < +\infty.$$
我们规定它们如下的计算法则:

对于任何的有限实数 a,
$$+\infty \pm a = +\infty, \quad +\infty + (+\infty) = +\infty, \quad +\infty - (-\infty) = +\infty,$$
$$-\infty \pm a = -\infty, \quad -\infty + (-\infty) = -\infty, \quad -\infty - (+\infty) = -\infty,$$
$$|+\infty| = |-\infty| = +\infty,$$

若 $a > 0$, 则 $+\infty \cdot a = a(+\infty) = +\infty, -\infty \cdot a = a(-\infty) = -\infty$, 若 $a < 0$, 则 $+\infty \cdot a = a(+\infty) = -\infty, -\infty \cdot a = a(-\infty) = +\infty$,
$$0(\pm\infty) = (\pm\infty)0 = 0,$$
$$(+\infty)(+\infty) = (-\infty)(-\infty) = +\infty,$$
$$(+\infty)(-\infty) = (-\infty)(+\infty) = -\infty,$$
$$\frac{a}{\pm\infty} = 0.$$

但是下面的一切记号

$$+\infty - (+\infty), \quad -\infty - (-\infty), \quad +\infty + (-\infty), \quad -\infty + (+\infty),$$

$$\frac{\pm\infty}{\pm\infty}, \quad \frac{a}{0}$$

是没有意义的①.

对于在 E 上定义的函数 $f(x)$, 我们用记号

$$E(f > a)$$

表示 E 中的点满足 $f(x) > a$ 的 x 之全体. 同样可以了解

$$E(f \geqslant b), \quad E(f = a), \quad E(f \leqslant a), \quad E(a < f \leqslant b)$$

等等记号的意义. 如果 $f(x)$ 的定义范围表示为其他字母例如 A 或 B, 那么同样也可用

$$A(f > a), \quad B(f > a)$$

等等记号.

定义 1 设 $f(x)$ 是在 E 上所定义的函数. 如果 E 是一可测集并且对于任意的 a, $E(f > a)$ 也是可测集, 那么称 $f(x)$ 是一可测函数.

此地可测的意义是指着勒贝格意义的可测, 所以 (当欲强调这种情况时) 这种可测函数也称为 (L) 可测函数, 或称函数是 (L) 可测的. 各集 E 及一切 $E(f > a)$ 是 (B) 可测的, 则称 $f(x)$ 为 (B) 可测的函数.

定理 1 测度为 0 的集上所定义的函数常为可测.

这是当然的事.

定理 2 设 $f(x)$ 是在 E 上所定义的可测函数. 如果 A 是 E 的可测子集, 则把 $f(x)$ 看作仅在 A 上定义的函数时, 也是可测的②.

事实上,

$$A(f > a) = A \cap E(f > a).$$

定理 3 设 $f(x)$ 的定义范围是可测集 E, E 是有限个或可数个可测集 E_k 的和集:

$$E = \sum_k E_k.$$

若 $f(x)$ 在每一 E_k 上可测, 则 $f(x)$ 在 E 上也可测.

---

①记号 $0 \cdot (\pm\infty)$ 和 $(\pm\infty) \cdot 0$ 也时常被看作是没有意义的. 但是为了方便见我们确定它们的意义是 0.

②代替这种较繁的说法, 也可直接称 $f(x)$ 是在 A 上可测.

事实上，
$$E(f>a) = \sum_k E_k(f>a).$$

定义 2 设两个函数 $f(x)$ 和 $g(x)$ 都是在集 E 上所定义的. 假如
$$mE(f \neq g) = 0,$$
则称 $f(x)$ 和 $g(x)$ 是等价的, 用记号
$$f(x) \sim g(x)$$
表示 $f(x)$ 和 $g(x)$ 是等价的.

定义 3 设命题 S 对于点集 $E - E_0$ 中所有的点都成立. 假如 E_0 的测度是 0, 则称 S 在 E 上几乎处处成立, 或称 S 在 E 中几乎所有的点成立.

特别, E_0 可以是空集.

现在可以说, 如果在 E 上定义的两个函数是几乎处处相等的, 那么它们是等价的.

定理 4 设 $f(x)$ 是在 E 上所定义的可测函数, 又设 $g(x) \sim f(x)$, 则 $g(x)$ 也是可测的.

证明 设
$$A = E(f \neq g), \quad B = E - A,$$
则因 $mA = 0$, B 是可测集. 从而得知 $f(x)$ 在 B 上是可测的. 但是在 B 上而言, $f(x)$ 和 $g(x)$ 毫无区别, 因此 $g(x)$ 在 B 上也是可测的. 由于 $g(x)$ 在 A 上为可测 (因 $mA = 0$), 从而 $g(x)$ 在 $E = A + B$ 上亦为可测.

定理 5 如果对于可测集 E 中所有的点 $f(x) = c$, 则 $f(x)$ 是可测的.

事实上, 当 $a < c$ 时, $E(f > a) = E$; 当 $a \geqslant c$ 时, $E(f > a) = \varnothing$.

应该注意的是: 此定理中的 c 可以为 $+\infty$ 或 $-\infty$.

设 $f(x)$ 是在闭区间 $[a,b]$ 上定义的函数, 如果 $[a,b]$ 中有如下的有限个分点
$$c_0 = a < c_1 < c_2 < \cdots < c_n = b,$$
使在区间 (c_k, c_{k+1}) $(k = 0, 1, 2, \cdots, n-1)$ 中 $f(x)$ 取常数值, 则称 $f(x)$ 是一阶梯函数. 由定理 5, 得到下面的结果.

推论 阶梯函数是可测的.

定理 6 设 $f(x)$ 是在 E 上所定义的可测函数, 则对于任意的 a,
$$E(f \geqslant a), \quad E(f = a), \quad E(f \leqslant a), \quad E(f < a)$$

都是可测集.

证明 下面的等式是容易证明的:
$$E(f \geqslant a) = \prod_{n=1}^{\infty} E\left(f > a - \frac{1}{n}\right).$$

从而得知 $E(f \geqslant a)$ 的可测性. 至于其他诸集的可测性, 从诸关系式

$$E(f = a) = E(f \geqslant a) - E(f > a), \quad E(f \leqslant a) = E - E(f > a), \quad E(f < a) = E - E(f \geqslant a)$$

可以导出.

附注 设 E 是一可测集, 如果对于所有的 a, 集

$$E(f \geqslant a), \quad E(f \leqslant a), \quad E(f < a) \tag{1}$$

中至少有一个常为可测, 则 $f(x)$ 在 E 上是可测的.

事实上, 从等式
$$E(f > a) = \sum_{n=1}^{\infty} E\left(f \geqslant a + \frac{1}{n}\right)$$

知道: 如果对于任意的 a, $E(f \geqslant a)$ 是可测的话, 则 $f(x)$ 是一可测函数. 相似的方法可以讨论其余的情形. 因此, 可测函数的定义中, 集 $E(f > a)$ 可用 (1) 中任一个集来代替它.

定理 7 如果 $f(x)$ 是 E 上所定义的可测函数, k 是一个有限数, 则 1) $f(x) + k$, 2) $kf(x)$, 3) $|f(x)|$, 4) $f^2(x)$, 5) $\dfrac{1}{f(x)}$ (但 $f(x) \neq 0$) 都是可测函数.

证明 1) 从
$$E(f + k > a) = E(f > a - k),$$

即得 $f(x) + k$ 的可测性.

2) 当 $k = 0$ 时由定理 5 知 $kf(x)$ 是可测的. 至于对其他的 k, 可以从下列关系
$$E(kf > a) = \begin{cases} E\left(f > \dfrac{a}{k}\right) & (k > 0), \\ E\left(f < \dfrac{a}{k}\right) & (k < 0) \end{cases}$$

得出 $kf(x)$ 的可测性.

3) 从
$$E(|f| > a) = \begin{cases} E & (a < 0), \\ E(f > a) + E(f < -a) & (a \geqslant 0), \end{cases}$$

知 $|f(x)|$ 是一可测函数.

4) 从
$$E(f^2 > a) = \begin{cases} E & (a < 0), \\ E(|f| > \sqrt{a}) & (a \geqslant 0), \end{cases}$$

知 $f^2(x)$ 是一可测函数.

5) 因 $f(x) \neq 0$, 故
$$E\left(\frac{1}{f} > a\right) = \begin{cases} E(f > 0) & (a = 0), \\ E(f > 0) \cdot E\left(f < \frac{1}{a}\right) & (a > 0), \\ E(f > 0) + E(f < 0) \cap E\left(f < \frac{1}{a}\right) & (a < 0). \end{cases}$$

因此明白 $\dfrac{1}{f(x)}$ 的可测性.

定理 8 在闭区间 $E = [A, B]$ 上所定义的连续函数 $f(x)$ 是可测的.

证明 首先我们证明
$$F = E(f \leqslant a)$$
是一闭集. 设 x_0 为该集之一极限点, 又设 $x_n \in F$, $x_n \to x_0$, 则从 $f(x_n) \leqslant a$ 以及 $f(x)$ 的连续性, 即得 $f(x_0) \leqslant a$. 因此 $x_0 \in F$. 所以 F 是一闭集.

再由
$$E(f > a) = E - E(f \leqslant a),$$
可知 $E(f > a)$ 是一可测集. 定理证毕.

可测函数的定义表明, 在不可测集上所定义的函数总是不可测的. 但容易找到在可测集上定义的函数也有不可测的.

定义 4 设 M 是 $E = [A, B]$ 之一子集,
$$\varphi_M(x) = \begin{cases} 1 & x \in M, \\ 0 & x \in E - M. \end{cases}$$
称 $\varphi_M(x)$ 是集 M 的特征函数.

定理 9 集 M 与其特征函数 $\varphi_M(x)$ 或都可测或都不可测.

证明 假如 $\varphi_M(x)$ 可测的话, 则由
$$M = E(\varphi_M > 0)$$
知 M 是一可测集.

其逆, 如 M 是可测的话, 则由

$$E(\varphi_M > a) = \begin{cases} \varnothing & (a \geqslant 1), \\ M & (0 \leqslant a < 1), \\ E & (a < 0) \end{cases}$$

知 $\varphi_M(x)$ 是一可测函数.

这里, 我们顺便得到了一个不连续的可测函数的例子.

§2. 可测函数的其他性质

引理 1 设 $f(x)$ 与 $g(x)$ 是 E 上所定义的两个可测函数, 则

$$E(f > g)$$

是一可测集.

事实上, 设有理数的全体是

$$r_1,\ r_2,\ r_3,\ \cdots$$

则易于验证下面的等式:

$$E(f > g) = \sum_{k=1}^{\infty} E(f > r_k) \cdot E(g < r_k),$$

由此即得引理的证明.

定理 1 设 $f(x)$ 和 $g(x)$ 是在 E 上所定义的两个有限可测函数, 则 1) $f(x) - g(x)$, 2) $f(x) + g(x)$, 3) $f(x) \cdot g(x)$, 4) $\dfrac{f(x)}{g(x)}$ (但 $g(x) \neq 0$) 都是可测函数.

证明 1) 因为 $a + g(x)$, 对于任意的 a, 是可测的, 所以根据引理, $E(f > a + g)$ 是一可测集. 于是从

$$E(f - g > a) = E(f > a + g)$$

得到 $f(x) - g(x)$ 的可测性.

2) 从

$$f(x) + g(x) = f(x) - [-g(x)]$$

知 $f(x) + g(x)$ 是一可测函数.

3) 又从

$$f(x) \cdot g(x) = \frac{1}{4}\{[f(x) + g(x)]^2 - [f(x) - g(x)]^2\}$$

和 §1 中定理 7, 即知 $f(x) \cdot g(x)$ 的可测性.

4) 因 $g(x) \neq 0$, 所以
$$\frac{f(x)}{g(x)} = f(x) \cdot \frac{1}{g(x)}$$
是一可测函数.

这个定理表示, 对可测函数施行加减乘除的运算, 并不会得出可测函数族以外的函数. 下面的定理是就极限运算来说的.

定理 2 设 $f_1(x), f_2(x), \cdots$ 是在 E 上所定义的一列可测函数. 如果对于每一点 $x \in E$, 存在极限 (有限或无穷)
$$F(x) = \lim_{n \to \infty} f_n(x),$$
则 $F(x)$ 是一可测函数. (简言之, 收敛可测函数列的极限函数是可测的).

证明 对于任意固定的 a, 两集
$$A_m^{(k)} = E\left(f_k > a + \frac{1}{m}\right) \quad \text{与} \quad B_m^{(n)} = \prod_{k=n}^{\infty} A_m^{(k)}$$
都是可测的. 因此只要证明下面的等式成立:
$$E(F > a) = \sum_{n,m} B_m^{(n)}.$$

设 $x_0 \in E(F > a)$, 则 $F(x_0) > a$. 所以有自然数 m 使 $F(x_0) > a + \frac{1}{m}$ 成立. 又因 $f_k(x_0) \to F(x_0)$, 所以存在着 n, 使当 $k \geqslant n$ 时,
$$f_k(x_0) > a + \frac{1}{m}.$$

因此, 对于所有的 $k \geqslant n$, $x_0 \in A_m^{(k)}$. 于是 $x_0 \in B_m^{(n)}$. 自然是 $x_0 \in \sum_{n,m} B_m^{(n)}$. 从而得到
$$E(F > a) \subset \sum_{n,m} B_m^{(n)}.$$

留下来的是要证明
$$\sum_{n,m} B_m^{(n)} \subset E(F > a). \tag{$*$}$$

设 $x_0 \in \sum_{n,m} B_m^{(n)}$, 则 x_0 属于某一 $B_m^{(n)}$. 因此, 当 $k \geqslant n$ 时, $x_0 \in A_m^{(k)}$. 换言之, 当 $k \geqslant n$ 时
$$f_k(x_0) > a + \frac{1}{m}.$$

于上式, 令 k 无限增大, 乃得
$$F(x_0) \geqslant a + \frac{1}{m},$$
从而 $F(x_0) > a$, 即 $x_0 \in E(F > a)$. 因此证得 $(*)$ 式.

此定理可拓广为如下的定理.

定理 3 设 $f_1(x), f_2(x), \cdots$ 是在 E 上所定义的一列可测函数. 如果函数 $F(x)$ 使关系
$$\lim_{n \to \infty} f_n(x) = F(x) \tag{**}$$
在 E 中几乎所有的点成立, 那么 $F(x)$ 是一可测函数.

证明 假设 A 是 E 的子集, 在 A 中任何点 $(**)$ 式不成立 (在这种点 x, 极限 $\lim f_n(x)$ 可能根本不存在). 由假定, $mA = 0$, 故 $F(x)$ 在 A 上是可测的. 根据定理 2, $F(x)$ 在 $E - A$ 上是可测的. 所以 $F(x)$ 在 E 上是可测的.

§3. 可测函数列、依测度收敛

设 $f(x)$ 和 $g(x)$ 是在 E 上所定义的函数, σ 是一正数. 本节研究的是下面两种形式的集:
$$E(|f - g| \geqslant \sigma), \quad E(|f - g| < \sigma),$$

假如 $f(x)$ 和 $g(x)$ 对于 E 中的某些 x 取同号无穷大, 这时 $f(x) - g(x)$ 就没有意义. 严格地说, 这些点不包含在任一集内. 我们约定这种 x 属于集 $E(|f - g| \geqslant \sigma)$[①]. 在这个规定之下, 那么
$$E = E(|f - g| \geqslant \sigma) + E(|f - g| < \sigma).$$

式中右方两个集没有共同点.

定理 1 (H. 勒贝格) 设 $f_1(x), f_2(x), f_3(x), \cdots$ 是在可测集 E 上所定义的几乎处处有限的可测函数列, 若对于 E 中几乎所有的点 $x, f_n(x)$ 收敛于几乎处处为有限的函数 $f(x)$, 那么对于任何正数 σ, 有
$$\lim_{n \to \infty} [mE(|f_n - f| \geqslant \sigma)] = 0.$$

证明 首先, 由 §2 的定理 3, 知道极限函数 $f(x)$ 同样是一个在 E 上的可测函数. 所以, 此地我们所涉及的那些集合都可测

[①]这种规定只是偶然的. 因为今后所讨论的函数是几乎处处有限的, 而对于 $E(|f - g| \geqslant \sigma)$ 只考察它的测度. 由于
$$E(f = \pm\infty) + E(g = \pm\infty)$$
是一个测度为零的点集, 所以关于它作这样的处理是可以的.

§3. 可测函数列、依测度收敛

设
$$A = E(|f| = +\infty), \quad A_n = E(|f_n| = +\infty), \quad B = E(f_n \not\to f)$$
$$Q = A + \sum_{n=1}^{\infty} A_n + B.$$

则
$$mQ = 0. \tag{1}$$

其次设
$$E_k(\sigma) = E(|f_k - f| \geqslant \sigma), \quad R_n(\sigma) = \sum_{k=n}^{\infty} E_k(\sigma), \quad M = \prod_{n=1}^{\infty} R_n(\sigma).$$

所有上述诸集都是可测集.

因为
$$R_1(\sigma) \supset R_2(\sigma) \supset R_3(\sigma) \supset \cdots,$$
故由第三章 §4 的定理 12, 当 $n \to \infty$ 时,
$$mR_n(\sigma) \to mM. \tag{2}$$

现在要证明
$$M \subset Q. \tag{3}$$

事实上, 如果 $x_0 \bar\in Q$, 则
$$\lim_{k \to \infty} f_k(x_0) = f(x_0),$$
且 $f_1(x_0), f_2(x_0), \cdots$ 与其极限 $f(x_0)$ 都是有限数. 所以必有 n: 当 $k \geqslant n$ 时,
$$|f_k(x_0) - f(x_0)| < \sigma.$$

换言之,
$$x_0 \bar\in E_k(\sigma) \quad (k \geqslant n),$$
因此 $x_0 \bar\in R_n(\sigma)$. 自然, $x_0 \bar\in M$. 从而得到 (3) 式.

由 (1) 与 (3) 式, 得 $mM = 0$. 再由 (2) 式, 得
$$mR_n(\sigma) \to 0 \quad (n \to \infty). \tag{4}$$

因 $E_n(\sigma) \subset R_n(\sigma)$, 故定理得证.

附注 所证得的结果 (4) 实在比定理中所要证的事实更强. 这个结果在下面证明 Д. Ф. 叶戈洛夫定理时要用到.

定理 1 引导我们建立下面的定义①.

定义 设
$$f_1(x), f_2(x), f_3(x), \cdots \tag{$*$}$$
是在可测集 E 上几乎处处有限的可测函数列, 又 $f(x)$ 是在 E 上定义的几乎处处有限的可测函数. 如果对于任一正数 σ, 关系
$$\lim_{n\to\infty}[mE(|f_n-f|\geqslant\sigma)]=0$$
成立, 则称函数列 $(*)$ 依测度收敛于函数 $f(x)$.

这时, 按照菲赫金哥尔茨的记号, 写作
$$f_n(x)\Longrightarrow f(x).$$

利用依测度收敛的概念, 上述勒贝格定理可以改成如下的形式.

定理 1* 几乎处处收敛的函数列也一定依测度收敛于其极限函数.

但是此定理之逆不真, 由下例可明.

例 对于每一个自然数 k, 在半闭区间 $[0,1)$ 上定义 k 个函数
$$f_1^{(k)}(x), f_2^{(k)}(x), \cdots, f_k^{(k)}(x),$$
它们是:
$$f_i^{(k)}(x) = \begin{cases} 1, & x \in \left[\dfrac{i-1}{k}, \dfrac{i}{k}\right), \\ 0, & x\overline{\in}\left[\dfrac{i-1}{k}, \dfrac{i}{k}\right). \end{cases}$$

[特别, $f_1^{(1)}(x)\equiv 1$, $x\in[0,1)$]. 将这些函数排成一列
$$\varphi_1(x)=f_1^{(1)}(x),\quad \varphi_2(x)=f_1^{(2)}(x),\quad \varphi_3(x)=f_2^{(2)}(x),\quad \varphi_4(x)=f_1^{(3)}(x),\cdots,$$

则函数列 $\varphi_n(x)$ 依测度收敛于 0. 因为如果 $\varphi_n(x)=f_i^{(k)}(x)$, 则对于任意的不大于 1 的正数 σ,
$$E(|\varphi_n|\geqslant\sigma)=\left[\dfrac{i-1}{k},\dfrac{i}{k}\right).$$

但此集的测度等于 $\dfrac{1}{k}$, 当 $n\to\infty$ 时趋于 0②.

---

①此定义由匈牙利数学家 F. 里斯 (F. Riesz) 提出.
②以上假定 $\sigma\leqslant 1$, 因当 $\sigma>1$ 时, $E(|\varphi_n|\geqslant\sigma)$ 是一空集, 所述不需证明.

但是, 在 $[0,1)$ 中任意一点 x_0, 关系式
$$\varphi_n(x_0) \to 0$$
并不成立. 因为当 $x_0 \in [0,1)$ 时, 固定 k, 必有如下的 i:
$$x_0 \in \left[\frac{i-1}{k}, \frac{i}{k}\right).$$
从而 $f_i^{(k)}(x_0) = 1$. 换言之, 当我们沿数列
$$\varphi_1(x_0), \varphi_2(x_0), \varphi_3(x_0), \cdots$$
看下去, 不论怎么样的远, 总有等于 1 的数. 所以 $\varphi_n(x_0) \to 0$ 不能成立.

由是, 依测度收敛的概念, 较几乎处处收敛的概念为广, 较处处收敛的概念更广. 然则由
$$f_n(x) \Longrightarrow f(x)$$
所定义的函数是否为唯一的呢? 下面的定理 2 和定理 3 是这个问题的答案.

定理 2 假如函数列 $f_n(x)$ 依测度收敛于 $f(x)$, 那么 $f_n(x)$ 也依测度收敛于等价于 $f(x)$ 的任一函数 $g(x)$.

证明 对于任何正数 σ,
$$E(|f_n - g| \geqslant \sigma) \subset E(f \neq g) + E(|f_n - f| \geqslant \sigma).$$
因 $mE(f \neq g) = 0$, 所以从上式得
$$mE(|f_n - g| \geqslant \sigma) \leqslant mE(|f_n - f| \geqslant \sigma),$$
从而得定理之证.

定理 3 假如函数列 $f_n(x)$ 依测度收敛于两个函数 $f(x)$ 与 $g(x)$, 那么 $f(x)$ 等价于 $g(x)$.

证明 当 $\sigma > 0$ 时,
$$E(|f - g| \geqslant \sigma) \subset E\left(|f_n - f| \geqslant \frac{\sigma}{2}\right) + E\left(|f_n - g| \geqslant \frac{\sigma}{2}\right), \qquad (*)$$
因为点不属于此式右边任何一集时必不属于左边的集. 从关系
$$f_n \Longrightarrow f, \quad f_n \Longrightarrow g$$
可知 $(*)$ 式中右边每集的测度当 $n \to \infty$ 时趋于 0. 从而
$$mE(|f - g| \geqslant \sigma) = 0.$$

由是, 从
$$E(f \neq g) \subset \sum_{n=1}^{\infty} E\left(|f-g| \geqslant \frac{1}{n}\right), ① \qquad (**)$$
得到 $f \sim g$. 定理证毕.

由定理 2 和定理 3, 假如要依测度收敛的函数列的极限函数是唯一的, 那么应将所有等价函数视为同一函数. 此种规定在用到集合测度的概念来研究函数某个性质时常被采用. 在积分学中亦可发现许多类似的例子.

虽然依测度收敛的概念是几乎处处收敛的概念的拓广, 但是还有下面的定理.

定理 4 (F. 里斯) 若函数列 $\{f_n(x)\}$ 依测度收敛于 $f(x)$, 则必有子函数列

$$f_{n_1}(x), f_{n_2}(x), f_{n_3}(x), \cdots \quad (n_1 < n_2 < n_3 < \cdots)$$

几乎处处收敛于 $f(x)$.②

证明 取一列收敛于 0 的正数 σ_n:

$$\sigma_1 > \sigma_2 > \sigma_3 > \cdots.$$

又假设

$$\eta_1 + \eta_2 + \eta_3 + \cdots \quad (\eta_k > 0)$$

是一正项收敛级数.

现在由下面的步骤来决定 $\{f_{n_k}(x)\}$ 的下标:

$$n_1 < n_2 < n_3 < \cdots. \qquad (*)$$

先取如下的自然数 n_1:

$$mE(|f_{n_1} - f| \geqslant \sigma_1) < \eta_1.$$

这种 n_1 是存在的, 因为当 $n \to \infty$ 时,

$$mE(|f_n - f| \geqslant \sigma_1) \to 0.$$

然后取如下的自然数 n_2:

$$mE(|f_{n_2} - f| \geqslant \sigma_2) < \eta_2, \quad n_2 > n_1.$$

---

①在 (**) 中的 $\subset$ 不能改为 $=$. 因为例如点 x 使 $f(x) = g(x) = +\infty$ 的并不属于左方的集, 但是我们已规定 x 属于 $E(|f-g| \geqslant \sigma)$.

②在这里我们假定凡依测度收敛定义中所有的条件都已具备, 例如函数的定义集 E 是可测的, 函数是可测的等等.

一般地说, 取 n_k 使它满足

$$mE(|f_{n_k} - f| \geqslant \sigma_k) < \eta_k, \quad n_k > n_{k-1}.$$

用这样的方法得到 (*). 现在证明在点集 E 上, $f_{n_k}(x)$ 几乎处处收敛于 $f(x)$: 即关系

$$\lim_{k\to\infty} f_{n_k}(x) = f(x) \qquad (**)$$

在 E 中几乎处处成立. 其证如下:

设

$$R_i = \sum_{k=i}^{\infty} E(|f_{n_k} - f| \geqslant \sigma_k), \quad Q = \prod_{i=1}^{\infty} R_i.$$

由第三章 §4 的定理 12, 从

$$R_1 \supset R_2 \supset R_3 \supset \cdots$$

得

$$mR_i \to mQ.$$

另一方面, 从不等式

$$mR_i < \sum_{k=i}^{\infty} \eta_k$$

和 $\sum \eta_i$ 的收敛性, 得 $mR_i \to 0$, 即

$$mQ = 0.$$

今证 (**) 对于 $x \in E - Q$ 是真的. 因为设 $x_0 \in E - Q$, 则 $x_0 \overline{\in} R_{i_0}$. 故当 $k \geqslant i_0$ 时,

$$x_0 \overline{\in} E(|f_{n_k} - f| \geqslant \sigma_k).$$

因此,

$$|f_{n_k}(x_0) - f(x_0)| < \sigma_k \quad (k \geqslant i_0).$$

因 $\sigma_k \to 0$, 所以

$$f_{n_k}(x_0) \to f(x_0).$$

定理证毕.

上面说过, 勒贝格定理是依测度收敛概念的基础. 现在利用本定理, 建立下面一个很重要的定理[1].

---

[1] 在较少的条件下 К. 赛维里尼 (К. Северини) 也证明了这个结果.

定理 5 (Д. Ф. 叶戈洛夫) 设在可测集 E 上已给一列几乎处处有限的可测函数: $f_1(x), f_2(x), f_3(x), \cdots$, 且它们几乎处处收敛于几乎处处有限的函数 $f(x)$

$$\lim_{n\to\infty} f_n(x) = f(x). \tag{*}$$

在此假设下, 对于任一正数 δ, 存在如下的可测集 $E_\delta \subset E$:
1) $mE_\delta > mE - \delta$.
2) 在 E_δ 上, $f_n(x)$ 一致收敛于 $f(x)$.

证明 在证明勒贝格定理时已证: 设 $\sigma > 0$,

$$R_n(\sigma) = \sum_{k=n}^{\infty} E(|f_k - f| \geqslant \sigma),$$

则

$$mR_n(\sigma) \to 0 \quad (n \to \infty). \tag{1}$$

任取收敛正项级数

$$\eta_1 + \eta_2 + \eta_3 + \cdots \quad (\eta_i > 0)$$

和正数列 σ_n:

$$\sigma_1 > \sigma_2 > \sigma_3 > \cdots, \quad \lim \sigma_i = 0.$$

由 (1) 式, 对于每一个自然数 i, 有如下的自然数 n_i 使 $mR_{n_i}(\sigma_i) < \eta_i$. 假如已取 i_0 使

$$\sum_{i=i_0}^{\infty} \eta_i < \delta$$

(其中 δ 乃是定理中所表述的 δ), 又记

$$e = \sum_{i=i_0}^{\infty} R_{n_i}(\sigma_i).$$

那么

$$me < \delta.$$

现在证明

$$E_\delta = E - e$$

就是适合 1) 及 2) 的一集. 因为 $mE_\delta > mE - \delta$ 是明显的; 所以只要证明 $f_n(x) \to f(x)$ 在 E_δ 上一致地成立就行了.

对于任一正数 ε, 取 i, 使满足

$$i \geqslant i_0, \quad \sigma_i < \varepsilon,$$

现在要证明, 当 $k \geqslant n_i$, 对于所有的 $x \in E_\delta$, 成立

$$|f_k(x) - f(x)| < \varepsilon.$$

事实上, $x \in E_\delta$ 时 $x\overline{\in}e$. 因此, $x\overline{\in}R_{n_i}(\sigma_i)$.

换言之, 当 $k \geqslant n_i$ 时,

$$x\overline{\in}E(|f_k - f| \geqslant \sigma_i),$$

这就是说:

$$|f_k(x) - f(x)| < \sigma_i \quad (k \geqslant n_i),$$

从而

$$|f_k(x) - f(x)| < \varepsilon \quad (k \geqslant n_i),$$

此地的 n_i 只与 ε 有关而与 x 是无关的, 所以在 E_δ 上, $f_n(x)$ 一致收敛于 $f(x)$.

§4. 可测函数的结构

在研究某种函数时, 必然会想到下面的问题: 可否将该函数用更简单的函数来表示, 或是来逼近。

例如代数问题中多项式的因子分解, 有理数之化为即约分数, 以及将连续函数用幂级数或三角级数来表示, 等等, 都是将原来的问题简化形式的例子.

在本节中, 我们要讲用连续函数来逼近可测函数的几个定理, 也就是对可测函数来解决类似的问题. 由这些定理可以明白可测函数基本的结构性质, 详见下面定理 4.

定理 1 设 $f(x)$ 是在 E 上所定义的几乎处处有限的可测函数, 那么对于任意的正数 ε, 存在一个如下的有界可测函数 $g(x)$:

$$mE(f \neq g) < \varepsilon.$$

证明 置

$$A_k = E(|f| > k), \quad Q = E(|f| = +\infty).$$

则由假设, $mQ = 0$. 但由关系

$$A_1 \supset A_2 \supset A_3 \supset \cdots$$
$$Q = \prod_{k=1}^{\infty} A_k$$

得 (第三章 §4 定理 12)

$$\lim_{k \to \infty} mA_k = mQ = 0.$$

所以有 k_0 使
$$mA_{k_0} < \varepsilon.$$

今在 E 上定义如下的函数 $g(x)$：
$$g(x) = \begin{cases} f(x), & x \in E - A_{k_0}, \\ 0, & x \in A_{k_0}, \end{cases}$$

函数 $g(x)$ 是可测的, 并且是有界的. 事实上
$$|g(x)| \leqslant k_0.$$
$$E(f \neq g) = A_{k_0},$$

定理证毕.

这个定理表示: 任一几乎处处有限的可测函数, 如从它的定义范围除去一个测度任意小的集, 成一有界可测函数.

定义 设 $f(x)$ 是在 E 上定义的函数. 设 $x_0 \in E, f(x_0) \neq \pm\infty$. 在下面两种情形之下: 1) x_0 是 E 的孤立点; 2) $x_0 \in E'$, 当 $x_n \to x_0, x_n \in E$ 时, 关系 $f(x_n) \to f(x_0)$ 常成立, 称 $f(x)$ 在点 x_0 是连续的.

如果 $f(x)$ 在 E 上每一点连续, 则称 $f(x)$ 在 E 上连续.

引理 1 设 $F_1, F_2, \cdots, F_n$ 是两两不相交的 n 个闭集, 在它们的和集
$$F = \sum_{k=1}^{n} F_k$$
上定义函数 $\varphi(x)$. 假如 $\varphi(x)$ 在每一 F_k 上取常数值, 那么 $\varphi(x)$ 在 F 上是连续的.

证明 设 $x_0 \in F', x_i \to x_0, x_i \in F$.

因 F 是闭集, 所以 $x_0 \in F$. 因此必有 F_m 含有 x_0. 又因 F_k 之间两两不相交, 所以如果 $k \neq m$, 则 $x_0 \bar{\in} F_k$. 又因 F_k 为一闭集, 所以 x_0 必非 F_k 的极限点.

由是, 点列 $\{x_i\}$ 中, 顶多只有有限个的点属于 $F_k (k \neq m)$. 因此 $\{x_i\}$ 中的点, 它属于
$$F_1, F_2, \cdots, F_{m-1}, F_{m+1}, \cdots, F_n$$
中某一个集的, 其全体只有有限个. 设 i_0 是最后的一个, 即当 $i \geqslant i_0$ 时,
$$x_i \in F_m.$$
由假设, $\varphi(x)$ 在每一个 F_k 上取常数, 故当 $i > i_0$ 时
$$\varphi(x_i) = \varphi(x_0).$$

引理 1 由是证毕.

§4. 可测函数的结构

引理 2 设 F 是含在 $[a,b]$ 中的闭集. 设 $\varphi(x)$ 是在 F 上所定义的连续函数. 那么在 $[a,b]$ 上可以定义如下的函数 $\psi(x)$：

1) $\psi(x)$ 是连续的,
2) $x \in F$ 时, $\psi(x) = \varphi(x)$.
3) $\max|\psi(x)| = \max|\varphi(x)|$.

证明 设 $[\alpha,\beta]$ 是包含 F 的最小闭区间. 倘使要求函数 $\psi(x)$ 在 $[\alpha,\beta]$ 中有意义, 那么置

$$\psi(x) = \begin{cases} \varphi(\alpha), & x \in [a,\alpha), \\ \varphi(\beta), & x \in (\beta,b] \end{cases}$$

以后, 就得到所要求的函数 $\psi(x)$.

因此, 不失一般性, 我们不妨假设 $[a,b]$ 就是包含 F 的最小闭区间.

如果 $F = [a,b]$, 则定理不必证明. 若 $F \neq [a,b]$, 则 $[a,b] - F$ 是有限个或可数个不相重叠的区间之和, 其中任一区间的两端都属于 F. $[a,b] - F$ 的每个构成区间称为 F 的余区间.

今作 $\psi(x)$ 如下: 当 $x \in F$ 时, 令 $\psi(x) = \varphi(x)$, 在 F 的每个余区间上[①]$\psi(x)$ 是线性的. 利用端点的函数值保持它的连续性. 于是 $\psi(x)$ 在 $[a,b]$ 上完全定义好了.

现在要证明 $\psi(x)$ 在 $[a,b]$ 上是一连续函数. 显然的, $[a,b] - F$ 中的点都是连续点. 今设 $x_0 \in F$, 可以证明 $\psi(x)$ 在 x_0 是左连续的 (右连续的证明完全相仿).

若 x_0 是 F 的某个余区间的右端, 则 $\psi(x)$ 在 x_0 为左连续, 由 $\psi(x)$ 的定义就可明白.

假设 x_0 不是 F 的余区间的右端. 设

$$x_1 < x_2 < x_3 < \cdots$$

是一列收敛于 x_0 的点列. 如果

$$x_n \in F \quad (n = 1, 2, 3, \cdots),$$

那么利用 $\varphi(x)$ 在 F 上的连续性, 得

$$\psi(x_n) = \varphi(x_n) \to \varphi(x_0) = \psi(x_0).$$

今不妨就

$$x_n \overline{\in} F \quad (n = 1, 2, 3, \cdots)$$

时来讨论. 此时 x_1 一定含在某一个余区间 (λ_1, μ_1) 之中, 并且 $\mu_1 < x_0$ (因为 x_0 不是任何余区间的右端). 今设

$$\lambda_1 < x_k < \mu_1 \quad (k = 1, 2, \cdots, n_1), \quad x_{n_1+1} > \mu_1.$$

[①] 更精确地说, 是在这些区间的**闭包**上.

则 x_{n_1+1} 又必含在另一个余区间 (λ_2, μ_2) 之中, 并且 $\mu_2 < x_0$. 将此种手续继续进行, 得到一列余区间

$$(\lambda_1, \mu_1), (\lambda_2, \mu_2), (\lambda_3, \mu_3), \cdots,$$

这是顺次的自左而右的区间:$\lambda_1 < \mu_1 \leqslant \lambda_2 < \mu_2 \leqslant \cdots$. 并且

$$x_k \in (\lambda_i, \mu_i) \quad (k = n_{i-1}+1, \cdots, n_i).$$

从

$$x_{n_i} < \mu_i < x_0$$

得

$$\mu_i \to x_0,$$

又从

$$\mu_{i-1} \leqslant \lambda_i < x_0$$

得

$$\lambda_i \to x_0.$$

但是 λ_i 和 μ_i 都是 F 的点. 由于已经说明的事实, 知道

$$\lim \psi(\lambda_i) = \lim \psi(\mu_i) = \psi(x_0).$$

由 $\psi(x)$ 的定义, 在 F 的每一个余区间内是线性的, 所以 $\psi(x_k)$ 的数值必介乎 $\psi(\lambda_i)$ 和 $\psi(\mu_i)$ 之间. 因此

$$\lim_{n \to \infty} \psi(x_n) = \psi(x_0).$$

于是, $\psi(x)$ 是连续的.

由 $\psi(x)$ 的定义, 在集 F 上, $\psi(x)$ 等于 $\varphi(x)$.

最后, 根据魏尔斯特拉斯定理, 连续函数 $|\psi(x)|$ 在 $[a,b]$ 上某一点一定取到最大值, 即 $\max |\psi(x)|$. 这种使 $|\psi(x)|$ 取最大值的点一定属于 F, 因为 $\psi(x)$ 在 F 的余区间内是线性的. 因此,

$$\max |\psi(x)| = \max |\varphi(x)|.$$

引理完全证毕.

定理 2 (E. 博雷尔) 设 $f(x)$ 是在 $E = [a,b]$ 上定义的几乎处处有限的可测函数. 对于任何二正数 σ 与 ε, $[a,b]$ 上有连续函数 $\psi(x)$ 适合

$$mE(|f - \psi| \geqslant \sigma) < \varepsilon.$$

如果 $|f(x)| \leqslant K$, 那么可以选取上面的 $\psi(x)$ 使它满足

$$|\psi(x)| \leqslant K.$$

§4. 可测函数的结构

证明 先设 $|f(x)| \leqslant K$.

固定 σ 与 ε, 取自然数 n, 使

$$\frac{K}{n} < \sigma.$$

置

$$E_i = E\left(\frac{i-1}{n}K \leqslant f < \frac{i}{n}K\right) \quad (i = 1-n, 2-n, \cdots, n-1)$$

$$E_n = E\left(\frac{n-1}{n}K \leqslant f \leqslant K\right).$$

上述诸集都是可测的, 并且两两不相交. 因此

$$[a, b] = \sum_{i=1-n}^{n} E_i.$$

对于每一个 E_i, 作如下的闭集 $F_i \subset E_i$,

$$mF_i > mE_i - \frac{\varepsilon}{2n}.$$

置

$$F = \sum_{i=1-n}^{n} F_i.$$

那么, $[a,b] - F = \sum_i (E_i - F_i)$, 因而

$$m[a,b] - mF < \varepsilon.$$

现在在 E 上定义如下的函数 $\varphi(x)$:

$$\varphi(x) = \frac{i}{n}K, \quad x \in F_i \quad (i = 1-n, \cdots, n).$$

由引理 1, $\varphi(x)$ 在 F 上是连续的, $|\varphi(x)| \leqslant K$. 当 $x \in F$ 时 (因 $F_i \subset E_i$),

$$|f(x) - \varphi(x)| < \sigma.$$

应用引理 2, 在 $[a, b]$ 上作如下的连续函数 $\psi(x)$: 当 $x \in F$ 时, $\psi(x) = \varphi(x), |\psi(x)| \leqslant K$.

由

$$E(|f - \psi| \geqslant \sigma) \subset [a, b] - F,$$

知 $\psi(x)$ 即为所要求的函数. 定理当 $f(x)$ 为有界时, 证明已毕.

假如 $f(x)$ 不是有界函数, 那么利用定理 1, 可以作有界可测函数 $g(x)$ 适合于

$$mE(f \neq g) < \frac{\varepsilon}{2}.$$

将关于有界函数的结果用到函数 $g(x)$, 乃得 $[a,b]$ 上如下的连续函数 $\psi(x)$:

$$mE(|g-\psi|\geqslant \sigma)<\frac{\varepsilon}{2}.$$

由

$$E(|f-\psi|\geqslant\sigma)\subset E(f\neq g)+E(|g-\psi|\geqslant\sigma),$$

知 $\psi(x)$ 是一所求的函数.

推论 对于在 $[a,b]$ 上定义的几乎处处有限的可测函数 $f(x)$. 存在连续函数列 $\psi_n(x)$ 依测度收敛于 $f(x)$.

证明 取两个收敛于 0 的数列:

$$\sigma_1>\sigma_2>\sigma_3>\cdots,\quad \sigma_n\to 0,$$
$$\varepsilon_1>\varepsilon_2>\varepsilon_3>\cdots,\quad \varepsilon_n\to 0;$$

对于每一个 n 作连续函数 $\psi_n(x)$ 使

$$mE(|f-\psi_n|\geqslant\sigma_n)<\varepsilon_n.$$

因为对于任意的 $\sigma>0$, 必有 n_0: 当 $n\geqslant n_0$ 时, $\sigma_n<\sigma$. 对于这种 n,

$$E(|f-\psi_n|\geqslant\sigma)\subset E(|f-\psi_n|\geqslant\sigma_n).$$

由是

$$\psi_n(x)\Longrightarrow f(x).$$

证明完毕.

对于 $\{\psi_n(x)\}$, 应用 §3 的里斯定理, 存在着几乎处处收敛于 $f(x)$ 的连续函数列 $\{\psi_{n_k}(x)\}$. 由是, 得

定理 3 (M. 弗雷歇 (M. Fréchet)) 对于在 $[a,b]$ 上定义的几乎处处有限的可测函数 $f(x)$, 存在几乎处处收敛于 $f(x)$ 的连续函数列.

利用这个定理, 可以证明下面很重要的定理.

定理 4 (Н. Н. 卢津 (Н. Н. Лузин)) 设 $f(x)$ 是在 $E=[a,b]$ 上所定义的几乎处处有限的可测函数. 对于任一正数 δ, 有连续函数 $\varphi(x)$ 适合

$$mE(f\neq\varphi)<\delta.$$

特别, 当 $|f(x)|\leqslant K$ 时, 则可取上面的 $\varphi(x)$ 使它满足

$$|\varphi(x)|\leqslant K.$$

证明 由弗雷歇定理, 有连续函数列

$$\varphi_1(x), \varphi_2(x), \varphi_3(x), \cdots$$

几乎处处收敛于 $f(x)$. 又由叶戈洛夫定理, 存在如下的集 E_δ,

$$mE_\delta > b - a - \frac{\delta}{2},$$

在 E_δ 中关系

$$\varphi_n(x) \to f(x)$$

对 x 一致地成立.

由分析中一定理[1], 可知 $f(x)$ 在 E_δ 上是连续的. (并不是说将 $f(x)$ 看作在 $[a,b]$ 上定义的函数时 $f(x)$ 在 E_δ 上是连续的, 而是说: 将 $f(x)$ 看作在 E_δ 上定义时是一连续函数).

取 E_δ 的闭子集 F, 使

$$mF > mE_\delta - \frac{\delta}{2}.$$

如果将 $f(x)$ 看作仅在 F 上所定义的话, 那么 $f(x)$ 是一连续函数. 再应用引理 2, 我们可以在 $[a,b]$ 上找到如下的连续函数 $\varphi(x)$: 当 $x \in F$ 时, $\varphi(x)$ 等于 $f(x)$. 因此,

$$E(f \neq \varphi) \subset [a,b] - F.$$

因 $mE(f \neq \varphi) < \delta$, 所以 $\varphi(x)$ 是所要求的函数.

如果 $|f(x)| \leqslant K$, 那么对于 F 中的点 x, 此不等式当然也成立. 所以由引理 2, 有如下的 $\varphi(x), |\varphi(x)| \leqslant K$.

定理因此完全证毕.

卢津的定理可以改写为: 几乎处处有限的可测函数除了一个测度可任意小的集而外, 乃是连续的. 有些著者[2]即借此重要性质来定义可测函数. 不难证明这两种定义是等价的. 后者特别指出可测函数与连续函数这两个概念有密切的关系.

§5. 魏尔斯特拉斯定理

在上一节中我们讲了许多用连续函数来接近可测函数的定理. 现在再行深入一步. 可先用多项式来逼近连续函数. 然后用多项式来逼近一般的可测函数.

为此目的, 首先讲述魏尔斯特拉斯的定理. 这个定理自身也是很重要的. 我们依照 C. H. 伯恩斯坦 (C. H. Бернштейн 或 S. N. Bernstein) 的证法来说明它.

---

[1]对于在 $[a,b]$ 上定义的连续函数列, 如果一致收敛于 $f(x)$ 的话, 则 $f(x)$ 是连续的. 普通书上对于此定理的证明虽只说到区间, 实际上可以拓广之于任何集.

[2]参考 П. С. 亚历山德罗夫 及 A. H. 柯尔莫戈洛夫: Введение в теорию функций действительного переменного.

引理 1 对任一 x, 有下面的恒等式:
$$\sum_{k=0}^{n} C_n^k x^k (1-x)^{n-k} = 1. \tag{1}$$

事实上, 于牛顿二项式
$$(a+b)^n = \sum_{k=0}^{n} C_n^k a^k b^{n-k},$$

置 $a = x, b = 1-x$, 即得 (1).

引理 2 对于所有的实数 x, 成立不等式
$$\sum_{k=0}^{n} C_n^k (k-nx)^2 x^k (1-x)^{n-k} \leqslant \frac{n}{4}. \tag{2}$$

证明 将等式
$$\sum_{k=0}^{n} C_n^k z^k = (1+z)^n \tag{3}$$

关于 z 微分, 再乘以 z, 则得
$$\sum_{k=0}^{n} k C_n^k z^k = nz(1+z)^{n-1}. \tag{4}$$

将 (4) 式关于 z 微分再乘以 z, 乃得
$$\sum_{k=0}^{n} k^2 C_n^k z^k = nz(1+nz)(1+z)^{n-2}. \tag{5}$$

于 (3), (4), (5) 式, 置
$$z = \frac{x}{1-x}$$

后, 再乘以 $(1-x)^n$, 乃得
$$\sum_{k=0}^{n} C_n^k x^k (1-x)^{n-k} = 1 \tag{6}$$

$$\sum_{k=0}^{n} k C_n^k x^k (1-x)^{n-k} = nx, \tag{7}$$

$$\sum_{k=0}^{n} k^2 C_n^k x^k (1-x)^{n-k} = nx(1-x+nx). \tag{8}$$

以 $n^2 x^2$ 乘 (6) 式, $-2nx$ 乘 (7) 式, 1 乘 (8) 式, 然后边边相加, 乃得
$$\sum_{k=0}^{n} (k-nx)^2 C_n^k x^k (1-x)^{n-k} = nx(1-x).$$

因此所要的不等式的证明, 归结到证明
$$x(1-x) \leqslant \frac{1}{4}.^{①}$$

这是很明显的事, 证明完毕.

---

① 由 $4x^2 - 4x + 1 = (2x-1)^2 \geqslant 0$ 即得 $1 \geqslant 4x(1-x)$.

定义 1 设 $f(x)$ 是在 $[0,1]$ 上定义的有限函数. 称多项式
$$B_n(x) = \sum_{k=0}^{n} f\left(\frac{k}{n}\right) C_n^k x^k (1-x)^{n-k} \tag{9}$$
为关于 $f(x)$ 的伯恩斯坦多项式.

定理 1 (C. H. 伯恩斯坦) 假如 $f(x)$ 在 $[0,1]$ 上是一连续函数,则当 $n \to \infty$ 时,
$$B_n(x) \to f(x) \tag{10}$$
对 x 一致地成立.

证明 设
$$M = \max |f(x)|.$$
对于正数 ε, 有正数 δ: 当 $|x'' - x'| < \delta$ 时,
$$|f(x'') - f(x')| < \varepsilon.$$
设 $x \in [0,1]$, 由 (1) 得
$$f(x) = \sum_{k=0}^{n} f(x) C_n^k x^k (1-x)^{n-k},$$
从而
$$|B_n(x) - f(x)| \leqslant \sum_{k=0}^{n} \left| f\left(\frac{k}{n}\right) - f(x) \right| C_n^k x^k (1-x)^{n-k}. \tag{11}$$
将下面的整数 $k = 0, 1, 2, \cdots, n$ 分成 A 和 B 两部分:
$$\text{当 } \left|\frac{k}{n} - x\right| < \delta \text{ 时}, \quad k \in A,$$
$$\text{当 } \left|\frac{k}{n} - x\right| \geqslant \delta \text{ 时}, \quad k \in B.$$
因此当 $k \in A$ 时,
$$\left| f\left(\frac{k}{n}\right) - f(x) \right| < \varepsilon,$$
由引理 1,
$$\sum_A \left| f\left(\frac{k}{n}\right) - f(x) \right| C_n^k x^k (1-x)^{n-k} \leqslant \varepsilon \sum_A C_n^k x^k (1-x)^{n-k} \leqslant \varepsilon \sum_{k=0}^{n} C_n^k x^k (1-x)^{n-k} = \varepsilon. \tag{12}$$
若 $k \in B$, 则
$$\frac{(k-nx)^2}{n^2 \delta^2} \geqslant 1,$$
由引理 2, 得
$$\sum_B \left| f\left(\frac{k}{n}\right) - f(x) \right| \cdot C_n^k x^k (1-x)^{n-k}$$
$$\leqslant \frac{2M}{n^2 \delta^2} \sum_B (k-nx)^2 C_n^k x^k (1-x)^{n-k}$$
$$\leqslant \frac{2M}{n^2 \delta^2} \sum_{k=0}^{n} (k-nx)^2 C_n^k x^k (1-x)^{n-k} < \frac{M}{2n\delta^2}. \tag{13}$$

总合 (11), (12), (13) 三式, 得

$$|B_n(x) - f(x)| < \varepsilon + \frac{M}{2n\delta^2}, \quad x \in [0,1].$$

取 $n > \dfrac{M}{2\varepsilon\delta^2}$ 则得

$$|B_n(x) - f(x)| < 2\varepsilon,$$

定理证毕.

定理 2 (K. 魏尔斯特拉斯) 设 $f(x)$ 是在 $[a,b]$ 上定义的连续函数. 那么对于任意的正数 ε, 存在多项式 $P(x)$, 使不等式

$$|f(x) - P(x)| < \varepsilon$$

对所有 $x \in [a,b]$ 一致地成立.

证明 假如 $[a,b] = [0,1]$, 则本定理是伯恩斯坦定理的结果. 设 $[a,b] \neq [0,1]$, 则 y 的函数

$$f[a + y(b-a)]$$

在 $[0,1]$ 上是连续的. 所以有如下的多项式 $Q(y)$:

$$|f[a + y(b-a)] - Q(y)| < \varepsilon, \quad 0 \leqslant y \leqslant 1.$$

若 $x \in [a,b]$, 则 $\dfrac{x-a}{b-a} \in [0,1]$, 因此

$$\left|f(x) - Q\left(\frac{x-a}{b-a}\right)\right| < \varepsilon.$$

所以, $P(x) = Q\left(\dfrac{x-a}{b-a}\right)$ 就是所要的多项式.

由魏尔斯特拉斯定理, 博雷尔定理与弗雷歇定理都可改进它的形式, (但卢津定理不行!) 例如弗雷歇定理可以写成

定理 3 (M. 弗雷歇) 设 $f(x)$ 是在 $[a,b]$ 上定义的几乎处处有限的可测函数, 那么存在一列多项式几乎处处收敛于 $f(x)$.

证明 设 $\{\varphi_n(x)\}$ 是几乎处处收敛于 $f(x)$ 的连续函数列. 又设 $P_n(x)$ 是如下的多项式:

$$|P_n(x) - \varphi_n(x)| < \frac{1}{n}, \quad a \leqslant x \leqslant b.$$

那么 $\{P_n(x)\}$ 即为所要的多项式列. 因为当 $\varphi_n(x) \to f(x)$ 时, 当然 $P_n(x) \to f(x)$. 定理证毕.

对于博雷尔定理的改变, 读者可以自行写出. (且可保持 $|P_n(x)| \leqslant \sup|f(x)|$ 的条件!)

对于具有周期的连续函数, 可以利用三角多项式来逼近. 此事与定理 2 当然有密切的关系.

定义 2 称函数

$$T(x) = A + \sum_{k=1}^{n}(a_k \cos kx + b_k \sin kx)$$

为 n 次的三角多项式.

当 $b_1 = b_2 = \cdots = b_n = 0$ 时, $T(x)$ 是一偶函数, 可以称它做余弦多项式.

引理 3 a) 函数 $\cos^k x$ 可以表为余弦多项式.
b) 如果 $T(x)$ 是一三角多项式, 则 $T(x)\sin x$ 也是三角多项式.
c) 如果 $T(x)$ 是一三角多项式, 则 $T(x+a)$ 也是三角多项式.

证明留给读者.

引理 4 设 $f(x)$ 是在 $[0,\pi]$ 上定义的连续函数, 则对于任一正数 ε, 存在余弦多项式 $T(x)$, 使不等式
$$|f(x) - T(x)| < \varepsilon$$
对 $0 \leqslant x \leqslant \pi$ 成立.

证明 将 $f(\arccos y)$ 看作 y 的函数, 则在 $[-1,+1]$ 上是连续的. 因此, 有多项式 $\sum_{k=0}^{n} a_k y^k$ 使不等式
$$|f(\arccos y) - \sum_{k=0}^{n} a_k y^k| < \varepsilon$$
对于所有的 $y \in [-1,+1]$ 成立.

若 $x \in [0,\pi]$, 则 $\cos x \in [-1,+1]$. 因此,
$$|f(x) - \sum_{k=1}^{n} a_k \cos^k x| < \varepsilon.$$

由引理 3, $\cos^k x$ 是一余弦多项式. 由是定理得证.

推论 假如具有周期 2π 的偶函数 $f(x)$ 处处是连续的, 那么有三角多项式 $T(x)$ 使不等式
$$|f(x) - T(x)| < \varepsilon$$
对所有实的 x 成立.

事实上, 在 $[0,\pi]$ 中, 有余弦多项式 $T(x)$ 使上式成立. 现在 $f(x)$ 与 $T(x)$ 都是偶函数, 因此, 上式对 $x \in [-\pi,0]$ 也成立. 最后, 由于 $f(x) - T(x)$ 的周期性, 不等式处处成立.

定理 4 (K. 魏尔斯特拉斯) 设 $f(x)$ 是一个周期为 2π 的连续的周期函数, 那么对于任一正数 ε, 必有三角多项式 $T(x)$ 使不等式
$$|f(x) - T(x)| < \varepsilon$$
对所有 x 成立.

证明 由引理 4, 对于偶函数
$$f(x) + f(-x), \quad [f(x) - f(-x)]\sin x,$$
有如下的三角多项式 $T_1(x)$ 和 $T_2(x)$:
$$f(x) + f(-x) = T_1(x) + \alpha_1(x), \quad [f(x) - f(-x)]\sin x = T_2(x) + \alpha_2(x),$$

其中
$$|\alpha_1(x)| < \frac{\varepsilon}{2}, \quad |\alpha_2(x)| < \frac{\varepsilon}{2}.$$
对于上面的两个等式, 第一式乘以 $\frac{1}{2}\sin^2 x$, 第二式乘以 $\frac{1}{2}\sin x$, 然后边边相加得到
$$f(x)\sin^2 x = T_3(x) + \beta(x), \quad |\beta(x)| < \frac{\varepsilon}{2},$$
其中 $T_3(x)$ 是某一个三角多项式.

这样的结果对于任何一个连续的周期函数是真的. 因此对于函数 $f\left(x - \frac{\pi}{2}\right)$ 也是真的. 今设
$$f\left(x - \frac{\pi}{2}\right)\sin^2 x = T_4(x) + \gamma(x), \quad |\gamma(x)| < \frac{\varepsilon}{2}.$$
于此, 将 x 换以 $x + \frac{\pi}{2}$, 乃得
$$f(x)\cos^2 x = T_5(x) + \delta(x), \quad |\delta(x)| < \frac{\varepsilon}{2}.$$
因此,
$$f(x) = T_3(x) + T_5(x) + \beta(x) + \delta(x), \quad |\beta(x) + \delta(x)| < \varepsilon.$$
由是得到所求的三角多项式 $T_3(x) + T_5(x)$.

此刻我们虽然没有把定理 4 联系到可测函数的理论, 但是以后将会看到, 这个定理是非常重要的.

第四章的习题

1. 若 $f_n(x) \Longrightarrow f(x)$, $g_n(x) \Longrightarrow g(x)$, 则 $f_n(x) + g_n(x) \Longrightarrow f(x) + g(x)$.

2. 设 $f_n(x) \Longrightarrow f(x)$, $g(x)$ 是几乎处处有限的可测函数, 则
$$f_n(x)g(x) \Longrightarrow f(x)g(x).$$

3. 对于在 E 中每一点趋向于 $+\infty$ 的函数列, 建立叶戈洛夫的定理.

4. 存在以多项式为项的级数 $p_1(x) + p_2(x) + p_3(x) + \cdots$ 具有下列的性质: 对于在 $[a, b]$ 上所定义的任何一个连续函数 $f(x)$, 可以将此级数由项的归并 (但不变更其顺序) 使级数 $\sum_{k=1}^{\infty}[p_{n_k+1}(x) + \cdots + p_{n_{k+1}}(x)]$ 在 $[a, b]$ 上一致地收敛于 $f(x)$.

5. 几乎处处有限的可测函数列 $f_1(x), f_2(x), \cdots$ 依测度收敛的必要且充分的条件是: 对于任何正数 σ 和 ε, 有如下的 N: 当 $n > N$, $m > N$ 时,
$$mE(|f_n - f_m| \geqslant \sigma) < \varepsilon$$
(F. 里斯).

6. 在博雷尔和弗雷歇定理中, 假设定义的闭区间是 $[-\pi, +\pi]$, 那么在所述的结果中可以用三角多项式代替连续函数.

7. 可数个可测函数的上确界函数是可测函数.

8. 如果对于任意固定的 n, 当 $k \to \infty$ 时
$$f_k^{(n)}(x) \Longrightarrow f^{(n)}(x),$$
而当 $n \to \infty$ 时有
$$f^{(n)}(x) \Longrightarrow f(x),$$
那么在集合 $\{f_k^{(n)}(x)\}$ 中可以选取函数列依测度收敛于 $f(x)$.

9. 在上题的叙述中, 如果将所有依测度收敛改为普通的收敛, 则所述不真.

10. 设 $f(t)$ 是在 $E = [a,b]$ 上所定义的几乎处处有限的可测函数. 那么 $[a,b]$ 上有如下的单调减函数 $g(t)$: 关系 $mE(g > x) = mE(f > x)$ 对于任何实数 x 成立.

11. 设 $f(t)$ 是在 $E = [a,b]$ 上所定义的几乎处处有限的可测函数. 那么有唯一的数 h 使两关系
$$mE(f \geqslant h) \geqslant \frac{b-a}{2} \text{ 和当 } H > h \text{ 时 } mE(f \geqslant H) < \frac{b-a}{2}$$
都成立. (Л. B. 康托罗维奇 (Л. B. Канторович)).

第五章　有界函数的勒贝格积分

§1. 勒贝格积分的定义

O. 柯西所给出的、后来由 B. 黎曼发扬的老的积分定义可述如下: 设 $f(x)$ 是在 $[a,b]$ 上所定义的有限函数. 将 $[a,b]$ 用分点

$$x_0 = a < x_1 < x_2 < \cdots < x_n = b$$

分成若干小区间, 在每一个小区间 $[x_k, x_{k+1}]$ 中任取一点 ξ_k, 作黎曼和

$$\sigma = \sum_{k=0}^{n-1} f(\xi_k) \quad (x_{k+1} - x_k).$$

当

$$\lambda = \max(x_{k+1} - x_k)$$

趋近于 0 时, 如果 σ 趋近于一个有限的极限 I, 而且 I 的数值是和 $[a,b]$ 的分法以及 ξ_k 的取法都无关的话, 那么称此极限 I 是 $f(x)$ 在 $[a,b]$ 上的黎曼积分. 用记号

$$\int_a^b f(x)dx$$

表示此积分. 有时为了与其他积分区别起见, 对于黎曼积分, 写为

$$(R)\int_a^b f(x)dx.$$

存在着黎曼积分的函数称为依黎曼意义可积的函数或称为 (R) 可积函数. $f(x)$ 为 (R) 可积的必要条件是: $f(x)$ 为有界函数.

§1. 勒贝格积分的定义

柯西早已证明连续函数是 (R) 可积的. 但是也有 (R) 可积的不连续函数. 例如单调不连续函数是 (R) 可积的.

我们也容易找到有界函数而不是 (R) 可积的. 例如在 $[0,1]$ 上定义如下的函数 $\psi(x)$ (称为狄利克雷函数):

$$\text{当 } x \text{ 是有理数时,} \quad \psi(x) = 1,$$
$$\text{当 } x \text{ 是无理数时,} \quad \psi(x) = 0.$$

这个函数不是 (R) 可积的, 因为如果取所有的 ξ_k 均为有理数则 $\sigma = 1$, 如果取所有的 ξ_k 均为无理数则 $\sigma = 0$.

这样看来, 黎曼积分的定义有本质上的缺陷 —— 甚至一个很简单的函数都不能够积分.

不难弄清事情的原委.

事情是这样的: 黎曼和的作成, 乃是将 $[a,b]$ 分成 $[x_0,x_1], [x_1,x_2], \cdots, [x_{n-1},x_n]$ 有限个小部分 (今以 $e_0, e_1, \cdots, e_{n-1}$ 记之), 在每一个 e_k 中选取一点 ξ_k, 作乘积 $f(\xi_k)me_k$ 的和:

$$\sigma = \sum_{k=0}^{n-1} f(\xi_k)me_k.$$

假如 σ 有极限, 而此极限与 ξ_k 的取法无关的话, 黎曼积分才存在. 换句话说: 此时 e_k 中每一点 x 都可以取作 ξ_k, 而这种点的改变要对于 σ 不起显著的作用. 这件事情, 只有当 $f(\xi_k)$ 由 ξ_k 的改变所造成的差极微时才有可能. 但集 e_k 中不同的各点是根据什么合并成一个集的呢? 只不过是因为 e_k 是很小的闭区间 $[x_k, x_{k+1}]$, e_k 中相异的点彼此很接近而已.

如果函数 $f(x)$ 是连续的话, 那么当 x 的两值很相接近时, 它们所对应的两函数值也很相接近. 所以当 ξ_k 在 e_k 上变动时, σ 的变化甚小. 但是对于不连续函数, 情况就大不相同.

换言之, e_k 的构成是这样的: 只有当 $f(x)$ 是连续函数时, 才可以拿 $f(\xi_k)$ 来代表函数在 e_k 上的数值.

因此, 黎曼积分的定义可以看作专门为连续函数而作的, 对于其他的函数偶或也可适用. 不过以后我们将要看到, (R) 可积的函数不能 "太不连续".

为了要把积分这概念推广到更多的函数上去, 勒贝格提出了另一种积分的方法. 这方法不是根据不同的 x 在 Ox 轴上很靠近这样一种无关重要的情况而取入同一个 e_k, 而是把函数值很相近的 x 取入同一个 e_k. 勒贝格将 $[a,b]$ 中的点给以如下的分法: 设 $f(x)$ 的一切函数值介乎 A 与 B 之间. 于 $[A,B]$ 中插入分点

$$A = y_0 < y_1 < \cdots < y_n = B,$$

而令

$$e_k = E(y_k \leqslant f < y_{k+1}).$$

假如 $y_{k+1} - y_k$ 很小, 那么显然的对于同一点集 e_k 中的两点, 所对应的函数值也甚近. 它与黎曼手续的不同处, 乃是 e_k 中的相异两点 x 在 Ox 上可以相距很远.

特别, 在 e_k 上取 y_k 当作代表的函数值, 那么所对应的和就是
$$\sum_{k=0}^{n-1} y_k \cdot me_k.$$

现在我们把这个问题讲得更准确一些.

假设在可测集 E 上定义了一个有界可测函数 $f(x)$, 并且
$$A < f(x) < B. \tag{1}$$

将 $[A, B]$ 用分点
$$y_0 = A < y_1 < y_2 < \cdots < y_n = B$$
分成若干小部分, 而对于每一个 $[y_k, y_{k+1})$ 定义如下的集:
$$e_k = E(y_k \leqslant f < y_{k+1}) \quad (k = 0, 1, \cdots, n-1).$$

那么容易证明, e_k 具有下列四个性质:

1) 集 e_k 是两两不相交的. 即 $e_k e_{k'} = \varnothing (k \neq k')$.
2) 每一个 e_k 是可测的.
3) $E = \sum\limits_{k=0}^{n-1} e_k$.
4) $mE = \sum\limits_{k=0}^{n-1} me_k$.

今引入勒贝格的小和 s 与大和 S[①]:
$$s = \sum_{k=0}^{n-1} y_k me_k, \quad S = \sum_{k=0}^{n-1} y_{k+1} me_k.$$

置
$$\lambda = \max(y_{k+1} - y_k),$$
则
$$0 \leqslant S - s \leqslant \lambda mE. \tag{2}$$

勒贝格和的基本性质如下:

引理 对于 $[A, B]$ 的某种分法, 其对应的勒贝格和设为 s_0 与 S_0. 再加上一个新的分点 $\bar{y}$, 从而得到新的勒贝格和是 s 与 S, 那么
$$s_0 \leqslant s, \quad S \leqslant S_0.$$

[①] 也分别称为勒贝格下和 s 与勒贝格上和 S. —— 第 5 版校订者注.

换言之, 当分点增加时, 小和不减少, 大和不增加.

证明 设
$$y_i < \overline{y} < y_{i+1}. \tag{3}$$

那么当 $k \neq i$ 时, 对于新的分法而言, $[y_k, y_{k+1})$ 和 e_k 并无变动, 但是 $[y_i, y_{i+1})$ 却分成
$$[y_i, \overline{y}) \quad \text{与} \quad [\overline{y}, y_{i+1})$$
两个部分. 即将 e_i 分成两集
$$e_i' = E(y_i \leqslant f < \overline{y}), \quad e_i'' = E(\overline{y} \leqslant f < y_{i+1}).$$

显然的是
$$e_i = e_i' + e_i'', \quad e_i' e_i'' = \varnothing,$$
且
$$me_i = me_i' + me_i''. \tag{4}$$

因此, 将 s_0 中的 $y_i me_i$ 换作 $y_i me_i' + \overline{y} me_i''$, 就得到 s. 由 (3) 与 (4), 得
$$s \geqslant s_0.$$

同样可证 $S \leqslant S_0$.

推论 任一小和 s 不大于任一大和 S.

证明 任意取两个 $[A, B]$ 的分法 I 与 II, I 所对应的小和与大和是 s_1 与 S_1, II 所对应的小和与大和是 s_2 与 S_2.

将 I 与 II 中一切分点合并起来, 组成一个分法 III. 设 III 所对应的小和与大和是 s_3 与 S_3. 由引理,
$$s_1 \leqslant s_3, \quad S_3 \leqslant S_2.$$
由是, 从
$$s_3 \leqslant S_3$$
得
$$s_1 \leqslant S_2,$$
证毕.

设 S_0 是一个大和, 则任一小和 s 都满足
$$s \leqslant S_0.$$

因此, 所有勒贝格的小和全体 $\{s\}$ 是一个有上界的集. 设 U 为其上确界:
$$U = \sup\{s\}.$$

那么显然是
$$U \leqslant S_0.$$

由于 S_0 是可以任意取的. 所以上式亦即表示勒贝格的大和全体 $\{S\}$ 是一个有下界的集. 今设 V 为其下确界:
$$V = \inf\{S\}.$$

那么,
$$s \leqslant U \leqslant V \leqslant S.$$

但是
$$S - s \leqslant \lambda mE,$$

所以
$$0 \leqslant V - U \leqslant \lambda mE,$$

因为 λ 可以任意的小, 所以
$$U = V.$$

定义 这两个相同的数 U 和 V 称为 $f(x)$ 在集 E 上的勒贝格积分, 用记号
$$(L)\int_E f(x)dx$$

表示它. 如不致与别的积分混淆, 可简写为
$$\int_E f(x)dx.$$

特别当 $E = [a,b]$ 时, 惯用下面的记号:
$$(L)\int_a^b f(x)dx, \quad \int_a^b f(x)dx.$$

由上所证, 凡有界可测函数依照勒贝格的意义是可积的 —— 简称为 (L) 可积. 仅由此点大致可知 (L) 可积的函数范围比 (R) 可积的范围要广得多. 特别是, 许多与判定可积性有关的问题, 到此就迎刃而解, 不像在 (R) 积分中那样麻烦.

定理 1 当 $\lambda \to 0$ 时, 勒贝格的小和 s 与大和 S 都趋于 $\int_E f(x)dx$.

事实上, 从不等式

$$s \leqslant \int_E f(x)dx \leqslant S,$$
$$S - s \leqslant \lambda mE$$

即得定理 1.

由此定理, 勒贝格积分的值与在其定义中所用到的数 A 和 B 是无关的. 为什么呢? 因为若设

$$A < f(x) < B, \quad A < f(x) < B^*,$$

并且 $B^* < B$. 将 $[A, B]$ 分成

$$A = y_0 < y_1 < y_2 < \cdots < y_n = B,$$

并且假设 B^* 是分点之一, 即设

$$B^* = y_m.$$

那么由此分法作其对应的集, 显然是

$$e_k = \varnothing \quad (k \geqslant m).$$

因此得到

$$s = \sum_{k=0}^{n-1} y_k m e_k = \sum_{k=0}^{m-1} y_k m e_k = s^*,$$

其中 s^* 乃是由 $[A, B^*]$ 所产生的勒贝格的小和. 将分点加密然后取其极限, 则由 $[A, B]$ 与 $[A, B^*]$ 所得到的积分值 I 与 I^* 是相等的, 所以将 B 变动不会影响积分的值, 对 A 来讲亦是同样. 这个事实是很重要的, 因为只有这样才使积分定义摆脱了取 A 与 B 时的偶然性.

§2. 积分的基本性质

本节将要建立有界可测函数的积分的一连串性质.

定理 1 假如可测函数 $f(x)$ 在可测集 E 上满足

$$a \leqslant f(x) \leqslant b,$$

则

$$a \cdot mE \leqslant \int_E f(x)dx \leqslant b \cdot mE.$$

即通常所称的积分平均值定理.

证明 设 n 是一自然数, 置

$$A = a - \frac{1}{n}, \quad B = b + \frac{1}{n},$$

则

$$A < f(x) < B.$$

因此, 勒贝格的和可以从分割 $[A, B]$ 作得.

但是, 当

$$A \leqslant y_k \leqslant B$$

时,

$$A \sum_{k=0}^{n-1} me_k \leqslant \sum_{k=0}^{n-1} y_k me_k \leqslant B \sum_{k=0}^{n-1} me_k.$$

因此,

$$A \cdot mE \leqslant s \leqslant B \cdot mE.$$

由是

$$\left(a - \frac{1}{n}\right) mE \leqslant \int_E f(x) dx \leqslant \left(b + \frac{1}{n}\right) mE.$$

由于 n 是任意的, 故定理成立.

由此定理, 导出几个简单的推论.

推论 1 如果函数 $f(x)$ 在可测集 E 上取常数值 c, 则

$$\int_E f(x) dx = c \cdot mE.$$

推论 2 如果 $f(x)$ 不是负的 (不是正的), 那么它的积分也不是负数 (不是正数).

推论 3 如果 $mE = 0$, 那么任何有界函数 $f(x)$ 在 E 上的积分等于 0:

$$\int_E f(x) dx = 0.$$

定理 2 设 $f(x)$ 是在可测集 E 上所定义的有界可测函数, 而 E 是有限个或可数个两两不相交的可测集的和集:

$$E = \sum_k E_k \quad (E_k E_{k'} = \varnothing, \ k \neq k'),$$

则

$$\int_E f(x) dx = \sum_k \int_{E_k} f(x) dx.$$

这个定理表明积分的完全可加性.

证明 先就两个集的和集

$$E = E' + E'' \quad (E'E'' = \varnothing)$$

的情况证之.

设在 E 上是

$$A < f(x) < B,$$

将 $[A,B]$ 用点 $y_0, y_1, \cdots, y_n$ 细分, 作集

$$e_k = E(y_k \leqslant f < y_{k+1}), \quad e'_k = E'(y_k \leqslant f < y_{k+1}),$$
$$e''_k = E''(y_k \leqslant f < y_{k+1}),$$

那么

$$e_k = e'_k + e''_k \quad (e'_k e''_k = \varnothing),$$

从而

$$\sum_{k=0}^{n-1} y_k m e_k = \sum_{k=0}^{n-1} y_k m e'_k + \sum_{k=0}^{n-1} y_k m e''_k.$$

令 $\lambda \to 0$ 乃得

$$\int_E f(x)dx = \int_{E'} f(x)dx + \int_{E''} f(x)dx.$$

这样, 我们已经证明了被加集只有两个时的情形, 用数学归纳法, 也容易证明被加集是任何有限个时的情形. 剩下来的是当

$$E = \sum_{k=1}^{\infty} E_k$$

时的证明. 此时,

$$mE = \sum_{k=1}^{\infty} mE_k,$$

所以当 $n \to \infty$ 时,

$$\sum_{k=n+1}^{\infty} mE_k \to 0. \tag{$*$}$$

今记

$$\sum_{k=n+1}^{\infty} E_k = R_n,$$

那么由于当被加集的个数是有限时定理已证, 从而

$$\int_E f dx = \sum_{k=1}^{n} \int_{E_k} f dx + \int_{R_n} f dx.$$

再由平均值定理, 乃有
$$A \cdot mR_n \leqslant \int_{R_n} f dx \leqslant B \cdot mR_n,$$
回顾 (*) 式, R_n 的测度 mR_n 当 n 增大时趋于 0, 因此得到
$$\int_{R_n} f dx \to 0.$$
于是证得
$$\int_E f dx = \sum_{k=1}^{\infty} \int_{E_k} f dx.$$
由此定理, 导出下列几个推论.

推论 1 假如 $f(x)$ 和 $g(x)$ 是在集 E 上定义的两个等价的有界可测函数, 则
$$\int_E f(x) dx = \int_E g(x) dx.$$

事实上, 如果
$$A = E(f \neq g), \quad B = E(f = g),$$
则 $mA = 0$, 因而
$$\int_A f dx = \int_A g dx = 0.$$
在集 B 上两个函数是相等的, 所以
$$\int_B f dx = \int_B g dx.$$
将上面二式边边相加即得 $\int_E f(x) dx = \int_E g(x) dx.$

特别, 一个等价于 0 的函数, 其积分为 0.

自然, 最后一语之逆不真. 例如在 $[-1, +1]$ 上所定义的函数 $f(x)$:
$$f(x) = \begin{cases} +1 (x \geqslant 0), \\ -1 (x < 0), \end{cases}$$
则①
$$\int_{-1}^{+1} f(x) dx = \int_{-1}^{0} f(x) dx + \int_{0}^{1} f(x) dx = -1 + 1 = 0,$$
可是函数 $f(x)$ 并不等价于 0.

但下面的推论却是成立的.

---

① 从 E 中除去一点, 积分 $\int_E f(x) dx$ 的值不发生变化, 所以函数在 $[a, b), (a, b]$ 或 (a, b) 上的积分, 均不妨看作是在 $[a, b]$ 上的积分, 一律记作 $\int_a^b f(x) dx$.

§2. 积分的基本性质

推论 2 设 $f(x)$ 是在 E 上不取负值的有界可测函数. 如果 $f(x)$ 在 E 上的积分是 0:
$$\int_E f(x)dx = 0 \quad (f(x) \geqslant 0),$$
则 $f(x)$ 等价于 0.

事实上, 由于
$$E(f > 0) = \sum_{n=1}^{\infty} E\left(f > \frac{1}{n}\right).$$

如果 $f(x)$ 不对等于 0, 那么有如下的 n_0:
$$mE\left(f > \frac{1}{n_0}\right) = \sigma > 0.$$

置
$$A = E\left(f > \frac{1}{n_0}\right), \quad B = E - A,$$
则
$$\int_A f(x)dx \geqslant \frac{1}{n_0}\sigma, \quad \int_B f(x)dx \geqslant 0,$$
从而达到矛盾
$$\int_E f(x)dx \geqslant \frac{1}{n_0}\sigma > 0.$$

定理 3 如果 $f(x)$ 和 $F(x)$ 都是可测集 Q 上所定义的有界可测函数, 则
$$\int_Q [f(x) + F(x)]dx = \int_Q f(x)dx + \int_Q F(x)dx.$$

证明 设
$$a < f(x) < b, \quad A < F(x) < B.$$

将 $[a,b]$ 和 $[A,B]$ 用下面诸点
$$a = y_0 < y_1 < \cdots < y_n = b, \quad A = Y_0 < Y_1 < \cdots < Y_N = B$$
细分. 置
$$e_k = Q(y_k \leqslant f < y_{k+1}), \quad E_i = Q(Y_i \leqslant F < Y_{i+1}),$$
$$T_{i,k} = E_i e_k \quad (i = 0, 1, \cdots, N-1; \ k = 0, 1, \cdots, n-1).$$

则显然的,
$$Q = \sum_{i,k} T_{i,k},$$

而集 $T_{i,k}$ 之间是两两不相交的. 因此
$$\int_Q (f+F)dx = \sum_{i,k} \int_{T_{i,k}} (f+F)dx.$$

但是, 在集 $T_{i,k}$ 上,
$$y_k + Y_i \leqslant f(x) + F(x) < y_{k+1} + Y_{i+1},$$

用平均值定理, 得
$$(y_k + Y_i)mT_{i,k} \leqslant \int_{T_{i,k}} (f+F)dx \leqslant (y_{k+1} + Y_{i+1})mT_{i,k}.$$

将所有这些不等式边边相加, 乃得
$$\sum_{i,k}(y_k + Y_i)mT_{i,k} \leqslant \int_Q (f+F)dx \leqslant \sum_{i,k}(y_{k+1} + Y_{i+1})mT_{i,k}. \tag{1}$$

和式
$$\sum_{i,k} y_k mT_{i,k} \tag{2}$$

可以写成
$$\sum_{k=0}^{n-1} y_k \left(\sum_{i=0}^{N-1} mT_{i,k}\right).$$

但是
$$\sum_{i=0}^{N-1} mT_{i,k} = m\left[\sum_{i=0}^{N-1} T_{i,k}\right] = m\left[\sum_{i=0}^{N-1} E_i e_k\right]$$
$$= m\left[e_k \cdot \sum_{i=0}^{N-1} E_i\right] = m(e_k Q) = me_k,$$

所以和式 (2) 可以写做
$$\sum_{k=0}^{n-1} y_k me_k.$$

这是函数 $f(x)$ 的一个勒贝格小和 s_f.

同样的方法可以计算 (1) 式中其他的和, 而得不等式
$$s_f + s_F \leqslant \int_Q (f+F)dx \leqslant S_f + S_F, \tag{3}$$

此处所用的记号是不讲自明的.

将 $[a,b]$ 及 $[A,B]$ 中的分点加密, 并将 (3) 取极限便得所要的结果. 定理证毕.

定理 4 设 $f(x)$ 是在可测集 E 上所定义的有界可测函数, c 是一个有限常数, 则

$$\int_E cf(x)dx = c\int_E f(x)dx.$$

证明 当 $c=0$ 时定理自真.

今设 $c>0$, $A<f(x)<B$. 将 $[A,B]$ 用点 y_k 细分后, 照通常那样作对应的 e_k, 则得

$$\int_E cf(x)dx = \sum_{k=0}^{n-1}\int_{e_k} cf(x)dx.$$

但是在 e_k 上,

$$cy_k \leqslant cf(x) < cy_{k+1},$$

由平均值定理,

$$cy_k me_k \leqslant \int_{e_k} cf(x)dx \leqslant cy_{k+1} me_k.$$

关于 k 施行加法乃得

$$cs \leqslant \int_E cf(x)dx \leqslant cS,$$

其中 s 与 S 分别表示函数 $f(x)$ 的勒贝格小和与大和, 取其极限即得所要的结果.

最后, 设 $c<0$, 则由

$$0 = \int_E [cf(x)+(-c)f(x)]dx = \int_E cf(x)dx + (-c)\int_E f(x)dx$$

得所要的结果.

定理证毕.

推论 若 $f(x)$ 与 $F(x)$ 是可测集 E 上的有界可测函数, 则

$$\int_E [F(x)-f(x)]dx = \int_E F(x)dx - \int_E f(x)dx.$$

定理 5 设 $f(x)$ 与 $F(x)$ 是可测集 E 上的有界可测函数. 则当 $f(x) \leqslant F(x)$ 时,

$$\int_E f(x)dx \leqslant \int_E F(x)dx.$$

事实上, 函数 $F(x)-f(x)$ 不取负值, 所以

$$\int_E Fdx - \int_E fdx = \int_E (E-f)dx \geqslant 0.$$

定理 6 设 $f(x)$ 是可测集 E 上的有界可测函数, 则

$$\left|\int_E f(x)dx\right| \leqslant \int_E |f(x)|dx.$$

证明 设
$$P = E(f \geqslant 0), \quad N = E(f < 0).$$
则
$$\int_E f dx = \int_P f dx + \int_N f dx = \int_P |f| dx - \int_N |f| dx.$$
但是
$$\int_E |f| dx = \int_P |f| dx + \int_N |f| dx.$$
因此, 应用初等不等式
$$|a - b| \leqslant a + b \quad (a \geqslant 0, b \geqslant 0)$$
后, 证明即告完成.

§3. 在积分号下取极限

现在我们考虑下面的问题: 设在可测集 E 上有一有界可测函数列
$$f_1(x), f_2(x), f_3(x), \cdots, f_n(x), \cdots;$$
它们依照某种意义 (处处, 几乎处处, 依测度的) 收敛于一个有界可测函数 $F(x)$. 我们要问, 关系式
$$\lim_{n \to \infty} \int_E f_n(x) dx = \int_E F(x) dx \tag{1}$$
是否成立? 如果 (1) 式是成立的, 就是积分的极限等于 "极限函数" 的积分, 则称可以在积分号下取极限.

一般地说, 积分与取极限是不可以交换的. 例如在闭区间 $[0,1]$ 上定义函数列
$$f_n(x) = \begin{cases} n, & x \in \left(0, \dfrac{1}{n}\right) \\ 0, & x \overline{\in} \left(0, \dfrac{1}{n}\right), \end{cases}$$
那么
$$\lim_{n \to \infty} f_n(x) = 0 \quad (0 \leqslant x \leqslant 1),$$
就是说, 极限函数的积分等于 0. 但是
$$\int_0^1 f_n(x) dx = 1,$$
于此积分的极限并不趋于 0.

因此, 自然会发生下面的问题, 要在 $f_n(x)$ 上加什么条件才能使 (1) 式成立? 对于这个问题, 此地仅建立如下的定理.

定理 (H. 勒贝格)　设在可测集 E 上,有一有界可测函数列 $f_1(x), f_2(x), f_3(x), \cdots$ 依测度收敛于有界可测函数 $F(x)$:

$$f_n(x) \Longrightarrow F(x).$$

如果存在常数 K, 对于所有的 n 与所有的 x, 使

$$|f_n(x)| < K$$

成立, 则

$$\lim_{n \to \infty} \int_E f_n(x)dx = \int_E F(x)dx.$$

证明　首先注意到, 对于几乎所有的 $x \in E$, 关系

$$|F(x)| \leqslant K \tag{2}$$

成立. 为什么呢? 因为根据里斯定理从函数列 $\{f_n(x)\}$ 可以选出几乎处处收敛于 $F(x)$ 的子函数列 $\{f_{n_k}(x)\}$. 即

$$f_{n_k}(x) \to F(x)$$

几乎处处成立. 从 $|f_{n_k}(x)| < K$, 乃得 (2) 式.

今设 σ 是一个正数. 置

$$A_n(\sigma) = E(|f_n - F| \geqslant \sigma), \quad B_n(\sigma) = E(|f_n - F| < \sigma).$$

则

$$\left| \int_E f_n dx - \int_E F dx \right| \leqslant \int_E |f_n - F| dx$$
$$= \int_{A_n(\sigma)} |f_n - F| dx + \int_{B_n(\sigma)} |f_n - F| dx.$$

因 $|f_n(x) - F(x)| \leqslant |f_n(x)| + |F(x)|$, 所以

$$|f_n(x) - F(x)| < 2K$$

在 $A_n(\sigma)$ 上几乎处处成立. 用平均值定理, 乃得

$$\int_{A_n(\sigma)} |f_n - F| dx \leqslant 2K \cdot mA_n(\sigma). \tag{3}$$

(不等式 $|f_n - F| < 2K$ 可能在一个测度为零的集上不成立, 但是这件事实并不关重要. 例如, 在该集上将函数 $|f_n(x) - F(x)|$ 以 0 代之, 那么不等式 (3) 对于 A 中所有

点都成立了. 但是因为有界可测函数在一个测度为零的集上的改变并不影响于积分的值, 所以 (3) 式当没有这个改变时也是成立的.)

另一方面, 用平均值定理, 则有
$$\int_{B_n(\sigma)} |f_n - F| dx \leqslant \sigma \cdot mB_n(\sigma) \leqslant \sigma \cdot mE.$$

将此式与 (3) 式合并, 则得
$$\left| \int_E f_n dx - \int_E F dx \right| \leqslant 2KmA_n(\sigma) + \sigma \cdot mE. \tag{4}$$

于此, 对于任意的正数 ε, 取适当小的 σ 使
$$\sigma \cdot mE < \frac{\varepsilon}{2}.$$

固定 σ, 再根据依测度收敛的意义, 当 $n \to \infty$ 时,
$$mA_n(\sigma) \to 0.$$

所以有如下的 N: 当 $n > N$ 时,
$$2K \cdot mA_n(\sigma) < \frac{\varepsilon}{2}.$$

于是对于这种 n, (4) 式变为:
$$\left| \int_E f_n dx - \int_E F dx \right| < \varepsilon,$$

因此, 定理得到证明.

容易明白, 若将定理中的假定略略减轻: 设不等式
$$|f_n(x)| < K$$

只是在 E 上几乎处处成立, 则照样可以证明定理仍旧是成立的.

其次, 由于依测度收敛的概念广于通常的收敛, 所以将条件 $f_n(x) \Longrightarrow F(x)$ 改为
$$f_n(x) \to F(x)$$

几乎处处成立时, 定理亦真 (处处成立时更不必说了).

§4. 黎曼积分与勒贝格积分的比较

设在 $[a,b]$ 上定义 (不一定是有限的) 函数 $f(x)$. 设 $x_0 \in [a,b]$ 而 $\delta > 0$. 函数 $f(x)$ 在 $(x_0 - \delta, x_0 + \delta)$ 上的下确界与上确界分别记以 $m_\delta(x_0)$ 与 $M_\delta(x_0)$, 即
$$\begin{aligned} m_\delta(x_0) &= \inf\{f(x)\}, \\ M_\delta(x_0) &= \sup\{f(x)\} \end{aligned} \quad (x_0 - \delta < x < x_0 + \delta)$$

(在 $(x_0 - \delta, x_0 + \delta)$ 中, 自然只考虑也含在 $[a,b]$ 中的点).

显然的是
$$m_\delta(x_0) \leqslant f(x_0) \leqslant M_\delta(x_0).$$

当 δ 变小时, $m_\delta(x_0)$ 决不减少而 $M_\delta(x_0)$ 决不增加. 因此有如下的极限:
$$m(x_0) = \lim_{\delta \to +0} m_\delta(x_0), \quad M(x_0) = \lim_{\delta \to +0} M_\delta(x_0).$$

并且显然
$$m_\delta(x_0) \leqslant m(x_0) \leqslant f(x_0) \leqslant M(x_0) \leqslant M_\delta(x_0).$$

定义 函数 $m(x)$ 与 $M(x)$ 分别称为 $f(x)$ 的贝尔下函数与贝尔上函数.

定理 1 (R. 贝尔 (R. Baire)) 设 $f(x)$ 在 x_0 是有限的. 函数 $f(x)$ 在 x_0 为连续的必要且充分的条件是
$$m(x_0) = M(x_0). \tag{$*$}$$

证明 若 $f(x)$ 在 x_0 为连续, 那么对于任意的正数 ε, 存在如下的 δ: 当 $|x-x_0| < \delta$ 时,
$$|f(x) - f(x_0)| < \varepsilon.$$

换言之, 对于 $(x_0 - \delta, x_0 + \delta)$ 中所有的点 x,
$$f(x_0) - \varepsilon < f(x) < f(x_0) + \varepsilon$$

成立. 因此,
$$f(x_0) - \varepsilon \leqslant m_\delta(x_0) \leqslant M_\delta(x_0) \leqslant f(x_0) + \varepsilon.$$

令 $\delta \to 0$, 得
$$f(x_0) - \varepsilon \leqslant m(x_0) \leqslant M(x_0) \leqslant f(x_0) + \varepsilon,$$

又令 $\varepsilon \to 0$, 乃得 $(*)$ 式. 所以条件 $(*)$ 对于连续性是必要的.

现在要证当条件 $(*)$ 成立时, x_0 是一连续点. 事实上, 从 $(*)$ 得
$$m(x_0) = M(x_0) = f(x_0),$$

所以 $f(x)$ 的贝尔函数在 x_0 取有限值.

对于任意的正数 ε, 取 δ 使
$$m(x_0) - \varepsilon < m_\delta(x_0) \leqslant m(x_0), \quad M(x_0) \leqslant M_\delta(x_0) < M(x_0) + \varepsilon$$

都成立. 从这些不等式得
$$f(x_0) - \varepsilon < m_\delta(x_0), \quad M_\delta(x_0) < f(x_0) + \varepsilon.$$

如果 $x \in (x_0 - \delta, x_0 + \delta)$, 则 $f(x)$ 介乎 $m_\delta(x_0)$ 与 $M_\delta(x_0)$ 之间. 因此,
$$f(x_0) - \varepsilon < f(x) < f(x_0) + \varepsilon.$$

换言之, 当 $|x - x_0| < \delta$ 时,
$$|f(x) - f(x_0)| < \varepsilon,$$

此即表示 $f(x)$ 在 x_0 为连续.

基本引理 设有 $[a,b]$ 的一系列的插入分点法:
$$a = x_0^{(1)} < x_1^{(1)} < \cdots < x_{n_1}^{(1)} = b,$$
$$\cdots\cdots\cdots\cdots$$
$$a = x_0^{(i)} < x_1^{(i)} < \cdots < x_{n_i}^{(i)} = b,$$
$$\cdots\cdots\cdots\cdots$$

当 $i \to \infty$ 时,
$$\lambda_i = \max\left[x_{k+1}^{(i)} - x_k^{(i)}\right] \to 0.$$

设 $m_k^{(i)}$ 是函数 $f(x)$ 在 $\left[x_k^{(i)}, x_{k+1}^{(i)}\right]$ 中的下确界. 作函数 $\varphi_i(x)$ 如下:
$$\varphi_i(x) = m_k^{(i)} \quad \left(x \in \left(x_k^{(i)}, x_{k+1}^{(i)}\right)\right),$$
$$\varphi_i(x) = 0 \quad \left(x = x_0^{(i)}, x_1^{(i)}, \cdots, x_{n_i}^{(i)}\right).$$

假如 x_0 不等于 $x_k^{(i)} (i = 1, 2, 3, \cdots; k = 0, 1, 2, \cdots, n_i)$, 那么
$$\lim_{i \to \infty} \varphi_i(x_0) = m(x_0).$$

证明 固定 i, 在上述的第 i 个分法中, 设包含 x_0 的小闭区间为 $\left[x_{k_0}^{(i)}, x_{k_0+1}^{(i)}\right]$. 由于 x_0 不是一个分点, 所以
$$x_{k_0}^{(i)} < x_0 < x_{k_0+1}^{(i)}.$$

因此, 可以取充分小的正数 δ, 使
$$(x_0 - \delta, x_0 + \delta) \subset \left[x_{k_0}^{(i)}, x_{k_0+1}^{(i)}\right].$$

从而
$$m_{k_0}^{(i)} \leqslant m_\delta(x_0),$$

或者, 也就是
$$\varphi_i(x_0) \leqslant m_\delta(x_0).$$

§4. 黎曼积分与勒贝格积分的比较

令 $\delta \to 0$, 乃得
$$\varphi_i(x_0) \leqslant m(x_0).$$

如果 $m(x_0) = -\infty$, 那么引理已经证明, 今设 $m(x_0) > -\infty$ 而设
$$h < m(x_0).$$

那么有如下的 δ, 使
$$m_\delta(x_0) > h,$$

固定 δ, 而取 i_0 甚大, 使当 $i > i_0$ 时,
$$\left[x_{k_0}^{(i)}, x_{k_0+1}^{(i)}\right] \subset (x_0 - \delta, x_0 + \delta),$$

此处与前一样, $\left[x_{k_0}^{(i)}, x_{k_0+1}^{(i)}\right]$ 是含有 x_0 的闭区间. 由于 $\lambda_i \to 0$, 所以这种 i_0 当然是存在的.

对于 $i > i_0$, 存在着
$$m_{k_0}^{(i)} \geqslant m_\delta(x_0) > h,$$

也就是说
$$\varphi_i(x_0) > h.$$

这样一来, 对于每一个小于 $m(x_0)$ 的 h, 有如下的 i_0, 当 $i > i_0$ 时,
$$h < \varphi_i(x_0) \leqslant m(x_0),$$

由是, $\varphi_i(x_0) \to m(x_0)$. 引理证毕.

推论 1 贝尔函数 $m(x)$ 及 $M(x)$ 都是可测的.

事实上, 分点 $\{x_k^{(i)}\}$ 的全体是一可数集, 其测度为 0. 因此, 由引理, $\varphi_i(x)$ 几乎处处收敛于 $m(x)$.

因为 $\varphi_i(x)$ 是阶梯函数, 所以是可测的, 因此 $m(x)$ 也是可测的. 同样, $M(x)$ 也是可测的.

推论 2 假如引理中的函数 $f(x)$ 是有界的, 那么
$$\lim_{i \to \infty} (L) \int_a^b \varphi_i(x)dx = (L) \int_a^b m(x)dx.$$

事实上, 当 $|f(x)| \leqslant K$ 时,
$$|\varphi_i(x)| \leqslant K, \quad |m(x)| \leqslant K.$$

因此 $\varphi_i(x)$ 与 $m(x)$ 都是 (L) 可积函数. 应用 §3 的勒贝格定理, 即得所要的结果.

现在我们对于推论 2 给以进一步的解释. 我们注意到

$$(L)\int_a^b \varphi_i(x)dx = \sum_{k=0}^{n_i-1}\int_{x_k^{(i)}}^{x_{k+1}^{(i)}} \varphi_i(x)dx = \sum_{k=0}^{n_i-1} m_k^{(i)}\left[x_{k+1}^{(i)} - x_k^{(i)}\right] = s_i,$$

其中 s_i 是由第 i 个分法所得的达布小和. 由是, 推论 2 表示

$$\lim_{i\to\infty} s_i = (L)\int_a^b m(x)dx.$$

同样, 达布大和收敛于贝尔上函数的积分:

$$\lim_{i\to\infty} S_i = (L)\int_a^b M(x)dx.$$

因此

$$S_i - s_i \to (L)\int_a^b [M(x) - m(x)]dx.$$

另一方面, 在分析课程中, 已证明有界函数 $f(x)$ 为 (R) 可积的必要且充分条件是

$$S_i - s_i \to 0.$$

所以有界函数 $f(x)$ 为 (R) 可积的必要且充分条件是

$$(L)\int_a^b [M(x) - m(x)]dx = 0. \tag{1}$$

此 (1) 式当 $M(x) - m(x)$ 等价于 0 时是成立的. 反之, 由于 $M(x) - m(x) \geqslant 0$, 从条件 (1) 得

$$M(x) \sim m(x). \tag{2}$$

由是, 有界函数 $f(x)$ 为 (R) 可积的必要且充分条件是成立 (2) 式.

将此结果与定理 1 相联系, 得到下面的定理:

定理 2 (H. 勒贝格) $[a,b]$ 上的有界函数 $f(x)$ 为 (R) 可积的必要且充分的条件是: $f(x)$ 在 $[a,b]$ 上是几乎处处连续的.

这个精彩的定理是判定 (R) 可积性最简明的方法, 必须加以重视. 在 §1 中我们曾经提到, 只有不是 "太不连续" 的函数才是 (R) 可积的. 这句话现在也得到了解释.

现在我们假设 $f(x)$ 是 (R) 可积的, 那么 $f(x)$ 必为有界并且等式

$$m(x) = M(x)$$

几乎处处成立. 又从

$$m(x) \leqslant f(x) \leqslant M(x),$$

所以等式
$$f(x) = m(x)$$
也几乎处处成立. 今 $f(x)$ 等价于可测函数 $m(x)$, 所以 $f(x)$ 也是可测的. 因有界可测函数是 (L) 可积的, 所以 $f(x)$ 是 (L) 可积的. 于是得到结果: 依照黎曼意义可积的函数, 依照勒贝格的意义也是可积的.

最后, 由于 $f(x)$ 与 $m(x)$ 是等价的, 所以
$$(L)\int_a^b f(x)dx = (L)\int_a^b m(x)dx.$$

但是, 在基本引理的条件下, 以 s_i 表示对应于第 i 分法的达布小和. 当 $f(x)$ 为 (R) 可积时, 根据分析的知识,
$$s_i \to (R)\int_a^b f(x)dx.$$

但是, 我们已经证得
$$s_i \to (L)\int_a^b f(x)dx.$$

所以
$$(R)\int_a^b f(x)dx = (L)\int_a^b f(x)dx.$$

因此我们得到

定理 3 (R) 可积的函数必为 (L) 可积. 且两积分的值相等.

末了我们注意到下面的事实: 狄利克雷函数 $\psi(x)$ (在无理点等于 0, 有理点等于 1) 是一个等价于 0 的函数, 所以是 (L) 可积的. 但是 $\psi(x)$ 却不是 (R) 可积的 (已在 §1 中讲过). 于此可见定理 3 之逆是不真的.

§5. 求原函数的问题

设 $f(x)$ 是在 $[a,b]$ 上所定义的连续函数, 在 $[a,b]$ 中每一点 $f(x)$ 有一确定的导数 $f'(x)$ (两端点 a 与 b 只是单侧导数). 现在问: 从已知的 $f'(x)$ 如何获得 $f(x)$?

在分析课程中所熟知的是: 假如 $f'(x)$ 是 (R) 可积的, 那么
$$f(x) = f(a) + \int_a^x f'(t)dt.$$

但是有这种可能的情形, 导数 (甚且是有界的) 未必是 (R) 可积. 为了要援引这样的例子[①], 我们引进疏集的概念. 点集 E, 使任何区间含有不属于 E 的闭包 $\overline{E}$ 的点, 称为疏集.

[①] 这样性质的第一个例子属于意大利数学家 V. 沃尔泰拉 (V. Volterra) (1881). 这里我们引进的较简单的例子是从下面的书中借用的: П. С. 亚历山德罗夫和 А. Н. 柯尔莫戈洛夫: Введение в теорию функций действительного переменного, изд. 3-е, 1938, 215 页.

例 设 F 为有界闭疏集, 而具有正测度[①], $a = \inf F, b = \sup F$. 我们在 $[a,b]$ 上定义函数 $f(x)$, 它在 F 上等于 0, 在 F 关于闭区间 $[a,b]$ 的余区间 (a_n, b_n) 上等于

$$(x-a_n)^2(x-b_n)^2 \sin \frac{1}{(b_n-a_n)(x-a_n)(x-b_n)}.$$

易证在 F 上处处存在 $f'(x) = 0$. 事实上, 设 $x_0 \in F$ 和 x 是 $[a,b]$ 中的点而位在 x_0 的右方. 如果 $x \in F$, 则 $f(x) = f(x_0) = 0$. 如果 $x \in (a_n, b_n)$, 则 $x_0 \leqslant a_n < x$. 因此

$$x - x_0 \geqslant x - a_n$$

和

$$\left| \frac{f(x) - f(x_0)}{x - x_0} \right| \leqslant (x - a_n)(b-a)^2 \leqslant (x - x_0)(b-a)^2.$$

从而推得: $f'_+(x_0) = 0$. 相似地可得 $f'_-(x_0) = 0$. 如果 $x \in (a_n, b_n)$, 则

$$f'(x) = 2(x-a_n)(x-b_n)(2x-a_n-b_n) \sin \frac{1}{(b_n-a_n)(x-a_n)(x-b_n)}$$
$$- \frac{2x-a_n-b_n}{b_n-a_n} \cos \frac{1}{(b_n-a_n)(x-a_n)(x-b_n)}.$$

因此, 在 $[a,b]$ 上处处存在着有限 (甚至为有界) 的 $f'(x)$, 故 $f(x)$ 在 $[a,b]$ 上连续. 由 $f'(x)$ 的表示看出: 当 x 留在 (a_n, b_n) 而趋向 a_n 或 b_n 时, 则 $f'(x)$ 没有极限而在 -1 与 $+1$ 之间振动. 从而容易推出, 导函数 $f'(x)$ 在 F 的所有点上不连续, 而因 $mF > 0$, 故 $f'(x)$ 不是 (R) 可积.

因此, 用黎曼积分不能充分地由导函数解决求原函数的问题. 勒贝格积分是解决此问题的有力工具.

定理 设函数 $f(x)$ 在 $[a,b]$ 中每点有一确定的导数 $f'(x)$. 假如导函数 $f'(x)$ 为有界, 那么 $f'(x)$ 是 (L) 可积的, 且

$$f(x) = f(a) + \int_a^x f'(t) dt.$$

证明 由于 $f'(x)$ 在 $[a,b]$ 中每点为有限, 故 $f(x)$ 是一连续函数. 将 $f(x)$ 的定义范围扩大为 $[a, b+1]$, 当 $b < x \leqslant b+1$ 时, 规定

$$f(x) = f(b) + (x-b)f'(b).$$

[①] 可以这样来作成: 对于区间 (a,b) 内的所有有理数写成序列 $r_1, r_2, r_3, \cdots$, 而对于每一个 k 作区间 $(r_k - \delta_k, r_k + \delta_k) \subset (a,b)$, 取 $\delta_k > 0$ 这样的小, 使 $2(\delta_1 + \delta_2 + \delta_3 + \cdots) < b - a$; 则集

$$F = [a,b] - \sum_{k=1}^{\infty} (r_k - \delta_k, r_k + \delta_k)$$

即为所需要的集.

函数 $f(x)$ 在 $[a, b+1]$ 是连续的, 并且 $f'(x)$ 是一有界函数.

在区间 $[a, b]$ 上作函数列
$$\varphi_n(x) = n\left[f\left(x + \frac{1}{n}\right) - f(x)\right] \quad (n = 1, 2, 3, \cdots),$$
那么关系
$$\lim_{n \to \infty} \varphi_n(x) = f'(x)$$
在 $[a, b]$ 上处处成立. 因为连续函数 $\varphi_n(x)$ 是可测的, 所以 $f'(x)$ 是一可测函数. 再加上 $f'(x)$ 为有界的条件, 断定 $f'(x)$ 是 (L) 可积的.

由拉格朗日公式
$$\varphi_n(x) = n\left[f\left(x + \frac{1}{n}\right) - f(x)\right] = f'\left(x + \frac{\theta}{n}\right) \quad (0 < \theta < 1),$$
因此函数列 $\varphi_n(x)(n = 1, 2, 3, \cdots)$ 一致有界. 用勒贝格的关于在积分符号下取极限的定理, 乃得
$$\int_a^b f'(x)dx = \lim_{n \to \infty} \int_a^b \varphi_n(x)dx. \tag{1}$$
但是
$$\int_a^b \varphi_n(x)dx = n\int_a^b f\left(x + \frac{1}{n}\right)dx - n\int_a^b f(x)dx$$
$$= n\int_{a+\frac{1}{n}}^{b+\frac{1}{n}} f(x)dx - n\int_a^b f(x)dx.$$

(关于 $f\left(x + \dfrac{1}{n}\right)$ 的积分用到变量变换一事解释如下: 由于这个函数是连续的, 此积分可以看作一个黎曼积分. 因此用到变量变换是不足为奇的). 因此
$$\int_a^b \varphi_n(x)dx = n\int_b^{b+\frac{1}{n}} f(x)dx - n\int_a^{a+\frac{1}{n}} f(x)dx.$$
对于上式右边两个积分, 用平均值定理, 乃得
$$\int_a^b \varphi_n(x)dx = f\left(b + \frac{\theta'_n}{n}\right) - f\left(a + \frac{\theta''_n}{n}\right) \quad (0 < \theta'_n < 1,\ 0 < \theta''_n < 1),$$
又由 $f(x)$ 的连续性, 得到
$$\lim_{n \to \infty} \int_a^b \varphi_n(x)dx = f(b) - f(a).$$
再由 (1) 式, 乃得
$$f(b) - f(a) = \int_a^b f'(x)dx.$$
将 b 改为 $[a, b]$ 中的任意一点 x, 即得定理的结果.

第六章 可和函数

§1. 非负可测函数的积分

在本章中. 我们要把勒贝格积分的定义推广到无界函数. 但在第一节中只讨论非负的函数.

引理 1 设 $f(x)$ 是在可测集 E 上定义的非负可测函数. 设 N 是一自然数, 置[①]

$$[f(x)]_N = \begin{cases} f(x), & \text{当 } f(x) \leqslant N, \\ N, & \text{当 } f(x) > N, \end{cases}$$

那么 $[f(x)]_N$ 是一可测函数.

证明 由等式

$$E([f]_N > a) = \begin{cases} E(f > a), & \text{当 } a < N, \\ \varnothing, & \text{当 } a \geqslant N, \end{cases}$$

即知引理是成立的.

由引理的条件, 函数 $[f(x)]_N$ 还是有界的, 所以是 (L) 可积的, 此外

$$[f(x)]_1 \leqslant [f(x)]_2 \leqslant [f(x)]_3 \leqslant \cdots,$$

从而得

$$\int_E [f]_1 dx \leqslant \int_E [f]_2 dx \leqslant \int_E [f]_3 dx \leqslant \cdots,$$

[①] 这个函数有时又叫做 "用数 N 对函数 $f(x)$ 的截断".

所以下面的极限是存在的 (有限或无穷):
$$\lim_{N\to+\infty}\int_E[f(x)]_N dx. \qquad (*)$$

定义 $(*)$ 式所表示的极限称为 $f(x)$ 在 E 上的勒贝格积分, 以记号
$$\int_E f(x)dx$$
表示它. 如果这个积分是一有限数, 那么称函数 $f(x)$ 在 E 上是 (L) 可积的或可和的.

因此, 对于非负可测函数, 常可写出它的积分, 但是仅当积分是有限时才称这个函数是可和的.

对于勒贝格意义的积分, 记作
$$(L)\int_E f(x)dx.$$

当 $E=[a,b]$ 时, 则又记作
$$\int_a^b f(x)dx.$$

不难明白, 对于有界 (非负可测) 函数而言, 新的积分定义与老的积分定义是一致的, 因为当 N 甚大时,
$$[f(x)]_N \equiv f(x).$$

因此, 凡有界 (非负可测) 函数都是可和的.

定理 1 如果 $f(x)$ 在 E 上是可和的, 那么它在 E 上几乎处处有限.

证明 置
$$A = E(f = +\infty).$$

在 A 上, $[f(x)]_N = N$, 因此
$$\int_E [f]_N dx \geqslant \int_A [f]_N dx = N \cdot mA,$$

假如 $mA>0$, 那么当 $N\to\infty$ 时, $\int_E [f]_N dx \to +\infty$. 这是与假设 $f(x)$ 为可和是不相容的, 故必 $mA=0$.

定理 2 若 $mE=0$, 则一切非负函数 $f(x)$ 在 E 上为可和, 且适合
$$\int_E f(x)dx = 0.$$

本定理是很明显的.

定理 3　设 $f(x)$ 和 $g(x)$ 是 E 上的两个等价函数, 则

$$\int_E f(x)dx = \int_E g(x)dx.$$

事实上, 使等式 $f(x) = g(x)$ 成立的点 x, 有 $[f(x)]_N = [g(x)]_N$. 所以 $[f(x)]_N$ 和 $[g(x)]_N$ 也是等价函数. 其余的证明显而易见.

定理 4　设 $f(x)$ 是在 E 上的非负可测函数, E_0 是 E 的一个可测子集, 则

$$\int_{E_0} f(x)dx \leqslant \int_E f(x)dx.$$

事实上, 如果将 $f(x)$ 改为 $[f(x)]_N$, 那么这个不等式就很显然了. 令 $N \to \infty$, 即得定理中的结果. 特别, 当 $f(x)$ 在 E 上是可和时, 则 $f(x)$ 在 E 的任一可测子集 E_0 上也是可和的.

定理 5　设 $f(x)$ 和 $F(x)$ 是 E 上的非负可测函数, 则当 $f(x) \leqslant F(x)$ 时

$$\int_E f(x)dx \leqslant \int_E F(x)dx.$$

事实上, 由不等式

$$[f(x)]_N \leqslant [F(x)]_N$$

两边的积分, 取其极限即得所要的结果.

特别, 当 $F(x)$ 是可和时, 则 $f(x)$ 也是可和的.

定理 6　如果 (在通常的假定下) $\int_E f(x)dx = 0$, 则 $f(x)$ 等价于 0.

证明　因为

$$0 \leqslant \int_E [f(x)]_1 dx \leqslant \int_E f(x)dx,$$

那么函数 $[f(x)]_1$ 等价于零. 但易见: 在 $[f(x)]_1$ 等于零的地方有 $f(x) = 0$, 因为 $[f(x)]_1$ 只取 $f(x)$ 与 1 两个值之一. 余下的论证是显而易见的.

定理 7　设 $f'(x)$ 及 $f''(x)$ 是在 E 上所定义的两个非负可测函数. 若 $f(x) = f'(x) + f''(x)$, 则

$$\int_E f(x)dx = \int_E f'(x)dx + \int_E f''(x)dx.$$

证明　因为对于任意的 N

$$[f'(x)]_N + [f''(x)]_N \leqslant f(x),$$

故

$$\int_E [f']_N dx + \int_E [f'']_N dx \leqslant \int_E f dx.$$

令 $N \to \infty$, 乃得
$$\int_E f'dx + \int_E f''dx \leqslant \int_E fdx. \tag{1}$$

要证明 (1) 是等式, 首先证明对于任意的 N,
$$[f(x)]_N \leqslant [f'(x)]_N + [f''(x)]_N. \tag{2}$$

设 $x_0 \in E$. 如果
$$f'(x_0) \leqslant N, \quad f''(x_0) \leqslant N,$$
则
$$[f(x_0)]_N \leqslant f(x_0) = f'(x_0) + f''(x_0) = [f'(x_0)]_N + [f''(x_0)]_N.$$

如果 $f'(x_0)$ 与 $f''(x_0)$ 中有一个大于 N, 那么
$$[f(x_0)]_N = N \leqslant [f'(x_0)]_N + [f''(x_0)]_N$$

也是成立的; 因为右方两项中有一项等于 N, 其余一项 $\geqslant 0$. 所以 (2) 是成立的.

将 (2) 式积分, 得
$$\int_E [f]_N dx \leqslant \int_E [f']_N dx + \int_E [f'']_N dx.$$

从而
$$\int_E [f]_N dx \leqslant \int_E f'dx + \int_E f''dx,$$

再令 $N \to \infty$, 乃得
$$\int_E fdx \leqslant \int_E f'dx + \int_E f''dx. \tag{3}$$

由 (1) 与 (3), 乃得所要的结果. 特别当 $f'(x)$ 与 $f''(x)$ 都是可和时, $f(x)$ 也是可和的.

定理 8 设 $f(x)$ 是在 E 上所定义的非负可测函数, 而 $k \geqslant 0$, 则
$$\int_E kf(x)dx = k\int_E f(x)dx.$$

证明 若 $k = 0$, 则定理自真. 若 k 是任一自然数, 则本定理是定理 7 的结果. 如果 $k = \dfrac{1}{m}$, 而 m 是自然数, 则由定理 7,
$$\int_E f(x)dx = m\int_E \frac{1}{m}f(x)dx$$
得
$$\int_E \frac{1}{m}f(x)dx = \frac{1}{m}\int_E f(x)dx.$$

由是可知当 k 为正有理数时定理成立. 最后, 设 k 是一正的无理数, 则取如下的正有理数 r 和 $R: r < k < R$. 由定理 5, 得

$$r\int_E f(x)dx \leqslant \int_E kf(x)dx \leqslant R\int_E f(x)dx,$$

令 r 与 R 趋向于 k, 即得所要证明的结果.

特别, $f(x)$ 是可和的话, $kf(x)$ 也是可和的.

下面要证明一个非常重要的定理. 在此以前, 先证明一个几乎很明显的引理.

引理 2 若 $\lim\limits_{n\to\infty} f_n(x_0) = F(x_0)$, 则对于所有的自然数 N,

$$\lim_{n\to\infty}[f_n(x_0)]_N = [F(x_0)]_N.$$

证明 如果 $F(x_0) > N$, 则当 n 适当大时, $f_n(x_0) > N$. 因此 (对于这种 n)

$$[f_n(x_0)]_N = N = [F(x_0)]_N.$$

同样的, 如果 $F(x_0) < N$, 则当 n 适当大时, $f_n(x_0) < N$. 因此,

$$[f_n(x_0)]_N = f_n(x_0) \to F(x_0) = [F(x_0)]_N.$$

剩下来要证的是 $F(x_0) = N$ 的情形. 此时对于任一正数 ε, 有如下的 n_0: 当 $n > n_0$ 时,

$$f_n(x_0) > N - \varepsilon.$$

因此 (当 $n > n_0$ 时),

$$N - \varepsilon < [f_n(x_0)]_N \leqslant N,$$

即

$$\left|[F(x_0)]_N - [f_n(x_0)]_N\right| < \varepsilon \quad (n > n_0).$$

于是, 对于无论哪种情形, 引理是成立的.

定理 9 (P. 法图 (P. Fatou)) 设 $f_1(x), f_2(x), \cdots$ 是在 E 上几乎处处收敛于 $F(x)$ 的非负可测函数列, 则

$$\int_E F(x)dx \leqslant \sup\left\{\int_E f_n(x)dx\right\}.① \qquad (*)$$

---

①本定理在几乎处处收敛的条件改为依测度收敛时亦成立. 事实上, 在这个情形下, 从 $\{f_n(x)\}$ 可以选取几乎处处收敛于 $F(x)$ 的子函数列 $\{f_{n_k}(x)\}$, 再从 $\sup\left\{\int_E f_{n_k}(x)dx\right\} \leqslant \sup\left\{\int_E f_n(x)dx\right\}$ 就可明白. 不过要注意这个附注并非是定理 9 的扩充. 因为在定理 9 中可以允许 $F(x) = +\infty$, 而那时就谈不到什么依测度收敛了.

证明 由引理, 当 $n \to \infty$ 时, 关系

$$[f_n(x)]_N \to [F(x)]_N$$

在 E 上几乎处处成立.

由于 $[f_n(x)]_N \leqslant N$, 所以我们可以应用在积分号下取极限的勒贝格定理, 而得

$$\int_E [F]_N dx = \lim_{n \to \infty} \int_E [f_n]_N dx.$$

但, 对于任意的 n,

$$\int_E [f_n]_N dx \leqslant \int_E f_n dx \leqslant \sup\left\{\int_E f_k dx\right\},$$

令 $n \to \infty$, 乃得

$$\int_E [F]_N dx \leqslant \sup\left\{\int_E f_k dx\right\}.$$

再令 $N \to \infty$, 即得本定理. 特别当所有的 $f_n(x)$ 为可和且

$$\int_E f_n(x) dx \leqslant A < +\infty$$

时, 极限函数 $F(x)$ 亦为可和.

推论 如果在定理中所说的条件下极限

$$\lim_{n \to \infty} \int_E f_n(x) dx \tag{4}$$

存在, 则

$$\int_E F(x) dx \leqslant \lim_{n \to \infty} \int_E f_n(x) dx. \tag{5}$$

证明 如果极限 (4) 是 $+\infty$, 则本推论显然成立. 现在假设

$$\lim_{n \to \infty} \int_E f_n dx = l < +\infty.$$

那么对于任意的正数 ε, 有如下的 n_0: 当 $n \geqslant n_0$ 时,

$$\int_E f_n dx < l + \varepsilon.$$

将定理用到函数列 $f_{n_0}(x), f_{n_0+1}(x), \cdots$, 乃得

$$\int_E F dx \leqslant l + \varepsilon,$$

又因 ε 的任意性, 乃得 (5).

由此推论之助, 容易得到关于积分号下取极限的定理.

定理 10 (B. 莱维 (B. Levi))　设在 E 上, 有收敛于 $F(x)$ 的非负可测增函数列 $f_n(x)(n=1,2,\cdots)$
$$f_1(x) \leqslant f_2(x) \leqslant f_3(x) \leqslant \cdots.$$
则
$$\int_E F(x)dx = \lim_{n\to\infty}\int_E f_n(x)dx.$$

证明　首先, 因极限
$$\lim_{n\to\infty}\int_E f_n dx$$
存在, 所以由定理 9 的推论,
$$\int_E F dx \leqslant \lim_{n\to\infty}\int_E f_n dx.$$

另一方面, 对于所有的 $n, f_n(x) \leqslant F(x)$, 故
$$\int_E f_n(x)dx \leqslant \int_E F(x)dx.$$

从而
$$\lim_{n\to\infty}\int_E f_n dx \leqslant \int_E F dx.$$

定理由是证毕.

定理 11　设在集 E 上有非负可测函数列 $u_1(x), u_2(x), \cdots$. 若
$$\sum_{k=1}^{\infty} u_k(x) = F(x),$$
则
$$\int_E F(x)dx = \sum_{k=1}^{\infty}\int_E u_k(x)dx.$$

事实上, 我们只要设
$$f_n(x) = \sum_{k=1}^{n} u_k(x).$$

再应用前面的定理就能得到证明.

推论　在定理 11 的条件下, 如果
$$\sum_{k=1}^{\infty}\int_E u_k(x)dx < +\infty,$$
那么, 等式
$$\lim_{k\to\infty} u_k(x) = 0 \tag{6}$$
在 E 上几乎处处成立.

事实上, 在此情形下, $F(x)$ 是一可和函数, 因此它是几乎处处有限的. 换言之, 级数 $\sum u_k(x)$ 是几乎处处收敛的, 在收敛的点, (6) 式自然成立.

定理 12 (积分的完全可加性)　设可测集 E 是有限个或可数无限个两两不相交的可测集 E_k 的和集:

$$E = \sum_k E_k \quad (E_k E_{k'} = \varnothing, \; k \neq k').$$

那么对于所有在 E 上定义的非负可测函数 $f(x)$, 成立等式:

$$\int_E f(x)dx = \sum_k \int_{E_k} f(x)dx.$$

证明　作如下的函数 $u_k(x)$ $(k = 1, 2, \cdots)$:

$$u_k(x) = \begin{cases} f(x), & \text{当 } x \in E_k, \\ 0, & \text{当 } x \in E - E_k. \end{cases}$$

那么, 显然

$$f(x) = \sum_k u_k(x),$$

因此, (当有限个集时由定理 7, 不然由定理 11,) 得

$$\int_E f(x)dx = \sum_k \int_E u_k(x)dx. \tag{7}$$

我们计算积分 $\int_E u_k(x)dx$. 为此, 注意到

$$[u_k(x)]_N = \begin{cases} [f(x)]_N, & \text{当 } x \in E_k, \\ 0, & \text{当 } x \in E - E_k, \end{cases}$$

所以

$$\int_E [u_k]_N dx = \int_{E_k} [f]_N dx.$$

令 $N \to \infty$, 得

$$\int_E u_k dx = \int_{E_k} f dx,$$

代入 (7) 式即得所要的结果.

§2. 任意符号的可和函数

现在我们要对于任意符号的无界函数给以勒贝格积分定义. 不久即可看到: 这种推广, 并非对于所有的可测函数都是可能的.

设 $f(x)$ 是在可测集 E 上定义的可测函数. 从 $f(x)$, 定义 $f_+(x)$ 和 $f_-(x)$ 如下:

$$f_+(x) = \begin{cases} f(x), & \text{当 } f(x) \geqslant 0, \\ 0, & \text{当 } f(x) < 0; \end{cases} \qquad f_-(x) = \begin{cases} 0, & \text{当 } f(x) \geqslant 0, \\ -f(x), & \text{当 } f(x) < 0. \end{cases}$$

那么 $f_+(x)$ 和 $f_-(x)$ 都是非负可测函数. 所以

$$\int_E f_+(x)dx \quad \text{和} \quad \int_E f_-(x)dx$$

都是存在的. 因为

$$f(x) = f_+(x) - f_-(x),$$

所以很自然, 我们就定义

$$\int_E f_+(x)dx - \int_E f_-(x)dx$$

为 $f(x)$ 的积分, 但是

$$+\infty - (+\infty)$$

是没有意义的, 所以

$$\int_E f_+(x)dx - \int_E f_-(x)dx$$

是当并且只当 $f_+(x)$ 和 $f_-(x)$ 中有一个为可和时才有意义.

定义 1 如果 $f_+(x)$ 与 $f_-(x)$ 中有一个在 E 上为可和, 则定义

$$\int_E f_+(x)dx - \int_E f_-(x)dx$$

为 $f(x)$ 在 E 上的勒贝格积分 (有限或无穷), 且以记号

$$\int_E f(x)dx \tag{1}$$

表示它.

如果可测函数 $f(x)$ 为有界, 则 $f_+(x)$ 和 $f_-(x)$ 都有界. 因此, 对于有界函数的积分, 新的定义与老的定义是一致的. 假如 $f(x)$ (纵然是无界的) 是一非负可测函数, 那么

$$f_+(x) = f(x), \quad f_-(x) = 0,$$

可见新的积分定义与老的定义也是一致的.

积分 (1) 存在且有限的必要且充分条件是 $f_+(x)$ 与 $f_-(x)$ 都可和.

§2. 任意符号的可和函数

定义 2 当积分 $\int_E f(x)dx$ 表示一个有限数时,称 $f(x)$ 在 E 上是勒贝格可积的,或称为可和.

凡有界可测函数是可和的. 对于非负函数而言, 新的可和定义与老的一致.

记给定在集 E 上的可和函数的全体为 $L(E)$, 在不致引起误解时可简写为 L. 那么当 $f(x)$ 是一可和函数时, 可以写为: $f(x) \in L$.

定理 1 函数 $f(x) \in L$ 的必要且充分条件是: $|f(x)| \in L$. 且此条件满足时, 成立

$$\left|\int_E f(x)dx\right| \leqslant \int_E |f(x)|dx.$$

证明 因

$$|f(x)| = f_+(x) + f_-(x),$$

由 §1 定理 7, 得

$$\int_E |f(x)|dx = \int_E f_+(x)dx + \int_E f_-(x)dx,$$

从而定理成立.

下面几件事情是本定理的推论:

I. 可和函数是几乎处处有限的.

II. 若 $mE = 0$, 则一切函数 $f(x)$ 在 E 上恒为可和且

$$\int_E f(x)dx = 0.$$

III. 函数若在 E 上为可和, 则在 E 的任一可测子集上也是可和的.

IV. 设函数 $f(x)$ 与 $F(x)$ 在 E 上是可测的, 且 $|f(x)| \leqslant F(x)$. 若 $F(x)$ 可和, 则 $f(x)$ 也可和.

若 $f(x)$ 和 $g(x)$ 在 E 上是等价的两个函数, 则 $f_+(x)$ 与 $g_+(x)$ 等价, $f_-(x)$ 与 $g_-(x)$ 等价. 因此, 下面的定理成立.

定理 2 设函数 $f(x)$ 与 $g(x)$ 等价, 则从两积分 $\int_E f(x)dx$ 与 $\int_E g(x)dx$ 中一个的存在可导出另一个的存在并且彼此相等.

特别, 函数 $f(x)$ 与 $g(x)$ 同时可和或同时不可和, 以后我们对于等价函数不加以区别. 这种规定是很有用的: 例如可以无条件地把几个可和函数加起来. 因为当我们把两个函数加起来时, 本来应当避免被加函数取异号无穷大的那种点. 为了没有这样的例外, 我们可以在这种点上改变其中任一函数之值, 因为那种点的全体 (由于函数是可和的) 成一测度为零之集. 而且不管改变的是哪一个函数, 也不管改变成什么新的数值都没有关系; 改变后的新的和跟原来的和还是等价的.

定理 3 (积分的有限可加性)　设 E 是有限个两两不相交的可测集的和集:

$$E = \sum_{k=1}^{n} E_k \quad (E_k E_{k'} = \varnothing, \ k \neq k').$$

假如函数 $f(x)$ 在每一个 E_k 上是可和的, 则在 E 上也是可和的, 并且

$$\int_E f(x)dx = \sum_{k=1}^{n} \int_{E_k} f(x)dx.$$

证明　由 §1 的定理 12,

$$\int_E f_+ dx = \sum_{k=1}^{n} \int_{E_k} f_+ dx,$$

$$\int_E f_- dx = \sum_{k=1}^{n} \int_{E_k} f_- dx,$$

两等式的右方都是有限数, 因此左方也是有限数. 从第一式减去第二式, 即得所要的结果.

当被加集的个数是可数个时, 虽然 $f(x)$ 在每一个被加集上可和, $f(x)$ 在它们的和集上未必为可和.

例　设 $f(x)$ 是 $(0,1]$ 上之一函数, 其定义如下:

$$f(x) = \begin{cases} n, & \text{当 } \dfrac{2n+1}{2n(n+1)} < x \leqslant \dfrac{1}{n}, \\ -n, & \text{当 } \dfrac{1}{n+1} < x \leqslant \dfrac{2n+1}{2n(n+1)}. \end{cases} \quad (n = 1, 2, 3, \cdots)$$

那么 $f(x)$ 在每一个半闭区间 $\left(\dfrac{1}{n+1}, \dfrac{1}{n}\right]$ 上是可和的, 并且

$$\int_{\frac{1}{n+1}}^{\frac{1}{n}} f(x)dx = 0, \quad (n = 1, 2, 3, \cdots).$$

但是 $f(x)$ 在 $(0,1]$ 上并不是可和的. 因为

$$\int_0^1 |f(x)|dx = \sum_{n=1}^{\infty} \int_{\frac{1}{n+1}}^{\frac{1}{n}} |f(x)|dx = \sum_{n=1}^{\infty} \frac{1}{n+1} = +\infty.$$

但是, 却存在着下面的关于积分完全可加性的定理.

定理 4　如果函数 $f(x)$ 在集 E 上是可和, E 是可数个两两不相交的可测集的和集:

$$E = \sum_{k=1}^{\infty} E_k \quad (E_k E_{k'} = \varnothing, \ k \neq k'),$$

那么
$$\int_E f(x)dx = \sum_{k=1}^{\infty} \int_{E_k} f(x)dx. \tag{2}$$

定理 5 设可测集 E 是可数个两两不相交的可测集 E_k 的和集. 若 $f(x)$ 在每一个 E_k 上可和, 又若
$$\sum_{k=1}^{\infty} \int_{E_k} |f(x)|dx < +\infty,$$
则 $f(x)$ 在 E 上也是可和的且 (2) 式成立.

证明 当定理 4 的条件成立时, 则由 §1 的定理 12, 得到
$$\int_E f_+ dx = \sum_{k=1}^{\infty} \int_{E_k} f_+ dx, \quad \int_E f_- dx = \sum_{k=1}^{\infty} \int_{E_k} f_- dx,$$
并且上述二等式的左方是有限的 (因此右方也自然是有限的). 作二式逐项之差即得定理 4 的结果.

当定理 5 的条件成立时, 则 (由 §1 的定理 12)
$$\int_E |f|dx = \sum_{k=1}^{\infty} \int_{E_k} |f|dx,$$
由此得到 $|f|$ 在 E 上是可和的. 再由定理 4 即得定理 5 的结果.

由上面所举的例子, 从而知道定理 5 中最后一个条件不能改为级数
$$\sum_{k=1}^{\infty} \int_{E_k} f(x)dx$$
的收敛.

定理 6 如果 $f(x)$ 在 E 上为可和, k 为一有限常数, 则函数 $kf(x)$ 在 E 上也是可和的, 并且
$$\int_E kf(x)dx = k \int_E f(x)dx.$$

证明 当 $k = 0$ 时定理自真. 若 $k > 0$, 则基于显然的等式
$$(kf)_+ = kf_+, \quad (kf)_- = kf_-,$$
定理可以归到 §1 的定理 8. (即: 作两等式
$$\int_E (kf)_+ dx = k \int_E f_+ dx \quad 和 \quad \int_E (kf)_- dx = k \int_E f_- dx$$
逐项相减的差即得.)

最后, 设 $k < 0$. 首先设 $k = -1$, 则因

$$(-f)_+ = f_-, \quad (-f)_- = f_+,$$

所以,

$$\int_E -f(x)dx = \int_E f_-(x)dx - \int_E f_+ dx = -\int_E f(x)dx.$$

因此, 当 $k = -1$ 时定理也成立. 若 k 是任意的负数, 则

$$\int_E kf dx = -\int_E |k| f dx = -|k| \int_E f dx = k \int_E f dx.$$

所以定理成立.

推论 如果 $f(x)$ 在 E 上可和, 而 $\varphi(x)$ 在 E 上是一有界可测函数, 则 $\varphi(x)f(x)$ 在 E 上也是可和的.

事实上, 设 $K = \sup\{|\varphi(x)|\}$, 则 $|\varphi(x)f(x)| \leqslant K|f(x)|$.

定理 7 设函数 $f'(x)$ 及 $f''(x)$ 在 E 上为可和, 则 $f(x) = f'(x) + f''(x)$ 在 E 上亦为可和, 且

$$\int_E f(x)dx = \int_E f'(x)dx + \int_E f''(x)dx. \tag{3}$$

证明 函数 $f(x)$ 之可和是由于

$$|f(x)| \leqslant |f'(x)| + |f''(x)|,$$

及 §1 的定理 7. 余下的是要证 (3) 式的成立. 为此设

$$E_1 = E(f' \geqslant 0, \ f'' \geqslant 0); \qquad E_2 = E(f' < 0, \ f'' < 0);$$
$$E_3 = E(f' \geqslant 0, \ f'' < 0, \ f \geqslant 0); \quad E_4 = E(f' \geqslant 0, \ f'' < 0, \ f < 0);$$
$$E_5 = E(f' < 0, \ f'' \geqslant 0, \ f \geqslant 0); \quad E_6 = E(f' < 0, \ f'' \geqslant 0, \ f < 0).$$

显然,

$$E = \sum_{k=1}^{6} E_k \quad (E_k E_{k'} = \varnothing, \ k \neq k'),$$

因此所要证的是

$$\int_{E_k} f dx = \int_{E_k} f' dx + \int_{E_k} f'' dx \quad (k = 1, 2, \cdots, 6).$$

上面六式可以一一证明. 例如当 $k = 6$ 时, 将等式

$$f(x) = f'(x) + f''(x)$$

§2. 任意符号的可和函数

改写为
$$-f'(x) = f''(x) + [-f(x)],$$
那么就使右边两项在 E_6 上都是非负函数. 因此, 由 §1 的定理 7, 得
$$\int_{E_6} (-f')dx = \int_{E_6} f''dx + \int_{E_6} (-f)dx.$$
从而
$$\int_{E_6} fdx = \int_{E_6} f'dx + \int_{E_6} f''dx.$$
定理因此证毕.

下面的定理是非常重要的.

定理 8 假如函数 $f(x)$ 在 E 上是可和的, 那么对于任一正数 ε, 有正数 δ, 当 e 为 E 的任一可测子集而 $me < \delta$ 时, 有
$$\left| \int_e f(x)dx \right| < \varepsilon.$$

证明 因 $f(x)$ 是可和的, 所以 $|f(x)|$ 也是可和的. 由非负函数的积分定义, 有 N_0 使
$$\int_E |f(x)|dx - \int_E [|f(x)|]_{N_0} dx < \frac{\varepsilon}{2}$$
成立. 令
$$\delta = \frac{\varepsilon}{2N_0}$$
即得适合条件的 δ. 事实上,
$$|f(x)| - [|f(x)|]_{N_0}$$
在 E 上是一非负函数, 所以对于 E 中任一可测子集 e, 不等式
$$\int_e \{|f(x)| - [|f(x)|]_{N_0}\}dx \leqslant \int_E \{|f(x)| - [|f(x)|]_{N_0}\}dx$$
成立. 从而
$$\int_e |f(x)|dx - \int_e [|f(x)|]_{N_0} dx < \frac{\varepsilon}{2},$$
即
$$\int_e |f(x)|dx < \frac{\varepsilon}{2} + \int_e [|f(x)|]_{N_0} dx.$$
但因 $[|f(x)|]_{N_0} \leqslant N_0$, 所以
$$\int_e [|f(x)|]_{N_0} dx \leqslant N_0 \cdot me,$$

于是
$$\int_e |f(x)|dx < \frac{\varepsilon}{2} + N_0 \cdot me.$$

从而显然, 当 $me < \delta$ 时有
$$\int_e |f(x)|dx < \varepsilon, \quad \text{更加是} \quad \left|\int_e f(x)dx\right| < \varepsilon,$$

定理证毕.

所证的积分的性质称为积分的绝对连续性.

§3. 在积分号下取极限

第五章 §3 中的勒贝格定理, 允许有下面的推广.

定理 1 (H. 勒贝格) 设 $f_1(x), f_2(x), f_3(x), \cdots$ 是在 E 上依测度收敛于 $F(x)$ 的可测函数列. 假如存在如下的可和函数 $\Phi(x)$ 适合于

$$|f_n(x)| \leqslant \Phi(x), \quad x \in E, \quad n = 1, 2, \cdots, \tag{$*$}$$

那么
$$\lim_{n\to\infty} \int_E f_n(x)dx = \int_E F(x)dx.$$

证明 首先, 条件 $(*)$ 肯定了每一个 $f_n(x)$ 的可和性. 同时易知对于几乎所有的 x, 有

$$|F(x)| \leqslant \Phi(x). \tag{1}$$

事实上, 利用里斯定理, $\{f_n(x)\}$ 中有子函数列 $\{f_{n_k}(x)\}$ 几乎处处收敛于 $F(x)$. 从
$$|f_{n_k}(x)| \leqslant \Phi(x),$$

取极限, 乃知 (1) 式对于几乎所有的 x 成立.

如遇必要, 那么只要在一测度为 0 的集上改变一下 $F(x)$ 之值, 使 (1) 式处处成立. 于是由 (1), 就推出 $F(x)$ 的可和性.

对于任一正数 σ, 置
$$A_n(\sigma) = E(|f_n - F| \geqslant \sigma), \quad B_n(\sigma) = E(|f_n - F| < \sigma),$$

则
$$E = A_n(\sigma) + B_n(\sigma), \quad A_n(\sigma) \cap B_n(\sigma) = \varnothing,$$

且当 $n \to \infty$ 时
$$mA_n(\sigma) \to 0.$$

今估计下列不等式:
$$\left|\int_E f_n dx - \int_E F dx\right| \leqslant \int_E |f_n - F| dx$$
$$= \int_{A_n(\sigma)} |f_n - F| dx + \int_{B_n(\sigma)} |f_n - F| dx,$$

因在 $B_n(\sigma)$ 上, $|f_n - F| < \sigma$, 故
$$\int_{B_n(\sigma)} |f_n - F| dx \leqslant \sigma \cdot m B_n(\sigma) \leqslant \sigma \cdot mE,$$

另一方面, 因
$$|f_n - F| \leqslant 2\Phi(x),$$

故
$$\int_{A_n(\sigma)} |f_n - F| dx \leqslant 2 \int_{A_n(\sigma)} \Phi(x) dx.$$

所以
$$\left|\int_E f_n dx - \int_E F dx\right| \leqslant 2 \int_{A_n(\sigma)} \Phi(x) dx + \sigma \cdot mE. \tag{2}$$

对于正数 ε, 取正数 σ 使
$$\sigma \cdot mE < \frac{\varepsilon}{2}. \tag{3}$$

然后再取正数 δ, 使一切可测集 $e \subset E$, $me < \delta$ 时关系
$$\int_e \Phi(x) dx < \frac{\varepsilon}{4}$$

成立, 这是由于 $\Phi(x)$ 的积分的绝对连续性.

最后取如下的 n_0, 当 $n > n_0$ 时 (对于上述固定的 σ)
$$mA_n(\sigma) < \delta.$$

因此,
$$2 \int_{A_n(\sigma)} \Phi(x) dx < \frac{\varepsilon}{2}. \tag{4}$$

总合 (2), (3), (4), 则当 $n > n_0$, 时,
$$\left|\int_E f_n(x) dx - \int_E F(x) dx\right| < \varepsilon,$$

定理证毕.

推论 在定理的条件下, 关系
$$\lim_{n \to \infty} \int_E \varphi(x) f_n(x) dx = \int_E \varphi(x) F(x) dx$$

成立, 其中 $\varphi(x)$ 是任意的有界可测函数.

事实上, 设 $|\varphi(x)| \leqslant K$, 则

$$|\varphi(x)f_n(x)| \leqslant K\Phi(x).$$

所以条件 $(*)$ 是满足的. 剩下来的是要证明

$$\varphi(x)f_n(x) \Longrightarrow \varphi(x)F(x).$$

此由

$$E(|\varphi f_n - \varphi F| \geqslant \sigma) \subset E\left(|f_n - F| \geqslant \frac{\sigma}{K}\right)$$

即明.

定理 1 还可以加以推广. 为此必须介绍一个重要的概念: 设在可测集 E 上, 有一族可和函数 $M = \{f(x)\}$. 设 $f_0(x) \in M$, 则对于任一正数 ε, 有正数 δ, 当

$$e \subset E, \quad me < \delta$$

时, 不等式

$$\left|\int_e f_0(x)dx\right| < \varepsilon$$

成立. 但此 δ 与 M 中的函数 $f_0(x)$ 有关系. 一般地说, 对于 M 中一切函数可以通用的 δ 是不存在的, 这个情况提示下面的定义.

定义 设 $M = \{f(x)\}$ 是在 E 上定义的可和函数族. 如果对于任意的正数 ε, 有如下正数 δ 存在, 当

$$e \subset E, \quad me < \delta$$

时, 不论 $f(x)$ 是 M 中哪一个函数, 不等式

$$\left|\int_e f(x)dx\right| < \varepsilon$$

成立的话, 称此函数族在 E 上有等度的绝对连续积分.

定理 2 (G. 维塔利) 设 $f_1(x), f_2(x), f_3(x), \cdots$, 是在可测集 E 上依测度收敛于 $F(x)$ 的可和函数列. 如果这些函数 $\{f_n(x)\}$ 在 E 上有等度的绝对连续积分, 则 $F(x)$ 在 E 上是可和的, 且

$$\lim_{n \to \infty} \int_E f_n(x)dx = \int_E F(x)dx.$$

证明 首先说明 $F(x)$ 在 E 上是可和的. 为此, 我们取任一正数 ε, 于是有正数 δ, 当 $me < \delta$ 时,

$$\left|\int_e f_n(x)dx\right| < \frac{\varepsilon}{2} \quad (n = 1, 2, 3, \cdots).$$

§3. 在积分号下取极限

设 e 是 E 的任一可测子集: $me < \delta$. 置

$$e_+ = e(f_n \geqslant 0), \quad e_- = e(f_n < 0),$$

则

$$me_+ < \delta, \quad me_- < \delta.$$

因此,

$$\int_{e_+} |f_n| dx = \left| \int_{e_+} f_n dx \right| < \frac{\varepsilon}{2}, \quad \int_{e_-} |f_n| dx = \left| \int_{e_-} f_n dx \right| < \frac{\varepsilon}{2},$$

从而

$$\int_e |f_n(x)| dx < \varepsilon. \tag{5}$$

这就是说: 函数列 $\{|f_n(x)|\}$ 在 E 上也有等度的绝对连续积分[①].

依里斯定理, 有子函数列 $\{f_{n_k}(x)\}$ 几乎处处收敛于 $F(x)$. 由 (5) 与 §1 中法图的定理, 得到

$$\int_e |F(x)| dx \leqslant \varepsilon. \tag{6}$$

所以 $F(x)$ 在 e 上是可和的. 但是 e 是测度小于 δ 的 E 中任一子集. E 可以分解为有限个测度小于 δ 的子集的和集, 因此 $F(x)$ 在 E 上是可和的.

现在我们可以着手证明定理中的主要论断. 设 $\sigma > 0$, 像上面一样置

$$A_n(\sigma) = E(|f_n - F| \geqslant \sigma), \quad B_n(\sigma) = E(|f_n - F| < \sigma),$$

则

$$\left| \int_E f_n dx - \int_E F dx \right| \leqslant \int_{A_n(\sigma)} |f_n - F| dx + \sigma \cdot mE.$$

从而

$$\left| \int_E f_n dx - \int_E F dx \right| \leqslant \int_{A_n(\sigma)} |f_n| dx + \int_{A_n(\sigma)} |F| dx + \sigma \cdot mE. \tag{7}$$

对于正数 ε, 取正数 σ, 使

$$\sigma \cdot mE < \frac{\varepsilon}{3}.$$

由于在开首时已证的事实, 对于 $\varepsilon > 0$, 存在如下的正数 δ, 当

$$e \subset E, \quad me < \delta$$

时 [参看 (5) 及 (6)], 不等式

$$\int_e |f_n| dx < \frac{\varepsilon}{3} \quad \text{与} \quad \int_e |F| dx < \frac{\varepsilon}{3}$$

[①] 请读者注意, 在定理的条件下, 我们已经顺便证明了 $\{|f_n(x)|\}$ 在 E 上也有等度的绝对连续积分.

成立. 但当 $n > n_0$ 时,
$$mA_n(\sigma) < \delta,$$
因此 (7) 式变成
$$\left|\int_E f_n dx - \int_E F dx\right| < \varepsilon.$$

定理证毕.

推论 在定理的条件下, 等式
$$\lim_{n\to\infty}\int_E \varphi(x)f_n(x)dx = \int_E \varphi(x)F(x)dx$$
成立, 其中 $\varphi(x)$ 是任意的有界可测函数.

事实上, 如果 $|\varphi(x)| \leqslant K$, 则
$$\left|\int_e \varphi(x)f_n(x)dx\right| \leqslant K\int_e |f_n(x)|dx.$$

因此 $\{\varphi(x)f_n(x)\}$ 中所有函数, 也有等度的绝对连续积分.

我们还可以证明, 上述推论的逆也是真的. 为此, 我们必须首先证明下面的重要定理.

定理 3 (H. 勒贝格) 设 $\{f_n(x)\}$ 是在可测集 E 上的一列可和函数. 若对于 E 中任何可测子集 e, 等式
$$\lim_{n\to\infty}\int_e f_n(x)dx = 0 \tag{8}$$
成立, 则函数列 $\{f_n(x)\}$ 有等度的绝对连续积分.

证明 假如定理不成立, 那么存在如下的正数 ε_0: 对于任意的正数 δ, 可以找到一个可测集 $e \subset E$ 具有测度 $me < \delta$ 和下标 n 使
$$\left|\int_e f_n(x)dx\right| \geqslant \varepsilon_0. \tag{9}$$

固定 δ 而看最初的 N 个函数 $f_1(x), f_2(x), \cdots, f_N(x)$. 对于每一个 $f_k(x)$ 可以找到正数 δ_k, 当 $me < \delta_k (e \subset E)$ 时, 使
$$\left|\int_e f_k(x)dx\right| < \varepsilon_0 \tag{10}$$
成立.

将 $\delta, \delta_1, \delta_2, \cdots, \delta_N$ 中的最小数记为 δ^*. 根据上面所说的事实, 对于此 δ^*, 可以找到可测集 $e \subset E$ 具有测度 $me < \delta^*$ 和下标 n 而使 (9) 式成立. 另一方面, 因 $me < \delta_k (k = 1, 2, \cdots, N)$, 所以当 $k = 1, 2, \cdots, N$ 时 (10) 式成立. 因此 $n > N$.

据此, 正数 ε_0 具有如下的性质: 对于任意的正数 δ 和正整数 N, 有可测集 $e \subset E$ 和下标 n 使
$$n > N, \ me < \delta, \ \left|\int_e f_n(x)dx\right| \geqslant \varepsilon_0$$

成立. 现在我们固定某一个 $e_1 \subset E$ 和下标 n_1 使得满足

$$\left| \int_{e_1} f_{n_1}(x) dx \right| \geqslant \varepsilon_0.$$

基于函数 $f_{n_1}(x)$ 的积分的绝对连续性, 可以找到 $\delta_1 > 0$ 使得当集 $e \subset E$ 而 $me < \delta_1$ 时

$$\left| \int_e f_{n_1}(x) dx \right| < \frac{\varepsilon_0}{4}$$

成立.

根据上面所述, 那么可以取集 $e_2 \subset E$ 和下标 n_2 使

$$n_2 > n_1, \quad me_2 < \frac{\delta_1}{2}, \quad \left| \int_{e_2} f_{n_2}(x) dx \right| \geqslant \varepsilon_0$$

成立. 然后再取 $\delta_2 > 0$ 使得当 $me < \delta_2 (e \subset E)$ 时

$$\left| \int_e f_{n_2}(x) dx \right| < \frac{\varepsilon_0}{4}$$

成立. 不难明白: $\delta_2 < \frac{\delta_1}{2}$.

再做同样的手续, 那么可以取集 $e_3 \subset E$ 和下标 n_3, 使

$$n_3 > n_2, \quad me_3 < \frac{\delta_2}{2}, \quad \left| \int_{e_3} f_{n_3}(x) dx \right| \geqslant \varepsilon_0$$

成立. 然后可取 $\delta_3 > 0$ 使当 $me < \delta_3 (e \subset E)$ 时

$$\left| \int_e f_{n_3}(x) dx \right| < \frac{\varepsilon_0}{4}$$

成立. 显然的是: $\delta_3 < \frac{\delta_2}{2}$.

这种手续继续进行, 于是我们得到 E 的可测子集列 $\{e_k\}$, 严格增加的下标列 $\{n_k\}$ 及正数列 $\{\delta_k\}$ 具有如下的性质:

1)
$$\left| \int_{e_k} f_{n_k}(x) dx \right| \geqslant \varepsilon_0;$$

2)
$$me_{k+1} < \frac{\delta_k}{2};$$

3) 如果 $e \subset E$ 及 $me < \delta_k$, 则

$$\left| \int_e f_{n_k}(x) dx \right| < \frac{\varepsilon_0}{4}.$$

由此性质, 得 $\delta_{k+1} < \frac{\delta_k}{2}$. 因此

$$m(e_{k+1} + e_{k+2} + e_{k+3} + \cdots) < \frac{\delta_k}{2} + \frac{\delta_{k+1}}{2} + \frac{\delta_{k+2}}{2} + \cdots < \delta_k.$$

所以

$$\left| \int_{e_k(e_{k+1}+e_{k+2}+\cdots)} f_{n_k}(x) dx \right| < \frac{\varepsilon_0}{4}.$$

今导入新的集:
$$A_k = e_k - (e_{k+1} + e_{k+2} + \cdots),$$
则
$$\left|\int_{A_k} f_{n_k}(x)dx\right| \geqslant \frac{3}{4}\varepsilon_0. \tag{11}$$

同时点集 A_k 之间是两两不相交的 (这也就是要导入 A_k 的道理, 并且这也就是 A_k 的不同于 e_k 之处). 又 $A_k \subset e_k$, 因此
$$m(A_{k+1} + A_{k+2} + \cdots) < \delta_k. \tag{12}$$

现在不难完成定理的证明. 置 $k_1 = 1$ 而令 k_2 是任何一个如下的下标 $m : m > 1$,
$$\left|\int_{A_{k_1}} f_{n_m}(x)dx\right| < \frac{\varepsilon_0}{4}.$$

这种下标 m 的存在, 由条件 (8) 即可明白. 又令 k_3 是任何一个如下的下标 $m : m > k_2$,
$$\left|\int_{A_{k_1}+A_{k_2}} f_{n_m}(x)dx\right| < \frac{\varepsilon_0}{4}.$$

这样的手续继续进行, 得到一列严格增加的数: $k_1 < k_2 < k_3 < \cdots$,
$$\left|\int_{A_{k_1}+\cdots+A_{k_{i-1}}} f_{n_{k_i}}(x)dx\right| < \frac{\varepsilon_0}{4}. \tag{13}$$

另一方面, 由不等式 (11),
$$\left|\int_{A_{k_i}} f_{n_{k_i}}(x)dx\right| \geqslant \frac{3}{4}\varepsilon_0. \tag{14}$$

最后, 由 (12) 乃得
$$m(A_{k_{i+1}} + A_{k_{i+2}} + A_{k_{i+3}} + \cdots) \leqslant m(A_{k_i+1} + A_{k_i+2} + \cdots) < \delta_k,$$

因此
$$\left|\int_{A_{k_{i+1}}+A_{k_{i+2}}+\cdots} f_{n_{k_i}}(x)dx\right| < \frac{\varepsilon_0}{4}. \tag{15}$$

置 $Q = A_{k_1} + A_{k_2} + A_{k_3} + \cdots$, 则
$$\int_Q f_{n_{k_i}}(x)dx = \int_{A_{k_1}+\cdots+A_{k_{i-1}}} f_{n_{k_i}}(x)dx + \int_{A_{k_i}} f_{n_{k_i}}(x)dx + \int_{A_{k_{i+1}}+A_{k_{i+2}}+\cdots} f_{n_{k_i}}(x)dx,$$

将 (13), (14), (15) 诸关系式代入, 乃得
$$\left|\int_Q f_{n_{k_i}}(x)dx\right| \geqslant \frac{\varepsilon_0}{4} \quad (i = 1, 2, 3, \cdots),$$

但此式与 (8) 式矛盾. 因此定理证毕.

这个定理的复杂的证明方法[①]常被用到, 读者应仔细地加以体会.

[①] 又称"滑背法" (способ скользящего горба).

推论 1 设在可测集 E 上有可和函数列 $\{f_n(x)\}$ 与可和函数 $F(x)$. 假如对于任意的可测集 $e \subset E$, 成立等式
$$\lim_{n\to\infty}\int_e f_n(x)dx = \int_e F(x)dx, \tag{16}$$
那么 $\{f_n(x)\}$ 在 E 上有等度的绝对连续积分.

事实上, 依照定理 3, $\{f_n(x) - F(x)\}$ 有等度的绝对连续积分, 再由不等式
$$\left|\int_e f_n(x)dx\right| \leqslant \left|\int_e \{f_n(x) - F(x)\}dx\right| + \left|\int_e F(x)dx\right|$$
即得所要的结果.

推论 2 设在可测集 E 上定义了可和函数列 $\{f_n(x)\}$ 与可和函数 $F(x)$. 假如对于任意的有界可测函数 $\varphi(x)$, 等式
$$\lim_{n\to\infty}\int_E \varphi(x)f_n(x)dx = \int_E \varphi(x)F(x)dx$$
成立, 则 $\{f_n(x)\}$ 在 E 上有等度的绝对连续积分.

事实上, 特别取 $\varphi(x)$ 为 E 中可测子集的特征函数, 则问题归结于推论 1. 这个推论就是定理 2 的推论的逆.

综合上述, 乃得如下的结果.

定理 4 (G. 维塔利) 设在可测集 E 上有可和函数列 $\{f_n(x)\}$, 依测度收敛于可和函数 $F(x)$. 要使 (16) 式对于所有可测集 $e \subset E$ 成立, 其必要且充分的条件是: $\{f_n(x)\}$ 在 E 上有等度的绝对连续积分.

所当注意的是: 要 $\{f_n(x)\}$ 有等度的绝对连续积分必须 (16) 式对于 E 中任一可测子集 e 为真. 仅仅从关系式
$$\lim_{n\to\infty}\int_E f_n(x)dx = \int_E F(x)dx,$$
是不能得到 $\{f_n(x)\}$ 有等度的绝对连续积分的. 例如在 $[0,1]$ 上定义了如下的函数列 $\{f_n(x)\}$:
$$f_n(0) = 0,$$
$$f_n(x) = \begin{cases} n & \left(0 < x \leqslant \dfrac{1}{2n}\right), \\ -n & \left(\dfrac{1}{2n} < x \leqslant \dfrac{1}{n}\right), \\ 0 & \left(\dfrac{1}{n} < x \leqslant 1\right). \end{cases}$$
则
$$\lim_{n\to\infty}\int_0^1 f_n(x)dx = 0.$$
但是由于
$$\int_0^{\frac{1}{2n}} f_n(x)dx = \frac{1}{2},$$
等度的绝对连续性不能成立.

有兴趣的是: 对于符号不变的函数, 事情要简单得多. 且看下面的定理.

定理 5 设在可测集 E 上, 有可和的非负函数列 $\{f_n(x)\}$ 依测度收敛于 $F(x)$. 如果在集 E 上 $F(x)$ 的积分等于 $f_n(x)$ 的积分之极限, 那么在 E 的任何可测子集[①]上 $F(x)$ 的积分也等于 $f_n(x)$ 的积分之极限.

此定理易从法图定理[②] (第六章 §1) 导出. 事实上, 假如定理不真, 那么存在着可测集 $A \subset E$ 使等式

$$\lim_{n\to\infty}\int_A f_n(x)dx = \int_A F(x)dx$$

不成立. 那么有如下的正数 σ, 有无数个 $\int_A f_n(x)dx$ 超出区间

$$\left(\int_A Fdx - 2\sigma, \int_A Fdx + 2\sigma\right)$$

之外.

假如有无数个积分 $\int_A f_n(x)dx$ 小于 $\int_A F(x)dx - 2\sigma$, 那么不妨 (以此子函数列当作讨论的对象) 假设

$$\int_A f_n(x)dx \leqslant \int_A F(x)dx - 2\sigma$$

对于所有的 n 成立, 这是与法图定理相矛盾的. 因此, 必有无数个的 n 使

$$\int_A f_n(x)dx \geqslant \int_A F(x)dx + 2\sigma \tag{17}$$

成立, 且不妨假设 (17) 式对于所有的 n 成立. 由假设, 就 E 上的积分而言, 极限手续可以与积分记号交换. 所以, 当 n 适当大的时候, 不等式

$$\left|\int_E f_n(x)dx - \int_E F(x)dx\right| < \sigma$$

成立, 因此, 不妨假设对于所有的 n 成立. 由是

$$\int_E f_n(x)dx < \int_E F(x)dx + \sigma.$$

置 $B = E - A$, 从上式减去 (17), 乃得

$$\int_B f_n(x)dx < \int_B F(x)dx - \sigma,$$

此事又与法图定理相抵触.

定理证毕.

由此定理可以导出

定理 6 (Г. М. 菲赫金哥尔茨) 设在可测集 E 上有可和函数列 $\{f_n(x)\}$ 依测度收敛于可和函数 $F(x)$. 那么要 (16) 式对于 E 的任一可测子集 e 都成立的必要且充分条件是

$$\lim_{n\to\infty}\int_E |f_n(x)|dx = \int_E |F(x)|dx. \tag{18}$$

[①] 上述例子表明没有条件 $f_n(x) \geqslant 0$ 时, 定理不成立.
[②] 精确地说, 是从该定理的附注中导出的.

事实上, 如果 (18) 式成立, 则由定理 5, 知此等式对任何可测子集 $e \subset E$ 成立. 但当 $\{|f_n(x)|\}$ 从而 $\{f_n(x)\}$ 有等度的绝对连续积分时, (16) 式对于所有可测子集 $e \subset E$ 是成立的.

反之, 如果 (16) 式对于所有可测子集 $e \subset E$ 成立, 则 $\{f_n(x)\}$ 有等度的绝对连续积分, 因此 (由本节定理 2 的证明) 可知 $\{|f_n(x)|\}$ 也有等度的绝对连续积分. 应用定理 2 于 $\{|f_n(x)|\}$ 即得所要的结果.

最后我们讲一个定理, 此定理是等度的绝对连续性的一个判别法.

定理 7 (C.-J. 瓦莱–普桑) 设在可测集 E 上有可测函数族 $M = \{f(x)\}$. 假如有正值增函数 $\Phi(u)$ $(u \geqslant 0)$, $\lim\limits_{u \to \infty} \Phi(u) = +\infty$, 并且对于 M 中任何的函数 $f(x)$, 不等式

$$\int_E |f(x)| \cdot \Phi(|f(x)|) dx < A$$

成立, 其中 A 是一个与 $f(x)$ 无关的有限常数. 那么 $f(x)$ 在 E 上是可和的, 并且 $M = \{f(x)\}$ 具有等度的绝对连续的积分.

我们首先注意到复合函数 $\Phi(|f(x)|)$ 是一个可测函数 [因为当 $a > 0$ 时, $E(\Phi(u) > a)$ 是区间 $(b, +\infty)$, 或 $[b, +\infty)$ 所以 $E(\Phi(|f|) > a) = E(|f| > b)$ 或 $E(\Phi(|f|) > a) = E(|f| \geqslant b)$]. 今证定理如下:

对于正数 ε, 有 K 适合于

$$\frac{A}{\Phi(K)} < \frac{\varepsilon}{2}.$$

固定此 K. 设 e 是 E 的任一可测子集. 又设 $f(x)$ 是 M 中的任一函数. 置 $e_1 = e(|f(x)| > K)$, $e_2 = e(|f(x)| \leqslant K)$, 则

$$\int_e |f(x)|dx = \int_{e_1} |f(x)|dx + \int_{e_2} |f(x)|dx \leqslant \frac{1}{\Phi(K)} \int_{e_1} |f(x)| \cdot \Phi(|f(x)|)dx + \int_{e_2} |f(x)|dx.$$

从而

$$\int_e |f(x)|dx \leqslant \frac{A}{\Phi(K)} + K \cdot me_2 < \frac{\varepsilon}{2} + K \cdot me.$$

由此得 $f(x)$ 的可和性. 置 $\delta = \frac{\varepsilon}{2K}$, 则当 $me < \delta$ 时, $\int_e |f(x)|dx < \varepsilon$.

定理由是证毕.

从此可推出例如 M 是满足不等式

$$\int_E f^2(x)dx < A$$

的 $f(x)$ 的全体, 则 M 有等度的绝对连续积分.

第五章与第六章的习题

1. 若 $f_n(x) \geqslant 0$ 且 $\int_E f_n(x)dx \to 0$, 则必 $f_n(x) \Longrightarrow 0$, 但是, $f_n(x)$ 不一定几乎处处收敛于 0.

2. 关系式
$$\int_E \frac{|f_n|}{1+|f_n|}dx \to 0$$
与 $f_n(x) \Longrightarrow 0$ 是等价的.

3. 若 $\alpha_n \to 0$, 则有非负可测函数列 $\{u_n(x)\}$ 使 $\sum_{n=1}^{\infty}\alpha_n \int_E u_n(x)dx < +\infty$, 但 $\{u_n(x)\}$ 在 E 中任何一点不收敛于 0.

4. 如果积分
$$\int_E \varphi(x)f(x)dx$$
对于任何可和函数 $f(x)$ 存在, 则 $\varphi(x)$ 几乎处处有界 (勒贝格).

5. 设 $f(x)$ 是在集 E 上定义的有限可测函数. 设下列诸数
$$\cdots, y_{-3}, y_{-2}, y_{-1}, y_0, y_1, y_2, y_3, \cdots$$
适合 $y_k \to +\infty, y_{-k} \to -\infty (k \to +\infty), 0 < y_{k+1} - y_k < \lambda$. 又置 $e_k = E(y_k \leqslant f < y_{k+1})$, 则函数 $f(x)$ 为可和的必要且充分条件是: 对于任何 $\{y_k\}$, 级数 $\sum_{k=-\infty}^{\infty} y_k m e_k$ 为绝对收敛.

6. 在习题 5 的假定下, 如果级数 $\sum y_k m e_k$ 绝对收敛的话, 那么级数的和当 $\lambda \to 0$ 时趋于 $\int_E f(x)dx$.

7. 一致收敛的 (R) 可积函数列, 其极限函数亦为 (R) 可积.

8. 康托尔的完满集 P_0 的特征函数是 (R) 可积的.

9. 如果 $f(x)$ 在康托尔集 P_0 中的点上等于 0, 而在 P_0 的具有长度为 3^{-n} 的余区间上等于 n, 则 $\int_0^1 f(x)dx = 3$ (E. 蒂奇马什 (E. Titchmarsh)).

10. 要使非负可测函数 $f(x)$ $(a \leqslant x \leqslant b)$ 为可和的必要且充分的条件是: $\sum mE(f \geqslant n) < +\infty$ (奥尔贝克 (Орбек)).

11. 设 $f(x) \geqslant 0$ 为可测函数, 而 $\{f(x)\}_N$ 是由 $f(x) \leqslant N$ 或者 $f(x) > N$ 而规定它等于 $f(x)$ 或者 0. 如果 $f(x)$ 几乎处处为有限, 则
$$\lim_{N \to \infty} \int_E \{f(x)\}_N dx = \int_E f(x)dx.$$
要 $f(x)$ 几乎处处有限的条件不能取消.

12. 设 $f(x)$ 与 $g(x)$ 是 E 上所定义的两个非负可测函数. 置 $E_y = E(g \geqslant y)$, $\Phi(y) = \int_{E_y} f(x)dx$, 则
$$\int_E f(x)g(x)dx = \int_0^{+\infty} \Phi(y)dy.$$
(Д. К. 法捷耶夫 (Д. К. Фаддеев)).

13. 设在 $[0,1]$ 上有 n 个可测集 $E_1, E_2, \cdots, E_n$. 如果 $[0,1]$ 中每一个点至少属于上述 n 个集中的 q 个集, 则 $E_1, E_2, \cdots, E_n$ 中至少有一集具有测度 $\geqslant \dfrac{q}{n}$ (Л. В. 康托罗维奇 (Л. В. Канторович)).

14. 设 $f(x)$ 是 $[a,b]$ 上定义的可和函数. 又设 α 是一如下的常数: $0 < \alpha < b - a$. 如果对于每一个测度为 α 的集 e, 有关系 $\int_e f(x)dx = 0$, 则 $f(x) \sim 0$ (М. К. 卡扶林 (М. К. Гавурин)).

15. 设 $f(x)$ 在 $[a,b]$ 上为可和而在 $[a,b]$ 之外等于 0. 设

$$\varphi(x) = \frac{1}{2h}\int_{x-h}^{x+h}f(t)dt,$$

则 $\int_a^b |\varphi(x)|dx \leqslant \int_a^b |f(x)|dx$ (А. Н. 柯尔莫戈洛夫 (А. Н. Колмогоров)).

16. 设 $f(x)$ 是在 $[a,b]$ 上定义的可和函数. 如果对于 $[a,b]$ 中任意的 c 有 $\int_a^c f(x)dx = 0$ 的话, 那么 $f(x) \sim 0$.

17. 设在 $[a,b]$ 上, 已给可和严格正函数 $f(x)$. 设 $0 < q \leqslant b - a$, $e \subset [a,b]$, $me \geqslant q$, S 为所有这种可测子集的全体. 证明

$$\inf_{e \in S}\left\{\int_e f(x)dx\right\} > 0.$$

18. 设 $M = \{f(x)\}$ 是在 $[a,b]$ 上为可和的函数族. 如果 M 有等度的绝对连续积分, 那么存在如下的单调增加的正函数 $\Phi(u)$ $(u \geqslant 0)$, $\lim\limits_{u \to +\infty} \Phi(u) = +\infty$, 且

$$\int_a^b |f(x)| \cdot \Phi(|f(x)|)dx \leqslant A < +\infty$$

对于 M 中任何函数 $f(x)$ 成立, 其中 A 是一个与 $f(x)$ 无关的数 (瓦莱–普桑).

19. 如果 $f(x)$ 在 $[a,b]$ 上可和, 那么对于任意的 $\varepsilon > 0$ 存在这样的在 $[a,b]$ 上连续的函数 $\varphi(x)$ 使得

$$\int_a^b |f(x) - \varphi(x)|dx < \varepsilon.$$

20. 如果 $f(x)$ 在 $[a, b+\delta](\delta > 0)$ 上可和, 则

$$\lim_{h \to +0}\int_a^b |f(x+h) - f(x)|dx = 0.$$

21. 设在 $[a,b]$ 上给定可测函数 $f(x) > 0$, 则关系式

$$\int_a^b [f(x)]_{2n}dx - \int_a^b [f(x)]_n dx \to 0 \quad (n \to \infty)$$

与 $n \cdot mE(f > n) \to 0$ 是等价的 (Ю. С. 奥强 (Ю. С. Очан)).

22. 设在 $[a,b]$ 上给定可测函数 $f(x) > 0$ 与 $g(x) > 0$. 如果存在有限极限

$$\lim_{n \to \infty}\int_a^b \{[f(x)]_n - [g(x)]_n\}dx,$$

又 $n \cdot mE(f > n) \to 0$, 则 $n \cdot mE(g > n) \to 0$ (Ю. С. 奥强).

第七章　平方可和函数

§1. 主要定义、不等式、范数

本章讨论一类很重要的函数:就是平方可和的函数. 为简单起见, 假定所论的函数都是在 $E = [a, b]$ 上定义的.

若逢函数定义在任意可测集 $E_0 \subset E = [a, b]$ 上的那种情形, 则只要把它补充一下定义, 设它在集 $E - E_0$ 上的值等于零, 就可归结为上述情形.

定义　可测函数 $f(x)$, 满足

$$\int_a^b f^2(x)dx < +\infty$$

时, 称为平方可和函数.

平方可和函数的全体通常记作 L_2[①].

定理 1　L_2 中的函数必属于 L, 即 $L_2 \subset L$.

从不等式

$$|f(x)| \leqslant \frac{1 + f^2(x)}{2}$$

即知定理成立.

又由不等式

$$|f(x)g(x)| \leqslant \frac{f^2(x) + g^2(x)}{2}$$

得下面的定理.

[①] 有时为指出它的定义闭区间 $[a, b]$, 就记为 $L_2([a, b])$.

定理 2　L_2 中两个函数之积是一可和函数.

由此, 从等式
$$(f \pm g)^2 = f^2 \pm 2fg + g^2$$
得到

定理 3　L_2 中两个函数之和与差都属于 L_2.

最后, 我们注意到下面显然的事实: 设 k 是一有限常数, 当 $f(x) \in L_2$ 时, $kf(x)$ 亦属于 L_2.

定理 4 (布尼亚科夫斯基不等式)　如果 $f(x) \in L_2, g(x) \in L_2$, 则
$$\left[\int_a^b f(x)g(x)dx\right]^2 \leqslant \left[\int_a^b f^2(x)dx\right]\left[\int_a^b g^2(x)dx\right]. \tag{1}$$

证明　我们来讨论二次三项式
$$\psi(u) = Au^2 + 2Bu + C,$$
其中系数 A, B, C 都是实数且 $A > 0$. 假如对于所有的 $u, \psi(u) \geqslant 0$, 那么
$$B^2 \leqslant AC. \tag{2}$$

事实上, 不然的话, 就会发生矛盾:
$$\psi\left(-\frac{B}{A}\right) = \frac{1}{A}(AC - B^2) < 0.$$

注意此事以后, 置
$$\psi(u) = \int_a^b [uf(x) + g(x)]^2 dx = u^2 \int_a^b f^2 dx + 2u \int_a^b fg\,dx + \int_a^b g^2 dx.$$

则因 $\psi(u) \geqslant 0$, 从 (2) 式得到 (1) 式. 定理证毕[①].

推论　如果 $f(x) \in L_2$, 则
$$\int_a^b |f(x)|dx \leqslant \sqrt{b-a} \cdot \sqrt{\int_a^b f^2(x)dx}. \tag{3}$$

事实上, 于 (1) 式置 $g(x) = 1$, 又将 $f(x)$ 换以 $|f(x)|$ 即得 (3).

[①] 这里我们假设了 $\int_a^b f^2 dx > 0$. 假若 $\int_a^b f^2 dx = 0$, 则函数 $f(x)$ 等价于 0, 此时不等式 (1) 变成等式 $0 = 0$.

定理 5 (柯西不等式)　　如果 $f(x) \in L_2, g(x) \in L_2$, 则

$$\sqrt{\int_a^b [f(x)+g(x)]^2 dx} \leqslant \sqrt{\int_a^b f^2(x)dx} + \sqrt{\int_a^b g^2(x)dx}.$$

证明　　将布尼亚科夫斯基不等式的两边开方, 乃得

$$\int_a^b fg\,dx \leqslant \sqrt{\int_a^b f^2 dx} \cdot \sqrt{\int_a^b g^2 dx}.$$

将上不等式乘 2 后, 两边各加

$$\int_a^b f^2 dx + \int_a^b g^2 dx,$$

乃得

$$\int_a^b (f+g)^2 dx \leqslant \left(\sqrt{\int_a^b f^2 dx} + \sqrt{\int_a^b g^2 dx} \right)^2,$$

由此即得定理.

柯西不等式使我们可用一种新的观点来研究集 L_2. 即, 如果我们对于每一个函数 $f(x) \in L_2$, 赋予数

$$\|f\| = \sqrt{\int_a^b f^2(x)dx}$$

与之对应, 那么就有下列诸性质:

I. $\|f\| \geqslant 0$, 当 $f \sim 0$ 且仅当此时, $\|f\| = 0$.

II. $\|kf\| = |k| \cdot \|f\|$, 特别是: $\|-f\| = \|f\|$.

III. $\|f + g\| \leqslant \|f\| + \|g\|$.

称 $\|f\|$ 为 f 的范数. 显然, $\|f\|$ 与实数 (或复数) x 的绝对值 $|x|$ 颇有相似之处. 此相似点是一系列重要且优美学说的起源.

粗糙地说, 绝对值在分析中的基本意义在于, 利用了它就可以引出数轴上两点间的距离

$$\rho(x, y) = |x - y|.$$

但是, 在 L_2 中假如我们把数

$$\rho(f, g) = \|f - g\|$$

定义为 f 与 g 的距离, 那么范数的引进就可使我们把 L_2 当作某一个 "空间".

如将等价的函数看作是同一个函数, 则距离 $\rho(f, g)$ 具有如下常见的性质:

1) $\rho(f, g) \geqslant 0$, 当 $f = g$ 时且仅当此时, $\rho(f, g) = 0$.

2) $\rho(f, g) = \rho(g, f)$.

3) $\rho(f,g) \leqslant \rho(f,h) + \rho(h,g)$.

假如对于集 A, 其中任何一对元素 x 与 y 都已定义了具有上述诸性质的函数 $\rho(x,y)$ 的话, 称 A 是一度量空间.

显然, L_2 是度量空间. 由于对于 L_2 的这种观点最初是希尔伯特想出来的, 因此 L_2 又称为希尔伯特空间.

§2. 均方收敛

利用范数的概念, 在希尔伯特空间中可以导入极限的概念. 这种极限的表达形式, 与在数轴上的极限很类似.

定义 1 设 $f_1, f_2, f_3, \cdots$ 和 f 都是 L_2 中的函数. 如果对于任意的正数 ε, 有 N, 当 $n > N$ 时, 不等式
$$\|f_n - f\| < \varepsilon$$
成立, 称 f 是 $\{f_n\}$ 的极限, 这时也可说 $\{f_n\}$ 收敛于 f, 或 f_n 趋向于 f. 记号是
$$\lim_{n\to\infty} f_n = f \quad \text{或} \quad f_n \to f.$$

此处, 我们必须提醒读者注意: 下面两个式子
$$f_n(x) \to f(x) \quad \text{和} \quad f_n \to f$$
是有深刻区别的. 第一个式子表明: 对于固定的 x, 数列 $\{f_n(x)\}$ 是依照通常的意义收敛于 $f(x)$ 的. 而第二个式子是表明 L_2 中的元素列在定义 1 的意义下收敛于一个元素 f. 用通常函数论的话来说, $f_n \to f(f \in L_2)$ 的意思就是
$$\lim_{n\to\infty} \int_a^b [f_n(x) - f(x)]^2 dx = 0.$$

这种收敛的方式称为函数列 $\{f_n(x)\}$ 均方收敛 [①] 于 $f(x)$.

定理 1 假如函数列 $\{f_n(x)\}$ 均方收敛于 $f(x)$, 那么 $\{f_n(x)\}$ 依测度收敛于 $f(x)$.

证明 设 $\sigma > 0$. 置
$$A_n(\sigma) = E(|f_n - f| \geqslant \sigma).$$
则
$$\int_a^b (f_n - f)^2 dx \geqslant \int_{A_n(\sigma)} (f_n - f)^2 dx \geqslant \sigma^2 \cdot m A_n(\sigma).$$

[①] 作者用的俄文是 "сходимостью в среднем" (相当于英文 "convergence in mean"), 此词原译 "平均收敛" 没有问题, 但考虑到现在多数书中称这里所说的收敛类型为 "均方收敛", 所以改用此称法. —— 第 5 版校订者注.

因为 σ 是固定的, 因此
$$mA_n(\sigma) \to 0.$$
所以 $f_n \Longrightarrow f$.

推论 如果函数列 $\{f_n(x)\}$ 均方收敛于 $f(x)$, 则必有一子函数列 $\{f_{n_k}(x)\}$ 几乎处处收敛于 $f(x)$.

此推论从定理 1 和第四章 §3 的里斯定理可以明白. 但是我们也可以直接证明. 从假设
$$\lim_{n\to\infty} \int_a^b (f_n - f)^2 dx = 0,$$
必有如下的 $\{n_k\}: n_1 < n_2 < n_3 < \cdots,$
$$\int_a^b (f_{n_k} - f)^2 dx < \frac{1}{2^k}.$$
因此, 级数
$$\sum_{k=1}^{\infty} \int_a^b (f_{n_k} - f)^2 dx$$
是收敛的. 由第六章 §1 的定理 11 的推论知在 $[a,b]$ 上, 关系
$$f_{n_k}(x) \to f(x)$$
几乎处处成立.

可注意的是, 从 $f_n(x)$ 的均方收敛于 $f(x)$ 不能导出 $f_n(x)$ 的几乎处处收敛于 $f(x)$. 此事由第四章 §3 的例可以明白.

另一方面, 即使 $f_n(x) \to f(x)$ 在 $[a,b]$ 上处处成立, 也不能得到 $f_n(x)$ 均方收敛于 $f(x)$ 的结论.

例 设在 $[0,1]$ 上有如下的一列函数 $\{f_n(x)\}$:

当 $0 < x < \dfrac{1}{n}$ 时, $f_n(x) = n$,

在 $[0,1]$ 中其他的点, $f_n(x) = 0$,

那么显然地, 对于 $x \in [0,1]$ 成立
$$\lim_{n\to\infty} f_n(x) = 0.$$
但是,
$$\int_0^1 f_n^2(x) dx = \int_0^{\frac{1}{n}} n^2 dx = n \to +\infty.$$

定理 2 (极限的唯一性) L_2 中的函数列 $f_1, f_2, f_3, \cdots$ 只能有一个极限.

证明 假如
$$f_n \to f, \quad f_n \to g,$$
则
$$\|f-g\| \leqslant \|f-f_n\| + \|f_n-g\|.$$
不等式的右方收敛于 0, 故必
$$\|f-g\| = 0.$$
从而 $f-g=0$ 或 $f=g$. 定理证毕.

此定理亦可用他法证明: 如果 $f_n \to f, f_n \to g$, 则 $\{f_n(x)\}$ 同时依测度收敛于 $f(x)$, 亦依测度收敛于 $g(x)$, 因此 $f(x) \sim g(x)$, 但它们在 L_2 中是看作同一个元素的.

定理 3 (范数的连续性) 若 $f_n \to f$, 则 $\|f_n\| \to \|f\|$.

证明 从显然的不等式
$$\|f_n\| \leqslant \|f\| + \|f_n - f\|,$$
$$\|f\| \leqslant \|f_n\| + \|f_n - f\|$$
即得
$$\big|\|f_n\| - \|f\|\big| \leqslant \|f_n - f\|.$$
从而定理得证.

推论 收敛函数列 $\{f_n\}$ 的范数是有界的.

定义 2 设 $\{f_n\}$ 是 L_2 中的一函数列, 如果对于任一正数 ε, 有如下的 N: 当 $n>N, m>N$ 时,
$$\|f_n - f_m\| < \varepsilon$$
成立, 那么说: 序列 $\{f_n\}$ 是本来收敛[①]的.

定理 4 假如 $\{f_n\}$ 有极限, 那么 $\{f_n\}$ 是本来收敛的.

证明 设
$$\lim_{n\to\infty} f_n = f.$$
对于正数 ε, 有 N: 当 $n>N$ 时,
$$\|f_n - f\| < \frac{\varepsilon}{2}.$$

[①] 此词的俄文是 "сходящаяся в себе (последовательность)", 现在通常称这样的函数列为基本列. —— 第 5 版校订者注.

因此, 当 $m > N$, $n > N$ 时, 成立

$$\|f_n - f_m\| \leqslant \|f_n - f\| + \|f - f_m\| < \varepsilon,$$

定理由是证毕.

上述定理之逆则要深刻得多.

定理 5 (E. 菲舍尔 (E. Fischer)) 假如 $\{f_n\}$ 本来收敛, 那么 $\{f_n\}$ 必有极限.

证明 取收敛级数 $\sum\limits_{k=1}^{\infty} \dfrac{1}{2^k}$, 对于每一个 k 取 n_k 使得当 $n \geqslant n_k$, $m \geqslant n_k$ 时,

$$\|f_n - f_m\| < \frac{1}{2^k}$$

成立.

不妨害一般性, 假设

$$n_1 < n_2 < n_3 < \cdots,$$

于是

$$\|f_{n_{k+1}} - f_{n_k}\| \leqslant \frac{1}{2^k}.$$

因此,

$$\sum_{k=1}^{\infty} \|f_{n_{k+1}} - f_{n_k}\| < +\infty.$$

由 §1 的不等式 (3), 得

$$\int_a^b |f_{n_{k+1}} - f_{n_k}| dx \leqslant \sqrt{b-a} \|f_{n_{k+1}} - f_{n_k}\|.$$

因此, 级数

$$\sum_{k=1}^{\infty} \int_a^b |f_{n_{k+1}} - f_{n_k}| dx$$

也是收敛的. 由第六章 §1 的定理 11, 级数

$$|f_{n_1}(x)| + \sum_{k=1}^{\infty} |f_{n_{k+1}}(x) - f_{n_k}(x)|$$

是几乎处处收敛的. 因此, 级数

$$f_{n_1}(x) + \sum_{k=1}^{\infty} \{f_{n_{k+1}}(x) - f_{n_k}(x)\}$$

也是几乎处处收敛的, 这就是说: 极限

$$\lim_{k \to \infty} f_{n_k}(x)$$

几乎处处存在 (为有限数).

今引入函数 $f(x)$：当 $\lim\limits_{k\to\infty} f_{n_k}(x)$ 存在为有限数时，即令 $f(x)$ 等于此数，在其他的点则令 $f(x)$ 等于 0. 函数 $f(x)$ 显然是一可测函数，并且几乎对于 $[a,b]$ 上所有的点，

$$f_{n_k}(x) \to f(x).$$

我们还要证明：此函数 $f(x)$ 属于希尔伯特空间，并且是 $\{f_n\}$ 的极限.

为此目的，对于任意的正数 ε，取如下的 N：当 $n > N$, $m > N$ 时，

$$\|f_n - f_m\| < \varepsilon.$$

取 k_0 甚大使 $n_{k_0} > N$. 那么对于任意的 $n > N$ 和任意的 $k > k_0$，

$$\int_a^b (f_n - f_{n_k})^2 dx < \varepsilon^2.$$

应用法图定理于函数列 $\{(f_n - f_{n_k})^2\}$ $(k > k_0)$，乃得①

$$\int_a^b (f_n - f)^2 dx \leqslant \varepsilon^2,$$

即当 $n > N$ 时，

$$\|f_n - f\| \leqslant \varepsilon.$$

于是定理证毕.

本定理中所述希尔伯特空间 L_2 的性质，称为空间的完全性. 读者自然已经看到，此地的定理 4 和定理 5，与有名的波尔查诺–柯西的收敛准则是相似的. 波尔查诺–柯西的收敛准则是数轴 $\mathbb{R}$ 的连续性的多种表示形式中的一个. 此性质可以由下面几个命题中的任何一个表达出来：

A. 如果将数轴 $\mathbb{R}$ 上的点分成 X 和 Y 两部分，使 X 中的任何点位于 Y 中任何一个点之左，那么或是 X 有最右点或是 Y 有最左点.

B. 有上界的集必有它的上确界.

C. 有上界的单调增加的变量必有有限的极限.

D. 如果 $\{d_n\}$ 是一列前者含有后者的闭区间. 若其长度收敛于 0，则必有一点含在所有的 d_n 中.

E. 波尔查诺–柯西收敛准则：本来收敛的数列 $\{x_n\}$ 必有有限的极限.

如果从数轴 $\mathbb{R}$ 上除去一点，则上述诸定理就不再成立.

在定理 **A**, **B**, **C**, **D**, **E** 中只有最后一个 **E**，是没有用到直线 $\mathbb{R}$ 上点的次序概念. 因此，很自然的，在较数轴更复杂的空间中也可以用类似于 **E** 的判别法来说明空间的连续性.

---

① 从此式得 $f_n(x) - f(x) \in L_2$，因此得 $f(x) \in L_2$.

第七章 平方可和函数

定义 3 设 A 是空间 L_2 的一子集. 假如 L_2 中任意一点[①]是 A 中某点列的极限, 则称 A 在 L_2 中是处处稠密的.

用泛函理论中的语言来说: 对于函数类 $A \subset L_2$, 如果 L_2 中任意一个函数是 A 中某函数列 (依照均方收敛的意义) 的极限, 则称 A 在 L_2 中处处稠密.

容易看到, 要 $A = \{g\}$ 在 L_2 中处处稠密的必要且充分条件是: 对于任意的 $f \in L_2$ 和任意的正数 ε, 在 A 中有 g 适合

$$\|f - g\| < \varepsilon.$$

定理 6 下列函数类:

M —— 有界可测函数类

C —— 连续函数类

P —— 多项式类

S —— 阶梯函数类

中任何一类在 L_2 中是处处稠密的. 如果函数的定义范围 $[a, b]$ 是 $[-\pi, \pi]$, 则还有

T —— 三角多项式类

在 L_2 中也是处处稠密的.

证明 1) 设 $f(x) \in L_2$. 对于任一正数 ε (由积分之绝对连续性), 有 $\delta > 0$, 当

$$e \subset [a, b], \quad me < \delta$$

时, 可使

$$\int_e f^2(x)dx < \varepsilon^2.$$

由第四章 §4 的定理 1, 对于这个 δ, 可以找到这样的有界可测函数 $g(x)$ 使

$$mE(f \neq g) < \delta,$$

并且不妨假定在点集 $E(f \neq g)$ 上 $g(x) = 0$. 那么

$$\|f - g\|^2 = \int_a^b (f-g)^2 dx = \int_{E(f \neq g)} (f-g)^2 dx = \int_{E(f \neq g)} f^2 dx < \varepsilon^2,$$

即

$$\|f - g\| < \varepsilon.$$

因此定理对于 M 的证明已毕.

2) 设 $f(x) \in L_2$, $\varepsilon > 0$. 取函数 $g(x) \in M$ 使

$$\|f - g\| < \frac{\varepsilon}{2}.$$

[①] 就是 L_2 中的元素.

设 $|g(x)| \leqslant K$. 由卢津定理, 有连续函数 $\varphi(x)$ 适合

$$mE(g \neq \varphi) < \frac{\varepsilon^2}{16K^2}, \quad |\varphi(x)| \leqslant K.$$

这样,

$$\begin{aligned}\|g-\varphi\|^2 &= \int_a^b (g-\varphi)^2 dx \\ &= \int_{E(g \neq \varphi)} (g-\varphi)^2 dx \leqslant 4K^2 \cdot mE(g \neq \varphi) < \frac{\varepsilon^2}{4},\end{aligned}$$

因之,

$$\|g - \varphi\| < \frac{\varepsilon}{2},$$

于是

$$\|f - \varphi\| < \varepsilon.$$

因此定理对于 C 的证明已经完成.

3) 设 $f(x) \in L_2$, $\varepsilon > 0$. 取 $\varphi(x) \in C$ 使

$$\|f - \varphi\| < \frac{\varepsilon}{2}.$$

然后由魏尔斯特拉斯定理, 有如下的多项式 $P(x)$, 对所有 $x \in [a,b]$ 有:

$$|\varphi(x) - P(x)| < \frac{\varepsilon}{2\sqrt{b-a}}.$$

因此,

$$\|\varphi - P\|^2 = \int_a^b (\varphi - P)^2 dx \leqslant \frac{\varepsilon^2}{4(b-a)} \cdot (b-a) = \frac{\varepsilon^2}{4},$$

从而

$$\|\varphi - P\| < \frac{\varepsilon}{2},$$

于是

$$\|f - P\| < \varepsilon.$$

因此定理对于 P 的证明已成.

4) 设 $f(x) \in L_2$, $\varepsilon > 0$. 取 $\varphi(x) \in C$ 使

$$\|f - \varphi\| < \frac{\varepsilon}{2}.$$

因为 $\varphi(x)$ 在 $[a,b]$ 上是连续的, 所以将 $[a,b]$ 用适当的点

$$c_0 = a < c_1 < c_2 < \cdots < c_n = b$$

划分为若干部分, 使 $\varphi(x)$ 在每一个部分上的振幅小于 $\dfrac{\varepsilon}{2\sqrt{b-a}}$. 然后引入如下的阶梯函数:
$$s(x) = \varphi(c_k) \qquad (c_k \leqslant x < c_{k+1};\ k = 0, 1, \cdots, n-2),$$
$$s(x) = \varphi(c_{n-1}) \qquad (c_{n-1} \leqslant x \leqslant b),$$
则对 $[a,b]$ 上所有的点, $|s(x) - \varphi(x)| < \dfrac{\varepsilon}{2\sqrt{b-a}}$. 因此
$$\|s - \varphi\| < \frac{\varepsilon}{2},\ \text{从而}\ \|f - s\| < \varepsilon.$$
因此定理对于 S 是真的.

5) 最后, 设 $[a,b] = [-\pi, \pi], f(x) \in L_2$.

对于任一正数 ε, 必有 $[-\pi, \pi]$ 上的连续函数 $\varphi(x)$ 适合
$$\|f - \varphi\| < \frac{\varepsilon}{2}.$$
设
$$|\varphi(x)| \leqslant K.$$
在 $[-\pi, \pi]$ 上作如下的连续函数 $\psi(x)$:
$$\text{当}\ x \in [-\pi + \delta, \pi]\ \text{时},\ \psi(x) = \varphi(x),$$
$$\psi(-\pi) = \varphi(\pi)$$
而在 $[-\pi, -\pi + \delta]$ 上则取 $\psi(x)$ 为线性函数, 且假定
$$0 < \delta < \frac{\varepsilon^2}{64K^2}.$$
函数 $\psi(x)$ 在 $[-\pi, \pi]$ 上是连续的, 并且是周期的:
$$\psi(-\pi) = \psi(\pi).$$
显然, $|\psi(x)| \leqslant K$, 因此
$$\|\varphi - \psi\|^2 = \int_{-\pi}^{\pi} (\varphi - \psi)^2 dx = \int_{-\pi}^{-\pi+\delta} (\varphi - \psi)^2 dx \leqslant 4K^2 \delta < \frac{\varepsilon^2}{16},$$
从而
$$\|f - \psi\| < \frac{3\varepsilon}{4}.$$
由魏尔斯特拉斯定理 (注意 $\psi(x)$ 是周期的!), 有三角多项式 $T(x)$ 适合
$$|\psi(x) - T(x)| < \frac{\varepsilon}{4\sqrt{2\pi}}, \quad -\pi \leqslant x \leqslant \pi,$$
因此
$$\|\psi - T\|^2 = \int_{-\pi}^{\pi} (\psi - T)^2 dx < \frac{\varepsilon^2}{16},$$
所以 $\|f - T\| < \varepsilon$, 于是定理完全证毕.

在许多问题中, 函数列的弱收敛, 也起很重要的作用.

定义 4 对于 L_2 中的函数列 $f_1(x), f_2(x), \cdots$, 假如有 $f(x) \in L_2$ 使关系
$$\lim_{n \to \infty} \int_a^b g(x) f_n(x) dx = \int_a^b g(x) f(x) dx$$
对于 L_2 中任一函数 $g(x)$ 成立, 则称 $\{f_n(x)\}$ 弱收敛于 $f(x)$.

对于弱收敛我们只介绍下面的定理:

定理 7 若函数列 $\{f_n(x)\}$ 均方收敛于 $f(x)$, 则 $\{f_n(x)\}$ 必弱收敛于 $f(x)$.

证明 设 $g(x) \in L_2$. 则由布尼亚科夫斯基不等式,
$$\left\{\int_a^b g(x)[f_n(x) - f(x)] dx\right\}^2$$
$$\leqslant \left[\int_a^b g^2(x) dx\right] \cdot \left[\int_a^b [f_n(x) - f(x)]^2 dx\right],$$
从而
$$\left|\int_a^b g f_n dx - \int_a^b g f dx\right| \leqslant \|g\| \cdot \|f_n - f\| \to 0.$$
这就是所要证明的结果.

§3. 正交系

定义 1 两个在 $[a,b]$ 上定义的函数 $f(x), g(x)$, 如果满足关系
$$\int_a^b f(x) g(x) dx = 0,$$
则称 $f(x)$ 与 $g(x)$ 互相正交.

定义 2 在 $[a,b]$ 上定义的函数 $f(x)$ 如果满足
$$\int_a^b f^2(x) dx = 1,$$
则称 $f(x)$ 是规范的.

定义 3 对于在 $[a,b]$ 上定义的函数系 $\omega_1(x), \omega_2(x), \omega_3(x), \cdots$, 如果每一个函数是规范的, 任何两个是正交的, 则称此函数系是一规范正交系.

换言之, 如果 $\{\omega_k(x)\}$ 具有条件
$$\int_a^b \omega_i(x) \omega_k(x) dx = \begin{cases} 1 & (i = k), \\ 0 & (i \neq k), \end{cases}$$

则 $\{\omega_k(x)\}$ 是一规范正交系. 显然的, 规范正交系中任一函数都属于 L_2.

例如三角函数系

$$\frac{1}{\sqrt{2\pi}}, \frac{\cos x}{\sqrt{\pi}}, \frac{\sin x}{\sqrt{\pi}}, \frac{\cos 2x}{\sqrt{\pi}}, \frac{\sin 2x}{\sqrt{\pi}}, \cdots, \tag{1}$$

看作在 $[-\pi, \pi]$ 上定义时, 成一规范正交系.

设 L_2 中的某函数 $f(x)$ 是规范正交系中函数的一线性组合:

$$f(x) = c_1\omega_1(x) + c_2\omega_2(x) + \cdots + c_n\omega_n(x),$$

则于两边乘上 $\omega_k(x)$ $(k = 1, 2, \cdots, n)$, 然后积分乃得

$$c_k = \int_a^b f(x)\omega_k(x)dx.$$

所以系数 $c_1, c_2, \cdots, c_n$ 是完全唯一的决定的. 特别, 当

$$T(x) = A + \sum_{k=1}^n (a_k \cos kx + b_k \sin kx)$$

时,

$$A = \frac{1}{2\pi}\int_{-\pi}^{\pi} T(x)dx, \quad a_k = \frac{1}{\pi}\int_{-\pi}^{\pi} T(x)\cos kx dx,$$
$$b_k = \frac{1}{\pi}\int_{-\pi}^{\pi} T(x)\sin kx dx.$$

对于三角函数系, 这些公式是傅里叶 (J. Fourier) 发现的. 因此有如下的一般定义.

定义 4 设 $\{\omega_k(x)\}$ 是一规范正交系, $f(x)$ 是 L_2 中某一函数. 称数

$$c_k = \int_a^b f(x)\omega_k(x)dx$$

为 $f(x)$ 关于 $\{\omega_k(x)\}$ 的傅里叶系数.

级数

$$\sum_{k=1}^{\infty} c_k \omega_k(x)$$

称为 $f(x)$ 关于 $\{\omega_k(x)\}$ 的傅里叶级数.

现在我们来观察一下, 在希尔伯特空间中函数 $f(x)$ 与 $f(x)$ 之傅里叶级数的部分和之接近程度如何. 就是说, 设

$$S_n(x) = \sum_{k=1}^n c_k \omega_k(x),$$

§3. 正 交 系

而要估计 $\|f - S_n\|$.

为此目的, 我们首先计算下面两个积分:

$$\int_a^b f(x)S_n(x)dx, \quad \int_a^b S_n^2(x)dx.$$

我们得到

$$\int_a^b f(x)S_n(x)dx = \sum_{k=1}^n c_k \int_a^b f(x)\omega_k(x)dx = \sum_{k=1}^n c_k^2,$$

同样可得到

$$\int_a^b S_n^2(x)dx = \sum_{i,k} c_i c_k \int_a^b \omega_i(x)\omega_k(x)dx = \sum_{k=1}^n c_k^2. \tag{2}$$

因此

$$\|f - S_n\|^2 = \int_a^b (f^2 - 2fS_n + S_n^2)dx = \int_a^b f^2 dx - \sum_{k=1}^n c_k^2,$$

或是

$$\|f - S_n\|^2 = \|f\|^2 - \sum_{k=1}^n c_k^2. \tag{3}$$

等式 (3) 称为贝塞尔 (F. W. Bessel) 等式. 因此左边不是负的, 所以有贝塞尔不等式

$$\sum_{k=1}^n c_k^2 \leqslant \|f\|^2.$$

但是此地的 n 是任意的, 因此贝塞尔不等式可以加强为

$$\sum_{k=1}^\infty c_k^2 \leqslant \|f\|^2. \tag{4}$$

特别, 当等式

$$\sum_{k=1}^\infty c_k^2 = \|f\|^2 \tag{5}$$

成立的时候, 则称此等式为封闭公式 [①]. 它有非常简单的意义, 就是: 利用贝塞尔等式 (3), 封闭公式可以改写为

$$\lim_{n \to \infty} \|f - S_n\| = 0.$$

换句话说, 封闭公式表示: $f(x)$ 的傅里叶级数的部分和 $S_n(x)$ 收敛于 (按 L_2 中的收敛意义, 或称均方收敛) $f(x)$.

[①] 或称为帕塞瓦尔 (M. A. Parseval) 等式.

定义 5 设 $\{\omega_k(x)\}$ 是一规范正交系. 假如此系对于 L_2 中的任一函数能使封闭公式成立, 则称 $\{\omega_k(x)\}$ 是封闭的.

定理 1 假如 $\{\omega_k(x)\}$ 是封闭的, 那么对于 L_2 中任何一对函数 $f(x)$ 和 $g(x)$, 等式

$$\int_a^b f(x)g(x)dx = \sum_{k=1}^\infty a_k b_k$$

成立, 其中

$$a_k = \int_a^b f(x)\omega_k(x)dx, \quad b_k = \int_a^b g(x)\omega_k(x)dx.$$

证明 函数 $f(x) + g(x)$ 的傅里叶系数是 $a_k + b_k$, 所以

$$\|f+g\|^2 = \sum_{k=1}^\infty (a_k+b_k)^2,$$

从而得到

$$\int_a^b f^2 dx + 2\int_a^b fg\, dx + \int_a^b g^2 dx = \sum_{k=1}^\infty a_k^2 + 2\sum_{k=1}^\infty a_k b_k + \sum_{k=1}^\infty b_k^2,$$

由是即得所要的等式.

定理 1 中的等式称为广义封闭公式.

推论 设 $\{\omega_k(x)\}$ 是封闭的, 而 $f(x) \in L_2$, 那么在任一可测集 $E \subset [a,b]$ 上, $f(x)$ 关于 $\{\omega_k(x)\}$ 的傅里叶级数可以逐项积分, 即

$$\int_E f(x)dx = \sum_{k=1}^\infty c_k \int_E \omega_k(x)dx.$$

事实上, 设 $g(x)$ 是 E 的特征函数, 则 $g(x)$ 显然是平方可和的, 所以问题归结于广义封闭公式.

值得注意的是: $f(x)$ 的傅里叶级数 $\sum c_k \omega_k(x)$ 可以处处不收敛于 $f(x)$.

定理 2 (В. А. 斯捷克洛夫 (В. А. Стеклов)-К. 赛维里尼) 设函数类 A 在 L_2 中是处处稠密的. 假如 $\{\omega_k(x)\}$ 对于 A 中所有函数都能使封闭公式成立, 那么 $\{\omega_k(x)\}$ 是封闭的.

证明 设 $f(x) \in L_2$, $f(x)$ 的傅里叶级数是 $\sum c_k \omega_k(x)$. 其部分和为

$$S_n(f) = \sum_{k=1}^n c_k \omega_k(x).$$

那么, 容易看出:

§3. 正 交 系

1) $S_n(kf) = kS_n(f)$;
2) $S_n(f_1 + f_2) = S_n(f_1) + S_n(f_2)$;
3) $\|S_n(f)\| \leqslant \|f\|$.

头两式是很明显的. 至于第三式由 (2) 式及贝塞尔不等式即得:

$$\|S_n\|^2 = \sum_{k=1}^{n} c_k^2 \leqslant \|f\|^2.$$

注意到这些事情以后, 取 L_2 中的任意函数 $f(x)$. 对于任意的正数 ε, 因为 A 在 L_2 中处处稠密, 故必有函数 $g(x) \in A$ 适合

$$\|f - g\| < \frac{\varepsilon}{3}.$$

但是

$$\|f - S_n(f)\| \leqslant \|f - g\| + \|g - S_n(g)\| + \|S_n(g) - S_n(f)\|,$$

并且

$$\|S_n(g) - S_n(f)\| = \|S_n(g - f)\| \leqslant \|g - f\| < \frac{\varepsilon}{3},$$

所以

$$\|f - S_n(f)\| < \frac{2}{3}\varepsilon + \|g - S_n(g)\|.$$

因为对于 $g(x)$, 封闭公式是成立的, 所以有如下的 n_0: 当 $n > n_0$ 时,

$$\|g - S_n(g)\| < \frac{\varepsilon}{3}.$$

因此, 不等式

$$\|f - S_n(f)\| < \varepsilon$$

当 $n > n_0$ 时成立. 定理证毕.

推论 1 如果封闭公式对于一切函数 $1, x, x^2, x^3, \cdots$ 都成立, 则 $\{\omega_k(x)\}$ 是封闭的.

事实上, 对于任一多项式

$$P(x) = A_0 + A_1 x + \cdots + A_m x^m,$$

成立等式

$$S_n(P) = A_0 S_n(1) + A_1 S_n(x) + \cdots + A_m S_n(x^m),$$

因此

$$\|P - S_n(P)\| \leqslant \sum_{k=0}^{m} |A_k| \cdot \|x^k - S_n(x^k)\|.$$

上式的右方当 $n \to \infty$ 时趋于 0. 所以封闭公式对于一切多项式是成立的. 但是多项式在 L_2 中是处处稠密的, 因此 $\{\omega_k(x)\}$ 是封闭的.

然则封闭系是否存在呢? 下面, 斯捷克洛夫的另外一个推论将给以肯定的回答.

推论 2 三角函数系 (1) 是封闭的[①].

事实上, 只要证明封闭公式对于一切三角多项式

$$T(x) = A + \sum_{k=1}^{n}(a_k \cos kx + b_k \sin kx)$$

成立就够了. 但这是很显然的[②], 因为 $T(x)$ 是系 (1) 中函数的线性组合.

定理 3 (F. 里斯–E. 菲舍尔) 设 $\{\omega_k(x)\}$ 是 $[a,b]$ 上的一个规范正交系. 假如数列 $c_1, c_2, c_3, \cdots$ 满足

$$\sum_{k=1}^{\infty} c_k^2 < +\infty,$$

那么存在如下的函数 $f(x) \in L_2$:

(1) c_k 是 $f(x)$ 的傅里叶系数;

(2) $f(x)$ 满足封闭公式: $\sum c_k^2 = \|f\|^2$.

证明 置

$$S_n(x) = \sum_{k=1}^{n} c_k \omega_k(x),$$

并先证序列 $S_1, S_2, \cdots$ 是本来收敛的. 为此, 设 $m > n$, 并计算

$$\|S_m - S_n\|^2 = \int_a^b \left[\sum_{k=n+1}^{m} c_k \omega_k(x)\right]^2 dx$$

$$= \sum_{i,k} c_i c_k \int_a^b \omega_i(x)\omega_k(x)dx = \sum_{k=n+1}^{m} c_k^2.$$

设 ε 是任一正数, 则有 N 如下: 当 $m > n > N$ 时,

$$\sum_{k=n+1}^{m} c_k^2 < \varepsilon^2.$$

因之,

$$\|S_m - S_n\| < \varepsilon,$$

此即表示 $\{S_n\}$ 是本来收敛的.

[①] 设 $-\pi \leqslant x \leqslant \pi$.

[②] 假如 $f(x) = \sum_{k=1}^{n} c_k \omega_k(x)$, 那么两边乘以 $f(x)$ 再积分, 即得封闭公式

$$\int_a^b f^2(x)dx = \sum_{k=1}^{n} c_k^2.$$

§3. 正 交 系

由于空间 L_2 的完全性, 存在如下的函数 $f(x) \in L_2$:

$$\|S_n - f\| \to 0.$$

这样所得的函数 $f(x)$ 就是所要的函数. 事实上, 从 §2 的定理 7, 函数列 $\{S_n(x)\}$ 弱收敛于 $f(x)$. 对于任意的 $g(x) \in L_2$, 等式

$$\lim_{n \to \infty} \int_a^b S_n(x) g(x) dx = \int_a^b f(x) g(x) dx$$

成立. 特别令

$$g(x) = \omega_i(x),$$

乃得

$$\int_a^b f(x) \omega_i(x) dx = \lim_{n \to \infty} \int_a^b S_n(x) \omega_i(x) dx.$$

但当 $n > i$ 时,

$$\int_a^b S_n(x) \omega_i(x) dx = \int_a^b \left[\sum_{k=1}^n c_k \omega_k(x)\right] \omega_i(x) dx = c_i,$$

从而得到

$$\int_a^b f(x) \omega_i(x) dx = c_i,$$

因此 $f(x)$ 满足所要的第一个性质.

在这个情形下, $S_n(x)$ 乃为 $f(x)$ 的傅里叶级数的部分和, 且关系式

$$\|S_n - f\| \to 0$$

由 f 的定义而成立. 因而封闭公式对于 $f(x)$ 成立. 定理证毕.

附注 满足里斯-菲舍尔定理的函数只有一个.

事实上, 如果有两个函数 $f(x)$ 和 $g(x)$ 都有此性质, 那么由第一个条件, $f(x)$ 与 $g(x)$ 有共同的傅里叶系数. 再由第二个条件乃得

$$S_n \to f, \quad S_n \to g,$$

从而得到 $f = g$.

有兴趣的事是: 如果将定理中的第二个条件除去, 那么是否还保持着附注中所述的性质呢? 为了要回答这个问题, 首先建立下面的定义:

定义 6 设 $\{\varphi_k(x)\}$ 是在 $[a,b]$ 上属于 L_2 的正交函数系. 如果 L_2 中, 除零函数[①]而外, 没有函数与所有的 $\varphi_k(x)$ 成正交, 则称 $\{\varphi_k(x)\}$ 是完全正交系.

[①] 回忆到等价于零的函数看作恒等于零的函数.

在此定义中并不需要假定 $\{\varphi_k(x)\}$ 是一规范正交系.

我们现在要证明: 满足里斯–菲舍尔定理中第一个条件的函数为唯一的必要且充分条件是: 原来的规范正交系 $\{\omega_k(x)\}$ 是完全的.

事实上, 假如 $\{\omega_k(x)\}$ 是完全的话, 那么当 $f(x)$ 和 $g(x)$ 有相同的傅里叶系数

$$\int_a^b f(x)\omega_n(x)dx = \int_a^b g(x)\omega_k(x)dx \quad (k=1,2,3,\cdots)$$

时, $f(x) - g(x)$ 乃与所有的 $\omega_k(x)$ 为正交, 因此 $f(x) = g(x)$.

反之, 如果函数系不是完全的, 那么存在着不恒等于零的函数 $h(x)$, $h(x)$ 与函数系中任意函数为正交. 由是, 若函数 $f(x)$ 满足第一个条件, 则不同于 $f(x)$ 的函数 $f(x) + h(x)$ 也满足第一个条件.

对于规范正交系而言, 封闭性与完全性是一致的.

定理 4 规范正交系 $\{\omega_k(x)\}$ 为完全的必要且充分条件是: $\{\omega_k(x)\}$ 是封闭的.

证明 设 $\{\omega_k(x)\}$ 是封闭的. 如果函数 $f(x) \in L_2, f(x)$ 与函数系中所有函数正交, 则 $f(x)$ 的傅里叶系数均为 0.

因此封闭公式即为

$$\|f\|^2 = \sum_{k=1}^\infty c_k^2 = 0,$$

从而得到函数 $f(x)$ 恒等于零. 是即表示 $\{\omega_k(x)\}$ 为完全的.

反之, 设 $\{\omega_k(x)\}$ 为完全的, 假使说有函数 $g(x) \in L_2$ 而不满足封闭公式, 则必须成立

$$\sum_{k=1}^\infty c_k^2 < \|g\|^2,$$

其中

$$c_k = \int_a^b g(x)\omega_k(x)dx$$

是 $g(x)$ 的傅里叶系数. 由里斯–菲舍尔定理, 存在如下的函数 $f(x)$:

$$\int_a^b f(x)\omega_k(x)dx = c_k, \quad \|f\|^2 = \sum_{k=1}^\infty c_k^2.$$

但是函数 $f(x) - g(x)$ 与系中一切函数是正交的. 又 $\{\omega_k(x)\}$ 是完全的, 所以等式

$$f(x) = g(x)$$

成立. 此事与条件

$$\|f\| < \|g\|$$

不能相容, 定理因此证毕.

推论 三角函数系 (1) 在 $[-\pi, \pi]$ 上是完全的.

最后我们要讨论与规范正交系有关的一个问题.

设 $\{\omega_k(x)\}$ 是 $[a, b]$ 上的规范正交系. 又设级数

$$\sum_{k=1}^{\infty} c_k^2 \tag{6}$$

是收敛的. 那么由里斯-菲舍尔定理, 级数

$$\sum_{k=1}^{\infty} c_k \omega_k(x) \tag{7}$$

是 L_2 中某一函数 $f(x)$ 的傅里叶级数, 其部分和

$$S_n(x) = \sum_{k=1}^{n} c_k \omega_k(x)$$

均方收敛于 $f(x)$. 因此, 有子函数列 $\{S_{n_i}(x)\}$ 在 $[a, b]$ 上几乎处处收敛于 $f(x)$. 可以证明下标 n_i 的选择, 与正交系 $\{\omega_k(x)\}$ 没有关系, 只要用到 (6) 式就够了. 关于这个问题, 现代有一系列的研究. 我们引入与此有关的最简单的结果如下.

定理 5 (С. 卡契马什 (С. Качмаш)) 设

$$r_n = \sum_{k=n}^{\infty} c_k^2.$$

如果下标 $n_1 < n_2 < n_3 < \cdots$ 使

$$\sum_{i=1}^{\infty} r_{n_i} < +\infty, \tag{K}$$

则函数列 $\{S_{n_i}(x)\}$ 几乎处处收敛.

证明 假设 $f(x)$ 是满足里斯-菲舍尔定理中两个条件的函数, 则由贝塞尔等式,

$$\|S_{n-1} - f\|^2 = \|f\|^2 - \sum_{k=1}^{n-1} c_k^2 = r_n.$$

由条件 (K),

$$\sum_{i=1}^{\infty} \int_a^b (S_{n_i-1} - f)^2 dx < +\infty.$$

所以由第六章 §1 的定理 11, 在 $[a, b]$ 上 $S_{n_i-1}(x)$ 几乎处处收敛于 $f(x)$.

另一方面,

$$\sum_{k=1}^{\infty} \int_a^b [c_k \omega_k(x)]^2 dx = \sum_{k=1}^{\infty} c_k^2 < +\infty,$$

所以仍由第六章 §1 的定理 11, 在 $[a, b]$ 上关系

$$c_{n_i} \omega_{n_i}(x) \to 0$$

几乎处处成立. 从而得到

$$S_{n_i}(x) \to f(x),$$

此即所要证明的结果.

定理 6 (H. 拉德马赫 (H. Rademacher)) 设 $\psi(k)$ 是单调增加的正函数, 且当 k 趋于 $+\infty$ 时函数 $\psi(k) \to +\infty$. 若

$$\sum_{k=1}^{\infty} \psi(k) c_k^2 < +\infty, \tag{8}$$

又下标数列 $n_1 < n_2 < n_3 < \cdots$ 满足

$$\psi(n_i) \geqslant i, \tag{R}$$

则函数列 $\{S_{n_i}(x)\}$ 几乎处处收敛.

证明 我们将证明下面的事实: 当数列 n_i 满足 (R) 时, 一定也满足 (K). 从而即得定理的证明. 为此目的, 我们将条件 (8) 改写为

$$\sum_{i=1}^{\infty} \sum_{k=n_i}^{n_{i+1}-1} \psi(k) c_k^2 < +\infty. \tag{9}$$

而由 (R) 乃得

$$\sum_{i=1}^{\infty} i \sum_{k=n_i}^{n_{i+1}-1} c_k^2 < +\infty. \tag{10}$$

那么, 将二重级数

$$\left. \begin{array}{l} \displaystyle\sum_{k=n_1}^{n_2-1} c_k^2 + \sum_{k=n_2}^{n_3-1} c_k^2 + \sum_{k=n_3}^{n_4-1} c_k^2 + \cdots\cdots \\ \qquad\quad + \displaystyle\sum_{k=n_2}^{n_3-1} c_k^2 + \sum_{k=n_3}^{n_4-1} c_k^2 + \cdots\cdots \\ \qquad\qquad\qquad\quad + \displaystyle\sum_{k=n_3}^{n_4-1} c_k^2 + \cdots\cdots \\ \qquad\qquad\qquad\qquad\qquad\quad + \cdots\cdots \end{array} \right\} \tag{11}$$

列列相加的级数是收敛的. 因此, 将此二重级数行行相加亦为收敛, 因为第 i 行的和是 r_{n_i}. 所以条件 (K) 成立. 定理证毕.

附注 条件 (K) 与 (R) 是等价的. 事实上, 我们已经从 (R) 导出 (K). 今证其逆: 设 n_i 满足 (K). 那么, 将 (11) 行行相加, 得一有限的和. 将 (11) 列列相加, 即得条件 (10). 如果置

$$\psi(k) = i \quad (n_i \leqslant k < n_{i+1};\ i = 1, 2, \cdots),$$

则 (10) 式可以写为 (9) 式或 (8) 式. 显然, $\psi(k)$ 满足拉德马赫定理中的条件, 而 n_i 满足 (R).

§4. 空间 l_2

欧几里得二维空间 $\mathbb{R}^2$ 的点乃是有序的实数对 (a_1, a_2).

对于 $\mathbb{R}^2$ 中任一点 $M(a_1, a_2)$, 作从原点至点 M 的向径 x 的话, 那么点 M 的坐标 a_1 及 a_2 表示向量 x 在坐标轴上的射影. 因此数对 (a_1, a_2) 不但可以看作一

§4. 空间 l_2

点, 也可以看作一个向量, 这样的处理是很有意义的. 设有两个向量 $x = (a_1, a_2)$ 与 $y = (b_1, b_2)$, 则可作其和

$$x + y = (a_1 + b_1, a_2 + b_2),$$

又对于向量 $x = (a_1, a_2)$ 可乘以实数 k:

$$kx = (ka_1, ka_2),$$

但对于点而言, 类似的手续就做不起来.

向量 $x = (a_1, a_2)$ 的长是

$$\|x\| = \sqrt{a_1^2 + a_2^2}.$$

(我们顺便注意到, 这无非就是毕达哥拉斯的定理①).

其次, 对于向量 $x = (a_1, a_2)$ 与 $y = (b_1, b_2)$, 以两向量间交角 θ 的余弦乘其两向量的长之积叫做 x 与 y 间的内积 (x, y):

$$(x, y) = \|x\| \cdot \|y\| \cos \theta.$$

此外通过向量的射影, 也可求出

$$(x, y) = a_1 b_1 + a_2 b_2.$$

知道两向量的内积与两向量的长时, 两向量间的交角可由关系式

$$\cos \theta = \frac{(x, y)}{\|x\| \cdot \|y\|} \quad (0 \leqslant \theta \leqslant \pi)$$

决定.

特别, 两向量正交的条件是

$$(x, y) = a_1 b_1 + a_2 b_2 = 0.$$

用逐字相同的话, 可以叙述三维空间 $\mathbb{R}^3$ 中的事情:

(1) 有序的三个实数 $x = (a_1, a_2, a_3)$ 可以看作 $\mathbb{R}^3$ 中的一点也可以看作 $\mathbb{R}^3$ 中的一个向量.

(2) 两个向量可以相加. 向量可以乘上一个实数. 向量 $x = (a_1, a_2, a_3)$ 之长 $\|x\|$, 由毕达哥拉斯定理是

$$\|x\| = \sqrt{a_1^2 + a_2^2 + a_3^2}.$$

(3) 对于向量 $x = (a_1, a_2, a_3)$ 与 $y = (b_1, b_2, b_3)$ 可以作其内积

$$(x, y) = \|x\| \cdot \|y\| \cos \theta = a_1 b_1 + a_2 b_2 + a_3 b_3.$$

---

① 即勾股定理. —— 第 5 版校订者注.

(4) 已知内积 (x,y) 和向量的长, 从

$$\cos\theta = \frac{(x,y)}{\|x\|\cdot\|y\|} \quad (0\leqslant\theta\leqslant\pi)$$

得向量间的交角 θ.

(5) 两向量正交的条件是

$$(x,y) = a_1b_1 + a_2b_2 + a_3b_3 = 0.$$

上面所述的关系式可以推广到 n 维欧几里得空间 $\mathbb{R}^n$ 中去: n 个有序的实数

$$x = (a_1, a_2, \cdots, a_n)$$

称为 $\mathbb{R}^n$ 中的一点或是 $\mathbb{R}^n$ 中的一个向量.

$x = (a_1, a_2, \cdots, a_n)$ 的长 $\|x\|$ 是
$$\|x\| = \sqrt{a_1^2 + a_2^2 + \cdots + a_n^2}.$$

至于内积不能再由夹角来定义, 只好用下面的等式来表示:

$$(x,y) = \sum_{k=1}^{n} a_k b_k.$$

反过来, 从关系式

$$\cos\theta = \frac{(x,y)}{\|x\|\cdot\|y\|} \quad (0\leqslant\theta\leqslant\pi)$$

可以定义角度 θ. 要此定义合理, 必须证明

$$|(x,y)| \leqslant \|x\|\cdot\|y\|.$$

如果这事已证实 (证明在下面), 那么很自然地, 当两个向量 $x = (a_1, a_2, \cdots, a_n)$ 和 $y = (b_1, b_2, \cdots, b_n)$ 满足条件

$$(x,y) = \sum_{k=1}^{n} a_k b_k = 0$$

时, 称它们是相互正交的.

按此推广过程继续前进, 自然会引到 "无限维" 空间 $\mathbb{R}^\infty$ 的概念上去, $\mathbb{R}^\infty$ 亦可记为 l_2. 不过对此问题, 我们只作向量的探讨.

定义 有序的无穷实数数列

$$x = (a_1, a_2, a_3, \cdots)$$

§4. 空间 l_2

满足

$$\|x\| = \sqrt{\sum_{k=1}^{\infty} a_k^2} < +\infty$$

时, 称 x 是空间 l_2 中的一个向量.

称 $\|x\|$ 为向量 x 的长或范数.

显然, 如果 $x \in l_2$, 则对于任意的 k, 向量

$$kx = (ka_1, ka_2, ka_3, \cdots)$$

也属于 l_2, 并且等式

$$\|kx\| = |k| \cdot \|x\|$$

成立. 特别是: $\|-x\| = \|x\|$.

假如 $x = (a_1, a_2, a_3, \cdots)$ 和 $y = (b_1, b_2, b_3, \cdots)$ 都属于 l_2, 那么

$$x + y = (a_1 + b_1, a_2 + b_2, a_3 + b_3, \cdots)$$

也属于 l_2. 事实上,

$$(a_k + b_k)^2 \leqslant 2(a_k^2 + b_k^2).$$

又由不等式

$$|a_k b_k| \leqslant a_k^2 + b_k^2$$

知道级数

$$(x, y) = \sum_{k=1}^{\infty} a_k b_k$$

是绝对收敛的, 称其和为向量 x 与 y 的内积.

空间 l_2 与 L_2 存在着密切的关系. 任意取一规范的完全正交系 $\{\omega_k(x)\}$, 对于 L_2 中任一函数 $f(x)$, 作 $f(x)$ 的傅里叶系数列

$$x = (c_1, c_2, c_3, \cdots)$$

与之对应, 于此

$$c_k = \int_a^b f(x) \omega_k(x) dx\text{[①]}.$$

从封闭公式

$$\|x\| = \sqrt{\sum_{k=1}^{\infty} c_k^2} = \|f\| < +\infty,$$

知 x 是 l_2 中的向量.

[①] 读者当然知道, 函数 $f(x), \omega_k(x)$ 内的变量 x 自然不是空间 l_2 内的向量.

容易证明, 这样的关系是一对一的. 事实上, L_2 中不同的两元素 (由于 $\{\omega_k(x)\}$ 的完全性) 对应于 l_2 中不同的两向量. 而由里斯-菲舍尔定理, l_2 中每一个向量是 L_2 中某一函数的一组傅里叶系数.

但这个对应, 除了一对一的性质而外, 还有其他的性质: 当

$$x \sim f, \quad y \sim g$$

时, 则

$$x + y \sim f + g,$$
$$kx \sim kf.$$

由是, 设 L_2 中的元素 $f_1, f_2, \cdots, f_n$ 之间存在着线性关系

$$k_1 f_1 + k_2 f_2 + \cdots + k_n f_n = 0,$$

那么将 $f_1, f_2, \cdots, f_n$ 换以对应的 l_2 中的元素时此关系式也成立 [l_2 中的向量 $(0,0,0,\cdots)$ 以 0 记之]. 假如将此事与等式

$$\|x\| = \|f\|$$

合并考虑, 那么空间 L_2 与 l_2, 依照几何意义完全相同. 由于这个缘故空间 l_2 也称为希尔伯特空间.

设

$$x = (a_1, a_2, a_3, \cdots), \quad y = (b_1, b_2, b_3, \cdots)$$

是 l_2 中两个向量, 而 f 与 g 是 L_2 中相对应的元素. 广义封闭公式就是

$$\int_a^b f(x)g(x)dx = \sum_{k=1}^{\infty} a_k b_k = (x, y).$$

由此关系, 很自然地, 称积分

$$\int_a^b f(x)g(x)dx$$

为元素[①] f 和 g 的内积, 而以记号

$$(f, g)$$

记之, 由是

$$(f, g) = (x, y).$$

布尼亚科夫斯基不等式现在具有下述形状:

$$|(f, g)| \leqslant \|f\| \cdot \|g\|.$$

[①] L_2 中的元素今后亦称为该空间的向量.

§4. 空间 l_2

由此可以定义 L_2 中的元素 f 和 g 间的角度 θ:

$$\cos\theta = \frac{(f,g)}{\|f\|\cdot\|g\|} \quad (0 \leqslant \theta \leqslant \pi).$$

特别, 我们以前定义两个函数 $f(x)$ 与 $g(x)$ 互相正交的条件是

$$(f,g) = 0,$$

这刚好就是 L_2 中两个元素相交成 $\frac{\pi}{2}$ 角度的等价条件.

此外, 若 $\omega(x)$ 是规范化的函数:

$$\|\omega\| = 1,$$

则 $\omega(x)$ 可以看作空间 L_2 (或 l_2, 因为根据上述, 二者是一样的) 中的单位向量. 在此情形下, 可以用通常的方法定义向量 f 在方向 ω 上的射影:

$$\operatorname{Proj}_\omega f = \|f\|\cos\theta,$$

其中 θ 表示向量 f 与 ω 间的交角. 换言之,

$$\operatorname{Proj}_\omega f = \int_a^b f(x)\omega(x)dx.$$

这样一来, $f(x)$ 关于规范正交系 $\{\omega_k(x)\}$[①]的傅里叶系数, 成为向量 f 在所说的函数系的方向上的射影.

在 n 维欧几里得空间中, 向量 $x=(a_1,a_2,a_3,\cdots,a_n)$ 的长是

$$\|x\| = \sqrt{\sum_{k=1}^n a_k^2}.$$

这是毕达哥拉斯定理的拓广, 因为 a_k 是向量 x 在坐标轴上的射影. 现在我们考察其中的 $m(m\leqslant n)$ 个射影. 要知道 n 个射影是否全落在所考虑的 m 个轴上, 只要比较一下 m 和 n 的大小就行. 但也可以从等式

$$\|x\|^2 = \sum_{k=1}^m a_k^2$$

是否对所有的 x 成立来判断 (因为如果 $m<n$, 一定可以找到向量 x 适合于 $\sum_{k=1}^m a_k^2 < \|x\|$). 此外, 还可以从能否找出一个方向与所考虑的 m 个轴全部正交来加以决定.

对于无穷维空间 L_2, 凡规范正交系 $\{\omega_k(x)\}$ 就是一组正交坐标轴. 当我们考虑某一组正交系的时候, 要弄明白这一组是否已包含可能取到方向的全部, 我们就无法

[①] 并不是必须要这样的函数系, 才使 L_2 与 l_2 可建立相对应的关系.

直接来数清它. 所以我们就会想到将关于 n 维空间所说的另外两种方法加以拓广. 在拓广时就自然会引出封闭与完全正交系的两个定义. 特别, 封闭性与完全性两个概念对于规范正交系是等价的原因变成很清楚了.

至此为止, 我们只是从 l_2 与 L_2 的联系得出对 L_2 的一种**新的看法** (这当然很重要). 以后我们还要说明这个联系对建立起一些新的**事实**是有益的.

首先, 不等式
$$|(x,y)| \leqslant \|x\| \cdot \|y\|$$
与布尼亚科夫斯基不等式
$$|(f,g)| \leqslant \|f\| \cdot \|g\|$$
具有同样作用, 都表示
$$\left(\sum_{k=1}^{\infty} a_k b_k\right)^2 \leqslant \left(\sum_{k=1}^{\infty} a_k^2\right)\left(\sum_{k=1}^{\infty} b_k^2\right). \tag{1}$$
又不等式
$$\|x+y\| \leqslant \|x\| + \|y\|$$
可以写作
$$\sqrt{\sum_{k=1}^{\infty}(a_k+b_k)^2} \leqslant \sqrt{\sum_{k=1}^{\infty} a_k^2} + \sqrt{\sum_{k=1}^{\infty} b_k^2}. \tag{2}$$

不等式 (1) 和 (2) 具有纯粹的代数性质. 其次, 由 L_2 的完全性, l_2 自然也是完全的 [即若 $\lim \|x_n - x_m\| = 0$ $(n \to \infty,\ m \to \infty)$, 则 $x_1, x_2, x_3, \cdots$ 是收敛的].

因为任一 n 维空间 $\mathbb{R}^n$ 是空间 l_2 的一个闭的子集, 所以一切上述诸性质 (不等式 (1), (2), 完全性) 对于 $\mathbb{R}^n$ 也成立.

最后我们还要讨论一个问题, 从这里我们可以看出 L_2 与 l_2 的联系是多么有用.

固定 L_2 中某一个元素 $g(x)$. 对于每一个 $f \in L_2$, 取数
$$\Phi(f) = (f, g) \tag{3}$$
与之对应. 这样就在 L_2 上定义了一个取实数值的函数, 具有下列性质:

1) $\Phi(f_1 + f_2) = \Phi(f_1) + \Phi(f_2)$;
2) $|\Phi(f)| \leqslant K \cdot \|f\|$ $(K = \|g\|)$.

如果以 L_2 中元素作为变量的函数 $\Phi(f)$ 常取实数值且具有性质 1) 和 2), 那么称它为空间 L_2 上的一个线性泛函. 我们可以证明, 除了 (3) 式所表示的以外, 在 L_2 上不存在其他的线性泛函.

定理 (M. 弗雷歇) 若 $\Phi(f)$ 是空间 L_2 上的线性泛函, 那么 L_2 中有唯一的元素 $g(x)$ 使等式
$$\Phi(f) = (f, g)$$
对于 L_2 中任何元素 $f(x)$ 成立.

§4. 空间 l_2

证明 假定利用某一规范正交系,得到 L_2 与 l_2 间的一一对应; 并且这种对应不使线性关系受到扰乱 (即 L_2 中元素间的线性关系经对应后变成 l_2 中对应元素的线性关系), 并且对应元素的范数相同 (保范性). 设 $f \in L_2$, 在 l_2 中的对应元素是 x. 假如我们令 $\Phi(f)$ 与 x 对应, 那么得到一个在 l_2 上定义的泛函 Φ. Φ 具有下列性质: 当 $x_1 \in l_2$, $x_2 \in l_2$ 时,

$$\Phi(x_1+x_2) = \Phi(x_1)+\Phi(x_2), \quad |\Phi(x)| \leqslant K\|x\|.$$

要证明的是: l_2 中有元素 y 对所有 x 适合

$$\Phi(x) = (x,y). \tag{4}$$

为此首先证明 Φ 的齐次性质, 即设 a 是一实数, 则

$$\Phi(ax) = a\Phi(x). \tag{5}$$

此式当 a 是正整数时显然成立. 由是 (5) 式当 $a = \dfrac{1}{m}$ (m 是正整数) 时也成立; 从而 a 是正的有理数时 (5) 式成立. 其次, 以 0 表示向量 $(0,0,0,\cdots)$, 则

$$\Phi(0) = \Phi(0+0) = 2\Phi(0),$$

因此得到 $\Phi(0) = 0$. 所以 (5) 式当 $a = 0$ 时成立. 最后, 由

$$0 = \Phi(0) = \Phi[x+(-x)] = \Phi(x)+\Phi(-x),$$

知 $\Phi(-x) = -\Phi(x)$; 因此当 a 为任何有理数时都是对的. 剩下来要讨论的是 a 为无理数时的情形. 设 r 是一有理数, 则

$$\Phi(rx) = r\Phi(x). \tag{6}$$

当 $r \to a$ 时, (6) 的右边趋向于 (5) 之右边. 而 (6) 的左边, 由

$$|\Phi(rx)-\Phi(ax)| = |\Phi[(r-a)x]| \leqslant K|r-a|\cdot\|x\|,$$

趋向于 (5) 的左边. 因此 (5) 式成立.

今引入向量

$$e_k = (0,\cdots,0,1,0,\cdots)$$

(第 k 项等于 1). 设

$$\Phi(e_k) = A_k \quad (k=1,2,\cdots),$$

则可证

$$y = (A_1, A_2, A_3, \cdots)$$

属于 l_2. 事实上, 如果

$$y_n = (A_1, A_2, A_3, \cdots, A_n, 0, 0, \cdots),$$

则 $y_n = \sum\limits_{k=1}^{n} A_k e_k$, 从而

$$\Phi(y_n) = \sum_{k=1}^{n} A_k \Phi(e_k) = \sum_{k=1}^{n} A_k^2.$$

又将不等式 $|\Phi(x)| \leqslant K \cdot \|x\|$ 用到 y_n 上去, 乃有

$$\sqrt{\sum_{k=1}^{n} A_k^2} \leqslant K,$$

因 n 是任意的, 所以

$$\|y\| \leqslant K.$$

现在我们证明, 这个 y 就是我们所要的元素. 即对于任意的 $x \in l_2$, (4) 式成立.
设
$$x = (a_1, a_2, a_3, \cdots)$$

是 l_2 中的元素. 置
$$x_n = (a_1, a_2, a_3, \cdots, a_n, 0, 0, \cdots),$$

则 $x_n = \sum_{k=1}^{n} a_k e_k$ 而

$$\Phi(x_n) = \sum_{k=1}^{n} a_k \Phi(e_k) = \sum_{k=1}^{n} A_k a_k, \tag{7}$$

当 $n \to \infty$ 时, 上式右边趋向于 (x, y). 另一方面, 由于

$$|\Phi(x) - \Phi(x_n)| = |\Phi(x - x_n)| \leqslant K \cdot \|x - x_n\| = K \cdot \sqrt{\sum_{k=n+1}^{\infty} a_k^2},$$

因此 $\Phi(x_n) \to \Phi(x)$, 故 (4) 式成立.

今设 y 在 L_2 中的对应元素为 g. 又设 f 为 L_2 中任一元素, f 在 l_2 中的对应元素为 x, 则

$$\Phi(f) = \Phi(x) = (x, y) = (f, g).$$

剩下来要证明: 在 L_2 中只有一个元素 g 使关系

$$\Phi(f) = (f, g)$$

对于 L_2 中任一元素 f 成立.

如果这样的元素有 g_1 与 g_2 两个, 那么对于任意的 f, 关系

$$(f, g_1 - g_2) = (f, g_1) - (f, g_2) = \Phi(f) - \Phi(f) = 0$$

成立. 置 $f = g_1 - g_2$, 那么得到

$$(g_1 - g_2, g_1 - g_2) = \|g_1 - g_2\|^2 = 0,$$

从而 $g_1 = g_2$. 定理因此完全证毕.

§5. 线性无关组

定义 1 设 $\varphi_1(x), \varphi_2(x), \cdots, \varphi_n(x)$ 是在 $[a,b]$ 上所定义的 n 个函数. 假如有不全为零的 n 个常数 $A_1, A_2, \cdots, A_n$ 适合

$$A_1\varphi_1(x) + A_2\varphi_2(x) + \cdots + A_n\varphi_n(x) \sim 0, \tag{1}$$

则称 $\{\varphi_k(x)\}$ $(k=1,2,\cdots,n)$ 是线性相关的 n 个函数. 假如不存在这种常数, 即从 (1) 必导出

$$A_1 = A_2 = \cdots = A_n = 0,$$

那么说: $\varphi_1(x), \varphi_2(x), \cdots, \varphi_n(x)$ 是线性无关的 n 个函数.

显然的, 如果 n 个函数 $\{\varphi_k(x)\}$ 中有一个等价于 0, 则 $\{\varphi_k(x)\}$ 是线性相关的; 线性无关的部分组恒为线性无关.

定理 1 规范正交系是线性无关的.

事实上, 假如 $\{\omega_k(x)\}$ $(k=1,2,\cdots,n)$ 在 $[a,b]$ 上是一规范正交系, 那么, 当

$$\sum_{k=1}^{n} A_k \omega_k(x) \sim 0$$

时, 乘以 $\omega_i(x)$ 然后积分, 得到

$$A_i = 0 \quad (i=1,2,\cdots,n),$$

由是即知定理成立.

定理 2 设 $n_1, n_2, \cdots, n_i$ 是两两相异的 i 个整数, 则 i 个函数 $x^{n_1}, x^{n_2}, \cdots, x^{n_i}$ 在任何闭区间上是线性无关的.

这是因为多项式只能有有限个根的缘故.

定义 2 函数列 $\varphi_1(x), \varphi_2(x), \cdots$ 中任何有限个函数系为线性无关时, 称 $\{\varphi_i(x)\}$ 是线性无关的.

例如, 凡可数的规范正交函数系是线性无关的, 如函数列 $1, x, x^2, \cdots$ 是一线性无关系.

设 $\varphi_1(x), \varphi_2(x), \cdots, \varphi_n(x)$ 是在 $[a,b]$ 上属于 L_2 的 n 个函数. 又设 f, g 是 L_2 中任意二个函数, 置

$$(f,g) = \int_a^b f(x)g(x)dx,$$

以及行列式

$$\Delta_n = \begin{vmatrix} (\varphi_1,\varphi_1) & (\varphi_1,\varphi_2) & \cdots & (\varphi_1,\varphi_n) \\ (\varphi_2,\varphi_1) & (\varphi_2,\varphi_2) & \cdots & (\varphi_2,\varphi_n) \\ \vdots & \vdots & & \vdots \\ (\varphi_n,\varphi_1) & (\varphi_n,\varphi_2) & \cdots & (\varphi_n,\varphi_n) \end{vmatrix}.$$

定义 3 称行列式 Δ_n 为函数系 $\varphi_1(x), \varphi_2(x), \cdots, \varphi_n(x)$ 的格拉姆 (J. P. Gram) 行列式.

定理 3 函数系
$$\varphi_1(x), \varphi_2(x), \cdots, \varphi_n(x) \tag{2}$$
为线性相关的必要且充分条件是其格拉姆行列式等于 0.

证明 设 (2) 是线性相关的 n 个函数, 则有不全是 0 的一组常数 $A_1, A_2, \cdots, A_n$ 适合于
$$A_1\varphi_1(x) + A_2\varphi_2(x) + \cdots + A_n\varphi_n(x) \sim 0. \tag{3}$$

将此式依次乘以 $\varphi_1(x), \varphi_2(x), \cdots, \varphi_n(x)$, 且逐一积分, 乃得

$$\left.\begin{aligned} A_1(\varphi_1,\varphi_1) + A_2(\varphi_1,\varphi_2) + \cdots + A_n(\varphi_1,\varphi_n) &= 0, \\ A_1(\varphi_2,\varphi_1) + A_2(\varphi_2,\varphi_2) + \cdots + A_n(\varphi_2,\varphi_n) &= 0, \\ &\cdots\cdots\cdots \\ A_1(\varphi_n,\varphi_1) + A_2(\varphi_n,\varphi_2) + \cdots + A_n(\varphi_n,\varphi_n) &= 0. \end{aligned}\right\} \tag{4}$$

将 (4) 式中的 A_k 看做未知数, 则 (4) 是以 Δ_n 为行列式的齐次线性方程组. 但因所有的 A_k 并非全是 0, 故必
$$\Delta_n = 0. \tag{5}$$
由是 (5) 式是线性相关的必要条件.

今设 $\Delta_n = 0$, 那么齐次线性方程组 (4) 有不同于 0 的解. 设 $A_1, A_2, \cdots, A_n$ 是这样的一组解, 使 (4) 成为恒等式. 那么
$$\int_a^b \varphi_1(x)[A_1\varphi_1(x) + \cdots + A_n\varphi_n(x)]dx = 0,$$
$$\cdots\cdots\cdots$$
$$\int_a^b \varphi_n(x)[A_1\varphi_1(x) + \cdots + A_n\varphi_n(x)]dx = 0.$$

将上面的等式顺次乘以 $A_1, A_2, \cdots, A_n$ 而相加, 则得
$$\int_a^b [A_1\varphi_1(x) + \cdots + A_n\varphi_n(x)]^2 dx = 0,$$

由是得到 (3) 式, (3) 式乃表示系 $\{\varphi_k(x)\}$ 是线性相关的.

推论　如果 $\Delta_n \neq 0$, 则行列式 $\Delta_1, \Delta_2, \cdots, \Delta_{n-1}$ 中没有一个等于 0.[①]

事实上, 如果 $\Delta_n \neq 0$, 则 $\{\varphi_k(x)\}$ 为线性无关, 所以任何部分系 $\varphi_1, \varphi_2, \cdots, \varphi_m (m < n)$ 是线性无关的; 因此 $\Delta_m \neq 0$.

引理　设 $\varphi_1(x), \varphi_2(x), \cdots, \varphi_n(x)$ 是在 $[a,b]$ 是属于 L_2 的 n 个函数. 置

$$\psi_n(x) = \begin{vmatrix} (\varphi_1,\varphi_1) & (\varphi_1,\varphi_2) & \cdots & (\varphi_1,\varphi_{n-1}) & \varphi_1(x) \\ (\varphi_2,\varphi_1) & (\varphi_2,\varphi_2) & \cdots & (\varphi_2,\varphi_{n-1}) & \varphi_2(x) \\ & & \cdots\cdots\cdots & & \\ (\varphi_n,\varphi_1) & (\varphi_n,\varphi_2) & \cdots & (\varphi_n,\varphi_{n-1}) & \varphi_n(x) \end{vmatrix}, \tag{6}$$

则

$$(\psi_n, \varphi_k) = \begin{cases} 0 & (k < n), \\ \Delta_n & (k = n). \end{cases}$$

证明　要做 $\psi_n(x)$ 和 $\varphi_k(x)$ 的乘积, 只要行列式 (6) 的最后一列乘以 $\varphi_k(x)$ 就行. 至于 $\psi_n(x)\varphi_k(x)$ 的积分, 只要将最后一列作积分就行, 余下的是明显的. 证毕.

将行列式 $\psi_n(x)$ 关于最后一列展开, 乃得

$$\psi_n(x) = A_1\varphi_1(x) + \cdots + A_{n-1}\varphi_{n-1}(x) + \Delta_{n-1}\varphi_n(x). \tag{7}$$

这就表示, 如果 $\{\varphi_k(x)\}$ 是线性无关的, 则 $\psi_n(x)$ 不等价于 0 (因为 $\Delta_{n-1} \neq 0$). 以 $\psi_n(x)$ 乘 (7) 以后积分, 利用引理, 得

$$\int_a^b \psi_n^2(x)dx = \Delta_{n-1}\Delta_n, \tag{8}$$

因此 Δ_n 与 Δ_{n-1}(不等于 0) 是同号的. 同样的理由可知 Δ_{n-1} 与 Δ_{n-2} 是同号, 以下类推. 因此, Δ_n 与 $\Delta_1 = (\varphi_1, \varphi_1) > 0$ 有同符号, 这样, 得到下面的定理.

定理 4　线性无关组的格拉姆行列式是正的.

由上面所讲的诸事实, 可证如下的命题.

定理 5 (E. 施密特 (E. Schmidt))　设在 $[a,b]$ 上定义着有限个或可数个线性无关的函数 $\varphi_1(x), \varphi_2(x), \cdots$. 那么可以建造如下的规范正交系 $\omega_1(x), \omega_2(x), \cdots$: (1) 每一个函数 $\omega_n(x)$ 是 $\{\varphi_k(x)\}$ 最初 n 个函数的线性组合, (2) 每一个函数 $\varphi_n(x)$ 是 $\{\omega_k(x)\}$ 中最初 n 个函数的线性组合.

[①] Δ_1 当然是 (φ_1, φ_1).

证明 置

$$\omega_1(x) = \frac{\varphi_1(x)}{\sqrt{\Delta_1}}, \quad \omega_n(x) = \frac{\psi_n(x)}{\sqrt{\Delta_{n-1}\Delta_n}} \quad (n \geqslant 2),$$

其中 $\psi_n(x)$ 由 (6) 式定义. 那么 $\{\omega_k(x)\}$ 就是所要的函数系.

事实上, 由 (7),

$$\omega_n(x) = \sum_{k=1}^{n} a_k \varphi_k(x)$$

显然成立, 因此 $\{\omega_k(x)\}$ 满足定理中第一个要求.

由引理, $\psi_n(x)$ 与所有的函数 $\varphi_1(x), \cdots, \varphi_{n-1}(x)$ 是正交的, 因此 $\omega_n(x)$ 与 $\varphi_1(x)$, $\cdots, \varphi_{n-1}(x)$ (及其线性组合) 都是正交的. 特别, $\omega_n(x)$ 与 $\omega_1(x), \cdots, \omega_{n-1}(x)$ 都正交. 因此, $\{\omega_k(x)\}$ 是两两正交的函数系. 又由 (8) 式, 所有函数 $\omega_n(x)$ 都是规范的. 故得 $\{\omega_k(x)\}$ 是一规范正交系.

剩下来的事情是要证明

$$\varphi_n(x) = \sum_{k=1}^{n} b_k \omega_k(x). \tag{9}$$

此事当 $n = 1$ 时自然成立. 今设当 $n < m$ 时为真. 则由 (7)

$$\varphi_m(x) = \frac{1}{\Delta_{m-1}} \psi_m(x) - \sum_{k=1}^{m-1} \frac{A_k}{\Delta_{m-1}} \varphi_k(x).$$

于此, 将右边的 $\psi_m(x)$ 换以 $\sqrt{\Delta_{m-1}\Delta_m}\omega_m(x)$, 又将 $\varphi_k(x)(k=1,2,\cdots,m-1)$ 写成 $\omega_1(x), \cdots, \omega_k(x)$ 的线性组合, 则知当 $n = m$ 时, (9) 式成立. 定理证毕.

附注 两系 $\{\varphi_k(x)\}$ 和 $\{\omega_k(x)\}$ 中有一是完全的话, 他系也是完全的.

其理由是: 若 $h(x)$ 与一系中所有的函数成正交, 则 $h(x)$ 与他系中一切函数也成正交.

例 函数系

$$1, \ x, \ x^2, \ x^3, \cdots$$

在 $[-1, +1]$ 上是线性无关的. 因此, 由上述正交化的定理, 从 $\{x^n\}$ 可以得到在 $[-1, +1]$ 上的一系规范的正交多项式

$$L_0(x), \ L_1(x), \ L_2(x), \cdots, \tag{10}$$

其中 $L_n(x)$ 是 n 次的多项式[①]. 多项式 (10) 称为勒让德 (A. M. Legendre) 多项式.

[①] 依照定理, $L_n(x)$ 的次数不大于 n, 但是它也不小于 n, 因为

$$x^n = \sum_{k=0}^{n} a_k L_k(x).$$

定理 6 勒让德多项式系是封闭的.

证明 由施密特定理,
$$x^n = \sum_{k=0}^{n} a_k L_k(x). \tag{11}$$

由 §3 的开始所述, 此地的 a_k 乃是 x^n 关于 $\{L_k(x)\}$ 的傅里叶系数. 将 (11) 乘以 x^n, 然后在 $[-1,+1]$ 上积分, 乃得

$$\|x^n\|^2 = \sum_{k=0}^{n} a_k^2.$$

此即表示封闭公式对于每一个函数 $x^n (n=0,1,2,\cdots)$ 是成立的, 由斯捷克洛夫定理的推论 1, 知 $\{L_k(x)\}$ 是封闭的.

推论 函数系 $1, x, x^2, \cdots$ 是完全的.

§6. 空间 L_p 与 l_p

在本节中我们要简短地叙述空间 L_2 的一个推广.

定义 1 设 $f(x)$ 为一可测函数 (跟以前一样, $f(x)$ 的定义域是某一闭区间 $[a,b]$), $p \geqslant 1$. 当

$$\int_a^b |f(x)|^p dx < +\infty$$

时, 称 $f(x)$ 是 p 次幂的可和函数. 所有此种函数的全体记作 L_p. 显然 $L_1 = L$.

定理 1 设 $f \in L_p (p>1)$, 则 $f \in L$. 即 $L_p \subset L$.

事实上, 置 $E=[a,b]$, $A = E(|f|<1)$, $B = E - A$, 则 $f(x)$ 在 A 上显然是可和的, 而在 B 上, 由于 $|f(x)| \leqslant |f(x)|^p$, 可知 $f(x)$ 在 B 上也是可和的.

同样可证

定理 2 设两个函数都属于 L_p, 则其和亦属于 L_p.

事实上, 设 $f(x), g(x)$ 都是 L_p 中的函数. 取

$$E = [a,b], \quad A = E(|f| \leqslant |g|), \quad B = E - A,$$

则在 A 上,

$$|f(x) + g(x)|^p \leqslant \{|f(x)| + |g(x)|\}^p \leqslant 2^p |g(x)|^p,$$

从而

$$\int_A |f(x) + g(x)|^p dx \leqslant 2^p \int_A |g(x)|^p dx < +\infty.$$

同理可证 $\int_B |f(x)+g(x)|^p dx$ 是一有限数.

容易明白, 若 $f(x) \in L_p$, 则 $kf(x)$ 亦属于 L_p, 其中 k 是一有限常数.

设 $p > 1$. 称
$$q = \frac{p}{p-1}$$
是 p 的共轭指数. 因
$$\frac{1}{p} + \frac{1}{q} = 1,$$
知道: 当 q 是 p 的共轭指数时, p 亦为 q 的共轭指数. 若 $p = 2$, 则 $q = 2$; 所以 2 是自共轭的 (因此, 上面所讲的在空间 L_2 中成立的性质, 不一定能一一移到空间 L_p 上去).

定理 3 若 $f(x) \in L_p$, $g(x) \in L_q$, 则当 p 和 q 成共轭指数时, $f(x)g(x)$ 是可和的, 并且不等式
$$\left| \int_a^b f(x)g(x)dx \right| \leqslant \sqrt[p]{\int_a^b |f(x)|^p dx} \cdot \sqrt[q]{\int_a^b |g(x)|^q dx} \tag{1}$$
成立.

证明 设 $0 < \alpha < 1$ 现在讨论函数
$$\psi(x) = x^\alpha - \alpha x \quad (0 < x < +\infty).$$
它的导函数 $\psi'(x) = \alpha[x^{\alpha-1} - 1]$ 在 $0 < x < 1$ 中是正的, 当 $x > 1$ 时是负的. 由是 $\psi(x)$ 在 $x = 1$ 取最大值, 所以
$$\psi(x) \leqslant \psi(1) = 1 - \alpha \quad (0 < x < +\infty).$$
因此, 对于所有的 $x > 0$,
$$x^\alpha \leqslant \alpha x + (1 - \alpha). \tag{2}$$
设 A, B 是两个正数, 于 (2) 中置 $x = \dfrac{A}{B}$, 再乘以 B, 则得
$$A^\alpha B^{1-\alpha} \leqslant \alpha A + (1-\alpha)B.$$
设 p 和 q 是共轭的两指数. 置 $\alpha = \dfrac{1}{p}$, $1 - \alpha = \dfrac{1}{q}$, 那么
$$A^{\frac{1}{p}} B^{\frac{1}{q}} \leqslant \frac{A}{p} + \frac{B}{q}. \tag{3}$$
所以不等式 (3) 当 $A > 0$, $B > 0$ 时是成立的. 实际上, 当 $A \geqslant 0$, $B \geqslant 0$ 时也是成立的.

现在我们来证明本定理. 假如 f 与 g 中至少有一个函数等价于 0, 则定理自真. 现在假设

$$\int_a^b |f(x)|^p dx > 0, \quad \int_a^b |g(x)|^q dx > 0,$$

作函数

$$\varphi(x) = \frac{f(x)}{\sqrt[p]{\int_a^b |f(x)|^p dx}}, \quad \gamma(x) = \frac{g(x)}{\sqrt[q]{\int_a^b |g(x)|^q dx}}.$$

于不等式 (3), 置

$$A = |\varphi(x)|^p, \quad B = |\gamma(x)|^q,$$

则得

$$|\varphi(x)\gamma(x)| \leqslant \frac{|\varphi(x)|^p}{p} + \frac{|\gamma(x)|^q}{q}. \tag{4}$$

所以 $\varphi(x)\gamma(x)$ 是可和的. 因之, $f(x)g(x)$ 也是可和的. 因

$$\int_a^b |\varphi(x)|^p dx = \int_a^b |\gamma(x)|^q dx = 1,$$

故将 (4) 式积分, 得到

$$\int_a^b |\varphi(x)\gamma(x)| dx \leqslant \frac{1}{p} + \frac{1}{q} = 1,$$

从而得到不等式

$$\int_a^b |f(x)g(x)| dx \leqslant \sqrt[p]{\int_a^b |f(x)|^p dx} \cdot \sqrt[q]{\int_a^b |g(x)|^q dx}.$$

此式较 (1) 更强.

不等式 (1) 称为赫尔德 (O. L. Hölder) 不等式, 是布尼亚科夫斯基不等式的推广, 后者是 (1) 式当 $p = 2$ 时的情形.

定理 4 若 $f(x) \in L_p$, $g(x) \in L_p$ $(p \geqslant 1)$, 则

$$\sqrt[p]{\int_a^b |f(x) + g(x)|^p dx} \leqslant \sqrt[p]{\int_a^b |f(x)|^p dx} + \sqrt[p]{\int_a^b |g(x)|^p dx}. \tag{5}$$

证明 当 $p = 1$ 时定理自真. 设 $p > 1$, q 是 p 的共轭指数. 根据定理 2, $f(x) + g(x)$ 属于 L_p, 所以 $|f(x) + g(x)|^{p/q}$ 属于 L_q. 将赫尔德不等式中的 $f(x)$ 换以 $|f(x)|$, $g(x)$ 换以 $|f(x) + g(x)|^{p/q}$, 乃得

$$\int_a^b |f(x)| \cdot |f(x) + g(x)|^{p/q} dx$$

$$\leqslant \sqrt[p]{\int_a^b |f(x)|^p dx} \cdot \sqrt[q]{\int_a^b |f(x) + g(x)|^p dx}. \tag{6}$$

同样,
$$\int_a^b |g(x)| \cdot |f(x)+g(x)|^{p/q} dx$$
$$\leqslant \sqrt[p]{\int_a^b |g(x)|^p dx} \cdot \sqrt[q]{\int_a^b |f(x)+g(x)|^p dx}. \tag{7}$$

因 $p = 1 + \dfrac{p}{q}$, 所以
$$|f+g|^p = |f+g| \cdot |f+g|^{p/q} \leqslant |f| \cdot |f+g|^{p/q} + |g| \cdot |f+g|^{p/q}.$$

由 (6) 与 (7), 得
$$\int_a^b |f+g|^p dx \leqslant \left\{ \sqrt[p]{\int_a^b |f|^p dx} + \sqrt[p]{\int_a^b |g|^p dx} \right\} \cdot \sqrt[q]{\int_a^b |f+g|^p dx},$$

从而得到 (5). (当 $\int_a^b |f+g|^p dx \neq 0$ 时, 以 $\left(\int_a^b |f+g|^p dx \right)^{\frac{1}{q}}$ 除上式即行. 若积分等于 0 则定理自真).

称 (5) 为闵可夫斯基 (H. Minkowski) 不等式. 当 $p=2$ 时即为柯西不等式.

对于若干个数的和而言也有相当于上面的赫尔德不等式和闵可夫斯基不等式:
$$\left| \sum_{k=1}^n a_k b_k \right| \leqslant \sqrt[p]{\sum_{k=1}^n |a_k|^p} \cdot \sqrt[q]{\sum_{k=1}^n |b_k|^q} \quad \left(p > 1, \ q = \frac{p}{p-1} \right), \tag{8}$$

$$\sqrt[p]{\sum_{k=1}^n |a_k + b_k|^p} \leqslant \sqrt[p]{\sum_{k=1}^n |a_k|^p} + \sqrt[p]{\sum_{k=1}^n |b_k|^p} \quad (p \geqslant 1). \tag{9}$$

定义 2 设 $f(x) \in L_p$, 称
$$\|f\| = \sqrt[p]{\int_a^b |f(x)|^p dx}$$

为 $f(x)$ (看作 L_p 中的元素) 的范数.

显然, 范数具有下列诸性质:

I. $\|f\| \geqslant 0$, 当 $f(x) \sim 0$ 且仅当此时, $\|f\| = 0$.

II. $\|kf\| = |k| \cdot \|f\|$, 特别是, $\|-f\| = \|f\|$.

III. $\|f+g\| \leqslant \|f\| + \|g\|$.

有了 L_p 中元素的范数的定义, 可以将从前关于 L_2 所说的几何学概念施行于 L_p. 假如 $\{f_n(x)\}$ 中一切函数都属于 L_p, 且 $f(x) \in L_p$, 则当
$$\lim_{n \to \infty} \int_a^b |f_n(x) - f(x)|^p dx = 0$$

时，称 $\{f_n(x)\}$ 是 p 阶平均收敛于 $f(x)$. 如同在 L_2 中的情形一样，我们可以从 p 阶平均收敛导出依测度收敛的性质，且极限相同 (视等价的两函数为同一函数). 如同在 L_2 时之情形一样，我们可证范数的连续性以及极限的唯一性 (等价的两函数视为同一函数). 又可仿照 L_2 中的情形, 定义本来收敛函数列的概念. 从而知道 L_p 中的函数列具有极限的必要且充分条件是此函数列为本来收敛 (空间 L_p 的完全性).

由于没有什么新的概念，所以我们不再加以证明. 同样, 下面种种事实我们也不加以证明 (参阅 §2 的定理 6): M, C, P, S 和 T (后者满足 $b - a = 2\pi$) 在空间 L_p 中是处处稠密的.

当 $p > 1$ 时, 亦可引进弱收敛的概念: 设 $\{f_n(x)\} \subset L_p$, $f(x) \in L_p$, 假如等式

$$\lim_{n \to \infty} \int_a^b f_n(x)g(x)dx = \int_a^b f(x)g(x)dx \tag{10}$$

对于 L_q (此地 q 是 p 的共轭指数) 中任一函数 $g(x)$ 成立, 则称 $\{f_n(x)\}$ 弱收敛于 $f(x)$. 利用赫尔德不等式, 易证: 平均收敛的函数列是弱收敛的, 且极限相同.

当 $p = 1$ 时, 则 p 不具有共轭指数. 此时, 设 $\{f_n(x)\} \subset L$, $f(x) \in L$, 如果 (10) 式对于任一有界可测函数 $g(x)$ 成立, 则称 $\{f_n(x)\}$ 弱收敛于 $f(x)$. 显然, 若 $\{f_n(x)\}$ 是一阶的平均收敛, 则亦为弱收敛, 且极限相同.

最后, 我们简短地叙述一下空间 l_p $(p \geqslant 1)$. 所谓 l_p 乃满足条件

$$\|x\| = \sqrt[p]{\sum_{k=1}^{\infty} |x_k|^p} < +\infty$$

的一切实数数列

$$x = (x_1, x_2, x_3, \cdots)$$

的全体. 称 $\|x\|$ 为 l_p 中元素 x 的范数. 如同 l_2 中所述, 我们可以定义 l_p 中两个元素的和 $x + y$ 及 l_p 中元素 x 与实数 k 之积 kx.

范数具有我们已熟知的性质:

I. $\|x\| \geqslant 0$, 当 $x = 0$ (即 $x = (0, 0, 0, \cdots)$) 时且仅当此时, $\|x\| = 0$.

II. $\|kx\| = |k| \cdot \|x\|$, 特别是: $\|-x\| = \|x\|$.

III. $\|x + y\| \leqslant \|x\| + \|y\|$.

前面两个性质是很显然的, 第三个性质由 (9) 式即得 [(9) 式虽然是对于有限个和而说的, 不过运用极限手续以后可以推广到无穷级数的和上去]. 因范数概念的引入, 我们可以引入 l_p 中元素列的极限概念, 元素列的本来收敛, 在 l_p 中处处稠密的集等概念. 我们可以证明 l_p 中元素列的极限是唯一的, 范数是连续的, 空间 l_p 具有完全性, 但是我们在此地不加详述.

第七章的习题

1. 设 $\{f_n(x)\}$ 是 L_2 中依测度收敛于 $F(x)$ 的函数列. 若 $\|f_n\| \leqslant K$, 则 $\{f_n(x)\}$ 弱收敛于 $F(x)$ (F. 里斯).

2. 如果函数列 $\{f_n(x)\}$ 在 L_2 中弱收敛于 $F(x)$, 则 $\|f_n\| \leqslant K$ (H. 勒贝格).

3. 在 L_2 中, 弱收敛于 $F(x)$ 的函数列 $\{f_n(x)\}$ 未必是依测度收敛.

4. 如果 $\{f_n(x)\}$ 在 L_2 中弱收敛于 $F(x)$, 且 $\|f_n\| \to \|F\|$, 则 $\{f_n(x)\}$ 均方收敛于 $F(x)$ (F. 里斯).

5. 假如积分 $\int_a^b f(x)g(x)dx$ 对于 L_2 中所有的函数 $f(x)$ 存在, 则 $g(x) \in L_2$ (H. 勒贝格).

6. 凡规范正交系至多是可数的.

7. 设 $\{\omega_k(x)\}$ 是 $[a,b]$ 上封闭的规范正交系, 则在 $[a,b]$ 上关系 $\sum\limits_{k=1}^{\infty} \omega_k^2(x) = +\infty$ 几乎处处成立 (W. 奥尔利奇).

8. 在上述条件下, 对于任何可测集 e 其测度 $me > 0$ 的常是 $\sum\limits_{k=1}^{\infty} \int_e \omega_k^2 dx = +\infty$ (W. 奥尔利奇).

9. 有限的函数系在 L_2 中不可能是完全的.

10. 设 $\{\omega_k(x)\}$ $(k = 1, 2, \cdots, n)$ 是一个规范正交系. 又设 $f(x) \in L_2$. 对于线性组合 $\sum\limits_{k=1}^{n} A_k \omega_k(x)$, 作范数 $\left\| f - \sum\limits_{k=1}^{n} A_k \omega_k \right\|$, 则此范数当 $A_k = (f, \omega_k)$ $(k = 1, 2, \cdots, n)$ 时取最小值 (A. 焦普列尔 (A. Tёплер)).

11. 设 $\{\omega_k(x)\}$ 是一完全的规范正交系. 假如 $\{\varphi_k(x)\}$ 是 L_2 中满足

$$\sum_{k=1}^{\infty} \int_a^b [\omega_k(x) - \varphi_k(x)]^2 dx < 1$$

的一系函数, 那么 $\{\varphi_k(x)\}$ 也是完全的 (Н. К. 巴里 (Н. К. Бари)).

12. 设在 $[-\pi, \pi]$ 上有函数 $f(x) \in L_2$, $f(x + 2\pi) = f(x)$. 置

$$g_n(x) = \int_{\frac{1}{n}}^{\pi} \frac{f(x+t) - f(x-t)}{t} dt,$$

则函数列 $g_n(x)$ 在 $[-\pi, \pi]$ 上均方收敛于 L_2 中之一函数 $q(x)$, 且

$$\|q\| \leqslant \|f\| \cdot \int_{-\pi}^{\pi} \frac{\sin t}{t} dt,$$

其中乘数 $\int_{-\pi}^{\pi} \frac{\sin t}{t} dt$ 不能再减小 (И. П. 那汤松).

13. 设在 $[a,b]$ 上 $f(x)$ 属于 L_2, 在 $[a,b]$ 之外 $f(x) = 0$. 置

$$\varphi(x) = \frac{1}{2h} \int_{x-h}^{x+h} f(t)dt,$$

则 $\|\varphi\| \leqslant \|f\|$ (A. H. 柯尔莫戈洛夫).

14. 在前题记号下, 当 $h \to 0$ 时函数 $\varphi(x)$ 在 L_2 中均方收敛于 $f(x)$ (A. H. 柯尔莫戈洛夫).

15. 试将习题 1,2,3,4,5,13,14 关于 L_2 的结果推广到空间 L_p $(p > 1)$ 上去.

16. 证明空间 $L_p(p \geqslant 1)$ 是完全的.

17. 证明空间 $l_p(p \geqslant 1)$ 是完全的.

18. 有界序列 $x = \{x_k\}$ —— $\|x\| = \sup\{|x_k|\} < +\infty$ —— 的全体, 所成的空间 m 是完全的.

19. 设 $[a,b]$ 上的连续函数的全体是 C. 若取 C 中 f 的范数 $\|f\| = \max|f(x)|$, 则 C 是一完全的空间.

20. 如果在函数集 A 中不存在异于零的函数而与函数系 $\{\varphi_k(x)\}$ 中所有函数成正交, 则称 $\{\varphi_k(x)\}$ 在 A 中是完全的. 在 (R) 可积的函数集中为完全的规范正交系未必是封闭的 (Γ. M. 菲赫金哥尔茨).

21. 若 $1 \leqslant r < p$, 则 $L_p \subset L_r$.

22. 若 $1 \leqslant r < p$, 则 $l_p \supset l_r$.

23. 设 $p > 1, \{f_n(x)\} \subset L_p$. 若 $f_n(x)$ 为 p 阶平均收敛于 $F(x), F(x) \in L_p$, 则当 $1 \leqslant r < p$ 时 $\{f_n(x)\}$ 为 r 阶平均收敛于 $F(x)$.

24. 设 $1 \leqslant r < p$, $x_n = \left(x_1^{(n)}, x_2^{(n)}, x_3^{(n)}, \cdots\right) \in l_r$. 若 x_n 在空间 l_r 中收敛于 x, 则 x_n 在 l_p 中也收敛于 x.

25. 如果数列 $\{a_k\}$ 有如下的性质: 对于任意的 $\{x_k\} \in l_p$ $(p > 1)$ 能使 $\sum\limits_{k=1}^{\infty} a_k x_k$ 收敛, 则 $\{a_k\} \in l_q$, 但 $\dfrac{1}{p} + \dfrac{1}{q} = 1$.

26. 如果 $\{a_k\}$ 有如下的性质: 对于任意的 $\{x_k\} \in l = l_1$, 能使 $\sum\limits_{k=1}^{\infty} a_k x_k$ 收敛, 则 $\{a_k\} \in m$, 即 $\sup\{|a_k|\} < +\infty$.

27. 设 $p > 1$. 若 $f(x)$ 与 $g(x)$ 能使 195 页的闵可夫斯基不等式 (5) 中等号成立, 则必 $g(x) = Kf(x)$, 或 $f(x) = Kg(x)$, 其中 $K \geqslant 0$.

第八章 有界变差函数、斯蒂尔切斯积分

§1. 单调函数

在闭区间 $[a,b]$ 上定义的函数 $f(x)$，当

$$x < y \tag{1}$$

时，若不等式

$$f(x) \leqslant f(y)$$

常成立，则称 $f(x)$ 是一增函数.

若由 (1) 有 $f(x) < f(y)$，则称 $f(x)$ 是一严格增函数. 假如由 (1) 有 $f(x) \geqslant f(y)[f(x) > f(y)]$，则称 $f(x)$ 是一减函数 [严格减函数]. 增函数与减函数均称为单调函数 [严格单调函数]. 若 $f(x)$ 是一减函数，则 $-f(x)$ 是一增函数. 故研究单调函数不妨假设是增函数，并且今后我们常假设函数是有限的.

设 $f(x)$ 是在 $[a,b]$ 上定义的增函数. 设 x_0 满足

$$a \leqslant x_0 < b,$$

而 $\{x_n\}$ 是任一如下的点列:

$$x_n > x_0, \quad \lim_{n\to\infty} x_n = x_0,$$

在数学分析课程中已证明一定存在有限的极限

$$\lim_{n\to\infty} f(x_n),$$

并且这个极限正好是 $f(x)$ 在 $(x_0, b]$ 的下确界:

$$\inf\{f(x)\} \quad (x_0 < x \leqslant b).$$

因此它与 $\{x_n\}$ 的选择无关, 我们记它做

$$f(x_0 + 0) \quad (a \leqslant x_0 < b).$$

同样可以定义

$$f(x_0 - 0) \quad (a < x_0 \leqslant b).$$

易知

$$f(x_0 - 0) \leqslant f(x_0) \leqslant f(x_0 + 0) \quad (a < x_0 < b),$$
$$f(a) \leqslant f(a + 0), \quad f(b - 0) \leqslant f(b).$$

因此函数 $f(x)$ 在 x_0 为连续的必要且充分的条件是

$$f(x_0 - 0) = f(x_0) = f(x_0 + 0).$$

[如果 x_0 等于 a 或等于 b, 那么只要考虑 $f(a + 0) = f(a)$ 和 $f(b - 0) = f(b)$ 的成立与否好了.]

我们分别称数

$$f(x_0) - f(x_0 - 0), \quad f(x_0 + 0) - f(x_0)$$

为 $f(x)$ 在 x_0 的左方跳跃 和右方跳跃, 而称两者之和 $f(x_0 + 0) - f(x_0 - 0)$ 为 $f(x)$ 在 x_0 的跳跃 (在端点 a 和 b 只考虑一方的跳跃).

引理 设 $f(x)$ 是在 $[a, b]$ 上所定义的增函数. 设 $x_1, x_2, \cdots, x_n$ 是 $[a, b]$ 内部的任意点列, 则

$$[f(a+0) - f(a)] + \sum_{k=1}^{n}[f(x_k + 0) - f(x_k - 0)] + [f(b) - f(b-0)] \leqslant f(b) - f(a). \tag{2}$$

证明 我们不妨假设

$$a < x_1 < x_2 < \cdots < x_n < b.$$

置 $a = x_0, b = x_{n+1}$, 又引入如下的点 $y_0, y_1, \cdots, y_n$:

$$x_k < y_k < x_{k+1} \quad (k = 0, 1, 2, \cdots, n).$$

则

$$f(x_k + 0) - f(x_k - 0) \leqslant f(y_k) - f(y_{k-1}) \quad (k = 1, 2, \cdots, n)$$
$$f(a + 0) - f(a) \leqslant f(y_0) - f(a),$$
$$f(b) - f(b - 0) \leqslant f(b) - f(y_n).$$

将这些不等式边边相加, 即得 (2).

推论　$[a,b]$ 上的增函数, 只能有有限个的点, 其跳跃大于已给正数 σ.

事实上, 设函数 $f(x)$ 在 $[a,b]$ 内部的点 $x_1, x_2, \cdots, x_n$ 具有跳跃大于 σ, 则由 (2), 得
$$n\sigma \leqslant f(b) - f(a),$$
因此, n 不大于 $\dfrac{f(b)-f(a)}{\sigma}$.

定理 1　设 $f(x)$ 是 $[a,b]$ 上的增函数, 则其不连续点至多是可数无穷个. 设 $x_1, x_2, x_3, \cdots$ 是 $f(x)$ 在 $[a,b]$ 内部所有的不连续点, 则

$$[f(a+0) - f(a)] + \sum_{k=1}^{\infty}[f(x_k+0) - f(x_k-0)] + [f(b) - f(b-0)] \leqslant f(b) - f(a). \quad (3)$$

证明　记 $f(x)$ 的不连续点的全体为 H, 又记 H_k 是 H 的一子集, 在 H_k 中任何点, $f(x)$ 之跳跃大于 $\dfrac{1}{k}$. 那么
$$H = H_1 + H_2 + H_3 + \cdots,$$
由于每一个 H_k 是有限集, H 是一可数集.

不等式 (3) 乃由不等式 (2) 经过极限手续得到的.

设 $f(x)$ 是在 $[a,b]$ 上定义的增函数. 作如下的函数 $s(x)$:
$$s(a) = 0,$$
$$s(x) = [f(a+0) - f(a)] + \sum_{x_k < x}[f(x_k+0) - f(x_k-0)]$$
$$+ [f(x) - f(x-0)] \quad (a < x \leqslant b).$$

称 $s(x)$ 为 $f(x)$ 的跳跃函数, 显然的, $s(x)$ 也是增函数.

定理 2　增函数 $f(x)$ 与其跳跃函数 $s(x)$ 的差
$$\varphi(x) = f(x) - s(x)$$
是一连续增函数.

证明　设 $a \leqslant x < y \leqslant b$. 将不等式 (3) 用到 $[x,y]$ 上去, 乃得不等式
$$s(y) - s(x) \leqslant f(y) - f(x). \quad (4)$$
从而
$$\varphi(x) \leqslant \varphi(y),$$
所以 $\varphi(x)$ 是一增函数.

其次, 在 (4) 中令 y 趋向于 x, 则得
$$s(x+0) - s(x) \leqslant f(x+0) - f(x). \tag{5}$$
另一方面, 由 $s(x)$ 的定义和 $x < y$, 得
$$f(x+0) - f(x) \leqslant s(y) - s(x),$$
从而当 $y \to x$ 时,
$$f(x+0) - f(x) \leqslant s(x+0) - s(x).$$
将上式与 (5) 联系, 得
$$f(x+0) - f(x) = s(x+0) - s(x),$$
因此得到
$$\varphi(x+0) = \varphi(x).$$
同样可得 $\varphi(x-0) = \varphi(x)$. 所以 $\varphi(x)$ 是一连续函数.

§2. 集的映射、单调函数的微分

设 $f(x)$ 是在任意集 A 上所定义的函数.

对于 A 的每一个子集 E, 作实数 $f(x)(x \in E)$ 的全体, 记此全体为 $f(E)$. 换言之, 如点 y 使方程式 $f(x) = y$ 在 E 得到 x 的解, 则 $f(E)$ 即由此种点 y 的全体所组成, 而且不含其他的点.

称实数集 $f(E)$ 为 E 的像, 而称 E 为 $f(E)$ 的原像. 此种由 E 到 $f(E)$ 的运算称为 E 到 $f(E)$ 上的映射.

定理 1 设 1) $E_1 \subset E_2$; 2) $E = \sum\limits_{n=1}^{\infty} E_n$, 则分别成立: 1) $f(E_1) \subset f(E_2)$; 2) $f(E) = \sum\limits_{n=1}^{\infty} f(E_n)$.

这是很显然的事.

当 A 与 $f(A)$ 的映射是一对一的时候, 那么映射的理论就特别简单. 此时存在反函数 $x = g(y)$, 定义于集 $f(A)$ 而取值于集 A. 在这种情形下, 关系
$$f\left(\prod_{n=1}^{\infty} E_n\right) = \prod_{n=1}^{\infty} f(E_n)$$
成立. 特别, 假如 E_1 与 E_2 不相交, 则 $f(E_1)$ 和 $f(E_2)$ 也不相交.

作为这种 "好" 映射的例子, 比如定义在 $A = [a,b]$ 上的连续的严格增函数便是. 此时 $f(A) = [f(a), f(b)]$.

映射的理论对于研究函数的微分, 颇有用处.

定义　假如有收敛于 0 的数列 $h_1, h_2, h_3, \cdots (h_n \neq 0)$, 使

$$\lim_{n\to\infty} \frac{f(x_0 + h_n) - f(x_0)}{h_n} = \lambda$$

存在, 则称 λ (不论 λ 是有限数或无穷) 是函数 $f(x)$ 在 x_0 的一个导出数.

当 λ 是 $f(x)$ 在 x_0 的一个导出数时, 记作

$$\lambda = Df(x_0).$$

假如在点 $x_0, f(x)$ 存在导数 $f'(x_0)$ (不论是有限或无穷) 的话, 那么它也是一个导出数 $Df(x_0)$, 但此时 $f(x)$ 在点 x_0 再也没有别的导出数.

作为反面的例子我们来看狄利克雷函数 $\psi(x)$: 当 x 为无理数时 $\psi(x)$ 等于 0, 当 x 为有理数时 $\psi(x)$ 等于 1.

假如 x_0 是一有理数, 那么

$$\frac{\psi(x_0 + h) - \psi(x_0)}{h} = \begin{cases} 0, & h \text{ 为有理数}, \\ -\dfrac{1}{h}, & h \text{ 为无理数}. \end{cases}$$

因此, $\psi(x)$ 在 x_0 有三个导出数: $-\infty, 0, +\infty$; 除此而外别无其他导出数. 当 x_0 为无理数时有同样的情形.

定理 2　设 $f(x)$ 是在 $[a,b]$ 上所定义的函数, 那么在 $[a,b]$ 中各点都有导出数.

证明　设 $x_0 \in [a,b]$. 设 $\{h_n\}(h_n \neq 0)$ 是一收敛于 0 的数列且 $x_0 + h_n \in [a,b]$. 置

$$\sigma_n = \frac{f(x_0 + h_n) - f(x_0)}{h_n}.$$

如果 $\{\sigma_n\}$ 是一有界数列, 那么由波尔查诺-魏尔斯特拉斯定理必有收敛子数列 $\{\sigma_{n_k}\}$, 设其极限是 λ, 则 λ 就是 $f(x)$ 在 x_0 的一个导出数. 如果 $\{\sigma_n\}$ 无界, 例如无上界, 那么必有 $\{\sigma_{n_k}\}$ 趋于 $+\infty$. 此时, $+\infty = Df(x_0)$.

定理 3　设 $f(x)$ 是在 $[a,b]$ 上所定义的函数. 设 $x_0 \in [a,b]$. 函数 $f(x)$ 在 x_0 存在通常导数的必要且充分条件是 $f(x)$ 在 x_0 的一切导出数都彼此相等.

条件的必要性甚为显然, 且已述于前.

对于条件的充分性, 设 λ 为其所有导出数的共同值, 必须证明下面的事实: 对于一切收敛于 0 的数列 $\{h_n\}(h_n \neq 0)$, 存在极限

$$\lim_{n\to\infty} \frac{f(x_0 + h_n) - f(x_0)}{h_n} = \lambda.$$

假如不是这样的话, 那么至少存在一个数列 $\{h_n\}$ $(h_n \to 0, h_n \neq 0)$, 使

$$\sigma_n = \frac{f(x_0 + h_n) - f(x_0)}{h_n}$$

不收敛于 λ. [我们不妨就 $-\infty < \lambda < +\infty$ 来讨论, 如果 $\lambda = \pm\infty$, 则所述可更简单化]. 因此有正数 ε, 使无穷个的 σ_n 在 $(\lambda - \varepsilon, \lambda + \varepsilon)$ 之外. 这个无穷集当中应该含有一个收敛数列 $\{\sigma_{n_k}\}$, 收敛于一个极限 μ (有限数或无穷大), 这个 μ 是 $f(x)$ 在 x_0 的一个导出数, 但与 λ 不同, 此事与假设矛盾.

引理 1 设 $f(x)$ 是 $[a,b]$ 上所定义的增函数, 则其一切导出数不取负数.

这个引理, 甚为明显.

引理 2 设 $f(x)$ 是在 $[a,b]$ 上所定义的严格增函数. 假如对于 $E \subset [a,b]$ 中每一点 x, 至少有一个如下的导出数

$$Df(x) \leqslant p \quad (0 \leqslant p < +\infty),$$

则

$$m^* f(E) \leqslant p \cdot m^* E.$$

证明 任取 $\varepsilon > 0$. 且选一如下的有界开集 G:

$$E \subset G, \quad mG < m^* E + \varepsilon.$$

其次设 $p_0 > p$. 如果 $x_0 \in E$, 则必有收敛于 0 的数列 $\{h_n\}$, 使

$$\lim_{n \to \infty} \frac{f(x_0 + h_n) - f(x_0)}{h_n} = Df(x_0) \leqslant p.$$

在此情形下, 当 n 足够大时, $[x_0, x_0 + h_n]$[1]将完全含在 G 中. 此外, 对于所有足够大的 n,

$$\frac{f(x_0 + h_n) - f(x_0)}{h_n} < p_0.$$

于此我们不妨设上述二式对于一切 n 都成立. 现在我们来讨论闭区间

$$d_n(x_0) = [x_0, x_0 + h_n], \quad \Delta_n(x_0) = [f(x_0), f(x_0 + h_n)].$$

因 $f(x)$ 是一增函数, 所以

$$f[d_n(x_0)] \subset \Delta_n(x_0).$$

又因这些闭区间的长度是

$$md_n(x_0) = |h_n|, \quad m\Delta_n(x_0) = |f(x_0 + h_n) - f(x_0)|,$$

所以

$$m\Delta_n(x_0) < p_0 \cdot md_n(x_0).$$

---

[1] 于此我们假设 $h_n > 0$. 如果 $h_n < 0$, 则应考虑 $[x_0 + h_n, x_0]$. 不过我们可以用 $[\alpha, \beta]$ 表示介乎 α 与 β 间的数的全体, 不论 $\alpha \leqslant \beta$ 或是 $\alpha > \beta$.

由于 $h_n \to 0$, 必有 $\Delta_n(x_0)$, 其长可任意小, 又因 E 的像 $f(E)$ 乃由一切 $f(x_0)$ 所组成, 而 $f(x_0)$ 含在 $\Delta_n(x_0)$ 之中, 所以 $f(E)$ 是依照维塔利的意义被 $\Delta_n(x)(x \in E)$ 所覆盖[1]. 于是在这些闭区间中, 可以找到两两不相交的闭区间列 $\{\Delta_{n_i}(x_i)\}(i = 1,2,3,\cdots)$, 使

$$m\left[f(E) - \sum_{i=1}^{\infty}\Delta_{n_i}(x_i)\right] = 0.$$

显然,

$$m^*f(E) \leqslant \sum_{i=1}^{\infty} m\Delta_{n_i}(x_i) < p_0 \cdot \sum_{i=1}^{\infty} md_{n_i}(x_i).$$

我们注意: 不但 $\Delta_{n_i}(x_i)$ 间任何两个不相交, 且 $d_{n_i}(x_i)$ 之间也没有两个相交的[2].

因此

$$\sum_{i=1}^{\infty} md_{n_i}(x_i) = m\left[\sum_{i=1}^{\infty} d_{n_i}(x_i)\right].$$

但因

$$\sum_{i=1}^{\infty} d_{n_i}(x_i) \subset G,$$

所以

$$m^*f(E) < p_0 mG < p_0[m^*E + \varepsilon].$$

令 ε 趋于 0, p_0 趋于 p, 即得引理 2 的结果.

用相似的方法, 不过略为复杂一些, 可证

引理 3 设 $f(x)$ 是 $[a,b]$ 上所定义的严格增函数. 如果对于 $E \subset [a,b]$ 中每一点 x, 至少存在一个如下的导出数

$$Df(x) \geqslant q \quad (q \geqslant 0),$$

那么

$$m^*f(E) \geqslant q \cdot m^*E.$$

证明 当 $q = 0$ 时定理显然成立. 今设 $q > 0$. 设 q_0 是一小于 q 的正数. 对于 $\varepsilon > 0$, 取如下的有界开集 G[3]:

$$G \supset f(E), \quad mG < m^*f(E) + \varepsilon.$$

设函数 $f(x)$ 在 E 中的连续点的全体为 S. 则 $E - S$ 至多是一可数集, 因为单调函数之不连续点的全体至多是一可数集.

---

[1] 这里用到 $f(x)$ 为严格增的条件, 否则可能有 $\Delta_n(x)$ 为一点, 就不能应用维塔利定理.
[2] 事实上, 如果 $z \in d_{n_i}(x_i) \cap d_{n_k}(x_k)$, 则 $f(z) \in \Delta_{n_i}(x_i) \cap \Delta_{n_k}(x_k)$.
[3] 注意, 集 $f(E)$ 是有界的, 因为它含在闭区间 $[f(a), f(b)]$ 内.

§2. 集的映射、单调函数的微分

设 $x_0 \in E$, 则必有 $\{h_n\}$ 适合于

$$h_n \to 0, \quad \lim_{n \to \infty} \frac{f(x_0 + h_n) - f(x_0)}{h_n} = Df(x_0) \geqslant q.$$

我们不妨假设对于所有的 n, 不等式

$$\frac{f(x_0 + h_n) - f(x_0)}{h_n} > q_0$$

都成立. 因此, 也像以前一样, 记

$$d_n(x_0) = [x_0, x_0 + h_n], \quad \Delta_n(x_0) = [f(x_0), f(x_0 + h_n)],$$

则得

$$m\Delta_n(x_0) > q_0 \cdot md_n(x_0).$$

如果 $x_0 \in S$, 那么当 n 适当大时所有闭区间 $[f(x_0), f(x_0 + h_n)]$ 将完全含在 G 之中. 我们又不妨设对于所有的 $n, G \supset [f(x_0), f(x_0 + h_n)]$.

点集 S 依照维塔利的意义完全被闭区间 $d_n(x)(x \in S)$ 所覆盖. 所以在这些闭区间中可以选取两两不相交的闭区间列 $\{d_{n_i}(x_i)\}$, 使

$$m\left[S - \sum_{i=1}^{\infty} d_{n_i}(x_i)\right] = 0.$$

因此

$$m^*S \leqslant \sum_{i=1}^{\infty} md_{n_i}(x_i) < \frac{1}{q_0} \sum_{i=1}^{\infty} m\Delta_{n_i}(x_i).$$

但因 $\Delta_{n_i}(x_i)$, 如同 $d_{n_i}(x_i)$ 一样, 也是两两不相交的 (此地正好用到 $f(x)$ 的严格增加的条件), 所以

$$\sum_{i=1}^{\infty} m\Delta_{n_i}(x_i) = m\left[\sum_{i=1}^{\infty} \Delta_{n_i}(x_i)\right] \leqslant mG < m^*f(E) + \varepsilon.$$

于是得到

$$m^*S < \frac{1}{q_0}[m^*f(E) + \varepsilon].$$

令 ε 趋向于 0, q_0 趋向于 q 即得

$$m^*f(E) \geqslant qm^*S.$$

但 $m^*E \leqslant m^*S + m^*(E - S) = m^*S$, 所以引理 3 成立.

推论 设 $f(x)$ 是 $[a, b]$ 上的增函数, 则使 $f(x)$ 至少有一个导出数为无穷大的点 x 的全体成一测度为零的集.

事实上，首先假设 $f(x)$ 是一**严格**增函数. 此时如果

$$m^*E(Df(x) = +\infty) > 0,$$

则 E 的像 $f(E)$ 的外测度应该是无穷大，但这件事是不可能的，因为 $f(E)$ 位在 $[f(a), f(b)]$ 中之故. 于是，对严格增函数断言已证明. 假如 $f(x)$ 是增函数而并非严格增，那么

$$g(x) = f(x) + x$$

成一严格增函数. 由于

$$\frac{g(x+h) - g(x)}{h} = \frac{f(x+h) - f(x)}{h} + 1,$$

当 $Df(x) = +\infty$ 时，必定 $Dg(x) = +\infty$. 但已证对于 $g(x)$ 而言，断言成立；因此对于 $f(x)$ 也是真的.

引理 4 设 $f(x)$ 是在 $[a,b]$ 上所定义的增函数. 设 $p < q$. 又设 $E_{p,q} \subset [a,b]$，$E_{p,q}$ 中任一点 x 有两个导出数 $D_1 f(x)$ 和 $D_2 f(x)$ 使得

$$D_1 f(x) < p < q < D_2 f(x),$$

则 $mE_{p,q} = 0$.

事实上，首先假设 $f(x)$ 是一严格增函数. 那么应用引理 2 和引理 3,

$$m^* f(E_{p,q}) \leqslant p \cdot m^* E_{p,q}, \quad m^* f(E_{p,q}) \geqslant q \cdot m^* E_{p,q},$$

从而

$$qm^* E_{p,q} \leqslant pm^* E_{p,q},$$

所以 $m^* E_{p,q} = 0$.

假如 $f(x)$ 不是严格增的，那么 $g(x) = f(x) + x$ 是一严格增函数. 将已经证明的事实用到 $g(x)$ 上去，就可以完成引理 4 的证明 (分别以 $p+1$ 与 $q+1$ 代换 p 与 q).

现在，让我们证明本节中的主要定理.

定理 4 设 $f(x)$ 是在 $[a,b]$ 上定义的增函数[①]，那么在 $[a,b]$ 中几乎对于所有的 $x, f(x)$ 存在有限的导数 $f'(x)$.

证明 设在 $[a,b]$ 中，$f'(x)$ 不存在的点的全体为 E. 那么当 $x_0 \in E$ 时，必有不相等的两个导出数 $D_1 f(x_0)$ 和 $D_2 f(x_0)$. 今设 $D_1 f(x_0) < D_2 f(x_0)$. 因此可以取有理数 p 和 q 使

$$D_1 f(x_0) < p < q < D_2 f(x_0).$$

[①] 读者须注意，此地并不要求函数连续.

显然是
$$E = \sum_{(p,q)} E_{p,q},$$
其中 $E_{p,q}$ 表示 $[a,b]$ 中这种点 x 的全体: 在 $x, f(x)$ 具有两个导出数 $D_1 f(x)$ 和 $D_2 f(x)$ 适合
$$D_1 f(x) < p < q < D_2 f(x),$$
式中的加法记号 $\sum_{(p,q)}$ 施行于一切有理数对 (p,q), 但 $p < q$.

依照引理 4, 每一个 $E_{p,q}$ 之测度是 0, 而 $\sum_{(p,q)}$ 中项数是可数的, 所以 $mE = 0$.

由是, $f'(x)$ 在 $[a,b]$ 中几乎处处存在. 又由引理 3 的推论, $f'(x) = +\infty$ 的点 x, 其全体是一测度为零的集, 因此定理完全证毕.

今后当说到增函数 $f(x)$ 的导函数 $f'(x)$ 时, 我们将算作它全部被定义. 也就是说, 对于 $[a,b]$ 上所有的 x. 符号 $f'(x)$ 都有意义. 为此在 $f(x)$ 没有导数的点即使是无穷大, 约定总是 $f'(x) = 0$.

定理 5 设 $f(x)$ 是 $[a,b]$ 上定义的增函数, 则其导函数 $f'(x)$ 是可测的, 且
$$\int_a^b f'(x)dx \leqslant f(b) - f(a),$$
此式表示 $f'(x)$ 是一可和函数.

证明 我们将 $f(x)$ 的定义范围扩大如下:
$$\text{当 } b < x \leqslant b+1 \text{ 时, 定义 } f(x) = f(b).$$
于是 (可能除了 $x = b$ 而外, 但 $f'(b)$ 原来只是左导数) 对于 $f(x)$ 存在导数 $f'(x)$ 的点 x, 成立
$$f'(x) = \lim_{n \to \infty} n\left[f\left(x + \frac{1}{n}\right) - f(x)\right].$$

这就表示, $f'(x)$ 是几乎处处收敛的可测函数列[①]的极限函数, 所以是可测的. 又因 $f'(x)$ 不取负数, 所以由第六章 §1, 勒贝格积分
$$\int_a^b f'(x)dx$$
是有意义的, 由法图定理 [第六章 §1],
$$\int_a^b f'(x)dx \leqslant \sup\left\{n\int_a^b \left[f\left(x + \frac{1}{n}\right) - f(x)\right]dx\right\}.$$

[①] 函数 $f(x)$ 及 $f\left(x + \frac{1}{n}\right)$ 都是增函数, 所以都是可测的. 事实上, $E(f > c)$ 或是空集或是一个区间.

但因
$$\int_a^b f\left(x+\frac{1}{n}\right)dx = \int_{a+\frac{1}{n}}^{b+\frac{1}{n}} f(x)dx$$
(此地并没有用到勒贝格积分变量变换的理论,因为增函数 $f(x)$ 依黎曼意义是可以积分的), 所以
$$\int_a^b \left[f\left(x+\frac{1}{n}\right)-f(x)\right]dx = \int_b^{b+\frac{1}{n}} f(x)dx - \int_a^{a+\frac{1}{n}} f(x)dx$$
$$= \frac{1}{n}f(b) - \int_a^{a+\frac{1}{n}} f(x)dx \leqslant \frac{1}{n}[f(b)-f(a)],$$
从而得到
$$\int_a^b f'(x)dx \leqslant f(b)-f(a).$$

我们在习惯上,以为导函数的积分即为原函数. 因此对定理中的不等号看不大顺眼. 但是一般地说,上式中等号可能不成立,甚至当函数 $f(x)$ 是连续时等号也未必成立.

例 设 P_0 是康托尔的完满集. 将它的余区间集分成如下的类别: 第一类是一个区间 $\left(\frac{1}{3},\frac{2}{3}\right)$, 第二类是两个区间 $\left(\frac{1}{9},\frac{2}{9}\right)$ $\left(\frac{7}{9},\frac{8}{9}\right)$, 第三类是四个区间 $\left(\frac{1}{27},\frac{2}{27}\right)$, $\left(\frac{7}{27},\frac{8}{27}\right)$, $\left(\frac{19}{27},\frac{20}{27}\right)$, $\left(\frac{25}{27},\frac{26}{27}\right)$, 依此类推, 在第 n 类中有 2^{n-1} 个区间.

今作函数 $\Theta(x)$ 如下:
$$当\ x\in\left(\frac{1}{3},\frac{2}{3}\right)\ 时,\quad \Theta(x)=\frac{1}{2},$$
当 $x\in\left(\frac{1}{9},\frac{2}{9}\right)$ 时, $\Theta(x)=\frac{1}{4}$, 当 $x\in\left(\frac{7}{9},\frac{8}{9}\right)$ 时, $\Theta(x)=\frac{3}{4}$.
在第三类的四个区间中 $\Theta(x)$ 依次取值 $\frac{1}{8},\frac{3}{8},\frac{5}{8},\frac{7}{8}$, 一般地说: 在第 n 类的 2^{n-1} 个区间中 $\Theta(x)$ 依次取值
$$\frac{1}{2^n},\quad \frac{3}{2^n},\quad \frac{5}{2^n},\quad \cdots,\quad \frac{2^n-1}{2^n}.$$

于是 $\Theta(x)$ 在 P_0 的余集 G_0 上有了意义, 它在 G_0 的每一个构成区间上是常数, 但总的说来在 G_0 上是一增函数[①]. 在 P_0 上, 补充 $\Theta(x)$ 的定义如下:
$$\Theta(0)=0,\quad \Theta(1)=1.$$
对于介乎 0 与 1 之间的 P_0 中的点 x_0, 则令
$$\Theta(x_0)=\sup\{\Theta(x)\}\quad (x\in G_0,\ x<x_0).$$

[①] 最简单的方法可用归纳法证明. 详细的情形留给读者自证.

容易看出, $\Theta(x)$ 是在整个闭区间 $[0,1]$ 上定义的一个单调增函数.

我们还可以证明, $\Theta(x)$ 是一个连续函数. 这可以从下面的事实看出, 因为 $\Theta(x)$ 在 G_0 上所取函数值已经在 $[0,1]$ 中处处稠密. [事实上如果增函数 $f(x)$ 在 x_0 有一不连续点, 则至少 $(f(x_0-0), f(x_0))$ 或 $(f(x_0), f(x_0+0))$ 中之一就没有 $f(x)$ 的函数值.] 所以 $\Theta(x)$ 是一连续的增函数, 并且 $\Theta'(x)$ 在 $[0,1]$ 几乎处处等于 0 (在 G_0 中每点当然是 $\Theta'(x)=0$). 因此,

$$\int_0^1 \Theta'(x)dx = 0 < 1 = \Theta(1) - \Theta(0).$$

以后我们还要建立使 $\int_a^b f'(x)dx \leqslant f(b) - f(a)$ 中等号成立的条件.

最后在这里, 我们证明一个很有用处的定理.

定理 6 设 E 是 $[a,b]$ 中任一测度为零的集, 那么一定存在这样的连续增函数 $\sigma(x)$, 使

$$\sigma'(x) = +\infty$$

在点集 E 上处处成立.

证明 对于每一个自然数 n 作这样的有界开集 G_n 使

$$G_n \supset E, \quad mG_n < \frac{1}{2^n}.$$

我们置

$$\psi_n(x) = m\{G_n[a,x]\}.$$

那么 $\psi_n(x)$ 是一非负的增连续函数, 且满足不等式

$$0 \leqslant \psi_n(x) < \frac{1}{2^n},$$

所以函数

$$\sigma(x) = \sum_{n=1}^\infty \psi_n(x)$$

也是一个非负的连续增函数.

设 $x_0 \in E$, 则当 $|h|$ 充分小时, $[x_0, x_0+h]$ 完全含在 G_n 之中 [固定 n]. 对于此种 h (为简单计, 不妨设 $h>0$), 我们得到

$$\psi_n(x_0+h) = m\{G_n \cap [a,x_0] + G_n \cap (x_0, x_0+h]\}$$
$$= \psi_n(x_0) + h,$$

从而

$$\frac{\psi_n(x_0+h) - \psi_n(x_0)}{h} = 1.$$

但是不论什么自然数 N, 当 $|h|$ 充分小时,

$$\frac{\sigma(x_0+h)-\sigma(x_0)}{h} \geqslant \sum_{n=1}^{N} \frac{\psi_n(x_0+h)-\psi_n(x_0)}{h} = N,$$

由此得到

$$\sigma'(x_0) = +\infty.$$

定理证毕.

§3. 有界变差函数

在本节中要讲一类非常重要的函数, 即所谓有界变差函数, 这类函数是与单调函数有密切关系的.

设 $f(x)$ 是 $[a,b]$ 上定义的有限函数. 在 $[a,b]$ 中作如下的分点

$$x_0 = a < x_1 < x_2 < \cdots < x_n = b,$$

且作如下的和

$$V = \sum_{k=0}^{n-1} |f(x_{k+1}) - f(x_k)|.$$

定义 1 称 V 的上确界为 $f(x)$ 在 $[a,b]$ 上的全变差[①], 记作 $\overset{b}{\underset{a}{V}}(f)$. 当

$$\overset{b}{\underset{a}{V}}(f) < +\infty$$

时, 称 $f(x)$ 在 $[a,b]$ 上是有界变差[②]的, 或称 $f(x)$ 在 $[a,b]$ 上具有有界的变差.

定理 1 单调函数是有界变差的.

本定理, 就增函数来证明就够了. 设 $f(x)$ 在 $[a,b]$ 上是一增函数, 那么 $f(x_{k+1}) - f(x_k)$ 不是负的. 从

$$V = \sum_{k=0}^{n-1} \{f(x_{k+1}) - f(x_k)\} = f(b) - f(a)$$

得到定理的证明.

满足利普希茨 (R. Lipschitz) 条件的函数是有界变差函数的又一例子:

定义 2 在 $[a,b]$ 上所定义的有限函数 $f(x)$, 如果有常数 K 常使不等式

$$|f(x) - f(y)| \leqslant K|x - y|$$

对于 $[a,b]$ 中任何两点 x, y 成立, 称 $f(x)$ 在 $[a,b]$ 上满足利普希茨条件.

[①] 俄文是 полная вариация 或 полное изменение. —— 译者注.
[②] 或称是有限变差的.

假如 $f(x)$ 在 $[a,b]$ 的每一点 x 中具有有界的导函数 $f'(x)$, 那么由拉格朗日的公式:
$$f(x) - f(y) = f'(z)(x-y) \quad (x < z < y),$$
即知 $f(x)$ 是满足利普希茨条件的.

假如 $f(x)$ 在 $[a,b]$ 满足利普希茨条件, 则
$$|f(x_{k+1}) - f(x_k)| \leqslant K(x_{k+1} - x_k),$$
从而
$$V \leqslant K(b-a),$$
所以 $f(x)$ 是一有界变差的函数.

连续函数的全变差可以是无穷大, 例如
$$f(x) = x \cos \frac{\pi}{2x} \quad (0 < x \leqslant 1, \ f(0) = 0).$$

如果在 $[0,1]$ 中采取分点
$$0 < \frac{1}{2n} < \frac{1}{2n-1} < \cdots < \frac{1}{3} < \frac{1}{2} < 1,$$
那么容易证明
$$V = 1 + \frac{1}{2} + \frac{1}{3} + \cdots + \frac{1}{n},$$
从而得到
$$\overset{1}{\underset{0}{V}}(f) = +\infty.$$

定理 2 *有界变差函数是有界的.*

事实上, 对于 $a \leqslant x \leqslant b$,
$$V = |f(x) - f(a)| + |f(b) - f(x)| \leqslant \overset{b}{\underset{a}{V}}(f).$$
从而得到
$$|f(x)| \leqslant |f(a)| + \overset{b}{\underset{a}{V}}(f).$$

定理 3 *两个有界变差函数之和、差、积仍为有界变差函数.*

证明 设 $f(x)$ 和 $g(x)$ 在 $[a,b]$ 上是两个有界变差函数. 置 $s(x) = f(x) + g(x)$, 则
$$|s(x_{k+1}) - s(x_k)| \leqslant |f(x_{k+1}) - f(x_k)| + |g(x_{k+1}) - g(x_k)|,$$
从而
$$\overset{b}{\underset{a}{V}}(s) \leqslant \overset{b}{\underset{a}{V}}(f) + \overset{b}{\underset{a}{V}}(g),$$

所以 $s(x)$ 是有界变差的函数. 同样可证 $f(x) - g(x)$ 是有界变差的.

其次设 $p(x) = f(x)g(x)$. 置

$$A = \sup\{|f(x)|\}, \quad B = \sup\{|g(x)|\},$$

则

$$\begin{aligned}|p(x_{k+1}) - p(x_k)| &\leqslant |f(x_{k+1})g(x_{k+1}) - f(x_k)g(x_{k+1})| \\ &\quad + |f(x_k)g(x_{k+1}) - f(x_k)g(x_k)| \\ &\leqslant B|f(x_{k+1}) - f(x_k)| + A|g(x_{k+1}) - g(x_k)|,\end{aligned}$$

从而

$$\overset{b}{\underset{a}{V}}(p) \leqslant B \overset{b}{\underset{a}{V}}(f) + A \overset{b}{\underset{a}{V}}(g),$$

所以 $f(x)\, g(x)$ 也是有界变差的.

定理 4 设 $f(x)$ 和 $g(x)$ 都是有界变差的. 若 $|g(x)| \geqslant \sigma > 0$, 则 $\dfrac{f(x)}{g(x)}$ 也是有界变差的.

证明留给读者.

定理 5 设 $f(x)$ 是 $[a,b]$ 上的有限函数, 又 $a < c < b$, 则

$$\overset{b}{\underset{a}{V}}(f) = \overset{c}{\underset{a}{V}}(f) + \overset{b}{\underset{c}{V}}(f). \tag{1}$$

证明 设在 $[a,c]$ 与 $[c,b]$ 中各各插入分点:

$$y_0 = a < y_1 < \cdots < y_m = c, \quad z_0 = c < z_1 < \cdots < z_n = b,$$

又作

$$V_1 = \sum_{k=0}^{m-1} |f(y_{k+1}) - f(y_k)|, \quad V_2 = \sum_{k=0}^{n-1} |f(z_{k+1}) - f(z_k)|.$$

分点 $\{y_k\}$ 和 $\{z_k\}$ 也是 $[a,b]$ 的分点, 对于这个分法所对应的和记之为 V, 则

$$V = V_1 + V_2.$$

由此立即可得

$$V_1 + V_2 \leqslant \overset{b}{\underset{a}{V}}(f).$$

因此得到不等式

$$\overset{c}{\underset{a}{V}}(f) + \overset{b}{\underset{c}{V}}(f) \leqslant \overset{b}{\underset{a}{V}}(f). \tag{2}$$

又 $[a,b]$ 中所插入的分点

$$x_0 = a < x_1 < \cdots < x_n = b$$

中假设有一点是 c. 设 $c = x_m$, 则对于这个分法所对应的和 V,

$$V = \sum_{k=0}^{m-1} |f(x_{k+1}) - f(x_k)| + \sum_{k=m}^{n-1} |f(x_{k+1}) - f(x_k)| = V_1 + V_2,$$

此处 V_1 与 V_2 是对应于 $[a,c]$ 与 $[c,b]$ 的和. 由是

$$V \leqslant \overset{c}{\underset{a}{V}}(f) + \overset{b}{\underset{c}{V}}(f). \tag{3}$$

上述不等式只有对于这种分法, 其分点含有 c 点者已证是成立的. 实际上, 不等式 (3) 对于一般的分法都是成立的, 因为在分点中添加一个新的分点时所对应的和不会减少. 所以由 (3) 得到

$$\overset{b}{\underset{a}{V}}(f) \leqslant \overset{c}{\underset{a}{V}}(f) + \overset{b}{\underset{c}{V}}(f). \tag{4}$$

由 (2) 与 (4), 乃得 (1).

推论 1 设 $a < c < b$. 如果 $f(x)$ 在 $[a,b]$ 上是有界变差的, 则 $f(x)$ 在 $[a,c]$ 及 $[c,b]$ 上也是有界变差的. 其逆亦真.

推论 2 若 $[a,b]$ 可分为有限个部分, 在每一部分区间中 $f(x)$ 成为单调函数, 则 $f(x)$ 在 $[a,b]$ 上是有界变差的.

定理 6 函数 $f(x)$ 是有界变差的必要且充分条件是 $f(x)$ 可以表示为两个增函数的差.

证明 其充分性由定理 1 与定理 3 即知. 为了证明其必要性, 置

$$\pi(x) = \overset{x}{\underset{a}{V}}(f) \quad (a < x \leqslant b)$$
$$\pi(a) = 0.$$

由定理 5, $\pi(x)$ 是一增函数. 置

$$\nu(x) = \pi(x) - f(x), \tag{5}$$

则可证 $\nu(x)$ 也是增函数. 事实上, 当 $a \leqslant x < y \leqslant b$ 时, 由定理 5,

$$\nu(y) = \pi(y) - f(y) = \pi(x) + \overset{y}{\underset{x}{V}}(f) - f(y),$$

所以

$$\nu(y) - \nu(x) = \overset{y}{\underset{x}{V}}(f) - [f(y) - f(x)].$$

但是由全变差的定义,
$$f(y) - f(x) \leqslant \bigvee_x^y(f),$$
所以得到
$$\nu(y) - \nu(x) \geqslant 0,$$
因此 $\nu(x)$ 是一增函数. 由 (5) 式乃得
$$f(x) = \pi(x) - \nu(x),$$
这是所要的表示式子.

推论 1 如果 $f(x)$ 在 $[a,b]$ 上是有界变差, 则 $f'(x)$ 在 $[a,b]$ 上几乎处处存在且为有限, 并且 $f'(x)$ 在 $[a,b]$ 上是可和的.

推论 2 有界变差函数的不连续点的全体至多是一可数集. 在每一个不连续点 x_0 存在着两个极限
$$f(x_0 + 0) = \lim_{x \to x_0} f(x) \quad (x > x_0),$$
$$f(x_0 - 0) = \lim_{x \to x_0} f(x) \quad (x < x_0).$$

设
$$x_1, \ x_2, \ x_3, \ \cdots \quad (a < x_n < b) \tag{6}$$
是 $\pi(x)$ 或 $\nu(x)$ 之不连续点的全体. 作跳跃函数
$$s_\pi(x) = [\pi(a+0) - \pi(a)] + \sum_{x_k < x} [\pi(x_k + 0) - \pi(x_k - 0)]$$
$$+ [\pi(x) - \pi(x-0)] \quad (a < x \leqslant b),$$
$$s_\nu(x) = [\nu(a+0) - \nu(a)] + \sum_{x_k < x} [\nu(x_k + 0) - \nu(x_k - 0)]$$
$$+ [\nu(x) - \nu(x-0)],$$
$$s_\pi(a) = s_\nu(a) = 0.$$

(如果 x_k 是 $\pi(x)$ 或 $\nu(x)$ 的连续点, 那么 x_k 所对应的一项就化为 0. 并且可以指出, $\nu(x)$ 的不连续点不可能是 $\pi(x)$ 的连续点, 于此不拟详述.)

设
$$s(x) = s_\pi(x) - s_\nu(x),$$
则
$$s(x) = [f(a+0) - f(a)] + \sum_{x_k < x} [f(x_k + 0) - f(x_k - 0)]$$
$$+ [f(x) - f(x-0)] \quad (a < x \leqslant b),$$
$$s(a) = 0.$$

$s(x)$ 也是一个有界变差函数, 称为 $f(x)$ 的跳跃函数. 显然, 如果从 (6) 除去 $f(x)$ 的连续点①, 则 $s(x)$ 仍旧没有什么改变. 所以我们不妨假设 (6) 中一切点都是 $f(x)$ 的不连续点.

我们在 §1 定理 2 中已知

$$\pi(x) - s_\pi(x) \quad \text{和} \quad \nu(x) - s_\nu(x)$$

都是连续的增函数. 由是

$$\varphi(x) = f(x) - s(x)$$

是一连续的有界变差函数, 换言之, 我们已经证明了

定理 7 任一有界变差函数可表示为它的跳跃函数与一个连续的有界变差函数的和.

§4. 黑利的选择原理

在本节中我们要讲一个在应用上很重要的定理, 就是 E. 黑利 (E. Helly) 的定理. 首先我们证明两个引理.

引理 1 设在 $[a,b]$ 上定义着无穷个函数 $H = \{f(x)\}$. 如果有常数 K, 使

$$|f(x)| \leqslant K \tag{1}$$

对于 H 中一切函数成立, 那么对于 $[a,b]$ 中任何一个可数集 E, 从函数族 H 中可以选出一列函数 $\{f_n(x)\}$, 使在 E 中每点收敛.

证明 设 $E = \{x_k\}$. 函数族 H 在点 x_1 所取函数值的全体

$$\{f(x_1)\},$$

由 (1) 式, 是一有界集. 所以由波尔查诺–魏尔斯特拉斯定理, 其中存在一个收敛子数列:

$$f_1^{(1)}(x_1), \ f_2^{(1)}(x_1), \ f_3^{(1)}(x_1), \cdots, \lim_{n \to \infty} f_n^{(1)}(x_1) = A_1. \tag{2}$$

函数列 $\{f_n^{(1)}(x)\}$ 在 x_2 所取值的数列

$$f_1^{(1)}(x_2), \ f_2^{(1)}(x_2), \ f_3^{(1)}(x_2), \cdots$$

也是有界的. 所以在 $\{f_n^{(1)}(x_2)\}$ 中又可选取一个收敛的子数列

$$f_1^{(2)}(x_2), \ f_2^{(2)}(x_2), \ f_3^{(2)}(x_2), \cdots, \ \lim_{n \to \infty} f_n^{(2)}(x_2) = A_2. \tag{3}$$

---

①可以指出, (6) 中第一个点不会是这种点. 读者将会从 §5 定理 1 知道.

所当注意的是: (3) 式中任何两个函数 $f_n^{(2)}$, $f_m^{(2)}$ 间的次序与原来在 (2) 式中相同.

将此手续继续施行, 乃得可数无穷个的收敛数列:

$$f_1^{(1)}(x_1), \quad f_2^{(1)}(x_1), \quad f_3^{(1)}(x_1), \quad \cdots, \quad \lim_{n\to\infty} f_n^{(1)}(x_1) = A_1,$$
$$f_1^{(2)}(x_2), \quad f_2^{(2)}(x_2), \quad f_3^{(2)}(x_2), \quad \cdots, \quad \lim_{n\to\infty} f_n^{(2)}(x_2) = A_2,$$
$$\cdots\cdots\cdots\cdots$$
$$f_1^{(k)}(x_k), \quad f_2^{(k)}(x_k), \quad f_3^{(k)}(x_k), \quad \cdots, \quad \lim_{n\to\infty} f_n^{(k)}(x_k) = A_k,$$
$$\cdots\cdots\cdots\cdots$$

并且每一个后排的函数列是前排的子函数列 (选取子列时元素前后次序不打乱).

现在我们从上面的行列取其在对角线上的函数列

$$\{f_n^{(n)}(x)\} \quad (n=1,2,\cdots).$$

这个函数列正是我们所要的. 就是说, 它在 E 中每一点是收敛的, 事实上, 对于任意一个固定的 k,

$$\{f_n^{(n)}(x_k)\} \quad (n \geqslant k)$$

乃为 $\{f_n^{(k)}(x_k)\}$ 的子数列, 所以必定收敛于 A_k. 因此, 引理 1 证毕.

引理 2 设在 $[a,b]$ 上定义了无穷个增函数 $F = \{f(x)\}$. 假如有常数 K 使

$$|f(x)| \leqslant K$$

对于 F 中一切函数成立, 那么从 F 可以选出函数列 $\{f_n(x)\}$, 使在 $[a,b]$ 的每一点收敛, 且其极限函数 $\varphi(x)$ 也是一个增函数.

证明 应用引理 1 于 F, 取 E 为 $[a,b]$ 中一切有理点加上点 a (如 a 是无理点). 从 F 中可以选取函数列

$$F_0 = \{f^{(n)}(x)\},$$

使在 E 中任何点 x_k, 存在有限的极限

$$\lim_{n\to\infty} f^{(n)}(x_k). \tag{4}$$

现在定义如下的函数 $\psi(x)$, 当 $x_k \in E$ 时,

$$\psi(x_k) = \lim_{n\to\infty} f^{(n)}(x_k).$$

函数 $\psi(x)$ 仅在 E 上有意义, 在 E 上, $\psi(x)$ 是一增函数, 就是说: 当 x_k 和 x_i 都属于 E, 且 $x_k < x_i$ 时,

$$\psi(x_k) \leqslant \psi(x_i).$$

在 $[a,b]$ 中其他的点, 即在 (a,b) 中的无理点 x, 则定义

$$\psi(x) = \sup_{x_k < x}\{\psi(x_k)\} \quad (x_k \in E).$$

于是 $\psi(x)$ 乃为 $[a,b]$ 上的一个增函数, $\psi(x)$ 的不连续点的全体 Q 至多是可数的.

现在要证明, 在 $\psi(x)$ 的每一个连续点 x_0 成立

$$\lim_{n\to\infty} f^{(n)}(x_0) = \psi(x_0). \tag{5}$$

事实上, 对于任意的正数 ε, 可以找到 E 中的点 x_k 和 x_i 使

$$x_k < x_0 < x_i, \quad \psi(x_i) - \psi(x_k) < \frac{\varepsilon}{2}$$

成立. 固定这些点, 然后取 n_0 使当 $n > n_0$ 时,

$$\left|f^{(n)}(x_k) - \psi(x_k)\right| < \frac{\varepsilon}{2}, \quad \left|f^{(n)}(x_i) - \psi(x_i)\right| < \frac{\varepsilon}{2}.$$

易知对于这些 n, 成立

$$\psi(x_0) - \varepsilon < f^{(n)}(x_k) \leqslant f^{(n)}(x_i) < \psi(x_0) + \varepsilon,$$

又因

$$f^{(n)}(x_k) \leqslant f^{(n)}(x_0) \leqslant f^{(n)}(x_i),$$

所以当 $n > n_0$ 时成立

$$\psi(x_0) - \varepsilon < f^{(n)}(x_0) < \psi(x_0) + \varepsilon,$$

因此得到 (5).

于是等式

$$\lim_{n\to\infty} f^{(n)}(x) = \psi(x) \tag{6}$$

只有对于 $\psi(x)$ 的不连续点 (其全体记作 Q, 至多是一可数集) 可能不成立.

然后我们再应用引理 1 于 F_0, 把 Q 当作引理 1 中的 E, 而 E 中的点不满足等式 (6). 因此可以在 $F_0 = \{f^{(n)}(x)\}$ 中选取一列 $\{f_n(x)\}$ 使得对于 $[a,b]$ 中各点都收敛 (因为在序列 $\{f^{(n)}(x)\}$ 收敛的地方, 其子序列 $\{f_n(x)\}$ 也收敛). 置

$$\varphi(x) = \lim_{n\to\infty} f_n(x),$$

则函数 $\varphi(x)$ 是一增函数.

定理 (E. 黑利) 设在 $[a,b]$ 上给定无穷个有界变差的函数 $F = \{f(x)\}$. 如果有常数 K, 使

$$|f(x)| \leqslant K, \quad \overset{b}{\underset{a}{V}}(f) \leqslant K$$

对于 F 中一切函数成立, 那么从 F 中可以选出在 $[a,b]$ 上处处收敛的函数列 $\{f_n(x)\}$, 其极限函数 $\varphi(x)$ 也是有界变差的.

证明 设 $f(x) \in F$. 置
$$\pi(x) = \underset{a}{\overset{x}{V}}(f), \quad \nu(x) = \pi(x) - f(x).$$

$\pi(x)$ 与 $\nu(x)$ 都是增函数, 它们是
$$|\pi(x)| \leqslant K, \quad |\nu(x)| \leqslant 2K.$$

应用引理 2 于 $\{\pi(x)\}$, $\{\pi(x)\}$ 中有收敛函数列 $\{\pi_k(x)\}$:
$$\lim_{k \to \infty} \pi_k(x) = \alpha(x).$$

设 $\pi_k(x) = \underset{a}{\overset{x}{V}}(f_k)$, 那么对于每一个 $\pi_k(x)$ 有 $\nu_k(x) = \pi_k(x) - f_k(x)$ 与之对应. 再应用引理 2 于 $\{\nu_k(x)\}$, 得到收敛函数列 $\{\nu_{k_i}(x)\}$:
$$\lim_{i \to \infty} \nu_{k_i}(x) = \beta(x).$$

因此得到 F 中的一个收敛函数列
$$f_{k_i}(x) = \pi_{k_i}(x) - \nu_{k_i}(x),$$

其极限函数
$$\varphi(x) = \alpha(x) - \beta(x)$$

是两个增函数之差, 所以是有界变差的函数.

定理证毕.

§5. 有界变差的连续函数

定理 1 设 $f(x)$ 是在 $[a,b]$ 上定义的有界变差函数. 如果 $x = x_0$ 是 $f(x)$ 之一连续点, 则 $x = x_0$ 也是
$$\pi(x) = \underset{a}{\overset{x}{V}}(f)$$

的连续点.

证明 设 $x_0 < b$. 先证 $\pi(x)$ 在 x_0 是右连续的. 为此对于任一正数 ε, 在 $[x_0, b]$ 中作如下的分点
$$x_0 < x_1 < x_2 < \cdots < x_n = b,$$

使
$$V = \sum_{k=0}^{n-1} |f(x_{k+1}) - f(x_k)| > \underset{x_0}{\overset{b}{V}}(f) - \varepsilon. \tag{1}$$

§5. 有界变差的连续函数

因为加入新的分点,决不减少 V,所以不妨假定

$$|f(x_1) - f(x_0)| < \varepsilon.$$

由 (1),

$$\overset{b}{\underset{x_0}{V}}(f) < \varepsilon + \sum_{k=0}^{n-1} |f(x_{k+1}) - f(x_k)|$$
$$< 2\varepsilon + \sum_{k=1}^{n-1} |f(x_{k+1}) - f(x_k)| \leqslant 2\varepsilon + \overset{b}{\underset{x_1}{V}}(f).$$

因此,

$$\overset{x_1}{\underset{x_0}{V}}(f) < 2\varepsilon,$$
$$\pi(x_1) - \pi(x_0) < 2\varepsilon.$$

故

$$\pi(x_0 + 0) - \pi(x_0) < 2\varepsilon.$$

但因 ε 是任意的正数,所以

$$\pi(x_0 + 0) = \pi(x_0).$$

设 $x_0 > a$,同样可以证明 $\pi(x_0 - 0) = \pi(x_0)$,即 $\pi(x_0)$ 在 x_0 左连续.

推论 有界变差的连续函数可用两个连续的增函数之差来表示.

事实上,设 $f(x)$ 在 $[a,b]$ 上是一连续的有界变差函数,则

$$\pi(x) = \overset{x}{\underset{a}{V}}(f), \quad \nu(x) = \pi(x) - f(x)$$

是两个连续的增函数.

设 $f(x)$ 是在 $[a,b]$ 上定义的连续函数. 在 $[a,b]$ 中插入分点:

$$x_0 = a < x_1 < x_2 < \cdots < x_n = b, \quad [\max(x_{k+1} - x_k) = \lambda],$$

作和

$$V = \sum_{k=0}^{n-1} |f(x_{k+1}) - f(x_k)|, \quad \Omega = \sum_{k=0}^{n-1} \omega_k,$$

此处 ω_k 表示 $f(x)$ 在 $[x_k, x_{k+1}]$ 上的振幅.

定理 2 设 $f(x)$ 在 $[a,b]$ 上连续. 如果 $\lambda \to 0$, 则上述之 V 和 Ω 都趋向于 $f(x)$ 的全变差 $\overset{b}{\underset{a}{V}}(f)$①.

注意, 这里并没有假定 $f(x)$ 是**有界**变差的.

证明 当分点加多时, V 决不减少. 另一方面, 于 (x_k, x_{k+1}) 中添加一个新的分点, 则 V 的增加不会超过 $f(x)$ 在 $[x_k, x_{k+1}]$ 的振幅的两倍.

取任何一数 $A < \overset{b}{\underset{a}{V}}(f)$, 又作一个和

$$V^* > A.$$

假设此地的和 V^* 是对应于下面的分点

$$x_0^* = a < x_1^* < x_2^* < \cdots < x_m^* = b.$$

取正数 δ 甚小, 使当 $|x'' - x'| < \delta$ 时,

$$|f(x'') - f(x')| < \frac{V^* - A}{4m}.$$

那么, 当 $\lambda < \delta$ 时, 对任意分法有

$$V > A. \tag{2}$$

事实上, 有了分法 (I) 之后, 我们造一个新的分法 (II), (II) 是由 (I) 加上分点 $\{x_k^*\}$ 而成. 假设对于分法 (II) 所对应的和是 V_0, 则

$$V_0 \geqslant V^*. \tag{3}$$

另一方面, 分法 (II) 也可从 (I) 每次增加一个分点, 共增 m 次而得. 而对于每一分点之添加, V 之增量小于 $\dfrac{V^* - A}{2m}$, 所以

$$V_0 - V < \frac{V^* - A}{2}.$$

将此式与 (3) 联系, 乃得

$$V > V_0 - \frac{V^* - A}{2} \geqslant \frac{A + V^*}{2} > A.$$

---

①这里所述仅限于连续函数有效, 例如在 $[-1, +1]$ 上定义 $f(x)$ 如下: $f(0) = 1$, $f(x) = 0$ ($x \neq 0$). 则

$$\overset{+1}{\underset{-1}{V}}(f) = 2,$$

但对于 $[-1, +1]$ 中任何一个分法而不以 0 为分点的话, 则

$$V = 0, \quad \Omega = 1.$$

因此, 知道当 $\lambda < \delta$ 时 (2) 式必成立, 但因关系 $V \leqslant \overset{b}{\underset{a}{V}}(f)$ 是常成立的, 所以与 (2) 式合并, 即得

$$\lim_{\lambda \to 0} V = \overset{b}{\underset{a}{V}}(f).$$

现在已经不难证明关于 Ω 方面的事情了. 一方面显然是

$$\Omega \geqslant V. \tag{4}$$

如果对于某种分法, 已得对应的 Ω, 然后加入新的分点, 使在新分点上, 函数取下面的数值:

$$m_k = \min\{f(x)\}, \quad M_k = \max\{f(x)\} \quad (x_k \leqslant x \leqslant x_{k+1}),$$

则对于加入新的点以后的分法而言, 其所对应的和 V' 就不小于 Ω, 由是

$$\Omega \leqslant \overset{b}{\underset{a}{V}}(f). \tag{5}$$

由 (4) 和 (5), 乃得

$$\lim_{\lambda \to 0} \Omega = \overset{b}{\underset{a}{V}}(f).$$

定理 2 证毕.

巴拿赫将上述定理用到连续的有界变差函数上去, 得到一个非常有趣的结果.

设 $f(x)$ 在 $[a,b]$ 上是连续的. 又设

$$m = \min\{f(x)\}, \quad M = \max\{f(x)\}.$$

今于 $[m, M]$ 上定义如下的函数 $N(y)$: 设 $m \leqslant y \leqslant M$, $N(y)$ 是方程

$$f(x) = y$$

的根的个数. 如果对于某 y, 根有无穷多个, 则定义

$$N(y) = +\infty.$$

称函数 $N(y)$ 为巴拿赫的指标函数.

定理 3 (巴拿赫) 巴拿赫的指标函数是可测的, 且

$$\int_m^M N(y)dy = \overset{b}{\underset{a}{V}}(f).$$

证明 将 $[a,b]$ 分成 2^n 等分, 置

$$d_1 = \left[a, a + \frac{b-a}{2^n}\right]$$

$$d_k = \left(a + (k-1)\frac{b-a}{2^n}, \ a + k\frac{b-a}{2^n}\right] \quad (k = 2, 3, \cdots, 2^n).$$

又作如下的函数 $L_k(y)$ $(k=1,2,3,\cdots,2^n)$：如果
$$f(x) = y \tag{6}$$
在间隔 d_k 中至少有一个根，定 $L_k(y) = 1$；如果在 d_k 中方程 $f(x) = y$ 没有根，则定 $L_k(y) = 0$. 设 $f(x)$ 在 d_k 的上确界下确界分别为 m_k, M_k，则 $L_k(y)$ 在 (m_k, M_k) 中等于 1，而在 $[m_k, M_k]$ 之外乃为 0，因此函数 $L_k(y)$ 顶多只有两个不连续点，所以是可测函数. 现在
$$\int_m^M L_k(y)dy = M_k - m_k = \omega_k,$$
ω_k 表示 $f(x)$ 在闭区间 $\overline{d}_k$ 上的振幅.

最后，我们作函数
$$N_n(y) = L_1(y) + L_2(y) + \cdots + L_{2^n}(y),$$
对于那些至少含有方程 (6) 的一个根的间隔 d_k 来讲，$N_n(y)$ 刚好表示这种 d_k 的个数. 显然，$N_n(y)$ 是一个可测函数，并且成立
$$\int_m^M N_n(y)dy = \sum_{k=1}^{2^n} \omega_k,$$
所以由定理 2，乃得
$$\lim_{n\to\infty} \int_m^M N_n(y)dy = \overset{b}{\underset{a}{V}}(f).$$
因为
$$N_1(y) \leqslant N_2(y) \leqslant N_3(y) \leqslant \cdots,$$
所以极限
$$N^*(y) = \lim_{n\to\infty} N_n(y)$$
是存在的 (有限或无穷). $N^*(y)$ 是一可测函数. 由第六章 §1 中的莱维定理，
$$\int_m^M N^*(y)dy = \lim_{n\to\infty} \int_m^M N_n(y)dy = \overset{b}{\underset{a}{V}}(f).$$
如果我们能够证得
$$N^*(y) = N(y), \tag{7}$$
那么定理完全证毕.

从
$$N_n(y) \leqslant N(y),$$
得到
$$N^*(y) \leqslant N(y). \tag{8}$$
设 q 是不大于 $N(y)$ 的自然数. 那么可以找到方程 (6) 的 q 个两两相异的根：
$$x_1 < x_2 < \cdots < x_q.$$
取 n 甚大使
$$\frac{b-a}{2^n} < \min(x_{k+1} - x_k),$$

那么 q 个根 x_k 分别在不同的 d_k 中，因此

$$N_n(y) \geqslant q,$$

从而得到

$$N^*(y) \geqslant q. \tag{9}$$

当 $N(y) = +\infty$ 时，可取 q 任意的大，因此亦得 $N^*(y) = +\infty$. 如果 $N(y)$ 为有限，则可以取 $q = N(y)$，而 (9) 式变成

$$N^*(y) \geqslant N(y).$$

再由 (8) 式即得 (7) 式.

推论 1 连续函数 $f(x)$ 为有界变差的必要且充分条件是:$f(x)$ 的巴拿赫指标函数 $N(y)$ 是可和的.

推论 2 设 $f(x)$ 是一连续的有界变差函数，那么使方程 $f(x) = y$ 具有无穷个根的 y，其全体成一测度为零的集 (在 y 轴上).

事实上，此时巴拿赫指标函数既为可和，所以是几乎处处为有限.

§6. 斯蒂尔切斯积分

此地我们要讲黎曼积分的一个非常重要的推广，就是斯蒂尔切斯 (T. J. Stieltjes) 积分.

设 $f(x)$ 与 $g(x)$ 是在 $[a,b]$ 上定义的两个有限函数. 于 $[a,b]$ 中插入分点

$$x_0 = a < x_1 < x_2 < \cdots < x_n = b,$$

又在每一部分闭区间 $[x_k, x_{k+1}]$ 中任取一点 ξ_k 而作和

$$\sigma = \sum_{k=0}^{n-1} f(\xi_k)[g(x_{k+1}) - g(x_k)].$$

如果当

$$\lambda = \max(x_{k+1} - x_k) \to 0$$

时，不论分法如何，也不论点 ξ_k 的取法如何，σ 常趋于同一个有限的极限 I，则称此极限 I 为 $f(x)$ 关于 $g(x)$ 的斯蒂尔切斯积分，而用记号

$$\int_a^b f(x)dg(x) \quad \text{或是} \quad (S)\int_a^b f(x)dg(x)$$

表示 I.

确切地说: 对于任一正数 ε，有如下的正数 δ，如果当 $\lambda < \delta$ 时，不管分法如何，ξ_k 的取法如何，不等式

$$|\sigma - I| < \varepsilon$$

成立的话, 那么称 I 为 $f(x)$ 关于 $g(x)$ 在 $[a,b]$ 上的斯蒂尔切斯积分.

当 $g(x) = x$ 时, 斯蒂尔切斯积分显然就是黎曼积分.

斯蒂尔切斯积分具有下面几种显而易见的性质:

1.
$$\int_a^b [f_1(x) + f_2(x)] dg(x) = \int_a^b f_1(x) dg(x) + \int_a^b f_2(x) dg(x).$$

2.
$$\int_a^b f(x) d[g_1(x) + g_2(x)] = \int_a^b f(x) dg_1(x) + \int_a^b f(x) dg_2(x).$$

3. 假如 k 与 l 是两个常数, 则

$$\int_a^b kf(x) dlg(x) = kl \int_a^b f(x) dg(x).$$

上面三式之意是: 当右边存在时, 则左边也存在, 且两边相等.

4. 当 $a < c < b$ 时, 下面三个积分都存在的话, 那么等式

$$\int_a^b f(x) dg(x) = \int_a^c f(x) dg(x) + \int_c^b f(x) dg(x)$$

成立.

为了证明这个性质的成立, 只要在作和 σ 时, 取 c 为 $[a,b]$ 的分点就行了.

由 $\int_a^b fdg$ 的存在, 不难证明 $\int_a^c fdg$ 和 $\int_c^b fdg$ 也都存在. 但其逆不真, 举例于下:

例 设 $f(x)$ 和 $g(x)$ 是在 $[-1, +1]$ 上定义的两个函数:

$$f(x) = \begin{cases} 0 & (-1 \leqslant x \leqslant 0) \\ 1 & (0 < x \leqslant 1), \end{cases} \quad g(x) = \begin{cases} 0 & (-1 \leqslant x < 0) \\ 1 & (0 \leqslant x \leqslant 1), \end{cases}$$

则

$$\int_{-1}^0 f(x) dg(x), \quad \int_0^1 f(x) dg(x)$$

均存在, 其值均为 0 (因为和 $\sigma = 0$). 但是积分

$$\int_{-1}^{+1} f(x) dg(x)$$

并不存在. 事实上, 如果对于 $[-1, +1]$ 的分法不取 0 为分点的话, 那么必有如下的 $i : x_i < 0 < x_{i+1}$. 于是

$$\sigma = \sum_{k=0}^{n-1} f(\xi_k)[g(x_{k+1}) - g(x_k)]$$

中只有第 i 项等于 $f(\xi_i)$, 而其余各项均为 0, 因为当 x_k, x_{k+1} 都在 0 的一边时 $g(x_k) = g(x_{k+1})$. 所以

$$\sigma = f(\xi_i)[g(x_{i+1}) - g(x_i)] = f(\xi_i).$$

由 $\xi_i \leqslant 0$ 或 $\xi_i > 0$ 而得

$$\sigma = 0 \quad \text{或} \quad \sigma = 1,$$

因此, σ 的极限不存在.

5. 若 $\int_a^b f(x)dg(x)$ 与 $\int_a^b g(x)df(x)$ 中有一个积分存在, 则另一个积分也存在, 两积分之间, 成立下面的等式:

$$\int_a^b f(x)dg(x) + \int_a^b g(x)df(x) = [f(x)g(x)]_a^b. \tag{1}$$

此地

$$[f(x)g(x)]_a^b = f(b)g(b) - f(a)g(a). \tag{2}$$

称公式 (1) 为分部积分公式.

要证明 (1), 假设积分 $\int_a^b g(x)df(x)$ 存在. 于 $[a,b]$ 插入分点 $a = x_0 < x_1 < x_2 < \cdots < x_n = b$. 设 $x_k \leqslant \xi_k \leqslant x_{k+1}$, 置

$$\sigma = \sum_{k=0}^{n-1} f(\xi_k)[g(x_{k+1}) - g(x_k)].$$

则

$$\sigma = \sum_{k=0}^{n-1} f(\xi_k)g(x_{k+1}) - \sum_{k=0}^{n-1} f(\xi_k)g(x_k),$$

从而

$$\sigma = -\sum_{k=1}^{n-1} g(x_k)[f(\xi_k) - f(\xi_{k-1})] + f(\xi_{n-1})g(x_n) - f(\xi_0)g(x_0).$$

在上式右边添加上并减去 (2) 式, 得

$$\sigma = [f(x)g(x)]_a^b$$
$$- \left\{ g(a)[f(\xi_0) - f(a)] + \sum_{k=1}^{n-1} g(x_k)[f(\xi_k) - f(\xi_{k-1})] + g(b)[f(b) - f(\xi_{n-1})] \right\}.$$

括弧 { } 内的式子刚好是对应于积分 $\int_a^b g(x)df(x)$ 的和, 事实上, 其分点就是

$$a \leqslant \xi_0 \leqslant \xi_1 \leqslant \xi_2 \leqslant \cdots \leqslant \xi_{n-1} \leqslant b,$$

而 $a, x_1, x_2, \cdots, x_{n-1}, b$ 顺次是 $[a, \xi_0], [\xi_0, \xi_1], \cdots, [\xi_{n-1}, b]$ 中的点.

当 $\max(x_{k+1} - x_k)$ 趋向于 0 时,
$$\max(\xi_{k+1} - \xi_k)$$
也趋向于 0, 因此括弧 { } 内的和趋向于 $\int_a^b g df$. 由是得 (1).

很自然, 我们要研究关于斯蒂尔切斯积分的存在条件, 但我们在此地只讲一个定理.

定理 1 如果 $f(x)$ 在 $[a,b]$ 上是连续的, $g(x)$ 在 $[a,b]$ 上是有界变差的, 则 $\int_a^b f(x) dg(x)$ 存在.

证明 因为有界变差的函数可用两个增函数的差来表示, 所以此地不妨设 $g(x)$ 是一增函数.

设 $x_0 = a < x_1 < x_2 < \cdots < x_n = b$, 又记 $f(x)$ 在 $[x_k, x_{k+1}]$ 之最小值与最大值为 m_k 与 M_k. 置
$$s = \sum_{k=0}^{n-1} m_k [g(x_{k+1}) - g(x_k)], \quad S = \sum_{k=0}^{n-1} M_k [g(x_{k+1}) - g(x_k)],$$
则在 $[x_k, x_{k+1}]$ 中任取点 ξ_k 时, 所作成的 σ 适合
$$s \leqslant \sigma \leqslant S. \tag{3}$$

易知当添加分点时, s 不减少而 S 不增加. 由是不论怎么样的 s 决不会超过一个 S. 事实上, 假设对于 $[a,b]$ 作分法 I 与 II 时, 对于 I 的和为 s_1 及 S_1, 对于分法 II 的和为 s_2 及 S_2. 今合并 I 和 II 的分点, 作第三个分法 III. 对于 III 作和 s_3 及 S_3, 则
$$s_1 \leqslant s_3 \leqslant S_3 \leqslant S_2.$$
因此, $s_1 \leqslant S_2$.

假设所有 s 的上确界是 I:
$$I = \sup\{s\},$$
那么
$$s \leqslant I \leqslant S,$$
因此, 由 (3) 得
$$|\sigma - I| \leqslant S - s.$$

对于任意的正数 ε, 必有正数 δ, 当 $|x'' - x'| < \delta$ 时, 不等式 $|f(x'') - f(x')| < \varepsilon$ 成立. 因此, 当 $\lambda < \delta$ 时,
$$M_k - m_k < \varepsilon \quad (k = 0, 1, 2, \cdots, n-1),$$

§6. 斯蒂尔切斯积分

由是
$$S - s < \varepsilon[g(b) - g(a)].$$

所以当 $\lambda < \delta$ 时,
$$|\sigma - I| < \varepsilon[g(b) - g(a)].$$

此即表示
$$\lim_{\lambda \to 0} \sigma = I.$$

故得 $I = \int_a^b f(x) dg(x)$. 定理证毕.

由此定理, 可知任何有界变差函数关于任何连续函数的斯蒂尔切斯积分也是存在的.

关于斯蒂尔切斯积分的计算将于第九章 §6 再说. 于此我们光是考虑两个简单的情形.

定理 2 设在 $[a,b]$ 中 $f(x)$ 是连续的, 而 $g(x)$ 处处有导数 $g'(x)$, 且 $g'(x)$ 为 (R) 可积, 则

$$(S) \int_a^b f(x) dg(x) = (R) \int_a^b f(x) g'(x) dx. \tag{4}$$

证明 在所设条件下, $g(x)$ 满足利普希茨条件, 所以是一有界变差函数. 因此 (4) 式左边的积分存在. 另一方面, 因 $g'(x)$ 几乎处处连续, 所以 $f(x)g'(x)$ 也几乎处处连续, 所以 (4) 式右边的积分存在. 现在证明 (4) 的两边相等.

设
$$x_0 = a < x_1 < x_2 < \cdots < x_n = b,$$

对于 $g(x_{k+1}) - g(x_k)$ 用拉格朗日公式,

$$g(x_{k+1}) - g(x_k) = g'(\bar{x}_k)(x_{k+1} - x_k) \quad (x_k < \bar{x}_k < x_{k+1}).$$

假如就利用这些点 $\bar{x}_k$ 作为点 ξ_k, 对于积分 $\int_a^b f dg$, 作如下的 σ:

$$\sigma = \sum_{k=0}^{n-1} f(\bar{x}_k) g'(\bar{x}_k)(x_{k+1} - x_k),$$

那么这就是函数 $f(x)g'(x)$ 的一个黎曼和. 将分点加密取极限即得等式 (4).

定理 3 设 $f(x)$ 在 $[a,b]$ 上是连续的. 设

$$c_0 = a < c_1 < c_2 < \cdots < c_m < b = c_{m+1}.$$

若 $g(x)$ 在区间 $(c_0,c_1),(c_1,c_2),\cdots,(c_{m-1},c_m),(c_m,c_{m+1})$ 中取常数值①, 则

$$\int_a^b f(x)dg(x) = f(a)[g(a+0) - g(a)]$$
$$+ \sum_{k=1}^m f(c_k)[g(c_k+0) - g(c_k-0)]$$
$$+ f(b)[g(b) - g(b-0)]. \tag{5}$$

证明 因

$$\overset{b}{\underset{a}{V}}(g) = |g(a+0) - g(a)| + \sum_{k=1}^m \{|g(c_k) - g(c_k-0)|$$
$$+ |g(c_k+0) - g(c_k)|\} + |g(b) - g(b-0)|,$$

所以 $g(x)$ 在 $[a,b]$ 上是一有界变差的函数, 因而在 $[a,b]$ 的每个子闭区间上是有界变差的. 因此, 等式

$$\int_a^b f(x)dg(x) = \sum_{k=0}^m \int_{c_k}^{c_{k+1}} f(x)dg(x) \tag{6}$$

成立, 其中 $c_0 = a,\ c_{m+1} = b$.

剩下来的事情是在计算积分 $\int_{c_k}^{c_{k+1}} f(x)dg(x)$. 于 $[c_k, c_{k+1}]$ 插入分点 $c_k = \xi_0 < \xi_1 < \cdots < \xi_{n-1} < \xi_n = c_{k+1}$, 作成所对应的和

$$\sigma = f(\xi_0)[g(c_k+0) - g(c_k)] + f(\xi_{n-1})[g(c_{k+1}) - g(c_{k+1}-0)],$$

因为别的项都等于 0. 取极限时, 即得

$$\int_{c_k}^{c_{k+1}} f(x)dg(x) = f(c_k)[g(c_k+0) - g(c_k)] + f(c_{k+1})[g(c_{k+1}) - g(c_{k+1}-0)],$$

以之代入 (6) 式, 即得 (5).

§7. 在斯蒂尔切斯积分号下取极限

定理 1 设在 $[a,b]$ 上 $f(x)$ 是连续的, $g(x)$ 是有界变差的, 那么

$$\left|\int_a^b f(x)dg(x)\right| \leqslant M(f) \cdot \overset{b}{\underset{a}{V}}(g), \tag{1}$$

其中 $M(f) = \max |f(x)|$.

---
①换句话说, $g(x)$ 是阶梯函数.

证明　对于 $[a,b]$ 的任意分法 x_k $(k=0,1,2,\cdots,n)$ 及 $[x_k,x_{k+1}]$ 中任意的 ξ_k,

$$|\sigma| = \left|\sum_{k=0}^{n-1} f(\xi_k)[g(x_{k+1}) - g(x_k)]\right|$$

$$\leqslant M(f) \cdot \sum_{k=0}^{n-1} |g(x_{k+1}) - g(x_k)| \leqslant M(f) \cdot \overset{b}{\underset{a}{V}}(g).$$

由是得 (1).

定理 2　设 $g(x)$ 是在 $[a,b]$ 上的有界变差函数, 而 $\{f_n(x)\}$ 是在 $[a,b]$ 上的连续函数列, 一致收敛于 (连续) 函数 $f(x)$, 则

$$\lim_{n\to\infty} \int_a^b f_n(x)dg(x) = \int_a^b f(x)dg(x).$$

证明　置

$$M(f_n - f) = \max|f_n(x) - f(x)|.$$

则由 (1),

$$\left|\int_a^b f_n(x)dg(x) - \int_a^b f(x)dg(x)\right| \leqslant M(f_n - f) \cdot \overset{b}{\underset{a}{V}}(g).$$

从假设

$$M(f_n - f) \to 0,$$

即得所要的等式.

定理 3 (E. 黑利)　设 $f(x)$ 是在 $[a,b]$ 上的连续函数, 在 $[a,b]$ 上 $g_n(x)$ 收敛于有限函数 $g(x)$. 假如对于所有的 n,

$$\overset{b}{\underset{a}{V}}(g_n) \leqslant K < +\infty,$$

那么

$$\lim_{n\to\infty} \int_a^b f(x)dg_n(x) = \int_a^b f(x)dg(x). \tag{2}$$

证明　首先证明

$$\overset{b}{\underset{a}{V}}(g) \leqslant K, \tag{3}$$

此即表示极限函数 $g(x)$ 也是有界变差的. 事实上, 我们以任意的方式分割 $[a,b]$, 则有:

$$\sum_{k=0}^{m-1} |g_n(x_{k+1}) - g_n(x_k)| < K \quad (n=1,2,3,\cdots),$$

由此取极限 (令 $n \to \infty$) 即得
$$\sum_{k=0}^{m-1} |g(x_{k+1}) - g(x_k)| \leqslant K,$$
由于分法的任意性, 便得 (3) 式.

对于任一正数 ε, 于 $[a,b]$ 中插入如下的分点 $\{x_k\}$ $(k=0,1,2,\cdots,m)$ 使 $f(x)$ 在每一个小区间 $[x_k, x_{k+1}]$ 上的振幅都小于 $\dfrac{\varepsilon}{3K}$. 那么
$$\int_a^b f(x)dg(x) = \sum_{k=0}^{m-1} \int_{x_k}^{x_{k+1}} f(x)dg(x)$$
$$= \sum_{k=0}^{m-1} \int_{x_k}^{x_{k+1}} [f(x) - f(x_k)]dg(x) + \sum_{k=0}^{m-1} f(x_k) \int_{x_k}^{x_{k+1}} dg(x),$$
但
$$\int_{x_k}^{x_{k+1}} dg(x) = g(x_{k+1}) - g(x_k).$$
另一方面, 对于 $[x_k, x_{k+1}]$ 上的任何点 x, 成立
$$|f(x) - f(x_k)| < \frac{\varepsilon}{3K},$$
因此
$$\left| \int_{x_k}^{x_{k+1}} [f(x) - f(x_k)]dg(x) \right| \leqslant \frac{\varepsilon}{3K} \overset{x_{k+1}}{\underset{x_k}{V}}(g),$$
所以
$$\left| \sum_{k=0}^{m-1} \int_{x_k}^{x_{k+1}} [f(x) - f(x_k)]dg(x) \right| \leqslant \frac{\varepsilon}{3K} \overset{b}{\underset{a}{V}}(g) \leqslant \frac{\varepsilon}{3}.$$

于是得到
$$\int_a^b f(x)dg(x) = \sum_{k=0}^{m-1} f(x_k)[g(x_{k+1}) - g(x_k)] + \theta \frac{\varepsilon}{3} \quad (|\theta| \leqslant 1).$$

同理可得
$$\int_a^b f(x)dg_n(x) = \sum_{k=0}^{m-1} f(x_k)[g_n(x_{k+1}) - g_n(x_k)] + \theta_n \frac{\varepsilon}{3} \quad (|\theta_n| \leqslant 1).$$

但当 $n > n_0$ 时,
$$\left| \sum_{k=0}^{m-1} f(x_k)[g_n(x_{k+1}) - g_n(x_k)] - \sum_{k=0}^{m-1} f(x_k)[g(x_{k+1}) - g(x_k)] \right| < \frac{\varepsilon}{3},$$

§7. 在斯蒂尔切斯积分号下取极限

因此, 对于这些 n,

$$\left| \int_a^b f(x)dg_n(x) - \int_a^b f(x)dg(x) \right| < \varepsilon.$$

定理证毕.

利用此定理, 当 $f(x)$ 为连续, $g(x)$ 为有界变差时, 要计算 $\int_a^b f(x)dg(x)$ 的话, 可以归到 $g(x)$ 是一连续函数的情形.

事实上, 设 $g(x)$ 为任一有界变差的函数, 作 $g(x)$ 的跳跃函数 $s(x)$:

$$s(x) = [g(a+0) - g(a)] + \sum_{x_k < x} [g(x_k + 0) - g(x_k - 0)] + [g(x) - g(x-0)].$$

那么由 §3 的定理 7, 将 $g(x)$ 分解为

$$g(x) = s(x) + \gamma(x),$$

其中 $\gamma(x)$ 是一个连续的有界变差函数. 从而得到

$$\int_a^b f(x)dg(x) = \int_a^b f(x)ds(x) + \int_a^b f(x)d\gamma(x).$$

现在, 我们要指出, 积分 $\int_a^b f(x)ds(x)$ 是容易计算的. 为此注意级数

$$\sum_{k=1}^\infty \{|g(x_k) - g(x_k - 0)| + |g(x_k + 0) - g(x_k)|\}$$

是收敛的[①]. 注意到这一点后, 我们再引进函数 $s_n(x)$:

置 $s_n(a) = 0$, 而当 $a < x \leqslant b$ 时令

$$s_n(x) = [g(a+0) - g(a)] + \sum_{x_k < x}[g(x_k+0) - g(x_k-0)] + [g(x) - g(x-0)],$$

[①] 事实上, 若 $g(x) = \pi(x) - \nu(x)$, 其中 $\pi(x)$ 及 $\nu(x)$ 都是增函数, 而下面每一个 (正项) 级数

$$\sum_{k=1}^\infty [\pi(x_k+0) - \pi(x_k-0)], \quad \sum_{k=1}^\infty [\nu(x_k+0) - \nu(x_k-0)]$$

显然都是收敛的, 剩下来只要再注意到

$$|g(x_k) - g(x_k-0)| + |g(x_k+0) - g(x_k)|$$
$$\leqslant [\pi(x_k+0) - \pi(x_k-0)] + [\nu(x_k+0) - \nu(x_k-0)]$$

就行了.

但是式中的 k 不大于 n.

那么容易证明, 对于 $[a,b]$ 中每一点 x, 成立
$$\lim_{n\to\infty} s_n(x) = s(x).$$

另一方面,
$$\overset{b}{\underset{a}{V}}(s_n) = |g(a+0) - g(a)|$$
$$+ \sum_{k=1}^{n}\{|g(x_k) - g(x_k - 0)| + |g(x_k + 0) - g(x_k)|\}$$
$$+ |g(b) - g(b-0)|,$$

因此, 对于一切 n, 数列 $\overset{b}{\underset{a}{V}}(s_n)$ 小于一个定数.

所以
$$\int_a^b f(x)ds(x) = \lim_{n\to\infty} \int_a^b f(x)ds_n(x).$$

但是函数 $s_n(x)$ 在区间 $(a,x_1),(x_1,x_2),\cdots,(x_n,b)$ 中取常数, 所以从 §6 的定理 3,
$$\int_a^b f(x)ds_n(x) = f(a)[g(a+0) - g(a)]$$
$$+ \sum_{k=1}^{n} f(x_k)[g(x_k + 0) - g(x_k - 0)]$$
$$+ f(b)[g(b) - g(b-0)]$$

(显然, $s_n(x)$ 在点 $a,x_1,\cdots,x_n,b$ 之跳跃与 $g(x)$ 在这种点的跳跃相同). 从而
$$\int_a^b f(x)ds(x) = f(a)[g(a+0) - g(a)]$$
$$+ \sum_{k=1}^{\infty} f(x_k)[g(x_k + 0) - g(x_k - 0)]$$
$$+ f(b)[g(b) - g(b-0)],$$

于是积分 $\int_a^b f(x)dg(x)$ 的计算, 归结于 $\int_a^b f(x)d\gamma(x)$ 的计算, 而 $\gamma(x)$ 是一个连续的有界变差函数.

所可注意的, 函数 $g(x)$ 在区间**内部**的不连续点 x_k 的值 $g(x_k)$ 并不影响于积分 $\int_a^b f(x)dg(x)$ 的值, 因为我们在作和 σ 时可以不取 x_k 作分点.

§8. 线性泛函

设 $g(x)$ 是在 $[a,b]$ 上定义的有界变差函数. 那么对于 $[a,b]$ 上定义的任一连续函数 $f(x)$, 就对应一个数

$$\Phi(f) = \int_a^b f(x)dg(x). \tag{1}$$

这些数满足下面两个条件:
1) $\Phi(f_1 + f_2) = \Phi(f_1) + \Phi(f_2)$.
2) $|\Phi(f)| \leqslant KM(f)$, 此地 $M(f) = \max|f(x)|$, 而 $K = \overset{b}{\underset{a}{V}}(g)$.

设 C 是 $[a,b]$ 上定义的一切连续函数 $f(x)$ 的全体. 若对于 C 中任一函数 f, 有数 $\Phi(f)$ 与之对应, 并且这些数满足条件 1) 与 2), 则称 $\Phi(f)$ 是在 C 上所定义的线性泛函. 并且可以证明, 除了 1) 而外, 在 C 上不存在其他的线性泛函.

首先证明, 对于 C 上定义的线性泛函 $\Phi(f)$ 一定满足

$$\Phi(kf) = k\Phi(f).$$

这个证明可用第七章 §4 对给定在 L_2 上的泛函所用的方法完成.

定理 (F. 里斯) 设 C 是在 $[a,b]$ 上定义的一切连续函数 $f(x)$ 所成之集, $\Phi(f)$ 是在 C 上所定义的线性泛函, 那么有一个有界变差的函数 $g(x)$ 使等式

$$\Phi(f) = \int_a^b f(x)dg(x) \tag{1}$$

对于 C 中任何函数 $f(x)$ 成立.

证明 我们不妨假设 $a=0$, $b=1$, 因为将变量经过一个一次变换可把 $[a,b]$ 化为 $[0,1]$.
在第四章 §5 中曾经讲过

$$\sum_{k=0}^n C_n^k x^k(1-x)^{n-k} = 1.$$

当 $x \in [0,1]$ 时, 上式各项都不取负值. 因此, 当

$$\varepsilon_k = \pm 1 \quad (k=0,1,2,\cdots,n)$$

时,

$$\left|\sum_{k=0}^n \varepsilon_k C_n^k x^k(1-x)^{n-k}\right| \leqslant 1. \tag{2}$$

在 $[0,1]$ 上定义的连续函数的全体仍记作 C, 那么对于在 C 上定义的线性泛函 $\Phi(f)$, 有常数 K 适合

$$|\Phi(f)| \leqslant K \cdot M(f).$$

利用 (2) 式乃得

$$\left|\sum_{k=0}^n \varepsilon_k \Phi[C_n^k x^k(1-x)^{n-k}]\right| \leqslant K.$$

如果我们把 ε_k 安排得很好，使在上式左边的和中，每一项不取负值，那么

$$\sum_{k=0}^{n}|\Phi[C_n^k x^k(1-x)^{n-k}]|\leqslant K. \tag{3}$$

现在我们作如下的阶梯函数 $g_n(x)$：

$g_n(0)=0$

$g_n(x)=\Phi[C_n^0 x^0(1-x)^{n-0}]$ $\quad\left(0<x<\dfrac{1}{n}\right)$

$g_n(x)=\Phi[C_n^0 x^0(1-x)^{n-0}]+\Phi[C_n^1 x^1(1-x)^{n-1}]$ $\quad\left(\dfrac{1}{n}\leqslant x<\dfrac{2}{n}\right)$

$\cdots\cdots\cdots\cdots$

$g_n(x)=\sum_{k=0}^{n-1}\Phi[C_n^k x^k(1-x)^{n-k}]$ $\quad\left(\dfrac{n-1}{n}\leqslant x<1\right)$

$g_n(1)=\sum_{k=0}^{n}\Phi[C_n^k x^k(1-x)^{n-k}].$

由 (3)，知一切函数 $g_n(x)$ 本身及其全变差都小于定数 K。因此由黑利的选择原理，从函数列 $\{g_n(x)\}$ 中可以选取一个子函数列 $\{g_{n_i}(x)\}$，使在 $[0,1]$ 中收敛于一个有界变差的函数 $g(x)$.

如果 $f(x)$ 是在 $[0,1]$ 上定义的连续函数，则由 §6 的定理 3，

$$\int_0^1 f(x)dg_n(x)=\sum_{k=0}^{n}f\left(\dfrac{k}{n}\right)\Phi[C_n^k x^k(1-x)^{n-k}],$$

从而

$$\int_0^1 f(x)dg_n(x)=\Phi[B_n(x)],$$

此地

$$B_n(x)=\sum_{k=0}^{n}f\left(\dfrac{k}{n}\right)C_n^k x^k(1-x)^{n-k},$$

这是 $f(x)$ 的伯恩斯坦多项式.

由第四章 §5 的 C. H. 伯恩斯坦定理，

$$M(B_n-f)\to 0,$$

但由线性泛函的定义，

$$|\Phi(B_n)-\Phi(f)|=|\Phi(B_n-f)|\leqslant K\cdot M(B_n-f).$$

所以当 $n\to\infty$ 时，

$$\Phi(B_n)\to\Phi(f),$$

从而得到

$$\lim_{n\to\infty}\int_0^1 f(x)dg_n(x)=\Phi(f).$$

但是当 n 经 $n_1,n_2,n_3,\cdots$ 而趋 $+\infty$ 时，由 §7 的黑利定理，得

$$\lim_{n\to\infty}\int_0^1 f(x)dg_n(x)=\int_0^1 f(x)dg(x).$$

由是
$$\Phi(f) = \int_0^1 f(x)dg(x).$$

定理证毕.

第八章的习题

1. 函数 $f(x)$ 是有界变差的必要且充分条件乃是存在这样的增函数 $\varphi(x)$ 使当 $x' < x''$ 时,
$$f(x'') - f(x') \leqslant \varphi(x'') - \varphi(x').$$

2. 设有限函数 $f(x)$ 在集合 E 的每一点具有导函数 $f'(x)$, 且 $|f'(x)| \leqslant K$, 则
$$m^* f(E) \leqslant K \cdot m^* E.$$

3. 函数 $f(x)$ 满足条件 $|f(x'') - f(x')| \leqslant K|x'' - x'|^\alpha$ $(\alpha > 0)$ 时, 称 $f(x)$ 满足 α 次的利普希茨条件. 证明, 当 $\alpha > 1$ 时 $f(x) \equiv$ 常数. 试作一个不满足任何次利普希茨条件的有界变差函数. 又设 $\alpha < 1$ 为已给, 作一函数满足 α 次利普希茨条件但有无穷的全变差.

4. 如果 $f(x)$ 满足 α 次利普希茨条件, $g(x)$ 满足 β 次利普希茨条件, 则当 $\alpha + \beta > 1$ 时, 积分 $\int_a^b f(x)dg(x)$ 存在 (B. 康杜拉里 (В. Кондурарь)).

5. 设 $f(x)$ 为连续, $g(x)$ 为有界变差, 则 $\int_a^x f(x)dg(x)$ 是一有界变差的函数, 此函数在 $g(x)$ 的连续点上是连续的.

6. 对于数列 $\mu_0, \mu_1, \mu_2, \cdots$, 作 $\Delta^0 \mu_n = \mu_n$, $\Delta^{k+1} \mu_n = \Delta^k \mu_n - \Delta^k \mu_{n+1}$. 使得增函数 $g(x)$ 适合
$$\int_0^1 x^n dg(x) = \mu_n \quad (n = 0, 1, 2, \cdots) \tag{1}$$
的必要且充分条件是对于所有的 k 及 n 下面的式子
$$\Delta^k \mu_n \geqslant 0$$
都成立 (F. 豪斯多夫).

7. 承用前题的记号, 使得有界变差函数 $g(x)$ 满足 (1) 式的必要且充分条件是对于所有的 n,
$$\sum_{k=0}^n C_n^k |\Delta^{n-k} \mu_k| \leqslant K$$

(F. 豪斯多夫).

8. 证明 §8 的里斯定理实为上题豪斯多夫定理的一个推论.

9. 如果对于任一正数 ε, 有一个正数 δ, 当 $|x'' - x'| < \delta$ 时, 不等式 $|f(x'') - f(x')| < \varepsilon$ 对于 $F = \{f(x)\}$ 中一切函数 $f(x)$ 都成立, 则称 F 是由等度连续函数所成之集. 假设有常数 K 使对于无穷集合 F 中任何函数 $f(x)$ 成立 $|f(x)| \leqslant K$, 那么在 F 中可以选出一列一致收敛的函数列 (C. 阿尔泽拉 (C. Arzelà)-G. 阿斯科利 (G. Ascoli)).

10. 根据 §5 的巴拿赫定理, 对连续函数证明等式

$$\overset{b}{\underset{a}{V}}(f) = \overset{c}{\underset{a}{V}}(f) + \overset{b}{\underset{c}{V}}(f).$$

第九章 绝对连续函数、勒贝格不定积分

§1. 绝对连续函数

与有界变差函数有密切关系但较狭窄的是绝对连续函数类.

定义 设 $f(x)$ 是在 $[a,b]$ 上定义的有限函数. 对于任一正数 ε, 假如有如下的正数 δ: 当 (a,b) 中任何有限个两两不相重叠的区间 $(a_1,b_1),(a_2,b_2),\cdots,(a_n,b_n)$ 适合

$$\sum_{k=1}^{n}(b_k-a_k)<\delta \tag{1}$$

时, 不等式

$$\left|\sum_{k=1}^{n}\{f(b_k)-f(a_k)\}\right|<\varepsilon \tag{2}$$

常成立, 那么称 $f(x)$ 是定义在 $[a,b]$ 上的绝对连续函数.

显然, 绝对连续函数是在通常意义下的连续函数 (取 $n=1$). 其逆不真, 详见下文.

不改变定义的意义, 上述绝对连续函数的条件 (2) 可以改为更强的条件:

$$\sum_{k=1}^{n}|f(b_k)-f(a_k)|<\varepsilon. \tag{3}$$

事实上, 设 $\delta>0$ 是这样的数, 使在条件 (1) 之下, 不等式

$$\left|\sum_{k=1}^{n}\{f(b_k)-f(a_k)\}\right|<\frac{\varepsilon}{2}$$

成立. 那么, 对于任意一组满足 (1) 式的两两不相重叠的区间 $\{(a_k, b_k)\}(k = 1, 2, \cdots, n)$, 我们可以将它们分成两部分 A 及 B, A 中的 (a_k, b_k) 满足 $f(b_k) - f(a_k) \geqslant 0$, 而其余的区间都属于 B. 显然,

$$\sum_A |f(b_k) - f(a_k)| = \left|\sum_A \{f(b_k) - f(a_k)\}\right| < \frac{\varepsilon}{2},$$

$$\sum_B |f(b_k) - f(a_k)| = \left|\sum_B \{f(b_k) - f(a_k)\}\right| < \frac{\varepsilon}{2},$$

所以 (3) 的确成立.

由于不等式 (3) 中各项都不是负数, 项数也是任意的, 因此对于任一正数 ε, 有正数 δ, 当任何有限个或可数无穷个两两不相重叠的区间 $\{(a_k, b_k)\}$ 适合

$$\sum_k (b_k - a_k) < \delta$$

时, 下列不等式同样也成立:

$$\sum_k |f(b_k) - f(a_k)| < \varepsilon.$$

我们将要证明上式中函数增量的绝对值还可代以函数的振幅.

事实上, 设 $f(x)$ 在 $[a_k, b_k]$ 中之最小值, 最大值分别为 m_k, M_k, 则 $[a_k, b_k]$ 中有点 α_k, β_k 使

$$f(\alpha_k) = m_k, \quad f(\beta_k) = M_k.$$

由于区间 (α_k, β_k) 的长的和不会超过 (a_k, b_k) 的长的和, 所以

$$\sum_k [f(\beta_k) - f(\alpha_k)] < \varepsilon.$$

于是, 如果 $f(x)$ 是绝对连续的话, 那么对于正数 ε, 有如下的正数 δ: 当有限个或可数无穷个两两不相重叠的区间 $\{(a_k, b_k)\}$ 适合

$$\sum_k (b_k - a_k) < \delta$$

时,

$$\sum_k \omega_k < \varepsilon$$

成立, 此地 ω_k 表示 $f(x)$ 在 $[a_k, b_k]$ 中的振幅.

一个最简单的绝对连续的例子是满足利普希茨条件的函数 $f(x)$, 这是由于

$$|f(x'') - f(x')| \leqslant K|x'' - x'|.$$

§1. 绝对连续函数

定理 1 如果函数 $f(x)$ 与 $g(x)$ 绝对连续,则 $f(x) \pm g(x), f(x)g(x)$ 也都绝对连续. 又若 $g(x) \neq 0$, 则 $\dfrac{f(x)}{g(x)}$ 也绝对连续.

证明 从
$$|\{f(b_k) \pm g(b_k)\} - \{f(a_k) \pm g(a_k)\}|$$
$$\leqslant |f(b_k) - f(a_k)| + |g(b_k) - g(a_k)|$$

知 $f(x) \pm g(x)$ 绝对连续.

其次,设 $|f(x)| \leqslant A, |g(x)| \leqslant B$, 那么, 从
$$|f(b_k)g(b_k) - f(a_k)g(a_k)| \leqslant |g(b_k)| \cdot |f(b_k) - f(a_k)| + |f(a_k)| \cdot |g(b_k) - g(a_k)|$$
$$\leqslant B|f(b_k) - f(a_k)| + A|g(b_k) - g(a_k)|$$

知 $f(x)g(x)$ 绝对连续.

最后,设 $g(x)$ 不取 0, 那么 $|g(x)| \geqslant \sigma > 0$,
$$\left|\frac{1}{g(b_k)} - \frac{1}{g(a_k)}\right| \leqslant \frac{|g(b_k) - g(a_k)|}{\sigma^2}.$$

所以 $\dfrac{1}{g(x)}$ 绝对连续, $\dfrac{f(x)}{g(x)} = f(x) \cdot \dfrac{1}{g(x)}$ 也绝对连续.

但是,当 $F(y)$ 和 $f(x)$ 都绝对连续时,复合函数 $F[f(x)]$ 不一定绝对连续. 关于这个问题我们介绍两种简单的条件,保证 $F[f(x)]$ 绝对连续.

定理 2 设 $f(x)$ 是在 $[a,b]$ 上定义的绝对连续函数,其值介乎 $[A,B]$ 之间. 假如 $F(y)$ 在 $[A,B]$ 上满足利普希茨条件,那么复合函数 $F[f(x)]$ 是一绝对连续函数.

证明 设 $|F(y'') - F(y')| \leqslant K|y'' - y'|$, 那么对于任何互不相重叠的区间组 (a_k, b_k), 成立
$$\sum_{k=1}^{n} |F[f(b_k)] - F[f(a_k)]| \leqslant K \sum_{k=1}^{n} |f(b_k) - f(a_k)|.$$

这不等式的右边当
$$\sum_{k=1}^{n} (b_k - a_k)$$

适当小时可小于任何预先给定的正数,所以定理成立.

定理 3 设 $f(x)$ 在 $[a,b]$ 上是一绝对连续的严格增函数. 如果 $F(y)$ 在 $[f(a), f(b)]$ 上绝对连续,那么 $F[f(x)]$ 在 $[a,b]$ 上绝对连续.

证明 对于正数 ε, 有正数 δ, 使当互不相重叠的区间组 (A_k, B_k) 满足
$$\sum_{k=1}^{n} (B_k - A_k) < \delta$$

时, 有
$$\sum_{k=1}^{n}|F(B_k)-F(A_k)|<\varepsilon.$$

然后, 对于这样的 δ, 取正数 η 使当互不相重叠的区间组 (a_k,b_k) 适合
$$\sum_{k=1}^{m}(b_k-a_k)<\eta$$

时, 成立
$$\sum_{k=1}^{m}[f(b_k)-f(a_k)]<\delta.$$

当区间 (a_k,b_k) 两两不相重叠时, 区间 $(f(a_k),f(b_k))$ 也两两不相重叠, 当 $\sum_{k=1}^{m}(b_k-a_k)<\eta$ 时, $\sum_{k=1}^{m}[f(b_k)-f(a_k)]<\delta$; 因此
$$\sum_{k=1}^{m}|F[f(b_k)]-F[f(a_k)]|<\varepsilon.$$

定理证毕.

§2. 绝对连续函数的微分性质

定理 1 绝对连续函数是有界变差函数[①].

证明 设 $f(x)$ 是定义在 $[a,b]$ 上的绝对连续函数. 我们取如下的正数 δ, 使当互不相重叠的区间组 $\{(a_k,b_k)\}$ 适合 $\sum_{k=1}^{n}(b_k-a_k)<\delta$ 时,
$$\sum_{k=1}^{n}|f(b_k)-f(a_k)|<1.$$

在 $[a,b]$ 中插入分点 c_i:
$$c_0=a<c_1<c_2<\cdots<c_N=b,$$
$$c_{k+1}-c_k<\delta \quad (k=0,1,\cdots,N-1).$$

那么,
$$\overset{c_{k+1}}{\underset{c_k}{V}}(f)\leqslant 1, \quad \overset{b}{\underset{a}{V}}(f)\leqslant N.$$

定理证毕.

[①] 由是可知连续函数未必绝对连续. 例如第八章 §3 中的 $f(x): f(0)=0, f(x)=x\cos\dfrac{\pi}{2x}(0<x\leqslant 1)$.

§2. 绝对连续函数的微分性质

推论 若 $f(x)$ 在 $[a,b]$ 上是一绝对连续函数, 那么在 $[a,b]$ 上, $f(x)$ 几乎处处存在有限的导数 $f'(x)$, 且 $f'(x)$ 是一可和函数.

定理 2 假如绝对连续函数 $f(x)$ 的导函数 $f'(x)$ 几乎处处等于 0, 那么 $f(x)$ 是一常数.

证明 设 (a,b) 中的点 x 使 $f'(x) = 0$ 的全体是 E. 设 $\varepsilon > 0, x \in E$, 那么对于所有足够小的正数 h 成立

$$\frac{|f(x+h) - f(x)|}{h} < \varepsilon. \tag{$*$}$$

这种闭区间 $[x, x+h]$ 依照维塔利的意义覆盖 E [其中 h 满足条件 $(*)$]. 因此对于正数 δ 我们可以从这些闭区间中取出有限个两两不相重叠的闭区间

$$d_1 = [x_1, x_1 + h_1], d_2 = [x_2, x_2 + h_2], \cdots, d_n = [x_n, x_n + h_n],$$

它们位于 (a,b) 内且使 $m^*[E - E(d_1 + d_2 + \cdots + d_n)] < \delta$. 设 $x_k < x_{k+1}$, 那么

$$[a, x_1), (x_1 + h_1, x_2), \cdots, (x_{n-1} + h_{n-1}, x_n), (x_n + h_n, b] \tag{1}$$

是从 $[a,b]$ 除去 $d_k (k = 1, 2, \cdots, n)$ 后留下来的区间, 这些区间的总长一定小于 δ. 事实上, 由

$$b - a = mE \leqslant \sum_{k=1}^{n} md_k + m^*\left[E - \sum_{k=1}^{n} d_k\right] < \sum_{k=1}^{n} md_k + \delta.$$

即得

$$\sum_{k=1}^{n} md_k > b - a - \delta.$$

但函数 $f(x)$ 是绝对连续的, 因此我们可取 δ 很小, 使在诸区间 (1) 上函数增量之和小于 ε:

$$\left|\{f(x_1) - f(a)\} + \sum_{k=1}^{n-1}\{f(x_{k+1}) - f(x_k + h_k)\} + \{f(b) - f(x_n + b_n)\}\right| < \varepsilon. \tag{2}$$

另一方面, 由闭区间 d_k 之定义, 成立

$$|f(x_k + h_k) - f(x_k)| < \varepsilon h_k,$$

由是, 从 $\sum h_k = \sum md_k \leqslant b - a$, 得

$$\left|\sum_{k=1}^{n}\{f(x_k + h_k) - f(x_k)\}\right| < \varepsilon(b-a). \tag{3}$$

由 (2) 及 (3) 乃得

$$|f(b) - f(a)| < \varepsilon(1 + b - a),$$

因 ε 是任意的, 所以
$$f(b) = f(a).$$

设 $a < x \leqslant b$, 那么上面的结果可以用到 $[a,x]$ 上来. 就得到下面的结果: 对于任意的 $x \in [a,b]$ 成立
$$f(x) = f(a),$$
由是 $f(x)$ 是一常数①.

推论 如果绝对连续函数 $f(x)$ 与 $g(x)$ 的导函数 $f'(x)$ 与 $g'(x)$ 等价, 那么 $f(x)$ 与 $g(x)$ 之差是一常数.

事实上, 使 $f(x)$ 或 $g(x)$ 至少有一个没有有限导数或使它们的导数不相等的点的集合测度为零, 自 $[a,b]$ 中除去这个点集, 则在其余的一切点有
$$[f(x) - g(x)]' = 0.$$

§3. 连续映射

在第八章 §2 中我们已经讲过利用一个函数把一个点集映射到另一集的概念. 现在我们要继续加以讨论. 本节中所出现的函数 $f(x)$ 是在 $[a,b]$ 上所定义的连续函数. 这一点以下不再重复.

定理 1 闭集 F 的像 $f(F)$ 仍为闭集.

证明 设 y_0 是 $f(F)$ 中的一个极限点;
$$y_0 = \lim_{n \to \infty} y_n \quad [y_n \in f(F)].$$
对于 y_n, 必有 $x_n \in F$, 使
$$f(x_n) = y_n,$$
因为点列 $\{x_n\} \subset [a,b]$, 即有界, 所以存在如下的收敛子列 $\{x_{n_k}\}$:
$$\lim_{k \to \infty} x_{n_k} = x_0,$$
因 F 是一闭集, 所以
$$x_0 \in F,$$
因此
$$f(x_0) \in f(F).$$
另一方面, 由 $f(x)$ 之连续性,
$$\lim y_{n_k} = \lim f(x_{n_k}) = f(x_0),$$
因此
$$y_0 = f(x_0), \quad y_0 \in f(F).$$

---

①由此定理, 知第八章 §2 中所举的连续函数 $\Theta(x)$ 不是绝对连续的.

§3. 连 续 映 射

所以 $f(F)$ 包含它的一切极限点.

将此定理与第八章 §2 之定理 1 对照, 得如下的

推论 如果 E 是一个 F_σ 型的集, 则它的像 $f(E)$ 也是一个 F_σ 型的集.

现在我们要研究如下的问题: 经连续映射后, 集合的可测性是否保持? 要解答这个问题, 首先引入下面属于卢津院士的定义.

定义 假如对于测度为零的任何集 $e, f(e)$ 之测度仍为零, 那么说 $f(x)$ 具有性质 (N).

定理 2 使任意可测集 E 的像 $f(E)$ 仍是可测集的必要且充分条件是 $f(x)$ 具有性质 (N).

证明 设 $f(x)$ 具有性质 (N). 设 E 是 $[a,b]$ 中之任一可测集, 则

$$E = A + e,$$

其中 A 是一 F_σ 型的集, 而 e 是一个测度为 0 的集[①].

由是

$$f(E) = f(A) + f(e),$$

所以 $f(E)$ 是一可测集.

现在假设 $f(x)$ 不具有性质 (N), 那么 $[a,b]$ 中必含有如下的集 e_0: e_0 之测度为零, 但 $m^*f(e_0) > 0$.

今在 $f(e_0)$ 上取一个不可测的子集 B[②], 对于 B 中任一点 y, e_0 有点 x 适合 $f(x) = y$. 由是得到 B 的原像 $A, A \subset e_0$. 因之 $m^*A \leqslant me_0 = 0$, 所以 A 是可测的. 但是 $B = f(A)$ 是不可测的. 这样, 我们的函数 $f(x)$ 能使可测集对应于不可测集.

定理 3 绝对连续函数具有性质 (N).

证明 设 $f(x)$ 是一绝对连续函数, 集 E 的测度是 0. 所要证的是

$$mf(E) = 0.$$

为此首先假定 a, b 都不属于 E, 则

$$E \subset (a, b).$$

对于任一正数 ε, 取如下的正数 δ: 当有限个或可数无穷个不相重叠的区间 $\{(a_k, b_k)\}$ 的全长小于 δ 时,

$$\sum_k (M_k - m_k) < \varepsilon,$$

其中 m_k, M_k 分别表示 $f(x)$ 在 $[a_k, b_k]$ 上的最小值与最大值.

因 $mE = 0$, 所以有如下的有界开集 G:

$$E \subset G, \quad mG < \delta.$$

[①]要证明此事, 只要对于每一自然数 n, 作这样的闭集 $F_n \subset E$, 使 $mF_n > mE - \dfrac{1}{n}$, 再设 $A = \sum\limits_{n=1}^{\infty} F_n$.

[②]如果 $f(e_0)$ 是一不可测集, 则取 $B = f(e_0)$, 否则依照第三章 §6 之末所示, 亦可取得 B.

并且我们不妨假设 $G \subset (a,b)$ (因为 E 含在此区间内). 开集 G 是其一切构成区间 (a_k,b_k) 的和, 而构成区间之全长小于 δ. 所以

$$f(E) \subset f(G) = \sum_k f[(a_k,b_k)] \subset \sum_k f([a_k,b_k]),$$

从而

$$m^* f(E) \leqslant \sum_k m^* f([a_k,b_k]).$$

另一方面, 显然有

$$f([a_k,b_k]) = [m_k, M_k],$$

因此,

$$m^* f(E) \leqslant \sum_k (M_k - m_k) < \varepsilon.$$

因 ε 是任意的正数, 所以 $mf(E) = 0$.

至于一般的情形, 就是说 a, b 可能属于 E. 因为当 E 中除去点 a 及 b 时, 在 $f(E)$ 中顶多只除去两点 $f(a)$ 及 $f(b)$, 所以并不影响 $f(E)$ 之测度.

推论 绝对连续函数把可测集映成可测集.

综上所述, 凡绝对连续函数一定是有界变差的且具有性质 (N). 下面我们证明这两个性质实在是连续函数成为绝对连续的特征.

定理 4 (S. 巴拿赫与 M. A. 扎列茨基 (М. А. Зарецкий)) 如果连续函数 $f(x)$ 为有界变差且具有性质 (N), 则 $f(x)$ 是一绝对连续函数.

证明 假设 $f(x)$ 不是绝对连续, 那么必有正数 ε_0, 对于此 ε_0 找不到如下的 $\delta > 0$ 使当任何互不重叠的区间组 $\{(a_k, b_k)\}$ 的全长

$$\sum_{k=1}^n (b_k - a_k) < \delta$$

时成立不等式

$$\sum_{k=1}^n (M_k - m_k) < \varepsilon_0.$$

现在取一个收敛的正项级数 $\sum_{i=1}^\infty \delta_i$, 对于每一个 δ_i, 取一互不相重叠的区间组 $\left(a_k^{(i)}, b_k^{(i)}\right)$ $(k = 1, 2, \cdots, n_i)$:

$$\sum_{k=1}^{n_i} (b_k^{(i)} - a_k^{(i)}) < \delta_i, \quad \sum_{k=1}^{n_i} (M_k^{(i)} - m_k^{(i)}) \geqslant \varepsilon_0,$$

其中 $M_k^{(i)}, m_k^{(i)}$ 分别表示 $f(x)$ 在 $[a_k^{(i)}, b_k^{(i)}]$ 中之最大值与最小值.

置

$$E_i = \sum_{k=1}^{n_i} (a_k^{(i)}, b_k^{(i)}), \quad A = \prod_{n=1}^\infty \sum_{i=n}^\infty E_i.$$

易见 $mA = 0$, 因此,

$$mf(A) = 0. \tag{1}$$

现在我们作函数 $L_k^{(i)}(y)$ 如下: 如果方程式
$$f(x) = y \tag{2}$$
在 $(a_k^{(i)}, b_k^{(i)})$ 中至少有一个根, 则定 $L_k^{(i)}(y) = 1$; 如果 (2) 式在 $(a_k^{(i)}, b_k^{(i)})$ 中无根, 则定 $L_k^{(i)}(y) = 0$. 因此, 这个函数当 y 属于 $(m_k^{(i)}, M_k^{(i)})$ 时等于 1, 若在 $[m_k^{(i)}, M_k^{(i)}]$ 之外则等于 0. 所以[①]
$$\int_m^M L_k^{(i)}(y)dy = M_k^{(i)} - m_k^{(i)}. \tag{3}$$
置
$$N_i(y) = \sum_{k=1}^{n_i} L_k^{(i)}(y).$$
那么, $N_i(y)$ 乃是如下的 $(a_k^{(i)}, b_k^{(i)})$ 的个数: 在这种区间中方程式 $f(x) = y$ 至少有一根. 如果 $N(y)$ 表示 $f(x)$ 的巴拿赫的指标函数, 则
$$N_i(y) \leqslant N(y). \tag{4}$$
但是由 (3) 式,
$$\int_m^M N_i(y)dy \geqslant \varepsilon_0. \tag{5}$$
如果我们能证明: 在 $[m, M]$ 中几乎所有的 y 适合
$$\lim_{i \to \infty} N_i(y) = 0, \tag{6}$$
那么由于巴拿赫指标函数是可和的, 所以从 (4) 及 (6) 式, 得到
$$\lim_{i \to \infty} \int_m^M N_i(y)dy = 0,$$
但此与不等式 (5) 矛盾. 于是定理就证毕了.

现在要证 (6). 以 B 表示使 (6) 式不成立的 y 的全体, 又以 C 表示使 $N(y) = +\infty$ 的 y 的全体, 因为 $N(y)$ 是一可和函数, 所以 $mC = 0$. 我们只要能够证明
$$B - C \subset f(A), \tag{7}$$
那么定理就完全证明了.

设 $y_0 \in B - C$. 那么可以取这种 $\{i_r\}$, 使
$$N_{i_r}(y_0) \geqslant 1 \quad (r = 1, 2, 3, \cdots)$$
这就表示, 对于每一个 r 存在如下的点 x_{i_r}:
$$f(x_{i_r}) = y_0, \quad x_{i_r} \in E_{i_r}.$$
但是因为 $N(y_0) < +\infty$, 所以在 x_{i_r} 中相异的点只有有限个, 因此在其中至少有一个 —— 今记作 x_0 —— 在 $\{x_{i_r}\}$ 中出现无穷次.

于是我们找到了这种点 x_0, 它属于无穷多个 E_i 之中, 且满足
$$f(x_0) = y_0.$$
但此时, 显然 $x_0 \in A$, 因此 $y_0 \in f(A)$. 由是证得 (7) 式. 定理证毕.

[①] $m = \min\{f(x)\}, M = \max\{f(x)\}$.

定理 5 (Г. M. 菲赫金哥尔茨) 设 $F(y)$ 及 $f(x)$ 是两个绝对连续函数, 且 $F(y)$ 是在 $f(x)$ 的函数值所成之闭区间上定义的. 为使复合函数 $F[f(x)]$ 绝对连续的必要且充分条件是它为有界变差[①].

证明 条件之为必要非常明显. 要证明条件的充分性, 只要注意到两个具有性质 (N) 的复合函数仍具有性质 (N) 就好了.

§4. 勒贝格不定积分

设在 $[a,b]$ 上, $f(t)$ 是可和的, 则称

$$\Phi(x) = C + \int_a^x f(t)dt$$

为 $f(t)$ 的 (勒贝格) 不定积分, 由于常数项 C 之不同而相异, 所以 $f(t)$ 的不定积分的全体成一无穷集, 这集中任何两个元素彼此差一个常数.

定理 1 不定积分 $\Phi(x)$ 是绝对连续函数.

证明 对于任一正数 ε (由第六章 §2 定理 8) 有如下的正数 δ, 当可测集 e 的测度 $me < \delta$ 时

$$\left|\int_e f(t)dt\right| < \varepsilon.$$

特别取 e 为不相重叠的有限个区间 (a_k, b_k), 当 $\sum(b_k - a_k) < \delta$ 时,

$$\left|\sum_{k=1}^n \int_{a_k}^{b_k} f(t)dt\right| < \varepsilon.$$

但因

$$\int_{a_k}^{b_k} f(t)dt = \Phi(b_k) - \Phi(a_k),$$

从而得到

$$\left|\sum_{k=1}^n \{\Phi(b_k) - \Phi(a_k)\}\right| < \varepsilon.$$

定理证毕.

由此定理, 知 $\Phi'(x)$ 几乎处处存在且为有限, 并且此导函数是可和的. 但是我们还有更确切的命题.

定理 2 不定积分

$$\Phi(x) = \int_a^x f(t)dt$$

的导函数几乎处处等于被积函数 $f(x)$.

[①] 这个定理首先被菲赫金哥尔茨在 1922 年所证明. 到了 1925 年为了想给它一个新的证明, 扎列茨基建立了定理 4, 巴拿赫此时也发现了这个定理.

证明 设 p, q 为二实数, 但 $p < q$. 设 $E_{p,q}$ 是 $[a, b]$ 中如下的点 x 的全体: $\Phi'(x)$ 存在且满足
$$\Phi'(x) > q > p > f(x).$$
显然点集 $E_{p,q}$ 是可测的, 我们要证明
$$mE_{p,q} = 0. \tag{1}$$

为此对于任一正数 ε, 取如下的正数 δ, 当 $me < \delta$ 时,
$$\left| \int_e f(t) dt \right| < \varepsilon.$$

又作如下的开集[①] $G \subset [a, b]$:
$$G \supset E_{p,q}, \quad mG < mE_{p,q} + \delta.$$

设 $x \in E_{p,q}$, 那么对于所有足够小的正数 h,
$$\frac{\Phi(x+h) - \Phi(x)}{h} > q. \tag{2}$$

因此, 点集 $E_{p,q}$ 被这种闭区间集 $[x, x+h]$ [其中 $h > 0$ 满足条件 (2)] 依照维塔利的意义所覆盖. 我们不妨假定这种闭区间都含在 G 中. 因此, 其中必有可数个两两不相交的闭区间
$$[x_1, x_1 + h_1], [x_2, x_2 + h_2], \cdots$$
适合
$$m\left\{ E_{p,q} - \sum_{k=1}^{\infty} [x_k, x_k + h_k] \right\} = 0.$$

由 (2) 式,
$$\frac{1}{h_k} \int_{x_k}^{x_k + h_k} f(t) dt > q.$$

置 $S = \sum_{k=1}^{\infty} [x_k, x_k + h_k]$, 则由上式,
$$\int_S f(t) dt > q \cdot mS,$$

或者写为
$$\int_S f(t) dt > q[mE_{p,q} + \theta \varepsilon] \quad (0 \leqslant \theta \leqslant 1). \tag{3}$$

另一方面, 由 $S \subset G$, 故
$$S - E_{p,q} \subset G - E_{p,q}$$

[①] 不妨假定 a, b 两点均不属于 $E_{p,q}$, 同时还假定 $\delta < \varepsilon$.

且 $m[S-E_{p,q}]<\delta$，因此
$$\int_{S-E_{p,q}}f(t)dt<\varepsilon.$$
从而[1]
$$\int_S f(t)dt<\int_{E_{p,q}}f(t)dt+\varepsilon. \tag{4}$$

但在 $E_{p,q}$ 上，$f(t)<p$，因此
$$\int_{E_{p,q}}f(t)dt\leqslant p\cdot mE_{p,q}. \tag{5}$$

由 (3), (4), (5) 式，得
$$q[mE_{p,q}+\theta\varepsilon]<pmE_{p,q}+\varepsilon,$$
因 ε 是任意的正数，所以
$$qmE_{p,q}\leqslant pmE_{p,q}.$$

因 $q>p$，上式仅当 $mE_{p,q}=0$ 时为可能. 于是证得 (1) 式.

假设 E 是如下的点 x 的全体: $[a,b]$ 中的点 x，使 $\Phi'(x)$ 存在且满足
$$\Phi'(x)>f(x).$$
那么
$$E=\sum_{(p,q)}E_{p,q},$$
此地 $\sum_{(p,q)}$，对于所有有理数对 (p,q) 取和，但 $p<q$. 由已证之 (1) 式，乃得
$$mE=0.$$

换言之，如果 A 表示使 $\Phi'(x)$ 存在的 x 的全体，那么在 A 中几乎处处成立
$$\Phi'(x)\leqslant f(x). \tag{6}$$

注意到这个事实以后，置
$$g(x)=-f(x), \quad \Gamma(x)=\int_a^x g(t)dt.$$

那么 $\Gamma(x)=-\Phi(x)$，$\Gamma'(x)$ 在 A 上是处处存在的，利用上面的结果，知道在 A 中关系
$$\Gamma'(x)\leqslant g(x)$$

---

[1] 由 $m(E_{p,q}-S)=0$，可知 $\int_{E_{p,q}}fdt=\int_{SE_{p,q}}fdt$.

几乎处处成立. 或者同样地,
$$\Phi'(x) \geqslant f(x). \tag{7}$$

由 (6) 及 (7) 式, 等式
$$\Phi'(x) = f(x)$$
在 A 上几乎处处成立, 也就意味着在 $[a,b]$ 上几乎处处成立. 定理证毕.

定理 3 绝对连续函数是它的导函数的不定积分.

证明 设 $F(x)$ 是 $[a,b]$ 中的绝对连续函数, 则 $F'(x)$ 几乎处处存在且为可和. 置
$$\Phi(x) = F(a) + \int_a^x F'(t)dt.$$
这个函数亦为绝对连续, 并且几乎处处成立
$$\Phi'(x) = F'(x).$$

由 §2 定理 2 之推论, $F(x) - \Phi(x)$ 是一常数. 但 $F(a) = \Phi(a)$, 所以 $F(x)$ 与 $\Phi(x)$ 是同一函数.

为了要把定理 2 加强, 我们先给下面的

定义 假如在点 x 处 $f(x) \neq \pm\infty$ 且
$$\lim_{h \to 0} \frac{1}{h} \int_x^{x+h} |f(t) - f(x)|dt = 0,$$
则称点 x 为 $f(t)$ 的勒贝格点.

定理 4 若 x 是 $f(t)$ 的勒贝格点, 那么不定积分 $\Phi(x) = \int_a^x f(t)dt$ 在点 x 具有导数 $f(x)$.

证明 从
$$\frac{\Phi(x+h) - \Phi(x)}{h} - f(x) = \frac{1}{h}\int_x^{x+h}\{f(t) - f(x)\}dt,$$
得
$$\left|\frac{\Phi(x+h) - \Phi(x)}{h} - f(x)\right| \leqslant \frac{1}{h}\int_x^{x+h}|f(t) - f(x)|dt.$$
令 $h \to 0$, 即得所要的结果.

所当注意的是定理 4 的逆, 一般不真.

定理 5 若函数 $f(x)$ 在 $[a,b]$ 上是可和的, 那么 $[a,b]$ 中几乎所有的点都是 $f(x)$ 的勒贝格点.

证明 设 r 是一有理数. 因函数 $|f(t) - r|$ 在 $[a,b]$ 上是可和的, 所以几乎对于所有的点 $x \in [a,b]$,
$$\lim_{h \to 0} \frac{1}{h} \int_x^{x+h} |f(t) - r| dt = |f(x) - r|. \tag{8}$$

设 $E(r)$ 是 $[a,b]$ 中不满足 (8) 式的点 x 的全体, 则 $mE(r) = 0$. 设 $\{r_n\}$ 是有理数的全体. 置
$$E = \sum_{n=1}^{\infty} E(r_n) + E(|f| = +\infty).$$

则 $mE = 0$. 若能证 $[a,b] - E$ 中之任何点是 $f(t)$ 的勒贝格点, 则定理就证毕了.

设 $x_0 \in [a,b] - E$. 取任一正数 ε, 又取如下的 r_n:
$$|f(x_0) - r_n| < \frac{\varepsilon}{3}.$$

则
$$\big||f(t) - r_n| - |f(t) - f(x_0)|\big| < \frac{\varepsilon}{3}.$$

因此
$$\left| \frac{1}{h} \int_{x_0}^{x_0+h} |f(t) - r_n| dt - \frac{1}{h} \int_{x_0}^{x_0+h} |f(t) - f(x_0)| dt \right| \leqslant \frac{\varepsilon}{3}.$$

但是因为 $x_0 \overline{\in} E$, 所以当 $|h| < \delta(\varepsilon)$ 时,
$$\left| \frac{1}{h} \int_{x_0}^{x_0+h} |f(t) - r_n| dt - |f(x_0) - r_n| \right| < \frac{\varepsilon}{3},$$

即
$$\frac{1}{h} \int_{x_0}^{x_0+h} |f(t) - r_n| dt < \frac{2}{3} \varepsilon.$$

因此对于这样的 h,
$$\frac{1}{h} \int_{x_0}^{x_0+h} |f(t) - f(x_0)| dt < \varepsilon.$$

定理 6 可和函数 $f(t)$ 的所有连续点是勒贝格点.

证明 设 $f(t)$ 在点 x 为连续. 那么对于正数 ε, 有正数 δ, 当 $|t-x| < \delta$ 时,
$$|f(t) - f(x)| < \varepsilon.$$

但是当 $|h| < \delta$ 时也成立
$$\frac{1}{h} \int_x^{x+h} |f(t) - f(x)| dt < \varepsilon.$$

定理证毕.

由定理 1 及定理 3, 知函数 $\Phi(x)$ 为一可和函数的不定积分的必要且充分条件是 $\Phi(x)$ 为绝对连续. 与此有关的, 是下面的问题: 一个函数如果是 $L_p(p > 1)$ 中函数的不定积分会具有怎样的特征? 下面的定理, 将回答这个问题.

§4. 勒贝格不定积分

定理 7 (F. 里斯)   为使 $F(x)$ $(a \leqslant x \leqslant b)$ 能表成 $L_p(p>1)$ 中某函数 $f(t)$ 的不定积分

$$F(x) = C + \int_a^x f(t)dt \tag{9}$$

其必要且充分的条件是不等式

$$\sum_{k=0}^{n-1} \frac{|F(x_{k+1}) - F(x_k)|^p}{(x_{k+1} - x_k)^{p-1}} \leqslant K \tag{10}$$

成立, 其中 K 是一常数, 与分法 $a = x_0 < x_1 < x_2 < \cdots < x_n = b$ 无关[①].

证明   条件 (10) 的必要性是很明显的. 事实上, 由赫尔德不等式 [第七章 §6, 公式 (1)],

$$|F(x_{k+1}) - F(x_k)| = \left| \int_{x_k}^{x_{k+1}} f(t)dt \right| \leqslant \sqrt[q]{x_{k+1} - x_k} \cdot \sqrt[p]{\int_{x_k}^{x_{k+1}} |f(t)|^p dt},$$

其中 $q = \dfrac{p}{p-1}$. 由是

$$\frac{|F(x_{k+1}) - F(x_k)|^p}{(x_{k+1} - x_k)^{p-1}} \leqslant \int_{x_k}^{x_{k+1}} |f(t)|^p dt,$$

所以 (10) 成立, 并且 K 可以取为 $\int_a^b |f(t)|^p dt$.

证明条件 (10) 的充分性更复杂些. 首先我们注意: 从 (10) 式左边除去若干加项, 不等式仍旧成立. 因此对于含在 $[a,b]$ 中两两不相重叠的区间组 (a_k, b_k) $(k=1,2,\cdots,n)$ 有

$$\sum_{k=1}^{n} \frac{|F(b_k) - F(a_k)|^p}{(b_k - a_k)^{p-1}} \leqslant K.$$

由和数形式的赫尔德不等式 [第七章 §6 公式 (8)] 有

$$\sum_{k=1}^n |F(b_k) - F(a_k)| = \sum_{k=1}^n \frac{|F(b_k) - F(a_k)|}{(b_k - a_k)^{\frac{p-1}{p}}} (b_k - a_k)^{\frac{1}{q}}$$

$$\leqslant \sqrt[p]{\sum_{k=1}^n \frac{|F(b_k) - F(a_k)|^p}{(b_k - a_k)^{p-1}}} \cdot \sqrt[q]{\sum_{k=1}^n (b_k - a_k)}.$$

所以

$$\sum_{k=1}^n |F(b_k) - F(a_k)| \leqslant \sqrt[p]{K} \cdot \sqrt[q]{\sum_{k=1}^n (b_k - a_k)},$$

因此得到 $F(x)$ 的绝对连续性. 所以 $F(x)$ 可用 (9) 式表示, 但是 $f(t) \in L$. 剩下来的是要证明 $f(t) \in L_p$.

为此将 $[a,b]$ 分成 n 等分, 设其分点为 $x_k^{(n)} = a + \dfrac{k}{n}(b-a)(k=0,1,\cdots,n)$. 再引入如下的函数 $f_n(t)$:

$$f_n(t) = \frac{F(x_{k+1}^{(n)}) - F(x_k^{(n)})}{x_{k+1}^{(n)} - x_k^{(n)}} \quad (x_k^{(n)} < t < x_{k+1}^{(n)}),$$

$$f_n(x_k^{(n)}) = 0 \quad (k = 0, 1, \cdots, n).$$

[①] 若 $p = 1$, 则 (10) 式是 $F(x)$ 为有界变差的条件. 这个条件是使 $F(x)$ 可由 (9) 式 [式中 $f(t) \in L$] 表示的必要条件, 但不是充分条件.

那么容易证明: 几乎处处成立[1]
$$\lim_{n\to\infty} f_n(t) = f(t).$$
[例外的点可能是分点或是 $F'(x) \neq f(x)$ 的点].

于此利用法图定理, 得
$$\int_a^b |f(t)|^p dt \leqslant \sup\left\{\int_a^b |f_n(t)|^p dt\right\}.$$

但是
$$\int_a^b |f_n(t)|^p dt = \sum_{k=0}^{n-1} \int_{x_k^{(n)}}^{x_{k+1}^{(n)}} |f_n(t)|^p dt = \sum_{k=0}^{n-1} \frac{|F(x_{k+1}^{(n)}) - F(x_k^{(n)})|^p}{(x_{k+1}^{(n)} - x_k^{(n)})^{p-1}} \leqslant K,$$

所以
$$\int_a^b |f(t)|^p dt < +\infty.$$

定理证毕.

最后, 我们考察不定积分的全变差.

定理 8 设 $f(t)$ 是在 $[a,b]$ 上的可和函数. 若
$$F(x) = \int_a^x f(t)dt,$$
则
$$\overset{b}{\underset{a}{V}}(F) = \int_a^b |f(t)|dt.$$

就是说, 绝对连续函数的全变差等于其导函数绝对值的积分.

证明 设 $x_0 = a < x_1 < x_2 < \cdots < x_n = b$, 则
$$\sum_{k=0}^{n-1} |F(x_{k+1}) - F(x_k)| = \sum_{k=0}^{n-1} \left|\int_{x_k}^{x_{k+1}} f(t)dt\right|$$
$$\leqslant \sum_{k=0}^{n-1} \int_{x_k}^{x_{k+1}} |f(t)|dt = \int_a^b |f(t)|dt,$$

---

[1]实际上, 假设 x 不是分点, 且存在有限的 $F'(x)$, 那么不论如何分法, x 必定含在 $(x_{k_n}^{(n)}, x_{k_n+1}^{(n)})$ $(n = 1, 2, \cdots)$ 中的某一个内, 由于 $x_{k_n+1}^{(n)} - x_{k_n}^{(n)} = \frac{b-a}{n} \to 0$, 所以下面两式
$$\frac{F(x_{k_n+1}^{(n)}) - F(x)}{x_{k_n+1}^{(n)} - x}, \quad \frac{F(x) - F(x_{k_n}^{(n)})}{x - x_{k_n}^{(n)}}$$
当 $n \to \infty$ 时均趋向于 $F'(x)$. 但是 $f_n(x) = \dfrac{F(x_{k_n+1}^{(n)}) - F(x_{k_n}^{(n)})}{x_{k_n+1}^{(n)} - x_{k_n}^{(n)}}$ 介乎上面两数之间, 所以
$$\lim_{n\to\infty} f_n(x) = F'(x).$$

因此,
$$\overset{b}{\underset{a}{V}}(F) \leqslant \int_a^b |f(t)|dt.$$

现在要证明上式的等号成立. 记 $(a,b) = E$,
$$P = E(f \geqslant 0), \quad N = E(f < 0).$$
则
$$\int_a^b |f(t)|dt = \int_P f(t)dt - \int_N f(t)dt.$$

取任一正数 ε, 由于积分的绝对连续性, 有如下的正数 δ: 当可测集 $e \subset [a,b]$ 且 $me < \delta$ 时, 成立
$$\int_e |f(t)|dt < \varepsilon.$$

设 $F(P), F(N)$ 是分别含在 P, N 中的如下的闭集:
$$m[P - F(P)] < \delta, \quad m[N - F(N)] < \delta,$$
则
$$\int_a^b |f(t)|dt < \int_{F(P)} f(t)dt - \int_{F(N)} f(t)dt + 2\varepsilon.$$

由隔离性定理 (第二章 §4 定理 3), 存在如下的开集 $\Gamma(P)$ 及 $\Gamma(N)$:
$$\Gamma(P) \supset F(P),\ \Gamma(N) \supset F(N),\ \Gamma(P) \cdot \Gamma(N) = \varnothing,$$
并且不妨假定上述两开集都含在 (a,b) 中. 又取如下的有界开集 $A(P)$ 及 $A(N)$:
$A(P) \supset F(P), A(N) \supset F(N), m[A(P) - F(P)] < \delta, m[A(N) - F(N)] < \delta$. 然后置
$$G(P) = A(P) \cdot \Gamma(P), \quad G(N) = A(N) \cdot \Gamma(N).$$

那么这两个集都是含在 (a,b) 中的开集且没有共同点, 各各含有 $F(P)$ 及 $F(N)$ 并且满足 $m[G(P) - F(P)] < \delta, m[G(N) - F(N)] < \delta$. 因此,
$$\int_a^b |f(t)|dt < \int_{G(P)} f(t)dt - \int_{G(N)} f(t)dt + 4\varepsilon.$$

点集 $G(P)$ 是它的构成区间的和集. 假如在构成区间中取足够多的有限个区间, 那么作其和集 $B(P) = \sum_{k=1}^n (\lambda_k, \mu_k)$, 且可使 $B(P)$ 与 $G(P)$ 测度相差小于 δ. 因此,
$$\int_{G(P)} f(t)dt - \int_{B(P)} f(t)dt < \varepsilon.$$

由于
$$\int_{B(P)} f(t)dt = \sum_{k=1}^{n} \int_{\lambda_k}^{\mu_k} f(t)dt = \sum_{k=1}^{n} [F(\mu_k) - F(\lambda_k)],$$

所以
$$\int_{G(P)} f(t)dt < \sum_{k=1}^{n} [F(\mu_k) - F(\lambda_k)] + \varepsilon.$$

同样, 从 $G(N)$ 的构成区间中取足够多的有限个区间 $(\sigma_1, \tau_1), (\sigma_2, \tau_2), \cdots, (\sigma_m, \tau_m)$, 使
$$\int_{G(N)} f(t)dt > \sum_{i=1}^{m} [F(\tau_i) - F(\sigma_i)] - \varepsilon.$$

比较上面的结果, 得
$$\int_a^b |f(t)|dt < \sum_{k=1}^{n} [F(\mu_k) - F(\lambda_k)] - \sum_{i=1}^{m} [F(\tau_i) - F(\sigma_i)] + 6\varepsilon.$$

因此,
$$\int_a^b |f(t)|dt < \sum_{k=1}^{n} |F(\mu_k) - F(\lambda_k)| + \sum_{i=1}^{m} |F(\tau_i) - F(\sigma_i)| + 6\varepsilon.$$

由于区间 (λ_k, μ_k) 都不相重叠, 又与 (σ_i, τ_i) 亦无重叠, 而 (σ_i, τ_i) 之间亦两两不相重叠, 所以
$$\sum_{k=1}^{n} |F(\mu_k) - F(\lambda_k)| + \sum_{i=1}^{m} |F(\tau_i) - F(\sigma_i)| \leqslant \overset{b}{\underset{a}{V}}(F).$$

因之,
$$\int_a^b |f(t)|dt < \overset{b}{\underset{a}{V}}(F) + 6\varepsilon,$$

但因 ε 是任意的, 所以定理成立.

§5. 勒贝格积分的变量变换

如所周知, 在积分计算中变量变换的问题有着重大意义. 此地我们只就勒贝格积分来研究这个问题, 并且限于这种情形[①]: 即积分的旧变量 x 是新变量 t 的严格单调的绝对连续函数的情形. 为确定起见我们假定这个函数是增函数. 这样, 设
$$x = \varphi(t) \quad [p \leqslant t \leqslant q, a = \varphi(p), b = \varphi(q)],$$

其中 $\varphi(t)$ 在 $[p,q]$ 上是严格增的绝对连续函数.

[①]更详细的问题在 J. 瓦莱–普桑 (Vallée-Poussin, Charles-Jean de la) "Курс анализа бесконечно малых", т. 1, 298 页 (ГТТИ, 1933) 中有说明.

引理 1 如果 E_t 是含在 $[p,q]$ 中的可测集, 而 $E_x = \varphi(E_t)$ 是它经映射 $x = \varphi(t)$ 后的像, 则[1]
$$mE_x = \int_{E_t} \varphi'(t)dt. \tag{1}$$

证明 E_x 的可测已在 §3 中证过. 当 $E_t = [\alpha, \beta]$, 则 (1) 式很显然, 因为此时 $E_x = [\varphi(\alpha), \varphi(\beta)]$ 而
$$mE_x = \varphi(\beta) - \varphi(\alpha) = \int_\alpha^\beta \varphi'(t)dt.$$

当 $E_t = (\alpha, \beta)$ 时, 情况完全相似. 因此 (1) 式当 E_t 为开集时时常成立 (在这种情形下 E_x 是开集). 转到余集上去就可相信 (1) 式当 E_t 是闭集时也成立. 最后我们研究一般情形, 当 E_t 是任意可测集的时候. 取 $\varepsilon > 0$, 找出这样的闭集 F_x 与开集 G_x 使得[2]
$$F_x \subset E_x \subset G_x \subset (a,b), \quad mF_x > mE_x - \varepsilon, \quad mG_x < mE_x + \varepsilon.$$

设 F_t 与 G_t 是集 F_x 与 G_x 的原像. 根据证明 (显然, F_t 为闭集, G_t 为开集) 有
$$\int_{F_t} \varphi'(t)dt = mF_x, \quad \int_{G_t} \varphi'(t)dt = mG_x.$$

因为 $\varphi'(t) \geqslant 0$, 所以
$$\int_{F_t} \varphi'(t)dt \leqslant \int_{E_t} \varphi'(t)dt \leqslant \int_{G_t} \varphi'(t)dt.$$

因此,
$$mF_x \leqslant \int_{E_t} \varphi'(t)dt \leqslant mG_x,$$

于是更加有
$$mE_x - \varepsilon < \int_{E_t} \varphi'(t)dt < mE_x + \varepsilon.$$

由于 ε 的任意性, 引理证毕.

引理 2 设 e_x 是含在 $[a,b]$ 中的测度为零的可测集而 e_t 为其原像. 那么 e_t 的这种子集 e_t^*, 即由不满足关系式[3]
$$\varphi'(t) = 0 \tag{2}$$

的点所组成的集, 有测度等于零.

---
[1]为了使记号 $\varphi'(t)$ 处处有定义, 我们如同在第八章中所述的那样约定: 在 $\varphi(t)$ 没有导数的集 (测度为 0) 上令 $\varphi'(t) = 0$.
[2]不失一般性, 可以假定 p 与 q 不属于 E_t.
[3]换言之, e_t^* 是 e_t 的子集, 于此存在 (可以是无穷大) $\varphi'(t) > 0$.

证明 应该注意到，我们不能断定集 e_t 的可测性[①]. 造出 (可以假定 $e_x \subset (a,b)$) 一列开集

$$(a,b) \supset G_x^{(1)} \supset G_x^{(2)} \supset G_x^{(3)} \supset \cdots, \quad G_x^{(n)} \supset e_x, mG_x^{(n)} \to 0,$$

又设

$$E_x = \prod_{n=1}^{\infty} G_x^{(n)}.$$

如果 $G_t^{(n)}$ 是 $G_x^{(n)}$ 的原像，而 E_t 为 E_x 的原像，则 $G_t^{(n)}$ 是开的，且

$$E_t = \prod_{n=1}^{\infty} G_t^{(n)},$$

从而得出 E_t 的可测性. 显然 $mE_x = 0$. 所以，由引理 1，

$$\int_{E_t} \varphi'(t)dt = 0. \tag{3}$$

如果记 E_t 中的那些不满足 (2) 的点为 E_t^*，则由 (3) 推得：$mE_t^* = 0$. 剩下来只要注意到 $e_t^* \subset E_t^*$ 就行了，但这是因为 $e_x \subset E_x$ 与 $e_t \subset E_t$.

定理 设 $f(x)$ 是在 $[a,b]$ 上[②]的可和函数. 则

$$\int_a^b f(x)dx = \int_p^q f[\varphi(t)]\varphi'(t)dt. \tag{4}$$

证明 首先假定 $f(x)$ 是在 $[a,b]$ 上连续[③]的，因此 (4) 式左边的积分可以理解为依照黎曼意义的积分. 用点

$$a = x_0 < x_1 < \cdots < x_n = b$$

细分 $[a,b]$，又设 $f(x)$ 在 $[x_k, x_{k+1}]$ 上的最大值与最小值分别为 M_k 与 m_k. 如果 $\varphi(t_k) = x_k$，那么当 $t \in [t_k, t_{k+1}]$ 时有

$$m_k \leqslant f[\varphi(t)] \leqslant M_k,$$

从而由不等式 $\varphi'(t) \geqslant 0$ 与关系式

$$\int_{t_k}^{t_{k+1}} \varphi'(t)dt = x_{k+1} - x_k$$

得出：积分

$$(L)\int_{t_k}^{t_{k+1}} f[\varphi(t)]\varphi'(t)dt$$

介乎数 $m_k(x_{k+1} - x_k)$ 与 $M_k(x_{k+1} - x_k)$ 之间. 于是，(4) 式右边的积分介乎由函数 $f(x)$ 对应于分点组而产生的达布和之间. 从而得到 (4).

[①] 虽然 $\varphi(t)$ 有反函数，但后者不一定是绝对连续的.
[②] 我们保持上面的记号.
[③] 因此 $f[\varphi(t)]$ 显然在 $[p,q]$ 上连续.

§5. 勒贝格积分的变量变换

现在假定 $f(x)$ 是有界可测函数, $|f(x)| \leqslant M$. 我们找出一列连续函数 $\{g_n(x)\}$, 使得它们在 $[a,b]$ 下几乎处处是

$$\lim_{n\to\infty} g_n(x) = f(x). \tag{5}$$

可以假定 $|g_n(x)| \leqslant M$. 那么 (4) 式当 f 换以 g_n 时是成立的. 从而不难推得,

$$\int_a^b f(x)dx = \lim_{n\to\infty} \int_p^q g_n[\varphi(t)]\varphi'(t)dt. \tag{6}$$

我们要证明, 在 $[p,q]$ 上几乎处处有

$$\lim_{n\to\infty} g_n[\varphi(t)]\varphi'(t) = f[\varphi(t)]\varphi'(t). \tag{7}$$

为此我们记那种违反 (5) 式的点 x 所成之集为 e_x. 这个集是可测的且 $me_x = 0$. 记 e_x 的原像为 e_t, 又设 e_t^* 为 e_t 的子集, 其由不满足 (2) 的点所组成.

如果 $t \bar\in e_t$, 则 $\varphi(t) \bar\in e_x$ 且 (7) 成立. 同样, 当 $t \in e_t - e_t^*$, 则 $\varphi'(t) = 0$ 而 (7) 式也满足. 因此, 不满足 (7) 式的仅是 e_t^* 中的点, 但由引理 2 有 $me_t^* = 0$.

由于 (7) 式在 $[p,q]$ 上几乎处处成立, 因此乘积① $f[\varphi(t)]\varphi'(t)$ 是可测的. 此外,

$$|g_n[\varphi(t)]\varphi'(t)| \leqslant M\varphi'(t),$$

又 (7) 式保证了在 (6) 式中可以在积分号下取极限, 从而得到 (4).

最后假设 $f(x)$ 是任意的可和函数. 可以假定它是非负的, 因为可和函数是两个非负可和函数之差. 置

$$f_n(x) = \begin{cases} f(x), & \text{当 } f(x) \leqslant n, \\ n, & \text{当 } f(x) > n. \end{cases}$$

根据已证的事实, (4) 式当 f 换以 f_n 是成立的. 从而

$$\int_a^b f(x)dx = \lim_{n\to\infty} \int_p^q f_n[\varphi(t)]\varphi'(t)dt. \tag{8}$$

但是在 $[p,q]$ 上处处是②

$$f[\varphi(t)]\varphi'(t) = \lim_{n\to\infty} f_n[\varphi(t)]\varphi'(t),$$

此外, 乘积 $f_n[\varphi(t)]\varphi'(t)$ 当 n 增加时增加. 因此, 由第六章 §1 的定理 10 (B. 莱维) 有

$$\int_p^q f[\varphi(t)]\varphi'(t)dt = \lim_{n\to\infty} \int_p^q f_n[\varphi(t)]\varphi'(t)dt,$$

从而由 (8) 得出 (4).

---
①这个事实之所以值得注意是: 因子 $f[\varphi(t)]$ 完全没有必要是可测的.
②这就保证了乘积 $f(\varphi)\varphi'$ 的可测性.

推论　我们有下面的公式

$$\int_a^b f(x)dx = \int_{a-h}^{b-h} f(t+h)dt,$$

$$\int_a^b f(x)dx = k\int_{a/k}^{b/k} f(kt)dt \quad (k \neq 0).$$

§6. 稠密点、近似连续

设 E 是一可测集. 又设 x_0 是任意的点，h 是任意的正数，置

$$E(x_0, h) = E \cap [x_0 - h, x_0 + h].$$

于是它也是一可测集. 现在讨论比

$$\frac{mE(x_0, h)}{2h}. \tag{1}$$

很自然地我们称它为 E 在 $[x_0 - h, x_0 + h]$ 的"平均密度".

定义 1　当 $h \to 0$ 时，称 (1) 式的极限为集 E 在点 x_0 的密度，以记号

$$D_{x_0} E$$

记之.

如果 $D_{x_0} E = 1$，则称 x_0 为 E 之一稠密点[①]. 如果 $D_{x_0} E = 0$，则称 x_0 为 E 之一稀薄点.

可注意的是：在定义中我们并没有假定 $x_0 \in E$. 并且，对于可测集，也不一定在每一点有密度.

但是却有下面的结果：

定理 1　可测集 E 中几乎所有的点都是 E 的稠密点.

证明　设 E 是一可测集. 任取一个含有 E 的闭区间 $[\alpha, \beta]$. 又设 $a = \alpha - 1, b = \beta + 1$，则当 $x \in E, h \leqslant 1$ 时，$[x - h, x + h]$ 全在 $[a, b]$ 中. 此后对于 h，如没有特别说明，均指 $h \leqslant 1$.

作点集 E 的特征函数 $\varphi(x)$：在 $[a,b]$ 上的点，规定

$$\varphi(x) = \begin{cases} 1, & x \in E, \\ 0, & x \overline{\in} E. \end{cases}$$

―――――――――――
[①]也称为"密集点"，原文为"точка плотности"，对应的英文为 density point 或 poin of density. 今依照《数学百科词典》2 卷 48 页译为此名. —— 第 5 版校订者注.

§6. 稠密点、近似连续

这个函数是可测的且为有界的. 置

$$\Phi(x) = \int_a^x \varphi(t)dt.$$

在 $[a,b]$ 上几乎所有的点, 成立

$$\Phi'(x) = \varphi(x),$$

并且特别对于 E 中几乎所有的点, 成立

$$\Phi'(x) = 1. \tag{2}$$

今证凡满足 (2) 之点是 E 之稠密点. 事实上, 在这种点上,

$$\lim_{h \to 0} \frac{\Phi(x+h) - \Phi(x)}{h} = \lim_{h \to 0} \frac{\Phi(x) - \Phi(x-h)}{h} = 1,$$

从而得到

$$\lim_{h \to 0} \frac{\Phi(x+h) - \Phi(x-h)}{2h} = 1.$$

但是

$$\Phi(x+h) - \Phi(x-h) = \int_{x-h}^{x+h} \varphi(t)dt = mE(x,h),$$

所以

$$D_x E = \lim_{h \to 0} \frac{mE(x,h)}{2h} = 1.$$

定理证毕.

有了点的稠密性的概念以后, 可将函数的连续概念作一个重要的推广.

定义 2 设 $f(x)$ 是在 $[a,b]$ 上所定义的函数. 设 $x_0 \in [a,b]$. 假如 $[a,b]$ 中存在如下的一个可测集 E, 以 x_0 为其稠密点①, 且 $f(x)$ 沿着 E 在 x_0 是连续的, 则称 $f(x)$ 在 x_0 为近似连续.

显然; 函数的所有连续点都是近似连续点. 可测函数可以没有连续点, 例如函数在有理点取值 1, 在无理点取值 0, 这个函数没有一个连续点. 但是却有下面的定理:

定理 2 (A. 当茹瓦 (A.Denjoy)) 设 $f(x)$ 是在 $[a,b]$ 上定义的几乎处处为有限的可测函数, 那么在 $[a,b]$ 中几乎处处为近似连续.

证明 对于 $\varepsilon > 0$, 由卢津定理, 必有连续函数 $\varphi(x)$ 适合

$$mE(f \neq \varphi) < \varepsilon.$$

---

① 如果 $x_0 = a$, 则只要 $\lim\limits_{h \to 0} \dfrac{m\{E \cdot [a, a+h]\}}{h} = 1$ 时, 即右方密度等于 1 时, 称 x_0 为 E 之稠密点. 同样, 对于点 b, 则只要考察左方密度.

设 A 是点集 $E(f=\varphi)$ 中稠密点的全体, 则由定理 1,
$$mA = mE(f=\varphi) > b-a-\varepsilon.$$

若 $x_0 \in A$, 则 $f(x)$ 在 x_0 显然是近似连续, 只要把 $E(f=\varphi)$ 取作定义 2 中的 E 就行. 设 H 是 $f(x)$ 的一切近似连续点的全体, 则内测度
$$m_*H \geqslant mA > b-a-\varepsilon,$$

令 $\varepsilon \to 0$, 则得
$$m_*H \geqslant b-a.$$

因 $H \subset [a,b]$, 所以
$$b-a \leqslant m_*H \leqslant m^*H \leqslant b-a,$$

因此, H 是一可测集, $mH = b-a$. 定理证毕.

注意 上面所定义的密度概念可以有如下的推广. 假设 $h_1 > 0, h_2 > 0, E(x_0, h_1, h_2) = E \cdot [x_0-h_1, x_0+h_2]$, 如果比
$$\frac{mE(x_0,h_1,h_2)}{h_1+h_2}$$

当 h_1 与 h_2 独立地趋向于 0 时有极限存在, 则称此极限为 E 在 x_0 的密度. 但是这个推广的定义, 并不改变点集 E 的稀薄点集, 也不改变 E 的稠密点集. 事实上, 假设 x_0 是依照定义 1 的 E 的稀薄点, 那么对于 $h_1 > 0, h_2 > 0$, 取 $h = \max(h_1, h_2)$, 则
$$E(x_0, h_1, h_2) \subset E(x_0, h),$$

因此
$$\frac{mE(x_0,h_1,h_2)}{h_1+h_2} \leqslant 2 \cdot \frac{mE(x_0,h)}{2h}.$$

因为上式右方当 $h \to 0$ 时趋向于 0, 故
$$\lim_{\substack{h_1 \to 0 \\ h_2 \to 0}} \frac{mE(x_0,h_1,h_2)}{h_1+h_2} = 0.$$

所以依照推广的定义, x_0 也是 E 的稀薄点. 其逆显然是真的. 所以我们用上面的定义 1 来定义密度. 至于近似连续点的定义不论密度采取何种定义, 都没有关系.

§7. 有界变差函数及斯蒂尔切斯积分的补充

设 $f(x)(a \leqslant x \leqslant b)$ 是连续有界变差函数. 它的导函数 $f'(x)$ 几乎处处存在且 $f'(x)$ 为可和. 置
$$\varphi(x) = f(a) + \int_a^x f'(t)dt, \ r(x) = f(x) - \varphi(x).$$

§7. 有界变差函数及斯蒂尔切斯积分的补充

则
$$f(x) = \varphi(x) + r(x),$$

其中 $\varphi(x)$ 是一绝对连续函数 [并且 $f(a) = \varphi(a)$]；而 $r(x)$ 是一连续的有界变差函数，其导函数几乎处处等于 0. 显然的，只有当 $f(x)$ 自身为绝对连续时，$r(x)$ 为 0.

定义 导函数几乎处处等于 0 而本身不等于常数的连续有界变差函数，称为奇异函数.

显然的，奇异函数一定不是绝对连续的，否则由 §2 定理 2 知其必为常数. 在第八章 §2 之末所述的函数 $\Theta(x)$ 就是一个奇异函数.

定理 1 连续有界变差函数 $f(x)$ 可以唯一地表示如下：
$$f(x) = \varphi(x) + r(x),$$

其中 $\varphi(x)$ 是一绝对连续函数，$\varphi(a) = f(a)$，而 $r(x)$ 是一奇异函数或是 0.

证明 表示的可能性已在上面讲过. 所要证的乃是它的唯一性. 如果有两种表示：
$$f(x) = \varphi(x) + r(x) = \varphi_1(x) + r_1(x),$$

那么
$$\varphi(x) - \varphi_1(x) = r_1(x) - r(x).$$

从而绝对连续函数 $\varphi(x) - \varphi_1(x)$ 的导函数几乎处处等于 0. 因此，$\varphi(x) - \varphi_1(x)$ 乃为常数. 但 $\varphi(a) = \varphi_1(a) = f(a)$，所以
$$\varphi(x) \equiv \varphi_1(x),$$

而 $r(x) \equiv r_1(x)$.

定理 2 假如 $f(x)$ 是一增函数，$f(x) = \varphi(x) + r(x)$，则 $\varphi(x)$ 及 $r(x)$ 都是增函数.

证明 在 $f'(x)$ 存在之处，显然 $f'(x) \geqslant 0$. 因此函数
$$\varphi(x) = \varphi(a) + \int_a^x f'(t)dt$$

是增函数的. 由第八章 §2 之定理 5，知道
$$\int_x^y f'(t)dt \leqslant f(y) - f(x) \quad (y > x),$$

因此
$$\varphi(y) - \varphi(x) \leqslant f(y) - f(x),$$

这就是 $r(x) \leqslant r(y)$.

推论 连续增函数 $f(x)$ 成为绝对连续的必要且充分的条件是

$$\int_a^b f'(x)dx = f(b) - f(a). \tag{1}$$

条件 (1) 的必要性是很明显的. 反过来, 假如 $f(x)$ 不是绝对连续, 而 $f(x) = \varphi(x) + r(x)$, 其中 $\varphi(x)$ 是绝对连续函数, $r(x)$ 是奇异函数, 则

$$f(b) - f(a) = \varphi(b) - \varphi(a) + r(b) - r(a),$$

或是

$$f(b) - f(a) = \int_a^b f'(x)dx + r(b) - r(a). \tag{2}$$

此地的奇异函数 $r(x)$ 是一增函数但是不等于常数, 所以 $r(b) > r(a)$, 因此 (1) 式不能成立. 由此证得条件 (1) 的充分性.

在第八章 §3, 我们证明了: 凡有界变差函数可以表示为它的跳跃函数与一个连续有界变差函数的和.

今将此结果与定理 1 结合起来, 就得到: 凡有界变差函数 $f(x)$ 可以写成如下的形式:

$$f(x) = \varphi(x) + r(x) + s(x),$$

其中 $\varphi(x)$ 是一绝对连续函数, $r(x)$ 是一奇异函数, 而 $s(x)$ 是 $f(x)$ 的跳跃函数 (自然可能有某些项是不出现的).

在第八章 §7, 我们对于斯蒂尔切斯积分

$$\int_a^b f(x)dg(x)$$

当 $g(x)$ 是一连续函数时给以计算. 如果 $g(x)$ 绝对连续, 那么上述积分可以归到勒贝格积分的计算.

定理 3 假如在 $[a,b]$ 上 $f(x)$ 是连续函数, $g(x)$ 是绝对连续函数, 则

$$(S)\int_a^b f(x)dg(x) = (L)\int_a^b f(x)g'(x)dx. \tag{3}$$

证明 上面两积分的存在是很明显的, 今要证明两积分相等. 设 $a = x_0 < x_1 < x_2 < \cdots < x_n = b$, 作和

$$\sigma = \sum_{k=0}^{n-1} f(\xi_k)[g(x_{k+1}) - g(x_k)],$$

估计 σ 与积分

$$\int_a^b f(x)g'(x)dx$$

之差. 因为
$$g(x_{k+1}) - g(x_k) = \int_{x_k}^{x_{k+1}} g'(x)dx,$$
所以
$$\sigma - \int_a^b f(x)g'(x)dx = \sum_{k=0}^{n-1} \int_{x_k}^{x_{k+1}} [f(\xi_k) - f(x)]g'(x)dx. \tag{4}$$

设 $f(x)$ 在 $[x_k, x_{k+1}]$ 上的振幅是 ω_k, 则由 (4) 得
$$\left|\sigma - \int_a^b f(x)g'(x)dx\right| \leqslant \sum_{k=0}^{n-1} \omega_k \int_{x_k}^{x_{k+1}} |g'(x)|dx \leqslant \alpha \int_a^b |g'(x)|dx,$$

其中 $\alpha = \max\{\omega_k\}$. 当 $[x_k, x_{k+1}]$ 之长都趋向于 0 时, $\alpha \to 0$, σ 趋向于 $\int_a^b f(x)g'(x)dx$. 但由定义 $\lim \sigma = \int_a^b f(x)dg(x)$, 定理证毕.

这样一来, 关于斯蒂尔切斯积分 $\int_a^b f(x)dg(x)$ 的计算, 只有当 $g(x)$ 的分解中有奇异函数存在时, 不能用勒贝格积分及级数的和表示.

与定理 3 相似可证

定理 4 当 $f(x)$ 在 $[a,b]$ 上有有界变差, 而 $g(x)$ 为绝对连续, 则公式 (3) 成立.

事实上, 在这个情形下两个积分的存在是显然的. 不要什么新的说明同样可以得到 (4) 式. 如果 v_k 是函数 $f(x)$ 在 $[x_k, x_{k+1}]$ 上的全变差, 则 (4) 式引向估计
$$\left|\sigma - \int_a^b f(x)g'(x)dx\right| \leqslant \sum_{k=0}^{n-1} v_k \int_{x_k}^{x_{k+1}} |g'(x)|dx \leqslant \beta \overset{b}{\underset{a}{V}}(f),$$

其中 β 表示积分 $\int_{x_k}^{x_{k+1}} |g'(x)|dx$ 中的最大值. 剩下来只要注意到当差 $x_{k+1} - x_k$ 的最大数趋于零时 β 趋于零.

利用定理 3 (或 4) 可以得到勒贝格积分的种种性质. 例如

定理 5 (分部积分法) 假如 $f(x)$ 与 $g(x)$ 都绝对连续, 则
$$\int_a^b f(x)g'(x)dx + \int_a^b g(x)f'(x)dx = [f(x)g(x)]_a^b. \tag{5}$$

要证明此定理, 只要将公式的左边写成
$$\int_a^b f(x)dg(x) + \int_a^b g(x)df(x),$$

然后用第八章 §6 的公式 (1) 即可.

但是, 关系式 (5) 也可直接证得, 只要从绝对连续函数 $f(x)g(x)$ 几乎处处有有限导数等于
$$f(x)g'(x) + f'(x)g(x)$$
就可引出.

§8. 求原函数的问题

在第五章 §5, 我们已经解决了如下的问题: 假如 $f(x)$ 是一连续函数, 它的导数 $f'(x)$ 处处存在且为有界, 则 $f(x)$ 是 $f'(x)$ 的原函数. 现在我们要研究下面的问题: 当 $f'(x)$ 处处存在 (不一定有界) 时等式

$$f(x) = f(a) + \int_a^x f'(t)dt \tag{1}$$

是否一定成立? 当 $f(x)$ 是绝对连续时, 那么 (1) 式显然成立, 此时 $f'(x)$ 只是几乎处处存在. 但是一般地说, 即使 $f(x)$ 是一个连续的增函数, 等式 (1) 也未必成立. 如第八章 §2 中之 $\Theta(x)$, 其导函数 $\Theta'(x)$ 几乎处处等于 0, (1) 式仍不成立. 现在我们要讨论的问题是: $f'(x)$ [不说 $f(x)$] 满足怎样的条件时, (1) 式能成立.

定理 1 假如 $f'(x)$ 处处存在且为有限, 那么当 $f'(x)$ 为可和时, 公式 (1) 成立.

首先证明两个引理:

引理 1 设 $\Phi(x)$ 是在 $[a,b]$ 上定义的有限函数, 它在每一点的一切导出数都不是负数, 那么 $\Phi(x)$ 是一增函数.

证明 设 ε 是一正数, 置
$$\Phi_1(x) = \Phi(x) + \varepsilon x.$$

假设
$$\Phi_1(b) < \Phi_1(a). \tag{2}$$

那么, 当 $c = \dfrac{a+b}{2}$ 时, 下面两数
$$\Phi_1(b) - \Phi_1(c), \ \Phi_1(c) - \Phi_1(a)$$

至少有一个是负的. 设 $[a_1, b_1]$ 表示 $[a, c]$ 或 $[c, b]$ 中之一个, 满足
$$\Phi_1(b_1) < \Phi_1(a_1).$$

置 $c_1 = \dfrac{a_1 + b_1}{2}$, 那么两数
$$\Phi_1(b_1) - \Phi_1(c_1), \ \Phi_1(c_1) - \Phi_1(a_1)$$

中至少有一个是负的. 设 $[a_2, b_2]$ 表示 $[a_1, c_1]$ 或 $[c_1, b_1]$ 中之一个, 满足

$$\Phi_1(b_2) < \Phi_1(a_2).$$

将此手续继续做下去, 就得到一列如下的闭区间 $\{[a_n, b_n]\}$:

$$\Phi_1(b_n) < \Phi_1(a_n) \quad ([a_n, b_n] \subset [a_{n-1}, b_{n-1}]).$$

假设 x_0 是一切闭区间 $[a_n, b_n]$ 的共同点, 则对每一个 n,

$$\Phi_1(b_n) - \Phi_1(x_0), \ \Phi_1(x_0) - \Phi_1(a_n)$$

中有一个是负的. 如果 $\Phi_1(b_n) < \Phi_1(x_0)$, 则置 $h_n = b_n - x_0$; 如果 $\Phi_1(b_n) \geqslant \Phi_1(x_0)$, 则置 $h_n = a_n - x_0$. 那么

$$\Delta_n = \frac{\Phi_1(x_0 + h_n) - \Phi_1(x_0)}{h_n} < 0.$$

选取子列 $\{\Delta_{n_k}\}$ 使它有极限 (有限数或无穷大), 那么就得到 $\Phi_1(x)$ 在 x_0 有导出数 $\leqslant 0$:

$$D\Phi_1(x_0) \leqslant 0,$$

这是不可能的, 因为

$$D\Phi_1(x) \geqslant \varepsilon$$

在 $[a, b]$ 上处处成立.

因此, (2) 式不能成立. 所以

$$\Phi_1(b) \geqslant \Phi_1(a),$$

即

$$\Phi(b) + \varepsilon b \geqslant \Phi(a) + \varepsilon a.$$

令 $\varepsilon \to 0$, 乃得

$$\Phi(b) \geqslant \Phi(a).$$

设 $a \leqslant x \leqslant y \leqslant b$, 则同样可得 $\Phi(y) \geqslant \Phi(x)$. 引理证毕.

引理 2 设 $\varphi(x)$ 是在 $[a, b]$ 上定义的有限函数. 如果在 $[a, b]$ 上几乎每点, $\varphi(x)$ 的一切导出数都不是负数, 并且在 $[a, b]$ 上不论哪一点, 没有一个导出数会变为 $-\infty$, 那么 $\varphi(x)$ 是一增函数.

证明 设 E 是 $[a, b]$ 中之一点集, 在 E 中任何点 $\varphi(x)$ 至少有一个导出数是负的. 由假定,

$$mE = 0.$$

由第八章 §2 的定理 6, 存在如下的连续的增函数 $\sigma(x)$, 在 E 中任何点 x,

$$\sigma'(x) = +\infty.$$

设 $\varepsilon > 0$. 置

$$\Phi(x) = \varphi(x) + \varepsilon\sigma(x),$$

则可证在 $[a, b]$ 中任何点 $\Phi(x)$ 不取负的导出数. 事实上, 由于 $\sigma(x)$ 是一增函数,

$$\frac{\Phi(x+h) - \Phi(x)}{h} \geqslant \frac{\varphi(x+h) - \varphi(x)}{h},$$

因此当 $x \overline{\in} E$ 时,

$$D\Phi(x) \geqslant 0.$$

但当 $x \in E$ 时, $\Phi'(x)$ 是存在的且等于 $+\infty$, 因为 $\sigma'(x) = +\infty$ 而当 $h_n \to 0$ 时,

$$\frac{\varphi(x+h_n) - \varphi(x)}{h_n}$$

是有下界的 (否则存在导出数 $D\varphi = -\infty$). 因此对于所有的 x, 成立

$$D\Phi(x) \geqslant 0.$$

因此, 由引理 1, 知 $\Phi(x)$ 是一增函数. 就是说, 当 $x < y$ 时,

$$\Phi(x) \leqslant \Phi(y),$$

或是

$$\varphi(x) + \varepsilon\sigma(x) \leqslant \varphi(y) + \varepsilon\sigma(y).$$

令 ε 趋向 0, 乃得

$$\varphi(x) \leqslant \varphi(y).$$

引理 2 证毕.

定理 1 的证明 我们作函数 $\varphi_n(x)$ 如下:

$$\varphi_n(x) = \begin{cases} f'(x), & f'(x) \leqslant n, \\ n, & f'(x) > n. \end{cases}$$

则

$$|\varphi_n(x)| \leqslant |f'(x)|, \tag{3}$$

所以 $\varphi_n(x)$ 是可和的. 置

$$R_n(x) = f(x) - \int_a^x \varphi_n(t)dt,$$

§8. 求原函数的问题

则可证明 $R_n(x)$ 是一增函数. 为此首先注意几乎处处成立

$$R_n'(x) = f'(x) - \varphi_n(x) \geqslant 0.$$

因此使函数 $R_n(x)$ 至少有一导出数取负数的点 x 的全体是一个测度为零的集. 另一方面, 因 $\varphi_n(x) \leqslant n$, 所以

$$\frac{1}{h}\int_x^{x+h} \varphi_n(t)dt \leqslant n,$$

于是

$$\frac{R_n(x+h) - R_n(x)}{h} \geqslant \frac{f(x+h) - f(x)}{h} - n.$$

因此函数 $R_n(x)$ 没有一个导出数是 $-\infty$. 所以由引理 2, $R_n(x)$ 是一增函数. 由是

$$R_n(b) \geqslant R_n(a).$$

或是

$$f(b) - f(a) \geqslant \int_a^b \varphi_n(x)dx.$$

但是从

$$\lim_{n\to\infty} \varphi_n(x) = f'(x)$$

与 (3) 式, 即得

$$\lim_{n\to\infty} \int_a^b \varphi_n(x)dx = \int_a^b f'(x)dx.$$

所以

$$f(b) - f(a) \geqslant \int_a^b f'(x)dx.$$

同样的讨论施之于函数 $-f(x)$ 的话, 则得

$$f(b) - f(a) \leqslant \int_a^b f'(x)dx.$$

因此,

$$f(b) = f(a) + \int_a^b f'(x)dx.$$

定理已经证毕, 因为上面的 b 换以 $a < x \leqslant b$ 中之任意的 x 也是成立的.

最后我们介绍两个例子.

I. 设在 $[0,1]$ 上定义如下的函数:

$$f(x) = x^{\frac{3}{2}} \sin \frac{1}{x} \quad (x > 0),$$
$$f(0) = 0.$$

这个函数处处有限的导数:
$$f'(x) = \frac{3}{2}x^{\frac{1}{2}}\sin\frac{1}{x} - x^{-\frac{1}{2}}\cos\frac{1}{x} \quad (x>0),$$
$$f'(0) = 0.$$

这个导函数是可和的, 因为
$$|f'(x)| \leqslant \frac{3}{2} + \frac{1}{\sqrt{x}}.$$

因此函数 $f(x)$ 满足定理 1 中所有的条件. 但是 $f'(x)$ 不是有界的, 所以不能应用第五章 §5 中所述的定理.

II. 设在 $[0,1]$ 上定义了函数
$$f(x) = x^2\cos\frac{\pi}{x^2} \quad (x>0),$$
$$f(0) = 0.$$

这个函数也处处有有限的导数 $f'(x)$, 但后者不是可和的. 事实上, 当 $0 < \alpha \leqslant \beta \leqslant 1$ 时 $f'(x)$ 在 $[\alpha, \beta]$ 中为有界, 因此
$$\int_\alpha^\beta f'(x)dx = \beta^2\cos\frac{\pi}{\beta^2} - \alpha^2\cos\frac{\pi}{\alpha^2}.$$

特别取
$$\alpha_n = \sqrt{\frac{2}{4n+1}}, \quad \beta_n = \frac{1}{\sqrt{2n}}.$$
则
$$\int_{\alpha_n}^{\beta_n} f'(x)dx = \frac{1}{2n}.$$

但闭区间 $[\alpha_n, \beta_n](n=1,2,3,\cdots)$ 是两两不相交的. 这就是说, 如果
$$E = \sum_{n=1}^\infty [\alpha_n, \beta_n],$$
则
$$\int_E |f'(x)|dx \geqslant \sum_{n=1}^\infty \frac{1}{2n} = +\infty.$$

所以 $f'(x)$ 不是可和的. 因此依照勒贝格的积分, 从导函数的积分, 不一定可以获得原函数. 佩龙-当茹瓦积分是勒贝格积分的拓广, 依照此种积分手续完全可以解决这个问题. 这个手续将在第十六章中叙述.

第九章的习题

1. 可和函数在它的每一个勒贝格点是近似连续的, 但其逆不真.

2. 对于有界的可测函数而言, 勒贝格点与近似连续点相同.

3. 设在点 $x_0, f(x)$ 是其不定积分的导数, 单是在此假定下, 函数 $f(x)$ 在点 x_0 未必是近似连续.

4. 假如 $f(x)$ 之所有导出数都满足不等式 $|Df(x)| \leqslant K$, 那么 $f(x)$ 满足利普希茨条件.

5. 假如函数 $F[f(x)]$ 对于所有的绝对连续函数 $f(x)$ 常为绝对连续, 则 $F(x)$ 满足利普希茨条件 (Γ. M. 菲赫金哥尔茨).

6. 设 $f(x)$ 是在 $[a,b]$ 上定义的函数. 如果对于任一正数 ε, 常有这样的 δ: 当有限个的区间 $\{(a_k, b_k)\}$, 其全长小于 δ 时, 不等式
$$\left|\sum_{k=1}^{n}\{f(b_k) - f(a_k)\}\right| < \varepsilon$$
常成立, 则 $f(x)$ 必满足利普希茨条件[①] (Γ. M. 菲赫金哥尔茨).

7. 用直接的方法证明下述巴拿赫-扎列茨基定理的特殊情形: 如果连续的严格增函数具有性质 (N), 则此函数是一绝对连续的函数.

8. 设 $f(x)$ 在 $[a,b]$ 上是连续的, 而 E 是如下的这种点的全体: 在 E 中各点 $f(x)$ 至少有一个导出数不是正的. 假如 E 之像 $f(E)$ 不包含任何闭区间, 则 $f(x)$ 为增函数 (A. 济格蒙德 (A. Zygmund)).

9. 利用上题结果, 推广 §2 之引理 2: 如果 $f(x)$ 在 $[a,b]$ 上是连续的, 几乎在 $[a,b]$ 上每点, $f(x)$ 之一切导出数都不是负的, 而 $f(x)$ 至少有一个导出数取 $-\infty$ 的点 x 之全体至多是可数的, 那么 $f(x)$ 是一增函数.

10. 设连续函数 $f(x)$ 的导数 $f'(x)$ 处处存在, 且 $f'(x)$ 是可和的. 假如 $E(|f'| = +\infty)$ 至多是一可数点集, 则 $f(x)$ 为绝对连续 (利用上一习题的结果).

11. 处处具有有限导数的函数具有性质 (N).

12. 连续的严格增函数 $f(x)$ 为绝对连续的必要且充分的条件是: $f'(x) = +\infty$ 之点 x 的全体 E 之像 $f(E)$ 成一测度为零的集 (M. A. 扎列茨基).

13. 连续的严格增函数 $f(x)$ 之反函数成为绝对连续函数的必要且充分的条件是 $mE(f' = 0) = 0$ (M. A. 扎列茨基).

14. 设在 $[a,b]$ 上已给可和函数 $f_n(x)$ $(n = 1, 2, 3, \cdots)$. 如果对于每一可测集 $E \subset [a,b]$ 存在着有限极限 $\lim\limits_{n \to \infty} \int_E f_n(x)dx$, 则存在着这样的可和函数 $f(x)$ 使得对于任意的有界可测函数 $g(x)$ 有[②]
$$\lim_{n \to \infty} \int_a^b f_n(x)g(x)dx = \int_a^b f(x)g(x)dx.$$

[①] 这个结果表示在绝对连续的定义中, 不能将区间 (a_k, b_k) 需为两两不相交的条件除去.
[②] 这个问题可以用第九章的方法来解决. 用十三章的材料可以更简单些.

第十章 奇异积分、三角级数、凸函数

在本章中我们打算将实变函数论方法用到特定的分析问题上去. 顺便也讲授函数论中的一些新的知识.

§1. 奇异积分的概念

为了使读者便于认识奇异积分这个重要概念的基础知识, 我们先从例题谈起.

设有函数
$$\Phi_n(t,x) = \frac{1}{\pi} \cdot \frac{n}{1+n^2(t-x)^2}. \tag{1}$$

固定 n 和 x, 而 $0 \leqslant t \leqslant 1$. 那么这个函数是 t 的连续函数. 于是对任意可和函数 $f(t)(0 \leqslant t \leqslant 1)$ 可以置
$$f_n(x) = \frac{n}{\pi} \int_0^1 \frac{f(t)dt}{1+n^2(t-x)^2}. \tag{2}$$

设 $0 < x < 1$. 假如 $f(t)$ 在 $t = x$ 是连续的话, 那么我们可以证明
$$\lim_{n\to\infty} f_n(x) = f(x). \tag{3}$$

为此首先注意到, 当 $n \to \infty$ 时,
$$\begin{aligned}\int_0^1 \Phi_n(t,x)dt &= \frac{n}{\pi}\int_0^1 \frac{dt}{1+n^2(t-x)^2} \\ &= \frac{1}{\pi}\int_{-nx}^{n(1-x)} \frac{dz}{1+z^2} \to \frac{1}{\pi}\int_{-\infty}^{+\infty}\frac{dz}{1+z^2} = 1.\end{aligned} \tag{4}$$

因此, 要建立 (3), 只要证明
$$r_n = f_n(x) - f(x)\int_0^1 \Phi_n(t,x)dt = \frac{n}{\pi}\int_0^1 \frac{f(t)-f(x)}{1+n^2(t-x)^2}dt$$

当 $n \to \infty$ 时趋向于 0 就够了.

为此目的, 对于任意的 $\varepsilon > 0$, 取 $\delta > 0$, 使当 $|t-x| < \delta$ 时, $|f(t) - f(x)| < \varepsilon$. 不妨假定 $0 < x - \delta < x + \delta < 1$. 将 r_n 写成

$$r_n = \frac{n}{\pi} \int_0^{x-\delta} \frac{f(t) - f(x)}{1 + n^2(t-x)^2} dt + \frac{n}{\pi} \int_{x-\delta}^{x+\delta} \frac{f(t) - f(x)}{1 + n^2(t-x)^2} dt$$
$$+ \frac{n}{\pi} \int_{x+\delta}^1 \frac{f(t) - f(x)}{1 + n^2(t-x)^2} dt = A_n + B_n + C_n.$$

首先估计 B_n:

$$|B_n| \leqslant \frac{n}{\pi} \int_{x-\delta}^{x+\delta} \frac{|f(t) - f(x)|}{1 + n^2(t-x)^2} dt \leqslant \varepsilon \cdot \frac{n}{\pi} \int_{x-\delta}^{x+\delta} \frac{dt}{1 + n^2(t-x)^2}$$
$$< \frac{\varepsilon}{\pi} \int_{-\infty}^{+\infty} \frac{dz}{1 + z^2} = \varepsilon.$$

在积分 A_n 中 $|t - x| \geqslant \delta$, 因此

$$|A_n| \leqslant \frac{n}{x(1+n^2\delta^2)} \int_0^{x-\delta} |f(t) - f(x)| dt < \frac{A(\delta)}{n},$$

其中 $A(\delta)$ 与 n 无关. 同样可得

$$|C_n| < \frac{C(\delta)}{n}, \quad \text{由是,} \quad |r_n| < \varepsilon + \frac{A(\delta) + C(\delta)}{n},$$

因此, 当 n 适当大时,

$$|r_n| < 2\varepsilon.$$

故当 $n \to \infty$ 时, r_n 趋向于 0, 于是证得 (3).

不难了解 (3) 式的成立基于 $\Phi_n(t, x)$ 的哪些性质. 关键在于, 当 x 与 t 的值多少有些可觉察的距离时, 对于非常大的 n, $\Phi_n(t, x)$ 之值非常的小. 因此, 积分 (2) 的值是由被积函数在 x 附近的函数值所支配, 但当点 t 靠近 x 时, $f(t)$ 之值几乎等于 $f(x)$ (因当 $t = x$ 时, 它连续). 所以当 n 很大时, 将 $f(x)$ 代替 $f(t)$ 时, 积分 (2) 之值改变得很少, 就是说, 积分 (2) 几乎等于

$$f(x) \cdot \frac{n}{\pi} \int_0^1 \frac{dt}{1 + n^2(t-x)^2},$$

再应用 (4), 所以就几乎等于 $f(x)$.

如上的函数 $\Phi_n(t, x)$ $(n = 1, 2, 3, \cdots)$ 称为核. 核之准确定义如下:

定义 设函数 $\Phi_n(t, x)$ $(n = 1, 2, 3, \cdots)$ 定义于正方形: $a \leqslant t \leqslant b, a < x < b$; 对于每一个固定的 x, 关于 t 是可和的. 当 $a \leqslant \alpha < x < \beta \leqslant b$ 时,

$$\lim_{n \to \infty} \int_\alpha^\beta \Phi_n(t, x) dt = 1,$$

则称函数 $\Phi_n(t, x)$ 是一个核.

若 $\Phi_n(t, x)$ 是一个核, 称具有形式

$$f_n(x) = \int_a^b \Phi_n(t, x) f(t) dt$$

的积分为奇异积分.

这种积分的理论有很多用处. 这理论的主要问题在于建立当 $n \to \infty$ 时积分 $f_n(x)$ 的极限值与函数 $f(t)$ 在 $t = x$ 的函数值间之关系. 由于改变 $f(t)$ 在一点的函数值时并不影响 $f_n(x)$ 之值, 所以必须要求 $f(t)$ 在点 $t = x$ 之函数值 $f(x)$ 与它在近旁点的函数值有关系. 这种关系中最简单的形式乃为 $f(t)$ 在 $t = x$ 为连续. 此外, 如 $f(t)$ 在 $t = x$ 为近似连续, 如 x 点为 $f(t)$ 之勒贝格点等等.

此地我们要引入勒贝格的一个定理, 以备将来之用:

定理 1 (H. 勒贝格)　设在 $[a,b]$ 上有一列一致有界的可测函数 $\varphi_1(t), \varphi_2(t), \varphi_3(t), \cdots$:

$$|\varphi_n(t)| < K. \tag{5}$$

假如对于 $[a,b]$ 中所有的 c 成立

$$\lim_{n \to \infty} \int_a^c \varphi_n(t) dt = 0, \tag{6}$$

那么, 对于 $[a,b]$ 上可和的任何函数 $f(t)$, 等式

$$\lim_{n \to \infty} \int_a^b f(t) \varphi_n(t) dt = 0 \tag{7}$$

成立.

证明　设 $[\alpha, \beta]$ 是含在 $[a,b]$ 中的一闭区间, 则由 (6) 式,

$$\lim_{n \to \infty} \int_\beta^\alpha \varphi_n(t) dt = 0. \tag{8}$$

首先假设 $f(t)$ 是一连续函数. 对于 $\varepsilon > 0$, 于 $[a,b]$ 中作如下的分点: $x_0 = a < x_1 < x_2 < \cdots < x_m = b$, 使 $f(t)$ 在 $[x_{k-1}, x_k]$ 上的振幅小于 $\varepsilon (k = 1, 2, \cdots, m)$. 那么

$$\int_a^b f(t)\varphi_n(t) dt = \sum_{k=0}^{m-1} \int_{x_k}^{x_{k+1}} [f(t) - f(x_k)] \varphi_n(t) dt + \sum_{k=0}^{m-1} f(x_k) \int_{x_k}^{x_{k+1}} \varphi_n(t) dt. \tag{9}$$

但是

$$\left| \int_{x_k}^{x_{k+1}} [f(t) - f(x_k)] \varphi_n(t) dt \right| \leqslant K\varepsilon (x_{k+1} - x_k),$$

所以 (9) 式右方第一和式不大于 $K\varepsilon(b-a)$. 对于 (9) 式的后一和式, 由 (8) 可知当 $n \to \infty$ 时趋向于 0, 所以当 $n > n_0$ 时亦小于 ε. 所以对于这种 n,

$$\left| \int_a^b f(t) \varphi_n(t) dt \right| < \varepsilon [K(b-a) + 1],$$

由是, (7) 式当 $f(t)$ 为连续函数时成立.

其次, 设 $f(t)$ 是一有界可测函数:

$$|f(t)| \leqslant M.$$

§1. 奇异积分的概念

设 $\varepsilon > 0$, 由卢津定理, 有连续函数 $g(t)$ 适合于

$$mE(f \neq g) < \varepsilon, \quad |g(t)| \leqslant M.$$

于是

$$\int_a^b f(t)\varphi_n(t)dt = \int_a^b [f(t) - g(t)]\varphi_n(t)dt + \int_a^b g(t)\varphi_n(t)dt,$$

但

$$\left|\int_a^b [f(t) - g(t)]\varphi_n(t)dt\right| = \left|\int_{E(f \neq g)} [f(t) - g(t)]\varphi_n(t)dt\right| < 2KM\varepsilon.$$

而积分 $\int_a^b g\varphi_n dt$ 由已经证明之结果, 当 n 充分大时, 其绝对值小于 ε. 因此对于这种 n,

$$\left|\int_a^b f(t)\varphi_n(t)dt\right| < (2KM + 1)\varepsilon,$$

由是, (7) 式当 $f(t)$ 为有界可测函数时成立.

最后, 设 $f(t)$ 是一任意的可和函数.

对于 $\varepsilon > 0$, 由于积分的绝对连续性, 存在如下的 $\delta > 0$: 当 $[a, b]$ 中的可测集 e 的测度 $me < \delta$ 时,

$$\int_e |f(t)|dt < \varepsilon.$$

然后用第四章 §4 的定理 1, 作有界可测函数 $g(t)$, 使

$$mE(f \neq g) < \delta.$$

不妨假设, $g(t)$ 在点集 $E(f \neq g)$ 上取值 0. 那么

$$\int_a^b f(t)\varphi_n(t)dt = \int_a^b [f(t) - g(t)]\varphi_n(t)dt + \int_a^b g(t)\varphi_n(t)dt,$$

但

$$\left|\int_a^b [f(t) - g(t)]\varphi_n(t)dt\right| = \left|\int_{E(f \neq g)} f(t)\varphi_n(t)dt\right| \leqslant K\varepsilon,$$

又当 n 足够大时 $\left|\int_a^b g\varphi_n dt\right|$ 小于 ε, 因此对于这种 n,

$$\left|\int_a^b f(t)\varphi_n(t)dt\right| < (K + 1)\varepsilon.$$

定理证毕.

例 设 $\varphi_n(t) = \cos nt$. 则

$$\int_a^c \varphi_n(t)dt = \frac{\sin nc - \sin na}{n} \to 0.$$

此时 $\{\varphi_n(t)\}$ 显然满足定理 1 中所说的两个条件. 同样的, 对于 $\varphi_n(t) = \sin nt$, 也是如此. 因此证得下面的定理:

定理 2 (黎曼–勒贝格)　设 $f(t)$ 是 $[a,b]$ 上的任一可和函数, 则

$$\lim_{n\to\infty}\int_a^b f(t)\cos nt dt = \lim_{n\to\infty}\int_a^b f(t)\sin nt dt = 0.$$

特别是, 可和函数 $f(t)$ 的傅里叶系数

$$a_n = \frac{1}{\pi}\int_{-\pi}^{\pi} f(t)\cos nt dt, \quad b_n = \frac{1}{\pi}\int_{-\pi}^{\pi} f(t)\sin nt dt$$

当 $n\to\infty$ 时趋向于 0[①].

如果关系 (7) 对于任一在 $[a,b]$ 上为可和的函数 $f(t)$ 成立, 那么称序列 $\{\varphi_n(t)\}$ 弱收敛于 0[②].

§2. 用奇异积分在给定点表示函数

今后若没有特别说明, 都假定核 $\Phi_n(t,x)$ 当 n 及 x 固定时是 t 的有界函数. 那么奇异积分

$$f_n(x) = \int_a^b \Phi_n(t,x)f(t)dt$$

对于任何可和函数 $f(t)$ 都有意义.

定理 1 (H. 勒贝格)　如果对于固定的 x 及任意的 $\delta > 0$, 核 $\Phi_n(t,x)$ 在两个区间

$$[a, x-\delta], \quad [x+\delta, b]$$

中都弱收敛于 0, 且

$$\int_a^b |\Phi_n(t,x)|dt < H(x),$$

而 $H(x)$ 与 n 无关, 那么对于任意可和函数 $f(t)$, 在其连续点 x, 成立

$$\lim_{n\to\infty} f_n(x) = f(x).$$

证明　因 $\Phi_n(t,x)$ 是一个核, 所以

$$\lim_{n\to\infty}\int_a^b \Phi_n(t,x)dt = 1.$$

所以只要证明

$$\lim_{n\to\infty}\int_a^b [f(t)-f(x)]\Phi_n(t,x)dt = 0$$

就行了. 为此目的, 对于 $\varepsilon > 0$, 取 $\delta > 0$ 使当 $|t-x| < \delta$ 时,

$$|f(t)-f(x)| < \frac{\varepsilon}{3H(x)}.$$

那么对于任意的 n,

$$\left|\int_{x-\delta}^{x+\delta} [f(t)-f(x)]\Phi_n(t,x)dt\right| < \frac{\varepsilon}{3}.$$

[①] 当 $f(t)$ 为平方可和时, 这个命题从 $\sum(a_n^2+b_n^2) < \infty$ 可以明白.
[②] 此地与泛函分析中的定名有些出入.

但当 $n \to \infty$ 时, 两积分

$$\int_a^{x-\delta}[f(t)-f(x)]\Phi_n(t,x)dt, \int_{x+\delta}^b [f(t)-f(x)]\Phi_n(t,x)dt$$

都趋向于 0. 因此必有 n_0: 当 $n > n_0$ 时, 两积分的绝对值都小于 $\frac{\varepsilon}{3}$. 因此当 $n > n_0$ 时,

$$\left|\int_a^b [f(t)-f(x)]\Phi_n(t,x)dt\right| < \varepsilon.$$

定理证毕.

这个定理是关于可和函数在连续点的表示. 但是可和函数可能没有连续点, 所以这个定理的重要性大为减少.

对于可和函数在下面的一些点处, 上面的表示问题较为重要: 在其函数值等于该函数不定积分导数的那种点; 或者是该函数的勒贝格点. 因为我们已知这两种点都几乎填满函数的定义闭区间[①]. 下面我们要研究这种表示问题.

引理 (И. П. 那汤松) 设 $f(t)$ 是在 $[a,b]$ 上定义的可和函数, 且具有如下的性质:

$$M = \sup_{0 < h \leqslant b-a}\left\{\frac{1}{h}\left|\int_a^{a+h} f(t)dt\right|\right\} < +\infty. \tag{1}$$

那么对于任何一个在 $[a,b]$ 上为可和的非负的减函数 $g(t)$, 积分

$$\int_a^b f(t)g(t)dt \tag{2}$$

是存在的 (在 $t=a$ 可能是积分的反常点) 且成立

$$\left|\int_a^b f(t)g(t)dt\right| \leqslant M\int_a^b g(t)dt. \tag{3}$$

所可注意的是: 在引理的假定中, 不排除 $g(a) = +\infty$ 的情形. 如果 $g(a) < +\infty$, 那么 $g(t)$ 乃为有界. 于是积分 (2) 常存在且是普通的勒贝格积分.

要证明引理, 不妨碍一般性可假设 $g(b) = 0$. 事实上, 如果不是这样, 那么替代 $g(t)$ 我们引进一个函数 $g^*(t)$ 如下:

$$g^*(t) = \begin{cases} g(t), & \text{如果 } a \leqslant t < b; \\ 0, & \text{如果 } t = b. \end{cases}$$

如果本定理对于 $g^*(t)$ 是真的, 那么对于 $g(t)$ 也是真的, 因为将 $g^*(t)$ 改为 $g(t)$ 时并不影响我们的积分值. 所以不妨假定 $g(b) = 0$.

设 $a < \alpha < b$, 在 $[\alpha, b]$ 上函数 $g(t)$ 为有界, 则积分

$$\int_\alpha^b f(t)g(t)dt \tag{4}$$

[①] 对于可和 (更一般为可测的) 函数的另外一种 "正则点" 是近似连续点. 但是这种点对于奇异积分理论而言不很有兴趣, 因为在 I. Natanson, Sur la représentation des fonctions aux points de continuité approximative par des infégrales singulières (那汤松, 有关函数在近似连续点用奇异积分的表示), Fund. Math., 18, 1931, 99–109 页中已证: 不存在这种奇异积分, 它可以表示任何可和函数在其所有近似连续点的值.

当然存在. 如果置
$$F(t) = \int_a^t f(u)du,$$
则积分 (4) 可以用斯蒂尔切斯积分表示:
$$\int_\alpha^b f(t)g(t)dt = \int_\alpha^b g(t)dF(t),$$
由分部积分法, 乃得
$$\int_\alpha^b f(t)g(t)dt = -F(\alpha)g(\alpha) + \int_\alpha^b F(t)d[-g(t)].$$
由 (1) 式,
$$|F(t)| \leqslant M(t-a), \tag{5}$$
又因 $g(t)$ 是一减函数, 所以
$$g(\alpha)(\alpha-a) \leqslant \int_a^\alpha g(t)dt. \tag{6}$$
因此,
$$|F(\alpha)g(\alpha)| \leqslant M\int_a^\alpha g(t)dt.$$
另一方面, $-g(t)$ 是一增函数, 所以由 (5) 式,
$$\left|\int_\alpha^b F(t)d[-g(t)]\right| \leqslant M\int_\alpha^b (t-a)d[-g(t)].$$
将上面右边的积分由分部积分法改写为
$$\int_\alpha^b (t-a)d[-g(t)] = g(\alpha)(\alpha-a) + \int_\alpha^b g(t)dt.$$
由此与 (6), 就得到
$$\left|\int_\alpha^b (t-a)d[-g(t)]\right| \leqslant \int_a^b g(t)dt.$$
综合上面所述, 乃得
$$\left|\int_\alpha^b f(t)g(t)dt\right| \leqslant M\left\{\int_a^\alpha g(t)dt + \int_a^b g(t)dt\right\}. \tag{7}$$

这个不等式虽然在假定 $g(b) = 0$ 下证得的, 但是根据上面的解释, 易知没有这个限制, (7) 式也是真的. 因此我们可以将上限 b 换以 β, 其中 $\alpha < \beta < b$. 当 α 及 β 均趋向于 a 时, 就得到
$$\lim \int_\alpha^\beta f(t)g(t)dt = 0,$$
因此知道积分 (2) 是存在的. 于 (7), 令 $\alpha \to a$, 即得 (3) 式. 引理因此证毕[①].

[①] (3) 式中的 M 不能再减小, 因为当 $f(t) = 1$ 时, (3) 式变成等式.

定理 2 (П. И. 罗曼诺夫斯基 (П. И. Романовский))　设核 $\Phi_n(t,x)$ 是正的且具有如下的性质：固定 n 与 x 时，t 的函数 $\Phi_n(t,x)$ 在 $[a,x]$ 增而在 $[x,b]$ 减，那么对于任何可和函数 $f(t)$，当 $f(x)$ 为 $f(t)$ 之不定积分在 $t=x$ 的导数时，等式

$$\lim_{n\to\infty}\int_a^b f(t)\Phi_n(t,x)dt = f(x) \tag{8}$$

成立.

证明　因为 $\Phi_n(t,x)$ 是一个核，所以只要证明

$$\lim_{n\to\infty}\int_a^b [f(t)-f(x)]\Phi_n(t,x)dt = 0 \tag{9}$$

就够了.

将 (9) 中积分分成两部分：$\int_a^x$ 及 $\int_x^b$. 此地只研究第二部分，对于第一部分可以同样处理.

对于 $\varepsilon > 0$，取这样的正数 δ：使当 $0 < h \leqslant \delta$ 时，

$$\left|\frac{1}{h}\int_x^{x+h}[f(t)-f(x)]dt\right| < \varepsilon,$$

此事之可能，由于 $f(x)$ 为 $f(t)$ 的不定积分在 $t = x$ 的导数.

那么应用前述之引理，

$$\left|\int_x^{x+\delta}[f(t)-f(x)]\Phi_n(t,x)dt\right| \leqslant \varepsilon\int_x^{x+\delta}\Phi_n(t,x)dt \leqslant \varepsilon\int_a^b \Phi_n(t,x)dt,$$

因

$$\lim_{n\to\infty}\int_a^b \Phi_n(t,x)dt = 1,$$

所以 $\int_a^b \Phi_n(t,x)\,dt\,(n=1,2,3,\cdots)$ 是有界的. 因此存在如下的 $K(x)$：

$$\int_a^b \Phi_n(t,x)dt < K(x).$$

于是，

$$\left|\int_x^{x+\delta}[f(t)-f(x)]\Phi_n(t,x)dt\right| < \varepsilon K(x). \tag{10}$$

另一方面，如果 $x+\delta \leqslant t \leqslant b$，则

$$\Phi_n(t,x) \leqslant \Phi_n(x+\delta,x) \leqslant \frac{1}{\delta}\int_x^{x+\delta}\Phi_n(t,x)dt < \frac{K(x)}{\delta}.$$

所以函数 $\varphi_n(t) = \Phi_n(t,x)$ 在闭区间 $[x+\delta,b]$ 上为一致有界即满足 §1 中定理 1 之条件 (5). 又那边的 (6) 式所述条件也是满足的，因为 $\Phi_n(t,x)$ 是核. 因此 $\Phi_n(t,x)$ 在 $[x+\delta,b]$ 中弱收敛于 0. 所以当 n 适当大的时候，

$$\left|\int_{x+\delta}^b [f(t)-f(x)]\Phi_n(t,x)dt\right| < \varepsilon.$$

对于这种 n，将此式与 (10) 式合并，乃有

$$\left|\int_x^b [f(t)-f(x)]\Phi_n(t,x)dt\right| < \varepsilon[K(x)+1].$$

因此
$$\lim_{n\to\infty}\int_x^b [f(t)-f(x)]\Phi_n(t,x)dt = 0. \tag{11}$$

定理证毕.

我们将此定理应用到魏尔斯特拉斯积分

$$W_n(x) = \frac{n}{\sqrt{\pi}}\int_a^b e^{-n^2(t-x)^2} f(t)dt.$$

函数

$$W_n(t,x) = \frac{n}{\sqrt{\pi}} e^{-n^2(t-x)^2}$$

是核, 因为当 $\alpha < x < \beta$ 时

$$\int_\alpha^\beta W_n(t,x)dt = \frac{1}{\sqrt{\pi}}\int_{n(\alpha-x)}^{n(\beta-x)} e^{-z^2}dz \to \frac{1}{\sqrt{\pi}}\int_{-\infty}^\infty e^{-z^2}dz = 1.$$

这些函数 $W_n(t,x)$ 是正的, 且在 $a \leqslant t \leqslant x$ 是增的, 在 $x \leqslant t \leqslant b$ 是减的. 因此, 对于所有的 $f(t) \in L$, 对于每一点 x, 当 $f(x)$ 是 $f(t)$ 的不定积分在 $t = x$ 的导数时, 成立

$$\lim_{n\to\infty} W_n(x) = f(x).$$

为便利计, 我们规定下面一个名称, 如果 $\Phi(t,x)$ 与 $\Psi(t,x)$ 有如下的关系:

$$|\Phi(t,x)| \leqslant \Psi(t,x)$$

并且 $\Psi(t,x)$ 当 x 固定时在 $[a,x]$ 为 t 的增函数, 在 $[x,b]$ 为 t 的减函数, 则称 $\Psi(t,x)$ 是 $\Phi(t,x)$ 的峰形优函数.

定理 3 (Д. К. 法捷耶夫 (Д. К. Фаддеев))   如果核 $\Phi_n(t,x)$ 对于每一个 n 有一个峰形优函数 $\Psi_n(t,x)$, 且有 $K(x)$ 适合

$$\int_a^b \Psi_n(t,x)dt < K(x) < +\infty$$

时, 那么对于任何函数 $f(t) \in L$, 当 $t = x$ 为 $f(t)$ 的勒贝格点时, (8) 式成立.

证明   于此只要证明 (11) 式成立就够了. 对于 $\varepsilon > 0$, 取这样的正数 δ, 使当 $0 < h \leqslant \delta$ 时,

$$\frac{1}{h}\int_x^{x+h} |f(t)-f(x)|dt < \varepsilon.$$

根据引理, 乃有

$$\left|\int_x^{x+\delta} \{f(t)-f(x)\}\Phi_n(t,x)dt\right| \leqslant \int_x^{x+\delta} |f(t)-f(x)|\Psi_n(t,x)dt$$
$$\leqslant \varepsilon \int_x^{x+\delta} \Psi_n(t,x)dt < \varepsilon \cdot K(x).$$

另一方面, 在 $[x+\delta, b]$ 中, 函数列 $\varphi_n(t) = \Phi_n(t,x)$ 弱收敛于 0. 因为当 $t \in [x+\delta, b]$ 时,

$$|\Phi_n(t,x)| \leqslant \Psi_n(t,x) \leqslant \Psi_n(x+\delta, x) \leqslant \frac{1}{\delta}\int_x^{x+\delta} \Psi_n(t,x)dt < \frac{K(x)}{\delta}.$$

注意到这个事实以后，知道法捷耶夫定理之证明与上述定理 2 之证明相同[①].

§3. 在傅里叶级数论中的应用

在第七章 §3 中，我们已经定义过函数 $f(x)$ 关于任一规范正交系 $\{\omega_k(x)\}$ 的傅里叶级数. 特别，取规范正交系为三角函数系

$$\frac{1}{\sqrt{2\pi}}, \frac{\cos x}{\sqrt{\pi}}, \frac{\sin x}{\sqrt{\pi}}, \frac{\cos 2x}{\sqrt{\pi}}, \frac{\sin 2x}{\sqrt{\pi}}, \cdots, \tag{1}$$

则 $f(x)$ 的傅里叶级数就是

$$\frac{a_0}{2} + \sum_{k=1}^{\infty} (a_k \cos kx + b_k \sin kx), \tag{2}$$

其中

$$a_k = \frac{1}{\pi}\int_{-\pi}^{\pi} f(x)\cos kx dx, \quad b_k = \frac{1}{\pi}\int_{-\pi}^{\pi} f(x)\sin kx dx. \tag{3}$$

在第七章中我们假设 $f(x) \in L_2$. 这个假设保证我们对于任一规范正交系，函数 $f(x)$ 的傅里叶系数

$$c_k = \int_a^b f(x)\omega_k(x)dx$$

是存在的. 但是 (1) 中一切函数是有界的，所以只要 $f(x)$ 是可和函数，那么 (3) 式所表示的系数以及 (2) 式总是存在的.

关于 (2) 式的收敛问题之讨论，需要研究几个奇异积分. 事实上，设

$$S_n(x) = \frac{a_0}{2} + \sum_{k=1}^{n}(a_k \cos kx + b_k \sin kx),$$

则由 (3) 式，

$$S_n(x) = \frac{1}{\pi}\int_{-\pi}^{\pi}\left[\frac{1}{2} + \sum_{k=1}^{n}\cos k(t-x)\right]f(t)dt.$$

利用熟知的公式[②]

$$\frac{1}{2} + \sum_{k=1}^{n}\cos k\alpha = \frac{\sin\frac{2n+1}{2}\alpha}{2\sin\frac{\alpha}{2}}, \tag{4}$$

[①] Д. К. 法捷耶夫 ("О представлении суммируемых функций сингулярными интегралами в точках Lebesgue'a", Матем. сборник, 卷 1 (43), № 3, 1936, 351~368 页) 证明，要 (8) 式对于所有 $f(t) \in L$ 在 $t=x$ 为勒贝格点成立的话，定理中的条件也是必要的.

[②] 这个公式是容易导出的. 为此只要将下列诸式边边相加:

$$\sin\left(k+\frac{1}{2}\right)\alpha - \sin\left(k-\frac{1}{2}\right)\alpha = 2\sin\frac{\alpha}{2}\cos k\alpha \quad (k=1,2,\cdots,n)$$

$$\sin\frac{\alpha}{2} = \sin\frac{\alpha}{2}.$$

这就给出

$$\sin\left(n+\frac{1}{2}\right)\alpha = 2\sin\frac{\alpha}{2}\left[\frac{1}{2} + \sum_{k=1}^{n}\cos k\alpha\right],$$

从而得到 (4).

所以给出如下形状的和式:

$$S_n(x) = \frac{1}{2\pi} \int_{-\pi}^{\pi} \frac{\sin\frac{2n+1}{2}(t-x)}{\sin\frac{t-x}{2}} f(t)dt. \tag{5}$$

称这个积分为狄利克雷奇异积分.

现在我们不预备讨论 (2) 式的收敛问题, 读者如有兴趣, 可参阅 A. 济格蒙德 (A. Zygmund) 的三角级数论[①]. 但是我们要讨论一下级数 (2) 依照**切萨罗 (Cesàro) 方法求和**的问题. 此法是求最初 n 个 $S_k(x)$ 之算术平均

$$\sigma_n(x) = \frac{S_0(x) + S_1(x) + \cdots + S_{n-1}(x)}{n} \tag{6}$$

的极限. 显然, 当 (2) 式在点 x 收敛于 S 时, 则 $\sigma_n(x)$ 亦收敛于 S. 但当 (6) 式的极限存在时, 级数 (2) 却未必收敛[②].

利用 (5) 式, 将 $\sigma_n(x)$ 写为

$$\sigma_n(x) = \frac{1}{2n\pi} \int_{-\pi}^{\pi} \left[\sum_{k=0}^{n-1} \sin\frac{2k+1}{2}(t-x) \right] \frac{f(t)}{\sin\frac{t-x}{2}} dt.$$

由于

$$\cos 2k\alpha - \cos 2(k+1)\alpha = 2\sin\alpha \sin(2k+1)\alpha \quad (k=0,1,\cdots,n-1),$$

所以

$$2\sin\alpha \sum_{k=0}^{n-1} \sin(2k+1)\alpha = 1 - \cos 2n\alpha = 2\sin^2 n\alpha.$$

因此,

$$\sum_{k=0}^{n-1} \sin(2k+1)\alpha = \frac{\sin^2 n\alpha}{\sin\alpha}. \tag{7}$$

利用 (7) 式, 乃得

$$\sigma_n(x) = \frac{1}{2n\pi} \int_{-\pi}^{\pi} \left[\frac{\sin n\frac{t-x}{2}}{\sin\frac{t-x}{2}} \right]^2 f(t)dt. \tag{8}$$

称积分 (8) 为费耶尔 (L. Fejér) 奇异积分. 我们要证明它满足法捷耶夫定理中的条件.

首先, 依照公式 (3) 得函数 $f(t) = 1$ 的傅里叶系数为

$$a_0 = 2, a_k = b_k = 0 \quad (k=1,2,\cdots).$$

所以, 对于这个函数

$$S_n(x) = 1 \quad (n=0,1,2,\cdots),$$

[①] A. 济格蒙德, Тригонометрические ряды. ГОНТИ, 1939.
[②] 参考例如 И. И. 普立瓦洛夫, Ряды Фурье, ОНТИ, 1934, 或 Л. В. 康托罗维奇 (Л. В. Канторович), Определенные интегралы п ряды Фурье, изд. ЛГУ, 1940, 或 Г. М. 菲赫金哥尔茨, 微积分学教程, 卷 3, ГТТИ, 1949 (第 8 版中译本, 北京: 高等教育出版社, 2006 年).

因此 $\sigma_n(x) = 1$.

用费耶尔积分表示 $\sigma_n(x)$, 得

$$\frac{1}{2n\pi} \int_{-\pi}^{\pi} \left[\frac{\sin n \frac{t-x}{2}}{\sin \frac{t-x}{2}} \right]^2 dt = 1. \tag{9}$$

我们考虑点 $x \in (-\pi, \pi)$. 设 $-\pi \leqslant \alpha < x < \beta \leqslant \pi$, 则当 $t \in [-\pi, \alpha]$ 时,

$$\frac{1}{\sin^2 \frac{t-x}{2}} \leqslant \max \left\{ \frac{1}{\sin^2 \frac{\alpha-x}{2}}, \frac{1}{\sin^2 \frac{-\pi-x}{2}} \right\} = A(x, \alpha),$$

因之,

$$\frac{1}{2n\pi} \int_{-\pi}^{\alpha} \left[\frac{\sin n \frac{t-x}{2}}{\sin \frac{t-x}{2}} \right]^2 dt < \frac{A(x, \alpha)}{n},$$

其中 $A(x, \alpha)$ 与 n 无关. 由是,

$$\lim_{n \to \infty} \frac{1}{2n\pi} \int_{-\pi}^{\alpha} \left[\frac{\sin n \frac{t-x}{2}}{\sin \frac{t-x}{2}} \right]^2 dt = 0.$$

同样可证 $[\beta, \pi]$ 上的积分, 当 $n \to \infty$ 时, 趋向于 0. 将此两结果与 (9) 式联系, 得到

$$\lim_{n \to \infty} \frac{1}{2n\pi} \int_{\alpha}^{\beta} \left[\frac{\sin n \frac{t-x}{2}}{\sin \frac{t-x}{2}} \right]^2 dt = 1.$$

因此, 函数

$$\frac{1}{2n\pi} \left[\frac{\sin n \frac{t-x}{2}}{\sin \frac{t-x}{2}} \right]^2$$

是一个核.

对于此核容易造出它的峰形优函数, 因为 $|\sin z| \leqslant |z|$, 从而 $\frac{1}{\sin^2 z} \geqslant \frac{1}{z^2}$. 但 $\frac{1}{\sin^2 z} \geqslant 1$, 所以

$$\frac{1}{\sin^2 z} \geqslant \frac{1}{2} \left(1 + \frac{1}{z^2} \right) = \frac{z^2 + 1}{2z^2},$$

故

$$\sin^2 \frac{n(t-x)}{2} \leqslant \frac{2n^2(t-x)^2}{n^2(t-x)^2 + 4}. \tag{10}$$

另一方面，当 $|z| \leqslant \dfrac{\pi}{2}$ 时，$|\sin z| \geqslant \dfrac{2}{\pi}|z|$. 所以①

$$\sin^2 \frac{t-x}{2} \geqslant \frac{1}{\pi^2}(t-x)^2. \tag{11}$$

由 (10) 及 (11) 式, 乃得

$$\frac{1}{2n\pi}\left[\frac{\sin n\dfrac{t-x}{2}}{\sin\dfrac{t-x}{2}}\right]^2 \leqslant \frac{1}{2n\pi} \cdot \frac{2n^2(t-x)^2}{n^2(t-x)^2+4} \cdot \frac{\pi^2}{(t-x)^2} = \frac{n\pi}{n^2(t-x)^2+4}.$$

函数 $\dfrac{n\pi}{n^2(t-x)^2+4}$ 是费耶尔核的峰形优函数. 因

$$\int_{-\pi}^{\pi} \frac{n\pi}{n^2(t-x)^2+4}dt < \int_{-\infty}^{+\infty} \frac{\pi dz}{z^2+4} = \frac{\pi^2}{2},$$

故优函数的积分小于一个绝对常数.

因此, 费耶尔积分满足法捷耶夫定理中一切条件. 由是证得如下的定理.

定理 1 (L. 费耶尔–H. 勒贝格)　在 $[-\pi, +\pi]$ 上, 等式

$$\lim_{n \to \infty} \sigma_n(x) = f(x) \tag{12}$$

几乎处处成立.

这个关系式对于 $f(t)$ 的任一勒贝格点成立, 当然对于 $[-\pi, +\pi]$ 中 $f(t)$ 的连续点也成立.

在第七章中我们曾经讲过三角函数系 (1) 是完全的. 由是, 傅里叶系数 (3) 个个是 0 的 L_2 中的函数 $f(x)$ 必定等价于 0. 现在我们可将 $f(x) \in L_2$ 之限制拿掉, 得到下面的定理:

定理 2　若可和函数 $f(x)$ 之一切傅里叶系数为 0, 则 $f(x)$ 等价于 0.

事实上, 此时 $\sigma_n(x) = 0$, 所以当 (12) 成立时, $f(x) = 0$. 因此, 由定理 1, $f(x)$ 几乎处处等于 0.

从定理 1 可以得到 $S_n(x)$ 的种种性质.

因为

$$\sigma_n(x) = \frac{a_0}{2} + \sum_{k=1}^{n-1} \frac{n-k}{n}\left(a_k \cos kx + b_k \sin kx\right),$$

所以

$$S_n(x) - \sigma_n(x) = \sum_{k=1}^{n} \frac{k}{n}\left(a_k \cos kx + b_k \sin kx\right). \tag{13}$$

---

①因为 $-\pi < x < \pi, -\pi \leqslant t \leqslant \pi$, 则 $\left|\dfrac{t-x}{2}\right|$ 可能大于 $\dfrac{\pi}{2}$, 但这并不重要, 事实上, 置 $a = \max\{-\pi, x-\pi\}, b = \min\{\pi, x+\pi\}$ 时, 不难看出费耶尔积分 (8) 与积分

$$\sigma_n^* = \frac{1}{2n\pi}\int_a^b \left[\frac{\sin n\dfrac{t-x}{2}}{\sin\dfrac{t-x}{2}}\right]^2 f(t)dt$$

之差, 当 $n \to \infty$ 时, 趋向于 0 $\left(\text{因为例如当} -\pi \leqslant t \leqslant a \text{ 时}, \left|\sin\dfrac{t-x}{2}\right| \geqslant \left|\sin\dfrac{-\pi-x}{2}\right|\right)$. 因此, 讨论 σ_n^* 好了.

§3. 在傅里叶级数论中的应用

从而
$$\frac{1}{\pi}\int_{-\pi}^{\pi}[S_n(x)-\sigma_n(x)]^2 dx = \sum_{k=1}^{n}\frac{k^2}{n^2}(a_k^2+b_k^2). \tag{14}$$

当自然数数列 $n_1, n_2, n_3, \cdots$ 满足不等式
$$\frac{n_{i+1}}{n_i} > A > 1 \tag{15}$$
时, 称此数列是缺项的. 我们有下面的定理.

定理 3 (A. H. 柯尔莫戈洛夫) 设 $f(x) \in L_2, \{n_i\}$ 是一缺项增的自然数列, 那么在 $[-\pi, \pi]$ 上几乎处处成立
$$\lim_{i\to\infty} S_{n_i}(x) = f(x).$$

证明 由费耶尔-勒贝格定理, 只要证明几乎处处有
$$\lim_{i\to\infty}[S_{n_i}(x) - \sigma_{n_i}(x)] = 0$$
就好了. 为此 (由第六章 §1 定理 11 之推论) 只要证明下式成立:
$$\sum_{i=1}^{\infty}\int_{-\pi}^{\pi}(S_{n_i} - \sigma_{n_i})^2 dx < +\infty,$$
或是
$$Q = \sum_{i=1}^{\infty}\left[\frac{1}{n_i^2}\sum_{k=1}^{n_i}k^2(a_k^2+b_k^2)\right] < +\infty.$$

置 $u_k = k^2(a_k^2+b_k^2)$, 和 Q 可以写为:
$$Q = \frac{1}{n_1^2}\sum_{k=1}^{n_1}u_k$$
$$+\frac{1}{n_2^2}\sum_{k=1}^{n_1}u_k + \frac{1}{n_2^2}\sum_{k=n_1+1}^{n_2}u_k$$
$$+\frac{1}{n_3^2}\sum_{k=1}^{n_1}u_k + \frac{1}{n_3^2}\sum_{k=n_1+1}^{n_2}u_k + \frac{1}{n_3^2}\sum_{k=n_2+1}^{n_3}u_k$$
$$+\cdots,$$

将此和以纵列相加, 则
$$Q = \sum_{i=1}^{\infty}\left(\sum_{s=i}^{\infty}\frac{1}{n_s^2}\right)\left(\sum_{k=n_{i-1}+1}^{n_i}u_k\right) \qquad (n_0 = 0).$$

因
$$\frac{n_i}{n_s} < \frac{1}{A^{s-i}},$$
故
$$\left(\sum_{s=i}^{\infty}\frac{1}{n_s^2}\right)\left(\sum_{k=n_{i-1}+1}^{n_i}u_k\right) < \sum_{s=i}^{\infty}\left(\frac{n_i}{n_s}\right)^2 \cdot \sum_{k=n_{i-1}+1}^{n_i}(a_k^2+b_k^2)$$
$$< \sum_{s=0}^{\infty}\frac{1}{A^{2s}} \cdot \sum_{k=n_{i-1}+1}^{n_i}(a_k^2+b_k^2) = \frac{A^2}{A^2-1}\sum_{k=n_{i-1}+1}^{n_i}(a_k^2+b_k^2).$$

从而得到
$$Q < \frac{A^2}{A^2-1} \sum_{i=1}^{\infty} \sum_{k=n_{i-1}+1}^{n_i} (a_k^2 + b_k^2) = \frac{A^2}{A^2-1} \sum_{k=1}^{\infty} (a_k^2 + b_k^2) < +\infty,$$
因为级数 $\sum (a_k^2 + b_k^2)$ 是收敛的. 定理证毕.

值得注意的是: 这个柯尔莫戈洛夫定理和第七章 §3 中所讲的拉德马赫定理及卡契马什定理有密切关系. 就是说: 在这两种情形下都是要设法找这种 $\{n_i\}$ 使得函数 $f(x)$ 之傅里叶级数 $\sum_{k=1}^{\infty} c_k \omega_k(x)$ 的部分和 $S_{n_i}(x)$ 几乎处处收敛于 $f(x)$. 不过第七章中两定理的下标 n_i 仅与系数 c_k 有关系, 而并不与 $\omega_k(x)$ 有关. 此地的定理, 虽然限定了三角函数系, 但是下标 n_i 与系数 c_k 无关.

定义 若 $\{n_i\}$ 是一缺项的自然数列, 则称三角级数
$$\sum_{i=1}^{\infty} (a_{n_i} \cos n_i x + b_{n_i} \sin n_i x)$$
是一缺项的三角级数.

定理 4 (A. H. 柯尔莫戈洛夫) 若可和函数 $f(x)$ 的傅里叶级数是缺项的, 那么此级数几乎处处收敛于 $f(x)$.

证明 若 $n_i \leqslant n < n_{i+1}$, 则
$$S_n(x) = S_{n_i}(x),$$
因为
$$a_{n_i+1} = b_{n_i+1} = a_{n_i+2} = \cdots = b_n = 0.$$
因此只要能够证明
$$\lim_{i \to \infty} S_{n_i}(x) = f(x) \qquad (*)$$
几乎处处成立就行了. 但是要证此事, 只要证明
$$\lim_{i \to \infty} [S_{n_i}(x) - \sigma_{n_i}(x)] = 0 \qquad (**)$$
几乎处处成立就够了.

我们顺便指出, 对 $f(x) \in L_2$ 的特殊情况, 由定理 3, 等式 $(*)$ 从而连同本定理确实几乎处处成立.

现在我们来证明 $(**)$ 成立. 回顾 (13) 式, 乃得
$$|S_{n_i}(x) - \sigma_{n_i}(x)| \leqslant \sum_{k=1}^{n_i} \frac{k}{n_i} (|a_k| + |b_k|).$$

若 k 不是 $n_1, n_2, n_3, \cdots$ 中之任一数, 则
$$a_k = b_k = 0.$$
因此,
$$|S_{n_i}(x) - \sigma_{n_i}(x)| \leqslant \sum_{m=1}^{i} \frac{n_m}{n_i} (|a_{n_m}| + |b_{n_m}|).$$

由黎曼–勒贝格定理 (§1),
$$\lim_{m\to\infty} a_{n_m} = \lim_{m\to\infty} b_{n_m} = 0.$$
所以对于 $\varepsilon > 0$, 可以找到 m_0: 当 $m > m_0$ 时,
$$|a_{n_m}| + |b_{n_m}| < \varepsilon.$$
因此, 记
$$\sum_{m=1}^{m_0} n_m (|a_{n_m}| + |b_{n_m}|)$$
为 M 的话, 那么当 $i > m_0$ 时,
$$|S_{n_i}(x) - \sigma_{n_i}(x)| < \frac{M}{n_i} + \varepsilon \sum_{m=m_0+1}^{i} \frac{n_m}{n_i}, \tag{16}$$
$$\frac{n_m}{n_i} < \frac{1}{A^{i-m}},$$
所以
$$\sum_{m=m_0+1}^{i} \frac{n_m}{n_i} < \sum_{m=m_0+1}^{i} \frac{1}{A^{i-m}} < \sum_{k=0}^{\infty} \frac{1}{A^k} = \frac{A}{A-1}.$$
从 (16) 式, 乃得
$$|S_{n_i}(x) - \sigma_{n_i}(x)| < \frac{M}{n_i} + \frac{A}{A-1}\varepsilon.$$
取 i 足够的大, 则 $\frac{M}{n_i} < \varepsilon$, 于是对于这种 i, 就有
$$|S_{n_i}(x) - \sigma_{n_i}(x)| < \left(1 + \frac{A}{A-1}\right)\varepsilon.$$
定理因此证毕.

附注 对于傅里叶级数, 泊松–阿贝尔 (Poisson-Abel) 的求和法也是著名的[1]. 这个方法是: 首先作一个辅助级数
$$S_r(x) = \frac{a_0}{2} + \sum_{k=1}^{\infty} r^k (a_k \cos kx + b_k \sin kx),$$
此级数当 $0 < r < 1$ 时是收敛的. 当 $r \to 1-0$ 时, 假如极限
$$\lim_{r\to 1-0} S_r(x)$$
存在, 则以此极限值为级数
$$\frac{a_0}{2} + \sum_{k=1}^{\infty} (a_k \cos kx + b_k \sin kx) \tag{17}$$

---

[1] И. И. 普立瓦洛夫: Ряды Фурье, стр. 108; Л. В. 康托罗维奇: Определенные интегралы и ряды Фурье, стр. 217; 菲赫金哥尔茨: Курс дифференциального и интегрального исчисления Т. 3, стр. 723 (有中译本, 微积分学教程, 第三卷. 北京: 高等教育出版社, 2006 年, 497 页).

的广义和.

不难证明, 当级数 (17) 依照切萨罗-费耶尔的求和法可求其和时, 那么此级数依照泊松-阿贝尔的求和法亦可求和, 且两者之和相等[1]. 因此, 可和函数 $f(x)$ 的傅里叶级数依照泊松-阿贝尔的求和法几乎处处可以求和. 这个事实的证明也可以不应用费耶尔-勒贝格定理, 而是利用罗曼诺夫斯基的定理[2]于泊松的奇异积分:

$$S_r(x) = \frac{1}{2\pi} \int_{-\pi}^{\pi} f(t) \cdot \frac{1-r^2}{1-2r\cos(t-x)+r^2} dt.$$

我们在此地不详细说了.

§4. 三角级数及傅里叶级数的其他性质

任意的三角级数

$$\frac{a_0}{2} + \sum_{k=1}^{\infty} (a_k \cos kx + b_k \sin kx)$$

不一定是某一可和函数的傅里叶级数, 甚至于当系数 a_n, b_n 趋向于 0 时, 亦未必是一个傅里叶级数. 为了说明此事, 首先讲几个命题. 这些命题的本身也是颇饶趣味的.

引理 1 (N. 阿贝尔) 设 $a_1, a_2, \cdots, a_n$ 已给定, 置

$$s_k = \sum_{i=1}^{k} a_i.$$

假设

$$|s_k| \leqslant A \qquad (k = 1, 2, \cdots, n),$$

则当 $q_1 > q_2 > \cdots > q_n > 0$ 时,

$$\left| \sum_{k=1}^{n} a_k q_k \right| \leqslant A q_1.$$

证明 若 $k > 1$, 则 $a_k = s_k - s_{k-1}$,

$$\sum_{k=1}^{n} a_k q_k = s_1 q_1 + \sum_{k=2}^{n} (s_k - s_{k-1}) q_k = \sum_{k=1}^{n} s_k q_k - \sum_{k=2}^{n} s_{k-1} q_k.$$

因此,

$$\sum_{k=1}^{n} a_k q_k = \sum_{k=1}^{n-1} s_k (q_k - q_{k+1}) + s_n q_n.$$

从而

$$\left| \sum_{k=1}^{n} a_k q_k \right| \leqslant A \left[\sum_{k=1}^{n-1} (q_k - q_{k+1}) + q_n \right] = A q_1,$$

此即所要证之结果.

---

[1] И. И. Пуливалов: Ряды Фурье, стр. 110; Л. В. Канторович: Определенные интегралы и ряды Фурье, стр. 218; 菲赫金哥尔茨: 中译本, 微积分学教程, 第三卷, 502 页.

[2] 根据罗曼诺夫斯基定理, 可以得到比费耶尔-勒贝格更强一些的结果. 即, 他证明了: 在 $f(x)$ 等于 $f(t)$ 的不定积分在 $t = x$ 的导数的那些点, $f(x)$ 的傅里叶级数依照泊松-阿贝尔的求和法可以求和 (应用费耶尔-勒贝格定理, 不仅能得到在勒贝格点收敛).

§4. 三角级数及傅里叶级数的其他性质

定义 级数
$$a_1 + a_2 + a_3 + \cdots$$
满足条件
$$\left|\sum_{k=1}^{n} a_k\right| \leqslant A \quad (n = 1, 2, 3, \cdots)$$
时，称此级数 $\sum_{n=1}^{\infty} a_n$ 满足阿贝尔条件.

引理 2 固定 x, 下列两级数
$$\cos x + \cos 2x + \cos 3x + \cdots \quad (x \neq 2k\pi)$$
$$\sin x + \sin 2x + \sin 3x + \cdots \quad (x \text{ 是任意的})$$
都满足阿贝尔条件.

证明 置
$$A_n = \sum_{k=1}^{n} \cos kx, \quad B_n = \sum_{k=1}^{n} \sin kx.$$
为了与以前不重复起见，我们用另外的方法来估计上面两个和. 置
$$C_n = \sum_{k=1}^{n} e^{kxi} = \frac{e^{xi} - e^{(n+1)xi}}{1 - e^{xi}},$$
则 A_n 及 B_n 依次为 C_n 的实数部分与虚数部分.

由于
$$|C_n| \leqslant \frac{2}{|1 - e^{xi}|} = \frac{1}{\left|\sin\dfrac{x}{2}\right|},$$
因此
$$|A_n| \leqslant \frac{1}{\left|\sin\dfrac{x}{2}\right|}, \quad |B_n| \leqslant \frac{1}{\left|\sin\dfrac{x}{2}\right|}.$$
所以引理当 $x \neq 2k\pi$ 时已证得. 若 $x = 2k\pi$, 则直接可见 $B_n = 0$.

定理 1 (N. 阿贝尔) 设级数 $\sum_{k=1}^{\infty} a_k$ 满足阿贝尔条件, 则当
$$q_1 > q_2 > \cdots > q_n > \cdots, \quad \lim_{n \to \infty} q_n = 0$$
时，级数 $\sum_{k=1}^{\infty} a_k q_k$ 收敛.

证明 置
$$S_n = \sum_{k=1}^{n} a_k q_k,$$
则由引理 1 (阿贝尔引理), 当 $m > n$ 时,
$$|S_m - S_n| = \left|\sum_{k=n+1}^{m} a_k q_k\right| \leqslant 2A q_{n+1},$$
所以当 n 足够大时可以小于任意小的数. 定理因此证毕.

推论 若
$$q_1 > q_2 > \cdots > q_n > \cdots, \lim_{n\to\infty} q_n = 0,$$
则两级数
$$\sum_{n=1}^{\infty} q_n \cos nx \ (x \neq 2k\pi), \sum_{n=1}^{\infty} q_n \sin nx \ (x \text{ 是任意的})$$
都收敛.

例如级数
$$\sum_{n=2}^{\infty} \frac{\sin nx}{\ln n} \tag{1}$$
对于所有的 x 是收敛的. 但是下面我们要证明, 没有一个可和函数是以级数 (1) 作为它的傅里叶级数的. 为此需先证

引理 3 设
$$\Psi_n(x) = \sum_{k=1}^{n} \frac{\sin kx}{k}.$$
则不论 x 及 n 如何, 成立下面的不等式
$$|\Psi_n(x)| < 2\sqrt{\pi}.$$

证明 先设 $0 < x < \pi$. 设 q 是如下的一个整数:
$$q \leqslant \frac{\sqrt{\pi}}{x} < q+1.$$
则
$$|\Psi_n(x)| \leqslant |\Psi_q(x)| + \left|\sum_{k=q+1}^{n} \frac{\sin kx}{k}\right|.$$
(如果 $q = 0$, 则右端第一项不出现; 又如果 $q \geqslant n$, 则右端第二项不出现.) 因为 $|\sin\alpha| \leqslant |\alpha|$, 所以
$$|\Psi_q(x)| \leqslant \sum_{k=1}^{q} \frac{|\sin kx|}{k} \leqslant qx \leqslant \sqrt{\pi}. \tag{2}$$
另一方面, 由引理 1,
$$\left|\sum_{k=q+1}^{n} \frac{\sin kx}{k}\right| \leqslant \frac{A}{q+1},$$
其中 $A = \max\left|\sum_{k=q+1}^{i} \sin kx\right| (q+1 \leqslant i \leqslant n)$. 如同证明引理 2 一样的方法可知
$$\left|\sum_{k=q+1}^{i} \sin kx\right| \leqslant \frac{1}{\left|\sin\dfrac{x}{2}\right|},$$

§4. 三角级数及傅里叶级数的其他性质

所以 $A \leqslant \dfrac{1}{\sin \frac{x}{2}}$. 于是得到

$$\left|\sum_{k=q+1}^{n} \frac{\sin kx}{k}\right| \leqslant \frac{1}{(q+1)\sin \frac{x}{2}}.$$

由于 $\sin \dfrac{x}{2} \geqslant \dfrac{x}{\pi}, q+1 > \dfrac{\sqrt{\pi}}{x}$, 所以

$$\left|\sum_{k=q+1}^{n} \frac{\sin kx}{k}\right| \leqslant \frac{1}{\frac{\sqrt{\pi}}{x} \cdot \frac{x}{\pi}} = \sqrt{\pi}.$$

将此结果再与 (2) 合并, 即得所要的估计. 又注意到 $|\Psi_n(x)|$ 是一偶函数, 所以这个估计当 $-\pi < x < 0$ 时也成立. 当 x 等于 0 及 π 时这个估计当然成立; 所以当 $-\pi < x \leqslant \pi$ 时都成立. 再由 $\Psi_n(x)$ 的周期性, 就得到所要证的估计到处成立, 证毕.

定理 2 设 $f(x)$ 是一可和函数,

$$b_n = \frac{1}{\pi}\int_{-\pi}^{\pi} f(x)\sin nx dx,$$

则级数

$$\sum_{n=1}^{\infty} \frac{b_n}{n}$$

是收敛的[①].

证明 由定理 1 之推论, 级数 $\sum_{n=1}^{\infty}\dfrac{\sin nx}{n}$ 是收敛的. 如果其和为 $\Psi(x)$, 那么对于所有的 x,

$$\lim_{n\to\infty} \Psi_n(x)f(x) = \Psi(x)f(x).$$

由引理 3,

$$|\Psi_n(x)f(x)| \leqslant 2\sqrt{\pi}|f(x)|.$$

所以, 依据勒贝格关于积分号下取极限的定理,

$$\lim_{n\to\infty}\int_{-\pi}^{\pi}\Psi_n(x)f(x)dx = \int_{-\pi}^{\pi}\Psi(x)f(x)dx.$$

但是

$$\frac{1}{\pi}\int_{-\pi}^{\pi}\Psi_n(x)f(x)dx = \sum_{k=1}^{n}\frac{b_k}{k},$$

从而证得定理.

回顾级数 (1), 我们首先注意到级数

$$\sum_{n=2}^{\infty}\frac{1}{n\ln n}$$

[①] 如果 $f(x) \in L_2$, 则此定理由级数 $\sum b_n^2$ 及 $\sum \dfrac{1}{n^2}$ 之收敛, 从不等式 $\dfrac{|b_n|}{n} < b_n^2 + \dfrac{1}{n^2}$ 就可以得到. 在此时级数 $\sum \dfrac{a_n}{n}$ 也是收敛的, 但 $\sum \dfrac{a_n}{n}$ 对于任意的可和函数而言可能发散.

是发散的[①]. 所以 (1) 式给出一个处处收敛的三角级数的例子, 但是没有一个可和函数是以级数 (1) 作为它的傅里叶级数的.

用同样的方法, 可以证明下述定理.

定理 3 设在 $[-\pi, \pi]$ 上有可和函数 $f(x)$, 它的傅里叶级数是

$$\frac{a_0}{2} + \sum_{n=1}^{\infty}(a_n \cos nx + b_n \sin nx).$$

若 $[A, B] \subset [-\pi, \pi]$, 则

$$\int_A^B f(x)dx = \int_A^B \frac{a_0}{2}dx + \sum_{n=1}^{\infty}\int_A^B (a_n \cos nx + b_n \sin nx)dx.$$

换言之, 可和函数的傅里叶级数可以**逐项积分**. 这个事实是非常值得注意的, 因为级数本身可能是不收敛的.

特别当 $f(x) \in L_2$ 时, 那么我们的定理由第七章 §3 中定理 1 之推论及三角函数系的封闭性即可导得.

对于一般情形时, 为了证明本定理, 置

$$\varphi(x) = \begin{cases} 1, & \text{当 } x \in [A, B] \text{ 时,} \\ 0, & \text{当 } x \overline{\in} [A, B] \text{ 时.} \end{cases}$$

这个函数在 $[-\pi, \pi]$ 中, 除了点 $-\pi, A, B, \pi$ 而外可以用傅里叶级数表示:

$$\varphi(x) = \frac{\alpha_0}{2} + \sum_{k=1}^{\infty}(\alpha_k \cos kx + \beta_k \sin kx).$$

设

$$S_n(x) = \frac{\alpha_0}{2} + \sum_{k=1}^{n}(\alpha_k \cos kx + \beta_k \sin kx).$$

若将 α_k 及 β_k 明白算出:

$$\alpha_0 = \frac{1}{\pi}\int_{-\pi}^{\pi}\varphi(x)dx = \frac{B-A}{\pi}.$$
$$\alpha_k = \frac{1}{\pi}\int_{-\pi}^{\pi}\varphi(x)\cos kx dx = \frac{\sin kB - \sin kA}{k\pi},$$
$$\beta_k = \frac{1}{\pi}\int_{-\pi}^{\pi}\varphi(x)\sin kx dx = \frac{\cos kA - \cos kB}{k\pi}.$$

[①] 因为函数 $\frac{1}{x \ln x}$ 是减函数, 故

$$\frac{1}{n \ln n} > \int_n^{n+1} \frac{dx}{x \ln x}.$$

从而

$$\sum_{n=2}^{N} \frac{1}{n \ln n} > \int_2^N \frac{dx}{x \ln x} = \ln \ln N - \ln \ln 2.$$

将这些结果代入 $S_n(x)$, 乃得

$$S_n(x) = \frac{B-A}{2\pi} + \frac{1}{\pi}\sum_{k=1}^{n}\left[\frac{\sin k(B-x)}{k} - \frac{\sin k(A-x)}{k}\right].$$

应用引理 3 于上式, 则对所有的 x 与 n

$$|S_n(x)| \leqslant \frac{B-A}{2\pi} + \frac{4}{\sqrt{\pi}}.$$

就是说, $S_n(x)$ 是一致有界. 应用关于积分号下取极限的勒贝格定理, 我们就得到

$$\int_{-\pi}^{\pi} f(x)\varphi(x)dx = \lim_{n\to\infty}\int_{-\pi}^{\pi} f(x)S_n(x)dx.$$

这个式子可以写为

$$\int_A^B f(x)dx = \frac{\alpha_0}{2}\int_{-\pi}^{\pi} f(x)dx$$
$$+ \sum_{k=1}^{\infty}\left[\alpha_k\int_{-\pi}^{\pi} f(x)\cos kx\,dx + \beta_k\int_{-\pi}^{\pi} f(x)\sin kx\,dx\right],$$

或是

$$\int_A^B f(x)dx = \frac{a_0}{2}(B-A)$$
$$+ \sum_{k=1}^{\infty}\left[a_k\frac{\sin kB - \sin kA}{k} + b_k\frac{\cos kA - \cos kB}{k}\right].$$

定理因此证毕.

定理 4 (G. 康托尔–H. 勒贝格) 如果对于一个正测度集 E 中所有的点 x, 关系

$$\lim_{n\to\infty}(a_n\cos nx + b_n\sin nx) = 0$$

成立, 则

$$\lim_{n\to\infty}a_n = \lim_{n\to\infty}b_n = 0.$$

证明 置

$$r_n = \sqrt{a_n^2 + b_n^2}.$$

那么有 θ_n 适合

$$a_n\cos nx + b_n\sin nx = r_n\cos(nx + \theta_n).$$

假如 r_n 不趋向于 0, 那么必有 $\{n_k\}$ 与正数 $\sigma : n_1 < n_2 < n_3 < \cdots, r_{n_k} > \sigma$. 但是当 $x \in E$ 时,

$$r_n\cos(nx + \theta_n) \to 0,$$

所以对于这些 x,

$$\cos(n_k x + \theta_{n_k}) \to 0.$$

用关于积分号下取极限的勒贝格定理, 乃得

$$\lim_{n\to\infty}\int_E \cos^2(n_k x + \theta_{n_k})dx = 0. \tag{3}$$

另一方面,

$$\int_E \cos^2(nx+\theta_n)dx = \frac{1}{2}\int_E[1+\cos(2nx+2\theta_n)]dx$$
$$= \frac{1}{2}\left(mE + \cos 2\theta_n \int_E \cos 2nxdx - \sin 2\theta_n \int_E \sin 2nxdx\right).$$

积分

$$\int_E \cos nxdx, \int_E \sin nxdx$$

乃是集 E 的特征函数的傅里叶系数, 所以趋向于 0. 从而

$$\lim_{n\to\infty}\int_E \cos^2(nx+\theta_n)dx = \frac{1}{2}mE,$$

此与 (3) 式相矛盾. 定理因此证毕.

推论 三角级数如果在一个正测度集上收敛, 则其系数趋向于 0.

下述定理的证明与上述定理证明的思想颇相似.

定理 5 (H. H. 卢津–A. 当茹瓦)　若三角级数

$$\frac{a_0}{2} + \sum_{n=1}^{\infty}(a_n \cos nx + b_n \sin nx)$$

在一正测度集 E 上绝对收敛, 则

$$\sum_{n=1}^{\infty}(|a_n|+|b_n|) < +\infty.$$

证明　用上面的记号, 当 $x \in E$ 时,

$$\sum_{n=1}^{\infty} r_n \cos^2(nx+\theta_n) \leqslant \sum_{n=1}^{\infty} r_n|\cos(nx+\theta_n)| < +\infty.$$

今设

$$\sum_{n=1}^{\infty} r_n \cos^2(nx+\theta_n) = A(x).$$

$A(x)$ 是在 E 上的一个可测的有限函数. 所以从 E 可以选取一个正测度的子集 $E_0(mE_0 > 0)$, 在 E_0 上 $A(x)$ 为有界, 因此在 E_0 上是可和的. 由是

$$\sum_{n=1}^{\infty} r_n \int_{E_0} \cos^2(nx+\theta_n)dx = \int_{E_0} A(x)dx < +\infty.$$

由定理 4 的证明,

$$\int_{E_0} \cos^2(nx+\theta_n)dx \to \frac{mE_0}{2}.$$

所以当 $n \geqslant n_0$ 时, 这个积分大于 $\dfrac{mE_0}{3}$, 因此

$$\frac{mE_0}{3} \sum_{n=n_0}^{\infty} r_n < \sum_{n=n_0}^{\infty} r_n \int_{E_0} \cos^2(nx+\theta_n)dx < +\infty.$$

所以级数

$$\sum_{n=1}^{\infty} r_n < +\infty.$$

定理证毕.

§5. 施瓦茨导数及凸函数

现在我们想叙述与函数展开为三角级数的唯一性问题相联系的某些事实. 为此我们需要某些新的知识, 这些知识也具有独立的兴趣. 在本节中我们要引出这些知识.

定义 1 设函数 $F(x)$ 在点 x 的某个邻域内定义. 如果存在着确定的极限

$$\lim_{h \to 0} \frac{F(x+h) - F(x-h)}{2h},$$

那么这极限称为 $F(x)$ 在点 x 的施瓦茨 (Schwarz) 导数, 记作 $F^{(\prime)}(x)$.

如果在点 x 存在普通的导数 $F'(x)$, 则施瓦茨导数一定存在, 且

$$F^{(\prime)}(x) = F'(x).$$

这个命题可以立刻推得, 因为等式

$$\frac{F(x+h) - F(x-h)}{2h} = \frac{1}{2}\left[\frac{F(x+h) - F(x)}{h} + \frac{F(x-h) - F(x)}{-h}\right]$$

的右方当 $h \to 0$ 趋于 $F'(x)$.

但可能有这种情形, $F'(x)$ 不存在而 $F^{(\prime)}(x)$ 却存在. 例如函数

$$F(x) = x\sin\frac{1}{x} \quad [F(0) = 0]$$

在点 $x = 0$ 就有这种性质. 因此, 施瓦茨导数的概念是导数的概念的推广. 用相似的方法可以推广二阶导数的概念.

定义 2 设函数 $F(x)$ 在点 x 的某个邻域内定义. 如果存在确定的极限

$$\lim_{h \to 0} \frac{F(x+h) - 2F(x) + F(x-h)}{h^2},$$

则称之为 $F(x)$ 在点 x 的二阶施瓦茨导数, 记作 $F^{(\prime\prime)}(x)$.

如果在点 x 存在着普通的二阶导数, 那么 $F^{(\prime\prime)}(x)$ 一定存在, 且

$$F^{(\prime\prime)}(x) = F''(x).$$

事实上, 假设在点 x 的**二阶导数**存在, 那么在此点的邻域内存在一阶导数 $F'(x)$. 置

$$F(x+h) + F(x-h) = \varphi(h),$$

我们对于等式

$$\frac{F(x+h) - 2F(x) + F(x-h)}{h^2} = \frac{\varphi(h) - \varphi(0)}{h^2}$$

的右方用熟知的柯西公式, 给出

$$\frac{\varphi(h) - \varphi(0)}{h^2} = \frac{\varphi'(\theta h)}{2\theta h} \quad (0 < \theta < 1),$$

从而

$$\frac{F(x+h) - 2F(x) + F(x-h)}{h^2} = \frac{F'(x+\theta h) - F'(x-\theta h)}{2\theta h},$$

但上列等式的右方当 $h \to 0$ 时趋向于 $F^{(\prime\prime)}(x)$.

函数

$$F(x) = \int_0^x t \sin \frac{1}{t} dt \tag{1}$$

的例子指出, 当 $F''(x)$ 不存在时 $F^{(\prime\prime)}(x)$ 可能存在 [如函数 (1) 在点 $x = 0$ 就有这种性质].

定理 1 (H. A. 施瓦茨) 设函数 $F(x)$ 在闭区间 $[a, b]$ 上定义且连续. 如果在区间 (a, b) 内处处有

$$F^{(\prime\prime)}(x) = 0,$$

则 $F(x)$ 为线性函数.

证明 取 $\varepsilon > 0$ 且置

$$\varphi(x) = F(x) - \left[F(a) + \frac{F(b) - F(a)}{b - a}(x - a)\right] + \varepsilon(x - a)(x - b).$$

显然 $\varphi(x)$ 在 $[a, b]$ 上连续且 $\varphi(a) = \varphi(b) = 0$. 此外, 在 (a, b) 内有

$$\varphi^{(\prime\prime)}(x) = 2\varepsilon. \tag{2}$$

我们要证明在 $[a, b]$ 上处处有

$$\varphi(x) \leqslant 0. \tag{3}$$

事实上, 如果不是这样, 那么 $\varphi(x)$ 一定在某个**内点** x_0 取到最大值 $\varphi(x_0)$ 而由不等式

$$\frac{\varphi(x_0 + h) - 2\varphi(x_0) + \varphi(x_0 - h)}{h^2} \leqslant 0$$

得出极限

$$\varphi^{(\prime\prime)}(x_0) \leqslant 0,$$

此事与 (2) 矛盾.

相似地可以说明, 函数

$$\psi(x) = -\left\{F(x) - \left[F(a) + \frac{F(b) - F(a)}{b - a}(x - a)\right]\right\} + \varepsilon(x - a)(x - b)$$

§5. 施瓦茨导数及凸函数

处处满足不等式
$$\psi(x) \leqslant 0. \tag{4}$$

联合 (3) 式与 (4) 式就得
$$\left| F(x) - \left\{ F(a) + \frac{F(b) - F(a)}{b - a}(x - a) \right\} \right| \leqslant \varepsilon |(x - a)(x - b)|,$$

从而, 根据 ε 的任意性, 就得
$$F(x) = F(a) + \frac{F(b) - F(a)}{b - a}(x - a).$$

定理证毕.

现在我们来讨论这样一个问题: 已知施瓦茨二阶导数 $F^{('')}(x)$, 是否可以求原来的函数 $F(x)$. 这里思想的过程与第九章 §8 中所叙述的非常相似, 那里是讨论由导函数求原函数的问题. 我们建议读者重新回忆一下那一节的事实.

定义 3 如果存在收敛于零的正数列 $h_1, h_2, h_3, \cdots$, 使
$$\lambda = \lim_{n \to \infty} \frac{F(x + h_n) - 2F(x) + F(x - h_n)}{h_n^2},$$

则称数 λ (有限或无穷) 为 $F(x)$ 在点 x 的施瓦茨二阶导出数.

容易证实, 任意函数 $F(x)$ 在所有点 x 都有施瓦茨二阶导出数, 而要在点 x 存在施瓦茨二阶导数的必要且充分条件是: 在该点的所有施瓦茨二阶导出数都彼此相等.

定义 4 设函数 $F(x)$ 在 $[a, b]$ 上定义, 如果对于闭区间 $[a, b]$ 上的任意二点 x_1 及 x_2 有
$$F\left(\frac{x_1 + x_2}{2}\right) \leqslant \frac{F(x_1) + F(x_2)}{2}, \tag{5}$$

则称函数 $F(x)$ 是下凸的.

最简单的例子是线性函数, 此时在 (5) 式中等号成立, 下面的引理给出其他的一些例子.

引理 1 如果函数 $f(t)$ 在闭区间 $[a, b]$ 上是增函数, 则其不定积分
$$F(x) = \int_a^x f(t) dt$$

是一个下凸函数.

证明 设 $a \leqslant x_1 < x_2 \leqslant b$. 则
$$F(x_1) - 2F\left(\frac{x_1 + x_2}{2}\right) + F(x_2) = \int_{\frac{x_1 + x_2}{2}}^{x_2} f(t) dt - \int_{x_1}^{\frac{x_1 + x_2}{2}} f(t) dt.$$

因为 $f(t)$ 是增的, 故
$$\int_{\frac{x_1 + x_2}{2}}^{x_2} f(t) dt \geqslant f\left(\frac{x_1 + x_2}{2}\right) \frac{x_2 - x_1}{2} \geqslant \int_{x_1}^{\frac{x_1 + x_2}{2}} f(t) dt,$$

从而得到
$$F(x_1) - 2F\left(\frac{x_1 + x_2}{2}\right) + F(x_2) \geqslant 0.$$

其次容易看到:
1) 有限个下凸函数的和函数是下凸的;
2) 收敛的下凸函数列的极限函数是下凸的;
3) 以下凸函数为项的收敛级数的和函数是下凸的.

转到这种函数的微分性质,我们首先注意到,下凸函数的所有施瓦茨二阶导出数是**非负的**.这个性质刻画出这种函数的特征.于是有

引理 2 如果连续函数 $F(x)$ 的所有施瓦茨二阶导出数是非负的,那么函数是下凸的.

证明 取 $\varepsilon > 0$. 如同证明施瓦茨定理一样,引用函数

$$\varphi(x) = F(x) - \left[F(a) + \frac{F(b)-F(a)}{b-a}(x-a)\right] + \varepsilon(x-a)(x-b).$$

$\varphi(x)$ 是连续的; $\varphi(a) = \varphi(b) = 0$ 且它的所有施瓦茨二阶导出数 λ 满足不等式 $\lambda \geqslant 2\varepsilon$. 从而如同在施瓦茨定理中一样得出 $\varphi(x) \leqslant 0$.

由此不等式,再令 $\varepsilon \to 0$ 而取极限,就得到

$$F(x) \leqslant F(a) + \frac{F(b)-F(a)}{b-a}(x-a),$$

特别是

$$F\left(\frac{a+b}{2}\right) \leqslant \frac{F(a)+F(b)}{2}.$$

这样我们就证明了引理,因为代替数 a 与 b 我们可以取任意的其他的数 x_1 与 x_2.

引理 3 设 $F(x)$ 是在 $[a,b]$ 上定义的连续函数. 如果在 (a,b) 内几乎处处 $F(x)$ 的所有的施瓦茨二阶导出数是非负的,又在 (a,b) 内没有一点的施瓦茨二阶导出数等于 $-\infty$,则函数 $F(x)$ 是下凸的.

证明 记 (a,b) 中的那些点的全体为 E, 在那些点上 $F(x)$ 至少有一个施瓦茨二阶导出数是负的. 根据条件, $mE = 0$.

因此,由第八章 §2 的定理 6, 存在这样的连续的增函数 $\sigma(x)$ 使得对于集 E 中的所有点有

$$\sigma'(x) = +\infty. \tag{6}$$

置

$$\tau(x) = \int_a^x \sigma(t)dt.$$

根据 (6) 式, 对于集 E 中的所有点有

$$\tau''(x) = +\infty. \tag{7}$$

现在我们可以证明: 对于任意的 $\varepsilon > 0$, 作函数

$$\Phi(x) = F(x) + \varepsilon\tau(x).$$

则 $\Phi(x)$ 的所有施瓦茨二阶导出数是非负的. 事实上,由引理 1,函数 $\tau(x)$ 是下凸的,因此

$$\frac{\Phi(x+h)-2\Phi(x)+\Phi(x-h)}{h^2} \geqslant \frac{F(x+h)-2F(x)+F(x-h)}{h^2}.$$

这就是说，如果函数 $\Phi(x)$ 对于 $x\in E$ 有负的施瓦茨二阶导出数，那么在这点 x, $F(x)$ 就有负的施瓦茨二阶导出数，这是与 E 的定义违背的. 如果 $x \in E$ 则
$$\frac{F(x+h) - 2F(x) + F(x-h)}{h^2}$$
应该是下有界的 (否则在点 x 存在着施瓦茨二阶导出数等于 $-\infty$) 因而 (根据 (7))
$$\Phi^{(\prime\prime)}(x) = +\infty.$$

因此, $\Phi(x)$ 满足前一个引理的假设, 所以是下凸的.
但
$$F(x) = \lim_{\varepsilon \to 0} \Phi(x),$$
所以 $F(x)$ 是下凸的. 引理证毕.

现在我们可以证明我们感兴趣的关于由施瓦茨二阶导数求其原来的函数的结果.

定理 2 (C.-J. 瓦莱–普桑) 设 $F(x)$ 是在 $[a,b]$ 上定义的连续函数, 在 (a,b) 内处处有施瓦茨二阶导数 $F^{(\prime\prime)}(x) = f(x)$. 如果 $f(x)$ 处处有限又是可和的, 那么成立等式
$$F(x) = \int_a^x dt \int_a^t f(u) du + Ax + B. \tag{8}$$

证明 作函数 $\varphi_n(x)$ 如下:
$$\varphi_n(x) = \begin{cases} f(x), & \text{当 } f(x) \leqslant n, \\ n, & \text{当 } f(x) > n. \end{cases}$$
因为
$$|\varphi_n(x)| \leqslant |f(x)|, \tag{9}$$
所以 $\varphi_n(x)$ 是可和的.

设
$$\Phi_n(x) = \int_a^x dt \int_a^t \varphi_n(u) du \quad \text{与} \quad R_n(x) = F(x) - \Phi_n(x).$$
根据积分 $\int_a^t \varphi_n(u) du$ 的连续性, 对于所有 $x \in [a,b]$ 我们有
$$\Phi_n'(x) = \int_a^x \varphi_n(u) du.$$
又因这个等式的右方几乎处处有导数等于 $\varphi_n(x)$, 所以几乎对于所有的 x 有
$$\Phi_n''(x) = \varphi_n(x). \tag{10}$$
但是当 (10) 式成立时, 差 $R_n(x)$ 有施瓦茨二阶导数
$$R_n^{(\prime\prime)}(x) = f(x) - \varphi_n(x) \geqslant 0.$$
因此, 使函数 $R_n(x)$ 至少有一个施瓦茨导出数是负的那些点之全体成一测度为零的集.

另一方面, 由柯西公式

$$\frac{\Phi_n(x+h) - 2\Phi_n(x) + \Phi_n(x-h)}{h^2} = \frac{\Phi_n'(x+\theta h) - \Phi_n'(x-\theta h)}{2\theta h}$$
$$= \frac{1}{2\theta h}\int_{x-\theta h}^{x+\theta h}\varphi_n(u)du \leqslant n,$$

所以

$$\frac{R_n(x+h) - 2R_n(x) + R_n(x-h)}{h^2} \geqslant \frac{F(x+h) - 2F(x) + F(x-h)}{h^2} - n.$$

从而很明显, 函数 $R_n(x)$ 没有一个施瓦茨二阶导出数等于 $-\infty$. 因此, 由引理 3, 函数 $R_n(x)$ 是下凸的.

如果 $n \to \infty$, 则 $\varphi_n(x) \to f(x)$. 从而再由 (9) 推得: 对于任意的 t 有

$$\int_a^t \varphi_n(u)du \to \int_a^t f(u)du.$$

但

$$\left|\int_a^t \varphi_n(u)du\right| \leqslant \int_a^b |f(u)|du,$$

因此对于每一点 x 是

$$\Phi_n(x) = \int_a^x dt \int_a^t \varphi_n(u)du \to \int_a^x dt \int_a^t f(u)du.$$

这就是说, 函数

$$R(x) = F(x) - \int_a^x dt \int_a^t f(u)du$$

是下凸函数 $R_n(x)$ 的极限函数, 所以是下凸的.

这意味着, 对于任意的点 x_1 与 x_2 有

$$R\left(\frac{x_1+x_2}{2}\right) \leqslant \frac{R(x_1)+R(x_2)}{2}. \tag{11}$$

但是, 如果代替 $F(x)$ 而是从函数 $-F(x)$ 谈起, 那么代替 $f(x)$ 就出现函数 $-f(x)$. 与此同时改变了 $R(x)$ 的符号, 因此 (11) 式就变成了

$$R\left(\frac{x_1+x_2}{2}\right) \geqslant \frac{R(x_1)+R(x_2)}{2}. \tag{12}$$

由 (11) 及 (12) 得出, 对于任意的 x_1 与 x_2,

$$R\left(\frac{x_1+x_2}{2}\right) = \frac{R(x_1)+R(x_2)}{2}.$$

从而对于任意的 $x \in (a,b)$ 及足够小的 $h > 0$ 有

$$R(x+h) - 2R(x) + R(x-h) = 0, \text{ 于是 } R^{(\prime\prime)}(x) = 0.$$

再由施瓦茨定理, 就推得

$$R(x) = Ax + B,$$

而这是与所证定理等价的.

§5. 施瓦茨导数及凸函数

所讨论的一些知识对于三角级数理论已足够. 但是由于独立的兴趣, 我们还要建立某些关于凸函数的命题, 虽然我们在以后并没有机会去引用它们.

定理 3 如果 $f(x)$ 是在闭区间 $[a,b]$ 上定义的有界的下凸函数, 那么它在区间 (a,b) 的所有的点上是连续的.

证明 设 $a < x_0 < b$. 又设 $M(x)$ 与 $m(x)$ 是我们在第五章 §4 中曾经引过的函数 $f(x)$ 的贝尔上函数与下函数. 我们要证明, 可以找出这样的点列 $\{x_n\}$, 使得 $x_n \to x_0$ 且 $f(x_n) \to M(x_0)$. 事实上, 如果 $n \to \infty$, 则 $M_{\frac{1}{n}}(x_0) \to M(x_0)$, 而根据 $M_{\frac{1}{n}}(x_0)$ 的定义, 在区间 $\left(x_0 - \frac{1}{n}, x_0 + \frac{1}{n}\right)$ 内可以找到这种点 x_n 使

$$M_{\frac{1}{n}}(x_0) - \frac{1}{n} < f(x_n) \leqslant M_{\frac{1}{n}}(x_0).$$

显然 $\{x_n\}$ 是所要求的点列[①].

取这样的点列后, 再置

$$y_n = 2x_n - x_0,$$

则 $y_n \to x_0$ 又

$$f(x_n) = f\left(\frac{x_0 + y_n}{2}\right) \leqslant \frac{f(x_0) + f(y_n)}{2}.$$

取任意的 $\varepsilon > 0$. 如果 δ 足够的小, 则[②]

$$M_\delta(x_0) < M(x_0) + \varepsilon,$$

又因对于足够大的 n, $y_n \in (x_0 - \delta, x_0 + \delta)$, 所以对于这种 n 有

$$f(x_n) < \frac{f(x_0) + M(x_0) + \varepsilon}{2}.$$

然后取极限, 先令 $n \to \infty$, 再令 $\varepsilon \to 0$ 就得到

$$M(x_0) \leqslant \frac{f(x_0) + M(x_0)}{2}, \text{ 从而 } M(x_0) \leqslant f(x_0),$$

因此,

$$M(x_0) = f(x_0). \tag{13}$$

当 $x_0 = a$ 或 $x_0 = b$ 这也是成立的, 因为点 y_n 与点 x_n 都在 x_0 的同一边.

现在我们找这样的点列 $\{x_n\}$ 使

$$x_n \to x_0, \quad f(x_n) \to m(x_0),$$

而置

$$y_n = 2x_0 - x_n.$$

如果 $a < x_0 < b$, 则对足够大的 n 点 y_n 落入 $[a,b]$ 之中 (因 $y_n \to x_0$): 所以有

$$f(x_0) = f\left(\frac{x_n + y_n}{2}\right) \leqslant \frac{f(x_n) + f(y_n)}{2}.$$

[①] 当然, 类似地可以找到这样的点列 $\{x_n\}$, 使得 $x_n \to x_0$, $f(x_n) \to m(x_0)$.
[②] 由 $f(x)$ 的有界, 两个贝尔函数 $M(x)$ 与 $m(x)$ 均为处处有限.

对于足够大的 n, 如同前面一样, 我们有
$$f(x_0) \leqslant \frac{f(x_n) + M(x_0) + \varepsilon}{2},$$
从而取极限, 先令 $n \to \infty$ 再令 $\varepsilon \to 0$ 就得到
$$f(x_0) \leqslant \frac{m(x_0) + M(x_0)}{2}.$$
根据 (13) 及显然的关系式 $m(x) \leqslant M(x)$, 从而推得 $M(x_0) = m(x_0)$.

由贝尔定理 (第五章 §4), $f(x)$ 在点 x_0 为连续.

附注 1) 函数 $f(x)$ 为有界的条件是很重要的. 存在着有限的、处处不连续的凸函数而在任一区间上不是有界的.

2) 函数
$$f(x) = \begin{cases} 0, & \text{当 } -1 < x < +1, \\ 1, & \text{当 } x = \pm 1 \end{cases}$$
表明: 凸函数在其定义闭区间的端点可以是不连续点.

定理 4 如果 $f(x)$ 是下凸函数, 那么对于所有自然数 n,
$$f\left(\frac{x_1 + x_2 + \cdots + x_n}{n}\right) \leqslant \frac{f(x_1) + f(x_2) + \cdots + f(x_n)}{n}. \tag{14}$$

证明 如果 $n = 2$, 则 (14) 与关系式 (5) 等价, 而后者就是下凸的定义. 设对于 $n = 2^m$ 时不等式 (14) 已证, 而设 $n = 2^{m+1}$. 置
$$x' = \frac{x_1 + \cdots + x_{2^m}}{2^m}, \quad x'' = \frac{x_{2^m+1} + \cdots + x_{2^{m+1}}}{2^m}.$$
则
$$f\left(\frac{x_1 + \cdots + x_n}{n}\right) = f\left(\frac{x' + x''}{2}\right) \leqslant \frac{f(x') + f(x'')}{2} \leqslant \frac{f(x_1) + \cdots + f(x_n)}{n}.$$
因此, (14) 对于所有 n 取形式 2^m 时已经证明.

现在设 n 不取形式 2^m. 我们取这样大的 m, 使 $2^m > n$, 而置
$$A = \frac{x_1 + x_2 + \cdots + x_n}{n}.$$
那么
$$A = \frac{(x_1 + \cdots + x_n) + (2^m - n)A}{2^m},$$
而由已经证明的事实,
$$f(A) \leqslant \frac{f(x_1) + \cdots + f(x_n) + (2^m - n)f(A)}{2^m}, \quad \text{或} \quad f(A) \leqslant \frac{f(x_1) + \cdots + f(x_n)}{n},$$
这就证明了定理. 所用的这个巧妙的方法是属于柯西的.

推论 如果 $p_1, p_2, \cdots, p_n$ 不是负数, 同时
$$p_1 + p_2 + \cdots + p_n > 0,$$

又 $f(x)$ 是连续的下凸函数, 则[①]

$$f\left(\frac{p_1x_1+\cdots+p_nx_n}{p_1+\cdots+p_n}\right) \leqslant \frac{p_1f(x_1)+\cdots+p_nf(x_n)}{p_1+\cdots+p_n}. \tag{15}$$

事实上, 如果所有的 p_i 是有理数, 那么 (15) 归结为 (14). 一般的情况可以由有理数 p_i 出发, 经过极限过程得到 [为此需要 $f(x)$ 是连续的]. 特别是

$$f(\alpha x + \beta y) \leqslant \alpha f(x) + \beta f(y) \quad (\alpha \geqslant 0,\ \beta \geqslant 0,\ \alpha+\beta = 1). \tag{16}$$

由不等式 (16) 可以导出

定理 5 如果 $\Phi(u)$ 是定义于全数轴上的连续下凸函数, 那么存在着这样的线性函数 $Au+B$ 使得对于所有的实数 u 有

$$\Phi(u) > Au + B. \tag{17}$$

证明 设

$$l(u) = \frac{\Phi(1)-\Phi(-1)}{2}u + \frac{\Phi(1)+\Phi(-1)}{2}.$$

显然,

$$l(1) = \Phi(1), \quad l(-1) = \Phi(-1).$$

我们要证明, 当 $|u| > 1$ 时有

$$\Phi(u) \geqslant l(u). \tag{18}$$

例如设 $u > 1$. 置

$$\alpha = \frac{u-1}{u+1}, \quad \beta = \frac{2}{u+1}.$$

如果在不等式 (16) 中置 $x = -1$, $y = u$, 那么 (16) 式就是

$$\Phi(1) \leqslant \frac{u-1}{u+1}\Phi(-1) + \frac{2}{u+1}\Phi(u),$$

从而得到 (18). 当 $u < -1$ 时可以类似地加以讨论.

在闭区间 $[-1,+1]$ 上函数 $\Phi(u)$ 是连续的, 所以是有界的, 因此可以找到这样大的常数 K, 使得对于所有的 $u \in [-1,+1]$ 有

$$K > \frac{\Phi(1)-\Phi(-1)}{2}u - \Phi(u). \tag{19}$$

如果取

$$A = \frac{\Phi(1)-\Phi(-1)}{2}, \quad B < -K, \quad B < \frac{\Phi(1)+\Phi(-1)}{2}.$$

由 (18) 与 (19) 就推得 (17).

推论 设 $\Phi(u)$ 满足定理 5 中的条件, 如果 $f(x)$ 及 $p(x) \geqslant 0$ 定义于 $[a,b]$, $f(x)$ 可测并几乎处处为有限, 而 $p(x)$ 及 $p(x)f(x)$ 为可和, 则积分

$$\int_a^b \Phi[f(x)]p(x)dx \tag{20}$$

有有限数值或者等于 $+\infty$.

[①] 关系式 (15) 称为延森 (Jensen) **总和不等式**.

证明 不失一般性可以假定 $f(x)$ 是有限的. 复合函数 $\varphi(x) = \Phi[f(x)]$ 是可测的, 因为它对于几乎所有的 x 是连续函数列 $\Phi[f_n(x)]$ 的极限, 其中 $f_n(x)$ 是连续函数, 几乎处处满足关系 $f_n(x) \to f(x)$. 设

$$\varphi_+(x) = \begin{cases} \varphi(x), & \text{当 } \varphi(x) \geqslant 0, \\ 0, & \text{当 } \varphi(x) < 0, \end{cases} \quad \varphi_-(x) = \begin{cases} 0, & \text{当 } \varphi(x) \geqslant 0, \\ -\varphi(x), & \text{当 } \varphi(x) < 0. \end{cases}$$

积分 (20) 有数值, 如果差

$$\int_a^b \varphi_+(x)p(x)dx - \int_a^b \varphi_-(x)p(x)dx$$

有数值的话.

但由定理 5 有 $\varphi(x) > Af(x) + B$. 特别当 $\varphi(x) < 0$ 时, 记此种 x 的全体为 N, 那么对于 N 中的 x 不等式成立, 也就是说,

$$0 \leqslant \varphi_-(x) \leqslant -Af(x) - B.$$

将此不等式乘以 $p(x)$, 那么函数 $\varphi_-(x)p(x)$ 确实在 N 上是可和的. 但在 N 之外乘积等于零. 因此

$$\int_a^b \varphi_-(x)p(x)dx \neq \infty.$$

其余的显而易见.

定理 6 如果在上述推论的条件下还有

$$\int_a^b p(x)dx > 0,$$

那么成立不等式

$$\Phi\left[\frac{\int_a^b f(x)p(x)dx}{\int_a^b p(x)dx}\right] \leqslant \frac{\int_a^b \Phi[f(x)]p(x)dx}{\int_a^b p(x)dx}, \tag{21}$$

称为延森积分不等式.

证明 首先假设两个函数 $f(x)$ 及 $p(x)$ 是连续的. 置

$$x_k = a + \frac{b-a}{n}k \quad (k = 0, 1, \cdots, n).$$

根据 (15) 我们有[①]

$$\Phi\left[\frac{f(x_0)p(x_0) + \cdots + f(x_{n-1})p(x_{n-1})}{p(x_0) + \cdots + p(x_{n-1})}\right]$$
$$\leqslant \frac{\Phi[f(x_0)]p(x_0) + \cdots + \Phi[f(x_{n-1})]p(x_{n-1})}{p(x_0) + \cdots + p(x_{n-1})}.$$

从而

$$\Phi\left[\frac{\Sigma f(x_k)p(x_k)\Delta x_k}{\Sigma p(x_k)\Delta x_k}\right] \leqslant \frac{\Sigma \Phi[f(x_k)]p(x_k)\Delta x_k}{\Sigma p(x_k)\Delta x_k},$$

于是令 $n \to \infty$ 由极限过程得到 (21).

---

① 容易验证, 当 n 很大时有 $p(x_0) + \cdots + p(x_{n-1}) > 0$.

现在我们拿去 $p(x)$ 为连续的假定, 但暂时仍假定 $f(x)$ 是连续的情形来证明.

容易确信存在这种连续函数列 $p_n(x) > 0$, 使得

$$\lim_{n\to\infty}\int_a^b |p_n(x) - p(x)|dx = 0.$$

根据已经证明的事实, 如果代替 $p(x)$ 而换以 $p_n(x)$, 那么 (21) 式是成立的. 然后令 $n \to \infty$ 取极限就行了.

现在我们讨论这种情形, 当 $f(x)$ 为可测且有界, $|f(x)| \leqslant K$. 那么 $\Phi[f(x)]$ 也是可测且有界:

$$|\Phi[f(x)]| \leqslant M, \quad M = \max_{-K \leqslant u \leqslant K} |\Phi(u)|.$$

假设连续函数列 $f_n(x)$ 在 $[a,b]$ 上几乎处处有

$$\lim_{n\to\infty} f_n(x) = f(x).$$

那么可以假定 $|f_n(x)| \leqslant K$. 因此

$$|\Phi[f_n(x)]p(x)| \leqslant Mp(x), \quad |f_n(x)p(x)| \leqslant Kp(x),$$

令 (21) 式当 $f(x)$ 换以 $f_n(x)$ 已证为成立, 再令 $n \to \infty$ 由极限过程即得 (21) 式.

最后我们转到一般情形. 我们在前面已经看到, (21) 式的右方有确定的数值. 不妨假定它是有限的, 否则就不必证明了.

但是当任意取 $\varepsilon > 0$ 时我们可以找到这样的 $\delta > 0$, 使得由 $me < \delta$ 导出不等式

$$\int_e |\Phi[f(x)]p(x)|dx < \varepsilon, \quad \int_e p(x)dx < \varepsilon.$$

我们造可测有界函数 $f_\varepsilon(x)$ 使得

$$mE(f_\varepsilon \neq f) < \delta.$$

可以假定当 $f_\varepsilon(x) \neq f(x)$ 处是 $f_\varepsilon(x) = 0$, 如果 $\varepsilon \to 0$, 则 $f_\varepsilon(x)$ 依测度收敛于 $f(x)$. 此外, $|f_\varepsilon(x)| \leqslant |f(x)|$. 因此[①]

$$\lim_{\varepsilon\to 0}\int_a^b f_\varepsilon(x)p(x)dx = \int_a^b f(x)p(x)dx.$$

这就是说, 如果在 (21) 中用 $f_\varepsilon(x)$ 代替 $f(x)$, 那么所得不等式的左方当 $\varepsilon \to 0$ 趋向于 (21) 的左方.

另一方面,

$$\int_a^b \Phi(f)pdx - \int_a^b \Phi(f_\varepsilon)pdx = \int_{E(f_\varepsilon \neq f)} \Phi(f)pdx - \Phi(0)\int_{E(f_\varepsilon \neq f)} pdx.$$

从而

$$\left|\int_a^b \Phi(f)pdx - \int_a^b \Phi(f_\varepsilon)pdx\right| \leqslant \varepsilon\{1 + |\Phi(0)|\}.$$

因此在 (21) 式中令 $f_\varepsilon(x)$ 代替 $f(x)$ 所得的不等式的右方当 $\varepsilon \to 0$ 时容许取极限过程而得 (21) 的右方.

[①] 因为 $p(x)$ 几乎处处有限, 故 $f_\varepsilon p \Rightarrow fp$.

§6. 函数的三角级数展开的唯一性

在本节中我们讨论这个问题: 已给函数可有几种方法 (如果竟是可能的) 展开为三角级数.

我们着手讨论这种函数, 在全数轴上定义但有周期为 2π. 关于这种函数成立下列基本定理.

定理 1 如果函数定义于全数轴且展开为一致收敛的三角级数, 那么后者一定是函数的傅里叶级数.

这个定理可以表示为下列形式:

定理 1′ 如果三角级数在全数轴上一致收敛, 那么它是和函数 (显然是连续的) 的傅里叶级数.

定理的成立是这样推得的: 由于等式

$$f(x) = \frac{a_0}{2} + \sum_{k=1}^{\infty} (a_k \cos kx + b_k \sin kx)$$

预先乘以 $\cos nx$ 或 $\sin nx$ (显然不影响级数的一致收敛性) 时可以逐项积分. 所得结果是等式

$$a_n = \frac{1}{\pi}\int_{-\pi}^{\pi} f(x)\cos nx\, dx, \quad b_n = \frac{1}{\pi}\int_{-\pi}^{\pi} f(x)\sin nx\, dx \qquad (n=0,1,2,\cdots),$$

定理即证得.

为了今后需要我们引入下列引理.

引理 1 (B. 黎曼) 考察收敛级数

$$a_0 + a_1 + a_2 + \cdots = S. \tag{1}$$

由 (1) 出发, 作级数

$$a_0 + a_1\left(\frac{\sin h}{h}\right)^2 + a_2\left(\frac{\sin 2h}{2h}\right)^2 + \cdots. \tag{2}$$

那么级数 (2) 对于任意的 $h \neq 0$ 是收敛的, 且其和 $S(h)$ 满足关系

$$\lim_{h \to 0} S(h) = S. \tag{3}$$

证明 由级数 (1) 的收敛推得其所有项是有界的: $|a_k| < M$, 而因级数 (2) 有收敛的优级数 $\sum \dfrac{M}{k^2 h^2}$, 所以是收敛的.

置

$$r_n = \sum_{k=n}^{\infty} a_k, \quad r_n(h) = \sum_{k=n}^{\infty} a_k \left(\frac{\sin kh}{kh}\right)^2.$$

取 $\varepsilon > 0$, 可以找到这样的 n, 使当 $k \geqslant n$ 时有

$$|r_k| < \varepsilon. \tag{4}$$

我们固定这个 n 直到讨论完毕.

§6. 函数的三角级数展开的唯一性

因为 $a_k = r_k - r_{k+1}$, 所以

$$r_n(h) = \sum_{k=n}^{\infty} (r_k - r_{k+1}) \left(\frac{\sin kh}{kh} \right)^2,$$

从而

$$r_n(h) = r_n \left(\frac{\sin nh}{nh} \right)^2 + \sum_{k=n+1}^{\infty} r_k \left\{ \left(\frac{\sin kh}{kh} \right)^2 - \left(\frac{\sin(k-1)h}{(k-1)h} \right)^2 \right\}.$$

但

$$\left| \left(\frac{\sin kh}{kh} \right)^2 - \left(\frac{\sin(k-1)h}{(k-1)h} \right)^2 \right|$$

$$= \left| \int_{(k-1)h}^{kh} \frac{d}{dx} \left(\frac{\sin x}{x} \right)^2 dx \right| \leqslant \int_{(k-1)h}^{kh} \left| \frac{d}{dx} \left(\frac{\sin x}{x} \right)^2 \right| dx,$$

因此

$$|r_n(h)| \leqslant |r_n| + \sum_{k=n+1}^{\infty} |r_k| \int_{(k-1)h}^{kh} \left| \frac{d}{dx} \left(\frac{\sin x}{x} \right)^2 \right| dx,$$

又根据 (4) 式,

$$|r_n(h)| < \varepsilon \left\{ 1 + \int_{nh}^{+\infty} \left| \frac{d}{dx} \left(\frac{\sin x}{x} \right)^2 \right| dx \right\}. \tag{5}$$

如果我们置[①]

$$L = \int_0^{\infty} \left| \frac{d}{dx} \left(\frac{\sin x}{x} \right)^2 \right| dx, \tag{6}$$

那么不等式 (5) 取形式

$$|r_n(h)| < \varepsilon(1 + L).$$

注意及此, 我们从等式

$$S(h) - S = \sum_{k=1}^{n-1} a_k \left\{ \left(\frac{\sin kh}{kh} \right)^2 - 1 \right\} + r_n(h) - r_n$$

可以断定

$$|S(h) - S| \leqslant \sum_{k=1}^{n-1} |a_k| \cdot \left| \left(\frac{\sin kh}{kh} \right)^2 - 1 \right| + (L+2)\varepsilon.$$

当 k 固定时有

$$\lim_{h \to 0} \left(\frac{\sin kh}{kh} \right)^2 = 1.$$

[①] 这个积分是有限的. 事实上,

$$\frac{d}{dx} \left(\frac{\sin x}{x} \right)^2 = 2 \frac{\sin x}{x} \cdot \frac{x \cos x - \sin x}{x^2}.$$

靠近点 $x = 0$ 时这个函数是有界的, 且积分 (6) 不是反常积分, 而不等式

$$\left| \frac{d}{dx} \left(\frac{\sin x}{x} \right)^2 \right| \leqslant 2 \frac{x+1}{x^3}$$

确定了积分在无穷大的收敛性.

因此对于我们的 ε, 有这样的 δ, 当 $|h| < \delta$ 时有

$$\sum_{k=1}^{n-1} |a_k| \cdot \left| \left(\frac{\sin kh}{kh} \right)^2 - 1 \right| < \varepsilon.$$

对于这些 h 有

$$|S(h) - S| < (L+3)\varepsilon,$$

这就证明了引理.

现在我们考察三角级数

$$\frac{a_0}{2} + \sum_{n=1}^{\infty} (a_n \cos nx + b_n \sin nx), \tag{7}$$

它受制于条件

$$|a_n| < M, \quad |b_n| < M, \tag{8}$$

其中 M 与 n 无关.

如果我们从级数 (7) 形式地进行两次逐项积分, 那么就得到级数

$$\frac{a_0 x^2}{4} - \sum_{n=1}^{\infty} \frac{a_n \cos nx + b_n \sin nx}{n^2}. \tag{9}$$

根据 (8) 式, 级数 (9) 有优级数

$$\sum_{n=1}^{\infty} \frac{2M}{n^2},$$

因此在全数轴上一致收敛于某个连续函数 $F(x)$, 我们称之为级数 (7) 的黎曼函数.

这样一来, 凡级数 (7) 满足条件 (8) 的必有黎曼函数. 特别, 由 §4 的康托尔–勒贝格定理, 级数在正测度集上收敛的必满足条件 (8). 要注意的是: 由级数 (7) 在**一点**的收敛不能导出它有黎曼函数. 例如, 级数

$$\sum_{n=1}^{\infty} n^2 \sin nx$$

在 $x = 0$ 收敛, 但经过两次积分以后变成级数

$$-\sum_{n=1}^{\infty} \sin nx,$$

在 $x \neq k\pi$ 时是发散的[1].

定义 如果在某点 x_0 黎曼函数 $F(x)$ 有有限的施瓦茨二阶导数, 则称此导数 $F^{(\prime\prime)}(x_0)$ 为级数 (7) 在点 x_0 依照黎曼意义的和.

---

[1]事实上, 如果 $x \neq k\pi$, 则

$$\sum_{k=1}^{n} \sin kx = \frac{\cos \dfrac{x}{2} - \cos \dfrac{2n+1}{2}x}{2\sin \dfrac{x}{2}},$$

但此量当 $n \to \infty$ 时没有极限.

§6. 函数的三角级数展开的唯一性

定理 2 (B. 黎曼) 如果级数 (7) 满足条件 (8) 又在某点 x_0 收敛, 那么在此点它有黎曼意义的和, 且与其通常的和一致.

证明 由等式

$$F(x) = \frac{a_0 x^2}{4} - \sum_{n=1}^{\infty} \frac{1}{n^2}(a_n \cos nx + b_n \sin nx)$$

出发, 经过简单的运算就得等式

$$\frac{F(x_0 + 2h) - 2F(x_0) + F(x_0 - 2h)}{4h^2}$$
$$= \frac{a_0}{2} + \sum_{n=1}^{\infty}(a_n \cos nx_0 + b_n \sin nx_0)\left(\frac{\sin nh}{nh}\right)^2. \tag{10}$$

级数 (10) 之得自级数

$$\frac{a_0}{2} + \sum_{n=1}^{\infty}(a_n \cos nx_0 + b_n \sin nx_0), \tag{11}$$

其办法如同级数 (2) 的得自级数 (1) 一样. 从而根据引理 1,

$$\lim_{h \to 0} \frac{F(x_0 + 2h) - 2F(x_0) + F(x_0 - 2h)}{4h^2} = S,$$

其中 S 是级数 (11) 的和. 定理证毕.

由此定理导出

定理 3 (G. 康托尔) 如果三角级数在全数轴上收敛且其和处处等于零, 则所有它的系数等于零.

证明 由康托尔–勒贝格定理, 级数满足条件 (8), 因而有黎曼函数 $F(x)$. 由前述定理它的施瓦茨二阶导数等于零: $F^{(\prime\prime)}(x) = 0$, 从而再根据 §5 的施瓦茨定理, 黎曼函数 $F(x)$ 应该是线性的:

$$F(x) = Ax + B.$$

因此, 对于所有实数 x 有

$$Ax + B = \frac{a_0 x^2}{4} - \sum_{n=1}^{\infty} \frac{a_n \cos nx + b_n \sin nx}{n^2}. \tag{12}$$

此地设 $x = \pi$, 随后设 $x = -\pi$, 作减法就得到 $A = 0$. 同样, 假设 $x = 0$ 随后设 $x = 2\pi$ 作减法得到 $a_0 = 0$. 因此等式 (12) 变成形式

$$-B = \sum_{n=1}^{\infty} \frac{a_n \cos nx + b_n \sin nx}{n^2}.$$

右边的级数是一致收敛的. 这就是说, 根据定理 1 它是左边的傅里叶级数, 从而

$$\frac{a_n}{n^2} = \frac{1}{\pi} \int_{-\pi}^{\pi} (-B) \cos nx \, dx = 0,$$

因此 $a_n = 0$. 相似地可得 $b_n = 0$. 定理证毕.

定理 4 (G. 康托尔)   如果两个处处收敛的三角级数有同一个和, 那么这两个级数恒等, 就是说, 它们相应的系数是彼此相等的.

事实上, 从一个级数逐项减去另一个就得到一个处处收敛的**零**的展开式.

这个展开式的所有系数由已经证明的事实应该等于零, 这就表示定理 4 是正确的. 定理 4 可以改写为: 函数只可以展开为一唯一的三角级数.

与已证定理有关联的自然发生这样的问题, 三角级数的系数用什么方法可以由其和来确定. 定理 1 就一致收敛的情形给了回答. 远为一般的是下列卓越的结果.

定理 5 (P. 杜布瓦雷蒙 (P. du Bois-Reymond)–C.-J. 瓦莱–普桑)   如果处处收敛的三角级数的和是 (L) 可积的, 那么这个级数是它的傅里叶级数.

证明   设 $f(x)$ 是有限的可和函数, 对于所有 x 有

$$f(x) = \frac{a_0}{2} + \sum_{n=1}^{\infty}(a_n \cos nx + b_n \sin nx). \tag{13}$$

因为级数 (13) 满足条件 (8), 所以它有连续的黎曼函数 $F(x)$.

依照黎曼定理, 处处是 $F^{(\prime\prime)}(x) = f(x)$, 从而由 §5 的瓦莱–普桑定理,

$$F(x) = \Phi(x) + Ax + B,$$

其中

$$\Phi(x) = \int_0^x dt \int_0^t f(u)du.$$

因此,

$$\Phi(x) = \frac{a_0 x^2}{4} - Ax - B - \sum_{n=1}^{\infty} \frac{a_n \cos nx + b_n \sin nx}{n^2}.$$

从而经过不多的计算导出:

$$\frac{\Phi(x+2h) - 2\Phi(x) + \Phi(x-2h)}{4h^2}$$

$$= \frac{a_0}{2} + \sum_{n=1}^{\infty}(a_n \cos nx + b_n \sin nx)\left(\frac{\sin nh}{nh}\right)^2.$$

右边的级数是一致收敛的, 因此是左边的傅里叶级数. 这就是说,

$$a_n\left(\frac{\sin nh}{nh}\right)^2 = \frac{1}{\pi}\int_0^{2\pi} \frac{\Phi(x+2h) - 2\Phi(x) + \Phi(x-2h)}{4h^2} \cos nx dx.$$

从而

$$\frac{4\pi a_n \sin^2 nh}{n^2} = \int_0^{2\pi} \varphi(x) \cos nx dx, \tag{14}$$

其中为简短起见置

$$\varphi(x) = \Phi(x+2h) - 2\Phi(x) + \Phi(x-2h).$$

但是, 由分部积分, 得

$$\alpha(h) = \int_0^{2\pi} \Phi(x+2h) \cos nx dx$$

$$= \left[\Phi(x+2h)\frac{\sin nx}{n}\right]_0^{2\pi} - \int_0^{2\pi} \Phi'(x+2h)\frac{\sin nx}{n}dx,$$

从而
$$\alpha(h) = -\frac{1}{n}\int_0^{2\pi}\left(\int_x^{x+2h}f(u)du\right)\sin nxdx.$$

再行分部积分, 就有
$$\alpha(h) = \frac{1}{n^2}\int_{2h}^{2\pi+2h}f(u)du - \frac{1}{n^2}\int_0^{2\pi}f(x+2h)\cos nxdx.$$

由于 $f(x)$ 的周期性, 这个等式可以写成:
$$\alpha(h) = \frac{1}{n^2}\int_0^{2\pi}f(x)[1-\cos n(x-2h)]dx.$$

从而
$$\int_0^{2\pi}\varphi(x)\cos nxdx = \alpha(h) - 2\alpha(0) + \alpha(-h) = \frac{4\sin^2 nh}{n^2}\int_0^{2\pi}f(x)\cos nxdx.$$

对照 (14) 就得
$$a_n = \frac{1}{\pi}\int_0^{2\pi}f(x)\cos nxdx.$$

同理可以断定 a_0 及 b_n 也是 $f(x)$ 的傅里叶系数, 因而定理证毕.

附注 1) 杜布瓦雷蒙就函数为 (R) 可积时证明了本定理, 而瓦莱–普桑加以完全的推广.

2) 定理 3 是杜布瓦雷蒙–瓦莱–普桑定理的特殊情形. 事实上, 因为全等于零的函数是可积的, 所以它的三角级数展开就是零的傅里叶级数, 其所有系数都等于零.

3) 在 §4 中我们遇到处处收敛的三角级数, 但不是任何一个可积函数的傅里叶级数. 显然, 这种级数的和不是 (L) 可积的. 因此发生了勒贝格积分的推广问题, 使得所有处处收敛的三角级数是其和的 "傅里叶级数". A. 当茹瓦[①]曾经研究过这个问题.

到现在为止我们考虑的是处处收敛的三角级数. 对于它们唯一性问题已被康托尔定理和杜布瓦雷蒙–瓦莱–普桑定理所解决. 现在我们要谈到不是处处收敛的级数的情形. 对于它们唯一性问题是这样提的:

已知, 三角级数
$$\frac{a_0}{2} + \sum_{n=1}^{\infty}(a_n\cos nx + b_n\sin nx) \tag{15}$$

在闭区间 $[-\pi,\pi]$ 的所有点上, 除了可能在某集 $E \subset [-\pi,\pi]$ 的点而外, 收敛于零[②].

如果在此假定之下可导出级数 (15) 的所有系数都等于零
$$a_n = b_n = 0 \tag{16}$$

(因此级数在集 E 上也收敛于零), 则集 E 称为 U 型集 (字母 U 来自法文 unicité —— 唯一). 如果存在级数 (15) 在 E 外收敛于零但不满足条件 (16), 则 E 称为 M 型集 (字母 M 来自法文 multiplicité —— 多样). 需要建立条件使集 E 属于 U 型或 M 型.

上述问题曾有 G. 康托尔, W. 杨, Д. Е. 梅尼绍夫 (Д. Е. Меньшов), Н. К. 巴里 (Н. К. Бари), A. 拉伊赫曼 (А. Райхман) 等人研究过. 我们只引进这方面的最基本的结果. 这个问题的

[①] A. 当茹瓦, Leçons sur le calcul des coefficients d'une série trigonométrique. Paris, Gauthier-Villars, I, II, III (1941); IV$_1$, IV$_2$ (1949).

[②] 我们说级数收敛于零是指级数是收敛的, 且其和为零.

深远意义在我们已经不止一次引用的济格蒙德书中有所讲述. 问题的现代情况读者可以在 H.K. 巴里[1]的概述性论文中找到.

定理 6 如果集 A 是 M 型, 那么凡是包含它的集 B, $B \supset A$, 是 M 型的.

事实上, 存在着系数异于零的级数在 A 外处处收敛于零. 但此时在 B 外更加是处处收敛于零.

推论 如果集 B 是 U 型, 那么凡是它的子集 A 也是 U 型的.

简略言之, 集 E 越**广阔**则越可能是 M 型, 集 E 越**狭**则越加是 U 型. 更好的说明是

定理 7 任何具有正的内测度 m_*E 的集 E 是 M 型的.

证明 由内测度的定义, 可以找到含在 E 中的具有正测度的闭集 F. 不妨假设, 点 π 及 $-\pi$ 都不在 F 中. 那么 F 是由 $[-\pi,\pi]$ 除去有限个或可数个区间及两个间隔 $[-\pi,\alpha), (\beta,\pi]$ (其中 α 及 β 是 F 的端点) 而得的. 设 $f(x)$ 是集 F 的特征函数. 那么这个函数的傅里叶级数在集 $[-\pi,\pi] - F$ 上处处收敛于零, 但同时

$$a_0 = \frac{1}{\pi}\int_{-\pi}^{\pi} f(x)dx = \frac{mF}{\pi} > 0,$$

因而条件 (16) 不满足[2]. 因此 F 是从而 $E \supset F$ 更加是 M 型集.

为了希望至少举出一个 U 型的例子, 我们要证明下面的定理.

定理 8 (G. 康托尔) 凡有限集是 U 型集.

为了证明这个论断我们需要几个引理.

引理 2 (H. A. 施瓦茨) 设函数 $F(x)$ 在闭区间 $[a,b]$ 上连续. 如果在 (a,b) 内除了可能有限个点

$$x_1 < x_2 < \cdots < x_m, \tag{17}$$

而外处处有

$$F^{(\prime\prime)}(x) = 0, \tag{18}$$

而在点 (17) 却有

$$\lim_{h\to 0}\frac{F(x_k+h) - 2F(x_k) + F(x_k - h)}{h} = 0, \tag{19}$$

那么 $F(x)$ 是线性函数.

证明 由 §5 的施瓦茨定理, 函数 $F(x)$ 应该在下列闭区间

$$[a, x_1], \ [x_1, x_2], \cdots, [x_m, b]$$

---

[1] H. K. 巴里, Проблема единственности разложения функции в тригонометрический ряд. Усп. матем. наук, 4, вып. 3 (31), 1949, 3–68.
[2] (16) 式的违反由帕塞瓦尔等式即明:

$$\frac{a_0^2}{2} + \sum_{n=1}^{\infty}(a_n^2 + b_n^2) = \frac{1}{\pi}\int_{-\pi}^{\pi} f^2(x)dx = \frac{mF}{\pi} > 0.$$

的每一个上是线性的. 假设

$$F(x) = \begin{cases} Ax + B, & \text{当 } a \leqslant x \leqslant x_1, \\ Cx + D, & \text{当 } x_1 \leqslant x \leqslant x_2. \end{cases}$$

条件 (19) 在点 x_1 给出:

$$\lim_{h \to 0} \left[\frac{F(x_1 + h) - F(x_1)}{h} - \frac{F(x_1) - F(x_1 - h)}{h} \right] = 0,$$

从而 $C = A$.

另一方面,

$$F(x_1) = Ax_1 + B = Cx_1 + D,$$

因此 $D = B$.

这样一来, $F(x)$ 在闭区间 $[a, x_2]$ 上是线性的. 同理可以说明它在整个 $[a, b]$ 上是线性的.

引理 3 如果 $h > 0$, 则

$$\sum_{k=1}^{\infty} \frac{\sin^2 kh}{k^2} < 3h. \tag{20}$$

证明 找出这样的自然数 n, 使得

$$n - 1 < \frac{1}{h} \leqslant n.$$

那么, 由不等式 $|\sin \alpha| \leqslant |\alpha|$ 就有

$$\sum_{k=1}^{n-1} \frac{\sin^2 kh}{k^2} \leqslant \sum_{k=1}^{n-1} \frac{k^2 h^2}{k^2} = (n-1)h^2 < h.$$

另一方面[①]

$$\sum_{k=n}^{\infty} \frac{\sin^2 kh}{k^2} \leqslant \sum_{k=n}^{\infty} \frac{1}{k^2} < \frac{2}{n} \leqslant 2h,$$

从而导出 (20) 式.

引理 4 如果 $\lim\limits_{n \to \infty} a_n = 0$, 则

$$\lim_{h \to 0} \sum_{k=1}^{\infty} a_k \cdot \frac{\sin^2 kh}{k^2 h} = 0.$$

证明 取 $\varepsilon > 0$, 且找这样的 n 使当 $k \geqslant n$ 时 $|a_k| < \varepsilon$. 那么, 根据 (20) 式,

$$\left| \sum_{k=n}^{\infty} a_k \frac{\sin^2 kh}{k^2 h} \right| < \frac{\varepsilon}{|h|} \sum_{k=n}^{\infty} \frac{\sin^2 kh}{k^2} < 3\varepsilon.$$

另一方面, 当固定 k 时有

$$\lim_{h \to 0} \frac{\sin^2 kh}{h} = 0,$$

[①] $\sum\limits_{k=n}^{\infty} \frac{1}{k^2} < \frac{1}{n^2} + \sum\limits_{k=n+1}^{\infty} \frac{1}{k(k-1)} \leqslant \frac{1}{n} + \sum\limits_{k=n+1}^{\infty} \left(\frac{1}{k-1} - \frac{1}{k} \right) = \frac{2}{n}.$

又当 $|h|$ 足够小时有

$$\left|\sum_{k=1}^{n-1} a_k \frac{\sin^2 kh}{k^2 h}\right| < \varepsilon.$$

对于这些 h, 显然是

$$\left|\sum_{k=1}^{\infty} a_k \frac{\sin^2 kh}{k^2 h}\right| < 4\varepsilon,$$

引理证毕.

引理 5   如果三角级数满足条件

$$\lim_{n\to\infty} a_n = \lim_{n\to\infty} b_n = 0,$$

那么这级数的黎曼函数 $F(x)$ 在任意的点 x 上满足关系式

$$\lim_{h\to 0} \frac{F(x+h) - 2F(x) + F(x-h)}{h} = 0.$$

证明   由定义黎曼函数的等式

$$F(x) = \frac{a_0 x^2}{4} - \sum_{n=1}^{\infty} \frac{a_n \cos nx + b_n \sin nx}{n^2}$$

出发, 容易求出,

$$\frac{F(x+2h) - 2F(x) + F(x-2h)}{4h} = \frac{a_0 h}{2} + \sum_{n=1}^{\infty} (a_n \cos nx + b_n \sin nx)\frac{\sin^2 nh}{n^2 h},$$

于是事情就归结到上面的引理.

现在我们可以给出

定理 8 的证明   设三角级数在 $[-\pi, \pi]$ 上, 除了可能 m 个点 $x_1 < x_2 < \cdots < x_m$ 而外处处收敛于零. 那么它的系数趋向于零, 又根据引理 5 与 2 及定理 2, 此级数的黎曼函数在任意有限区间上是线性的, 因而在全实数轴上也是这样. 在这个注释之后, 证明与定理 3 的证明就逐句相同了.

定理 8 被 W. 杨 (W. Young) 加以推广, 发表于 1909 年, 他指出: 凡可数集是 U 型集. 由于这些结果, 在专家中散布着这样的意见, 认为凡是测度为零的集是 U 型的. 但是在 1916 年 Д. E. 梅尼绍夫驳倒了这个意见, 他构造出了测度为零的 M 型集. 自然, 梅尼绍夫所构造的集是不可数的. 因此又开始猜想, 以为一般的不可数集是 M 型的. 但是这个意见又发现是不正确的: 在 1921 年, H. K. 巴里及 A. 拉伊赫曼彼此独立地构造出了某些完满的 U 型集类. 特别, 康托尔的完满集 P_0 原来是 U 型集. 要使已给的测度为零的集是 U 型的必要且充分的 (不是同义异语的) 条件问题直到现在没有解决.

第十章的习题

我们约定: 对于可和函数 $f(t)$, 在点 x, $f(t)$ 之不定积分存在有限的导数, 且此导数等于 $f(x)$ 时, 则称点 x 为可和函数 $f(t)$ 的 d 点.

第十章的习题

1. 积分
$$L_n(x) = \sqrt{\frac{n}{\pi}} \int_0^1 [1-(t-x)^2]^n f(t)dt$$
是兰道 (Landau) 的奇异积分. 如果 $x(0 < x < 1)$ 是可和函数 $f(t)$ 的 d 点, 则 $L_n(x) \to f(x)$ (F. 里斯).

2. 积分
$$P_r(x) = \frac{1}{2\pi} \int_{-\pi}^{\pi} \frac{1-r^2}{1-2r\cos(t-x)+r^2} f(t)dt \quad (0 < r < 1)$$
是泊松的奇异积分. 如果 $x(-\pi < x < \pi)$ 为可和函数 $f(t)$ 的 d 点, 则
$$\lim_{r \to 1-0} P_r(x) = f(x)$$
(P. 法图).

3. 积分
$$V_n(x) = \frac{\sqrt{n}}{2\sqrt{\pi}} \int_{-\pi}^{\pi} \cos^{2n} \frac{t-x}{2} f(t)dt$$
是瓦莱–普桑的奇异积分. 如果 $x(-\pi < x < \pi)$ 是可和函数 $f(t)$ 的 d 点, 则 $V_n(x) \to f(x)$(Ш. Ж. 瓦莱–普桑).

4. 多项式
$$K_n(x) = (n+1) \sum_{k=0}^n C_n^k x^k (1-x)^{n-k} \int_{\frac{k}{n+1}}^{\frac{k+1}{n+1}} f(t)dt$$
是康托罗维奇的奇异积分. 如果 $x(0 < x < 1)$ 是可和函数 $f(t)$ 的 d 点, 则 $K_n(x) \to f(x)$ (Л. В. 康托罗维奇).

5. 设 $S_n(x)$ 是可和函数 $f(t)$ 的傅里叶级数之最初 n 项的和,
$$B_n(x) = \frac{1}{2} \left[S_n(x) + S_n \left(x + \frac{2\pi}{2n+1} \right) \right]$$
是 В. 罗戈津斯基–C. H. 伯恩斯坦的奇异积分. 如果 $x(-\pi < x < \pi)$ 为 $f(t)$ 的勒贝格点, 则 $B_n(x) \to f(x)$ (И. П.那汤松).

6. 等式
$$\lim_{n \to \infty} \int_a^b \varphi_n(t) f(t)dt = 0$$
对于所有的可和函数 $f(t)$ 成立的必要条件是: 函数列 $\{\varphi_n(t)\}$ 为一致有界, 即有常数 K, 使 $|\varphi_n(t)| < K$ (H. 勒贝格).

7. 不可能造出这样的核 $\Phi_n(t,x)$ 使等式
$$\lim_{n \to \infty} \int_a^b \Phi_n(t,x) f(t) dt = f(x)$$
对于任意的可和函数 $f(t)$ 在近似连续点 x 常成立 (И. П.那汤松).

8. 试作核使它满足 §2 中勒贝格定理中所述的条件但不满足法捷耶夫定理中的条件.

9. 设核 $\Phi_n(t,x)$ 满足 П. И. 罗曼诺夫斯基定理中的条件. 设 $F(t)$ 为有界, 在某个点 $x \in (a,b)$ 斯蒂尔切斯积分
$$I_n = \int_a^b \Phi_n(t,x) dF(t)$$
有意义. 如果在这个点 x 上存在着有限的导数 $F'(x)$, 则 $I_n \to F'(x)$ (И. П. 那汤松).

10. 由习题 9 的结果导出 П. И. 罗曼诺夫斯基定理.

11. 设 $M(u)$ $(-\infty < u < +\infty)$ 是偶的下凸函数, $M(0) = 0$, $\lim\limits_{u \to +\infty} \dfrac{M(u)}{u} = +\infty$. 要 $F(x)$ $(a \leqslant x \leqslant b)$ 可以表示为形式
$$F(x) = C + \int_a^x f(t) dt,$$
其中 $\int_a^b M[f(t)] dt < +\infty$, 必要且充分的条件是: 对于 $[a,b]$ 的任意分法, 作和
$$\Sigma M \left(\frac{\Delta F(x_i)}{\Delta x_i} \right) \Delta x_i$$
与之对应, 如此得一数集是有界的 (Ю. Т. 梅德韦捷夫 (Ю. Т. Медведев)).

12. 下凸函数在含在定义域内部的每一个线段上, 满足利普希茨条件.

第十一章 二维空间的点集

§1. 闭集

前面所说的是一个变量的函数论. 要讲多变量的函数论, 需要多维空间的点集论. 本章就来讲此事. 对于多维空间的点集, 许多重要性质在二维空间点集上已经可以看到. 因此我们为了陈述和记号简单起见, 仅就二维空间点集加以讨论. 至于过渡到多维空间的点集论, 仅有技巧上的困难.

与直线上的点集论一样, 最简单的集是闭集和开集, 我们先来研究这种点集.

定义 1 设 E 是一平面点集, M_0 是平面上的一点. 假如含有 M_0 的任一开圆至少含一个与 M_0 不同的 E 中的点, 那么称 M_0 是 E 的一个极限点.

开圆的意义是这样的[①]: 设 $a, b, r > 0$ 为常数, 称满足不等式

$$(x-a)^2 + (y-b)^2 < r^2$$

的点 (x, y) 之全体为一开圆. 点 (a, b) 称为该圆的中心, r 称为半径. 如果对于开圆, 再加上满足 $(x-a)^2 + (y-b)^2 = r^2$ 的所有点 (x, y), 则称其全体为闭圆.

与直线上的情形相仿, 点 M_0 为 E 的极限点的必要且充分的条件是 E 中有如下的点列 $M_1, M_2, M_3, \cdots$,

$$M_0 = \lim M_n.$$

上式表示, 当 $n \to \infty$ 时距离 $\rho(M_0, M_n)$ 趋向于 0. $A(a_1, a_2)$ 与 $B(b_1, b_2)$ 两点

[①] 读者当然熟知平面上的 "圆","中心","半径" 等名词. 此地给以纯粹数学的定义, 是为了以此形式可以引申到 n 维空间中去.

间之距离 $\rho(A,B)$ 是
$$\rho(A,B)=\sqrt{(b_1-a_1)^2+(b_2-a_2)^2}.$$

如果 M_0 是 E 之一极限点,则含有 M_0 的任何圆必含有无穷个 E 中之点.

记 E 的一切极限点的全体为 E',称为 E 的导出集. $E-E'$ 中的点称为 E 的孤立点.

下面是一个重要的定理:

定理 1 (B. 波尔查诺–K. 魏尔斯特拉斯) 有界的无穷点集至少有一个极限点.

证明 证明的方法基本上与直线上的点集相同. 设 E 含在矩形 $R(a\leqslant x\leqslant b,c\leqslant y\leqslant d)$ 之中. 用直线
$$x=\frac{a+b}{2},\quad y=\frac{c+d}{2}$$
将 R 等分成四个小矩形, 取其含有 E 中无穷个点的为 R_1. 将此种手续继续进行, 乃得一列嵌套的矩形列. 这些矩形不断缩小, 收缩于某一点 (x_0,y_0). 容易证明, (x_0,y_0) 是 E 的一个极限点.

将此定理用到点列上去, 乃得

定理 2 平面上任何有界点列 $M_1,M_2,M_3,\cdots$ 必有收敛的子列 $M_{n_1},M_{n_2},M_{n_3},\cdots(n_1<n_2<n_3<\cdots)$, 收敛于某点 M_0:
$$\lim M_{n_k}=M_0.$$

定义 2 若点集 E 含有其一切极限点即当 $E'\subset E$ 时, 称 E 为闭集. 当 $E'=E$ 时称 E 为完满集.

例如闭圆 $(x-a)^2+(y-b)^2\leqslant r^2$ 及闭矩形 $a\leqslant x\leqslant b,c\leqslant y\leqslant d$ 都是闭集. 又设 $F(x,y)$ 是一个定义于全平面的连续函数, 则满足 $F(x,y)\geqslant 0$ 的 (x,y) 的全体是一闭集.

此地不预备像研究直线上的点集论那样详细叙述闭集的性质, 而只将以后直接有用的性质写在下面.

定理 3 任意个闭集的交集是一闭集. 有限个闭集的和集是闭集.

这个定理的证明, 与直线上的点集相仿.

定义 3 设 E 是一点集, $\mathfrak{M}$ 是一开圆系. 若对 E 中任一点 M, $\mathfrak{M}$ 中有圆 K 包含 M, 则称点集 E 被 $\mathfrak{M}$ 所覆盖.

定理 4 (É. 博雷尔) 若有界闭集 F 被一个无穷开圆系 $\mathfrak{M}$ 所覆盖, 则在 $\mathfrak{M}$ 中可以选取一个有限个圆所成的集 $\mathfrak{M}^*$ 同样覆盖 F.

证明与直线上的情形相仿. 假设定理不真, 即 F 不能被 $\mathfrak{M}$ 中的有限个圆所覆盖. 设 F 含在 $R(a \leqslant x \leqslant b, c \leqslant y \leqslant d)$ 中, 将 R 由两直线

$$x = \frac{a+b}{2}, \quad y = \frac{c+d}{2}$$

等分成四个小矩形, 其中至少有一个矩形包含 F 的一个子集, 这个子集不能被 $\mathfrak{M}$ 中有限个圆所覆盖. 将此矩形施行上面的手续再等分成四个小矩形. 继续进行这种手续, 得到一列矩形, 后者含于前者之中, 每一个矩形中含有 F 的一个子集, 此子集不能被 $\mathfrak{M}$ 的有限个圆所覆盖. 这些矩形收缩于一点 M_0, 易证此点属于 F. 如同证明第二章 §2 的定理 7 一样, 最后得到矛盾, 从而完成本定理的证明.

§2. 开集

定义 1　对于 E 中的点 M_0, 假如存在如下的开圆 $K: M_0 \in K \subset E$, 那么称 M_0 为 E 的内点.

定义 2　如果 E 中各点都是 E 的内点, 则称 E 是一开集.

例如开圆是一开集.

定理 1　任意个开集的和集是开集.

其证明与直线上的点集相同.

定理 2　有限个开集的交集是一开集.

证明　不妨就两个开集 G_1, G_2 的交集加以证明. 设 $M_0(x_0, y_0)$ 是它们交集中之一点, 则有开圆 K_i 如下:

$$K_i: \quad (x-a_i)^2 + (y-b_i)^2 < r_i^2 \quad (i=1,2),$$

而

$$M_0 \in K_i \subset G_i \quad (i=1,2).$$

假使能找到一个圆 K, 满足 $M_0 \in K \subset K_1 K_2$, 则定理即可得证. 今取

$$\rho = \min_{i=1,2}\{r_i - \sqrt{(a_i-x_0)^2 + (b_i-y_0)^2}\},$$

则开圆

$$K: \quad (x-x_0)^2 + (y-y_0)^2 < \rho^2$$

显然适合上面的要求. 定理证毕.

兹以 CE 表示 E 关于全平面的余集, 则如同在直线上的情形一样, 成立如下的定理.

定理 3 开集 G 的余集 $\complement G$ 是一闭集. 闭集 F 的余集 $\complement F$ 是一开集.

仿照第二章 §4 的讨论, 我们可以建立下面的 "隔离性定理".

定理 4 设 F_1, F_2 是两个不相交的有界闭集, 则必有两个如下的开集 G_1, G_2:
$$G_1 \supset F_1, \quad G_2 \supset F_2, \quad G_1 G_2 = \varnothing.$$

平面上的开集的结构, 与直线上的开集有一个重要的不同点, 它不能有构成区间这种概念. 因此不能像直线上的情形那样明确.

定理 5 平面上的非空的开集是可数个闭的正方形的和集. 这种正方形的边平行于坐标轴, 而且任何两个无共同的内点.

证明 两直线系
$$x = 0, \pm 1, \pm 2, \cdots; \quad y = 0, \pm 1, \pm 2, \cdots.$$

将平面分成可数个正方形, 每正方形之边长等于 1. 以下我们说正方形时必将它的四边也计算在内 —— 闭的正方形. 这些正方形中任何两个无共同内点. 我们称如此所得的正方形是第一阶的. 然后作两直线系:
$$x = 0, \pm\frac{1}{2}, \pm 1, \pm\frac{3}{2}, \cdots; \quad y = 0, \pm\frac{1}{2} \pm 1, \pm\frac{3}{2}, \cdots.$$

由这直线所分成的正方形, 称为第二阶的正方形. 那么第一阶的每个正方形是由第二阶的四个正方形所合成的. 再由
$$x = \frac{n}{4}; \quad y = \frac{m}{4} \quad (n, m = 0, \pm 1, \pm 2, \cdots)$$

将平面分割, 所得的正方形称为第三阶的正方形, 以下类推. 于是得到第四阶, 第五阶等等的正方形.

这些正方形都是闭的, 其边平行于坐标轴, 同阶中的正方形两两无共同内点. 凡 k 阶正方形是由四个 $(k+1)$ 阶正方形所合成. k 阶正方形的边长是 2^{1-k}. 所有这种正方形所成之集是可数的.

作好这一准备工作后, 设 G 是一非空的开集, M_0 是 G 中任一点. 那么我们可以取 (取法可能不是唯一的) 一列都包含点 M_0, 且彼此相互嵌套的正方形列 $\{Q^{(k)}\}$, 其中 $Q^{(k)}$ 是上面所说的一个 k 阶正方形, 且
$$Q^{(1)} \supset Q^{(2)} \supset Q^{(3)} \supset \cdots.$$

因为 M_0 是 G 的内点, 且 $Q^{(n)}$ 的边长当 $n \to \infty$ 时趋向于 0, 所以 $\{Q^{(n)}\}$ 中的 $Q^{(n)}$ 当 n 适当大时全部在 G 中. 用这个方法, 我们晓得在正方形网中一定有正方形含在 G 中.

§2. 开　集

第一阶的正方形完全含在 G 中的记其全体为 T_1, 第二阶的正方形完全含在 G 中而不含在 T_1 中任一个正方形之内的记其全体为 T_2. 又将所有第三阶的正方形完全含在 G 中而不含在 T_1 或 T_2 中任一个正方形之内的记其全体为 T_3. 以下类推.

于是 $T_1, T_2, T_3, \cdots$ 的每系都是至多不过含可数个正方形, 所以其和集 T 亦至多由可数个正方形所组成. 今记 T 中所有正方形为 $Q_1, Q_2, Q_3, \cdots$, 则可证

$$G = \sum_{k=1}^{\infty} Q_k. \tag{*}$$

关系式 $\sum_{k=1}^{\infty} Q_k \subset G$ 很是明显. 现在要证明 $G \subset \sum_{k=1}^{\infty} Q_k$. 设 $M_0 \in G$, 那么原来的正方形网中必有正方形含在 G 中而包含点 M_0, 设具有这种性质的正方形所属的阶数的全体为 P, 则 P 是一个以自然数为元素的非空集. 所以在 P 中存在一个最小数 m. 那么必有第 m 阶的正方形包含点 M_0 但本身含在 G 中. 这个正方形不含于网中那种包含 M_0 又含于 G 中而其阶低于 m 的正方形内, 否则 m 不是 P 中最小数了. 这是 T_m 中的一个正方形, 因此得到

$$G \subset \sum_{k=1}^{\infty} Q_k.$$

于是 (*) 式证毕. 并且 (*) 中右边的被加集的个数是可数个而不是有限个, 因为如果只有有限个, 则其和集变成闭集了. 定理证毕.

平面上的非空集, 同时是开的又是闭的, 只有全平面①. 如果 G 是全平面, 则 G 当然不能由有限个正方形的和集所表示.

所可注意的, 将开集由正方形的和集表示时, 其表示法不是唯一的. 例如当证明定理 5 时, 每次将正方形分成九等分, 则所得的表示 (*) 与四等分时不同. 因此, 我们说平面上开集的结构没有直线上开集那样明确.

最后, 我们要证明博雷尔定理的推广定理.

定理 6　设 $\mathfrak{M}$ 是一系开集, 而 F 是一有界闭集. 如果 F 中每一点至少含在一个开集 $G \in \mathfrak{M}$ 之中, 则在 $\mathfrak{M}$ 中可以选取有限个开集, 使其和集包含 F.

证明　事实上, 平面上每一开集是含在其中的所有开圆的和. 所以 F 被含在 $\mathfrak{M}$ 中的所有开圆所成之系所覆盖. 利用博雷尔的定理, 从开圆系中可以选出有限系覆盖 F. 但因每一开圆含在 $\mathfrak{M}$ 的某一开集中, 挑出这些开集, 所以 $\mathfrak{M}$ 中必有有限个开集覆盖 F.

因此, 博雷尔定理的开圆, 换以正方形亦未尝不可.

---

① 第二章 §4 定理 2 可移到二维的情形.

§3. 平面点集的测度论

平面点集的测度论与直线上的情形相似. 所不同的仅在出发点, 因为平面上的开集不具有唯一的构成区间系, 而有界闭集关于包含它的最小矩形的余集不一定是开的.

定义 1 开矩形 $R(a<x<b,c<y<d)$ 的面积:

$$mR = (b-a)(d-c)$$

称为 R 的测度. 又闭矩形 $\overline{R}(a\leqslant x\leqslant b,c\leqslant y\leqslant d)$ 之测度亦定义为 $(b-a)(d-c)$. (此地假定 $b\geqslant a, d\geqslant c$, 如果 $a=b$, 则开矩形 R 为空集.)

引理 1 设在平面上有有限个矩形 $R_1,R_2,\cdots,R_n$, 其边平行于坐标轴. 矩形之间可以相交或不相交, 有些是开的, 有些是闭的. 那么必有有限个开矩形 $\gamma_1,\gamma_2,\cdots,\gamma_N$, 其边亦平行于坐标轴, 但具有下述诸性质:

1. 矩形 γ_k 之间两两不相交.
2. 如果 $R_i\gamma_k \neq \varnothing$, 则 $R_i \supset \gamma_k$.
3. 每一个 R_i 的面积等于含在其中的 γ_k 的诸面积之和.

证明 设 (视 R_i 为闭的或开的而定)

$$R_i = R_i(a_i\leqslant x\leqslant b_i, c_i\leqslant y\leqslant d_i), \quad \text{或} \quad R_i = R_i(a_i<x<b_i, c_i<y<d_i).$$

将所有点 $\{a_i\}+\{b_i\}$ 依大小顺序排列成一如下的有序集:

$$x_0 < x_1 < \cdots < x_p,$$

同样, 将 $\{c_i\}+\{d_i\}$ 的全体依大小顺序排列为:

$$y_0 < y_1 < \cdots < y_q.$$

所要的 γ_k 是一切矩形 $(x_\lambda < x < x_{\lambda+1}, y_\mu < y < y_{\mu+1})$ $(\lambda = 0,1,\cdots,p-1; \mu = 0,1,\cdots,q-1)$. 此简单的事实, 读者可以自行详为证明.

引理 2 设 $\{\alpha_i\}$ 与 $\{\beta_j\}$ 是两系有限个矩形[①], 若任何两个 α_i 无共同内点, 则当

$$\sum \alpha_i \subset \sum \beta_j$$

时,

$$\sum m\alpha_i \leqslant \sum m\beta_j.$$

[①] 所说的矩形, 假定其边均平行于坐标轴. 以后不每次都加以说明, 因为其他情形的矩形, 我们不考虑.

证明 将 $\{\alpha_i\}$ 和 $\{\beta_j\}$ 并成一系 $\{R_s\}$ 后，应用引理 1 而得到一系 $\{\gamma_i\}$。因为矩形 α_i 之间任何两个无共同内点，故同一个矩形 γ_k 不可能含在两个不同的 α_i 之中。今将 γ_i 之含在 $\sum \alpha_i$ 中者，记其全体为 T。又将 T 给以如下的分类: T 中之 γ_k 而含在 α_i 中者，其全体称为 T_i，则当 $i \neq j$ 时 T_i 与 T_j 没有共同的 γ_k。因此成立

$$\sum m\alpha_i = \sum_i \left(\sum_{T_i} m\gamma_k\right) = \sum_T m\gamma_k.$$

今将 T 重新分类: T 中 γ_k 而含在 β_1 中的，记其全体为 S_1。T 中 γ_k 含在 β_2 中而不属于 S_1 的，记其全体为 S_2。T 中 γ_k 含在 β_3 中而不属于 $S_1 + S_2$ 的，记其全体为 S_3。以下类推.

由于 $m\beta_j$ 等于所有含在 β_j 中的 γ_k 之面积的和，所以

$$\sum_{S_j} m\gamma_k \leqslant m\beta_j.$$

因此

$$\sum m\alpha_i = \sum_T m\gamma_k = \sum_j \left(\sum_{S_j} m\gamma_k\right) \leqslant \sum m\beta_j.$$

证毕.

推论 设 $\{\alpha_i\}$ 是有限个或可数个的矩形系，任何两 α_i 无共同内点。若一切 α_i 都含在矩形 R 中，则

$$\sum m\alpha_i \leqslant mR.$$

实际上，若 $\{\alpha_i\}$ 是一有限系，那么推论是引理 2 的特殊情形。若 $\{\alpha_i\}$ 是可数的，那么只要取极限即得.

引理 3 设 A, B 是平面上的两个有界集，A 与 B 都可表示为可数个闭矩形之和:

$$A = \sum_{i=1}^{\infty} \alpha_i, \quad B = \sum_{j=1}^{\infty} \beta_j,$$

若矩形 α_i 之间任何两个无共同内点，则当 $A \subset B$ 时，

$$\sum_{i=1}^{\infty} m\alpha_i \leqslant \sum_{j=1}^{\infty} m\beta_j.$$

证明 因 β_j 可能重叠，上式右边的级数可能发散于 $+\infty$，但此时所述自然是真的. 故就 $\sum_{j=1}^{\infty} m\beta_j$ 收敛时加以证明好了. 如果所述不真，那么必有如下的自然数 n:

$$\sum_{i=1}^{n} m\alpha_i > \sum_{j=1}^{\infty} m\beta_j. \tag{$*$}$$

对于每一个闭矩形 β_j, 取开矩形 β_j^* 使 $\beta_j \subset \beta_j^*$ 且

$$m\beta_j^* < m\beta_j + \frac{\varepsilon}{2^j},$$

其中 ε 表示 (∗) 式中左方减去右方之差 (是一正数). 于是开集系 $\{\beta_j^*\}$ 覆盖有界闭集

$$F = \sum_{i=1}^{n} \alpha_i.$$

利用博雷尔的推广定理, 在 $\{\beta_j^*\}$ 中可以选取有限个 $\beta_1^*, \beta_2^*, \cdots, \beta_m^*$ 而使

$$F \subset \sum_{j=1}^{m} \beta_j^*.$$

由引理 2, 得

$$\sum_{i=1}^{n} m\alpha_i \leqslant \sum_{j=1}^{m} m\beta_j^* < \sum_{j=1}^{m} m\beta_j + \varepsilon.$$

但是不等式

$$\sum_{i=1}^{n} m\alpha_i < \sum_{j=1}^{\infty} m\beta_j + \varepsilon$$

与 (∗) 式冲突, 证毕.

特别当 A 与 B 一致的时候, 得到

引理 4 如果平面上的有界集 E 可用两种闭矩形之和集来表示:

$$E = \sum_{i=1}^{\infty} \alpha_i = \sum_{j=1}^{\infty} \beta_j,$$

且在每一个表示中闭矩形之间两两无共同的内点, 则

$$\sum_{i=1}^{\infty} m\alpha_i = \sum_{j=1}^{\infty} m\beta_j.$$

每一个开集是可数个闭正方形的和集. 很自然地可以将这些正方形的面积之和定义为开集的测度. 这种方法与直线上的情形颇为相似, 相当于平面上取正方形的就是构成区间. 不过直线上的开集由构成区间表示时, 其表示法是唯一的; 而平面上的开集, 其表示法却不是唯一的. 因此发生如下的问题: 由不同的表示法所定义的测度是否相同? 引理 4 解答了这问题. 因此有理由作如下的定义.

定义 2 将有界开集 G 以可数个闭正方形的和集来表示, 其中的正方形两两无共同内点, 则称诸正方形面积之和为 G 的测度, 以 mG 记之.

由引理 3, 导出

定理 1 若 G_1 与 G_2 都是有界开集, 则当 $G_1 \subset G_2$ 时,
$$mG_1 \leqslant mG_2.$$

定理 2 如果有界开集 G 是有限个或可数个两两不相交的开集 G_k 的和, 则
$$mG = \sum_k mG_k.$$

于此定理, 若将被加集之间无共同点的条件除去, 则得
$$mG \leqslant \sum_k mG_k.$$

事实上, 如果 G_k 由无共同内点的闭正方形之和集表示:
$$G_k = \sum_{i=1}^{\infty} \alpha_i^{(k)},$$
则
$$G = \sum_{i,k} \alpha_i^{(k)}. \tag{$*$}$$

如果 G_k 之间是两两不相交的, 则在 $(*)$ 式的表示中任何两个不同的 $\alpha_i^{(k)}$ 也无共同内点. 因此由定义 2, 即得
$$mG = \sum_{i,k} m\alpha_i^{(k)} = \sum_k \left(\sum_{i=1}^{\infty} m\alpha_i^{(k)} \right) = \sum_k mG_k.$$

如果没有 $G_k G_{k'} = \varnothing (k \neq k')$ 的条件, 那么 G 可以用别的方法表示为闭正方形的和:
$$G = \sum_{j=1}^{\infty} \delta_j.$$

利用引理 3, 乃得
$$mG = \sum_{j=1}^{\infty} m\delta_j \leqslant \sum_{i,k} m\alpha_i^{(k)} = \sum_k \left(\sum_{i=1}^{\infty} m\alpha_i^{(k)} \right) = \sum_k mG_k.$$

于此我们看到, 虽然平面上开集测度的定义较直线上的情形要复杂一点, 但是它的基本性质, 与第三章 §1 中三个定理所表示的是符合的.

现在我们来定义有界闭集 F 的测度. 设闭集 F 含在开矩形 R 之中, 则

$$\complement_R F = R - F = R \cdot \complement F$$

是两个开集的交集, 所以是一个开集. 首先我们要证明,

$$mR - m\complement_R F \qquad (*)$$

与 R 的选择无关. 如果 R_1 与 R_2 是两个具有上述性质的矩形, 那么我们可以作一个矩形 R_3 包含 R_1 与 R_2, 假使我们证得

$$mR_1 - m\complement_{R_1} F = mR_3 - m\complement_{R_3} F,$$
$$mR_2 - m\complement_{R_2} F = mR_3 - m\complement_{R_3} F,$$

那么 $(*)$ 式与 R 的选择为无关. 所以我们不妨就 $R_1 \subset R_2$ 时证之. 今设

$$R_1 = R_1 \ (a_1 < x < b_1, c_1 < y < d_1),$$
$$R_2 = R_2 \ (a_2 < x < b_2, c_2 < y < d_2),$$
$$a_2 < a_1, b_2 > b_1, c_2 < c_1, d_2 > d_1.$$

显然, 要使 R_1 转变到 R_2, 必须将 R_1 的左边再向左移, 右边再向右移, 上边再向上移, 下边再向下移, 方可得到. 这种移动可以一个接一个地去做, 又因它们都是属于同一型, 所以只要看下列二数

$$mR - m\complement_R F, \quad mR' - m\complement_{R'} F, \qquad (**)$$

其中

$$R = R(a < x < b, c < y < d),$$
$$R' = R'(a < x < b + h, c < y < d) \quad (h > 0)$$

是否相等就可以了.

此时显然的是

$$mR' = mR + h(d - c).$$

而另一方面,

$$\complement_{R'} F = (R' - R) + \complement_R F;$$

从而得到①
$$m\complement_{R'}F = h(d-c) + m\complement_R F.$$

所以 (**) 式中两数是相同的. 于是证得 (*) 与 R 的选择无关.

由上面的理论, 知道下面的定义是合理的.

定义 3 设 F 是有界闭集, R 是任何一个包含 F 的开矩形, 则定义 F 的测度 mF 为 $mR - m\complement_R F$.

容易证明, 如果 F 是有限个两两无共同内点的闭正方形的和:
$$F = \sum_{k=1}^{n} \alpha_k,$$

则参照上面的定义可得
$$mF = \sum_{k=1}^{n} m\alpha_k.$$

事实上, $\complement_R F$ 是一个开集, 它可用两两无共同内点的闭正方形 $\{\beta_i\}$ 的和表示:
$$\complement_R F = \sum_{i=1}^{\infty} \beta_i.$$

α_k 与 β_i 更无共同点, 故由
$$R = \sum_{k=1}^{n} \alpha_k + \sum_{i=1}^{\infty} \beta_i,$$

得
$$mR = \sum_{k=1}^{n} m\alpha_k + \sum_{i=1}^{\infty} m\beta_i.$$

---

①如果 $R' - R$ 为开集, 则 $m\complement_{R'}F = h(d-c) + m\complement_R F$ 显然成立, 但事实上 $R' - R$ 不是开集, 故需详证如下:

对于任意的正数 ε, 作两矩形
$$U = U(b - \varepsilon < x < b + h, c < y < d), \quad V = V(b + \varepsilon < x < b + h, c < y < d),$$

则因 $U \supset R' - R \supset V$.
$$U + \complement_R F \supset \complement_{R'} F \supset V + \complement_R F,$$

从而
$$m[U + \complement_R F] \geqslant m\complement_{R'}F \geqslant m[V + \complement_R F],$$

又因 V 与 $\complement_R F$ 不相交, 故得
$$mU + m\complement_R F \geqslant m\complement_{R'}F \geqslant mV + m\complement_R F,$$

因此,
$$(k+\varepsilon)(d-c) + m\complement_R F \geqslant m\complement_{R'}F \geqslant (h-\varepsilon)(d-c) + m\complement_R F,$$

令 $\varepsilon \to 0$ 即得所证的等式.

从而
$$\sum_{k=1}^{n} m\alpha_k = mR - \sum_{i=1}^{\infty} m\beta_i = mR - m\complement_R F = mF.$$

如果我们回顾一下第三章 §2 里关于直线上有界闭集测度的一切定理，就会注意到这些定理与其说是建立在测度 mF 定义的基础上，倒不如说是建立在下面两个结果的基础上: (1) 如果 Δ 是包含有界闭集 F 的任一区间，则

$$mF = m\Delta - m\complement_\Delta F.$$

(2) 有限个无共同点的闭区间的和集，其测度等于诸闭区间的总长[1]. 可是我们看到，上述两个性质对于平面上的点集也是成立的. 因此我们可以不加具体证明，就将有关直线上闭集测度的一切定理移到平面上来. 举例来说: 如果 $F_1 \subset F_2$，那么 $mF_1 \leqslant mF_2$; 如果 G 是一有界开集，那么它的测度等于含在其中的闭集的测度的上确界，等等.

由此，还可以逐字逐句照直线上的讲法，来定义任何有界集的内测度与外测度的概念. 因此，在第三章 §3 中所述的七个定理，只要将其中所提到的区间 Δ, 改为开矩形，就可以原封不动搬到平面上来.

最后，我们对于内测度等于外测度的有界集定义为可测集，就不难将第三章中 §4 及 §6 中所述的内容搬到平面上来. 此地我们不预备一一细述，仅将在以后讨论中要用到的一些材料写出来.

定理 3 对于有界集 E, 存在着具有下列诸性质的两集 A 和 B:
1) A 是 F_σ 型的集, B 是 G_δ 型的集;
2) $A \subset E \subset B$;
3) $mA = m_*E, mB = m^*E$.

其证极易，只要对于每一自然数 n, 先作如下的闭集 F_n 与开集 G_n:

$$F_n \subset E \subset G_n, \quad mF_n > m_*E - \frac{1}{n}, \quad mG_n < m^*E + \frac{1}{n},$$

然后取

$$A = F_1 + F_2 + F_3 + \cdots, \quad B = G_1 G_2 G_3 \cdots$$

就行.

至于在第三章 §8 中所研究的维塔利定理，我们也可以毫不改变地移到平面上来. 今设 $\mathfrak{M}$ 是一个闭的正方形系[2], 所谓 E 依照维塔利的意义被 $\mathfrak{M}$ 所覆盖，乃指对于 E 中每一点，在 $\mathfrak{M}$ 中存在一个面积可任意小的正方形覆盖此点. 利用这个定义，把第三章 §8 中所述的定理搬到这里来就得到维塔利定理的两种形式.

---

[1] 这个性质在第三章 §2 定理 4 中用到.
[2] 注意，我们时常假定所说的正方形，其边皆平行于坐标轴.

定理 4　如果平面上的有界集 E 依照维塔利的意义被闭正方形系 $\mathfrak{M} = \{Q\}$ 所覆盖，那么在 $\mathfrak{M}$ 中可以选取一列两两不相交的正方形 $Q_1, Q_2, Q_3, \cdots$，其和集除了一个测度为 0 的集而外覆盖 E，即

$$Q_k Q_{k'} = \varnothing (k \neq k'), \quad m\left[E - \sum_{k=1}^{\infty} Q_k\right] = 0.$$

定理 5　在定理 4 的假定下，对于任一正数 ε，$\mathfrak{M}$ 中存在有限个两两不相交的正方形 $Q_1, Q_2, \cdots, Q_n$ 使

$$m^*\left[E - \sum_{k=1}^{n} Q_k\right] < \varepsilon.$$

至于在第三章 §5 中所述的测度关于运动是不变的性质，将它搬到多维空间上来有本质的困难. 为此我们另辟一节讨论此事.

§4. 可测性及测度对于运动的不变性

定义 1　设 $M^* = \varphi(M)$ 是将平面 $\mathbb{R}^2$ 变为自身的一个单值映射. 如果任何两点间的距离对于这个变换不变，即

$$\rho[\varphi(M), \varphi(N)] = \rho(M, N),$$

则称 $M^* = \varphi(M)$ 是一个运动.

显然地，当 $M \neq N$ 时，$\varphi(M) \neq \varphi(N)$，所以运动的逆变换也是单值的.

今设点 $P_0(0,0), P_1(1,0), P_2(0,1)$ 的像顺次为 $P_0^*(\alpha_0, \beta_0), P_1^*(\alpha_1, \beta_1), P_2^*(\alpha_2, \beta_2)$. 因为 $\rho(P_0, P_1) = 1, \rho(P_0, P_2) = 1, \rho(P_1, P_2) = \sqrt{2}$，所以

$$(\alpha_1 - \alpha_0)^2 + (\beta_1 - \beta_0)^2 = 1, \quad (\alpha_2 - \alpha_0)^2 + (\beta_2 - \beta_0)^2 = 1,$$
$$(\alpha_2 - \alpha_1)^2 + (\beta_2 - \beta_1)^2 = 2$$

将 $\alpha_2 - \alpha_1$ 与 $\beta_2 - \beta_1$ 改写为 $(\alpha_2 - \alpha_0) - (\alpha_1 - \alpha_0)$ 与 $(\beta_2 - \beta_0) - (\beta_1 - \beta_0)$，那么从上面的式子，就得到

$$(\alpha_2 - \alpha_0)(\alpha_1 - \alpha_0) + (\beta_2 - \beta_0)(\beta_1 - \beta_0) = 0.$$

注意到上面的式子，考虑行列式

$$D = \begin{vmatrix} \alpha_1 - \alpha_0 & \beta_1 - \beta_0 \\ \alpha_2 - \alpha_0 & \beta_2 - \beta_0 \end{vmatrix},$$

其由 "行乘以行" 规则组成的 D^2 等于

$$\begin{vmatrix} 1 & 0 \\ 0 & 1 \end{vmatrix} = 1.$$

故得 $|D|=1$.[①]

设 $M(x,y)$ 是平面上的任何一点，$M^*(x^*,y^*)$ 是它的像. 将 $\rho(M,P_i)$ 与 $\rho(M^*,P_i^*)$ ($i=0,1,2$) 对照，即得如下的三个等式：

$$x^2+y^2=(x^*-\alpha_0)^2+(y^*-\beta_0)^2,$$
$$(x-1)^2+y^2=(x^*-\alpha_1)^2+(y^*-\beta_1)^2,$$
$$x^2+(y-1)^2=(x^*-\alpha_2)^2+(y^*-\beta_2)^2.$$

从第一式减去第二式，第一式减去第三式各各得

$$\left.\begin{aligned}x&=(\alpha_1-\alpha_0)x^*+(\beta_1-\beta_0)y^*+\gamma_1,\\y&=(\alpha_2-\alpha_0)x^*+(\beta_2-\beta_0)y^*+\gamma_2.\end{aligned}\right\} \tag{1}$$

其中 γ_1 与 γ_2 乃是常数，其详细的表示式下文并不需要.

现在要证明平面上任一点 $Q(\lambda,\mu)$ 必定是某点 $M(x,y)$ 的像. 实际上，置

$$\left.\begin{aligned}x&=(\alpha_1-\alpha_0)\lambda+(\beta_1-\beta_0)\mu+\gamma_1,\\y&=(\alpha_2-\alpha_0)\lambda+(\beta_2-\beta_0)\mu+\gamma_2.\end{aligned}\right\} \tag{2}$$

点 $M(x,y)$ 的像 (x^*,y^*) 的坐标可由 (1) 式求得. 因 (1) 的行列式 $D\neq 0$，所以其解且是唯一的. 因此由 (2) 即得 $x^*=\lambda, y^*=\mu$，就是说：此 (x,y) 的像就是 (λ,μ).

因此我们得到，运动是使平面 $\mathbb{R}^2$ 变为自身的可逆的一对一的变换. 显然，运动的逆变换也是运动. 将像与原像的地位交换时，可见像的坐标用原像的坐标表示起来，应与 (1) 属于同一类型. 因此就证明了.

定理 1　若 $(x^*,y^*)=M^*$ 是 $M(x,y)$ 经过某一运动所得的像，则必有

$$\left.\begin{aligned}x^*&=a_1x+b_1y+c_1,\\y^*&=a_2x+b_2y+c_2.\end{aligned}\right\} \tag{3}$$

其中行列式

$$\Delta=\begin{vmatrix}a_1 & b_1\\a_2 & b_2\end{vmatrix} \tag{4}$$

的绝对值 $|\Delta|=1$.

[①] 这是因为：D 与其转置 D' 相乘等于 D^2，而有

$$D^2=\begin{vmatrix}(\alpha_1-\alpha_0)(\alpha_1-\alpha_0)+(\beta_1-\beta_0)(\beta_1-\beta_0) & (\alpha_1-\alpha_0)(\alpha_2-\alpha_0)+(\beta_1-\beta_0)(\beta_2-\beta_0)\\(\alpha_2-\alpha_0)(\alpha_1-\alpha_0)+(\beta_2-\beta_0)(\beta_1-\beta_0) & (\alpha_2-\alpha_0)(\alpha_2-\alpha_0)+(\beta_2-\beta_0)(\beta_2-\beta_0)\end{vmatrix}$$
$$=\begin{vmatrix}1 & 0\\0 & 1\end{vmatrix}=1.$$

——第 5 版校订者注.

定义 2 使 $\mathbb{R}^2$ 变为自身的变换 $M^* = \varphi(M)$ 且可由 (3) 表示的称为仿射变换. 当行列式 (4) (称为变换的行列式) 不等于 0 时, 称 $\varphi(M)$ 为非退化的.

因此成立下面的定理.

定理 2 运动是一种仿射变换, 其变换的行列式 Δ 的绝对值 $|\Delta|$ 等于 1[①].

定理 3 两个仿射变换的积仍是一个仿射变换, 而其行列式是原来两个行列式的积.

其证明很简单, 读者可自行证之.

定理 4 闭矩形 $R(\alpha \leqslant x \leqslant \beta, \gamma \leqslant y \leqslant \delta)$ 经过下列四个仿射变换

(I) $\begin{aligned} x^* &= y \\ y^* &= x \end{aligned}$ (II) $\begin{aligned} x^* &= x + y \\ y^* &= y \end{aligned}$ (III) $\begin{aligned} x^* &= x + a \\ y^* &= y + b \end{aligned}$ (IV) $\begin{aligned} x^* &= kx \\ y^* &= ly \end{aligned}$ $(kl \neq 0)$

中的任何一个变换后, 就变成一个可测集 R^*, 其测度是

$$mR^* = |\Delta| \cdot mR,$$

其中 Δ 表示相应的变换的行列式.

事实上, 经过变换 (I), (III), (IV) 所得的 R^* 仍为矩形, 各各可以表示如下:

(I) $\begin{aligned} \gamma &\leqslant x^* \leqslant \delta \\ \alpha &\leqslant y^* \leqslant \beta \end{aligned}$ (III) $\begin{aligned} \alpha + a &\leqslant x^* \leqslant \beta + a \\ \gamma + b &\leqslant y^* \leqslant \delta + b \end{aligned}$ (IV) $\begin{aligned} k\alpha &\leqslant x^* \leqslant k\beta \\ l\gamma &\leqslant y^* \leqslant l\delta \end{aligned}$

(最后一组不等式当 $k > 0$ 及 $l > 0$ 时才可写成这样, 否则需改写. 例如 $k < 0$, 则第一式即应改写为 $k\beta \leqslant x^* \leqslant k\alpha$).

因此, 定理对于变换 (I), (III), (IV) 是真的. 定理中成问题的是 (II). 首先我们注意到, 此时的 R^* 是由下式

$$\alpha \leqslant x^* - y^* \leqslant \beta, \gamma \leqslant y^* \leqslant \delta$$

所决定的.

取一个自然数 n, 将 R^* 分成 n 个部分

$$R^* = S_1 + S_2 + \cdots + S_n,$$

[①] 其逆不真. 例如变换 $x^* = 2x, y^* = \dfrac{1}{2}y$ 并非是运动. 仿射变换 (3) 成为运动的必要且充分的条件是

$$a_1^2 + a_2^2 = 1, \ b_1^2 + b_2^2 = 1, a_1 b_1 + a_2 b_2 = 0.$$

其中 $S_k(k=1,2,\cdots,n-1)$ 由不等式

$$\alpha \leqslant x^* - y^* \leqslant \beta, \ \gamma + \frac{k-1}{n}(\delta-\gamma) \leqslant y^* < \gamma + \frac{k}{n}(\delta-\gamma)$$

所决定, 而 S_n 由不等式

$$\alpha \leqslant x^* - y^* \leqslant \beta, \ \gamma + \frac{n-1}{n}(\delta-\gamma) \leqslant y^* \leqslant \delta$$

所决定, 显然, S_k 之间两两不相交.

今定义矩形 U_k 及 V_k 如下:

$$U_k = U_k\Big[\alpha + \gamma + \frac{k}{n}(\delta-\gamma) \leqslant x^* \leqslant \beta + \gamma + \frac{k-1}{n}(\delta-\gamma),$$
$$\gamma + \frac{k-1}{n}(\delta-\gamma) \leqslant y^* < \gamma + \frac{k}{n}(\delta-\gamma)\Big],$$
$$V_k = V_k\Big[\alpha + \gamma + \frac{k-1}{n}(\delta-\gamma) \leqslant x^* \leqslant \beta + \gamma + \frac{k}{n}(\delta-\gamma),$$
$$\gamma + \frac{k-1}{n}(\delta-\gamma) \leqslant y^* \leqslant \gamma + \frac{k}{n}(\delta-\gamma)\Big],$$

则容易证明

$$U_k \subset S_k \subset V_k.$$

因此,

$$mU_k \leqslant m_*S_k \leqslant m^*S_k \leqslant mV_k,$$

或

$$\left(\beta - \alpha - \frac{\delta-\gamma}{n}\right)\frac{\delta-\gamma}{n} \leqslant m_*S_k \leqslant m^*S_k \leqslant \left(\beta - \alpha + \frac{\delta-\gamma}{n}\right)\frac{\delta-\gamma}{n}.$$

将上面的不等式边边相加. 并且顾到

$$m_*R^* \geqslant \sum_{k=1}^{n} m_*S_k, \ m^*R^* \leqslant \sum_{k=1}^{n} m^*S_k,$$

乃得

$$(\beta-\alpha)(\delta-\gamma) - \frac{(\delta-\gamma)^2}{n} \leqslant m_*R^* \leqslant m^*R^* \leqslant (\beta-\alpha)(\delta-\gamma) + \frac{(\delta-\gamma)^2}{n}.$$

但因 n 是任意的, 故由上式导出

$$m_*R^* = m^*R^* = (\beta-\alpha)(\delta-\gamma) = mR.$$

定理证毕.

定理 5　设 G 是一有界开集, 经过仿射变换 I, II, III, IV 中的任何一个变换后就变成一个可测集 G^*, 其测度

$$mG^* = |\Delta| \cdot mG,$$

其中 Δ 表示相应的变换的行列式.

事实上, 因 $\Delta \neq 0$, 所论变换 $M^* = \varphi(M)$ 都是非退化的仿射变换. 每一个非退化的仿射变换一定是可逆单值的, 可以使关系式

$$M \in E,\ A \subset B,\ AB = \varnothing,\ E = \sum_{k=1}^{\infty} E_k$$

保持不变, 即相应的是:

$$M^* \in E^*,\ A^* \subset B^*,\ A^*B^* = \varnothing,\ E^* = \sum_{k=1}^{\infty} E_k^*.$$

除此而外, 不难证得: 凡有界集经过仿射变换后仍为有界集.

设 G 是一有界开集:

$$G = \sum_{k=1}^{\infty} R_k,$$

其中 R_k 都是闭正方形, 且两两无共同内点. 设对于 I~IV 中某变换 φ, G 及 R_k 之像分别为 $\varphi(G) = G^*$ 与 $\varphi(R_k) = R_k^*$, 则

$$G^* = \sum_{k=1}^{\infty} R_k^*.$$

因此, G^* 亦为可测集, 且①

$$mG^* = \sum_{k=1}^{\infty} mR_k^* = \sum_{k=1}^{\infty} |\Delta| \cdot mR_k = |\Delta| \cdot mG.$$

定理证毕.

定理 6　任何非退化的仿射变换 (3) 可由 I~IV 四种简单的变换接连施行有限次而得.

事实上, 如果在变换

$$x^* = a_1 x + b_1 y + c_1$$
$$y^* = a_2 x + b_2 y + c_2$$

---

①正方形 R_k 之间可能有公共的边, 所以 R_k^* 之间是可能相交的. 但是 R_k 间的每一公共边是平行于坐标轴的直线段, 所以其测度等于 0, 这些直线段都可设想是在某个矩形上面的. 由定理 4, 乃知这种直线段的像的测度也是 0. 因此, R_k^* 之间的共同点所成之集为一测度为零的集, 所以在计算 mG^* 时可以忽略不计.

中, 系数 a_1, a_2, b_1 中没有一个等于 0, 那么此变换可以由下列八个变换接连施行而得. 这八个变换都是 I~IV 中的变换:

$$
\begin{array}{l|l|l|l}
x_1 = a_1 x & x_2 = x_1 + y_1 & x_3 = y_2 & x_4 = \dfrac{\Delta}{a_1 b_1} x_3 \\
y_1 = b_1 y & y_2 = y_1 & y_3 = x_2 & y_4 = \dfrac{a_2}{a_1} y_3 \\
x_5 = x_4 + y_4 & x_6 = x_5 & x_7 = y_6 & x^* = x_7 + c_1 \\
y_5 = y_4 & y_6 = \dfrac{a_1}{a_2} y_5 & y_7 = x_6 & y^* = y_7 + c_2
\end{array}.
$$

如果系数 a_1, a_2, b_1 有些是等于 0 的, 则证明可以更简单些.

定理 7 由非退化的仿射变换, 把平面上的有界集 E 变到有界集 E^*, 它们的外测度间成立着如下的关系:

$$m^* E^* = |\Delta| m^* E,$$

其中 Δ 表示所属变换的行列式.

证明 今先将 I, II, III, IV 中的任一简单变换来讨论. 设 ε 是任一正数. 对于有界集 E 取有界开集 G, 使

$$G \supset E, \quad mG < m^* E + \varepsilon.$$

设对于此变换, E, G 之像分别为 E^*, G^*, 变换之行列式为 Δ, 则

$$m^* E^* \leqslant mG^* = |\Delta| \cdot mG < |\Delta| \cdot (m^* E + \varepsilon).$$

由于 ε 为任意的, 乃得

$$m^* E^* \leqslant |\Delta| \cdot m^* E.$$

对于一般非退化的变换, 这个关系式也是成立的, 因为任何非退化的变换可以由陆续施行简单的变换而得, 其变换行列式也就是诸简单变换行列式的乘积. 所以一般成立

$$m^* E^* \leqslant |\Delta| \cdot m^* E.$$

又因非退化变换的逆变换也是非退化仿射变换, 其行列式乃为 $\dfrac{1}{\Delta}$. E^* 经过逆变换就变成 E. 将上述结果用到此逆变换上去, 得

$$m^* E \leqslant \dfrac{1}{|\Delta|} m^* E^*.$$

从而得到所要证的结果.

我们还进一步注意到下面的简单事实: 闭集经过仿射变换仍旧是闭集. 由此不难证明.

定理 8　如果非退化的仿射变换使有界集 E 变为 E^* 的话, 其内测度之间有如下的关系:
$$m_*E^* = |\Delta| \cdot m_*E.$$

特别对于运动来说, 得到下面的基本结论:

定理 9　有界集经过运动后, 其内测度与外测度都不变. 可测集经过运动后, 仍为可测集, 其测度不变.

虽然这里仅就二维空间立论, 但读者不难由此类推到更多维的空间上去, 上面所得的种种结果都是成立的.

§5. 平面点集的测度与其截线的测度间的联系

定义 1　设 E 是一平面点集, 由点 (x,y) 所组成. 由满足 $(x_0,y) \in E$ 的所有 y 组成的一维集 $E(x_0)$ 称为以直线 $x = x_0$ 截 E 的截线.

从关系式
$$A \subset B, \quad S = \sum_{k=1}^{\infty} E_k, \quad P = \prod_{k=1}^{\infty} E_k, \quad R = A - B$$

容易导出
$$A(x) \subset B(x), \quad S(x) = \sum_{k=1}^{\infty} E_k(x), \quad P(x) = \prod_{k=1}^{\infty} E_k(x),$$
$$R(x) = A(x) - B(x).$$

若 F 是一闭集, 则 $F(x)$ 也是一闭集. 又若 G 是一开集, 则 $G(x)$ 也是开集[①]. 有界集的截线亦为有界集 (或是空集).

定理 1　设 E 是一平面上之一可测点集, E 含在开矩形 $R(a < x < b, c < y < d)$ 之中, 则

1) 几乎对于 (a,b) 中的所有点 x, $E(x)$ 是一可测集.

2) 凡 $x \in (a,b)$ 使 $E(x)$ 成一可测集的, 记其全体为 $\Delta(m\Delta = b-a)$, 则函数 $mE(x)$ 在集 Δ 上是一可测函数.

3) E 的测度是
$$mE = \int_\Delta mE(x)dx.$$

[①] $G(x)$ 应该看作线性集.

证明 证明是由简入繁, 逐步进行的.

1. 设 E 是一闭矩形 $Q(\alpha \leqslant x \leqslant \beta, \gamma \leqslant y \leqslant \delta)$, 其中 $a < \alpha \leqslant \beta < b, c < \gamma \leqslant \delta < d$. 如果 $x \in (a, \alpha)$ 或 $x \in (\beta, b)$, 则 $Q(x)$ 为空集, 因此是可测的, 并且 $mQ(x) = 0$. 如果 $\alpha \leqslant x \leqslant \beta$, 则 $Q(x) = [\gamma, \delta]$, 因此 $Q(x)$ 是可测的, $mQ(x) = \delta - \gamma$. 此时, 定理中之 Δ 即为全区间 (a, b), 函数 $mQ(x)$ 在 (a, b) 上是一阶梯函数, 所以是可测的. 最后,

$$\int_a^b mQ(x)dx = \int_\alpha^\beta mQ(x)dx = \int_\alpha^\beta (\delta - \gamma)dx = (\beta - \alpha)(\delta - \gamma) = mQ.$$

故当 $E = Q$ 时定理成立.

2. 设 E 是一开集 G. 那么对于任何 $x \in (a, b)$, $G(x)$ 也是开集, $G(x)$ 是可测的. 此时 $\Delta = (a, b)$. 如果将 G 表示为无共同内点的闭正方形 Q_k 的和集:

$$G = \sum_{k=1}^\infty Q_k,$$

其中 $Q_k = Q_k(\alpha_k \leqslant x \leqslant \beta_k, \gamma_k \leqslant y \leqslant \delta_k)$. 则

$$G(x) = \sum_{k=1}^\infty Q_k(x).$$

如果 x 与所有的 α_k, β_k 不同, 那么

$$mG(x) = \sum_{k=1}^\infty mQ_k(x). \qquad (*)$$

事实上, 不等式

$$mG(x) \leqslant \sum_{k=1}^\infty mQ_k(x)$$

的成立是很显然的. 另一方面, $Q_k(x)$ 或为空集或为闭区间, 且任何两个无共同内点. 记 $Q_k(x)$ 的一切内点的全体为 $U_k(x)$; 那么当 $Q_k(x)$ 为空集时 $U_k(x)$ 亦为空集, 当 $Q_k(x)$ 为闭区间时, $U_k(x)$ 是由 $Q_k(x)$ 除去二个端点所得之区间. 所以 $mU_k(x) = mQ_k(x)$. 但 $G(x) \supset \sum_{k=1}^\infty U_k(x)$, 所以

$$mG(x) \geqslant m\left[\sum_{k=1}^\infty U_k(x)\right] = \sum_{k=1}^\infty mU_k(x).$$

因此证得 $(*)$ 式.

如果从 (a, b) 拿掉可数集 $S = \{\alpha_k\} + \{\beta_k\}$, 那么在余集上, $mG(x)$ 是收敛的可测函数级数之和, 从而得到 $mG(x)$ 在 $(a, b) - S$ 上为可测, 所以在 (a, b) 上可测. 但

(∗) 是正项级数, 所以可以逐项积分, 又因在区间 (a,b) 上的积分与在 $(a,b) - S$ 上的积分一致, 所以

$$\int_a^b mG(x)dx = \sum_{k=1}^\infty \int_a^b mQ_k(x)dx = \sum_{k=1}^\infty mQ_k = mG,$$

因此当 $E = G$ 时定理成立.

3. 设 E 是**闭集** F. 则 $F = R - G$, 其中 G 乃是 F 关于矩形 R 的余集. 等式

$$F(x) = R(x) - G(x)$$

中三集都是可测集, 所以

$$mF(x) = (d-c) - mG(x),$$

而函数 $mF(x)$ 在 $\Delta = (a,b)$ 上是可测的. 将上式积分, 得

$$\int_a^b mF(x)dx = (b-a)(d-c) - \int_a^b mG(x)dx = mR - mG = mF.$$

因此当 $E = F$ 时定理成立.

4. 设 E 是一 F_σ **型的集**. 则 $E(x)$ 也是 F_σ 型的集. 因此 $E(x)$ 对于 $x \in (a,b)$ 都是可测集. 设 E 是闭集 Φ_i 的和集:

$$E = \Phi_1 + \Phi_2 + \Phi_3 + \cdots.$$

置

$$\Phi_1 + \Phi_2 + \cdots + \Phi_n = F_n,$$

那么我们可以将 E 表示为

$$E = F_1 + F_2 + F_3 + \cdots, \quad F_1 \subset F_2 \subset F_3 \subset \cdots.$$

在这情形下,

$$mE = \lim_{n\to\infty} mF_n,$$
$$mE(x) = \lim_{n\to\infty} mF_n(x),$$

所以 $mE(x)$ 是一可测函数. 由于 $F_n(x)$ 含在 (c,d) 之中, 所以 $mF_n(x) \leqslant d - c$. 因此, 积分手续与极限手续可以交换, 而得

$$\int_a^b mE(x)dx = \lim_{n\to\infty} \int_a^b mF_n(x)dx = \lim_{n\to\infty} mF_n = mE.$$

因此当 E 是一 F_σ 型的集时定理成立.

5. 设 E 是 G_δ 型的集. 则 $B = R - E$ 是 F_σ 型[①]的集. 由于 $E(x)$ 也是 G_δ 型的集, 故 $E(x)$ 对于 $x \in (a,b)$ 当然是可测集, 并且

$$mE(x) = d - c - mB(x).$$

所以 $mE(x)$ 是一可测函数, 并且

$$\int_a^b mE(x)dx = (b-a)(d-c) - \int_a^b mB(x)dx = mR - mB = mE.$$

因此当 E 是一 G_δ 型的集时定理成立.

我们注意到, 在上述种种情形下, $\Delta = (a,b)$.

6. 现在假设 E 是**任一可测集**. 造一个 F_σ 型的集 A 与一个 G_δ 型的集 B 使

$$A \subset E \subset B, \quad mA = mE = mB.$$

我们不妨假定 $B \subset R$. 根据已经证明的事实, $mA(x)$ 和 $mB(x)$ 在 (a,b) 上都是可测函数, 并且

$$mE = \int_a^b mA(x)dx = \int_a^b mB(x)dx.$$

由于 $A(x) \subset E(x) \subset B(x)$, 所以 $mA(x) \leqslant mB(x)$. 因此, 由上述关于这些函数的积分等式 $mA(x)$ 与 $mB(x)$ 在 (a,b) 上几乎处处相等.

今记 $\mathscr{E} = (a,b)$, 而令

$$\Delta_0 = \mathop{\mathscr{E}}_x [mA(x) = mB(x)] \quad (m\Delta_0 = b - a).$$

因为 $mA(x) \leqslant m_* E(x) \leqslant m^* E(x) \leqslant mB(x)$, 所以当 $x \in \Delta_0$ 时 $E(x)$ 为可测, 既然函数 $mA(x)$ 在 (a,b) 上为可测, 在 Δ_0 上当然亦为可测, 所以 $mE(x)$ 在 Δ_0 上与 $mA(x)$ 一致, 因而 $mE(x)$ 在 Δ_0 上是一可测函数. $\mathscr{E}$ 中的点 x 使 $E(x)$ 为可测的, 设其全体为 Δ, 则 $\Delta_0 \subset \Delta \subset \mathscr{E}$. 因此, $m\Delta = b - a$ 而函数 $mE(x)$ (已知在 Δ_0 上可测) 在 Δ 上亦为可测. 最后,

$$\int_\Delta mE(x)dx = \int_{\Delta_0} mA(x)dx = \int_a^b mA(x)dx = mA = mE.$$

因此本定理完全证毕.

推论 1 设 E 为平面上测度为 0 的集, 那么几乎所有它的截线亦是测度为 0 的集.

[①] 事实上, 设 $E = \prod_{n=1}^\infty G_n$, 则 $R - E = \sum_{n=1}^\infty (R - G_n)$. 但 $R - G_n = R \cdot \complement G_n$. $\complement G_n$ 是一闭集, R 是 F_σ 型的集. (因 R 是开集, 可以表示为闭正方形的和.) 因此 $R - G_n$ 是 F_σ 型的集, 从而 $R - E$ 是 F_σ 型的集.

推论 2 假如平面上的可测集 E 的几乎所有的截线是测度为 0 的集, 则 $mE = 0$.

如同本章中另外的结果一样, 定理 1 亦可搬到多维空间中去. 对于三维空间的情形我们给以简单的叙述.

定义 2 设 E 是三维空间的点集, 由三维空间的点 (x,y,z) 所组成. 那么满足 $(x_0,y,z) \in E$ 的所有 (y,z) 的全体称为以平面 $x = x_0$ 截 E 的截面.

定理 2 设 E 是三维空间中的可测集, E 含在平行六面体 $R(a < x < b, c < y < d, e < z < f)$ 之中, 则

1) 几乎对于 (a,b) 中的所有点 x, 平面点集 $E(x)$ 是可测的.

2) 凡 $x \in (a,b)$ 使 $E(x)$ 为可测集的, 记其全体为 $\Delta(m\Delta = b-a)$, 则函数 $mE(x)$ 在 Δ 上为可测函数.

3) E 的测度是
$$mE = \int_\Delta mE(x)dx.$$

第十二章　多元可测函数及其积分

§1. 可测函数、连续函数的拓广

利用多维空间的可测集这一概念,就不难建立多元可测函数的理论.这个理论的基础就是下面的定义.

定义　设 $M = (x_1, x_2, \cdots, x_n)$ 是 n 维空间 $\mathbb{R}^n$ 中之点,E 是 $\mathbb{R}^n$ 中之点集,$f(M)$ 是定义于 E 的函数.若 E 是可测的,且对于任意的实数 a,点集 $E(f > a)$ 可测,则称 $f(M)$ 是在 E 上的可测函数.

有了这个定义,于是用不着什么改变即可将第四章 §§1, 2, 3 中所述的结果转移到多元的情形上来.但 §1 中的定理 8 的形式要变成

定理 1　设 $f(M)$ 是在闭的平行六面体上所定义的连续函数,那么 $f(M)$ 是一可测函数.

一般而言,对于一元函数的结果转移到多元函数时需将闭区间改写为闭的平行六面体.这样写起来的定理,其证明与第四章中所述的没有区别.除此而外,凡是在第四章根据 §1 定理 8 所讨论的结果也是成立的.因此成立下面的引理:

引理 1　如果 $f(M)$ 是闭集 F 上定义的连续函数,那么对于任何实数 a,集 $F(f \geqslant a)$ 与 $F(f \leqslant a)$ 都是闭集.

将第四章 §4 中所述的事情转移到多元函数上来是一件比较复杂的事情.在那一节中我们依靠引理 2 证明了博雷尔定理和卢津定理.但是那引理的证明基本上是单为一维空间而作的,所以现在不得不作一些变动.

引理 2 设 E 是 n 维空间 $\mathbb{R}^n$ 中一个非空点集. 设 $M \in \mathbb{R}^n$, 今以 $r(M)$ 表示点 M 与点集 E 的距离, 即 $r(M) = \rho(M, E)$, 则函数 $r(M)$ 在全空间 $\mathbb{R}^n$ 中是一连续函数.

证明 在空间中取二点 M 及 N. 由点与点集间距离的定义, 对于任意的正数 ε, 在 E 中可以找到点 A 使 $\rho(M, A) < r(M) + \varepsilon$. 于是成立

$$r(N) \leqslant \rho(N, A) \leqslant \rho(N, M) + \rho(M, A) < \rho(N, M) + r(M) + \varepsilon.$$

由于 ε 是任意的, 所以

$$r(N) - r(M) \leqslant \rho(N, M).$$

又因点 M 与 N 的地位是完全平等的, 从而

$$|r(N) - r(M)| \leqslant \rho(N, M),$$

引理证毕.

引理 3 设 $F_1, F_2, \cdots, F_m$ 是两两无共同点的闭集. 如果函数 $\varphi(M)$ 定义于集

$$F = F_1 + F_2 + \cdots + F_m$$

上, 而在每一集 F_k 上取常数值, 那么存在一个在全空间 $\mathbb{R}^n$ 上定义的连续函数 $\psi(M)$, 当 $M \in F$ 时, $\psi(M) = \varphi(M)$, 且对于所有点 $M \in \mathbb{R}^n$ 成立

$$\min_F \{\varphi(M)\} \leqslant \psi(M) \leqslant \max_F \{\varphi(M)\}.$$

证明 以 $r_k(M)$ 表示点 $M \in \mathbb{R}^n$ 与点集 $F_k (k = 1, 2, \cdots, m)$ 的距离. 由于 F_k 是一闭集, 所以函数 $r_k(M)$ **仅在** F_k 中的点等于零.

注意到此点以后, 令 $\varphi(M)$ 在集 F_k 所取的值是 a_k, 作函数 $\psi(M)$ 如下: 当 $M \in F$ 时令它等于 $\varphi(M)$, 而当 $M \overline{\in} F$ 时则定义

$$\psi(M) = \frac{\dfrac{a_1}{r_1(M)} + \dfrac{a_2}{r_2(M)} + \cdots + \dfrac{a_m}{r_m(M)}}{\dfrac{1}{r_1(M)} + \dfrac{1}{r_2(M)} + \cdots + \dfrac{1}{r_m(M)}}.$$

利用前一引理, 不难证明, 此函数 $\psi(M)$ 满足所要求的一切条件.

现在我们要证明下面的定理, 此定理相当于第四章 §4 的引理 2, 它自身也是有趣味的.

定理 2 设 Φ 是 $\mathbb{R}^n$ 中的一个闭集, 而 $\varphi(M)$ 是在点集 Φ 上定义的有界连续函数[①]. 那么在全空间 $\mathbb{R}^n$ 中存在一个连续函数 $\psi(M)$, 当 $M \in \Phi$ 时 $\psi(M) = \varphi(M)$,

---

[①] 为了一般化起见, 我们并未假设 Φ 为有界. 当 Φ 为有界时, 则由 $\varphi(M)$ 之连续性知 $\varphi(M)$ 为有界, 并且 $\varphi(M)$ 有最大值与最小值.

而对于所有点 $M \in \mathbb{R}^n$ 成立

$$|\psi(M)| \leqslant \sup_{\Phi}\{|\varphi(M)|\}.$$

证明 [1]   置 $\varphi_0(M) = \varphi(M)$ 而设

$$A_0 = \sup_{\Phi}\{|\varphi_0(M)|\}.$$

引入集

$$F_- = \Phi\left(\varphi_0 \leqslant -\frac{A_0}{3}\right), \quad F_+ = \Phi\left(\varphi_0 \geqslant \frac{A_0}{3}\right).$$

则由引理 1, 这两个集都是闭集 (并且其中一个可能是空集). 根据引理 3 我们可以作函数 $\psi_0(M)$, 在全空间 $\mathbb{R}^n$ 中是连续的, 在集 F_- 上等于 $-\dfrac{A_0}{3}$, 在集 F_+ 上等于 $\dfrac{A_0}{3}$, 而对于所有的点 $M \in \mathbb{R}^n$ 成立

$$-\frac{A_0}{3} \leqslant \psi_0(M) \leqslant \frac{A_0}{3}.$$

作差函数

$$\varphi_1(M) = \varphi_0(M) - \psi_0(M),$$

它仅在集 Φ 上定义, 并且在 Φ 上是一个有界连续函数. 易知[2]

$$|\varphi_1(M)| \leqslant \frac{2}{3}A_0.$$

置

$$A_1 = \sup_{\Phi}\{|\varphi_1(M)|\}.$$

作函数 $\psi_1(M)$, 使它与 $\varphi_1(M)$ 之关系正如 $\psi_0(M)$ 与 $\varphi_0(M)$ 之关系一样. 换言之, 函数 $\psi_1(M)$ 具有下列诸性质: 它是在全空间上定义的连续函数, 对于所有的 M 满足

$$-\frac{A_1}{3} \leqslant \psi_1(M) \leqslant \frac{A_1}{3},$$

且当 $M \in \Phi$ 时满足

$$|\varphi_1(M) - \psi_1(M)| \leqslant \frac{2}{3}A_1.$$

我们并注意到: $A_1 \leqslant \dfrac{2}{3}A_0$. 有了这个函数 $\psi_1(M)$ 以后, 再设

$$\varphi_2(M) = \varphi_1(M) - \psi_1(M) \quad (M \in \Phi).$$

---

[1] 这个证明是从 П. С. 亚历山德罗夫所著的《集与函数的汎论初阶》一书中摘来的 (Гостехиздат, 1948).

[2] 事实上, 如果 $M \in F_+$, 则 $\psi_0(M) = \dfrac{A_0}{3} \leqslant \varphi_0(M) \leqslant A_0$. 同样的事情对于 $M \in F_-$ 亦成立. 如果 $M \in \Phi - (F_- + F_+)$, 则 $-\dfrac{A_0}{3} \leqslant \psi_0(M) \leqslant \dfrac{A_0}{3}$ 及 $-\dfrac{A_0}{3} \leqslant \varphi_0(M) \leqslant \dfrac{A_0}{3}$.

§1. 可测函数、连续函数的拓广

如此手续继续进行, 于是我们得到两列连续函数 $\{\varphi_k(M)\}$ 与 $\{\psi_k(M)\}$, $\varphi_k(M)$ 仅在 Φ 上定义而 $\psi_k(M)$ 是在全空间 $\mathbb{R}^n$ 上定义的. 这些函数列具有下面的种种性质:

$$\varphi_k(M) = \varphi_{k-1}(M) - \psi_{k-1}(M) \quad (M \in \Phi, k \geqslant 1),$$
$$-\frac{A_k}{3} \leqslant \psi_k(M) \leqslant \frac{A_k}{3} \quad (M \in \mathbb{R}^n),$$
$$|\varphi_k(M) - \psi_k(M)| \leqslant \frac{2}{3} A_k \quad (M \in \Phi).$$

此地, A_k 表示
$$\sup_{\Phi}\{|\varphi_k(M)|\}$$
而满足 $A_k \leqslant \frac{2}{3} A_{k-1}$, 因而 $A_k \leqslant \left(\frac{2}{3}\right)^k A_0$.

做了所有这些以后, 作无穷级数
$$\psi_0(M) + \psi_1(M) + \psi_2(M) + \cdots. \tag{$*$}$$

此函数中每项是连续函数, 并且, 由于 $|\psi_k(M)| \leqslant \left(\frac{2}{3}\right)^k \frac{A_0}{3}$, 这个级数是一致收敛的. 因此, 其和 $\psi(M)$ 是一个连续函数. 这个函数就是所求的函数. 事实上,
$$|\psi(M)| \leqslant \sum_{k=0}^{\infty} \left(\frac{2}{3}\right)^k \frac{A_0}{3} = A_0.$$

剩下来所要证的是: 当 $M \in \Phi$ 时, $\psi(M) = \varphi(M)$. 为此, 首先注意到当 $M \in \Phi$ 时
$$\psi_k(M) = \varphi_k(M) - \varphi_{k+1}(M),$$
所以级数 $(*)$ 的部分和 $S_p(M) = \psi_0(M) + \psi_1(M) + \cdots + \psi_{p-1}(M)$ 当 $M \in \Phi$ 时可以写为
$$S_p(M) = [\varphi_0(M) - \varphi_1(M)] + [\varphi_1(M) - \varphi_2(M)] + \cdots$$
$$+ [\varphi_{p-1}(M) - \varphi_p(M)] = \varphi(M) - \varphi_p(M),$$
但因
$$|\varphi_p(M)| \leqslant \left(\frac{2}{3}\right)^p A_0,$$
所以
$$\lim_{p \to \infty} S_p(M) = \varphi(M) \quad (M \in \Phi),$$
此即表示: 当 $M \in \Phi$ 时, $\psi(M) = \varphi(M)$. 定理证毕.

利用这个定理, 我们已经毋需再加说明就可将第四章 §4 中所述的内容全部转移到多维空间上来[①].

[①] 假如将卢津定理改写为较弱的形式: "如果 $f(M)$ 是在可测集 E 上定义的一个几乎处处为有限的可测函数, 那么对于任一正数 ε, 有如下的集 $E_\varepsilon \subset E$ 与之对应使 $mE_\varepsilon > mE - \varepsilon$ 且在 E_ε 上 $f(M)$ 是连续的", 那么它的证明不必应用本节之定理, 只要用引理 3 就好了.

§2. 勒贝格积分及其几何意义

在第五章及第六章中，除了第五章之 §4 及 §5 而外，讲到勒贝格积分的定义时并不限于一元函数，因此那边所讲的事情亦可转移到多维空间上来. 可是在这里我们不预备一一细述. 要指出的只有一点，那就是在 n 维空间中点集 E 上的积分，我们采用下列记号:

$$\int_E f(M)dw, \text{ 或 } \underbrace{\iint \cdots \int}_{E} f(x_1, x_2, \cdots, x_n)dx_1 dx_2 \cdots dx_n.$$

下面将详述这种积分的几何意义.

定义 设 $f(M) = f(x_1, x_2, \cdots, x_n)$ 是在集 $E(E \subset \mathbb{R}^n)$ 上所定义的非负函数. $S = S(E, f)$ 是 $\mathbb{R}^{n+1}$ 中的如下的点 $(x_1, x_2, \cdots, x_n, z)$ 的全体:

$$(x_1, x_2, \cdots, x_n) \in E, \quad 0 \leqslant z \leqslant f(x_1, x_2, \cdots, x_n),$$

则称 $S = S(E, f)$ 为函数 $f(M)$ 的下方图形.①

不难看到，当 $f(x)$ 是在闭区间 $[a, b]$ 上所定义的连续非负函数时，$f(x)$ 的下方图形是一曲边梯形，其上下两方各以曲线 $y = f(x)$ 与 x 轴为界，左右两方各以直线 $x = a$ 与 $x = b$ 为界. 在此特殊情形下，大家都知道

$$\int_a^b f(x)dx$$

就表示所述梯形的面积. 我们将证明，在一般情形下，可以得到很类似的结果.

引理 若 E 是空间 $\mathbb{R}^n$ 中的一个可测点集，而函数 $f(M)$ 在 E 中的所有点取正值 h，则其下方图形 $S(E, h)$ 是 $\mathbb{R}^{n+1}$ 中之一可测集，且

$$mS(E, h) = hmE.$$

这个引理是初等定理: "圆柱体的体积等于底面积与高之积" 的推广. 我们为简单起见，仅就 $n = 2$ 时予以证明.

如果 E 是一个矩形 $R(a \leqslant x \leqslant b, c \leqslant y \leqslant d)$，则引理极为明显，因为 $S(E, h)$ 乃表示一个直角平行六面体 $T(a \leqslant x \leqslant b, c \leqslant y \leqslant d, 0 \leqslant z \leqslant h)$. 同样的，当 E 是一个**开的**矩形时所述亦真. 如果 E 是一个有界开集，则可表示为

$$E = \sum_{k=1}^{\infty} Q_k,$$

---
① 这个名词是在此首次引用的.

其中 Q_k 是两两无共同内点的闭正方形. 那么

$$S(E,h) = \sum_{k=1}^{\infty} S(Q_k, h).$$

因此,

$$m^* S(E,h) \leqslant \sum_{k=1}^{\infty} mS(Q_k,h) = \sum_{k=1}^{\infty} h \cdot mQ_k = h \cdot mE.$$

另一方面, 如果 U_k 是 Q_k 的内点全体, 则

$$S(E,h) \supset \sum_{k=1}^{\infty} S(U_k, h),$$

从而

$$m_* S(E,h) \geqslant \sum_{k=1}^{\infty} mS(U_k,h) = \sum_{k=1}^{\infty} h \cdot mU_k = h \cdot mE,$$

于是当 E 为有界开集时引理已证毕. 当 E 为有界闭集时, 则由于 E 可以表示为 $R - G$, 其中 R 为一开的矩形, 而 G 为一有界开集, 从而对于有界闭集时所述亦真. 最后, 设 E 为任一可测集, 对于任一正数 ε, 取闭集 F 及有界开集 G 使

$$F \subset E \subset G, \quad mF > mE - \varepsilon, \quad mG < mE + \varepsilon.$$

那么

$$S(F,h) \subset S(E,h) \subset S(G,h),$$

从而由已证之事实, 知

$$h \cdot mF \leqslant m_* S(E,h) \leqslant m^* S(E,h) \leqslant h \cdot mG.$$

因此,

$$h(mE - \varepsilon) \leqslant m_* S(E,h) \leqslant m^* S(E,h) \leqslant h(mE + \varepsilon).$$

由于 ε 是任意的, 引理证毕.

定理 如果 $f(M)$ 是在集 E 上所定义的有界可测非负函数, 则其下方图形 $S(E,f)$ 为可测且

$$mS(E,f) = \int_E f(M)dw.$$

证明 设 $0 \leqslant f(M) < A$. 将闭区间 $[0, A]$ 用点

$$z_0 = 0 < z_1 < z_2 < \cdots < z_n = A$$

细分, 从而作勒贝格集

$$e_i = E(z_i \leqslant f < z_{i+1}).$$

则不难看到,
$$S(E,f) = \sum_{i=0}^{n-1} S(e_i, f),$$
且集 $S(e_i, f)$ 之间两两不相交. 从而
$$\sum_{i=0}^{n-1} m_* S(e_i, f) \leqslant m_* S(E, f) \leqslant m^* S(E, f) \leqslant \sum_{i=0}^{n-1} m^* S(e_i, f).$$

另一方面,
$$S(e_i, z_i) \subset S(e_i, f) \subset S(e_i, z_{i+1}),$$
应用引理乃得
$$z_i m e_i \leqslant m_* S(e_i, f), \quad m^* S(e_i, f) \leqslant z_{i+1} m e_i.$$
所以
$$\sum_{i=0}^{n-1} z_i m e_i \leqslant m_* S(E, f) \leqslant m^* S(E, f) \leqslant \sum_{i=0}^{n-1} z_{i+1} m e_i.$$

将分点加密, 再取极限, 即得所要证明的结果.

§3. 富比尼定理

现在我们讨论将重积分化为简单积分的问题.

引理 如果 $f(x, y)$ 是在矩形 $R(a \leqslant x \leqslant b, c \leqslant y \leqslant d)$ 上定义的可测函数, 那么几乎对于所有 $x \in [a, b]$, 这个函数当单独看作 y 的函数时是在 $[c, d]$ 上可测的.

证明 首先设 $f(x, y)$ 在 R 上有界. 存在这样的连续函数列 $g_n(x, y)$ 使得在 R 上几乎处处有
$$\lim_{n \to \infty} g_n(x, y) = f(x, y). \tag{1}$$
对于 R 中的点 (x, y) 但不满足 (1) 式的全体, 记作 E. 因为 $mE = 0$, 所以 (参考第十一章 §5 的推论 1) 几乎对于所有 $x \in [a, b]$ 有
$$mE(x) = 0, \tag{2}$$
其中 $E(x_0)$ 是直线 $x = x_0$ 截 E 的截线.

设 x 是使 (2) 成立的 $[a, b]$ 中的点, 如果 $y \in [c, d] - E(x)$, 则 $(x, y) \in R - E$ 且成立 (1) 式. 换言之, 对于上述的 x, 关系式 (1) 式在 $[c, d]$ 上几乎处处成立, 而因此 $f(x, y)$ (对于这些 x) 是 y 的可测函数.

如果 $f(x, y)$ 不是有界的, 那么可找到这样的有界可测函数列 $\{f_n(x, y)\}$, 在 R 上处处有
$$\lim_{n \to \infty} f_n(x, y) = f(x, y).$$

§3. 富比尼定理

由已证事实, 对于每一个 n, 记 $[a,b]$ 中这种点 x 的全体为 e_n: 其使 $f_n(x,y)$ 不是 $[c,d]$ 上的可测函数. 则 e_n 的测度为零. 设 $e = e_1 + e_2 + e_3 + \cdots$. 如果 $x \in [a,b] - e$, 则所有 $f_n(x,y)$ 在 $[c,d]$ 上可测. 所以 $f(x,y)$ 亦然.

定理 1 (G. 富比尼) 设 $f(x,y)$ 是在矩形 $R(a \leqslant x \leqslant b, c \leqslant y \leqslant d)$ 上所定义的可和函数, 则

1) 几乎对于所有的 $x \in [a,b]$, 将 $f(x,y)$ 看作单是 y 的函数时乃为 $[c,d]$ 上的可和函数.

2) 设 Δ 表示这样的 $x \in [a,b]$ 的全体, 其使 $f(x,y)$ 在 $[c,d]$ 上关于 y 是可和的 $(m\Delta = b - a)$, 则函数
$$\int_c^d f(x,y)dy$$
在 Δ 上关于 x 是可和的.

3) 成立下面的式子:
$$\iint_R f(x,y)dxdy = \int_\Delta dx \int_c^d f(x,y)dy.$$

证明 先设 $f(x,y)$ 是一有界的非负函数:
$$0 \leqslant f(x,y) \leqslant H.$$
那么它的下方图形 $A = S(R,f)$ 是一可测集, 且
$$mA = \iint_R f(x,y)dxdy.$$

设 Δ' 表示 $[a,b]$ 中这样 x 的全体: 其使 $f(x,y)$ 成为 y 的可测函数. 根据引理, $m\Delta' = b - a$. 因为对于任意的 $x_0 \in [a,b]$, 集 A 被平面 $x = x_0$ 所截的截面 $A(x_0)$ 就是函数 $f(x_0,y)$ 的下方图形, 所以 (由 §2 的定理) 对于 $x \in \Delta'$ 集 $A(x)$ 为可测且
$$mA(x) = \int_c^d f(x,y)dy. \tag{3}$$

另一方面, 由第十一章 §5 的结果, 记 $[a,b]$ 中的 x 使 $A(x)$ 为可测的全体为 Δ'', 则 $mA(x)$ 在 Δ'' 上为可测及
$$mA = \int_{\Delta''} mA(x)dx.$$

因为[①] $\Delta' \subset \Delta''$ 及 $m\Delta' = m\Delta''$, 所以 $mA(x)$ 在 Δ' 上为可测. 所以在 Δ' 上与 $mA(x)$ 一致的积分 (3), 是 x 在 Δ' 上可测且可和 (由其有界性) 的函数. 此外
$$mA = \int_{\Delta'} mA(x)dx = \int_{\Delta'} dx \int_c^d f(x,y)dy.$$

[①] 可以证明, 事实上 $\Delta' = \Delta''$.

还要指出的是: 有界函数 $f(x,y)$ 看作单是 y 的函数时当且仅当它是可测时才是可和, 因此我们所引入的集 Δ' 与定理中所述的 Δ 一致. 于是当函数是有界非负时定理已经证明.

其次, 除去有界条件, 光是假设 $f(x,y) \geqslant 0$. 作 "切断" 函数

$$f_n(x,y) = \begin{cases} f(x,y), & f(x,y) \leqslant n, \\ n, & f(x,y) > n. \end{cases}$$

那么

$$\iint\limits_R f(x,y)dxdy = \lim_{n\to\infty} \iint\limits_R f_n(x,y)dxdy.$$

把刚才证得的结果用到函数 $f_n(x,y)$ 上来. 设 Δ_n 表示这样的 x 的全体: 其使 $f_n(x,y)$ 看作单是 y 的函数时在 $[c,d]$ 上为可测, 则 $m\Delta_n = b-a$, 积分 $\int_c^d f_n(x,y)dy$ 在 Δ_n 上是可测的, 且

$$\iint\limits_R f_n(x,y)dxdy = \int_{\Delta_n} dx \int_c^d f_n(x,y)dy.$$

设 $\Delta^* = \Delta_1\Delta_2\Delta_3\cdots$, 则显然 $m\Delta^* = b-a$, 且对于 $x \in \Delta^*$, 所有 $f_n(x,y)$ 都是可测的[①]. 所以 $f(x,y)$ 亦然. 此外,

$$\iint\limits_R f_n(x,y)dxdy = \int_{\Delta^*} dx \int_c^d f_n(x,y)dy.$$

由于

$$f_1(x,y) \leqslant f_2(x,y) \leqslant f_3(x,y) \leqslant \cdots, \quad \lim_{n\to\infty} f_n(x,y) = f(x,y),$$

我们用莱维定理 (对于固定的 $x \in \Delta^*$) 得

$$\lim_{n\to\infty} \int_c^d f_n(x,y)dy = \int_c^d f(x,y)dy, \quad (x \in \Delta^*).$$

并且顺便可以看到 Δ^* 上作为 x 的函数的积分

$$\int_c^d f(x,y)dy$$

是可测的.

由于

$$\int_c^d f_1(x,y)dy \leqslant \int_c^d f_2(x,y)dy \leqslant \int_c^d f_3(x,y)dy \leqslant \cdots,$$

[①] 看成 y 的函数.

我们再用一次莱维定理，得

$$\lim_{n\to\infty}\int_{\Delta^*}dx\int_c^d f_n(x,y)dy = \int_{\Delta^*}dx\int_c^d f(x,y)dy.$$

于是，我们得到一个集 Δ^*，其测度 $m\Delta^* = b - a$. 对于 Δ^* 中任一点 x，函数 $f(x,y)$ 是可测的，而积分 $\int_c^d f(x,y)dy$ 表示 Δ^* 上所定义的一个可测函数，且

$$\iint_R f(x,y)dxdy = \int_{\Delta^*}dx\int_c^d f(x,y)dy.$$

因为上式左边的积分表示一个有限数，所以积分 $\int_c^d f(x,y)dy$ 不单表示 Δ^* 上的可测函数并且是可和函数. 又因可和函数几乎处处是有限的，所以积分 $\int_c^d f(x,y)dy$ 几乎对于 Δ^* 中的所有 x 是有限的. 此乃表示，把函数 $f(x,y)$ 看作单是 y 的函数时，对于 Δ^* 中几乎所有的 x，在 $[c,d]$ 上是可和的. 今以 Δ^{**} 表示 Δ^* 中这种 x 的全体: y 的函数 $f(x,y)$ 在 $[c,d]$ 上为可和. 因 $m\Delta^{**} = m\Delta^*$，故得

$$\iint_R f(x,y)dxdy = \int_{\Delta^{**}}dx\int_c^d f(x,y)dy.$$

然后令 Δ 是 $[a,b]$ 中的这样的 x 的全体: y 的函数 $f(x,y)$ 在 $[c,d]$ 上为可和. 则 $\Delta^{**} \subset \Delta \subset [a,b]$. 由 $m(\Delta - \Delta^{**}) = 0$，知

$$\int_c^d f(x,y)dy$$

在 Δ 上亦为可和. 并且成立

$$\int_{\Delta^{**}}dx\int_c^d f(x,y)dy = \int_{\Delta}dx\int_c^d f(x,y)dy.$$

由是定理对于非负函数是真的.

最后，假设 $f(x,y)$ 是一任意的可和函数. 置

$$f_+(x,y) = \begin{cases} f(x,y), & f(x,y) \geqslant 0, \\ 0, & f(x,y) < 0; \end{cases}$$

$$f_-(x,y) = \begin{cases} 0, & f(x,y) \geqslant 0, \\ -f(x,y), & f(x,y) < 0. \end{cases}$$

那么 $f_+(x,y)$ 与 $f_-(x,y)$ 都是可和的非负函数，所以可以应用已证的结果. 记 Δ_+ 与 Δ_- 为 $[a,b]$ 中这样的 x 的全体: 当 $x \in \Delta_+$ 时，y 的函数 $f_+(x,y)$ 在 $[c,d]$ 上是可和

的; 当 $x \in \Delta_-$ 时, y 的函数 $f_-(x,y)$ 在 $[c,d]$ 上是可和的. 那么 $m\Delta_+ = m\Delta_- = b-a$, 且积分

$$\int_c^d f_+(x,y)dy, \quad \int_c^d f_-(x,y)dy$$

依次在 Δ_+ 及 Δ_- 上是可和的:

$$\iint_R f_+(x,y)dxdy = \int_{\Delta_+} dx \int_c^d f_+(x,y)dy,$$

$$\iint_R f_-(x,y)dxdy = \int_{\Delta_-} dx \int_c^d f_-(x,y)dy.$$

置 $\Delta = \Delta_+ \Delta_-$, 则 $m\Delta = b-a$. 将上面两式右边的积分都改为在 Δ 上的积分, 则关系式依然成立. 然后作其差, 即得

$$\iint_R f(x,y)dxdy = \int_\Delta dx \int_c^d f(x,y)dy.$$

最后注意: $\Delta = \Delta_+ \Delta_-$ 中只含这样的点 $x \in [a,b]$, 其使 $f(x,y)$ 看作 y 的函数时在 $[c,d]$ 上是可和的, 且凡 $[a,b]$ 中具有最后所述性质的点 x 都属于 Δ.

富比尼定理因此证毕.

附注 1. 设 $f(x,y)$ 的定义集不是一个矩形而是任一可测集 E, 那么应将 E 包含在一个矩形 R 之中, 且令 $f(x,y)$ 在 $R-E$ 上等于零, 便将定理化为上述情形.

2. 如果 $f(x,y)$ 是在矩形 $R(a \leqslant x \leqslant b, c \leqslant y \leqslant d)$ 上的可测[①]及非负的函数, 记 $[a,b]$ 中这样的 x 的全体为 $\Delta(m\Delta = b-a)$: 其使 $f(x,y)$ 为 y 的可测函数, 则在集 Δ 上积分 (3) 是 x 的可测函数[②].

事实上, 如果 $f(x,y)$ 为有界, 那么 $f(x,y)$ 是可和的, 此时所述情形含在定理 1 之中. 如果 $f(x,y)$ 不是有界, 那么引用 B. 莱维定理, 将切断函数取极限即得所要的结果.

用同样的证明方法可以将定理 1 拓广如下:

定理 2 设 $f(x_1, x_2, \cdots, x_n; y_1, y_2, \cdots, y_m)$ 是在 $(n+m)$ 维矩形 $R_{n+m}(a_1 \leqslant x_1 \leqslant b_1, \cdots, a_n \leqslant x_n \leqslant b_n; c_1 \leqslant y_1 \leqslant d_1, \cdots, c_m \leqslant y_m \leqslant d_m)$ 中所定义的可知函数. 又设

$$R'_n = R'_n(a_1 \leqslant x_1 \leqslant b_1, \cdots, a_n \leqslant x_n \leqslant b_n);$$

$$R''_m = R''_m(c_1 \leqslant y_1 \leqslant d_1, \cdots, c_m \leqslant y_m \leqslant d_m).$$

[①] 并没有假定 $f(x,y)$ 为可和.

[②] 积分 $\int_c^d f(x,y)dy$ 可以在一个正测度的集上等于 $+\infty$.

那么:

1) 对于几乎所有的点 $(x_1, x_2, \cdots, x_n) \in R'_n$, 函数 $f(x_1, x_2, \cdots, x_n; y_1, y_2, \cdots, y_m)$ 在 R''_m 上是可和的.

2) 设 Δ_n 为 (1) 中所说的这些点 $(m\Delta_n = mR'_n)$, 则积分

$$\underbrace{\iint \cdots \int}_{R''_m} f(x_1, x_2, \cdots, x_n; y_1, y_2, \cdots, y_m) dy_1 \cdots dy_m$$

在 Δ_n 上是可和的.

3) 成立下面的式子:

$$\underbrace{\iint \cdots \int}_{R_{n+m}} f(x_1, \cdots, x_n; y_1, \cdots, y_m) dx_1 \cdots dx_n dy_1 \cdots dy_m$$
$$= \underbrace{\int \cdots \int}_{\Delta_n} dx_1 \cdots dx_n \underbrace{\int \cdots \int}_{R''_m} f(x_1, \cdots, x_n; y_1, \cdots, y_m) dy_1 \cdots dy_m.$$

§4. 积分次序的变更

现在我们要将积分记号的涵义加以扩充. 设 $f(M)$ 是在可测集 A 上所定义的可和函数. 设 E 是一如下的可测集: $E \supset A$,

$$m(E - A) = 0,$$

我们定义

$$\int_E f(M) dw = \int_A f(M) dw.$$

因此, 对于一个积分, 积分号下的函数不必在积分范围上全有意义, 而只要在此范围上几乎处处有意义即可. 根据这种扩充了的积分记号的意义, 那么上面的富比尼定理中的公式可以简化为

$$\iint_R f(x, y) dx dy = \int_a^b dx \int_c^d f(x, y) dy.$$

由于变量 x, y 所处地位平等, 故得下面的结果:

定理 1 设 $f(x, y)$ 是在 $R(a \leqslant x \leqslant b, c \leqslant y \leqslant d)$ 上定义的可和函数, 那么存在[①]两个累次积分

$$\int_a^b dx \int_c^d f(x, y) dy, \int_c^d dy \int_a^b f(x, y) dx, \tag{*}$$

[①]此时是指积分记号的涵义已经扩充: 里头一重积分在外边一重积分的积分范围中是几乎处处存在的.

并且
$$\int_a^b dx \int_c^d f(x,y)dy = \int_c^d dy \int_a^b f(x,y)dx. \qquad (**)$$

所当注意的, 是当 (*) 存在时, $f(x,y)$ 在 R 上未必可和.

例 1 设在 $Q(-1 \leqslant x \leqslant 1, -1 \leqslant y \leqslant 1)$ 上定义 $f(x,y)$ 如下: 当 $x^2 + y^2 > 0$ 时 $f(x,y) = \dfrac{xy}{(x^2+y^2)^2}, f(0,0) = 0$. 若将两个变量 x, y 中固定一个, 则 $f(x,y)$ 乃是另一变量的连续函数. 所以
$$\int_{-1}^{+1} \frac{xy\,dy}{(x^2+y^2)^2}$$
对于 $[-1, +1]$ 中的所有的 x 是存在的. 由于被积函数是奇函数, 所以积分之值等于零, 由是,
$$\int_{-1}^{+1} dx \int_{-1}^{+1} \frac{xy\,dy}{(x^2+y^2)^2} = \int_{-1}^{+1} dy \int_{-1}^{+1} \frac{xy\,dx}{(x^2+y^2)^2} = 0.$$

可是 $f(x,y)$ 在 Q 上并非可和. 因为如果 $f(x,y)$ 在 Q 上可和, 那么 $f(x,y)$ 在部分正方形 $Q^*(0 \leqslant x \leqslant 1, 0 \leqslant y \leqslant 1)$ 上亦应为可和. 于是应用定理 1, 应该存在有限的积分
$$\int_0^1 dx \int_0^1 \frac{xy}{(x^2+y^2)^2} dy.$$
但这句话不成立. 因当 $x \neq 0$ 时,
$$\int_0^1 \frac{xy}{(x^2+y^2)^2} dy = \frac{1}{2x} - \frac{x}{2(x^2+1)},$$
这个函数在 $(0,1]$ 上并非为可和.

在上面的例子中, 虽然 $f(x,y)$ 并非为可和, 但是 $(**)$ 式却是成立的①, 一般地说, 情况也可能不是这样.

例 2 设 $f(x,y)$ 在 $0 \leqslant x \leqslant 1, 0 \leqslant y \leqslant 1$ 上如下定义: $f(0,0) = 0$, 当 $x^2 + y^2 > 0$ 时 $f(x,y) = \dfrac{x^2 - y^2}{(x^2+y^2)^2}$, 则
$$\int_0^1 dx \int_0^1 f(x,y)dy = \frac{\pi}{4}, \quad \int_0^1 dy \int_0^1 f(x,y)dx = -\frac{\pi}{4}.$$

---

①Γ. M. 菲赫金哥尔茨在他的论文《一个无二重积分的二元函数》(《Sur une fonction de deux variables sans intégrale double 》, Fund. Math, 6, 1924, 页数 30–36) 中举过一个例子, 函数 $f(x,y)$ 在 $R(a \leqslant x \leqslant b, c \leqslant y \leqslant d)$ 上不可和, 但等式
$$\int_P dx \int_Q f(x,y)dy = \int_Q dy \int_P f(x,y)dx$$
对于任何两可测集 $P \subset [a,b]$ 与 $Q \subset [c,d]$ 成立.

事实上, 当 $x \neq 0$ 时,
$$f(x,y) = \frac{\partial}{\partial y}\left(\frac{y}{x^2+y^2}\right),$$
所以当 $x \neq 0$ 时,
$$\int_0^1 f(x,y)dy = \left[\frac{y}{x^2+y^2}\right]_0^1 = \frac{1}{x^2+1},$$
从而可求出第一个累次积分的数值是 $\frac{\pi}{4}$. 同理可得第二个累次积分的数值 $= -\frac{\pi}{4}$.

所当注意的是: 对符号不变的可测函数不会发生上面的情形, 而有如下的定理:

定理 2 设 $f(x,y)$ 是在 $R(a \leqslant x \leqslant b, c \leqslant y \leqslant d)$ 中所定义的非负可测函数. 若在 (∗) 式中有一个累次积分为有限[①], 那么 $f(x,y)$ 在 R 中为可和, (∗) 式中另外一个积分必存在且 (∗∗) 式成立.

事实上, 假设 (∗) 式中第一个积分为有限, 但函数 $f(x,y)$ 在矩形 R 上的二重积分等于 $+\infty$. 置
$$f_n(x,y) = \begin{cases} f(x,y), & f(x,y) \leqslant n, \\ n, & f(x,y) > n. \end{cases}$$
那么
$$\lim_{n\to\infty} \iint_R f_n(x,y)dxdy = +\infty,$$
而当 n 适当大时, 乃有
$$\iint_R f_n(x,y)dxdy > \int_a^b dx \int_c^d f(x,y)dy.$$
不过这种情形是不可能的, 因为 $f_n(x,y)$ 是可和的, 且成立
$$\iint_R f_n(x,y)dxdy = \int_a^b dx \int_c^d f_n(x,y)dy,$$
而 $f_n(x,y) \leqslant f(x,y)$.

定理证毕.

推论 设 $f(x,y)$ 在 $R(a \leqslant x \leqslant b, c \leqslant y \leqslant d)$ 中为可测, 且
$$\int_a^b dx \int_c^d |f(x,y)|dy < +\infty,$$
则 (∗) 式中两个累次积分都存在且 (∗∗) 式成立.

[①] (∗) 式中两个积分的存在 (不是说有限!) 从上节定理 1 后的附注 2 即可知道. 因此公式 (∗∗) 在没有约定积分 (∗) 中的一个为有限的附带条件下也是成立的 (但那时可能采取形式 $+\infty = +\infty$).

第十三章　集函数及其在积分论中的应用

§1. 绝对连续的集函数

在本章中我们要将勒贝格不定积分的性质搬到多维空间上来. 同前面一样, 我们只就平面的情形加以讨论, 但是其结论都可以推广到任意维空间中去.

设 α 是一族点集: $\alpha = \{e\}$. 假如对于 α 中每一个集 e, 有一个数 $\Phi(e)$ 与之对应, 那么称 $\Phi(e)$ 是在 α 上所定义的集函数. 下面我们假设 α 是同一个开矩形

$$R(x_0 < x < X, y_0 < y < Y)$$

中一切可测点集的全体. 又设一切集函数的值 $\Phi(e)$ 都是有限的.

如果对于不相交的任何两可测集 e_1 及 $e_2, \Phi(e)$ 适合

$$\Phi(e_1 + e_2) = \Phi(e_1) + \Phi(e_2)$$

的话, 则称 $\Phi(e)$ 是一可加函数.

不难看出, 这样的函数具有如下性质: 对于可加函数 $\Phi(e)$, 当 $e_1, e_2, \cdots, e_n$ 是有限个两两不相交的可测集时, 成立

$$\Phi\left(\sum_{k=1}^{n} e_k\right) = \sum_{k=1}^{n} \Phi(e_k).$$

假如对于可数无穷个两两不相交的可测集 $e_1, e_2, e_3, \cdots$ 常成立[①]

$$\Phi\left(\sum_{k=1}^{\infty} e_k\right) = \sum_{k=1}^{\infty} \Phi(e_k),$$

那么称 $\Phi(e)$ 是一完全可加函数.

[①] 此处假定所有的 e_k 都含在 R 中, 故其和集为有界可测集.

§1. 绝对连续的集函数

如果集函数 $\Phi(e)$ 的值随 e 之测度趋向于 0 而趋向于 0, 则称 $\Phi(e)$ 为绝对连续, 就是说, 对于任一正数 ε, 有 $\delta > 0$ 使当 $me < \delta$ 时, $|\Phi(e)| < \varepsilon$, 那么称 $\Phi(e)$ 是绝对连续.

绝对连续的集函数在测度为零的集上必取值零[1].

定理 1 绝对连续的可加集函数是完全可加的.

事实上, 设 $e_1, e_2, e_3, \cdots$ 是一列两两不相交的可测集, 则当 $n \to \infty$ 时,
$$m\left(\sum_{k=n+1}^{\infty} e_k\right) \to 0,$$
从而
$$\Phi\left(\sum_{k=n+1}^{\infty} e_k\right) \to 0.$$
但是
$$\Phi\left(\sum_{k=1}^{\infty} e_k\right) = \sum_{k=1}^{n} \Phi(e_k) + \Phi\left(\sum_{k=n+1}^{\infty} e_k\right),$$
由是即得证明.

设 A 是 R 中的任意一个点集. 如果可测集 E 满足下面两个条件:
$$E \supset A, \quad mE = m^*A,$$
那么称 E 为 A 的一个等测包 (измеримая оболочка, measurable hull)[2].

今后, 不加特别说明时, 假设等测包是含在 R 中的.

引理 1 设 A 是 R 中任一点集, $\Phi(e)$ 是一绝对连续的可加集函数, 那么对于 A 的任意两个等测包 E_1 及 E_2 成立
$$\Phi(E_1) = \Phi(E_2).$$

事实上, 置 $E_3 = E_1 E_2$, 则 $E_1 \supset E_3 \supset A$, 从而得到 $mE_1 = mE_3$. 由于 $m(E_1 - E_3) = 0$ 知 $\Phi(E_1 - E_3) = 0$. 但 $E_1 = E_3 + (E_1 - E_3)$, 故得 $\Phi(E_1) = \Phi(E_3)$. 同理可得 $\Phi(E_2) = \Phi(E_3)$.

今后对于绝对连续的可加集函数 $\Phi(e)$, 我们以 $\Phi(A)$ 表示 A 的等测包所对应的函数值. 在这个意义之下, 对于 R 中的非可测集 A, $\Phi(A)$ 亦有了意义.

设 M 是平面上任意一点, h 是一正数. 今后对以 M 为中心, 各边平行于坐标轴, 边长为 h 的闭的正方形记以 $Q(M, h)$.

定义 设 $\Phi(e)$ 是一个集函数, M 是矩形 R 中之一点. 若有收敛于 0 的正数列 $\{h_n\}$, 使
$$\lim_{n \to \infty} \frac{\Phi[Q(M, h_n)]^{[3]}}{h_n^2} = \lambda \quad (\lambda \text{ 可以为 } +\infty \text{ 或 } -\infty)$$
则称 λ 为 $\Phi(e)$ 在点 M 的一个对称导出数, 记之以 $\lambda = D_M \Phi(e)$.

---
[1] 设 e_0 为空集, 则对任一可加的集函数 $\Phi(e)$, 必成立 $\Phi(e_0) = 0$.
[2] 在第十一章中曾证明过每一有界集必有等测包 (甚至 G_δ 型的集).
[3] 必须指出, R 为一开矩形. 当 h 适当小时, $Q(M, h) \subset R$, 此时 $\Phi[Q(M, h)]$ 有意义.

利用波尔查诺与魏尔斯特拉斯定理,可知一切集函数在 R 中任一点有对称导出数.

假如 $\Phi(e)$ 在一点 M 的一切对称导出数都相等,则称 $\Phi(e)$ 在点 M 具有对称导数 $D_M\Phi(e)$,它等于所有对称导出数的共同值. $\Phi(e)$ 在点 M 的对称导数亦可由极限

$$\lim_{h \to 0} \frac{\Phi[Q(M,h)]}{h^2}$$

定义. 两个定义是等价的.

现在我们要证明在本章中首要的引理.

引理 2 设 $\Phi(e)$ 是一个绝对连续的可加集函数. 如果在 $A(A \subset R)$ 中每一点 M 至少存在一个如下的对称导出数 $D_M\Phi(e)$:

$$D_M\Phi(e) \geqslant q,$$

则

$$\Phi(A) \geqslant q \cdot m^*A.$$

证明 设 $q_0 < q, \varepsilon > 0$. 取 δ 使当 $me < 2\delta$ 时 $|\Phi(e)| < \varepsilon$. 此地不妨设 $\delta < \varepsilon$. 又设 G 是一如下的开集:

$$A \subset G \subset R, \quad mG < m^*A + \delta.$$

若 $M \in A$,则必有如下的数列 $\{h_n\}$:

$$h_n > 0, Q(M, h_n) \subset G, h_n \to 0,$$

而

$$\lim_{n \to \infty} \frac{\Phi[Q(M, h_n)]}{h_n^2} = D_M\Phi(e) > q_0.$$

我们可以不失一般性, 假定对于所有的 n 成立

$$Q(M, h_n) \subset G, \Phi[Q(M, h_n)] > q_0 \cdot h_n^2.$$

正方形列 $Q(M, h_n)$ 依照维塔利的意义覆盖了 A. 因此其中有如下的子列 $Q_1, Q_2, Q_3, \cdots$.

$$Q_iQ_k = \varnothing \ (i \neq k), \quad m\left[A - \sum_{k=1}^{\infty} Q_k\right] = 0.$$

置

$$S = \sum_{k=1}^{\infty} Q_k,$$

则

$$\Phi(S) = \sum_{k=1}^{\infty} \Phi(Q_k) > q_0 \cdot \sum_{k=1}^{\infty} mQ_k = q_0 \cdot mS.$$

但因 $A \subset S + (A - S)$, 所以

$$m^*A \leqslant mS + m(A - S) = mS.$$

另一方面,由于 $S \subset G$,所以 $mS \leqslant mG$. 于是

$$m^*A \leqslant mS \leqslant mG < m^*A + \delta. \tag{$*$}$$

$$m(G - S) = mG - mS < \delta.$$

并且由 (∗) 式导出: $mS = m^*A + \theta\varepsilon$,其中 $0 \leqslant \theta < 1$.

设 E 是 A 的一个等测包,不妨假设 $E \subset G$. 那么 $E - SE \subset G - S, m(E - SE) < \delta, |\Phi(E - SE)| < \varepsilon$. 因此,

$$|\Phi(E) - \Phi(SE)| < \varepsilon,$$

但不等式 $m(E - SE) < \delta$ 也表示

$$mSE > mE - \delta = m^*A - \delta > mG - 2\delta \geqslant mS - 2\delta.$$

因此 $m(S - SE) < 2\delta$,

$$|\Phi(S) - \Phi(SE)| < \varepsilon.$$

综上所述,乃得

$$|\Phi(E) - \Phi(S)| < 2\varepsilon,$$

或是

$$\Phi(E) > q_0 mS - 2\varepsilon.$$

即

$$\Phi(E) > q_0[m^*A + \theta\varepsilon] - 2\varepsilon.$$

先令 $\varepsilon \to 0$,再令 $q_0 \to q$,由 $\Phi(E) = \Phi(A)$,即得所要证明的事实.

推论 1 设 $\Phi(e)$ 是一绝对连续的可加集函数. 假如 A 中每一点 M 至少有一个对称导出数 $D_M\Phi(e)$:

$$D_M\Phi(e) \leqslant p,$$

则

$$\Phi(A) \leqslant p \cdot m^*A.$$

事实上,如设 $\Phi_1(e) = -\Phi(e)$,则对于 A 中每一点 M,存在这样的对称导出数 $D_M\Phi_1(e)$:

$$D_M\Phi_1(e) \geqslant -p.$$

由引理 2,得 $\Phi_1(A) \geqslant -pm^*A$. 因之 $\Phi(A) \leqslant pm^*A$.

推论 2 设 $\Phi(e)$ 是一绝对连续的可加集函数,$p < q$. 假如对于 A 中每一点 M,有对称导出数 $D'_M\Phi(e)$ 及 $D''_M\Phi(e)$ 满足

$$D'_M\Phi(e) < p < q < D''_M\Phi(e), \tag{∗}$$

则必 $mA = 0$.

事实上,由引理 2 及推论 1,

$$\Phi(A) \geqslant q \cdot m^*A, \Phi(A) \leqslant p \cdot m^*A.$$

因此,

$$qm^*A \leqslant pm^*A.$$

此式仅当 $m^*A = 0$ 时成立. 故 $mA = 0$.

定理 2 设 $\Phi(e)$ 是一绝对连续的可加集函数,那么对于矩形 R 中几乎所有的点,存在有限的对称导数 $D_M\Phi(e)$.

事实上,若在点 M 对称的导数不存在,那么必有两个不相等的对称导出数 $D'_M\Phi(e)$ 及 $D''_M\Phi(e)$. 设 R 中无对称导数的点的全体为 A,则

$$A = \sum_{p<q} A_{p,q},$$

其中 $A_{p,q}$ 乃表示使 (∗) 式得到满足的 R 中点 M 的全体;$\sum$ 表示关于一切有理数对 $(p,q)(p<q)$ 的相加. 依照引理 2 的推论 2,每一个 $A_{p,q}$ 的测度是 0. 故得 $mA=0$.

剩下来要证明的是:在具有正外测度的集合上导数 $D_M\Phi(e)$ 不可能变为无穷大. 假设 B 表示 R 中使 $D_M\Phi(e) = +\infty$ 的点 M 的全体,则由引理 2,对于任意的 q 成立

$$\Phi(B) \geqslant q \cdot m^*B.$$

从而得到 $m^*B = 0$. 对于 $D_M\Phi(e) = -\infty$ 的 M 的全体,其外测度亦为零.

定理 3 设 $\Phi(e)$ 是一绝对连续的可加集函数. 设 R 中对称导数 $D_M\Phi(e)$ 存在的点 M 之全体为 R_0,那么 $D_M\Phi(e)$ 在 R_0 上是一可测函数.

证明 作包含 R 的矩形 R_1:

$$R_1(x_0 - 1 < x < X + 1, y_0 - 1 < y < Y + 1).$$

设 $M \in R$ 且 $0 < h \leqslant 1$,则 $Q(M,h) \subset R_1$. 今拓广 $\Phi(e)$ 的定义范围,对于 R_1 中任一可测集 e,定义

$$\Phi(e) = \Phi(eR).$$

此新的集函数仍旧是绝对连续的可加函数.

对于 R_0 中每一点 M,

$$D_M\Phi(e) = \lim_{n\to\infty} n^2 \Phi\left[Q\left(M, \frac{1}{n}\right)\right].$$

因此,只要能够证明,对于固定的 $h(0 < h \leqslant 1)$,函数 $\Phi[Q(M,h)]$ 在 R_0 上为可测就好了. 实际上,我们只要证明这个函数在 R 上为连续也就够了,因为由此可知函数在 R 上为可测,当然在 R_0 上亦为可测.

设 $M(a,b)$ 与 $N(a+\alpha, b+\beta)$ 是 R 中的两点. 为简单起见,设 $\alpha \geqslant 0, \beta \geqslant 0$. 那么

$$Q(M,h) = Q\left(a - \frac{h}{2} \leqslant x \leqslant a + \frac{h}{2}, \quad b - \frac{h}{2} \leqslant y \leqslant b + \frac{h}{2}\right),$$

$$Q(N,h) = Q\left(a + \alpha - \frac{h}{2} \leqslant x \leqslant a + \alpha + \frac{h}{2}, \quad b + \beta - \frac{h}{2} \leqslant y \leqslant b + \beta + \frac{h}{2}\right).$$

假如 $\alpha < h$ 及 $\beta < h$,则正方形 $Q(M,h)$ 及 $Q(N,h)$ 有共同部分 T[①],T 是由不等式

$$T\left(a + \alpha - \frac{h}{2} \leqslant x \leqslant a + \frac{h}{2}, \quad b + \beta - \frac{h}{2} \leqslant y \leqslant b + \frac{h}{2}\right)$$

[①] 读者最好画一个图,以作参考.

所决定的, 它的测度是
$$mT = (h-\alpha)(h-\beta).$$
又
$$m[Q(M,h) - T] = m[Q(N,h) - T] = \alpha h + \beta h - \alpha\beta < h(\alpha+\beta).$$

对于任意的正数 ε, 取正数 δ, 使当 $me < \delta$ 时, $|\Phi(e)| < \varepsilon$. 取 α 及 β 很小, 使 $h(\alpha+\beta) < \delta$, 则
$$|\Phi[Q(M,h)] - \Phi(T)| < \varepsilon, \quad |\Phi[Q(N,h)] - \Phi(T)| < \varepsilon,$$
从而
$$|\Phi[Q(M,h)] - \Phi[Q(N,h)]| < 2\varepsilon.$$
定理证毕.

对称导数 $D_M\Phi(e)$ 不是在 R 中处处有意义而仅在 R 中几乎处处有意义这件事实, 是一不方便之处. 为了避免此点, 我们在 R 上定义如下的函数 $\varphi(M)$:
$$\varphi(M) = \begin{cases} D_M\Phi(e), & M \in R_0, \\ 0, & M \in R - R_0. \end{cases}$$
此地 R_0, 如上面所述, 是 R 之一子集. 在 R_0 中的任何点 $\Phi(e)$ 的对称导数存在:

定理 4 函数 $\varphi(M)$ 在 R 中是可和的, 并且对于 R 中所有可测集 E, 成立
$$\int_E \varphi(M)dw = \Phi(E).$$

证明 设 E 是含在 R 中之可测集. 又设 E 中除去对称导数 $D_M\Phi(e)$ 不存在的点以及对称导数为无穷大的点, 其余的一切点的全体为 A. 那么 $m(E - A) = 0$. 因之,
$$\Phi(E) = \Phi(A).$$

设 A_+ 是 A 之一子集, 当 $M \in A_+$ 时满足 $D_M\Phi(e) \geqslant 0$; 又设 $A_- = A - A_+$ (在 A_- 上, $D_M\Phi(e) < 0$). 那么 $\Phi(A) = \Phi(A_+) + \Phi(A_-)$.

对于数列
$$0, \frac{1}{n}, \frac{2}{n}, \frac{3}{n}, \frac{4}{n}, \cdots, \frac{m}{n}, \cdots$$
置
$$e_k = A\left(\frac{k-1}{n} \leqslant D_M\Phi(e) < \frac{k}{n}\right) \quad (k = 1, 2, 3, \cdots).$$
一切集 e_k 都是可测的, 而且两两不相交, 且
$$\sum_{k=1}^{\infty} e_k = A_+.$$
因此,
$$\Phi(A_+) = \sum_{k=1}^{\infty} \Phi(e_k).$$

另一方面, 函数 $D_M\Phi(e)$ 在集 A_+ 上是可测且非负的, 所以

$$\int_{A_+} D_M\Phi(e)dw = \sum_{k=1}^{\infty} \int_{e_k} D_M\Phi(e)dw^{①} \qquad (*)$$

由平均值定理

$$\frac{k-1}{n}me_k \leqslant \int_{e_k} D_M\Phi(e)dw \leqslant \frac{k}{n}me_k.$$

又由引理 2 及推论 1,

$$\frac{k-1}{n}me_k \leqslant \Phi(e_k) \leqslant \frac{k}{n}me_k.$$

所以

$$\left|\Phi(e_k) - \int_{e_k} D_M\Phi(e)dw\right| \leqslant \frac{1}{n}me_k.$$

由是, $(*)$ 式的右边是一收敛级数, 且有

$$\left|\Phi(A_+) - \int_{A_+} D_M\Phi(e)dw\right| \leqslant \frac{1}{n}\sum_{k=1}^{\infty} me_k = \frac{1}{n}mA_+.$$

因为 n 可以任意大, 故

$$\Phi(A_+) = \int_{A_+} D_M\Phi(e)dw.$$

对于 A_- 用类似的方法, 可得关于 A_- 的等式. 由是,

$$\Phi(A) = \int_A D_M\Phi(e)dw.$$

从而

$$\Phi(E) = \int_E D_M\Phi(e)dw.$$

因 E 特别可取为 R, 故定理完全证毕.

§2. 不定积分及其微分

设 $f(M)$ 是在开矩形 R 中所定义的可和函数. 对于 R 中每一可测集 e, 定义

$$\Phi(e) = \int_e f(M)dw,$$

那么我们得到一个在 R 的一切可测子集上定义的集函数. 这个集函数称为 $f(M)$ 的不定积分. 由勒贝格积分的性质, 此集函数是绝对连续的可加函数. 其逆亦成立, 因由上节之定理 4, 知道一切绝对连续的可加集函数必定是函数 $\varphi(M)$ 的不定积分. 因此得到如下的定理.

定理 1 绝对连续的可加集函数的全体与可和函数之不定积分的全体重合.

附注 如果 $\Phi(e)$ 的定义集族 $\alpha = \{e\}$, 不限于在某一固定的矩形以内, 而是平面上一切可测集的全体, 那么上节的所有结果仍然成立. 这样就会得到下面的结果: 一个绝对连续的可加集函

---

① 要着重指出: 在论述的此刻, 我们还不能保证 $(*)$ 式的左边与右边是有限的.

§2. 不定积分及其微分

数 $\Phi(e)$ 在平面上几乎处处[1]具有对称导数 $D_M\Phi(e)$, 函数 $D_M\Phi(e)$ 在每一可测集 E 上为可测且成立

$$\Phi(E) = \int_E D_M\Phi(e)dw.$$

与这件事情有关的自然要来定义在全平面上给定的且对任一可测集为可和的函数 $f(M)$ 的不定积分的概念. 有了这个以后, 我们可以说: 每一个绝对连续的可加集函数就是它的对称导函数的不定积分. 但是却不能说, 每一个不定积分是绝对连续的集函数, 即此时本节的定理 1 不成立.

事实上, 设 (为简单起见, 单就直线的情况来讨论)

$$f(x) = 0 \quad (x < 1),$$
$$f(x) = n \quad (n \leqslant x < n+1),$$

则 $f(x)$ 在任何可测集 e 上是可和的, 但是它的不定积分不是绝对连续的. 为了避免这种麻烦起见, 我们规定所考察的函数都在一个固定的矩形中定义.

一个可和函数 $f(M)$ 唯一地定义一个不定积分. 在某种意义下, 其逆亦真:

定理 2 假如 $f(M)$ 和 $g(M)$ 具有相同的不定积分, 则 $f(M)$ 与 $g(M)$ 是等价的.

事实上, 对于所有可测集 e (e 是含在一个指定的矩形 R 之中的), 成立

$$\int_e f(M)dw = \int_e g(M)dw.$$

特别对于 $e = E(f > g)$,

$$\int_e [f(M) - g(M)]dw = 0.$$

从而 (由第六章 §1 的定理 6) 得到

$$mE(f > g) = 0.$$

同样可得 $mE(f < g) = 0$. 定理证毕.

假设 $f(M)$ 是一个在 R 上的可和函数, $\Phi(e)$ 是它的不定积分. 作如下的函数 $\varphi(M)$: 在 $\Phi(e)$ 的对称导数 $D_M\Phi(e)$ 存在的地方 (在 R 中几乎处处成立), 令 $\varphi(M) = D_M\Phi(e)$, 而在 R 中其余的地方令 $\varphi(M) = 0$. 于是由上节之定理 4, $\Phi(e)$ 是函数 $\varphi(M)$ 的不定积分. 故 $f(M)$ 和 $\varphi(M)$ 是等价的, 由是得如下的定理:

定理 3 可和函数的不定积分的对称导函数几乎处处等于此函数.

对于点 M_0, 如果满足

$$\lim_{h \to 0} \frac{1}{h^2} \int_{Q(M_0, h)} |f(M) - f(M_0)|dw = 0,$$

则称 M_0 是可和函数 $f(M)$ 的一个勒贝格点.

定理 4 设 $f(M)$ 是在矩形 R 上所定义的可和函数, 那么 R 中几乎所有的点是 $f(M)$ 的勒贝格点.

---
[1] 那就是说, 每一可测集中, 对称导数不存在的点之全体是一测度为零的集.

这个定理的证明与直线上的情形完全相仿. 详细地说: 对于任何一个有理数 r, 将上一定理用到函数 $|f(M) - r|$ 上去. 那么对于 R 中几乎所有的点成立

$$\lim_{h \to 0} \frac{1}{h^2} \int_{Q(M_0,h)} |f(M) - r| dw = |f(M_0) - r|.$$

对于 R 中之点不满足上式的, 其全体成一测度为零的集, 记为 $A(r)$. 作和集

$$A = \sum A(r) + R(|f| = +\infty),$$

其中 $\sum$ 表示对于所有有理数相加. 那么显然有 $mA = 0$.

若 M_0 不是 A 中之点, 则 M_0 必为 $f(M)$ 的勒贝格点. 事实上, 对于 $\varepsilon > 0$, 选取 r 使

$$|f(M_0) - r| < \frac{\varepsilon}{3}. \tag{1}$$

那么几乎处处①成立

$$\left| |f(M) - r| - |f(M) - f(M_0)| \right| < \frac{\varepsilon}{3}.$$

因此, 当 $Q(M_0, h) \subset R$ 时,

$$\left| \frac{1}{h^2} \int_{Q(M_0,h)} |f(M) - r| dw - \frac{1}{h^2} \int_{Q(M_0,h)} |f(M) - f(M_0)| dw \right| < \frac{\varepsilon}{3}. \tag{2}$$

因为 $M_0 \bar{\in} A$, 所以对于此 $\varepsilon > 0$, 可以取 $\delta > 0$ 使当 $0 < h < \delta$ 时,

$$\left| \frac{1}{h^2} \int_{Q(M_0,h)} |f(M) - r| dw - |f(M_0) - r| \right| < \frac{\varepsilon}{3}. \tag{3}$$

由 (1), (2), (3), 知当 $0 < h < \delta$ 时,

$$\frac{1}{h^2} \int_{Q(M_0,h)} |f(M) - f(M_0)| dw < \varepsilon,$$

此即证明 M_0 是 $f(M)$ 的勒贝格点.

§3. 上述结果的推广

在本节中我们证明在上面定理中的对称导函数, 可用更广义的导函数来代替.

设 M 是平面上的一点, $\mathfrak{M}$ 是一个可测集族, 族中每一集都包含点 M. 如果在 $\mathfrak{M}$ 中有集, 其直径小于任意小的数, 那么称此集族 $\mathfrak{M}$ 收缩②于点 M. 所谓 E 的直径 dE 乃指 E 中任何二点的距离之上确界, 即

$$dE = \sup\{\rho(M, N)\} \quad (M \in E, N \in E).$$

设 $\mathfrak{M}$ 为收缩于一点 M 的集族, 假如对于 $\mathfrak{M}$ 中任何一集 e 存在完全包含 e 的正方形 $Q(M, h)$ 适合

$$h^2 \leqslant \alpha \cdot me,$$

---
①确切地说, 这个关系式对于所有点 M 而 $f(M) \neq \infty$ 者为真.
②这种说法是在这里第一次被引用.

此处 α 是与 e 无关的数,那么称 $\mathfrak{M}$ 是一个正则地收缩于 M 的集族. 粗略地说: 当 $\mathfrak{M}$ 正则地收缩于 M 时,那么在 $\mathfrak{M}$ 中没有太"扁"的集.

今设 $\mathfrak{M}$ 是具有正测度的可测集的集族, 收缩于一点 M. 设 $\Phi(e)$ 是一集函数. 假使极限 (有限或无穷)

$$\Delta_M \Phi(e) = \lim_{de \to 0} \frac{\Phi(e)}{me} \quad (e \in \mathfrak{M})$$

存在,则称此极限为 $\Phi(e)$ 关于集族 $\mathfrak{M}$ 在点 M 的导数.

定理 1 设 $\Phi(e)$ 是一绝对连续的可加集函数, 则在基本矩形 R 中几乎所有的点 M, 存在这个函数关于任意正则收缩于点 M 的集族的导数 $\Delta_M\Phi(e)$, 并且该导数的值与集族的选择无关. 对于含在 R 中的任意可测集 E, 成立[①]

$$\int_E \Delta_M \Phi(e) dw = \Phi(E). \tag{*}$$

证明 函数 $\Phi(e)$ 是可加的且是绝对连续的, 所以是某一可和函数 $f(M)$ 的不定积分. R 中几乎所有的点是 $f(M)$ 的勒贝格点. 设 M_0 是 $f(M)$ 的一个勒贝格点. 我们要证明: 对于任一正则收缩于 M_0 的集族, 导数 $\Delta_{M_0}\Phi(e)$ 必存在且等于 $f(M_0)$:

$$\Delta_{M_0}\Phi(e) = f(M_0).$$

这个式子证明后, 定理也就得到了证明.

设 $\mathfrak{M} = \{e\}$ 是正则收缩于 M_0 的任意一个集族. 那么对于族中每一个集 e, 有正方形 $Q(M_0, h) \supset e$, 且

$$h^2 \leqslant \alpha me.$$

因

$$\frac{\Phi(e)}{me} - f(M_0) = \frac{1}{me} \int_e f(M) dw - f(M_0),$$

故

$$\left| \frac{\Phi(e)}{me} - f(M_0) \right| \leqslant \frac{1}{me} \int_e |f(M) - f(M_0)| dw.$$

由于 $Q(M_0, h) \supset e$, 所以

$$\int_e |f(M) - f(M_0)| dw \leqslant \int_{Q(M_0, h)} |f(M) - f(M_0)| dw,$$

从而得到

$$\left| \frac{\Phi(e)}{me} - f(M_0) \right| \leqslant \frac{\alpha}{h^2} \int_{Q(M_0, h)} |f(M) - f(M_0)| dw.$$

当 $de \to 0$ 时, $h \to 0$, 又因 M_0 是 $f(M)$ 的一个勒贝格点, 当 $h \to 0$ 时最后一个积分趋向于 0. 因此得到

$$\lim_{de \to 0} \frac{\Phi(e)}{me} = f(M_0).$$

定理已证毕. 需要指出的是, 如果将集族的正则收缩性除去, 那么所述不真.

[①] $\Delta_M\Phi(e)$ 在 E 中并不处处有定义, 只是几乎处处有定义. 因此式子 $\int_E \Delta_M\Phi(e)dw$ 的意义应理解为 $\int_{E_0} \Delta_M\Phi(e)dw$, 其中 E_0 是使 $\Delta_M\Phi(e)$ 有定义的子集.

最后，我们要从上面的结果来导出第九章中关于一元函数的几个著名定理.

设 $f(t)$ 是区间 (a,b) 上的可和函数. 集函数

$$\Phi(e) = \int_e f(t)dt, \quad [e \subset (a,b)]$$

是 $f(t)$ 的不定积分. 几乎对于所有的点 x, $\Phi(e)$ 关于任何一个正则收缩于 x 之集族的导数等于 $f(x)$. 如果特别取集族为 $[x, x+\Delta x]$ (此时 $\alpha = 2$, 又 x 为区间的端点), 置

$$\varphi(x) = \int_a^x f(t)dt$$

时,

$$\frac{\Phi([x, x+\Delta x])}{m[x, x+\Delta x]} = \frac{\varphi(x+\Delta x) - \varphi(x)}{\Delta x},$$

即知 $\Delta_x \Phi(e)$ 就是 $\varphi(x)$ 在点 x 的通常导数.

于是重新又得到第九章中 §4 的定理 2. 为了要证明在该节中所述之定理 3, 我们先叙述下面的

定理 2 设 $\varphi(x)$ 是 $[a,b]$ 上的绝对连续函数, 那么存在着绝对连续的可加集函数 $\Phi(e)$, 在 $[a,b]$ 中的一切可测集上定义且适合

$$\Phi([a,x]) = \varphi(x) - \varphi(a).$$

我们这里仅将证明此定理的大概情形叙述一下, 详细的讨论让读者自己去做.

因为绝对连续的点函数是两个绝对连续的增函数之差. 所以不失一般性可以假定 $\varphi(x)$ 是一单调增的绝对连续函数.

设 $a \leqslant \alpha \leqslant \beta \leqslant b$. 以 Δ 表示四个区间 $[\alpha,\beta], (\alpha,\beta), [\alpha,\beta), (\alpha,\beta]$ 中的任何一个, 而定义

$$\Phi(\Delta) = \varphi(\beta) - \varphi(\alpha).$$

于是函数 $\Phi(e)$ 对于含在 $[a,b]$ 中的**任何一个区间**都有了意义, 我们现在要对于 $e \subset [a,b]$ 之任一可测集 e 来定义 $\Phi(e)$. 一看就会注意到这个问题与第三章中所述的可测集的测度问题颇为相似. 这就启示了我们可以用相似的方法来解决此地的问题. 事实上, 设 G 是含在 $[a,b]$ 中的一个开集, 置

$$\Phi(G) = \sum_{k=1}^\infty \Phi(\Delta_k),$$

其中 Δ_k 是 G 的构成区间. 不难得到: 当 $G_1 \subset G_2$ 时, $\Phi(G_1) \leqslant \Phi(G_2)$; 当 $G_1 G_2 = \varnothing$ 时 $\Phi(G_1 + G_2) = \Phi(G_1) + \Phi(G_2)$. 所以 $\Phi(G_1 + G_2) \leqslant \Phi(G_1) + \Phi(G_2)$. 这些事情, 可参考第三章的 §1.

由 $\varphi(x)$ 的绝对连续性, 不难得到

$$\lim_{mG \to 0} \Phi(G) = 0. \tag{$*$}$$

设 E 是 $[a,b]$ 中的任一可测集, 我们可以不顾 a,b 二点而来考虑 (a,b) 中所有可能包含 E 的开集 G. 定义

$$\Phi(E) = \inf\{\Phi(G)\},$$

§3. 上述结果的推广

这就是所要的函数. 事实上, 这个函数的绝对连续性完全由 (∗) 式可以得到. 问题是要证明 $\Phi(e)$ 的可加性. 函数 $\Phi(e)$ 与集 e 的外测度颇为相似, 所以如同证明第三章中 §3 之定理 5 一般, 可以得到

$$\Phi(e_1 + e_2) \leqslant \Phi(e_1) + \Phi(e_2).$$

另一方面, 如果 F_1 和 F_2 是两个没有共同点的**闭集**, 那么根据隔离性定理, 如同第三章 §2 之定理 6 的证明一般, 我们可以证明

$$\Phi(F_1 + F_2) = \Phi(F_1) + \Phi(F_2).$$

此地我们必须要说明 $\Phi(E)$ 与集 E 的内测度也是相似的.

设 E 是任一可测集, F 为其闭子集, 则 $\Phi(F) \leqslant \Phi(E)$.

另一方面, 对于任一正数 ε, 有正数 δ, 当 $me < \delta$ 时 $\Phi(e) < \varepsilon$. 注意到此事以后, 那么对于任意的可测集 E 及 $\varepsilon > 0$, 先取如上述的 $\delta > 0$, 然后作闭集 $F \subset E$, 使 $mF > mE - \delta$.

因 $E = F + (E - F)$, 故

$$\Phi(E) \leqslant \Phi(F) + \Phi(E - F).$$

但 $m(E - F) < \delta$, 故 $\Phi(E - F) < \varepsilon$. 因此,

$$\Phi(E) < \Phi(F) + \varepsilon.$$

此即表示

$$\Phi(E) = \sup\{\Phi(F)\},$$

其中 F 是含在 E 中的任意可能的闭集, 因而证得 $\Phi(E)$ 与 E 的内测度实际上是相似的. 由于这个相似性, 仿照第三章 §3 定理 6 详细证明, 知当 $e_1 e_2 = \varnothing$ 时,

$$\Phi(e_1 + e_2) \geqslant \Phi(e_1) + \Phi(e_2),$$

由此不等式及上面已经得到的相反的不等式, 得到函数 $\Phi(e)$ 的可加性. 定理因此证毕.

现在我们已经不难证明第九章 §4 的定理 3 了. 为此照刚才指出的构造 $\Phi(e)$, 这个函数就是它的导函数的不定积分:

$$\Phi(e) = \int_e f(t) dt.$$

特别取 $e = [a, x]$, 则得

$$\varphi(x) = \varphi(a) + \int_a^x f(t) dt,$$

此式与所述定理是等价的.

第十四章 超限数

§1. 有序集、序型

从第三章起，我们几乎专门讨论函数的 "度量性" 理论，其中主要的是拿点集的测度论作为基础. 对于这个理论来说，只要有本书开头两章中所叙述的关于点集论的一些简单知识也就足够了. 为了要详谈函数的 "描述性" 理论的某些问题，我们必须将点集论的知识加以补充，因此有本章之设.

在第一章中所讲到的集，并不涉及其元素间的次序. 在本章，恰恰相反，把集里元素间的次序当作主要问题.

定义 1 对于集 A, 如果可以指出一种规则 φ, 使得 A 中不同的任意两个元素 a 与 b 可以排一种先后的次序，并且满足下列两条件:

(1) 若 a 在 b 之先时, 则 b 不在 a 之先;

(2) 若 a 在 b 之先, b 在 c 之先, 则 a 在 c 之先,

称这种集 A 为有序集.

如果 a 在 b 之先, 则称 b 在 a 之后. 以记号

$$a \prec b, \quad b \succ a$$

记之.

在定义中所说的规则 φ, 称为次序规则. 讲到有序集 A 必定要同它的次序规则一并考虑. 今设有二集

$$A = \{a, b, c\}, \quad B = \{b, c, a\}$$

其次序规则是依 { } 中所写的那样, 那么 A 与 B 是两个不同的有序集.

与这事有联系的, 就是 "有序集的子集" 这一名词有其特殊的用法. 设 A 为一有序集, B 为其子集, 则 B 中任何二元素在 A 中有其固定的先后次序, 今后我们理解这二元素在 B 中亦有与

在 A 中同样的次序. 显然, 这种规定就成了 B 的次序规则.

因此, 当我们称 B 是有序集 A 的子集时, 那么 B 一定是有序集, 所有 B 的元素都属于 A, 而且这些元素在 A 中与在 B 中有相同的次序.

例如, 设
$$A = \{a, b, c\}, \quad B = \{a, b\}, \quad C = \{b, a\},$$
则 B 是 A 的子集, 而 C 不是.

下面是几个有序集的例子.

1. 设 A 是实数集. 对于 A 中任何二数, 令较小者在先, 于是决定了 A 的次序规则. 称此种次序为自然的次序.

2. 如果对于实数集, 作与上相反的次序, 令其大的数居先, 亦得一次序规则. 例如自然数的全体依照这个次序规则, 得到如下的有序集:
$$\{\cdots, 5, 4, 3, 2, 1\}.$$

3. 由 n 个元素所成之有限集可以有 $n!$ 种不同的次序规则.

4. 每一个自然数 n 可以唯一地写成如下的形式:
$$n = 2^k(2m+1) \quad (k = 0, 1, 2, \cdots; m = 0, 1, 2, \cdots).$$

我们现在给以如下的规定: 对于数 $n = 2^k(2m+1)$ 及 $n' = 2^{k'}(2m'+1)$, 当 $k < k'$ 或是 $k = k', m < m'$ 时, 规定 n 居 n' 之先. 用这种次序规则, 可将自然数集给以下列次序:

$$1, \ 3, \ 5, \ 7, \ 9, \cdots$$
$$2, \ 6, \ 10, \ 14, \ 18, \cdots$$
$$4, 12, 20, 28, 36, \cdots$$
$$\cdots\cdots\cdots\cdots$$

不同两行的元素, 上面的行居先, 而在同一行中的元素, 则以自然次序为次序. 例如
$$7 \prec 2, \quad 18 \prec 12, \quad 28 \prec 36.$$

5. 复数可以唯一地写成
$$z = r(\cos\varphi + i\sin\varphi) \quad (r \geqslant 0, 0 \leqslant \varphi < 2\pi)$$

r 是模数, φ 是辐角[1]. 我们规定: 两个复数, 模数较小者居先, 模数相同时辐角较小者居先. 由是, 对于复数全体决定了次序规则.

假设 A 是一个有序集, $a \in A$. 如果在 a 之先没有 A 的其他元素, 则称 a 是 A 的首元素. 相似地可以定义末元素的概念. 又若 A 中三元素 a, b, c 满足 $a \prec b \prec c$, 则称 b 居 a 与 c 之间.

定义 2 设 A 与 B 是两个有序集, 两者之间存在如下的一一对应 ψ 使得当 $a, a' \in A, a \prec a'$ 时, 有 $\psi(a) \prec \psi(a')$, 那么称 ψ 为使 A 与 B 彼此成叠合的对应.[2]

---

[1] 对于 $z = 0$, 规定 $\varphi = 0$.
[2] 此处 "称 ψ 为使 A 与 B 彼此成叠合的对应" 原文是: "соответствие ψ называется наложением множеств A и B друг на друга". 其中 наложение 作为动名词有 "放在 …… 上面" 之意, 姑且改译为 "叠合" 以表示不仅是一一对应, 而且是保持次序的. —— 第 5 版校订者注.

换言之, 两个有序集的叠合对应不打乱元素间的次序.

定义 3 如果两个有序集 A, B 间存在着彼此叠合的对应, 则称 A 与 B 是彼此相似的. 记作
$$A \simeq B.$$

定理 1 如果有序集是彼此相似的, 那么它们是对等的.

因为由定义, 相似两集间存在着一一对应.

容易看到, 对于有限集, 上述定理是可逆的.

定理 2 设 A 与 B 是两个有限的有序集, 则当 A 与 B 的元素个数相同时, 两集是彼此相似的.

为了证明本定理, 我们先证下面的引理.

引理 若 A 是一有限的有序集, 则 A 必有首元素.

事实上, 任取 A 中一个元素 a, 如果它已经是首元素, 则不必再证明了. 如果不是, 那么 A 中必有元素 b 居 a 之先. 如果 b 是 A 的首元素, 则证明已毕. 否则 A 中又有元素 c 居 b 之先. 这样的手续只能继续进行有限次, 则必定得到 A 的首元素, 因为从有限集中分出无穷多个不同元素是不可能的.

推论 设 A 是一有限的有序集, 由 n 个元素所组成, 那么它的元素可以编号成如下的次序:
$$a_1 \prec a_2 \prec a_3 \prec \cdots \prec a_n.$$

事实上, 取 A 的首元素为 a_1, 取 $A - \{a_1\}$ 的首元素为 a_2, 如此继续做去, 就得到 $a_1 \prec a_2 \prec \cdots \prec a_n$.

至此, 定理 2 的成立甚为显然. 如果 A 和 B 都是由 n 个元素所成的有限有序集, 由上述, 可以将 A, B 中一切元素编号. 令同号的元素相对应即得.

对于无穷集, 定理 1 之逆不真. 例如
$$A = \{1, 2, 3, \cdots\}, \quad B = \{\cdots, 3, 2, 1\}$$
则 A 与 B 是对等的两集 (它们具有完全相同的元素). 但是它们不是相似的, 因为 A 有首元素而 B 没有, 而在叠合对应中, 首元素一定对应首元素.

定理 3 设 A, B, C 是三个有序集, 则

(1) $A \simeq A$.

(2) 如果 $A \simeq B$, 则 $B \simeq A$.

(3) 如果 $A \simeq B, B \simeq C$, 则 $A \simeq C$.

证明留给读者.

从前我们从两集对等的概念导入 "势" 的定义. 现在我们利用相似的概念来定义有序集的序型.

定义 4 将一切有序集给以如下的分类: 相似的两集属于同一类. 不相似的两集, 不属于同一类. 对于每一类的有序集使其对应着一个记号, 称之为该类中任何一集的序型.

§1. 有序集、序型

我们记有序集 A 的序型为 $\overline{A}$. 两个相似的集 A 和 B, 具有同一的序型:

$$\overline{A} = \overline{B}.$$

有同一序型 α 的所有集具有相同的势, 记此势为 $\overline{\alpha}$. 则当 $\overline{A} = \alpha$ 时, $\overline{\overline{A}} = \overline{\alpha}$.
若 $\alpha = \beta$ 则 $\overline{\alpha} = \overline{\beta}$. 但其逆是不真的.
对于一些时常遇到的序型, 有通行的记号:
例如, 有序集

$$A = \{1, 2, \cdots, n\}$$

(凡是由 n 个元素所组成的有序集均同此) 的序型即以 n 记之. 于此, 记号 n 是 A 的势, 也是 A 的序型. 这种记号意义的双重性不会产生什么不方便之处.

空集与单元素集看作有序集时, 它的序型分别记作 0 与 1.
一切自然数所成之集, 以自然次序做次序时:

$$\mathbb{N} = \{1, 2, 3, \cdots\}$$

记其序型为 ω, $\overline{\mathbb{N}} = \omega$.
一切自然数所成之集, 排成与自然次序相反的次序时:

$$\mathbb{N}^* = \{\cdots, 4, 3, 2, 1\}$$

记其序型为 ω^*.
显然的, $\overline{\omega^*} = \overline{\omega}$, 但是 $\omega^* \neq \omega$.
一般地说, 设 A 是一个次序规则为 φ 的有序集, 则以同样的元素可以另作一个有序集 A^*, 其次序规则 φ^* 恰好与 φ 相反. 就是说: 对于 $a \in A, b \in A$, 依照 φ 是 $a \prec b$ 时, 则依照 φ^* 是 $a \succ b$. 如果 A 的序型为 α, 则记 A^* 之序型为 α^*.
容易明白: $(\alpha^*)^* = \alpha$. 有限集的序型 n, 满足等式 $n^* = n$.
一切整数的全体依照自然次序为次序时:

$$\{\cdots, -3, -2, -1, 0, 1, 2, \cdots\}$$

记其序型为 π. 显然的是: $\pi^* = \pi$.
有理数的全体 $\mathbb{Q}$, 以自然次序为次序规则, 记其序型为 η. 则 $\eta^* = \eta$.
最后, 对于实数的全体 $\mathbb{R}$, 给它自然次序时, 记其序型为 λ, 则 $\lambda^* = \lambda$ 易见任何一个开区间[1] (不是闭区间!) 的序型也是 λ, 因为对于区间 $(a, b) = \{x\}$ 与实数集 $\mathbb{R} = \{y\}$ 可作如下的对应

$$y = \tan \frac{(2x - a - b)\pi}{2(b - a)},$$

这是一个相似对应.

定理 4 对于任何可数的有序集 A, 在以自然次序为次序的有理数的全体 $\mathbb{Q}$ 中可以选出一个子集 Q_0[2] 使 Q_0 与 A 相似.

---
[1] 我们假定区间的数是以自然次序为次序的.
[2] 对于数集 Q_0, 也以自然次序为次序, 如同在 $\mathbb{Q}$ 中一样.

证明　将可数集 A 与 $\mathbb{Q}$ 给以编号:
$$A = \{a_1, a_2, a_3, \cdots\}; \quad \mathbb{Q} = \{r_1, r_2, r_3, \cdots\}.$$

当然, 这种编号与元素的次序是没有关系的 (因为 $\mathbb{Q}$ 中没有首元素, 所以不可能将 $\mathbb{Q}$ 的元素编号而使 $r_1 \prec r_2 \prec \cdots$).

置 $n_1 = 1$. 然后在 $\mathbb{Q}$ 中取元素 r_{n_2} 使它具有下面两个性质: 1) r_{n_2} 与 r_{n_1} 之次序关系和 a_1 与 a_2 之次序关系相似 (即当 $a_2 \succ a_1$ 时, 取 $r_{n_2} > r_{n_1}$; 当 $a_2 \prec a_1$ 时, 取 $r_{n_2} < r_{n_1}$). 2) 满足性质 1) 的诸元素中, r_{n_2} 具有最小的下标. 由于 $\mathbb{Q}$ 无首元素亦无末元素, 所以满足 1) 与 2) 两个性质的 r_{n_2} 是一定存在的.

因为 $\mathbb{Q}$ 中任何两个元素之间必有元素介乎其间, 并且 $\mathbb{Q}$ 既无首元素亦无末元素, 所以在 $\mathbb{Q}$ 中一定存在元素 r_{n_3}, 使 r_{n_3} 与 r_{n_1} 及 r_{n_2} 间之次序关系同 a_3 与 a_1 及 a_2 间之次序关系相似. 并且我们可以假设 r_{n_3} 是下标为最小的这种元素.

这种手续继续施行无穷回, 乃得 $\mathbb{Q}$ 中之元素列
$$r_{n_1}, r_{n_2}, r_{n_3}, \cdots$$
即为我们所需求的 Q_0 (须注意的是: 所谓 $\{r_{n_k}\}$ 中元素间的相互次序乃是指大小的次序而并非是下标间的次序).

所证的定理表示: 序型为 η 的集含有一个任意序型 α 而势为 a 的子集.

定义 5　设 A 是一有序集, $a \in A$. A 中居元素 a 之先的所有元素的全体, 称为由元素 a 截 A 的初始段[①], 以 A_a 记之.

要注意的是: 元素 a 并不属于 A_a. 如果 a 是 A 的首元素, 则 A_a 为空集. 有序集 A 的初始段是 A 的有序子集.

设 $a \in A$, 又 A_a 为由 a 截 A 的初始段. 设 A 的元素 a' 居元素 a 之先, 那么 A 及 A_a 被 a' 截下的初始段是相同的:
$$A_{a'} = (A_a)_{a'},$$
因此, 有序集的任何二初始段, 其中有一初始段是他初始段的初始段. 所以如果对于一个有序集的一切初始段, 称之为 H, 可以给它如下的次序规则: 当 $A_{a'} \subset A_a$ 时, 或者说 $a' \prec a$ 时, 称 $A_{a'}$ 居 A_a 之先. 由是可知下列定理是真的.

定理 5　有序集 A 的一切初始段的全体 H 与 A 相似.

事实上, 令 a 与 A_a 对应即得.

例如 $A = \{a, b, c\}$ 则 $H = \{\varnothing, \{a\}, \{a, b\}\}$. 此二集之序型都是 3.

最后, 我们要讲序型的和运算.

设 $L = \{\lambda\}$ 是一个有序集. 又设对于每一个 $\lambda \in L$, 有一个有序集 A_λ 与之对应, 并且任何两个 A_λ 是不相交的. 在此情形下我们可以给和集
$$S = \sum_{\lambda \in L} A_\lambda$$

[①] 在《数学名词》及一些词汇类的书上, 是如此定名的 (对应英文为 initial segment). 此处俄文原文为 "называется отрезком, отсекаемым элементом a от множества A". —— 第 5 版校订者注.

以一种次序规则: 设 a 及 a' 是 S 中的两个元素. 必然

$$a \in A_\lambda, \quad a' \in A_{\lambda'},$$

当 $\lambda \prec \lambda'$ (在集 L 中) 时或当 $\lambda = \lambda'$ 而在 A_λ 中 $a \prec a'$ 时, 规定 $a \prec a'$ (在集 S 中). 如此得到一个有序集 S. 以后凡讲到有序集的有序和集即据此义.

由上所述, $A + B$ 与 $B + A$ 是两个不同的有序集.

今设 $L = \{\lambda\}$ 是一个有序集. 对于每一个 λ 对应一个序型 α_λ. 对于每一 λ 取一个序型为 α_λ 的集 A_λ, 又假设这些集之间两两不相交, 作和集

$$S = \sum_{\lambda \in L} A_\lambda.$$

如前所述, S 是一个有序集. 称其序型为诸序型 $\{\alpha_\lambda\}$ 之和, 记作

$$\overline{S} = \sum_{\lambda \in L} \alpha_\lambda.$$

容易看到, 这个定义与 A_λ 之取法无关而仅与序型 α_λ 有关.

在简单的情形下, 被加项的次序由其写法自明.

例 1) $2 + 3 = 5$, 因为当 $\overline{A} = 2, \overline{B} = 3$ 时, $\overline{A + B} = 5$. 一般地说, 对于有限个有限集的和集, 序型的新定义与平常和的意义是一致的.

2) $1 + \omega = \omega$. 事实上, 序型是 $1 + \omega$ 的集, 其形式是

$$\{a, b_1, b_2, b_3, \cdots\},$$

它的序型是 ω.

3) 可是 $\omega + 1 \neq \omega$. 因为序型是 $\omega + 1$ 的集, 其形式是

$$\{b_1, b_2, b_3, \cdots; a\},$$

这是有末元素的集. 用此方法易知 $1 + \omega \neq \omega + 1$, 所以序型的加法是不服从交换律的.

4) $\omega^* + \omega = \pi$. 但是 $\omega^* + \omega \neq \omega + \omega^*$.

5) $1 + \lambda + 1$ 乃是闭区间 $[a, b]$ 的序型.

§2. 良序集

定义 假如有序集 A 的任何不空的子集必有首元素, 称 A 是一良序集.

此外, 我们规定空集也是良序集.

定理 1 凡有限的有序集是良序集.

事实上, 每一个不空的子集是有限集, 又由 §1 的引理, 有限集必有首元素. 所以定理成立.

其他如

$$\mathbb{N} = \{1, 2, 3, \cdots\} \quad (\overline{\mathbb{N}} = \omega)$$

$$M = \{1, 3, 5, 7, \cdots; 2, 4, 6, 8, \cdots\} \quad (\overline{M} = \omega + \omega)$$

都是良序集的例子.

今证 N 是一良序集: 设 N^* 是 N 的不空子集. 在 N^* 中任取一个元素 n. 如果 n 是 N^* 之首元素, 则不必证明, 否则因集① N^*N_n 是一个不空的有限集, 它必有首元素 n_0; n_0 即为 N^* 的首元素.

可是, 有序集
$$L = \{\cdots, 4, 3, 2, 1\}$$
并不是良序集.

由定义, 得到如下的定理.

定理 2 1) 良序集的子集是良序集.
2) 不空的良序集必有首元素.
3) 两个相似的有序集中, 有一个是良序集的话, 其他一个也是良序集.
4) 良序集除了末元素而外 (假如有末元素的话), 每元素之后必有元素紧随其后.
5) 在良序集中不能选取一个如下的无限单调减少元素列

$$a_1 \succ a_2 \succ a_3 \succ \cdots \tag{1}$$

所要证的只是 5). 如果存在元素列如 (1) 式, 那么它是良序集的不空子集, 应当有首元素, 但因 $a_{n+1} \prec a_n$, 所以任何元素 a_n 都不是首元素.

下面的定理, 在良序集理论中具有主要的作用.

定理 3 设 A 是一良序集, A^* 是 A 的子集 (可以是本身). 那么像下面这种 A 与 A^* 间的叠合对应②是不存在的: A 的元素 a, 对应于 A^* 的元素 a^* 时, a^* 居 a 之先 (依 A 的次序).

证明 假如定理不真的话, 那么有这样一些对应法, 使 A 与 A^* 成叠合对应, 设 φ 是其中之一, 且 A 中有 a 对应于 A^* 中的 $\varphi(a)$, $\varphi(a) \prec a$. 设 A 中具有此性质的元素全体为 M, 因 M 不是空集, 故 M 必有首元素 a_0. 设 a_0 对应于 A^* 中元素 $\varphi(a_0) = a_0^*$, 则

$$a_0^* \prec a_0.$$

可是 a_0^* 亦属于 A, 设 a_0^* 对应于 A^* 中的 a_1. 因叠合对应 φ 不打乱对应元素间的先后次序, 在 A^* 中 (从而在 A 中) 成立

$$a_1 \prec a_0^*.$$

那么 a_0^* 也属于 M, 这个是不可能的, 因 $a_0^* \prec a_0$ 而 a_0 是 M 的首元素之故. 于是定理证毕.

推论 1 良序集不能与其初始段或与其某初始段的子集相似.

事实上, 设 A 是良序集而 A_a 是由 a 截 A 的初始段. 假如 A 叠合对应于 A_a, 或是叠合对应于 A_a 之一子集, 那么 A 中的 a, 其对应元素必居 a 之先, 此乃不可能之事.

推论 2 良序集的任何不同的两初始段不能彼此相似.

推论 3 良序集不能与其子集的一初始段相似.

---

① N_n 是由数 n 截 N 的初始段.
② 我们假定 A^* 之次序与 A 之次序相同, 因而 A^* 也是良序集.

§2. 良 序 集

定理 4 两个良序集假如是彼此相似的话，其叠合对应法是唯一的.

证明 设对应法 φ 及 ψ 都是使良序集 A 和 B 成叠合对应. 对于 $a \in A, B$ 中必有对应元素 $\varphi(a)$ 及 $\psi(a)$. 由于 φ 及 ψ 表示不同的叠合对应，故 A 中必有元素 a_0 使

$$\varphi(a_0) \neq \psi(a_0).$$

设 $b = \varphi(a_0), b' = \psi(a_0)$，则 A_{a_0} 与 B 的两初始段 B_b 及 $B_{b'}$ 都相似，从而 B_b 及 $B_{b'}$ 相似，这是不可能的.

下面定理是良序集理论的基础.

定理 5 任何两个良序集，或为相似，或是其中一集相似于他集的初始段.

证明 设 A 和 B 是两个良序集. 对于 A 中的元素 a，假如由 a 截得的 A_a 与 B 的某初始段 B_b 相似，则称 a 为 A 之一 "正规" 元素. 例如 A 之首元素是一正规元素.

容易看到，居正规元素 a 之先的任何元素 a' 都是正规元素. 因为若将 A_a 同与其相似的初始段 B_b 叠合，则 $A_{a'} = (A_a)_{a'}$ 必可与 B_b 之某初始段叠合，由是 $A_{a'}$ 与 B 之某初始段叠合.

设 A 中一切正规元素所成之集为 M，则 M 或者与 A 重合或者 M 是 A 的初始段. 事实上，如果 $M \neq A$，则 $(A - M)$ 不是空集，其中有首元素 m. 我们来证明

$$M = A_m. \tag{2}$$

若 $a \in M$，则 $a \neq m$. 并且一定不是 $a \succ m$，因为如果如此，表示 m 居正规元素 a 之先，变成 m 亦为正规元素，此与 $m \overline{\in} M$ 矛盾. 所以一定是 $a \prec m$，因此 $a \in A_m$. 所以

$$M \subset A_m.$$

反之，如果 $a \in A_m$，则 $a \prec m, a$ 不属于 $A - M$，故 $a \in M$. 即

$$A_m \subset M.$$

由是，(2) 式成立.

现在对于 B 中元素 b，如果 B_b 与 A 中某初始段相似，就称之为正规元素，而记其全体为 N，则同前理可得 $N = B$ 或是 $N = B_n$.

我们将要证明 M 与 N 是彼此相似的. 设 $a \in M$，则 A_a 与 B 之某初始段 B_b 相似，并且显然的是 $b \in N$. 我们即以此 a 与 b 相对应. 那么对于每一个元素 $a \in M$，在 N 中有一元素且只有一元素 b 与之对应，其逆亦真 (因为如果 a 有两个对应元素 b 与 b'，则 B_b 与 $B_{b'}$ 都与 A_a 相似，从而变成 B_b 与 $B_{b'}$ 相似，此为不可能).

由是，得到 M 与 N 间的一一对应关系. 剩下来还要证明这个对应不打乱先后次序，也就是说是一个叠合对应.

今设 a 和 a' 是 M 的两个元素，在 N 中之对应元素是 b 及 b'. 设 $a \prec a'$，将 $A_{a'}$ 同与其相似的 $B_{b'}$ 叠合时，就将初始段 $A_a = (A_{a'})_a$ 与初始段 $B_{b'}$ 的初始段 $(B_{b'})_{b_0}$ 叠合. 但 $(B_{b'})_{b_0} = B_{b_0}$. 于是得到 A_a 与 B 的一初始段 B_{b_0} 相似. 但是 B 中只有一初始段与 A_a 为相似，是即 B_b. 故得 $b = b_0$. 但是 $b_0 \in B_{b'}$，故 $b_0 \prec b'$，因之 $b \prec b'$. 所以 M 及 N 是相似的.

现在已容易完成定理的证明. 实际上, 可能发生的情形不出下列四种:

1) $M = A, N = B$;
2) $M = A_m, N = B$;
3) $M = A, N = B_n$;
4) $M = A_m, N = B_n$.

可是第四种情形不可能发生, 因为若如此, 那么 m 是 A 的正规元素, 于是 $m \in M = A_m$, 这是不可能的.

这样一来, 只剩下三种可能情形. 第一种情形表示 A 与 B 相似, 第二及第三种情形表示一集与另一集之一初始段相似. 定理完全证毕.

如果良序集 A 与良序集 B 之一初始段相似, 则称 A 短于 B.

定理 6 设 S 是任一由两两不相似的良序集为元素之集, 则在 S 中存在一个最短的集.

证明 设 $A \in S$. 如果 A 是最短的, 则定理已证毕. 否则在 S 中必有集较 A 为短, 此集与 A 中某初始段相似. 设 a 是 A 中的元素, A_a 与 S 中某集相似时, 记这种 a 的全体为 $R = \{a\}$. 设 R 的首元素为 a^*, S 中与 A_{a^*} 相似的集为 A^*, 则 A^* 即为 S 中最短的集. 事实上, 对于 S 中任一集 B, 如果 A 短于 B, 则 A^* 短于 B. 如果 B 短于 A, 则 $B \simeq A_a, a \in R$. 但 a^* 是 R 的首元素, 故 $a^* \prec a$, 因此 A_{a^*} 短于 A_a, 由是, A^* 短于 B.

定理 7 良序集的良序和集是良序集.

证明 设
$$S = \sum_{\lambda \in L} A_\lambda,$$

其中 L 及 A_λ 都是良序集. 集 S (由 §1 所示) 是一有序集. 设 S_0 是 S 的不空子集. L 中适合

$$A_\lambda S_0 \neq \varnothing$$

的 λ, 记其全体为 L_0; 设 λ_0 是 L_0 的首元素. 集 $A_{\lambda_0} S_0$ 是 A_{λ_0} 的非空子集. 假设 a_0 是 $A_{\lambda_0} S_0$ 的首元素, 则 a_0 亦为 S_0 的首元素. 定理证毕.

§3. 序数

定义 1 良序集的序型称为序数.

如果序数有无穷的势, 则称之为超限数.

例: 0 及所有的自然数都是有限的序数; $\omega, \omega + 1, \omega + 2$ 是超限数.

序型 $\omega^*, \pi, \eta, \lambda$ 不是序数, 因为具有这种序型的有序集不是良序集.

定义 2 设 α 与 β 是两个序数. 取二个良序集 A 与 B 分别具有序型 α 与 β. 如果 A 短于 B, 则称 α 小于 β 或是 β 大于 α, 记作

$$\alpha < \beta, \quad \beta > \alpha.$$

§3. 序　数

这个定义仅与 α, β 有关，而与 A 及 B 的取法无关. 依照此定义，有限序数间的大小与通常的意义一致：

$$0 < 1 < 2 < 3 < \cdots,$$

任何超限数大于所有有限序数.

很重要的是：两序数间的关系只有三种可能，就是有下面的定理：

定理 1　设 α 与 β 是两个序数，那么下面三个关系

$$\alpha = \beta, \quad \alpha < \beta, \quad \alpha > \beta$$

互相排斥，但又必须满足一个.

事实上，设 A, B 是两个良序集，

$$\overline{A} = \alpha, \quad \overline{B} = \beta.$$

如果 A 与 B 相似，则 $\alpha = \beta$. 此时 $A \simeq B$，任何一个不短于其他一个，所以 $\alpha < \beta$ 或 $\beta < \alpha$ 都不成立. 如果 A 与 B 不相似，则其中必有一个是较短的，从而定理得证.

附注　如果 B 是良序集 A 的子集，则

$$\overline{B} \leqslant \overline{A}.$$

事实上，由 §2 定理 3 之推论 3，关系式 $\overline{B} > \overline{A}$ 是不能成立的.

定理 2　设 S 是由不同的序数所成之集，则在 S 中必有最小的数.

证明　每一个 $\alpha \in S$，对应着如下的良序集 $A : \overline{A} = \alpha$. 设 A_0 是这种集的最短的 (§2 定理 6)，则 $\alpha_0 = \overline{A}_0$ 就是 S 中最小的数.

推论　序数所成之集，以其大小次序当作次序规则时，是一个良序集.

我们规定 W_α 表示所有小于序数 α 的序数的全体，则由上面的推论，W_α 是良序集.

定理 3　集 W_α 的序型是 $\alpha : \overline{W}_\alpha = \alpha$.

证明　设 A 是一个序型为 α 的集. H 是 A 的所有初始段的全体. 那么由 §1 定理 5，H 的序型是 α. 今若能证 H 与 W_α 相似，则定理证毕.

设 A_a 为 H 之一元素，则 A_a 之序型是一个小于 α 的序数，所以是一个属于 W_α 的数. 这样，对于 H 中每一个元素对应 W_α 中一个确定的数. 而 H 中不同的元素，在 W_α 中所对应的数也不同，因为 H 中不同的元素即表示 A 的不同的初始段，当然是不会相似的. 最后，因为 W_α 中每个序数都小于 α，是即表示 W_α 中每个序数乃是 A 中某初始段之序型. 于是对于 H 中每一元素，即以其序型作其对应的数，乃得 H 与 W_α 间一对一的关系.

上述的对应是一个叠合对应. 事实上，H 的元素都是 A 的初始段，是可以排列次序的：A 的两个初始段，其中一个是另外一个的初始段时，称前者居于后者之先. 换言之，序型较小者居先. 因此，H 中元素的次序与对应于 W_α 的元素间之次序是相似的. 定理因此证毕.

推论　设良序集 A 的序型是 α，那么 A 中一切元素可以用小于 α 的序数来编号.

事实上，A 叠合对应于 W_α. A 中每一元素，有一个小于 α 的序数与之对应. 因此，A 可以表示为：
$$A = \{a_0, a_1, a_2, \cdots, a_\beta, \cdots\} \quad (\beta < \alpha).$$

我们注意，W_α 含有数 0，因此 A 的首元素以 0 编号. 最后，有必要再提醒一下，将 A 与 W_α 叠合对应方法是唯一的.

同定理 3 有关的是布拉利–福尔蒂 (C. Burali-Forti) 悖论.

布拉利–福尔蒂的悖论: 设一切序数的全体记为 W. 依定理 2 之推论，W 是一良序集. 设其序型为 γ，则 W_γ 的序型亦为 γ. 但 W_γ 乃是 W 的初始段. 因之 W 与其一初始段 W_γ 相似，此事与 §2 定理 3 的推论 1 冲突.

这个悖论表示：一切序数的集合的概念本身有内在矛盾.

当不加批判地使用字眼 "一切" 时，类似的内在矛盾在集论中也会出现. 例如我们试造**一切集的全体所成的集** S. 那么 S 应该属于它自身，但这与所采用的规定① $A \bar\in A$ 矛盾.

出现类似矛盾的原因在于不合理地试图把那些只在**形成**过程中的对象看作是**完成**的对象.

某些学者提出建立集论的方法，使得可以避免悖论的出现. 但在本书中所采用的 "朴素" 的集的概念下不可能对此加以详细的讨论. 作者认为，上述方法大致上可以描述为下列的思想方法: 凡是集的元素这个概念是在该集之先形成的，而该集的建立表示: 新数学对象的创造. 现在我们要指出，照这样的顺序就不会发生悖论. 例如，如果，照上述思考方式，那么在建立**一切集** A 的集 S 时我们可以只考虑那些**异于** S 的集 A，因为当时我们还没有引入 S，后者根本不存在. 因此关于 S 是否包含自己当作元素这个问题必须给予否定的回答，因此就不会有②什么违反集论的法则.

集论的经验证明，当所有讨论的集是某个已给的、完全定义的，内在不矛盾③的集的子集时，那么不会发生任何荒谬的概念. 这也多少表明了上述观点的正确性.

最后要指出，关于某些集是否容许讨论的问题与该集定义的正确性有关，而与该集之为有限或无穷没有关系: 在不涉及任何无穷集的情况下存在着出现悖论的例子. 因此，悖论的问题在很大程度上是逻辑问题，而在数学上并不怎么重要.

定理 4 设 S 是一个良序集，其中元素是序数，则在 S 中一切序数之和是一序数.

这个定理由序型之和的定义及 §2 定理 7 即得. 自然，此地所说的 S 假定是合理④的集，特别是
$$S \neq W.$$

定理 5 如果 $S = \{\alpha\}$ 是一个序数的集，那么存在一个序数大于 S 中的任何 α.

证明 首先我们注意: 对于任一序数 α，必有大于 α 的序数，例如 $\alpha + 1$ 即是. 因此，当 S 中存在最大的数时，定理成立.

---

① 不用这个规定也一点不能补救，因为在此情形下试将**一切不自身含在其中**的集之全体记作 R 时悖论仍旧出现. 事实上，由假定 $R \in R$ 及 $R \bar\in R$ 中之任一个都立即得出反面的结果.

② 关于规定 $A \bar\in A$，我们也认为是从这种思想产生出来的.

③ 可惜，没有标准能够用来判断所有集是否系矛盾的概念. 全部数学科学的实践使我们有理由相信: "简单的" 集，如自然数集，实数集等，是足够 "可靠的" 观念.

④ 就是用它来讨论不会引出什么矛盾.

假如 S 没有最大的数，由于以自然次序为 S 的次序时，S 是一良序集，所以 (由定理 4)

$$\sigma = \sum_{\alpha \in S} \alpha$$

是一个序数. 下面要证明 σ 是大于 S 中任何 α 的. 对于每一个 $\alpha \in S$，令有序集 $A_\alpha, \overline{A}_\alpha = \alpha$，与之对应. 设

$$B = \sum_{\alpha \in S} A_\alpha \quad (\overline{B} = \sigma)$$

那么每一个 A_α 是 B 的某初始段 B_b 的子集 (B_b 是由 B 中元素 b 所截之初始段)，而 b 是集 A_{α^*} 的首元素，其中 $\alpha^* \in S, \alpha^* > \alpha$. 由 §2 定理 3 之推论 1 与推论 3，$B$ 与 A_α 或 A_α 的初始段都不会相似，所以 σ 既不等于 α 也不小于 α，而是

$$\sigma > \alpha \quad (\alpha \in S).$$

定理 6　数 $\alpha + 1$ 是跟随在数 α 后的第一个数.

证明　设跟随于 α 后的第一个数是 β，则

$$W_\beta = W_\alpha + \{\alpha\},$$

由序型的加法定义，

$$\beta = \overline{W}_\beta = \overline{W}_\alpha + \{\overline{\alpha}\} = \alpha + 1.$$

由是，每一个数有一个跟随于其后的第一个数. 但是，有些序数，未必存在适在其先的序数 (即位于其先的序数的最后一个). 例如 ω 就是这种数. 现在我们给予下面的定义.

定义 3　序数而有适在其先的序数的称为第一种序数，无适在其先的序数的称为第二种序数.

有限序数 (除掉 0) 都是第一种序数. 设 α 是一序数，序数取形式 $\alpha + 1$ 的都是第一种序数，如 $\omega + 1$ 即为一例. 可是 ω 是第二种序数.

§4. 超限归纳法[①]

众所周知，完全归纳法在数学上起着多么重要的作用. 其原理如下:

定理 1　设 $T(n)$ 是与自然数 n 有关的一个命题. 假如

(1) $T(n_0)$ 是真的，

(2) $T(n)$ 是真的话 $T(n+1)$ 也是真的，

那么 $T(n)$ 对于所有的 $n \geqslant n_0$ 是真的.

证明　如果有自然数 $n \geqslant n_0$ 使 $T(n)$ 不真. 那么这种 n 中必有最小的数 n^*. 由 (1)，$n^* > n_0$，所以 $n^* - 1 \geqslant n_0$. 由 n^* 的定义，$T(n^* - 1)$ 是真的，由 (2) $T(n^*)$ 也是真的. 这是矛盾，定理证毕.

[①] 亦称超穷归纳法. —— 第 5 版校订者注.

在上面的证明中, n^* 的存在是基于自然数集为良序集的事实①. 同样的思想, 可以证明**超限归纳法**的定理.

定理 2 设 $T(\alpha)$ 是一个与序数 α 有关的命题. 假如

(1) $T(\alpha_0)$ 是真的.

(2) $T(\alpha)$ 对于 $\alpha_0 \leqslant \alpha < \beta$ 是真的话能导出 $T(\beta)$ 也是真的,

那么 $T(\alpha)$ 对于一切序数 $\alpha \geqslant \alpha_0$ 都是真的.

证明 假如有 $\alpha \geqslant \alpha_0$, 使 $T(\alpha)$ 不真. 这种 α 中必有最小的数 α^*. 由 (1), $\alpha^* > \alpha_0$. 当 $\alpha_0 \leqslant \alpha < \alpha^*$ 时, $T(\alpha)$ 是真的. 由 (2), $T(\alpha^*)$ 是真的. 因此有了矛盾, 定理证毕.

§5. 第二数类

定义 所有可数良序集的序数所成之集称为第二数类②, 记为 K_0.

显然, $K_0$③ 中的数都是超限数.

定理 1 ω 是第二数类中最小的数, 也是最小的超限数.

证明 依照定义, ω 是集
$$N = \{0, 1, 2, 3, \cdots\}$$
的序型. 集 N 的任何初始段 N_n 都是有限集. 所以小于 ω 的序数必为有限数. 因此 ω 是最小的超限数. 由于 $\omega \in K_0$, 故定理成立.

定理 2 1) 设 α 是第二类的数, 则 $\alpha + 1$ 也是第二类的数.

2) 如果 S 是一个以第二类的数为元素的可数集, 而 γ 是大于 S 中所有数的最小的数, 则 γ 亦属于第二类.

证明 定理的第一部分是很明显的, 因为
$$\overline{\overline{\alpha+1}} = \overline{\overline{W_\alpha + \{\alpha\}}},$$
而 $W_\alpha + \{\alpha\}$ 与 W_α 同时为可数集.

要证明定理的第二部分, 不妨假设在 S 中没有最大的数, 否则这个情形归结于第一部分. 在这个命题中先来证明
$$W_\gamma = \sum_{\alpha \in S} W_\alpha. \tag{1}$$

---

①在自然数理论的严格的形式的叙述下, 定理 1 (或者与之等价的命题) 通常当作公理. 关于这究竟是否必须是公理的问题, 还没有一致的意见 [参考例如, A. A. 马尔可夫 (А. А. Марков), Теория алгорифмов, Труды Матем. ин-та АН СССР, 42, 1954, 18 页].

②第一数类指集 $N = \{0, 1, 2, 3, \cdots\}$.

③K_0 的 "合理性" 可说明如下. 依照自然次序, 一切有理数的全体 $\mathbb{Q}$ 显然是一合理的有序集. 于是我们又有理由认为: $\mathbb{Q}$ 的一切子集的全体所成之集也是合理的, 特别 $\mathbb{Q}$ 的所有可数良序子集的集是一个合理的集, 其各元素的序型的全体 (§1 定理 4) 就是 K_0.

§5. 第二数类

事实上, 如果有数属于 (1) 式的右方, 那么它显然也属于左方. 反之, 如果

$$\sigma \in W_\gamma,$$

那么 σ 不能大于 S 中所有的数. 因此在 S 中有数 α_0 大于或等于 σ. 但 α_0 不是 S 的最大的数, 因此在 S 中有数 $\alpha > \alpha_0$, 因而得到 $\sigma \in W_\alpha$. 今 (1) 式右方所表示的集是一可数集. 因此 W_γ 是一可数集, γ 是 W_γ 的序型, 故 $\gamma \in K_0$.

推论 类 K_0 不是可数的.

因为如果 K_0 是一个可数集, 那么变成跟随于 K_0 各数之后的第一个数亦应属于 K_0, 此为不可能的事.

集 K_0 的势记作 $\aleph_1$ ($\aleph$ 读作阿列夫 [1]). 跟随于 K_0 之后的第一个数记作 Ω.

定理 3 在可数集的势 a 与 $\aleph_1$ 之间不存在其他的势.

证明 集 W_Ω 是可数集 $\mathbb{N} = \{0, 1, 2, \cdots\}$ 及 K_0 的和集. 显然的,

$$\overline{\overline{W}}_\Omega = \aleph_1.$$

如果在 a 与 $\aleph_1$ 之间有势 m:

$$a < m < \aleph_1,$$

那么在 W_Ω 中可以选出一个势为 m 的子集 Q. 因集 Q 不与 W_Ω 相似[2], 故 Q 必定与 W_Ω 之初始段相似. 但是 W_Ω 之每个初始段乃由 N 中之数或是由 K_0 中之数所截得的, 因此或是有限集或是可数集. 即 Q 或为有限集或为可数集, 此与 $\overline{\overline{Q}} > a$ 相冲突.

定理 4 设 α 是 K_0 中一个第二种的数. 那么必有如下的单调增加的序数列:

$$\beta_1 < \beta_2 < \beta_3 < \cdots,$$

使所有大于 $\beta_n (n = 1, 2, \cdots)$ 的一切数中, α 是最小的一个.

证明 把所有小于 α 的数的集合 (显然是可数的) W_α 编号:

$$\alpha_1, \alpha_2, \alpha_3, \cdots.$$

$\{\alpha_k\}$ 中不存在最大的数 (由于 α 是第二种的数). 取 $n_1 = 1$. 取 n_2 是适合 $\alpha_n > \alpha_{n_1}$ 的最小的自然数 n. 取 n_3 是适合 $\alpha_n > \alpha_{n_2}$ 的最小的 n. 依此类推. 乃得一列单调增加的数列

$$\alpha_{n_1} < \alpha_{n_2} < \alpha_{n_3} < \cdots,$$

且 $n_1 < n_2 < n_3 < \cdots$.

我们将要证明 $\{\alpha_{n_k}\}$ 即为我们所要求的数列. α 必大于 $\{\alpha_{n_k}\}$ 中诸数是很显然的. 今要证不存在小于 α 而大于所有 $\{\alpha_{n_k}\}$ 的数.

---

[1] 阿列夫 ($\aleph$) 是希伯来文的第一个字母.
[2] 由于 Q 甚至于与 W_Ω 不对等.

假设 $\gamma < \alpha$, 则 $\gamma \in W_\alpha$. 因此 $\gamma = \alpha_m$. 如果 m 与某个 n_k 一致, 则 γ 属于 $\{\alpha_{n_k}\}$, 那么当然不可能大于所有的 $\{\alpha_{n_k}\}$. 如果
$$n_k < m < n_{k+1},$$
那么由于 n_{k+1} 的取法, n_{k+1} 是满足 $\alpha_n > \alpha_{n_k}$ 的最小的 n, 从而 $\gamma < \alpha_{n_k}$. 定理证毕.

最后, 我们对于 K_0 中某些数的记号说明一下. 其中第一个数是 ω, 顺次跟随于其后的是
$$\omega + 1, \ \omega + 2, \ \cdots, \ \omega + n, \ \cdots. \tag{2}$$
跟随于 (2) 中一切数的第一个数是 $\omega + \omega$, 记作 $\omega \cdot 2$. 其后所跟随的数是
$$\omega \cdot 2 + 1, \ \omega \cdot 2 + 2, \ \cdots, \ \omega \cdot 2 + n, \ \cdots. \tag{3}$$
跟随于 (3) 中一切数的第一个数是 $\omega \cdot 3$.

这种手续继续进行, 我们可以定义形式为
$$\omega \cdot n + m$$
的诸数. 这些数的全体成一可数集. 跟随于此集中一切数的第一个数记作 ω^2. 其后所跟随的数是
$$\omega^2 + 1, \ \omega^2 + 2, \ \cdots, \ \omega^2 + n, \ \cdots,$$
跟随于其后的是 $\omega^2 + \omega$, 再跟随于其后的是
$$\omega^2 + \omega + 1, \ \omega^2 + \omega + 2, \ \cdots, \ \omega^2 + \omega + n, \ \cdots.$$
跟随于这些数之后的是 $\omega^2 + \omega \cdot 2$, 又其后为
$$\omega^2 + \omega \cdot 2 + n.$$
跟随于上述一切数的第一个数是 $\omega^2 + \omega \cdot 3$. 利用此手续乃可得具有形式
$$\omega^2 + \omega \cdot n + m$$
的一切数. 跟随于这些数之后的第一个数是 $\omega^2 \cdot 2$. 由是, 可引入
$$\omega^2 \cdot 2 + \omega \cdot n + m$$
诸数的意义. 跟随于这些数之后的是 $\omega^2 \cdot 3$. 利用这些手续我们可以得到具有形式
$$\omega^2 \cdot n + \omega \cdot m + l$$
的种种数. 在这些数之后的第一个数是 ω^3. 又其后有
$$\omega^3 + \omega^2 \cdot n + \omega \cdot m + l,$$
在这些数之后的是 $\omega^3 \cdot 2$.

继续这种手续, 可以定义 $\omega^4, \omega^5, \cdots$ 等数以及所有 "多项式" 形式的数:
$$\omega^k \cdot n + \omega^{k-1} \cdot n_1 + \cdots + \omega \cdot n_{k-1} + n_k. \tag{4}$$

具有形式 (4) 的一切序数, 必有跟随其后的数, 此数是
$$\omega^\omega.$$

上面所述及的序数都是属于 K_0 的 (ω^ω 之属于 K_0, 由于 (4) 式所表示的一切数成一可数集).

在 ω^ω 之后的是 $\omega^\omega+1$, 将上面所讲的手续重复施行得序数 $\omega^\omega \cdot 2$. 再继续下去, 乃得数 $\omega^\omega \cdot 3$, $\omega^\omega \cdot 4$ 等等. 在所有 $\omega^\omega \cdot n$ 诸数之后的是 $\omega^{\omega+1}$. 再施行上面的手续得 $\omega^{\omega+1} \cdot 2, \omega^{\omega+1} \cdot 3$ 等等. 跟随于一切 $\omega^{\omega+1} \cdot n (n = 1, 2, \cdots)$ 之后的是 $\omega^{\omega+2}$.

利用这种方法可得 $\omega^{\omega+n}$. 跟随于此种数之后的是 $\omega^{\omega \cdot 2}$. 跟随于 $\omega^{\omega \cdot 2}$ 之后的是 $\omega^{\omega \cdot 2}+1, \omega^{\omega \cdot 2}+2, \cdots$, 从而可得 $\omega^{\omega \cdot 2} \cdot 2$ 的意义, 以及 $\omega^{\omega \cdot 2} \cdot n (n = 1, 2, 3, \cdots)$ 的意义.

在一切 $\omega^{\omega \cdot 2} \cdot n$ 之后的是 $\omega^{\omega \cdot 2+1}$. 从此出发, 又可得如下的种种数:
$$\omega^{\omega \cdot 2+n}, \quad \omega^{\omega \cdot 3}, \quad \omega^{\omega \cdot 3+n}, \quad \omega^{\omega \cdot 4}, \quad \cdots, \quad \omega^{\omega \cdot n}, \quad \cdots.$$

跟随于此种数之后的是
$$\omega^{\omega^2}.$$

再前进的话, 可得
$$\omega^{\omega^3}, \quad \omega^{\omega^4}, \quad \cdots, \quad \omega^{\omega^\omega}, \quad \cdots.$$

跟随于上面一切数的是
$$\omega^{\omega^{\cdot^{\cdot^{\cdot^\omega}}}},$$

记此数为 ε. 跟随于 ε 之后的是
$$\varepsilon+1, \ \varepsilon+2, \ \cdots.$$

以下依此类推. 所当注意的是: K_0 中一切数的记号我们无法记出. 因为用上面的方法所能写出的记号是可数的, 而 K_0 不是一个可数集.

§6. 阿列夫

定义 良序集的势称为阿列夫.

将自然数看作势, 都是阿列夫. 无穷良序集的阿列夫称为超限阿列夫.

定理 1 任何两个阿列夫是可以比较的.

证明 设 a 和 b 是两个阿列夫. 取两个良序集 A 和 B 适合于
$$\overline{\overline{A}} = a, \quad \overline{\overline{B}} = b.$$

如果 A 和 B 是对等的, 则 $a = b$. 否则它们不是相似的. 那么一定有一个较另一个为短. 如果 A 短于 B, 则
$$a < b.$$

定理证毕.

从这个定理得下述的结果: 设 a 与 b 是两个阿列夫, 那么下面三个 (互相排斥的) 关系式

$$a = b,\ a < b,\ a > b$$

中必成立一式.

定理 2 设 α 和 β 是两个序数, $\overline{\alpha}$ 和 $\overline{\beta}$ 是它们的阿列夫, 则

1) 当 $\overline{\alpha} < \overline{\beta}$ 时, $\alpha < \beta$;

2) 当 $\alpha < \beta$ 时, $\overline{\alpha} \leqslant \overline{\beta}$.

证明 定理中第二部分由第一部分可以直接导出. 所要证的是第一部分. 我们取良序集 A, B, 其序数各为 α, β. 当 $\overline{\alpha} < \overline{\beta}$ 时 A 与 B 不是相似的, 甚至不是对等的. 假如 B 短于 A, 那么 $\overline{\beta} = \overline{B} \leqslant \overline{A} = \overline{\alpha}$, 此与假设 $\overline{\alpha} < \overline{\beta}$ 不相容. 故必 A 短于 B, 是即 $\alpha < \beta$.

定理的第二部分中的等号不能取消. 例如 $\omega < \omega + 1$, 但 $\overline{\omega} = \overline{\omega + 1}$.

定理 3 以不同的阿列夫为元素的任何集 Q 中必存在一个最小的阿列夫.

事实上, 对于 Q 中每一个阿列夫, 作一个良序集以此阿列夫为其势. 此种良序集中必有一个是最短的. 它所对应的势就是 Q 中的最小阿列夫.

推论 凡以阿列夫为元素的集, 以其大小次序为次序, 成一个良序集.

自然, 所说的集必须是 "合理" 的. 将所有阿列夫的全体看成一集是不容许的. 此事详见下面的定理:

定理 4 1) 没有最大的阿列夫.

2) 对于无论哪个以阿列夫为元素的集 Q, 存在一个阿列夫大于 Q 中所有的阿列夫.

证明 设 a 是一个阿列夫, 那么必有以 a 为势的良序集 A. 给 A 中元素以种种次序, 使成种种的良序集, 这些良序集的序数全体组成一个序数集 T.

假设序数 β 大于 T 中所有的序数, 记 $\overline{\beta} = b$. 则 b 是一个阿列夫, 且可证

$$b > a. \tag{1}$$

事实上, 如果 $\alpha = \overline{A}$, 则 $\alpha \in T, \alpha < \beta$. 因此 $a \leqslant b$. 现在要证明等式

$$b = a \tag{2}$$

不会成立. 如果 $a = b$, 那么存在对应法 φ 使 A 与 W_β 成一一对应. 将 A 中元素给以如下的次序: 对于任何两个元素, 由 φ 所对应之数, 令其较小者居先. 如此所得之集记作 A_0, 则 A_0 与 W_β 相似. 因此 A_0 的序型亦为 $\beta, \beta \in T$. 此与 β 的定义矛盾. 所以 $a \neq b$, 因之 (1) 式成立.

要证明定理的第二部分, 我们不妨假设 Q 中的阿列夫是两两不相同并且 Q 中无最大的阿列夫. 对于 Q 中每一个阿列夫作一个以此为势的良序集 A 与之对应. 作这种集的和集 S, 而以 Q 的次序来定义被加集的次序. 因 Q 是良序集, 所以 S 乃为良序集的良序和集, 因此 S 也是一个良序集, 其势亦为阿列夫. 显然的, 这个阿列夫大于 Q 中所有的阿列夫. 事实上, Q 中的阿列夫乃是 S 的子集的势, 所以不能大于 $\overline{S}$. 如果说 Q 中有阿列夫等于 $\overline{S}$, 这个阿列夫乃是 Q 中最大的阿列夫, 此亦为不可能. 因此定理的第二部分成立.

附注 对于每一个阿列夫, 必有紧随其后的阿列夫. 事实上, 设 a 是一个阿列夫, 那么必有大于 a 的阿列夫 b. 如果 b 紧随着 a, 则无待证明. 否则满足 $a < m < b$ 的所有[①]阿列夫 m 中必有最小的, 此即所要的阿列夫. 由是, 我们对于阿列夫的记号可以建造一个合理的系统. 详细地说, 可数集的势记号 $\aleph_0$ ($\aleph_0$ 显然是一个阿列夫). 紧随于 $\aleph_0$ 后的阿列夫记作 $\aleph_1$[②], 紧随于 $\aleph_1$ 后的阿列夫记作 $\aleph_2$. 紧随于所有 $\aleph_n (n = 1, 2, 3, \cdots)$ 之后的阿列夫记作 $\aleph_\omega$, 依此类推.

定理 5 任何阿列夫可以用记号 $\aleph_\alpha$ 表示, 其中 α 是一序数.

证明 设 H 是一个阿列夫. T 是由所有小于 H 的阿列夫的全体所组成的集, T 是一良序集. 设 T 之序型为 α. 将 T 叠合对应于 W_α. 于是对于 T 中每一个阿列夫, 就有一个小于 α 的序数与之对应. 因此 H 可用 $\aleph_\alpha$ 表示.

用这种意义的记号, 容易证明下面的种种事实:

1) $\aleph_{\alpha+1}$ 是跟随于 $\aleph_\alpha$ 后的第一个阿列夫.
2) 如果 β 是跟随于数集 $S = \{\alpha\}$ 后的第一个序数, 则 $\aleph_\beta$ 乃是跟随于阿列夫集 $\{\aleph_\alpha\}$ $(\alpha \in S)$ 后的第一个阿列夫.

对应于势 $\aleph_\alpha$ 的一切序数, 其全体成一序数的集 K_α, 称为一个数类. K_α 中的最小的序数通常记作 Ω_α. 特别情形如 $\Omega_0 = \omega, \Omega_1 = \Omega$. 类 K_1 是第三数类.

§7. 策梅洛公理和定理

在许多数学论证里, 往往用到下面的假定.

策梅洛公理 设 $S = \{M\}$ 是由两两不相交的不空的集所组成之集, 那么存在集 L 具有下列两性质:

1) $L \subset \sum_{M \in S} M$;
2) 集 L 与 S 中每一集 M 有一个且只有一个公共元素.

可以这样说, L 是由 S 中所有的集 M 取 "代表" 元素所组成的.

对于策梅洛公理是否相容的问题在数学界内有过很大的争论, 迄今还没有一致的定论. 本书作者是站在无条件承认此公理的一方面的. 甚至在前面的几章中已经很多次用到此公理. 例如在第三章, 作不可测的点集时显然是用到的. 早在以前, 在说明每一个无限集中含有可数的子集以及在说明可数个可测集的 (有界) 和集仍为可测集诸事中都曾用到策梅洛公理[③].

例如, 在第三章 §3 的定理 5 的证明中, 我们说到: 对于每个集 E_k, 有整系的覆盖它的开集 G_k. 为了要构成定理中用到的和集 ΣG_k, 必须对于每一个 k, 能够选取一个开集 G_k, 并且这种取

[①] 这里 "所有" 的使用所以容许是根据下列理由: 如果 b 存在, 那么存在势为 b 的 (合理) 集 B. B 的子集也是合理的, 因此特别满足 $a < m < b$ 的势是 m 的 B 的子集是合理的.

[②] 以前我们说 $\aleph_1$ 是第二数类 K_0 的势. 其实由 §5 的定理 3 可见这两个定义是一致的.

[③] 关于策梅洛公理可参阅:

W. 谢尔品斯基 (W. Sierpiński), Аксиома Цермело, Журн. 《Математ. сборник》, т. 31. в. 1, 1921; В. Молодший, Эффективизм в математике. Соцэкгиз, 1938; А. Лебег, Интегрирование и отыскание примитивных функций (Прибавление III, §2), ГТТИ, 1934.

法对于所有的 k 都可以办到. 这种选取法之所以可能就是用了策梅洛公理. 在上面提到的第一个例子中也同样的用到这个公理.

至于策梅洛公理中的 L 如何实地①构造出来, 可以不必考虑它. 问题只是: 假设 L 的存在, 是否会产生矛盾.

与策梅洛公理有密切关系的是下述的定理.

定理 1 (一般选择原理) 设 $T = \{N\}$ 是不空的集所组成之集族. 那么存在集函数 $f(N)$ 定义于 T, 对于 T 中的每一个 N, 对应着确定的该集中的元素: $f(N) \in N$.

首先就 T 中的 N 是两两不相交的情形来讨论. 此时本定理相当于策梅洛公理. 事实上, 利用策梅洛公理, 我们立即可以得到所要的函数 $f(N)$:

$$f(N) = NL.$$

反过来, 利用定理 1, 置

$$L = \{f(N)\}$$

则即得集 L.

现在我们来证明定理. 用 n 表示 T 中集 N 的元素, 考虑一切如下形式的对:

$$(n, N), \text{ 其中 } n \in N, \text{ 而 } N \in T.$$

我们规定: 当

$$n' = n'', \quad N' = N''$$

时并且只在此时, 两个对 (n', N') 与 (n'', N'') 是相等的. 设 $n \in N_0$, 对于所有的对 (n, N_0), 记其全体为 $M(N_0)$. 那么对于每一个 $N \in T$, 有一个 $M(N)$. 设

$$S = \{M(N)\} \quad (N \in T).$$

在所讲的意义下, 不同的两个 $M(N)$ 是不相交的. 事实上, 如果 $M(N')$ 与 $M(N'')$ 不相同, 那么 N' 与 N'' 是不同的两个集, 因此没有一个 (n, N') 可以与 (n, N'') 相同, 是即

$$M(N') \cap M(N'') = \varnothing.$$

利用策梅洛公理, 我们可以确定 L 的存在, L 是由 (n, N) (其中 $n \in N$) 所组成, 并且与每一个 $M(N) \in S$ 只有一个公共元素. 因此, 对于 $N_0 \in T$, 集

$$M(N_0) \cap L$$

是由单独一个元素 (n_0, N_0) 所组成, 其中 $n_0 \in N_0$.

置

$$f(N_0) = n_0,$$

则得所要的函数 $f(N)$. 定理证毕.

---

① 所说的争论即与此有关: 如果集 L 还没有构造, 那么关于一物无从决定它是否为 L 的元素. 因此某些学者不同意承认 L 为数学对象.

§7. 策梅洛公理和定理

推论 设 M 是一不空的集，$T = \{M'\}$ 是由 M 的一切非空子集所组成的集. 那么必有函数 $f(M')$ 使对于每一个 $M' \in T$, 对应着 M' 中的一个元素 $f(M')$.

设 $m = f(M')$, 称这个元素 m 为 M' 的 "标记". 因此这个推论的意义是: 对于每个 $M' \subset M$, 可用 M' 的一个元素来作标记[①].

定理 2 (E. 策梅洛 (E. Zermelo)) 任何集都可使之成为良序集.

证明 设 M 是一个不空的集[②]. 设 $T = \{M'\}$ 是由 M 的一切不空的子集所组成. 而对于每一个 M' 用它一个元素作标记.

M 的有些子集是可以成为良序集的, 例如 M 的有限子集即有此种性质. 设 A 是 M 的不空子集而可用某种方法使它成为良序集. 如果 A 具有如下的性质:

$$(\text{H}) : \left| \begin{array}{l} \text{对于每一个 } a \in A, M \text{ 的子集 } M - A_a \\ \text{(其中 } A_a \text{ 表示由 } a \text{ 截 } A \text{ 的初始段) 的标记是 } a \end{array} \right.$$

那么我们称 A 是 M 的正规的有序子集.

若以 $f(M')$ 表示 M' 的标记, 则条件 (H) 可以写为

$$f(M - A_a) = a \quad (\text{对于所有的 } a \in A).$$

我们先来证明 M 的正规有序子集是存在的. 事实上, 设 m_1 是 M 的标记, M_1 是由一个元素 m_1 所成的子集. 那么 M_1 是一个正规的有序子集, 因为 M_1 的唯一的初始段是空集, 所以成立

$$f[M - (M_1)_{m_1}] = m_1.$$

其次, 设 $M - M_1$ 的标记是 m_2, 那么有次序的元素对 $\{m_1, m_2\}$ 是 M 的正规有序子集.

M 的标记元素 m_1 在每一个正规有序子集 A 中是首元素. 事实上, 如果 a 是 A 的首元素, 则

$$a = f(M - A_a) = f(M) = m_1.$$

不难证明, 集 M 的子集 A 成为正规有序集的方法只有一个. 事实上, 假使对于 A, 有两种规定次序的方法 φ 及 ψ 都能使 A 成为正规有序集, 我们用 P 及 Q 表示它们.

对于 P 及 Q 两集, 或是两集相似, 或是一集相似于他集之一初始段. 今设 P 与 Q(或是 Q 之一初始段) 叠合对应, 则 P 中 m_1 与自身叠合对应. 如果 P 中有一些元素不与自身叠合, 那么其中之一为首元素, 设有此性质的 P 中的第一个元素设为 p, 而其叠合对应的元素设为 $q \neq p$. 那么由于在 p 以前的元素都与自身叠合对应, 所以显然的是

$$P_p = Q_q.$$

因而得到

$$p = f(M - P_p) = f(M - Q_q) = q,$$

此与 p 的定义矛盾. 因此其所有元素与其自身叠合对应, 即 P 与 Q 是恒等的.

[①] 定理 1 就表示对于每一个集 $N \in T$, 可用 N 中一个元素作为 "标记" [就是 $f(N)$].
[②] 对于空集, 定理自然是真的.

因此，集 M 中的不空子集 A 如果可成为正规有序集，那么只有一个方法. 今后对于 M 的子集，可成为正规有序集的，就假定它已经成为正规有序集，而简称之为模范子集.

两个不同的模范子集，其中一个必为其他一个的初始段. 事实上，如果 A 与 B 是两个模范子集，则其中一个 (设为 A) 必相似于另外一个或另外一个的初始段. 将 A 与 B (或与 B 的初始段) 叠合对应. 那么我们用上面的方法，可知 A 的每个元素叠合对应于自身. 如 A 与 B 相似，则 A 与 B 是重合的. 但根据假定 $A \ne B$，所以不论怎样，A 必定是 B 的初始段.

由于这个结论我们立即得到：如果 M 中的两个元素含在几个模范子集之中，那么它们的次序是相同的.

注意到这一点以后；设 L 为 M 中至少属于一模范子集的元素的全体. 那么可以使 L 成为有序集. 事实上，设 a 与 b 是 L 中两个元素，则存在模范子集 A 与 B 使得 $a \in A, b \in B$. 但是 A 与 B 之中必有一个包含其他一个. 因此 a 与 b 必含在同一个模范子集中. 设 a, b 在此子集中的次序是
$$a \prec b,$$
那么在包含 a 和 b 的一切子集中，都有相同的次序. 由是，我们规定 L 中任何两个元素的次序，如同这两个元素在包含它们的模范子集中所决定的次序一样.

因此，L 成一有序集. 我们并且可以证明 L 是一个良序集. 实际上，设 L^* 是 L 的不空子集. 在 L^* 中任取一个元素 a. 如果 a 不是 L^* 的首元素，那么设 A 为包含 a 的某个模范子集. 易知 L^* 中居 a 之先的元素都属于 A. 但 A 是一良序集，交集 AL^* 有首元素. 这个首元素即为 L^* 的首元素.

我们已经证到 L 是 M 的一个良序子集，现在要证 L 是正规的有序子集. 设 $a \in L$，那么有包含元素 a 的模范子集 A. 完全可以明白的是
$$L_a = A_a,$$
从而
$$f(M - L_a) = f(M - A_a) = a,$$
是即表示 L 是一正规有序集.

最后我们不难证明
$$L = M.$$
事实上，假设不是，而设 a 是 $M - L$ 的标记. 作集 $A = L + \{a\}$ 并设想 a 居一切 L 的元素之后. 那么显然 A 是 M 的模范子集，则 a 应该属于 L (由 L 的定义!). 此乃矛盾.

所以 $L = M$，而 M 是良序集. 定理证毕.

推论 1 一切势都是阿列夫.

2 任何两个势可以比较其大小 (即大于，等于，小于三者必居其一). 由推论的 1，乃知连续统的势 c 是一个阿列夫，
$$c = \aleph_\alpha.$$

其中 α 是什么迄今尚未解决, 即所谓连续统问题. 第一章中关于连续统的假定实际就是说 $\alpha = 1$. 德国学者柯尼希 (D. König) 只证明[1]了; $\alpha \neq \omega$. 又利用 §1 的定理 4, 不用策梅洛公理可以比较 c 与 $\aleph_1$, 而知[2]

$$c \geqslant \aleph_1.$$

---

[1] 参考 И. И. 热加尔金 (И. И. Жегалкин), 超限数. Москва, 1907, 337 页.
[2] 事实上, 所述定理中断言: 由所有有理数全体 $\mathbb{Q}$ 中可以选取 $\aleph_1$ 个不同的有序子集, 但是 $\mathbb{Q}$ 的一般子集有 c 个, 所以 $\aleph_1 \leqslant c$.

第十五章 贝尔分类

§1. 贝尔类

在一个固定的闭区间 $[a,b]$ 上的一切连续函数所成之集称为 $[a,b]$ 上之零类的函数集. 假如 $[a,b]$ 上的函数 $f(x)$ 虽不属于零类但可表示为

$$f(x) = \lim_{n\to\infty} f_n(x), \tag{1}$$

其中所有的函数 $f_n(x)$ 都属于零类, 则称 $f(x)$ 是 $[a,b]$ 上第一类的函数.

同样的, 函数 $f(x)$ 既不属于零类也不属于第一类, 但可由 (1) 式表示, 且其中一切函数 $f_n(x)$ 均属于第一类的话, 则称 $f(x)$ 是第二类的函数.

一般地说: 若函数不属于小于 m 的任何函数类, 但却可以用属于第 $m-1$ 类的函数之极限表示时, 称此函数为第 m 类的函数.

这样, 其类别编号为有限数的函数类都已定义完毕, 顺次记为

$$H_0, H_1, \cdots, H_m, \cdots. \tag{2}$$

但这种函数的类别还可以继续拓广. 比方说: 设 $f(x)$ 不属于 (2) 中的任何函数类, 但是却可由 (1) 式表示, 而 (1) 式中每一 $f_n(x)$ 属于某一 H_{m_n}, 此时称 $f(x)$ 属于函数类 H_ω.

函数 $f(x)$, 若不属于任何一个 H_m, 也不属于 H_ω, 却是 H_ω 中函数列之极限, 则称 $f(x)$ 属于函数类 $H_{\omega+1}$.

设 α 是第二数类的序数. 我们假设对于所有的 $\beta < \alpha$ 已经定义了函数类 H_β. 那么可以定义 H_α 如下: 设函数不属于任何一个函数类 $H_\beta(\beta < \alpha)$, 但却可由 (1) 式表示, 式中每一 $f_n(x)$ 属于某一 $H_{\beta_n}(\beta_n < \alpha)$, 此时称函数 $f(x)$ 属于 H_α.

这种函数的分类法称为贝尔分类, 凡是属于 $H_\alpha(\alpha < \Omega)$ 的函数称为贝尔函数. (译者按: 以后为译文方便起见, 称 α 为 H_α 的类数. 当 $f(x)$ 是 H_α 类的函数时亦称 $f(x)$ 所属的类数是 α.)

§1. 贝 尔 类

容易明白,函数类 H_α 的类数只能是第一数类的数或是第二数类的数,特别是用这种方法不能定义 H_Ω. 事实上,不论取任何可数函数列 $\{f_n(x)\}$,其中 $f_n(x)$ 均为贝尔函数,则每一 $f_n(x)$ 必属于某一 $H_{\alpha_n}(\alpha_n < \Omega)$. 那么存在一个数 γ 大于所有的 $\alpha_n(n=1,2,\cdots)$ 而 γ 还是第二数类的数. 如果 $\{f_n(x)\}$ 收敛于某一个函数,则 $f(x)$ 所属的类数不会大于 γ.

其次不难证明,如果 α 是第一种的数,即 $\alpha = \beta+1$,则凡属于 H_α 之函数 $f(x)$ 一定可以由 (1) 式表示,式中所有的 $f_n(x)$ 均属于 H_β. 实际上,如果有无限个 $f_n(x)$ 属于 H_γ 而 $\gamma < \beta$,则 $f(x)$ 应该属于 H_β 或是类数更小的类别中;因此 $\{f_n(x)\}$ 中除了有限个而外,一定都属于 H_β.

如果 $f(x) \in H_\alpha$, α 是第二种的数,即 $f(x)$ 可用 (1) 表示,且

$$f_n(x) \in H_{\beta_n} \quad (\beta_1 < \beta_2 < \beta_3 < \cdots < \alpha). \tag{3}$$

事实上,设 $f_1(x) \in H_{\beta_1}$. 在 $f_2(x), f_3(x), \cdots$ 中一定有函数属于 $H_{\beta_2}, \beta_2 > \beta_1$ (否则的话,变成 $f(x) \in H_{\beta_1+1}$ 了) 这种手续可以继续进行,得 $\{f_n(x)\}$ 一个子列具有 (3) 的性质.

定理 1 任何贝尔函数都是可测的[①].

由于连续函数是可测的,而可测函数列之极限函数仍为可测;故本定理成立.

其逆不真,可由下面的定理明白.

定理 2 一切贝尔函数所成之集,其势等于 c.

证明 一切连续函数所成之集,其势为 c. 在 H_0 中有 c 个函数. 我们要证明:对于任意的 α,成立

$$\overline{\overline{H_\alpha}} \leqslant c. \tag{4}$$

当 $\alpha = 0$ 时自然为真. 今设 (4) 式对于 $\alpha < \beta$ 都真,其中 β 是第一数类或是第二数类中的某数,将证 (4) 式对于 $\alpha = \beta$ 时亦真. 为此,设

$$T_\beta = \sum_{\xi < \beta} H_\xi.$$

每一个 H_ξ 之势不超过 c,而所考察的和集仅是有限个或可数个这种集之和集,所以 $\overline{\overline{T}}_\beta \leqslant c$. 另一方面,由于 $H_0 \subset T_\beta$,得 $\overline{\overline{T}}_\beta \geqslant c$,因此

$$\overline{\overline{T}}_\beta = c. \tag{5}$$

注意到这个事实以后,然后考察取自 T_β 之函数列的全体

$$M = \{(f_1(x), f_2(x), f_3(x), \cdots)\}.$$

就是说,M 中每一元素是一个函数列,而列中每一函数之取法由 (5) 知有 c 个. 因此由第一章 §4 的定理 7,得到 M 的势亦为 c.

但是对于 H_β 中之函数,可用 M 中之元素与之对应. 这就是说:当

$$\lim_{n \to \infty} f_n(x) = f(x)$$

[①] 此外可以证明,要使定义在 $[a,b]$ 上的函数 $f(x)$ 为贝尔函数的必要且充分的条件是它为 (B) 可测.

时，即以 $(f_1(x), f_2(x), \cdots) \in M$ 与 $f(x)$ 对应. 因此, H_β 对等于 M 的一个子集. 所以 (4) 式当 $\alpha = \beta$ 时是成立的. 利用超限归纳法, 可以证得 (4) 式对于所有的 $\alpha < \Omega$ 成立.

假设 T 是一切贝尔函数的全体, 则
$$T = \sum_{\alpha < \Omega} H_\alpha.$$

每一个被加项之势不大于 c, 被加项之集具有势 $\aleph_1$, 所以也不大于 c, 因而得到 $\overline{\overline{T}} \leqslant c$. 但因 $\overline{\overline{T}} \geqslant \overline{\overline{H}}_0 = c$, 故 $\overline{\overline{T}} = c$. 于是定理证毕.

设 A 和 B 是两个实数, 并且 $A < B$. 今规定函数 $[x]_A^B$ 如下:
$$[x]_A^B = \begin{cases} B, & x > B, \\ x, & A \leqslant x \leqslant B, \\ A, & x < A. \end{cases}$$

引理 1 若
$$\lim_{n \to \infty} x_n = l,$$
则
$$\lim_{n \to \infty} [x_n]_A^B = [l]_A^B.$$

证明 先设 $l \neq A, l \neq B$, 例如 $A < l < B$. 则对于适当大的 n, 成立 $A < x_n < B$, 于是
$$[x_n]_A^B = x_n \to l = [l]_A^B.$$

当 $l < A$ 及 $l > B$ 时, $[x_n]_A^B$ 的极限亦可同样去算.

今设 $l = B$. 对于任意的 ε, 取 N 使当 $n > N$ 时成立
$$x_n > B - \varepsilon, \quad x_n > A.$$

设 $n > N$. 那么不外乎下列二种情形: 或是 $x_n \leqslant B$, 此时 $[x_n]_A^B = x_n$; 或是 $x_n > B$, 此时 $[x_n]_A^B = B$. 无论哪种情形都成立
$$B - \varepsilon < [x_n]_A^B \leqslant B,$$
从而
$$\lim_{n \to \infty} [x_n]_A^B = B.$$
当 $l = A$ 时亦可同样证明.

推论 1 若 $f(x)$ 是一连续函数, 则 $[f(x)]_A^B$ 也是连续函数.

2 若 $f(x)$ 所属的类数 $\leqslant \alpha$, 则 $[f(x)]_A^B$ 所属的类数也 $\leqslant \alpha$.

3 设 $f(x) \in H_\alpha$, $A \leqslant f(x) \leqslant B$, 则 $f(x)$ 可以表示为函数列 $\{f_n(x)\}$ 的极限, 列中每一个 $f_n(x)$ 属于 $H_{\alpha_n}(\alpha_n < \alpha)$, 且满足 $A \leqslant f_n(x) \leqslant B$.

第一条及第三条是很显然的. 对于第二条, 用超限归纳法即可证得.

引理 2 若
$$\lim_{n \to \infty} x_n = l,$$
则
$$\lim_{n \to \infty} [x_n]_{-n}^n = l.$$

§1. 贝 尔 类

证明从略.

推论 凡属于 H_α 的函数 $f(x)$ 必可表示为：
$$f(x) = \lim_{n\to\infty} f_n(x),$$
其中 $f_n(x)$ 是 H_β 中的有界函数, $\beta < \alpha$.

当然更不妨假设 $f_n(x)$ 都是有限函数.

定理 3 对于所属类数 $\leqslant \alpha$ 的两个有限函数, 其和、差、乘积所属的类数都 $\leqslant \alpha$, 其商 (当分母不为 0 时) 也有同样性质.

证明 设 $f(x)$ 和 $g(x)$ 是所属类数 $\leqslant \alpha$ 的两个有限函数. 又设
$$s(x) = f(x) + g(x),$$
今证 $s(x)$ 的所属类数不大于 α. 事实上, 当 $\alpha = 0$ 时, 当然 $s(x) \in H_0$. 假设此事当 $\alpha < \lambda$ 时为成立, 要证明当 $\alpha = \lambda$ 时亦真. 为此设 $\{f_n(x)\}$ 与 $\{g_n(x)\}$ 是如下的有限函数列
$$\lim_{n\to\infty} f_n(x) = f(x), \quad \lim_{n\to\infty} g_n(x) = g(x),$$
且
$$f_n(x) \in H_{\beta_n}, \quad g_n(x) \in H_{\gamma_n} \quad (\beta_n < \lambda, \gamma_n < \lambda).$$
置
$$s_n(x) = f_n(x) + g_n(x),$$
则由假定, $s_n(x) \in H_{\lambda_n}$, λ_n 不大于 β_n 与 γ_n 中之最大数, 因此 $\lambda_n < \lambda$. 从
$$\lim_{n\to\infty} s_n(x) = s(x),$$
知 $s(x)$ 所属的类数必 $\leqslant \lambda$.

对于差与乘积可同样证得, 而对于商, 则引入函数
$$\frac{f_n(x)g_n(x)}{g_n^2(x) + \dfrac{1}{n}}$$
后, 也可以明了.

引理 3 设
$$A_1 + A_2 + A_3 + \cdots$$
是一收敛的正项级数. 设 $f_k(x) \in H_{\alpha_n} (\alpha_n \leqslant \alpha, \alpha > 0)$, 且
$$|f_k(x)| \leqslant A_k \quad (k = 1, 2, 3 \cdots),$$
则和函数 $\displaystyle\sum_{k=1}^{\infty} f_k(x)$ 所属的类数 $\leqslant \alpha$.

证明 每一个函数 $f_k(x)$ 可以表示为
$$f_k(x) = \lim_{n \to \infty} \varphi_n^{(k)}(x),$$
其中 $\varphi_n^{(k)}(x)$ 所属的类数均小于 α, 且
$$|\varphi_n^{(k)}(x)| \leqslant A_k \quad (n = 1, 2, 3, \cdots).$$
置
$$\Phi_n(x) = \varphi_n^{(1)}(x) + \varphi_n^{(2)}(x) + \cdots + \varphi_n^{(n)}(x).$$
则 $\Phi_n(x)$ 所属的类数也小于 α. 置 $\sum f_k(x) = f(x)$, 若能证明
$$f(x) = \lim_{n \to \infty} \Phi_n(x),$$
那么引理就成立了.

对于 $\varepsilon > 0$, 取 m 使
$$\sum_{k=m+1}^{\infty} A_k < \varepsilon.$$
则
$$\left| \sum_{k=m+1}^{\infty} f_k(x) \right| < \varepsilon, \quad \left| \sum_{k=m+1}^{n} \varphi_n^{(k)}(x) \right| < \varepsilon \quad (n > m),$$
因此
$$|f(x) - \Phi_n(x)| < \sum_{k=1}^{m} \left| f_k(x) - \varphi_n^{(k)}(x) \right| + 2\varepsilon.$$

固定 x, 当 $n \to \infty$ 时, $[f_k(x) - \varphi_n^{(k)}(x)]$ 收敛于 0, 故当 $n > N(x)$ 时, 成立
$$|f(x) - \Phi_n(x)| < 3\varepsilon,$$
引理证毕.

定理 4 设 $\{f_n(x)\}$ 一致收敛于 $f(x)$. 若任一函数 $f_n(x)$ 所属的类数 $\leqslant \alpha$, 则 $f(x)$ 所属的类数也 $\leqslant \alpha$.

证明 当 $\alpha = 0$ 时定理自真. 今设 $\alpha > 0$. 设
$$f(x) = \lim_{n \to \infty} f_n(x),$$
因 $\{f_n(x)\}$ 一致收敛于 $f(x)$, 我们可以取一个如下的数列 $n_1 < n_2 < \cdots$ 成立
$$|f_{n_k}(x) - f(x)| < \frac{1}{2^k} \quad (a \leqslant x \leqslant b).$$
则级数
$$[f_{n_2}(x) - f_{n_1}(x)] + [f_{n_3}(x) - f_{n_2}(x)] + [f_{n_4}(x) - f_{n_3}(x)] + \cdots \tag{6}$$
不超过收敛的正项级数
$$1 + \frac{1}{2} + \frac{1}{4} + \cdots,$$
所以, 由引理知级数和 (6) 收敛于
$$f(x) - f_{n_1}(x), \tag{7}$$
由此即知函数 (7) 所属的类数必定 $\leqslant \alpha$, 因此 $f(x)$ 所属的类数也 $\leqslant \alpha$.

§1. 贝 尔 类

一般地说, 函数列的极限所属的类数大于函数列中函数所属的类数. 但是一致收敛的函数列之极限, 其所属类数并不增大. 加加也夫 (Б. М. Гагаев)[①] 找到使函数列之极限所属类数不大于函数所属类数的必要且充分的条件.

定理 5 设 $f(x)$ $(a \leqslant x \leqslant b)$ 所属的类数不大于 β, $\varphi(t)$ 所属的类数不大于 α, 若 $a \leqslant \varphi(t) \leqslant b$. 则 $f[\varphi(t)]$ 所属的类数 $\leqslant \alpha + \beta$.

证明 设 $\beta = 0$. 则 $f(x)$ 是在 $[a,b]$ 上的连续函数. 若 $\varphi(t)$ 所属的类数 $\leqslant \alpha$, 要证明 $f[\varphi(t)]$ 所属的类数 $\leqslant \alpha$.

事实上, 当 $\alpha = 0$ 时定理显然成立. 今设对于所有的 $\alpha < \gamma$ 时定理成立而设 $\varphi(t) \in H_\gamma$, 则

$$\varphi(t) = \lim_{n \to \infty} \varphi_n(t),$$

其中 $\varphi_n(t) \in H_{\gamma_n} (\gamma_n < \gamma)$, 且不妨假设

$$a \leqslant \varphi_n(t) \leqslant b.$$

但因 $f(x)$ 是一连续函数, 所以

$$f[\varphi(t)] = \lim_{n \to \infty} f[\varphi_n(t)],$$

且由于 $f[\varphi_n(t)]$ 所属类数不大于 γ_n, 因此 $f[\varphi(t)]$ 所属类数不大于 γ.

这样, 当 $\varphi(t)$ 所属类数 $\leqslant \alpha$, $f(x) \in H_\beta$, $\beta = 0$ 时, 则 $f[\varphi(t)]$ 所属类数一定 $\leqslant \alpha + \beta$.

现在我们假定这个定理当 $\beta < \gamma$ 时成立, 而设 $f(x) \in H_\gamma$. 则

$$f(x) = \lim_{n \to \infty} f_n(x),$$

其中 $f_n(x) \in H_{\gamma_n} (\gamma_n < \gamma)$. 显然地,

$$f[\varphi(t)] = \lim_{n \to \infty} f_n[\varphi(t)],$$

而 $f_n[\varphi(t)]$ 所属类数不大于 $\alpha + \gamma_n$, 则小于[②] $\alpha + \gamma$. 从而得到 $f[\varphi(t)]$ 所属类数不大于 $\alpha + \gamma$. 再用超限归纳法, 即得定理的证明.

最后我们注意到下面的事实: 在此地所引入的定义和定理都可转移到在平行六面体中所定义的多元函数上去.

例如定理 5 可以写成如下的形式:

定理 5* 设 $f(x_1, x_2, \cdots, x_n)$ 是在 $a_k \leqslant x_k \leqslant b_k$ $(k = 1, 2, \cdots, n)$ 上所定义的函数, 其所属类数 $\leqslant \beta$. 又设 $\varphi_1(t_1, \cdots, t_m), \varphi_2(t_1, \cdots, t_m), \cdots, \varphi_n(t_1, \cdots, t_m)$ 为 n 个函数依次属于函数类 $H_{\alpha_1}, H_{\alpha_2}, \cdots, H_{\alpha_n}$ 且 $a_k \leqslant \varphi_k(t_1, \cdots, t_m) \leqslant b_k$. 则复合函数 $f(\varphi_1, \varphi_2, \cdots, \varphi_n)$ 所属的类数 $\leqslant \alpha + \beta$, 其中 α 为 $\alpha_1, \alpha_2, \cdots, \alpha_n$ 中之最大数.

[①] "Sur les suites convergentes de fonctions mesurables B" (Fund. Math., t. 18, 1931, стр. 182–188).
[②] 此地用到一个极明显的事实: 当 $\sigma < \gamma$ 时, 则 $\alpha + \sigma < \alpha + \gamma$.

§2. 贝尔类的不空性

很自然的会发生下面的问题,是否对于每一个 $\alpha < \Omega$, H_α 是不空的呢?根据勒贝格的方法,可以给这个问题以肯定的回答. 但首先必须讲到数列的上极限与下极限的概念.

设
$$x_1, x_2, x_3, \cdots \tag{1}$$

是一数列. 置①
$$\overline{x}_n = \sup\{x_n, x_{n+1}, \cdots\},$$

则
$$\overline{x}_1 \geqslant \overline{x}_2 \geqslant \overline{x}_3 \geqslant \cdots.$$

因此存在着一个一定的极限 (有限或无限)
$$\lim_{n \to \infty} \overline{x}_n.$$

这个极限称为数列 (1) 的上极限,记之以
$$\varlimsup_{n \to \infty} x_n.$$

同样的,记 $\underline{x}_n = \inf\{x_n, x_{n+1}, \cdots\}$,称
$$\lim \underline{x}_n$$

为数列 (1) 的下极限,记之以
$$\varliminf_{n \to \infty} x_n.$$

从不等式 $\underline{x}_n \leqslant \overline{x}_n$,得
$$\varliminf x_n \leqslant \varlimsup x_n.$$

定理 1 若 $b = \varlimsup x_n$,则从数列 $\{x_n\}$ 可以选取收敛于 b 的子数列.

证明 如果 $b = -\infty$ 则定理显然为真,此时,由 $x_n \leqslant \overline{x}_n$,知数列 $\{x_n\}$ 自身趋向于 $-\infty$. 其次设 $-\infty < b < +\infty$. 那么可以找到 k_0 使当 $k > k_0$ 时,数 $\overline{x}_k$ 均为有限. 对于每一个 $k > k_0$ 可以找一个 m_k 与之对应,使
$$\overline{x}_k - \frac{1}{k} < x_{m_k} \leqslant \overline{x}_k \quad (m_k \geqslant k).$$

那么显然的,
$$\lim_{k \to \infty} x_{m_k} = b.$$

为了要取得收敛于 b 之 $\{x_{n_i}\}$ 并且满足 $n_1 < n_2 < n_3 < \cdots$ 起见,我们取 $n_1 = m_1$,然后取大于 n_1 的最小的 m_k 为 n_2,然后再取大于 n_2 的最小的 m_k 为 n_3,依此类推. 如此所得之 $\{x_{n_i}\}$ 为 $\{x_{m_k}\}$ 之一子数列,所以也收敛于 b.

---

① 也可能 $\overline{x}_n = +\infty$ 以及 $\overline{x}_n = -\infty$ ($\overline{x}_n = -\infty$ 表示 $x_n = x_{n+1} = \cdots = -\infty$, 这种情形我们并不排除).

剩下来要证明的是 $b = +\infty$ 的时候, 此时对于每一个 k 是 $\overline{x}_k = +\infty$, 即一切数列 $\{x_k, x_{k+1}, \cdots\}$ 都没有上界. 置 $n_1 = 1$, 又设 n_{i+1} 是在条件

$$x_{n_{i+1}} > x_{n_i} + 1, \quad n_{i+1} > n_i$$

下选出来的. 于是即得所要求的子数列. 定理证毕.

如果 $b^* > b$, 那么必有小于 b^* 的 $\overline{x}_{n_0}$. 所以当 $n \geqslant n_0$ 时,

$$x_n \leqslant \overline{x}_{n_0} < b^*.$$

因此, 数 b^* 不能为 $\{x_n\}$ 中任一子数列之极限. 这样一来, 上极限可以定义为一切收敛子数列之极限的最大数. 同理可以得到关于下极限的结果.

定理 2 若数列 (1) 有 (有限或无限) 极限 l, 则

$$\varliminf x_n = \varlimsup x_n = l.$$

反之: 若数列 (1) 之上极限及下极限相等, 则其值即为此数列的极限.

证明 若数列 (1) 有极限 l, 则其所有子数列都以 l 为其极限, 故定理之上半部分成立. 定理之下半部分从不等式

$$\underline{x}_n \leqslant x_n \leqslant \overline{x}_n$$

立即可以导出.

今对于有限个数 $a, b, \cdots, l$ 的最大数记之为

$$\max\{a, b, \cdots, l\}.$$

引理 1 若

$$x_n \to a, \quad y_n \to b, \cdots, z_n \to l,$$

则

$$\max\{x_n, y_n, \cdots, z_n\} \to \max\{a, b, \cdots, l\}.$$

证明留给读者.

推论 1 假如 $f_1(x), f_2(x), \cdots, f_n(x)$ 都是连续函数, 那么

$$\varphi(x) = \max\{f_1(x), f_2(x), \cdots f_n(x)\} \tag{2}$$

也是连续函数.

2 假如函数 $f_1(x), f_2(x), \cdots, f_n(x)$ 所属类数 $\leqslant \alpha$, 那么最大值函数 (2) 所属的类数也 $\leqslant \alpha$.

推论的第一部分是显然的. 推论的第二部分可用超限归纳法证明.

引理 2 设 $\{x_n\}$ 为一数列. 若

$$l = \sup\{x_n\}, \quad y_n = \max\{x_1, x_2, \cdots, x_n\},$$

则

$$l = \lim_{n \to \infty} y_n.$$

证明留给读者.

定理 3 设
$$f(x) = \varlimsup_{n\to\infty} f_n(x),$$
假如每一函数 $f_n(x)$ 所属的类数 $\leqslant \alpha$, 则 $f(x)$ 所属的类数 $\leqslant \alpha + 2$.

证明 设
$$\overline{f}_{n,p}(x) = \max\{f_n(x), f_{n+1}(x), \cdots, f_{n+p}(x)\},$$
则此函数所属的类数 $\leqslant \alpha$. 但是函数
$$\overline{f}_n(x) = \sup\{f_n(x), f_{n+1}(x), f_{n+2}(x), \cdots\} = \lim_{p\to\infty} \overline{f}_{n,p}(x)$$
所属的类数 $\leqslant \alpha + 1$, 因此
$$f(x) = \lim_{n\to\infty} \overline{f}_n(x)$$
所属的类数 $\leqslant \alpha + 2$.

下面的定理是定理 3 的推论, 虽然与此地的议论有点离题, 不过是很有趣的.

定理 (G. 维塔利) 凡在 $[a, b]$ 上定义的几乎处处为有限的可测函数 $f(x)$, 必定与一个所属类数不大于 2 的函数是对等的.

事实上, 依照弗雷歇定理, 存在着连续函数列 $\{\varphi_n(x)\}$ 在 $[a, b]$ 中几乎处处满足
$$\lim_{n\to\infty} \varphi_n(x) = f(x).$$
置 $g(x) = \varlimsup \varphi_n(x)$, 就得到我们所要的函数.

现在我们仍旧回到主题上来.

引理 3 若 $f(x)$ 在 $[a, b]$ 上连续, 则对于任一正数 ε, 存在着以有理数为系数的多项式 $P(x)$, 使得对于 $[a, b]$ 中一切 x, 满足
$$|f(x) - P(x)| < \varepsilon.$$

事实上, 由魏尔斯特拉斯定理, 存在如下的多项式 $Q(x)$: $|f(x) - Q(x)| < \dfrac{\varepsilon}{2}$. 将 $Q(x)$ 之系数换以足够近似的有理数即得所要求的 $P(x)$.

推论 凡是第一类的函数 $f(x)$ 必可表示为
$$f(x) = \lim P_n(x),$$
其中 $P_n(x)$ 是以有理数为系数的多项式.

引理 4 如果闭区间 $[a, b]$ 上的有限函数 $\psi(x)$ 只有有限个不连续点, 那么它是贝尔的第一类函数.

证明 设 $\psi(x)$ 的不连续点是
$$c_1 < c_2 < \cdots < c_n \quad (a < c_k < b).$$

对于每一个 c_k 作区间 $\left(c_k - \frac{1}{n}, c_k + \frac{1}{n}\right)$. 取 n 甚大, 使这些区间都不相交且都含在 $[a,b]$ 中. 作函数 $f_n(x)$ 使在点 c_k 和在区间 $\left(c_k - \frac{1}{n}, c_k + \frac{1}{n}\right)$ 之外仍等于 $\psi(x)$, 但在 $\left[c_k - \frac{1}{n}, c_k\right]$ 及 $\left[c_k, c_k + \frac{1}{n}\right]$ 两个闭区间上则取线性函数. 那么显然的, $f_n(x)$ 都是连续函数, 且当 $n \to \infty$ 时成立

$$f_n(x) \to \psi(x).$$

如果 a 或 b 亦为 $\psi(x)$ 的不连续点, 那么证明不会有重大改变, 读者可自证之.

推论 若函数 $\theta(x)$ 在 $[a,b]$ 中某一点等于 1 而在 $[a,b]$ 中其他的点等于 0, 则 $\theta(x)$ 是第一类的函数.

引理 5 把 $[0,1]$ 中每一个数 x 用十进制小数表示 (对于小于 1 的数不用 9 当作循环节)

$$x = 0.a_1 a_2 a_3 \cdots,$$

那么 $a_k = a_k(x)$ 都是第一类的函数.

事实上, 函数 $a_k(x)$ 在每一个区间 $\left(\frac{n}{10^k}, \frac{n+1}{10^k}\right)$ 中为常数, 在整个闭区间 $[0,1]$ 上只有有限个不连续点.

叙述了这几方面的材料以后, 现在我们要来说明每一类 $H_\alpha (\alpha < \Omega)$ 确实是不空的. 为此, 我们将贝尔的分类略略加以改变. 令 H_0^* 是一切以有理数为系数的多项式的全体. 令 H_1^* 是包含 H_0^* 以外的一切连续函数以及所有属于 H_1 (贝尔第一函数类) 的函数, 而其余各类仍旧照贝尔分类法. 这样做法无非是将原来第零类中一部分连续函数放入第一类, 其余照旧不动. 其结果成立下面的

定理 4 (H. 勒贝格) 对于一切在第一数类或第二数类中大于零的数 α, 存在二元函数

$$F_\alpha(x,t) \quad (0 \leqslant x \leqslant 1, 0 \leqslant t \leqslant 1)$$

满足下列二条件: 1) $F_\alpha(x,t)$ 为贝尔函数, 2) 对于每一个所属类数 $< \alpha$ 的贝尔函数 $f(x)$ $(0 \leqslant x \leqslant 1)$ 有 t_0 适合

$$f(x) = F_\alpha(x, t_0) \quad (0 \leqslant t_0 \leqslant 1).$$

这样的函数 $F_\alpha(x,t)$ 称为所属类数 $< \alpha$ 的贝尔函数集的通用函数[①].

证明 设 $\theta_n(t)$ 当 $t = \frac{1}{n}$ 时等于 1, 而对于所有 $[0,1]$ 中其他的 t 都等于 0. 将所有以有理数为系数的多项式写为

$$P_1(x), P_2(x), P_3(x), \cdots,$$

又设

$$F_1(x,t) = \sum_{n=1}^{\infty} P_n(x)\theta_n(t).$$

[①] 此处与 398 页, 以及本节末尾所说 "通用函数" 的原文为 универсальная функция (相当于英文 universal function, 《数学名词》将其定名为通用函数), 可参看苏联《数学百科全书》第 5 卷 352 页的有关条目. —— 第 5 版校订者注.

这是一个贝尔函数. 事实上, $P_n(x)\theta_n(t)$ 是两个变量的贝尔函数 (因为它的每一个因子是贝尔函数), 因此上述级数之任何部分和是一个贝尔函数. 又因上述级数之项除一项可能不等于 0 外其余均为 0, 因而级数对于一切的点 (x,t) $(0 \leqslant x \leqslant 1, 0 \leqslant t \leqslant 1)$ 是收敛的, 所以 $F_1(x,t)$ 是一贝尔函数.

从 H_0^* 中任取一个函数 $f(x)$, 那么一定可以表示为

$$f(x) = F_1(x, t_0).$$

事实上, 如果 $f(x)$ 等于多项式 $P_k(x)$, 那么

$$F_1\left(x, \frac{1}{k}\right) = P_k(x) = f(x).$$

因此, 我们的定理当 $\alpha = 1$ 时是真的. 现在我们假定对于所有 $\beta < \alpha$ 时已经有了 $F_\beta(x,t)$, 我们要来建造函数 $F_\alpha(x,t)$.

为此我们要分两种情形来讨论.

1) α 是第一种的数. 那么 $\alpha = \beta + 1$, $F_\beta(x,t)$ 是存在的. 我们定义下面一列关于 $t(0 \leqslant t \leqslant 1)$ 的函数: 将 t 用十进制小数表示 (当 $t < 1$ 时不拿 9 当环循节)

$$t = 0.a_1 a_2 a_3 \cdots$$

而设

$$h_1(t) = 0.a_1 a_3 a_5 \cdots$$
$$h_2(t) = 0.a_2 a_6 a_{10} \cdots$$
$$h_3(t) = 0.a_4 a_{12} a_{20} \cdots$$
$$\cdots\cdots\cdots\cdots\cdots$$

因为 $h_n(t)$ 是一致收敛级数之和:

$$h_n(t) = \sum_{k=1}^{\infty} \frac{a_{2^{n-1}(2k-1)}(t)}{10^k},$$

其中各项都是第一类的函数, 所以 $h_n(t)$ 也是第一类的函数.

设

$$F_\alpha(x,t) = \overline{\lim_{k \to \infty}} F_\beta[x, h_k(t)].$$

那么显然的, $F_\alpha(x,t)$ 是一贝尔函数. 今证此函数就是所属类数 $< \alpha$ 的函数集的通用函数.

事实上, 假如 $f(x)$ 是所属类数 $< \alpha$ 之一函数, 则

$$f(x) = \lim_{k \to \infty} f_k(x),$$

其中每一个函数 $f_k(x)$ 的所属类数 $< \beta$, 因此可以表示为

$$f_k(x) = F_\beta(x, t_k) \quad (0 \leqslant t_k \leqslant 1).$$

容易在 $[0,1]$ 中找到这样的 t^*, 使对于所有的 k 成立

$$h_k(t^*) = t_k \quad (k = 1, 2, 3, \cdots).$$

于是
$$F_\alpha(x,t^*) = \varlimsup_{k\to\infty} F_\beta(x,t_k) = \varlimsup_{k\to\infty} f_k(x) = f(x),$$
因此得到 $F_\alpha(x,t)$ 满足定理中所要求的条件.

2) 设 α 是第二种的数. 那么有如下的序数数列
$$\beta_1 < \beta_2 < \beta_3 < \cdots$$
而 α 是跟随在 $\{\beta_n\}$ 后的最小的数.

置
$$F_\alpha(x,t) = \varlimsup_{k\to\infty} F_{\beta_k}[x, h_k(t)],$$
其中函数 $h_k(t)$ 和上面的一样, 则 $F_\alpha(x,t)$ 是一贝尔函数.

设 $f(x)$ 的所属类数 $< \alpha$, 则 $f(x) \in H_\gamma, \gamma < \alpha$. 对于 $k > k_0$, 使 $\beta_k > \gamma$, 则 $f(x)$ 可以表示为
$$f(x) = F_{\beta_k}(x,t_k) \quad (k > k_0).$$

在 $[0,1]$ 中取如此的 t^*, 使
$$h_k(t^*) = t_k \quad (k > k_0)$$
(这个显然的是容易做到的. 并且 $h_1(t^*), h_2(t^*), \cdots, h_{k_0}(t^*)$ 可以任意地取). 我们就得到
$$F_\alpha(x,t^*) = \varlimsup F_{\beta_k}(x,t_k) = \varlimsup f(x) = f(x),$$
因此, $F_\alpha(x,t)$ 是所要求的函数. 定理证毕.

定理 5 任何一类 H_α 不是空的.

证明 假设某一类 H_α 是空的, 那么所有后面的函数类更加是空的了, 于是一切贝尔函数的类数都小于 α.

我们作前定理中所述的函数 $F_\alpha(x,t)$. 置
$$\Phi(x,t) = [F_\alpha(x,t)]_0^1,$$
则对于函数值介乎 0 与 1 之间的贝尔函数 $f(x)$, 必有如下的 t_0, 使
$$f(x) = \Phi(x,t_0).$$

注意到此事实后, 置
$$\varphi(x,t) = \lim_{n\to\infty} \frac{n\Phi(x,t)}{1 + n\Phi(x,t)}.$$
那么它只取 0 和 1 两个数值. 它是贝尔函数, 且凡仅取值 0 与 1 的贝尔函数 $f(x)$ 必可表示为
$$\varphi(x,t_0).$$

特别, 函数 $1 - \varphi(x,x)$ 可以表示为此种形式. 于是立即得到不合理的事情: 因为
$$1 - \varphi(x,x) = \varphi(x,t_0)$$

当 $x = t_0$ 时, 乃有
$$\varphi(t_0, t_0) = \frac{1}{2},$$
此矛盾乃由于假定 H_α 为空集而导出的. 定理因此证毕.

我们再回顾定理 4, 并且特别提到康托罗维奇[①] 的有趣的结果: 对于所属类数 $< \alpha$ 的一切函数存在通用函数 $F_\alpha(x, t)$, 且 $F_\alpha(x, t)$ 本身是 H_α 中的贝尔函数, 但是对于类数 $\leqslant \alpha$ 的一切函数, 那么通用函数就不再存在.

§3. 第一类的函数

在本节中我们专门讨论第一类的函数的某些性质.

引理 1　1) 闭集是 G_δ 型的集. 2) 开集是 F_σ 型的集. 3) 两个闭集之差是 F_σ 型的集.

证明　设 F 是一闭集. 记点 x 与 F 之距离为 $\rho(x, F)$.
设
$$G_n = \mathbb{R} \cap \left(\rho(x, F) < \frac{1}{n} \right).$$
那么 (第二章 §4 之引理 1) G_n 是一开集. 但易知
$$F = \prod_{n=1}^{\infty} G_n,$$
故 F 是一 G_δ 型的集.

现在来证明 2). 设 G 是一开集, 其余集 $\complement G$ 乃为闭集, 由刚才所证, 可见有开集 $G_1, G_2, \cdots$ 适合
$$\complement G = \prod_{n=1}^{\infty} G_n.$$
因此,
$$G = \sum_{n=1}^{\infty} \complement G_n,$$
其中 $\complement G_n$ 是 G_n 的余集, 所以 G 是 F_σ 型的集.

最后, 设 F_1 和 F_2 是两个闭集. 则 $F_1 - F_2$ 可以有如下表示:
$$F_1 - F_2 = F_1 \cap \complement F_2.$$
所以 $F_1 - F_2$ 是一个闭集与一个 F_σ 型的集的交集, 所以也是一个 F_σ 型的集.

引理 2　如果集 M 可以表示为
$$M = A_1 + A_2 + \cdots + A_n,$$
其中一切 A_k 是 F_σ 型的集, 那么 M 一定可以表示为另外一种形式:
$$M = B_1 + B_2 + \cdots + B_n,$$

[①] Л. В. Канторович, Об универсальных функциях. Журн. Лeнингр. ФМО, т. II, в. 2, 1929, 13–21 页.

§3. 第一类的函数

其中一切 B_k 也是 F_σ 型的集，$B_k \subset A_k$ $(k = 1, 2, \cdots, n)$，并且 B_k 之间两两不相交.

证明 显然 M 可以表示为下列形式：
$$M = \sum_{k=1}^{\infty} F_k,$$
其中 F_k 都是闭集，并且每一个 F_k 必含在某一 A_i 之中. 今设
$$S_1 = F_1, \quad S_k = F_k - (F_1 + \cdots + F_{k-1}),$$
则 S_k 都是 F_σ 型的集，它们之间两两不相交，且
$$M = \sum_{k=1}^{\infty} S_k.$$
将 $T = \{S_k\}$ 分成如下的 n 个部分 $T_1, T_2, \cdots T_n$：凡集 S_k 之含于 A_1 的全体是 T_1，S_k 之属于 $T - T_1$ 且含在 A_2 中的全体是 T_2，依此类推. 置
$$B_i = \sum_{S_k \in T_i} S_k,$$
即得所要的分解 $M = B_1 + B_2 + \cdots + B_n$.

引理 3 设 $f(x)$ 定义于 $E = [a, b]$ 且只取有限个有限函数值
$$c_1 < c_2 < \cdots < c_n.$$
如果每一个集 $E(f = c_k)$ 是一 F_σ 型的集，则 $f(x)$ 是一第一类的函数.

证明 设
$$E(f = c_k) = \sum_{i=1}^{\infty} F_i^{(k)},$$
其中 $F_i^{(k)}$ 都是闭集. 置
$$\Phi_m^{(k)} = \sum_{t=1}^{m} F_i^{(k)}, \quad \Phi_m = \sum_{k=1}^{n} \Phi_m^{(k)},$$
而作函数 $\varphi_m(x)$ 如下：
$$\varphi_m(x) = c_k \quad (x \in \Phi_m^{(k)}, \quad k = 1, 2, \cdots, n).$$

函数 $\varphi_m(x)$ 定义于闭集 Φ_m，且依照第四章 §4 的引理 1，是一连续函数. 又由第四章 §4 的引理 2，在 $[a, b]$ 上可以定义一个连续函数 $\psi_m(x)$，在集 Φ_m 上 $\psi_m(x)$ 与 $\varphi_m(x)$ 一致. 于是，不难证明对于 $[a, b]$ 中每一点成立
$$\lim_{m \to \infty} \psi_m(x) = f(x),$$
从而即得引理 3 的证明.

定理 1 (H. 勒贝格) 设 $f(x)$ 是在 $E = [a, b]$ 上定义的函数，则 $f(x)$ 的所属类数不大于 1 的必要且充分的条件是：对于任何一数 A. 集
$$E(f > A), \quad E(f < A)$$
都是 F_σ 型.

证明 若 $f(x)$ 的所属类数不大于 1, 则 $f(x)$ 是连续函数序列的极限,
$$f(x) = \lim_{n \to \infty} f_n(x).$$

置
$$F_n^{(k)} = E\left(f_n \leqslant A - \frac{1}{k}\right), \quad S_m^{(k)} = \prod_{n=m}^{\infty} F_n^{(k)}.$$

由第四章 §1 定理 8 的证明, 假如 $f(x)$ 是一连续函数, 则 $E(f \leqslant A)$ 是一闭集. 那么 $F_n^{(k)}$ 都是闭集, 因此 $S_m^{(k)}$ 也是闭集. 由是
$$E(f < A) = \sum_{k=1}^{\infty} \sum_{m=1}^{\infty} S_m^{(k)}$$

是一 F_σ 型的集. 同理, $E(f > A)$ 也是 F_σ 型的集.

现在我们来证明条件的充分性. 先设 $f(x)$ 是一有界函数
$$l < f(x) < L.$$

将 $[l, L]$ 分为 n 等分
$$c_0 = l < c_1 < c_2 < \cdots < c_n = L \quad \left(c_{k+1} - c_k = \frac{L-l}{n}\right).$$

设
$$A_k = E(c_{k-1} < f < c_{k+1}) \quad (k = 1, 2, \cdots, n-1)$$
$$A_0 = E(f < c_1), \quad A_n = E(f > c_{n-1}).$$

这些集都是 F_σ 型的集, 且
$$E = A_0 + A_1 + \cdots + A_n.$$

由引理 2, 存在另外一种分解
$$E = B_0 + B_1 + \cdots + B_n,$$

其中 B_k 仍是 F_σ 型的集, 但是两两不相交, 且 $B_k \subset A_k$.

作函数 $f_n(x)$ 如下:
$$f_n(x) = c_k \quad (x \in B_k, \ k = 0, 1, 2, \cdots, n).$$

由引理 3, 函数 $f_n(x)$ 所属的类数不大于 1. 对于任意的 $x_0 \in E$, 必有如下的 k:
$$x_0 \in B_k \subset A_k.$$

那么,
$$f_n(x_0) = c_k, c_{k-1} < f(x_0) < c_{k+1}.$$

由是,
$$|f_n(x_0) - f(x_0)| < \frac{L-l}{n}.$$

§3. 第一类的函数

所以当 $n \to \infty$ 时，$f_n(x)$ 一致收敛于 $f(x)$，因此 $f(x)$ 所属的类数不大于 1.

现在我们来讨论一般的情形. 首先考察有界函数

$$g(x) = \arctan f(x).$$

当 $-\dfrac{\pi}{2} \leqslant A < \dfrac{\pi}{2}$ 时，

$$E(g > A) = E(f > \tan A),$$

如果 $A \geqslant \dfrac{\pi}{2}$，则集 $E(g > A)$ 是一空集. 最后，如果 $A < -\dfrac{\pi}{2}$，则 $E(g > A) = [a, b]$. 因此对于所有的 A，集 $E(g > A)$ 是 F_σ 型的. 对于 $E(g < A)$ 亦然. 因此，$g(x)$ 所属的类数不大于 1. 所以函数

$$f(x) = \tan[g(x)]$$

所属的类数不大于 1[①].

贝尔发现第一类函数的其他有趣的性质. 为了要叙述他的定理，我们必须详述某些新的概念和事实.

定义 设 A 与 B 是两个点集，$A \subset B$. 1) 如果与 B 相交的任一至少含有 B 的一个点的区间含有属于 B 而不属于 $\bar{A}$ ($\bar{A}$ 是 A 的闭包) 的点，则称 A 在 B 上是疏集. 2) 如果 A 可以表示为可数个集的和集，和集中的任何集在 B 上都是疏集，则称 A 在 B 上是第一范畴集.

定理 2 非空闭集 F 在其自身上不是第一范畴集.

证明 假设不然，F 可以表示为

$$F = A_1 + A_2 + A_3 + \cdots,$$

其中每一个 A_k 在 F 上都是疏集. 那么 F 中含有点 x_1 不属于 A_1 的闭包 $\bar{A}_1$. 因此必有闭区间 $[x_1 - \delta_1, x_1 + \delta_1]$ (不妨假设 $\delta_1 < 1$)，其中不含 A_1 的点.

区间 $(x_1 - \delta_1, x_1 + \delta_1)$ 中含有不属于 $\bar{A}_2$ 的 F 中的点 x_2. 因此有闭区间 $[x_2 - \delta_2, x_2 + \delta_2]$ (不妨假设 $\delta_2 < \dfrac{1}{2}$) 不含 A_2 的点，$[x_2 - \delta_2, x_2 + \delta_2] \subset [x_1 - \delta_1, x_1 + \delta_1]$.

如此手续继续进行，得 F 中一列的点

$$x_1, x_2, x_3, \cdots,$$

和一系列的闭区间

$$[x_1 - \delta_1, x_1 + \delta_1] \supset [x_2 - \delta_2, x_2 + \delta_2] \supset \cdots \supset [x_n - \delta_n, x_n + \delta_n] \supset \cdots,$$

在 $[x_n - \delta_n, x_n + \delta_n]$ 中不含 A_n 的点，并且 $\delta_n < \dfrac{1}{n}$.

设 x_0 为所有这些闭区间 $[x_n - \delta_n, x_n + \delta_n]$ 的共同点. 那么

$$x_0 = \lim_{n \to \infty} x_n,$$

因此，$x_0 \in F$. 但是据上所述，x_0 不能含在任何一个 A_n 中，于是得到矛盾. 定理证毕.

[①] 因函数 $g(x)$ 可表示为 $g(x) = \lim\limits_{n \to \infty} g_n(x)$，其中 $g_n(x)$ 为连续函数且服从条件 $-\dfrac{\pi}{2} + \dfrac{1}{n} \leqslant g_n(x) \leqslant \dfrac{\pi}{2} - \dfrac{1}{n}$. 因此，

$$f(x) = \lim_{n \to \infty} \tan[g_n(x)],$$

$\tan[g_n(x)]$ 都是连续函数.

推论 如果不空的闭集 F 是可数个闭集的和集

$$F = F_1 + F_2 + F_3 + \cdots,$$

则必有如下的区间 (λ, μ) 和自然数 n:

$$(\lambda, \mu)F \neq \varnothing, \quad (\lambda, \mu)F \subset F_n,$$

事实上, 在被加集中至少有一个集在 F 上不是疏集, 今设此集为 F_n. 所以在含有 F 的点的种种区间中, 必有区间 (λ, μ) 使其所含的 F 中的点亦含在 F_n 中 (因为 F_n 是闭集, 所以与其闭包重合).

设 $f(x)$ 是在某个点集 A 上定义的函数. B 是 A 的子集. 设函数 $f(x|B)$, 仅对于 B 上之点有定义, 在 B 上与原来的 $f(x)$ 相同. 那么我们称 $f(x|B)$ 是 $f(x)$ 在集 B 上的诱导函数. 容易明白, 如果原来的函数 $f(x)$ 在 A 上为连续, 则 $f(x|B)$ 在 B 上为连续.

定理 3 (R. 贝尔) 设 $f(x)$ 是在闭区间 $[a,b]$ 上定义的有限的第一类的函数. 那么在 $[a,b]$ 的任一非空闭子集 F 上必有诱导函数 $f(x|F)$ 的连续点.

证明 如果 F 至少有一个孤立点, 那么这孤立点当然是 $f(x|F)$ 的连续点. 所以不妨设 F 为一完满集.

设 D 是 $[a,b]$ 中的一个闭区间, 在其内部至少含有 F 的一点 (因此含有 F 的无穷多个点).

我们将要证明, 在 D 的内部① 含有如下的闭区间 d: 在 d 的内部含有 F 的点且 $f(x)$ 在 $F \cap d$ 上的振幅小于任何一个已给之正数.

我们首先要证明, D 的内部含有闭区间 E 使 EF 为一不空的完满集. 设 D 的端点为 A 及 B, 则 $D = [A, B]$. 无穷集 DF 是一闭集, 除了 A 与 B 而外没有一点是孤立点. 我们假设 A 是 DF 的孤立点, 那么集 $DF - \{A\}$, 即由 DF 剔除 A 点所得之集, 乃为闭集. 如果此集的最左一点是 A_1, 我们设置 $D_1 = [A_1, B]$, 则在 D_1F 中的可能孤立点只有 B 点. 如果 B 点真的是孤立点, 那么我们由 D_1F 中剔除此点 B 而设剩下来的 (闭) 集的最右一点是 B_1. 于是闭区间 $[A_1, B_1] = E$ 使 EF 成一完满集.

根据假定, $f(x)$ 可以表示为

$$f(x) = \lim_{n \to \infty} f_n(x),$$

其中 $f_n(x)$ 都是连续函数. 对于任意的正数 ε, 设

$$A_{n,m} = E(|f_n - f_{n+m}| \leqslant \varepsilon) \quad (n = 1, 2, \cdots; \, m = 1, 2, \cdots).$$

那么, $A_{n,m}$ 都是闭集. 其交集

$$B_n = \prod_{m=1}^{\infty} A_{n,m}$$

也是闭集; 且易见

$$E = \sum_{n=1}^{\infty} B_n.$$

---

① 如果 $\sigma < \lambda < \mu < \tau$, 称闭区间 $[\lambda, \mu]$ 含在闭区间 $[\sigma, \tau]$ 的内部, 或是 $[\sigma, \tau]$ 的内部含有 $[\lambda, \mu]$.

§3. 第一类的函数

事实上，如果 $x_0 \in E$，则 $\{f_n(x_0)\}$ 收敛，因此对于适当大的 n 及任意的 m 成立

$$|f_n(x_0) - f_{n+m}(x_0)| < \varepsilon,$$

因此 $x_0 \in B_n, E \subset \sum B_n$. 至于相反的包含式是很显然的.

由已证之等式，得

$$EF = \sum_{n=1}^{\infty} FB_n.$$

由定理 2 的推论，有含有 EF 中的点的区间 (λ, μ) 及自然数 n 使

$$(\lambda, \mu)EF \subset FB_n.$$

如果 $x \in (\lambda, \mu)EF$，那么对于任意的 m 可证

$$|f_n(x) - f_{n+m}(x)| \leqslant \varepsilon.$$

增大 m 而取极限，乃得

$$|f_n(x) - f(x)| \leqslant \varepsilon.$$

集 EF 是一完满集，区间 (λ, μ) 至少含有 EF 的一点. 因此，$(\lambda, \mu)EF$ 是一无穷集. 设 x_0 属于 $(\lambda, \mu)EF$，但不是 E 的端点. 取含有 x_0 为内点的闭区间 d 很小，使得：1) d 含在 (λ, μ) 中，2) d 含在闭区间 E 的内部 (因此 d 含在闭区间 D 的内部), 3) (连续) 函数 $f_n(x)$ 在闭区间 d 上的振幅小于 ε.

设 x_1 与 x_2 是 Fd 中两点，则

$$|f_n(x_1) - f(x_1)| \leqslant \varepsilon, \quad |f_n(x_1) - f_n(x_2)| < \varepsilon, \quad |f_n(x_2) - f(x_2)| \leqslant \varepsilon,$$

从而得到

$$|f(x_1) - f(x_2)| < 3\varepsilon.$$

此乃表示函数 $f(x)$ 在集 Fd 上的振幅小于 3ε.

总之，对于 $[a, b]$ 中含有 F 的点为内点的闭区间 D，D 必含有一个闭区间 d，d 也含有 F 的点为内点，且 $f(x)$ 在 Fd 上的振幅小于预先指定的正数.

因此，$[a, b]$ 中含有如下的闭区间 d_1，d_1 的内部含有 F 的点，d_1 的长 $md_1 < 1$，$f(x)$ 在 Fd_1 上的振幅小于 1.

其次，d_1 的内部含有如下的闭区间 d_2，d_2 的内部含有 F 的点，$md_2 < \dfrac{1}{2}$，$f(x)$ 在 Fd_2 上的振幅小于 $\dfrac{1}{2}$.

继续进行此手续，得到一列的闭区间

$$d_1 \supset d_2 \supset d_3 \supset \cdots \quad \left(md_n < \frac{1}{n}\right),$$

后一个含在前一个的内部，每一个 d_n 的内部含有 F 的点且 $f(x)$ 在 Fd_n 的振幅小于 $\dfrac{1}{n}$.

设 ξ 属于所有的 d_n，那么 ξ 属于 F. 容易看到，诱导函数 $f(x|F)$ 在点 ξ 是连续的. 定理因此证毕.

我们可以证明这个定理是可逆的. 为此我们首先引入下面的概念.

康托尔–贝尔的定态原理 设对于每一个序数 α, 不论它属于第一数类或第二数类, 有一个闭集 F_α 与之对应, 且当 $\alpha < \beta$ 时 $F_\alpha \supset F_\beta$:

$$F_0 \supset F_1 \supset \cdots \supset F_\omega \supset \cdots \supset F_\alpha \supset \cdots \quad (\alpha < \Omega).$$

那么此集串 $\{F_\alpha\}$ 从某集开始必定都彼此重合. 这就是说, 有 $\mu < \Omega$, 使

$$F_\mu = F_{\mu+1} = F_{\mu+2} = \cdots. \tag{$*$}$$

证明[①] 将所有以有理点为端点的区间 (可数个!) 排列为序列 $\delta_1, \delta_2, \delta_3, \cdots$. 这就使得对于数轴上每一个点集 E 可以对应着一个自然数集 $S(E)$, 它是由满足关系式 $E\delta_k \neq \varnothing$ 的所有自然数所组成的.

易知, 由 $A \subset B$ 即得 $S(A) \subset S(B)$. 其次, 如果集 F 及 F^* 都是闭集, 且 $F \neq F^*$, 则[②] $S(F) \neq S(F^*)$. 事实上, 设 $x_0 \in F - F^*$. 那么对于所有包含 x_0 的足够短的区间与 F^* 不相交. 如果 δ_i 是一个这样的区间, 则 $i \in S(F) - S(F^*)$.

指出此事之后, 我们置 $S(F_\alpha) = S_\alpha$. 就得到集串

$$S_0 \supset S_1 \supset S_2 \supset \cdots \supset S_\alpha \supset \cdots \quad (\alpha < \Omega).$$

设 K 是这一串上所有集的交集. 如果 K 由所有自然数所组成, 那么该串中所有集也都是这样. 这就表示, 从 F_0 开始的所有集 F_α 都相互重合 (其中每一个与整个数轴重合). 我们把这种情况放在旁边不谈, 以 M 表示不属于 K 的自然数的全体. 如果 $m \in M$, 那么可以找到这样的数 $\alpha < \Omega$ 使 $m \overline{\in} S_\alpha$. 以 α_m 表示其中最小数. 于是我们就得到了一个有限的或可数的数集 $\{\alpha_m\}$. 因为它们都小于 Ω, 所以可以找到序数 μ, 仍旧属于第一数类或第二数类但大于所有的 α_m. 如果 $m \overline{\in} K$, 则 $m \overline{\in} S_{\alpha_m}$, 更加是 $m \overline{\in} S_\mu$. 从而推得 $K = S_\mu$. 因此

$$S_\mu = S_{\mu+1} = S_{\mu+2} = \cdots,$$

这是与关系式 $(*)$ 等价的.

定理 4 (R. 贝尔) 设 $f(x)$ 是闭区间 $E = [a,b]$ 上所定义的函数. 如果对于任何一个不空的闭集 F, 诱导函数 $f(x|F)$ 在 F 上有连续点, 那么 $f(x)$ 或为连续函数或为第一类的函数.

证明 由勒贝格定理, 对于任意的 A, 证明

$$E(f > A), \quad E(f < A)$$

都是 F_σ 型的集就好了.

设 p, q 是两个数, 且 $p < q$. 置

$$P = E(f > p), \quad Q = E(f < q).$$

[①] 这个证明是院士 П. С. 亚历山德罗夫告诉作者的.
[②] 没有 F 及 F^* 为闭的条件所述不真. 例如, 设 $\mathbb{Q}$ 及 $\mathbb{R}$ 依次表示所有有理数集及所有实数集, 则 $S(\mathbb{Q}) = S(\mathbb{R}) = \{1, 2, 3, \cdots\}$.

§3. 第一类的函数

那么显然的,
$$E = P + Q.$$

设 F 是含在 E 中的不空闭集. x_0 是诱导函数 $f(x|F)$ 的一个连续点, 那么下面二式
$$f(x_0) > p, \quad f(x_0) < q$$
至少成立一个. 今设 $f(x_0) > p$. 那么必有包含 x_0 的区间 δ, 对于 $F\delta$ 中所有的点 $x, f(x) > p$. 今设
$$F^* = F - F\delta,$$
则 $F^* = F\complement\delta$, 所以 F^* 是一个闭集. 并且 $F - F^* = F\delta \subset P$. 如果 $f(x_0) < q$, 那么我们可以找到闭集 $F^* \subset F, F - F^* \subset Q$, 因此, 不论 F 是怎么样的不空闭集, 必有部分闭集 F^*, 使不空的集 $F - F^*$ 含在 P 之中或含在 Q 之中.

注意到此事以后, 置 $F_0 = [a, b]$, 取闭集 $F_1 \subset F_0$ 使 $F_0 - F_1 \neq \varnothing$ 且使 $F_0 - F_1$ 含在 P 中或含在 Q 中. 如果 F_1 不是空集, 那么又可取其闭子集 F_2 使 $F_1 - F_2 \neq \varnothing$ 且使 $F_1 - F_2$ 含在 P 中或含在 Q 中. 将此手续继续进行, 或是逢到 F_n 为空集或是对于一切自然数 n 有集 F_n 使 $F_n - F_{n+1} \neq \varnothing$ 且使 $F_n - F_{n+1}$ 含在 P 中或含在 Q 中.

在后面的情形下我们置
$$F_\omega = \prod_{n=0}^\infty F_n.$$

如果这个集还不是空集, 那么我们还可以构造 $F_{\omega+1}, F_{\omega+2}, \cdots$. 设 α 是第二类的数且对于所有 $\beta < \alpha$, 已定义了 F_β, 并且一切这些 F_β 都不是空集.

如果 α 是第一种的数, 那么我们以 F_α 表示 $F_{\alpha-1}$ 的一个如下的闭子集 (其中 $\alpha - 1$ 为邻接于 α 之先的数), $F_{\alpha-1} - F_\alpha \neq \varnothing$ 且 $F_{\alpha-1} - F_\alpha$ 完全含在 P 中或含在 Q 中. 如果 α 是第二种的数, 那么置
$$F_\alpha = \prod_{\beta < \alpha} F_\beta.$$

假使说, 对于 $\alpha < \Omega$ 的所有集 F_α 都不是空集, 那么此事与康托-贝尔的定态原理是冲突的. 因为依照这个原理, 应该有 μ 使
$$F_\mu = F_{\mu+1},$$
因此 $F_\mu - F_{\mu+1}$ 是一空集.

这样, 定义 F_α 的手续不可能通过所有的第一类数和第二类数, 必定存在 $\lambda < \Omega$, 使
$$F_\alpha \neq \varnothing \quad (\alpha < \lambda), \quad F_\lambda = \varnothing.$$

在此情形下, 原来的闭区间 $F_0 = [a, b]$ 可以写成如下的形式:
$$[a, b] = \sum_{\alpha < \lambda} [F_\alpha - F_{\alpha+1}].$$

事实上, 如果 $x \in [a, b]$, 则必有 $\alpha \leqslant \lambda$ 使 $x \overline{\in} F_\alpha$ (例如 $\alpha = \lambda$). 设 β 是这种 α 的第一个数. 显然的, β 是第一种的数 (因为如果 β 是第二种的数, 那么 x 既然含在一切 $F_\alpha (\alpha < \beta)$ 中, x 也应含在 F_β 中). 因此, $x \in F_{\beta-1} - F_\beta$, 所以
$$[a, b] \subset \sum_{\alpha < \lambda} [F_\alpha - F_{\alpha+1}].$$

相反的包含式是显然成立的. 每一个集 $F_\alpha - F_{\alpha+1}$ 必含在 P 中或含在 Q 中. 适合

$$F_\alpha - F_{\alpha+1} \subset P \quad (\alpha < \lambda)$$

的 α 的全体记做 T, 又设 $U = W_\lambda - T$, 那么 $UT = \varnothing$ 且

$$[a, b] = \sum_T [F_\alpha - F_{\alpha+1}] + \sum_U [F_\alpha - F_{\alpha+1}].$$

因为每个 $F_\alpha - F_{\alpha+1}$ 是 F_σ 型集, 而每个 T 及 U 是有限集或可数集, 因此

$$A = \sum_T [F_\alpha - F_{\alpha+1}], \quad B = \sum_U [F_\alpha - F_{\alpha+1}]$$

也都是 F_σ 型的集, 且 $A \subset P, B \subset Q$, 又 $AB = \varnothing$ (因为当 $\alpha \neq \beta$ 时 $F_\alpha - F_{\alpha+1}$ 和 $F_\beta - F_{\beta+1}$ 不相交).

这样, 对于每两个数 $p < q$, 有分解

$$[a, b] = A + B,$$

$$A \subset E(f > p), B \subset E(f < q),$$

A 和 B 都是 F_σ 型的集, 且二者不相交.

固定 p, 令 q 取下列数值:

$$q_1 > q_2 > q_3 > \cdots, \quad \lim q_n = p.$$

对于一切 n, 成立

$$[a, b] = A_n + B_n \quad (A_n B_n = \varnothing),$$

其中 A_n 和 B_n 都是 F_σ 型的集, 且

$$A_n \subset E(f > p), \quad B_n \subset E(f < q_n).$$

置

$$R = \sum_{n=1}^\infty A_n, \quad S = \prod_{n=1}^\infty B_n.$$

显然的是 $RS = \varnothing$ 且

$$[a, b] = R + S.$$

集 R 是 F_σ 型的集. 我们可证

$$E(f > p) = R.$$

事实上, 如果 $f(x_0) > p$, 那么对于足够大的 n, $f(x_0) > q_n$ 而 $x_0 \bar{\in} B_n$. 所以 $x_0 \bar{\in} S$, $x_0 \in R$. 从而得到

$$E(f > p) \subset R.$$

其相反的包含式是显然成立的. 所以 $E(f > p)$ 是 F_σ 型的集.

同样可证 $E(f < q)$ 是 F_σ 型的集. 定理证毕.

下面用几个例子来说明勒贝格定理及贝尔定理.

§3. 第一类的函数

I. 有界闭集 F 的特征函数是第一类的函数.

设 $F \subset [a,b] = E$, $f(x)$ 在 F 上取值 1, 在 $E-F$ 上取值 0. 那么

$$E(f > A) = \begin{cases} E, & A < 0, \\ F, & 0 \leqslant A < 1, \\ \varnothing, & A \geqslant 1, \end{cases} \quad E(f < A) = \begin{cases} E, & A > 1, \\ E-F, & 0 < A \leqslant 1, \\ \varnothing, & A \leqslant 0. \end{cases}$$

由 $E - F = E \cap \complement F$, 但 $\complement F$ 是一开集, 因而 $E - F$ 是 F_σ 型的集. 于是可见这些集 $E(f > A)$ 和 $E(f < A)$ 都是 F_σ 型的集.

上述的命题也可以不用上面的理论来证明. 设 $r(x)$ 是点 x 与集 F 的距离, 则 $r(x)$ 是一连续函数. 由

$$f(x) = \lim_{n \to \infty} \frac{1}{1 + nr(x)}$$

也得到所要的结果.

II. 仅有可数个不连续点的函数是第一类的函数.

事实上, 设 F 是一闭集. F 的孤立点都是诱导函数 $f(x|F)$ 的连续点. 假如 F 没有孤立点, 那么 F 是一完满集, 不是可数的. 因此 F 含有原来函数的连续点, 这些连续点自然更是诱导函数的连续点.

特别是:

III. 单调函数和有界变差的函数都是所属类数不大于 1 的函数.

下面的例子是极可注目的.

IV. 设 P_0 是康托尔的完满集. 在闭区间 $[0,1]$ 中定义两个函数 $f(x)$ 和 $g(x)$ 如下: $f(x)$ 在 P_0 上等于 1 而在 $G_0 = [0,1] - P_0$ 上等于 0; 而 $g(x)$ 的定义是: 当 x 属于 P_0 但 x 不是 P_0 的余区间的端点时, $g(x)$ 等于 1, 在 $[0,1]$ 中其他的点, $g(x)$ 等于 0.

容易明白, G_0 中的点都是这两个函数的连续点, 而 P_0 中的点都是它们的不连续点. 因此, 这两个函数有完全相同的不连续点. 同时 $f(x)$ 是第一类的函数 ($f(x)$ 是闭集 P_0 的特征函数), 而 $g(x)$ 却不是第一类的函数, 因为诱导函数 $g(x|P_0)$ 在 P_0 中每一点都不是连续的.

V. 狄利克雷函数是第二类的函数.

所谓狄利克雷函数 $\varphi(x)$ 是: 在 $[0,1]$ 中之有理点, $\varphi(x)$ 等于 1, 在 $[0,1]$ 中无理点, $\varphi(x)$ 等于 0. 所以 $[0,1]$ 中一切点都是 $\varphi(x)$ 的不连续点, 所以 $\varphi(x)$ 不会是第一类的函数. 但是如果我们将 $[0,1]$ 中所有有理数写成

$$r_1, r_2, r_3, \cdots$$

而设 $0 \leqslant x \leqslant 1$,

$$\varphi_n(x) = \begin{cases} 1, & x = r_k, k = 1, 2, \cdots, n, \\ 0, & x \neq r_k, k = 1, 2, \cdots, n, \end{cases}$$

则函数 $\varphi_n(x)$ 仅含有限个不连续点, 是第一类的函数. 因为狄利克雷函数 $\varphi(x)$ 是 $\varphi_n(x)$ 当 $n \to \infty$ 时的极限函数, 所以属于第二类.[①]

[①] 不难证实, $\varphi(x)$ 可以表示为

$$\varphi(x) = \lim_{m \to \infty} \left\{ \lim_{n \to \infty} [\cos(m!\pi x)]^{2n} \right\},$$

由是也可明白 $\varphi(x)$ 是第二类的函数.

狄利克雷函数 $\varphi(x)$ 乃为 $[0,1]$ 中有理数集的特征函数. 有理数集是可数的, 所以具有型式 F_σ. 因此, F_σ 型的集上的特征函数不一定是第一类的函数.

§4. 半连续函数

我们现在要叙述一种特殊形式的第一类的函数——半连续函数. 为此我们首先引入函数的上极限及下极限的概念. 这个概念对于数列而言已在 §2 中说过. 为简单起见, 我们仅就一元函数加以讨论.

设 $f(x)$ 是在集 E 上定义的函数. x_0 是 E 之一极限点. 设 $\delta > 0$, 置

$$M_\delta(x_0) = \sup\{f(x)\}, \quad m_\delta(x_0) = \inf\{f(x)\} \ [x \in (x_0 - \delta, x_0 + \delta)E].$$

当 δ 减小时, $M_\delta(x_0)$ 不增加, $m_\delta(x_0)$ 不减少. 因此存在着 (有限或无穷的) 极限

$$M(x_0) = \lim_{\delta \to 0} M_\delta(x_0), \quad m(x_0) = \lim_{\delta \to 0} m_\delta(x_0),$$

分别称之为 $f(x)$ 在点 x_0 的上极限及下极限[①]. 分别记这两个极限为

$$M(x_0) = \varlimsup_{x \to x_0} f(x), \quad m(x_0) = \varliminf_{x \to x_0} f(x).$$

所宜注意的是: 函数 $f(x)$ 可能在 x_0 没有定义. 不过, 如果 $x_0 \in E$, 则显然的成立

$$m(x_0) \leqslant f(x_0) \leqslant M(x_0).$$

定理 1 设 $f(x)$ 在点 x_0 之上极限是 $M(x_0)$. 对于 $x_n \in E, x_n \to x_0$, 若数列

$$f(x_1), \ f(x_2), \ f(x_3), \ \cdots$$

有极限, 那么所有此种极限值之最大数就是 $M(x_0)$.

证明 如果 $M(x_0) = -\infty$, 则容易置信: 凡数列 $\{x_n\} \subset E$ 而收敛于 x_0 的, 必须 $f(x_n) \to M(x_0)$. 设 $-\infty < M(x_0) < +\infty$. 那么取 N 使当 $n > N$ 时, $M_{\frac{1}{n}}(x_0) < +\infty$. 对于每一个自然数 $n > N$, 在区间 $\left(x_0 - \dfrac{1}{n}, x_0 + \dfrac{1}{n}\right)$ 中可以找出点 $x_n \in E$ 使

$$M_{\frac{1}{n}}(x_0) - \frac{1}{n} < f(x_n) \leqslant M_{\frac{1}{n}}(x_0).$$

因此得到 $f(x_n) \to M(x_0)$. 另一方面, 如果 $B > M(x_0)$, 那么必有 δ, 使 $M_\delta(x_0) < B$. 对于所有的 $x \in (x_0 - \delta, x_0 + \delta), f(x) \leqslant M_\delta(x_0)$. 因此不可能找出这样的数列 $\{x_n\} \subset E$, 使

$$x_n \to x_0, \quad f(x_n) \to B.$$

最后如果 $M(x_0) = +\infty$, 那么对于所有自然数 $n, M_{\frac{1}{n}}(x_0) = +\infty$, 因此, 在区间 $\left(x_0 - \dfrac{1}{n}, x_0 + \dfrac{1}{n}\right)$ 中有点 $x_n \in E$ 使 $f(x_n) > n$, 于是 $f(x_n) \to M(x_0)$, 而其他点列所造成的极限当然不会比这个大. 定理完全证毕.

对于 $m(x_0)$, 有相似的定理, 在此地我们不详细的叙述了.

[①] 读者应当知道, 这就是第五章 §4 中所说的贝尔上函数及下函数.

§4. 半连续函数

定义 1 在闭区间 $[a,b]$ 上定义的函数 $f(x)$ 如果在点 x_0 满足

$$\varliminf_{x \to x_0} f(x) = f(x_0),$$

那么称 $f(x)$ 在点 x_0 是下半连续的. 如果满足

$$\varlimsup_{x \to x_0} f(x) = f(x_0),$$

那么称 $f(x)$ 在点 x_0 是上半连续的.

在这个定义中, 没有假定 $f(x)$ 在 x_0 本身或 $[a,b]$ 中其他之点为有限. 特别当 $f(x_0) = -\infty$ 时, $f(x)$ 在 x_0 一定是下半连续.

如果 x_0 是 $f(x)$ 之一连续点, 那么 $f(x)$ 在 x_0 既为上半连续又为下半连续. 反之, 如果 $f(x)$ 在 x_0 取有限值而且既为上半连续又为下半连续, 则必 $f(x)$ 在 x_0 为连续. 这个说法无非是第五章 §4 中定理 1 的另外一种形式罢了.

今后我们谈到的, 主要只就下半连续而言. 所得一切结果不难转述到上半连续. 事实上, $f(x)$ 在 x_0 为下半连续与 $-f(x)$ 在 x_0 为上半连续二语是意义相同的.

半连续的概念可用别的形式表示.

定理 2 设 $f(x)$ 定义于 $[a,b], x_0 \in [a,b]$. 函数 $f(x)$ 在 x_0 为下半连续的必要且充分条件是: 对于 $[a,b]$ 中任一收敛于 x_0 的点列 $\{x_n\}$, 成立

$$f(x_0) \leqslant \varliminf_{n \to \infty} f(x_n). \tag{1}$$

事实上, 设 $f(x)$ 在 x_0 为下半连续, $x_n \to x_0, x_n \in [a,b]$. 那么从 $\{x_n\}$ 可以选取子列 $\{x_{n_k}\}$ 使 $f(x_{n_k})$ 收敛于 $\varliminf_{n \to \infty} f(x_n)$. 再由定理 1, 乃得

$$f(x_0) = \varliminf_{x \to x_0} f(x) \leqslant \lim_{k \to \infty} f(x_{n_k}) = \varliminf_{n \to \infty} f(x_n).$$

反之, 如果 (1) 式对于 $[a,b]$ 中收敛于 x_0 的一切数列 $\{x_n\}$ 成立, 那么当收敛于 x_0 的数列 $\{x_n\}$ 适合

$$f(x_n) \to \varliminf_{x \to x_0} f(x)$$

时, 就得到 $f(x_0) \leqslant \varliminf_{x \to x_0} f(x)$. 但是 $\varliminf_{x \to x_0} f(x) \leqslant f(x_0)$, 所以 $f(x)$ 在 x_0 是下半连续.

定理 3 设 $f(x)$ 是在 $[a,b]$ 上定义的函数, $x_0 \in [a,b]$ 且 $f(x_0) > -\infty$. 则 $f(x)$ 在 x_0 为下半连续的必要且充分的条件是: 对于小于 $f(x_0)$ 的任意数 A, 有 $\delta > 0$, 当 $|x - x_0| < \delta \ (x \in [a,b])$ 时,

$$f(x) > A.$$

证明 先设 $f(x)$ 在 x_0 为下半连续, $A < f(x_0)$. 因

$$f(x_0) = \varliminf_{x \to x_0} f(x) = m(x_0) = \lim_{\delta \to 0} m_\delta(x_0),$$

故有 $\delta > 0$ 使 $m_\delta(x_0) > A$. 因为当 $|x - x_0| < \delta, x \in [a,b]$ 时, $f(x) \geqslant m_\delta(x_0)$, 所以这样的 δ 即合乎要求.

反之, 设 $f(x)$ 具有定理中说的条件, 那么对于 $A < f(x_0)$, 有 δ, 当 $|x - x_0| < \delta$, $x \in [a,b]$ 时, $f(x) > A$. 因此, $m_\delta(x_0) \geqslant A$, 令 $\delta \to 0$, 则得

$$m(x_0) \geqslant A.$$

再令 $A \to f(x_0)$, 乃得

$$m(x_0) \geqslant f(x_0).$$

另一方面, $m(x_0) \leqslant f(x_0)$, 所以 $m(x_0) = f(x_0)$, 即 $f(x)$ 在 x_0 为下半连续.

假如 $f(x)$ 是一有限函数, 那么所证定理可以写成下面的形式:

定理 4 函数 $f(x)$ 在 x_0 为下半连续的必要且充分的条件是: 对于任意的正数 ε, 有 $\delta > 0$ 当 $|x - x_0| < \delta (x \in [a,b])$ 时,

$$f(x_0) - \varepsilon < f(x).$$

从定理 4, 很清楚的看出半连续性与连续性两概念间的关系.

定理 5 设 $f(x)$ 和 $g(x)$ 定义于 $[a,b]$, 在点 x_0 都为下半连续, 又函数 $f(x) + g(x)$ 在 $[a,b]$ 上亦有定义[①], 那么 $f(x) + g(x)$ 在 x_0 亦为下半连续.

证明 不妨假设 $f(x_0) + g(x_0) > -\infty$, 因为否则就不必证明了. 此时当然 $f(x_0)$ 与 $g(x_0)$ 各自都不等于 $-\infty$. 设 $A < f(x_0) + g(x_0)$, 那么有如下的 B 和 C:

$$B < f(x_0), C < g(x_0), B + C > A.$$

由定理 3, 必有 $\delta > 0$, 使当 $|x - x_0| < \delta$, $x \in [a,b]$ 时, $f(x) > B$, $g(x) > C$. 对于这些 x, $f(x) + g(x) > A$, 再用定理 3, 知 $f(x) + g(x)$ 在 x_0 是下半连续.

定理 6 设一列的单调增函数

$$f_1(x) \leqslant f_2(x) \leqslant f_3(x) \leqslant \cdots$$

定义于 $[a,b]$, $f_n(x)$ 都在 x_0 为下半连续. 那么函数

$$f(x) = \lim_{n \to \infty} f_n(x)$$

在 x_0 也下半连续.

证明 不妨假设 $f(x_0) > -\infty$. 如果 $A < f(x_0)$, 那么对于适当大的 n, $f_n(x_0) > A$. 固定这种 n, 取 $\delta > 0$, 使当 $|x - x_0| < \delta$, $x \in [a,b]$ 时, $f_n(x) > A$. 因为 $f(x) \geqslant f_n(x)$, 所以对于这些 x, $f(x) > A$, 从而得到定理的证明.

[①] 这就是说, $f(x)$ 和 $g(x)$ 在同一点不取符号相反的无穷值. 例如 $f(x) = -\infty$ $(0 \leqslant x \leqslant 1)$, 而

$$g(x) = \begin{cases} -\infty, & x = 0, \\ +\infty, & 0 < x \leqslant 1, \end{cases}$$

则此两函数在 $x = 0$ 都是下半连续, 但当 $x > 0$ 时, $f(x) + g(x)$ 无意义.

§4. 半连续函数

推论 设 $u_n(x) \geqslant 0$，$n = 1, 2, \cdots$. 又设 $u_n(x)$ 在点 x_0 为下半连续，则级数

$$u_1(x) + u_2(x) + u_3(x) + \cdots$$

的和函数[①]在 x_0 亦为下半连续.

到现在为止，所讲的只是函数在一点的半连续性. 现在我们要讲在**闭区间**上处处为半连续的函数.

定义 2 设 $f(x)$ 定义于闭区间 $[a,b]$，$[a,b]$ 中**每一点**都是 $f(x)$ 的下半连续点，则称 $f(x)$ 在 $[a,b]$ 上是一下半连续函数. 同样可定义在闭区间上的上半连续函数.

定理 7 设 $f(x)$ 定义于闭区间 $E = [a,b]$，$f(x)$ 在 E 上是下半连续的必要且充分的条件是：对于任意的实数 c, 点集

$$F(c) = E(f \leqslant c)$$

常成闭集[②].

证明 设 $f(x)$ 在 $[a,b]$ 上是下半连续. 如果 $x_n \in F(c)$ 且 $x_n \to x_0$, 则由定理 2,

$$f(x_0) \leqslant \varliminf_{n \to \infty} f(x_n),$$

从而 $x_0 \in F(c)$, 因此 $F(c)$ 是一闭集.

反之，设一切 $F(c)$ 都是闭集，要证明 $f(x)$ 在 $[a,b]$ 中任意取的一点 x_0 为下半连续. 为此设

$$A = \varliminf_{x \to x_0} f(x).$$

由定理 1, 有点列 $x_n \in [a,b]$, 使

$$x_n \to x_0, \quad f(x_n) \to A.$$

假如

$$f(x_0) > A, \tag{2}$$

又设 c 为介乎 A 与 $f(x_0)$ 间之任意一数：$A < c < f(x_0)$, 那么当 n 甚大时, $f(x_n) < c$. 因此 $x_n \in F(c)$. 因 $F(c)$ 是闭集, 故 $x_0 \in F(c)$, 即 $f(x_0) \leqslant c$. 此与数 c 的选择相矛盾, 所以 (2) 式是不可能的. 因此

$$f(x_0) \leqslant \varliminf_{x \to x_0} f(x).$$

定理证毕.

例 设 S 是闭区间 $[a,b]$ 与某一开集 G 的交集. 设 $\varphi(x)$ 是点集 S 的特征函数[③]，则 $\varphi(x)$ 在 $[a,b]$ 上是一下半连续函数.

[①] 在级数的发散点, 其和为 $+\infty$.
[②] 由此可知 $f(x)$ 是一**可测**函数.
[③] 定义于 $[a,b]$, 当 $x \in S$ 时 $\varphi(x) = 1$, 当 $x \in [a,b] - S$ 时 $\varphi(x) = 0$.

事实上, 此地
$$F(c) = \begin{cases} [a,b], & c \geqslant 1, \\ [a,b] - G, & 0 \leqslant c < 1, \\ \varnothing, & c < 0, \end{cases}$$
所以一切 $F(c)$ 都是闭集.

定理 8 在闭区间上的下半连续函数取到函数值的最小数[①].

证明 设 $f(x)$ 在 $[a,b]$ 上为下半连续, $m = \inf\{f(x)\}$, 那么在 $[a,b]$ 中必有如下的数列 $\{x_n\}$:
$$\lim_{n\to\infty} f(x_n) = m.$$
并且 $\{x_n\}$ 必有收敛的子列. 所以我们不妨假定 $\{x_n\}$ 收敛于 x_0. 那么
$$f(x_0) = \varliminf_{x \to x_0} f(x) \leqslant \lim_{n\to\infty} f(x_n) = m,$$
因 $f(x_0)$ 不小于 m, 故 $f(x_0) = m$.

推论 闭区间上的下半连续函数不取值 $-\infty$ 的话, 它必有下界.

所当注意的是: 下半连续函数可能没有最大函数值. 例如函数
$$f(x) = \begin{cases} x, & 0 \leqslant x < 1, \\ 0, & x = 1 \end{cases}$$
就是一个例子.

由定理 5 和定理 6 知道: 闭区间上的两个下半连续函数的和函数[②]亦为下半连续. 又单调增的下半连续函数列之极限函数仍为下半连续. 而在一个闭区间上的连续函数必同时为上半连续与下半连续. 因此得到如下的结果:

定理 9 单调增 (减) 的连续函数列的极限函数是下半 (上半) 连续的.

自然, 这个定理之逆是不真的. 事实上, 如果函数 $f(x)$ 在某点取值 $-\infty$, 那么它不可能是单调增的连续函数列之极限, 因为连续函数常是有限的. 但是如果限制函数不取值 $-\infty$, 那么定理 9 之逆定理也成立.

定理 10 设 $f(x)$ 是在 $[a,b]$ 上定义的下半连续函数, 但不取值 $-\infty$, 那么存在单调增的连续函数列
$$f_1(x) \leqslant f_2(x) \leqslant f_3(x) \leqslant \cdots,$$
使
$$f(x) = \lim_{n\to\infty} f_n(x).$$

[①]此地所谓最小数可以是 $-\infty$ (也可以是 $+\infty$, 如果 $f(x) \equiv +\infty$).
[②]假设存在.

§4. 半连续函数

证明 固定 $[a,b]$ 中的点 x, n 是一自然数, 作 z 的函数

$$f(z) + n|z - x|, \tag{3}$$

因 $|z - x|$ 为连续, 当然是下半连续, 因而函数 (3) 是下半连续的. 又因它不取 $-\infty$, 所以它有最小值, 不妨假设此最小值是一有限数[①].

今记此最小数为 $f_n(x)$:

$$f_n(x) = \min\{f(z) + n|z - x|\}. \tag{4}$$

那么我们就得到所要的函数列了.

事实上, 假设 $z_n = z_n(x)$ 是 $[a,b]$ 中之一点, 使 (3) 式所表示之函数在 z_n 取值 $f_n(x)$. 于是

$$f_n(x) = f[z_n(x)] + n|z_n(x) - x|. \tag{5}$$

因为 $f_n(x)$ 是函数 (3) 的最小函数值, 所以对于 $[a,b]$ 中任意的点 y, 成立

$$f_n(x) \leqslant f[z_n(y)] + n|z_n(y) - x|.$$

因此,

$$f_n(x) \leqslant f[z_n(y)] + n|z_n(y) - y| + n|y - x|.$$

由 (5) 式与上式, $f_n(x) \leqslant f_n(y) + n|y - x|$. 又因 x 与 y 地位是可以交换的, 故得

$$|f_n(x) - f_n(y)| \leqslant n|x - y|.$$

所以 $f_n(x)$ 是一连续函数.

其次, 设 $m > n$, 则

$$f_n(x) \leqslant f[z_m(x)] + n|z_m(x) - x| \leqslant f[z_m(x)] + m|z_m(x) - x| = f_m(x),$$

故 $f_1(x) \leqslant f_2(x) \leqslant f_3(x) \leqslant \cdots$. 另一方面, 因不等式

$$f_n(x) \leqslant f(z) + n|z - x|$$

对于 $[a,b]$ 中一切 z 都成立, 特别令 $z = x$, 即得

$$f_n(x) \leqslant f(x). \tag{6}$$

因此, 置 $g(x) = \lim\limits_{n \to \infty} f_n(x)$, 即得

$$g(x) \leqslant f(x). \tag{7}$$

至此为止, 我们没有利用 $f(x)$ 的半连续性. 上面的议论对于一切有下界的[②]又不恒等于 $+\infty$ 的函数都是有效的.

[①] 如果此最小值为 $+\infty$, 则 $f(x) \equiv +\infty$. 此时定理很显然, 只要取 $f_n(x) \equiv n$ 就好了.

[②] 至于 (3) 的最小值是否存在是没有重大关系的. 如果不存在, 则将 (4) 改写为

$$f_n(x) = \inf\{f(z) + n|z - x|\}.$$

无非讨论起来略为麻烦些罢了.

现在我们暂时假定 $f(x)$ 不取值 $+\infty$ (这并不表示 $f(x)$ 有上界). 那么由 (5) 与 (6) (利用到 $f(z)$ 有下界的性质) 知当 $n \to \infty$ 时, $z_n(x) \to x$. 对于任一正数 ε, 有 $\delta > 0$, 使当 $|z - x| < \delta$ 时 $f(z) > f(x) - \varepsilon$. 对于适当大的 n, 成立 $|z_n(x) - x| < \delta$, 因此 $f[z_n(x)] > f(x) - \varepsilon$, 自然更加是

$$f_n(x) > f(x) - \varepsilon.$$

从而得到 $g(x) > f(x) - \varepsilon$. 但因 ε 是任意的, 故 $g(x) \geqslant f(x)$. 从而与 (7) 合并, 即得 $f(x) = g(x)$.

现在将 $f(x)$ 为有限的条件除去. 置

$$g_n(x) = \begin{cases} f(x), & f(x) \leqslant n, \\ n, & f(x) > n. \end{cases}$$

显然的是 $g_1(x) \leqslant g_2(x) \leqslant g_3(x) \leqslant \cdots$, 且 $\lim\limits_{n \to \infty} g_n(x) = f(x)$. 我们可以证明 $g_n(x)$ 是下半连续的. 因为如果 $x_0 \in [a, b]$, $\varepsilon > 0$, 那么存在 $\delta > 0$, 使当 $|x - x_0| < \delta$ 时,

$$f(x) > f(x_0) - \varepsilon,$$

因此, 由于 $g_n(x_0) \leqslant f(x_0)$, 得

$$f(x) > g_n(x_0) - \varepsilon.$$

另一方面,

$$n > g_n(x_0) - \varepsilon.$$

因此, 取 $x \in (x_0 - \delta, x_0 + \delta)$, 则不论 $g_n(x)$ 与 $f(x)$ 相同或与 n 相同, 总可得到 $g_n(x) > g_n(x_0) - \varepsilon$. 所以 $g_n(x)$ 是下半连续的. 因为 $g_n(x)$ 是有限的, 所以利用已经证明的结果, 对于每一个 n 存在如下的一列连续函数 $\varphi_k^{(n)}(x)$:

$$\varphi_1^{(n)}(x) \leqslant \varphi_2^{(n)}(x) \leqslant \varphi_3^{(n)}(x) \leqslant \cdots, \lim_{k \to \infty} \varphi_k^{(n)}(x) = g_n(x).$$

置

$$f_n(x) = \max\{\varphi_n^{(1)}(x), \varphi_n^{(2)}(x), \cdots, \varphi_n^{(n)}(x)\},$$

那么[①]

$$f_1(x) \leqslant f_2(x) \leqslant f_3(x) \leqslant \cdots.$$

并且, 利用 §2 的引理 1 的推论 1, 可见一切 $f_n(x)$ 都是连续函数. 最后, 易知

$$\lim_{n \to \infty} f_n(x) = f(x).$$

于是证明完毕.

末了, 我们要证明 "连续函数隔离半连续函数" 的有趣味的定理.

[①] 因为事实上, 假设 $f_n(x) = \varphi_n^{(k_n)}(x)$, 则

$$f_{n+1}(x) = \max\{\varphi_{n+1}^{(1)}(x), \cdots, \varphi_{n+1}^{(n+1)}(x)\} \geqslant \varphi_{n+1}^{(k_n)}(x) \geqslant \varphi_n^{(k_n)}(x) = f_n(x).$$

§4. 半连续函数

定理 11 设 $u(x)$ 在 $[a,b]$ 上是一上半连续函数, $v(x)$ 在 $[a,b]$ 上是一下半连续函数, $u(x) \leqslant v(x)$. 若 $u(x) < +\infty$, $v(x) > -\infty$, 那么必有连续函数 $f(x)$ 满足

$$u(x) \leqslant f(x) \leqslant v(x).$$

证明 由前定理存在如下的两列连续函数 $\{\varphi_n(x)\}$ 和 $\{\psi_n(x)\}$:

$$\varphi_1(x) \geqslant \varphi_2(x) \geqslant \varphi_3(x) \geqslant \cdots, \quad \lim_{n \to \infty} \varphi_n(x) = u(x),$$
$$\psi_1(x) \leqslant \psi_2(x) \leqslant \psi_3(x) \leqslant \cdots, \quad \lim_{n \to \infty} \psi_n(x) = v(x).$$

对于 $f(x)$, 作函数 $f_+(x)$:

$$f_+(x) = \begin{cases} f(x), & f(x) \geqslant 0, \\ 0, & f(x) < 0. \end{cases}$$

那么显然的, 当 $f(x) \leqslant F(x)$ 时, $f_+(x) \leqslant F_+(x)$. 因此

$$(\varphi_1 - \psi_1)_+ \geqslant (\varphi_1 - \psi_2)_+ \geqslant (\varphi_2 - \psi_2)_+ \geqslant (\varphi_2 - \psi_3)_+$$
$$\geqslant \cdots \geqslant (\varphi_n - \psi_n)_+ \geqslant (\varphi_n - \psi_{n+1})_+ \geqslant (\varphi_{n+1} - \psi_{n+1})_+ \geqslant \cdots.$$

因为 $\varphi_n(x) - \psi_n(x)$ 收敛于 $u(x) - v(x) \leqslant 0$, 所以 $(\varphi_n - \psi_n)_+ \to 0$[①]. 因此交错级数

$$f(x) = \psi_1(x) + [\varphi_1(x) - \psi_1(x)]_+ - [\varphi_1(x) - \psi_2(x)]_+ + [\varphi_2(x) - \psi_2(x)]_+ - \cdots \quad (8)$$

在 $[a,b]$ 上处处收敛.

如果在点 $x, u(x) = v(x)$, 那么在该点, 对于所有的 i 与 k 成立 $\varphi_i(x) \geqslant \psi_k(x)$. 于是

$$[\varphi_n(x) - \psi_n(x)]_+ = \varphi_n(x) - \psi_n(x),$$
$$[\varphi_n(x) - \psi_{n+1}(x)]_+ = \varphi_n(x) - \psi_{n+1}(x).$$

因此,

$$f(x) = \psi_1(x) + \{\varphi_1(x) - \psi_1(x)\} - \{\varphi_1(x) - \psi_2(x)\} + \{\varphi_2(x) - \psi_2(x)\} - \cdots.$$

此级数的部分和是 $\psi_1(x), \varphi_1(x), \psi_2(x), \varphi_2(x), \cdots$. 因此

$$f(x) = \lim \varphi_n(x) = \lim \psi_n(x) = u(x) = v(x).$$

如果在点 $x, u(x) < v(x)$, 那么对于适当大的 n 成立 $\varphi_n(x) < \psi_n(x)$. [因此更加是 $\varphi_n(x) < \psi_{n+1}(x)$]. 因此级数 (8) 中各项, 自某项起都是 0. 假设等于 0 的第一个 $[\cdots]_+$ 是 $[\varphi_n(x) - \psi_n(x)]_+$, 那么

$$f(x) = \psi_1(x) + \{\varphi_1(x) - \psi_1(x)\} - \cdots - \{\varphi_{n-1}(x) - \psi_n(x)\} = \psi_n(x).$$

于是, $f(x) \leqslant v(x)$. 并且[②], $\psi_n(x) \geqslant \varphi_n(x)$. 所以自然是 $f(x) \geqslant u(x)$. 于是得 $u(x) \leqslant f(x) \leqslant v(x)$. 如果在级数 (8) 中第一项为 0 的是 $[\varphi_n(x) - \psi_{n+1}(x)]_+$, 那么亦可同样处理. 总之,

---

[①] 此地用到: 如果 $f_n(x) \to F(x)$, 则 $[f_n(x)]_+ \to F_+(x)$.
[②] 因为 $[\varphi_n(x) - \psi_n(x)]_+ = 0$.

时常是 $u(x) \leqslant f(x) \leqslant v(x)$. 剩下来的事情乃要表明 $f(x)$ 之连续性. 级数 (8) 中各项都是连续的, 所以它的部分和都是连续的. 另一方面, 级数 (8) 是交错级数, 而其一般项的绝对值是减少的. 其部分和适合

$$S_2 \leqslant S_4 \leqslant S_6 \leqslant \cdots, S_1 \geqslant S_3 \geqslant S_5 \geqslant \cdots.$$

因此级数 (8) 的和函数 $f(x)$ 同时既是单调增的连续函数列之极限又是单调减的连续函数列之极限. 换言之 $f(x)$ 同时为下半连续又为上半连续, 所以是连续的. 定理证毕.

第十六章　勒贝格积分的某些推广

§1. 引言

在第九章之末曾引进例子

$$f(x) = x^2 \cos \frac{\pi}{x^2} \quad [f(0) = 0],$$

它在 [0,1] 上处有有限的导数 $f'(x)$, 但后者不是勒贝格可积的函数. 因此, 勒贝格的积分运算不能完全解决由函数的有限导数求其原函数的问题. 在 1912 年法国数学家 A. 当茹瓦 (A. Denjoy) 引入了比勒贝格积分更一般的积分运算[1], 且证明了, 这种运算完全解决了上述问题.

另一方面, 在 1914 年德国的学者 O. 佩龙 (O. Perron) 根据其他原理, 与当茹瓦的不同, 引进了一种积分定义, 也完全解决了从有限导数求原函数的问题.

但是后来 Г. 哈盖 (1921), П. С. 亚历山德罗夫 (1924) 及 Г. 罗曼 (Г. Ломан) (1925) 在他们的研究中证明了当茹瓦积分和佩龙积分是完全一样的. 因此, 佩龙积分只不过是当茹瓦积分的另一种定义形式而已, 所以这种积分在近代通常称为当茹瓦-佩龙积分.

在 1916 年, 互相独立地, A. 当茹瓦及俄国数学家 А. Я. 辛钦 (А. Я. Хинчин) 给出了更一般的积分定义, 使得原函数不仅可以从它的通常导数中获得, 并且可以从所谓近似 (或渐近) 导数[2] 中求出. 这个更一般的积分通常称为当茹瓦-辛钦积分, 或者 "广义" 当茹瓦积分; 为了与之区别又称当茹瓦-佩龙积分为 "狭义" 当茹瓦积分.

我们将详细地研究当茹瓦-佩龙积分. 关于当茹瓦-辛钦积分只限于它的定义, 详细的情形可

---

[1] 当茹瓦本人称他的运算为 "总计化", 而所得的积分称为 "总计", 但我们不保留这个名称.
[2] 数 A 称为 $f(x)$ 在点 x_0 的近似导数, 如果存在着这样的点集 E, 以 x_0 为其稠密点而当 $x \in E$ 及 $x \to x_0$ 时有

$$\lim_{x \to x_0} \frac{f(x) - f(x_0)}{x - x_0} = A.$$

以参考 S. 萨克斯 (S. Saks) 的专门论著[①].

§2. 佩龙积分的定义

为了今后的叙述我们需要有下列的

定义 1　设 $F(x)$ 是在闭区间 $[a,b]$ 上定义的有限函数, 而 x_0 是这个闭区间的点. 数

$$\underline{D}F(x_0) = \varliminf_{x \to x_0} \frac{F(x) - F(x_0)}{x - x_0}, \quad \overline{D}F(x_0) = \varlimsup_{x \to x_0} \frac{F(x) - F(x_0)}{x - x_0}$$

依次称为函数 $F(x)$ 在点 x_0 的下导数及上导数.

容易看出, 这两个数 (可以是 $\pm\infty$) 就是 $F(x)$ 在点 x_0 的最大与最小导出数.

引理 1　设在 $[a,b]$ 上已给有限函数 $U(x)$ 及 $V(x)$. 如果对于某点 $x_0 \in [a,b]$ 有

$$\underline{D}U(x_0) > -\infty, \quad \overline{D}V(x_0) < +\infty, \tag{1}$$

而 $R(x) = U(x) - V(x)$, 则

$$\underline{D}R(x_0) \geqslant \underline{D}U(x_0) - \overline{D}V(x_0).$$

证明　我们考察这样的序列 $\{h_k\}: h_k \neq 0, h_k \to 0$ 且

$$\lim \frac{R(x_0 + h_k) - R(x_0)}{h_k} = \underline{D}R(x_0).$$

为了需要我们将 $\{h_k\}$ 改变成它的子序列, 使下列二极限存在:

$$\lambda = \lim \frac{U(x_0 + h_k) - U(x_0)}{h_k}, \quad \mu = \lim \frac{V(x_0 + h_k) - V(x_0)}{h_k}.$$

根据 (1) 式有 $\lambda > -\infty$ 及 $\mu < +\infty$, 因此差 $\lambda - \mu$ 有意义. 从而得到

$$\underline{D}R(x_0) = \lambda - \mu.$$

最后再注意到 $\lambda \geqslant \underline{D}U(x_0)$ 及 $\mu \leqslant \overline{D}V(x_0)$ 就行了.

推论　如果 $U_1(x)$ 及 $U_2(x)$ 为有限函数且

$$\underline{D}U_1(x) > -\infty, \quad \underline{D}U_2(x) > -\infty,$$

则

$$\underline{D}[U_1(x) + U_2(x)] \geqslant \underline{D}U_1(x) + \underline{D}U_2(x).$$

事实上, 置 $U_2(x) = -V(x)$ 而注意到

$$\underline{D}U_2(x) = -\overline{D}V(x),$$

那么就可以用引理.

[①]S. 萨克斯, Теория интеграла, ИЛ, 1949.

§2. 佩龙积分的定义

定义 2 设 $f(x)$ 是在 $[a,b]$ 上定义的函数 (不一定有限). 在 $[a,b]$ 上**连续的**函数 $F(x)$ 被称为[①]

$f(x)$ 的上函数，如果
1) $F(a) = 0$,
2) $\underline{D}F(x) > -\infty$ 对所有的 $x \in [a,b]$,
3) $\underline{D}F(x) \geqslant f(x)$ 对所有的 $x \in [a,b]$.

$f(x)$ 的下函数，如果
1) $F(a) = 0$,
2) $\overline{D}F(x) < +\infty$ 对所有的 $x \in [a,b]$,
3) $\overline{D}F(x) \leqslant f(x)$ 对所有的 $x \in [a,b]$.

上函数及下函数的概念乃是原函数概念的推广. 也就是说, 下面的事实是显而易见的:

引理 2 如果有限函数 $f(x)$ 是函数 $F(x)$ 的导函数 (且 $F(a) = 0$), 则 $F(x)$ 同时是 $f(x)$ 的上函数和下函数.

在今后具有重大意义的是

引理 3 如果 $U(x)$ 及 $V(x)$ 分别是同一个函数 $f(x)$ 的上函数及下函数, 则差 $R(x) = U(x) - V(x)$ 不减.

证明 根据引理 1, 在 $[a,b]$ 上处处有

$$\underline{D}R(x) \geqslant \underline{D}U(x) - \overline{D}V(x) \geqslant 0,$$

从而问题归结到第九章 §8 的引理 1.

推论 1 在引理 3 的条件下有 $U(b) \geqslant V(b)$.

将此命题与引理 2 对照就得出

推论 2 在引理 2 的条件下, 数 $F(b)$ 同时是所有 $U(b)$ 的最小值和所有 $V(b)$ 的最大值, 于此 $U(x)$ 及 $V(x)$ 是函数 $f(x)$ 的任意上函数及下函数, 即

$$F(b) = \min\{U(b)\} = \max\{V(b)\}.$$

现在我们可以给出基本的

定义 3 在 $[a,b]$ 上定义的函数 $f(x)$ 称为在 $[a,b]$ 上依照佩龙的意义可积 [或 (P) 可积], 如果

(1) 它至少有一个上函数 $U(x)$ 及一个下函数 $V(x)$.

(2) 所有上函数 $U(x)$ 在 $x = b$ 的数值所成之集 $\{U(b)\}$ 之下确界与所有下函数 $V(x)$ 在同一点的数值所成之集 $\{V(b)\}$ 之上确界相等, 即

$$\inf\{U(b)\} = \sup\{V(b)\}. \tag{2}$$

如果 $f(x)$ 在 $[a,b]$ 上为 (P) 可积, 则共同值 (2) 称为 $f(x)$ 在 $[a,b]$ 上的佩龙积分, 记作

$$(P)\int_a^b f(x)dx.$$

现在可以把引理 2 及 3 的推论 2 写成下列形式的定理:[②]

[①] 这两个名词译自德文 Oberfunktion 及 Unterfunktion.
[②] 由此定理立即可得存在着函数, 它是 (P) 可积而不是 (L) 可积的. 例如函数 $f(x) = x^2 \cos \frac{\pi}{x^2} [0 < x \leqslant 1, f(0) = 0]$ 的导函数即为一例.

定理 如果函数 $F(x)$ 在 $[a,b]$ 上处处有有限①的导数 $f(x)$, 则 $f(x)$ 为 (P) 可积且

$$F(b) - F(a) = (P)\int_a^b f(x)dx.$$

所以, 佩龙积分实际上是最终解决了按其有限导数求原函数的问题. 但是我们不能不注意到, 在所引出的佩龙积分的定义中, 却并没有给出这个积分的任何**构造过程**. 所指出的这个缺点将在当茹瓦的积分理论中去掉. 我们在以后会看到, 当茹瓦积分是完全由其明确的构造来定义的.

在本节之末我们还要提醒一下, 由佩龙积分的定义可直接得到函数为 (P) 可积的简单而重要的条件.

引理 4 在 $[a,b]$ 上定义的函数 $f(x)$, 它在 $[a,b]$ 上为 (P) 可积的必要且充分条件是: 对于任意已给的 $\varepsilon > 0$, 有上函数 $U(x)$ 及下函数 $V(x)$ 与之对应, 使 $U(b) - V(b) < \varepsilon$.

§3. 佩龙积分的基本性质

定理 1 如果函数 $f(x)$ 为 (P) 可积, 那么它几乎处处有限.

证明 设 $f(x)$ 在 $[a,b]$ 上为 (P) 可积, $U(x)$ 及 $V(x)$ 分别为其上函数及下函数. 置 $R(x) = U(x) - V(x)$. 根据 §2 的引理 1, 在 $[a,b]$ 上处处有

$$\underline{D}R(x) \geqslant \underline{D}U(x) - \overline{D}V(x).$$

但是, 如果在某点 x_0 有 $f(x_0) = +\infty$, 那么更加是 $\underline{D}U(x_0) = +\infty$, 但因 $\overline{D}V(x_0) < +\infty$, 所以

$$\underline{D}R(x_0) = +\infty.$$

后面一个式子对于 $f(x_0) = -\infty$ 的每一点 x_0 也是成立的. 因此, 使 $f(x)$ 成为无穷的点集乃是使 $R'(x) = +\infty$ 的点集的子集, 由于连续的增函数 $R(x)$ 的导函数至多只能在一个测度为零的集上等于 $+\infty$, 根据这个事实就可推得本定理.

定理 2 如果 $F(x)$ 在 $[a,b]$ 上为 (P) 可积, 且 $a < c < b$, 则 $f(x)$ 在 $[a,c]$ 及 $[c,b]$ 上也是 (P) 可积, 且②

$$(P)\int_a^b f(x)dx = (P)\int_a^c f(x)dx + (P)\int_c^b f(x)dx. \tag{1}$$

证明 设 $\varepsilon > 0$, 而 $U(x)$ 及 $V(x)$ 是 $f(x)$ 的这样的上函数及下函数, 使

$$U(b) - V(b) < \varepsilon.$$

显然, 在闭区间 $[a,c]$ 上它们也是 $f(x)$ 的上函数及下函数. 另一方面, 差 $U(x) - V(x)$ 是增函数, 所以

$$U(c) - V(c) < \varepsilon.$$

---

①$f(x)$ 为有限的条件不能除去. 参考 В. Я. 科兹洛夫 (В. Я. Козлов), Пример Гольдовского, Мат. сб., 1951, 28, № 1, 197–204.

②等式 (1) 表示, 佩龙积分是积分区间的可加函数.

根据 ε 的任意性从而推出 $f(x)$ 在 $[a,c]$ 上是 (P) 可积的. 我们注意到,

$$V(c) \leqslant (P)\int_a^c f(x)dx \leqslant U(c). \tag{2}$$

对于闭区间 $[c,b]$, $f(x)$ 的上函数和下函数应为

$$U^*(x) = U(x) - U(c), \quad V^*(x) = V(x) - V(c).$$

因为

$$U^*(b) - V^*(b) \leqslant U(b) - V(b) < \varepsilon,$$

所以在 $[c,b]$ 上, $f(x)$ 为 (P) 可积, 且

$$V(b) - V(c) \leqslant (P)\int_c^b f(x)dx \leqslant U(b) - U(c). \tag{3}$$

合并 (2) 及 (3) 就得到

$$V(b) \leqslant (P)\int_a^c f(x)dx + (P)\int_c^b f(x)dx \leqslant U(b),$$

从而得到 (1).

定理 3　如果 $a < c < b$, 而 $f(x)$ 在每一个闭区间 $[a,c]$ 及 $[c,b]$ 上为 (P) 可积, 则 $f(x)$ 在 $[a,b]$ 上亦为 (P) 可积.

证明　设 $\varepsilon > 0$, $U_1(x)$ 及 $V_1(x)$ 是 $f(x)$ 在 $[a,c]$ 上的上函数及下函数, 又 $U_2(x)$ 及 $V_2(x)$ 是 $f(x)$ 在 $[c,b]$ 上的上函数及下函数, 并且

$$U_1(c) - V_1(c) < \varepsilon, \quad U_2(b) - V_2(b) < \varepsilon.$$

引进如下的函数

$$U(x) = \begin{cases} U_1(x), & \text{当 } a \leqslant x \leqslant c, \\ U_1(c) + U_2(x), & \text{当 } c \leqslant x \leqslant b, \end{cases}$$

$$V(x) = \begin{cases} V_1(x), & \text{当 } a \leqslant x \leqslant c, \\ V_1(c) + V_2(x), & \text{当 } c \leqslant x \leqslant b. \end{cases}$$

易知[①]它们是 $f(x)$ 在 $[a,b]$ 上的上函数及下函数. 由于 $U(b) - V(b) < 2\varepsilon$, 而 ε 为任意的, 所以定理证毕.

定理 4　如果 $f(x)$ 在 $[a,b]$ 上为 (P) 可积, 而 k 为有限常数, 则函数 $kf(x)$ 在 $[a,b]$ 上也是 (P) 可积的, 且

$$(P)\int_a^b kf(x)dx = k(P)\int_a^b f(x)dx. \tag{4}$$

[①] 事实上, $\underline{D}U(c) = \min\{\underline{D}U_1(c), \underline{D}U_2(c)\}$, 从而得到两个不等式 $\underline{D}U(c) > -\infty$ 及 $\underline{D}U(c) \geqslant f(c)$.

证明　当 $k=0$ 时定理是显然成立的[①]. 设 $k>0$. 如果 $U(x)$ 及 $V(x)$ 是 $f(x)$ 的上函数及下函数,则[②] $kU(x)$ 及 $kV(x)$ 乃是 $kf(x)$ 的上函数及下函数. 由于差 $kU(b)-kV(b)$ 与 $U(b)-V(b)$ 一样可以任意的小, 所以 $kf(x)$ 是 (P) 可积的. 等式 (4) 可从不等式

$$kV(b) \leqslant (P)\int_a^b kf(x)dx \leqslant kU(b)$$

得到.

最后设 $k<0$. 则 $kf(x)$ 的上函数及下函数是 $kV(x)$ 及 $kU(x)$, 其证可以如上而得.

定理 5　设函数 $f_1(x)$ 及 $f_2(x)$ 都在 $[a,b]$ 上为 (P) 可积. 如果它们的和在 $[a,b]$ 上处处有定义, 那么它在 $[a,b]$ 上一定是 (P) 可积的, 且

$$(P)\int_a^b [f_1(x)+f_2(x)]dx = (P)\int_a^b f_1(x)dx + (P)\int_a^b f_2(x)dx.$$

证明　设 $U_1(x)$ 及 $U_2(x)$ 分别是 $f_1(x)$ 及 $f_2(x)$ 的上函数. 如果 $U(x)=U_1(x)+U_2(x)$, 则 [参考 §2 引理 1 之推论] 它乃是 $f_1(x)+f_2(x)$ 的上函数. 同理可知 $f_1(x)$ 及 $f_2(x)$ 的下函数之和乃为和函数的下函数. 其余的事情一望而知.

定理 6　如果函数 $f(x)$ 在闭区间 $[a,b]$ 上是 (P) 可积的, 而函数 $g(x)$ 在 $[a,b]$ 上有定义且与 $f(x)$ 等价, 那么 $g(x)$ 在 $[a,b]$ 上也是 (P) 可积的, 且

$$(P)\int_a^b g(x)dx = (P)\int_a^b f(x)dx. \tag{5}$$

证明　我们记满足 $f(x) \neq g(x)$ 的点之全体为 E.

因为 $mE=0$, 所以 (参考第八章 §2 定理 6) 存在着这样的连续增函数 $\sigma(x)$, 使得对于 E 上所有的点有 $\sigma'(x)=+\infty$.

不妨认为[③] $\sigma(a)=0, \sigma(b)=1$.

对于 $\varepsilon>0$, 取 $f(x)$ 的上函数 $U(x)$ 及 $V(x)$ 使得

$$U(b)-V(b)<\varepsilon.$$

设

$$U^*(x)=U(x)+\varepsilon\sigma(x), \quad V^*(x)=V(x)-\varepsilon\sigma(x).$$

容易证明[④], 它们是 $g(x)$ 的上函数及下函数. 又因

$$U^*(b)-V^*(b)<3\varepsilon,$$

[①]函数 $\varphi(x) \equiv 0$ 是函数 $F(x) \equiv c$ 的导函数. 所以, 由 §2 的定理, $\varphi(x)$ 是 (P) 可积的, 且 $(P)\int_a^b 0dx=0$.

[②]当 $k>0$ 时有 $\underline{D}[kF(x)] = k\underline{D}F(x)$, 及 $\overline{D}[kF(x)] = k\overline{D}F(x)$.

[③]不然代替 $\sigma(x)$ 可以讨论下列函数:

$$\sigma_1(x) = \frac{\sigma(x)-\sigma(a)}{\sigma(b)-\sigma(a)}.$$

[④]事实上, 由 $\sigma(x)$ 的增加性, 得到 $\underline{D}U^*(x) \geqslant \underline{D}U(x)$. 因此, 在 $[a,b]$ 上处处是 $\underline{D}U^*(x) > -\infty$. 从而导出, 当 $x \bar\in E$ 时有 $\underline{D}U^*(x) \geqslant g(x)$. 但是当 $x \in E$, 后面的不等式是显然的, 因为对于这种 x 有 $\underline{D}U^*(x) \geqslant \underline{D}U(x)+\varepsilon\underline{D}\sigma(x) = +\infty$. 所以, $U^*(x)$ 乃是 $g(x)$ 的上函数. 对于 $V^*(x)$ 可以同理讨论之.

所以 $g(x)$ 在 $[a,b]$ 上为 (P) 可积. 最后, 由不等式

$$V(b) - \varepsilon \leqslant (P)\int_a^b g(x)dx \leqslant U(b) + \varepsilon$$

得出 (5) 式.

附注 最后一个定理使得定理 5 的表达中可以除去附带条件, 即需 $f_1(x) + f_2(x)$ 在 $[a,b]$ 上处处有意义. 事实上, 因为被加项 (由定理 1) 几乎处处有限, 故 $f_1(x) + f_2(x)$ 不论怎样在 $[a,b]$ 上是几乎处处有意义的, 而在留下的测度为零的集上可以任意的加以定义.

§4. 佩龙不定积分

如果 $f(x)$ 在 $[a,b]$ 上定义且在 $[a,b]$ 上为 (P) 可积, 则函数

$$F(x) = C + (P)\int_a^x f(t)dt \quad (a < x \leqslant b)$$

称为它的佩龙不定积分. 置,

$$(P)\int_a^a f(t)dt = 0,$$

那么我们可以对 $[a,b]$ 上所有 x 讨论 $F(x)$.

定理 1 佩龙不定积分是连续的.

证明 设 $U(x)$ 及 $V(x)$ 为上函数及下函数, 满足不等式

$$U(b) - V(b) < \varepsilon.$$

因为差 $U(x) - V(x)$ 是增加的, 所以对于 $[a,b]$ 中所有的点 x_0, 有

$$U(x_0) - V(x_0) < \varepsilon.$$

另一方面, 在任意闭区间 $[a, x_0]$ 上函数 $U(x)$ 及 $V(x)$ 还是 $f(x)$ 的上函数及下函数. 所以

$$V(x_0) \leqslant (P)\int_a^{x_0} f(t)dt \leqslant U(x_0).$$

因此, 对于 $[a,b]$ 上所有 x 有

$$0 \leqslant U(x) - (P)\int_a^x f(t)dt < \varepsilon.$$

又因对于 $(P)\int_a^x f(t)dt$ 可以利用**连续**函数 $U(x)$ 与之任意地一致接近, 这个可能性就证明了本定理.

定理 2 如果 $f(x)$ 在 $[a,b]$ 上为 (P) 可积,

$$F(x) = (P)\int_a^x f(t)dt, \tag{1}$$

而 $U(x)$ 及 $V(x)$ 是 $f(x)$ 的上函数及下函数, 则差

$$U(x) - F(x), \quad F(x) - V(x) \tag{2}$$

中的每一个都是增函数.

证明 设 $a \leqslant x_1 < x_2 \leqslant b$. 函数 $U(x) - U(x_1)$ 是 $f(x)$ 在 $[x_1, x_2]$ 上的上函数. 从而

$$(P)\int_{x_1}^{x_2} f(t)dt \leqslant U(x_2) - U(x_1),$$

即

$$F(x_2) - F(x_1) \leqslant U(x_2) - U(x_1).$$

因此,

$$U(x_1) - F(x_1) \leqslant U(x_2) - F(x_2).$$

对于 (2) 的第二个函数可以同样讨论.

定理 3 (P) 可积的函数几乎处处是它的佩龙不定积分的导函数.

证明 保持记号 (1), 我们可以找出这样的上函数 $U(x)$, 使

$$U(b) - F(b) < \varepsilon^2,$$

于此, ε 是预先取定的数. 设

$$R(x) = U(x) - F(x).$$

它是增的连续函数. 如所周知, 它几乎处处有有限的导数 $R'(x)$, 且

$$(L)\int_a^b R'(x)dx \leqslant R(b) - R(a) < \varepsilon^2.$$

记 $A(\varepsilon)$ 为满足

$$\underline{D}F(x) < f(x) - \varepsilon$$

的点集. 对于其中每一点更加是

$$\underline{D}F(x) < \underline{D}U(x) - \varepsilon, \quad \text{从而}^{①} \quad \overline{D}U(x) - \underline{D}F(x) > \varepsilon.$$

其次, 对于 $[a,b]$ 中存在着有限的 $R'(x)$ 的点, 记其全体为 M (因此 $mM = b - a$.) 如果 $x \in M$, 则[②]

$$\overline{D}U(x) - \underline{D}F(x) = R'(x).$$

记 $B(\varepsilon)$ 为 $[a,b]$ 中满足 $R'(x) > \varepsilon$ 的点的全体, 那么显然, 交集 $MA(\varepsilon)$ 是 $B(\varepsilon)$ 的子集. 但

$$\varepsilon m B(\varepsilon) \leqslant (L)\int_{B(\varepsilon)} R'(x)dx \leqslant (L)\int_a^b R'(x)dx < \varepsilon^2,$$

从而得到: $mB(\varepsilon) < \varepsilon$, 因此, $m^* A(\varepsilon) < \varepsilon$.

以 $\dfrac{\varepsilon}{2^n}$ 代替此地的 ε, 我们有

$$m^* A\left(\frac{\varepsilon}{2^n}\right) < \frac{\varepsilon}{2^n}.$$

[①] 不等式 $\underline{D}F(x) < f(x) - \varepsilon$ 保证了 $\underline{D}F(x) < +\infty$, 又因 $\overline{D}U(x) > -\infty$, 所以差 $\overline{D}U(x) - \underline{D}F(x)$ 有意义.

[②] 事实上, $\dfrac{U(x+h) - U(x)}{h} = \dfrac{F(x+h) - F(x)}{h} + \dfrac{R(x+h) - R(x)}{h}$. 由此显然是 $\overline{D}U(x) = \underline{D}F(x) + R'(x)$.

但显然有
$$E(\underline{D}F < f) = \sum_{n=1}^{\infty} A\left(\frac{\varepsilon}{2^n}\right).$$

所以
$$m^* E(\underline{D}F < f) < \varepsilon.$$

由于 ε 的任意性, 在 $[a,b]$ 上几乎处处有
$$\underline{D}F(x) \geqslant f(x). \tag{3}$$

类似地, 引入下函数, 就可以证明, 在 $[a,b]$ 上几乎处处有
$$\overline{D}F(x) \leqslant f(x), \tag{4}$$

而对于所有的点, 当不等式 (3) 与 (4) 同时满足的话, 一定存在着 $F'(x)$, 且等于 $f(x)$.

推论 1 任何 (P) 可积的函数是可测的.

事实上, 保留着上述记号而规定
$$F(x) = F(b) \text{ 当 } x > b,$$

我们看到, $f(x)$ 在 $[a,b]$ 上几乎对于所有的 x 可以用连续函数列的极限来表示:
$$f(x) = \lim_{n \to \infty} n\left[F\left(x + \frac{1}{n}\right) - F(x)\right].$$

推论 2 任意的 (P) 可积函数的上函数 $U(x)$ 及下函数 $V(x)$ 几乎处处可以微分.

事实上, 在上面相同的记号下, 有
$$U(x) = [U(x) - F(x)] + F(x),$$

而函数 $U(x) - F(x)$ 与 $F(x)$ 中每一个是几乎处处可以微分的. 对于 $V(x)$ 情况完全相似.

§5. 佩龙积分与勒贝格积分的比较

我们在 §2 (参考 421 页的脚注 ②) 中已经提到过, 存在着佩龙可积但不是勒贝格可积的函数. 在本节中我们要证明其逆不真. 为此我们需要两个引理.

引理 1 设函数 $u(x)$ 在 $[a,b]$ 上可和及
$$U(x) = (L)\int_a^x u(t)dt.$$

如果 $u(x)$ 在点 x_0 为下半连续, 则
$$\underline{D}U(x_0) \geqslant u(x_0).$$

证明 可以认为 $u(x_0) > -\infty$, 否则就不必证明. 取任意的 A 使它满足 $A < u(x_0)$, 那么我们可以保证, 存在着这样的 $\delta > 0$, 当 $|t - x_0| < \delta$, $t \in [a,b]$ 时有 $u(t) > A$.

在这种情形下, 当 $|x - x_0| < \delta$ 时有①

$$(L)\int_{x_0}^{x} u(t)dt \geqslant A(x - x_0), \quad \text{从而} \quad \frac{U(x) - U(x_0)}{x - x_0} \geqslant A,$$

因此, 所有导出数 $DU(x_0)$ 不小于 A. 特别是 $\underline{D}U(x_0) \geqslant A$. 其余的事情很显然.

引理 2 设 $f(x)$ 在 $[a,b]$ 上可和. 那么对于任意的 $\varepsilon > 0$, 存在着具有下列诸性质的函数 $u(x)$:

1) 它在 $[a,b]$ 上定义且处处为下半连续;
2) 处处是 $u(x) > -\infty$;
3) 处处是 $u(x) \geqslant f(x)$;
4) 函数 $u(x)$ 为可和且

$$(L)\int_a^b u(x)dx < \varepsilon + (L)\int_a^b f(x)dx.$$

证明 I. 首先假定 $f(x)$ 是非负有界的:

$$0 \leqslant f(x) < M.$$

置

$$\sigma = \frac{\varepsilon}{1 + b - a}, \tag{1}$$

其中 ε 是引理条件中所叙述的数, 又选取自然数 n 如此的大, 使 $n\sigma > M$.

我们引进点集

$$E_k = E(k\sigma \leqslant f < (k+1)\sigma) \quad (k = 0, 1, 2, \cdots, n-1).$$

对于其中每一个集存在这样的有界开集 G_k, 使

$$G_k \supset E_k, \quad mG_k < mE_k + \frac{1}{(k+1)2^{k+1}}.$$

设 $S_k = [a,b] \; G_k$ 及 $\varphi_k(x)$ 为其特征函数 (我们令 $\varphi_k(x)$ 在闭区间 $[a,b]$ 上定义). 所有的函数 $\varphi_k(x)$, 都是下半连续的②.

置

$$u(x) = \sigma \sum_{k=0}^{n-1} (k+1)\varphi_k(x),$$

将证这个函数就是所要求的. 事实上, 它是非负的, 下半连续的, 并且是有上界的. 设 $x \in [a,b]$. 则对于某些 i 原来是 $x \in E_i \subset S_i$ 及 $\varphi_i(x) = 1$, 在这种场合

$$u(x) \geqslant (i+1)\sigma > f(x).$$

---
①这里只就 $x > x_0$ 时适用. 对于 $x < x_0$ 读者可以自行引出推论.
②参考在第十五章 §4 中引入的例子.

最后,
$$(L)\int_a^b u(x)dx = \sigma \sum_{k=0}^{n-1}(k+1)mS_k < \sigma \sum_{k=0}^{n-1}(k+1)[mE_k + \frac{1}{(k+1)2^{k+1}}].$$

从而
$$(L)\int_a^b u(x)dx < \sum_{k=0}^{n-1}\sigma kmE_k + \sigma[(b-a)+1].$$

考虑到 (1) 式及不等式
$$\sigma kmE_k \leqslant (L)\int_{E_k} f(x)dx,$$

我们得到
$$(L)\int_a^b u(x)dx < \varepsilon + (L)\int_a^b f(x)dx.$$

因此, 对于所考虑的情形引理已经证明.

II. 现在我们去掉 $f(x)$ 为有界的假定, 但暂时还假定它是非负的.

置
$$S_n(x) = \begin{cases} f(x), & \text{当 } f(x) \leqslant n, \\ n, & \text{当 } f(x) > n, \end{cases}$$

又设
$$f_1(x) = S_1(x), f_n(x) = S_n(x) - S_{n-1}(x) \quad (n=2,3,4,\cdots).$$

函数 $f_n(x)$ 是可测的, 非负的和有界的, 且
$$f(x) = \sum_{n=1}^{\infty} f_n(x).$$

根据已经证明的事实, 对于每一个自然数 n 存在着下半连续的函数 $u_n(x)$ 满足不等式
$$u_n(x) \geqslant f_n(x), \quad (L)\int_a^b u_n(x)dx < \frac{\varepsilon}{2^n} + (L)\int_a^b f_n(x)dx.$$

容易看到[1], 函数
$$u(x) = \sum_{n=1}^{\infty} u_n(x)$$

满足引理中所有的要求.

III. 最后, 我们考察一般的情形, 即 $f(x)$ 是任意的可和函数.

置
$$f_n(x) = \begin{cases} f(x), & \text{当 } f(x) \geqslant -n, \\ -n, & \text{当 } f(x) < -n, \end{cases}$$

显然,
$$|f_n(x)| \leqslant |f(x)|, \quad \lim_{n\to\infty} f_n(x) = f(x).$$

---

[1] 参考第十五章 §4 定理 6 的推论.

因此
$$\lim_{n\to\infty}(L)\int_a^b f_n(x)dx = (L)\int_a^b f(x)dx.$$

选取并且固定这样的 n, 使
$$(L)\int_a^b f_n(x)dx < \frac{\varepsilon}{2} + (L)\int_a^b f(x)dx.$$

函数 $n + f_n(x)$ 是非负可和的. 根据已证事实, 存在着下半连续的函数 $u^*(x)$ 使
$$u^*(x) \geqslant n + f_n(x), \quad (L)\int_a^b u^*(x)dx < \frac{\varepsilon}{2} + (L)\int_a^b [n + f_n(x)]dx.$$

在此情况下, 函数 $u(x) = u^*(x) - n$ 具有一切需要的性质.

定理 1 如果函数 $f(x)$ 在闭区间 $[a,b]$ 上依照勒贝格的意义可积, 那么它在同一个闭区间上也依照佩龙意义可积, 并且
$$(P)\int_a^b f(x)dx = (L)\int_a^b f(x)dx.$$

证明 取 $\varepsilon > 0$ 并考察在上述引理中所谈到的那个下半连续函数. 如果
$$U(x) = (L)\int_a^x u(t)dt,$$

则 $U(x)$ 是 $f(x)$ 的下函数. 事实上, 它的连续性和 $U(a) = 0$ 是一望而知的. 其次, 根据引理 1, 对于 $[a,b]$ 上的任意 x 有
$$\underline{D}U(x) \geqslant u(x),$$

从而得到上函数的两个作为特征的不等式
$$\underline{D}U(x) > -\infty, \quad \underline{D}U(x) \geqslant f(x).$$

根据数 ε 的任意性及不等式
$$U(b) = (L)\int_a^b u(t)dt < \varepsilon + (L)\int_a^b f(x)dx$$

推得:
$$\inf\{U(b)\} \leqslant (L)\int_a^b f(x)dx,$$

其中 $\{U(b)\}$ 表示一切可能的上函数在 $x = b$ 所取到的数值所成之集.

用相似的方法可以得到
$$\sup\{V(b)\} \geqslant (L)\int_a^b f(x)dx,$$

其中所用的记号是不言自明的. 但恒有
$$\sup\{V(b)\} \leqslant \inf\{U(b)\},$$

因此这两个数都等于积分
$$(L)\int_a^b f(x)dx,$$

这就完成了证明.

作为这个定理的有趣的补充是

定理 2　所有非负且 (P) 可积的函数一定是 (L) 可积的.

证明　设 $f(x)$ 是所谈到的函数, 而 $U(x)$ 是它的上函数. 那么由不等式

$$\underline{D}U(x) \geqslant f(x) \geqslant 0$$

推得: $U(x)$ 是增函数而因此它的导函数 $U'(x)$ (几乎处处存在) 是可和的[①]. 由于对于 $U'(x)$ 存在的所有的点有

$$0 \leqslant f(x) \leqslant U'(x),$$

因此定理由上列不等式可以推出.

推论　如果 $f(x)$ 为可测函数且存在着佩龙积分

$$(P)\int_a^b |f(x)| dx,$$

则 $f(x)$ 是可和的.

因此, 佩龙积分是在并且只有在它可以化为勒贝格积分时绝对收敛.

§6. 积分的抽象定义及其推广

在本节中我们讨论某些一般的性质, 这是在今后研究当茹瓦积分理论时要利用到的.

我们已经熟悉了一系列的积分: R (黎曼), L (勒贝格), P (佩龙). 所有这些积分都有着某些公共的性质, 现在我们要用某种统一的方式将这些性质包括进去.

假设对于每一个闭区间 $[a,b]$, 于此 $a \leqslant b$, 令定义在 $[a,b]$ 上的某个非空函数类 $T([a,b])$ 与之对应.

我们选取这样的函数类系, 使它附带有这样的条件: 当 $c \in [a,b]$ 时有[②]

$$T([a,b]) = T([a,c])T([c,b]),$$

此时称之为正则的.

设 $\mathfrak{M} = \{T([a,b])\}$ 是某个正则的类系, 又设对于每一类 $T([a,b])$ 定义泛函

$$\overset{b}{\underset{a}{\mathrm{T}}}(f),$$

就是说, 对 $T([a,b])$ 中的每一个函数 f 有一确定的实数与之对应. 我们称此泛函为积分, 如果对

[①] 参考第八章 §2 的定理 5.
[②] 这个关系的精确意义是这样的: 在 $[a,b]$ 上定义的函数 $f(x)$ 当并且只有当那时属于 $T([a,b])$, 就是当 $f(x)$ 只看作在 $[a,c]$ 上定义与只看作在 $[c,b]$ 上定义时的两个函数分别属于 $T([a,c])$ 和 $T([c,b])$.

于任意的 $f \in T([a,b])$ 和任意的 $c \in [a,b]$ 有[①]
$$\mathop{T}_{a}^{b}(f) = \mathop{T}_{a}^{c}(f) + \mathop{T}_{c}^{b}(f), \tag{1}$$
并且 (对于 $x \in [a,b]$)
$$\lim_{x \to c} \mathop{T}_{a}^{x}(f) = \mathop{T}_{a}^{c}(f). \tag{2}$$
换言之, 积分是连续的可加闭区间函数.

所有属于函数类 $T([a,b])$ 的函数, 称为在 $[a,b]$ 上 T 可积. 由类系 $\{T([a,b])\}$ 的正则性的条件推得: 所有函数在 $[a,b]$ 上为 T 可积时一定在含在 $[a,b]$ 内的每一个闭区间[②] $[p,q]$ 上也是 T 可积的.

现在我们研究所引进的积分的抽象概念的某些性质. 设 $f(x)$ 在 $[a,b]$ 上定义而 $c \in [a,b]$. 如果对于任意的 $\delta > 0$, 函数 $f(x)$ 在闭区间 $[c-\delta, c+\delta][a,b]$ 上不是 T 可积, 则我们称点 c 为 $f(x)$ 的 T 奇异点, 而所有这些点所成的集记作 $S_T(f;[a,b])$. 有时代替 $S_T(f;[a,b])$ 我们写成 $S_T([a,b])$, 或者 $S_T(f)$ 或者更简单地甚至记作 S_T.

显然, 在 $[a,b]$ 上是 T 可积的函数有着 $S_T([a,b]) = \varnothing$. 其逆也是真的, 我们在下述引理中给以证实.

引理 1 如果 $f(x)$ 在 $[a,b]$ 上定义而不属于 $T([a,b])$, 则
$$S_T(f;[a,b]) \neq \varnothing.$$

证明 置 $d = \dfrac{a+b}{2}$. 闭区间 $[a,d]$ 与 $[d,b]$ 中至少有一个具有这种性质: $f(x)$ 在其上不是 T 可积的. 我们记它为 $[a_1, b_1]$, 而置 $d_1 = \dfrac{a_1+b_1}{2}$. 又记 $[a_2, b_2]$ 为 $[a_1, d_1]$ 与 $[d_1, b_1]$ 中的闭区间, 在其上 $f(x)$ 不是 T 可积的. 继续这种手续, 我们得到一列无穷个闭区间套:
$$[a,b] \supset [a_1,b_1] \supset [a_2,b_2] \supset \cdots,$$
在每一闭区间上 $f(x)$ 不是 T 可积的.

设 c 为所有 $[a_n, b_n]$ 的公共点. 如果 $\delta > 0$, 那么对于足够大的 n 就有 $[a_n, b_n] \subset [c-\delta, c+\delta] [a,b]$.

从而得到, $f \bar{\in} T([c-\delta, c+\delta] [a,b])$, 所以点 c 是 T 奇异点.

引理 2 集 $S_T = S_T(f;[a,b])$ 是闭的.

证明 设 $c_n \in S_T$, 而 $c_n \to c$. 取 $\delta > 0$. 如果 n 足够大, 则 $|c_n - c| < \dfrac{\delta}{2}$, 因此
$$\left[c_n - \frac{\delta}{2}, c_n + \frac{\delta}{2}\right] [a,b] \subset [c-\delta, c+\delta][a,b].$$

因为 $f(x)$ 在上式左边所表示的闭区间上不是 T 可积的, 所以它在 $[c-\delta, c+\delta][a,b]$ 上更加不是 T 可积, 由于 δ 的任意性, 就得到 $c \in S_T$, 因而证毕.

[①]特别, 如果 $f \in T([a,a])$, 则
$$\mathop{T}_{a}^{a}(f) = \mathop{T}_{a}^{a}(f) + \mathop{T}_{a}^{a}(f).$$
即 $\mathop{T}_{a}^{a}(f) = 0$: "在点" 上的积分等于零.

[②]特别在每一点 $c \in [a,b]$ 上是 T 可积的.

§6. 积分的抽象定义及其推广

今后感兴趣的是这种情形, 当 S_T 不充满整个闭区间 $[a,b]$. 在此种情形余集 $[a,b] - S_T$ 乃是由有限个或可数个两两不相交的间隔所组成. 事实上, 如果 $S_T = \varnothing$, 则 $[a,b] - S_T = [a,b]$. 如果 $S_T \neq \varnothing$ 而设 $[p,q]$ 为包含 S_T 的最小闭区间, 则①

$$[a,b] - S_T = [a,p) + \{[p,q] - S_T\} + (q,b],$$

剩下来的事情只要回忆到集 $[p,q] - S_T$ 或者是空的或者由两两不相交的区间所组成. 对于 S_T 的余集中的某些间隔而不是开区间的, 严格说来需有相应的其他记号, 但我们今后都简单地记作 (a_n, b_n), 可是没有除去那种例外, 就是 (a_n, b_n) 中的某一个事实上是 $[a_n, b_n)$ 或 $(a_n, b_n]$ 或者甚至于是 $[a_n, b_n]$ (如果 $S_T = \varnothing$).

我们假定, 被研究的是两种积分 T_1 和 T_2. 如果所有函数是 T_1 可积时一定是 T_2 可积, 且两个积分值一致, 那么称积分 T_2 比 T_1 更为广义.

我们要指出, 从任意一个积分 T (在其本身定义中, 应该引进在 T 可积函数类 $T([a,b])$ 的正则系 $\mathfrak{M}$ 上的表示) 出发可以建立其他更广义的积分 T_*.

为此目的我们对于新的积分首先应该定义积分函数类的正则系. 我们约定定义在 $[a,b]$ 上的函数 $f(x)$ 属于 $T_*([a,b])$ 当且仅当它满足下列三个条件:

1) 集 $S_T = S_T(f; [a,b])$ 在 $[a,b]$ 上为疏集且函数 $f(x)$ 在该集上是依照勒贝格意义可积的②.

2) 如果 $\{(a_n, b_n)\}$ 是 S_T 的余区间的全体, 则对于每一个 n 存在着有限的极限

$$I_n = \lim \mathop{T}_{\alpha}^{\beta}(f) \quad (a_n < \alpha < \beta < b_n, \alpha \to a_n, \beta \to b_n).$$

3) 如果③

$$W_n = \sup \left| \mathop{T}_{\alpha}^{\beta}(f) \right| \quad (a_n < \alpha < \beta < b_n),$$

则

$$\sum_n W_n < +\infty.$$

我们要说明类系 $\{T_*([a,b])\}$ 的正则性. 首先假设 $f(x) \in T([a,b])$. 则 $S_T(f; [a,b]) = \varnothing$ 而 $\sum (a_n, b_n)$ 就归结到一个闭区间 $[a,b]$. 已经指出 (参阅本页脚注 ②), 我们的函数是满足第一个条件的. 第二个条件对于它也是满足的, 因为由 (2) 式, 当 $a < \alpha < \beta < b, \alpha \to a, \beta \to b$ 时有

$$\lim \mathop{T}_{\alpha}^{\beta}(f) = \mathop{T}_{a}^{b}(f).$$

最后, 对于 $f(x)$, 第三个条件也是满足的, 因为根本只有一个 (有限的!) 数 W.

因此,

$$T([a,b]) \subset T_*([a,b]),$$

所有的类 $T_*([a,b])$ 不是空的.

其次, 设 $f(x) \in T_*([a,b])$ 及④ $a < c < b$. 研究集 $S_T(f; [a,c])$. 易见它是集 $S_T(f; [a,b])$ 的子集, 因此是在 $[a,c]$ 上的疏集, 而函数 $f(x)$ 在其上是依照勒贝格意义可积的. 因此, 函数 $f(x)$

---

① 当 $p = a$ 时 $[a,p) = \varnothing$.
② 当 $mS_T = 0$ 时这个条件恒满足, 因而当 $S_T = \varnothing$ 时更加成立.
③ 第二个条件保证了数 W_n 的有限性.
④ 当 $c = a$ 及 $c = b$ 时显然成立. 事实上, 如果 $f(x)$ 在 x_0 上有定义, 那么不依赖于它是否在该点为 T-可积, $f(x)$ 一定属于类 $T_*([x_0, x_0])$.

在闭区间 $[a,c]$ 上满足条件 1). 设

$$[a,c] - S_T(f;[a,c]) = \sum_n (a_n, b_n).$$

如果 $c \in S_T(f;[a,c])$, 那么这里所出现的每一个区间 (a_n, b_n) 是整个集 $S_T(f;[a,b])$ 关于闭区间 $[a,b]$ 的余区间. 如果是 $c \bar{\in} S_T(f;[a,c])$, 那么对于所有的 (a_n, b_n), 除了可能个别的间隔取形式[①] $(a_{n_0}, c]$ 者外也是那样. 从这个情况直接可以得到条件 2) 和 3) 的满足必须 $f(x)$ 属于类 $T_*([a,c])$. 同理可以证明 $f(x) \in T_*([c,b])$. 因此

$$T_*([a,b]) \subset T_*([a,c])T_*([c,b]).$$

相反的包含式可以用相似的讨论建立起来.

这样, 类系 $\{T_*([a,b])\}$ 是正则的. 现在我们对于每一个 $f \in T_*([a,b])$, 借助于下式来定义泛函 $\overset{b}{\underset{a}{T}}_*(f)$ 的值:

$$\overset{b}{\underset{a}{T}}_*(f) = \sum_n I_n + (L)\int_{S_T(f)} f(x)dx. \tag{3}$$

这个定义是合适的, 因为 $|I_n| \leqslant W_n$, 因此级数 $\sum I_n$ 绝对收敛.

注意到下面的事实是有益的, 即对于所有 T 可积的函数 $f(x)$ [我们已经在上面提到过它是属于 $T_*([a,b])$ 的] 有

$$\overset{b}{\underset{a}{T}}_*(f) = \overset{b}{\underset{a}{T}}(f),$$

因为 (3) 式右方的积分不出现, 而 $\sum I_n$ 变成一个被加数 $\overset{b}{\underset{a}{T}}(f)$.

我们有另外一种最简单的情形, 就是当 $[a,b]$ 上只有 a 点和 b 点是 T 奇异点时. 在此情形下,

$$\overset{b}{\underset{a}{T}}_*(f) = \lim \overset{\beta}{\underset{\alpha}{T}}(f) \quad (a < \alpha < \beta < b, \alpha \to a, \beta \to b).$$

根据这个简单的说明, 由 (3) 式即得

$$\overset{b}{\underset{a}{T}}_*(f) = \sum_n \overset{b_n}{\underset{a_n}{T}}_*(f) + (L)\int_{S_T(f)} f(x)dx.$$

我们要说明, 这样定义的泛函 $\overset{b}{\underset{a}{T}}_*(f)$ 是本节开始时所给意义下的积分, 也就是说, 作为闭区间 $[a,b]$ 的函数, 它是可加和连续的.

设 $f \in T_*([a,b])$ 及 $a < c < b$. 显然,

$$S_T(f;[a,b]) = S_T(f;[a,c]) + S_T(f;[c,b]),$$

并且, 写在右边的两个集或者是不相交, 或者只有一个公共的点. 从而得到

$$(L)\int_{S_T([a,b])} f(x)dx = (L)\int_{S_T([a,c])} f(x)dx + (L)\int_{S_T([c,b])} f(x)dx, \tag{4}$$

并且右边的两个积分存在且有限.

[①] 可是, 可能 $S_T(f;[a,c]) = \varnothing$. 那么所述的例外情形就是闭区间 $[a,c]$ 本身.

其次, 设
$$[a,b] - S_T(f;[a,b]) = \sum_n (a_n,b_n).$$

关于点 c 可以做三个假定: 它属于两个集 $S_T([a,c])$ 和 $S_T([c,b])$, 它不属于其中任何一个, 它属于其中一个但不属于其他一个. 对于这三种情形讨论是非常相似的, 所以我们只研究其中的第一种情形. 在这个情形区间 (a_n, b_n) 所组成的整个集分解成两个不相交的子集, 一个是由位在 c 点左边的区间所组成, 一个由位在 c 点右边的区间所成. 由不言而喻的记号有

$$\sum_{[a,b]} I_n = \sum_{[a,c]} I_n + \sum_{[c,b]} I_n,$$

从而再由 (4) 式就推出[①]

$$\underset{a}{\overset{b}{T_*}}(f) = \underset{a}{\overset{c}{T_*}}(f) + \underset{c}{\overset{b}{T_*}}(f). \tag{5}$$

于是, 泛函 T_* 是可加的闭区间函数. 我们现在要证明, 当 $f \in T_*([a,b]), x \in [a,b], c \in [a,b]$ 及 $x \to c$ 有

$$\lim \underset{a}{\overset{x}{T_*}}(f) = \underset{a}{\overset{c}{T_*}}(f). \tag{6}$$

为确定起见假设 $x < c$. 那么我们可以认为 $c = b$. 关于点 b 可以做三个假定: 它不属于集 $S_T(f;[a,b])$, 它是该集的孤立点和它是该集的极限点.

在开始两种情形时讨论几乎是自明的. 事实上, 如果 $b \bar{\in} S_T(f;[a,b])$, 则函数在 $[p,b]$ 上是 T 可积的, 只要 p 足够的接近于 b. 因此, 对于这种 p, 有

$$\underset{p}{\overset{b}{T_*}}(f) = \underset{p}{\overset{b}{T}}(f).$$

在这种情形

$$\underset{p}{\overset{b}{T_*}}(f) = \lim \underset{p}{\overset{x}{T}}(f), \tag{7}$$

于此 $p < x < b, x \to b$. 但因

$$\underset{p}{\overset{x}{T}}(f) = \underset{p}{\overset{x}{T_*}}(f),$$

则代替 (7) 式可以写成

$$\underset{p}{\overset{b}{T_*}}(f) = \lim \underset{p}{\overset{x}{T_*}}(f),$$

还要注意到

$$\underset{a}{\overset{b}{T_*}}(f) - \underset{a}{\overset{x}{T_*}}(f) = \underset{p}{\overset{b}{T_*}}(f) - \underset{p}{\overset{x}{T_*}}(f).$$

如果 b 是 $S_T(f;[a,b])$ 的孤立点, 那么当 p 足够接近 b 时, b 点是在闭区间 $[p,b]$ 上唯一的奇异点. 根据定义 $T_*(f)$ 又将满足 (7) 式, 因此和上述情形一样可以完成证明.

最后, 我们讨论主要的情形, 当 b 是 $S_T(f;[a,b])$ 的极限点. 在此情形, 点 b 不是 $S_T(f;[a,b])$ 的余区间的任何一个 (a_n, b_n) 的右端, 而这些区间的个数显然是无穷的. 又注意到, 取 $\varepsilon > 0$ 及选择这样的 N, 使

$$\sum_{n > N} W_n < \varepsilon. \tag{8}$$

[①] 我们假定了 $a < c < b$. 但对 $a = c$ 及 $c = b$ 时 (5) 式显然成立, 因为由 $T_*(f)$ 定义本身明显地是 $\underset{c}{\overset{c}{T_*}}(f) = 0$.

这样的 N 的存在是由条件 3) 得到的, 条件 3) 是 $f(x)$ 应该满足的.
又记这样的 $\delta > 0$ 使由不等式 $b - \delta < x < b$ 可导出不等式

$$\left|(L)\int_{S_T([x,b])} f(t)dt\right| < \varepsilon. \tag{9}$$

记 β 为点 $b - \delta, b_1, b_2, \cdots, b_N$ 中最右的一点而设 $x > \beta$.
如果 $x \in S_T([x,b])$, 则由 $T_*(f)$ 的定义有

$$\underset{x}{\overset{b}{T}}_*(f) = \sum_{n \in M} I_n + (L)\int_{S_T([x,b])} f(t)dt, \tag{10}$$

其中 M 是使 $(a_n, b_n) \subset [x, b]$ 的 n 全体所成之集. 显然, 对于所有这些 n 有 $n > N$, 因此

$$\left|\sum_{n \in M} I_n\right| \leqslant \sum_{n \in M} W_n < \varepsilon. \tag{11}$$

如果是 $x \overline{\in} S_T([x,b])$, 则可找出这样的 m, 使 $a_m \leqslant x < b_m$. 显然, 这时 $m > N$. 那么代替 (10) 式有

$$\underset{x}{\overset{b}{T}}_*(f) = \underset{x}{\overset{b_m}{T}}_*(f) + \sum_{n \in M} I_n + (L)\int_{S_T([x,b])} f(t)dt. \tag{12}$$

但是

$$\underset{x}{\overset{b_m}{T}}_*(f) = \lim \underset{x}{\overset{y}{T}}(f) \quad (x < y < b_m, x \to b_m),$$

因此

$$\left|\underset{x}{\overset{b_m}{T}}_*(f)\right| \leqslant W_m < \varepsilon.$$

从而, 考虑到 (9) 式和 (11) 式, 显然地, 当 $x > \beta$ 时有

$$\left|\underset{a}{\overset{b}{T}}_*(f) - \underset{a}{\overset{x}{T}}_*(f)\right| = \left|\underset{x}{\overset{b}{T}}_*(f)\right| < 3\varepsilon.$$

因此, 在这情形下, (6) 式是真的, 随之而得到 $T_*(f)$ 实际上是积分①.

§7. 狭义的当茹瓦积分

现在, 最后, 我们要给出 "狭义" 的当茹瓦积分的定义. 为此目的首先我们建立一串愈来愈广义的积分超限序列 ($\Omega + 1$ 型), 这些积分我们称之为在 $[a, b]$ 上定义的函数 $f(x)$ 的 D_ξ 积分, 记作

$$(D_\xi)\int_a^b f(x)dx. \tag{1}$$

积分 (1) 是用归纳法定义的. 也就是说, 对于

$$(D_0)\int_a^b f(x)dx$$

我们直接理解为勒贝格积分

$$(L)\int_a^b f(x)dx.$$

现在假定, 对于所有的 $\xi < \eta$ 我们已经定义了积分 (1), 其中② $\eta \leqslant \Omega$, 且由 $\xi_1 < \xi_2 < \eta$ 得

---

①同时比 $T(f)$ 更为广义.
②以后会明白, 为什么积分 (1) 对于 $\xi > \Omega$ 不加讨论.

§7. 狭义的当茹瓦积分

出积分 D_{ξ_2} 比 D_{ξ_1} 更为广义. 如果 η 是第一种的数而 $\eta - 1$ 为适在其先的数, 则置

$$\underset{a}{\overset{b}{\mathrm{T}}}(f) = (D_{\eta-1})\int_a^b f(x)dx,$$

我们用下列公式来定义积分 D_η:

$$(D_\eta)\int_a^b f(x)dx = \underset{a}{\overset{b}{\mathrm{T}}}_*(f).$$

如果 η 是第二种数, 那么我们把所有在 $[a,b]$ 上 D_ξ 可积的函数 $f(x)$ 的全体作为函数类 D_η, 其中 $\xi < \eta$. 且定义

$$(D_\eta)\int_a^b f(x)dx = (D_{\xi_0})\int_a^b f(x)dx,$$

其中 ξ_0 是上述 ξ 中的最小数[①]. 因此, 如果 η 是第二种的数, 则 D_η 可积函数类就是所有 D_ξ 可积函数类 (对于所有 $\xi < \eta$) 的和集. 因此我们给出的积分 (1) 可以利用记号写成

$$D_0 = L, \quad D_\eta = (D_{\eta-1})_*, D_\eta = \sum_{\xi < \eta} D_\xi,$$

并且第二个关系式必须当 η 是第一种数时被采用, 而第三式当 η 是第二种数时适用.

特别, 取 $\xi = \Omega$, 我们就得到 "狭义" 的当茹瓦积分.

定义 积分

$$(D_\Omega)\int_a^b f(x)dx \tag{2}$$

称为在 $[a,b]$ 上定义的函数 $f(x)$ 的狭义的当茹瓦积分.

如同我们已经提到过的, 这个积分常被称为当茹瓦–佩龙积分. 通常代替 (2) 式写成[②]

$$(D)\int_a^b f(x)dx.$$

这样, 函数依当茹瓦意义可积的也是对于某些 $\xi < \Omega$ 为 D_ξ 可积的, 因此利用上面用过的记号, 可以写成形式

$$D = \sum_{\xi < \Omega} D_\xi,$$

又如果这些 ξ 中最小的是 ξ_0, 则

$$(D)\int_a^b f(x)dx = (D_{\xi_0})\int_a^b f(x)dx.$$

现在我们要讨论引入的积分的某些性质.

定理 1 如果函数 $f(x)$ 在 $[a,b]$ 上对于某一 $\xi < \Omega$ 是 D_ξ 可积的, 那么它在 $[a,b]$ 上对于满足不等式 $\xi \leqslant \eta \leqslant \Omega$ 的所有 η 是 D_η 可积的, 并且

$$(D_\eta)\int_a^b f(x)dx = (D_\xi)\int_a^b f(x)dx.$$

[①]容易看到, ξ_0 必定是第一种的数, 显然, 泛函 $(D_\eta)\int_a^b f(x)dx$ 是 §6 意义下的积分.

[②]有时写成 $(D_*)\int_a^b f(x)dx$.

证明 首先对于 $\xi = 0$ 证明定理. 当 $\eta = 0$ 时我们的定理自然是对的. 假设对于所有的 $\eta < \zeta$, 其中 $0 < \zeta \leqslant \Omega$, 定理已经被证明. 如果 ζ 是第一种的数, 那么定理的正确性由积分 T_* 比 T 更为广义可知. 如果 ζ 是第二种的数, 那么问题便直接归到当下标是第二种数时积分 (1) 的定义. 这样, 当 $\xi = 0$ 时定理已经证明. 设定理对于所有的 $\xi < \alpha$, 其中 $0 < \alpha < \Omega$ 时为已证. 要证明定理当 $\xi = \alpha$ 时也是真的.

定理当 $\eta = \alpha$ 时为正确是显然的. 假设它对于所有的 $\eta < \zeta$, 其中 $\alpha < \zeta \leqslant \Omega$ 是真的. 如果 ζ 是第一种的数, 那么定理的正确性如同以前一样可以得到. 设 ζ 是第二种的数, 则函数的 D_ζ 可积性是明显的. 同时

$$(D_\zeta)\int_a^b f(x)dx = (D_\beta)\int_a^b f(x)dx,$$

其中 β 是使得函数为 D_γ 可积的 γ 的最小数. 显然, $\beta \leqslant \alpha$. 如果 $\beta = \alpha$, 则定理已经证得, 如果 $\beta < \alpha$, 则定理由归纳法的假定可以引出, 因为归纳法的假定表示对于所有的 $\xi < \alpha$ 时定理是真的, 而这就是所要证明的.

已证的定理可以简写为: ξ 愈大, 则积分 D_ξ 愈是广义.

在 $[a, b]$ 上定义的函数 $f(x)$ 的 D_ξ 奇异点所成之集我们约定记作 $S_\xi(f; [a, b])$. 有时我们也用下列更为简单的记号:

$$S_\xi([a, b]), \quad S_\xi(f), S_\xi$$

中的一个来表示它.

由定理 1 直接可以推得, 当 $\xi < \eta$ 时是 $S_\xi \supset S_\eta$.

定理 2 要使在 $[a, b]$ 上定义的函数 $f(x)$ 为 D 可积的必要且充分的条件是

$$\prod_{\xi < \Omega} S_\xi(f; [a, b]) = \varnothing. \tag{3}$$

证明 设 $f(x)$ 在 $[a, b]$ 上为 D 可积. 那么它在 $[a, b]$ 上对于某一个 $\xi < \Omega$ 是 D_ξ 可积的, 且对此 ξ 有 $S_\xi(f; [a, b]) = \varnothing$. 所以条件 (3) 的必要性已证. 条件 (3) 的充分性由康托尔-贝尔的定态原理[1]可以推出, 因为当 (3) 满足时可以找到这样的 ξ, 使 $S_\xi(f; [a, b]) = \varnothing$, 而这就表示 $f(x)$ 在 $[a, b]$ 上为 D_ξ 可积.

在本节之末我们要谈到这个问题, 为什么不就 $\xi > \Omega$ 时来讨论积分 (1). 问题在于, 如果我们希望由公式

$$D_{\Omega+1} = (D_\Omega)_*$$

引进积分 $D_{\Omega+1}$, 那么它已经不能导出更广的可积函数类. 事实上, 假设在 $[a, b]$ 上定义的函数 $f(x)$ 在该闭区间上为依 $D_{\Omega+1}$ 的意义可积而依 D_Ω 的意义不可积. 在这种情形下点集 $S_\Omega(f)$ 在 $[a, b]$ 上为疏集而 $f(x)$ 在 $S_\Omega(f)$ 上是可和的. 对于 $S_\Omega(f)$ 的余区间的全体记作 $\{(a_n, b_n)\}$. 那么对于其中每一个, 当 $a_n < \alpha < \beta < b_n$, $\alpha \to a_n$, $\beta \to b_n$ 时存在着积分的有限极限

$$(D_\Omega)\int_\alpha^\beta f(x)dx. \tag{4}$$

固定数 n, 而设 $\alpha_1 < \beta_1, \alpha_1 > \alpha_2 > \alpha_3 > \cdots, \beta_1 < \beta_2 < \beta_3 < \cdots, \alpha_k \to a_n, \beta_k \to b_n$.

---

[1] 参考第十五章 §3.

那么在每一个闭区间 $[\alpha_k, \beta_k]$ 上我们的函数应该是 D_Ω 可积, 而这个就表示对于每一个自然数 k 存在着这样的数 $\xi_k < \Omega$, 使得 $f(x)$ 在 $[\alpha_k, \beta_k]$ 上是 D_{ξ_k} 可积. 由于数 ξ_k 的全体至多为一可数集, 那么应该可以找到大于所有 ξ_k 的数 $\eta_n < \Omega$. 根据同样理由可以找到大于所有 η_n 的数 $\zeta < \Omega$. 显然, $f(x)$ 在位于 $[a,b]$ 中的, 与 $S_\Omega(f)$ 不相交的每一个闭区间 $[\alpha, \beta]$ 上是 D_ζ 可积的.

从而推出集 $S_\zeta(f)$ 及 $S_\Omega(f)$ 是重合的, 且在 (4) 中可以代替记号 D_Ω 换以 D_ζ. 所有这些也表示了 $f(x)$ 是依 $D_{\zeta+1}$ 意义可积的. 但是后者与假定 $f(x)$ 是依照 D_Ω 意义不可积的事情矛盾.

§8. Γ. 哈盖定理

在 1921 年德国数学家 Γ. 哈盖证明了, 佩龙积分比狭义的当茹瓦积分更为广义[1]. 此地我们要陈述这个结果.

引理 1 设在 $[a,b]$ 上定义的函数 $f(x)$ 在每一个闭区间 $[a,\beta]$ 上为 (P) 可积, 其中 $a < \beta < b$. 如果存在着有限的极限

$$J = \lim_{\beta \to b} (P) \int_a^\beta f(x)dx,$$

则 $f(x)$ 在整个闭区间 $[a,b]$ 上为 (P) 可积, 且

$$(P)\int_a^b f(x)dx = J. \tag{1}$$

证明 置 $b_0 = a$ 及

$$b_n = \frac{b_{n-1} + b}{2} \quad (n = 1, 2, 3, \cdots).$$

显然 $b_0 < b_1 < b_2 < \cdots$ 和 $b_n \to b$. 在每一个闭区间 $[b_{n-1}, b_n]$ 上, 函数 $f(x)$ 是 (P) 可积的. 我们取某个 $\varepsilon > 0$. 对于每一个自然数 n 在闭区间 $[b_{n-1}, b_n]$ 上存在着函数 $f(x)$ 的这样的上函数 $U_n(x)$ 使

$$U_n(b_n) < (P)\int_{b_{n-1}}^{b_n} f(x)dx + \frac{\varepsilon}{2^n}.$$

利用这些上函数我们对于 $a \leqslant x < b$ 作函数 $M(x)$ 如下: 置

$M(x) = U_1(x)$, 当 $a \leqslant x \leqslant b_1$,

$M(x) = U_1(b_1) + U_2(x)$, 当 $b_1 \leqslant x \leqslant b_2$,

$\cdots\cdots\cdots\cdots$

$M(x) = U_1(b_1) + U_2(b_2) + \cdots + U_{n-1}(b_{n-1}) + U_n(x)$, 当 $b_{n-1} \leqslant x \leqslant b_n$,

$\cdots\cdots\cdots\cdots$

因为 $U_n(b_{n-1}) = 0$, 故 $M(x)$ 是连续的, 且对于 $[a,b)$ 中任意的 x, 有

$$\underline{D}M(x) > -\infty, \quad \underline{D}M(x) \geqslant f(x). \tag{2}$$

---

[1] 我们使用这个术语是按照在 §6 中已给的意义. 因此, 每一个积分 T 比较它自身是 "更广义" 的. 特别, 所讨论的情形恰好属于这一种状态, 因为我们在下面要证明, 事实上积分 P 和 D 是一样的.

我们要证明有限的极限
$$\lim_{x \to b} M(x) \tag{3}$$
存在.

根据 $U_n(x)$ 的定义本身有
$$0 \leqslant U_n(b_n) - (P)\int_{b_{n-1}}^{b_n} f(x)dx < \frac{\varepsilon}{2^n} \quad (n=1,2,3,\cdots),$$

因此级数
$$\sum_{n=1}^{\infty}[U_n(b_n) - (P)\int_{b_{n-1}}^{b_n} f(x)dx]$$

是收敛的, 且其和小于 ε. 另一方面级数
$$\sum_{n=1}^{\infty}(P)\int_{b_{n-1}}^{b_n} f(x)dx$$

是收敛的, 其和为 J. 从而推得级数
$$\sum_{n=1}^{\infty} U_n(b_n) \tag{4}$$

的收敛性且其和小于 $J+\varepsilon$.

现在假设 $b_{n-1} \leqslant x \leqslant b_n$. 则
$$(P)\int_{b_{n-1}}^{x} f(t)dt \leqslant U_n(x) < (P)\int_{b_{n-1}}^{x} f(t)dt + \frac{\varepsilon}{2^n}. \tag{5}$$

如果 $x \to b$, 则 $n \to \infty$ 而不等式 (5) 的最后项趋向于零. 因此, $\lim U_n(x) = 0$. 从而推得极限 (3) 的存在, 并且等于级数 (4) 的和. 记此极限为 $M(b)$, 那么我们得到函数 $M(x)$ 是在整个 $[a,b]$ 上定义和连续的. 但是我们还不能称它为函数 $f(x)$ 的上函数, 因为不等式 (2) 当 $x=b$ 时不一定满足[①].

我们要证明, 从 $M(x)$ 出发可以建立函数 $U(x)$, 使它在整个 $[a,b]$ 上是 $f(x)$ 的上函数. 为此记 $S(x)$ 为 $M(x)$ 在闭区间 $[x,b]$ 的振幅. 显然 $S(x)$ 是定义在 $[a,b]$ 上的递减的非负函数, 且 $S(b)=0$. 也不难证明 $S(x)$ 在 $[a,b]$ 上是连续的.

取点 $c(a<c<b)$ 这样地靠近 b, 使得 $S(c)<\varepsilon$, 引进函数 $U(x)$ 如下: 置
$$U(x) = \begin{cases} M(x), & \text{当 } a \leqslant x \leqslant c; \\ M(x) + S(c) - S(x) + \varepsilon \dfrac{\sqrt{b-c} - \sqrt{b-x}}{\sqrt{b-c}}, & \text{当 } c \leqslant x \leqslant b. \end{cases}$$

显然, $U(x)$ 在 $[a,b]$ 上连续, $U(a)=0$ 而当 $a \leqslant x < c$ 时有
$$\underline{D}U(x) > -\infty, \ \underline{D}U(x) \geqslant f(x). \tag{6}$$

[①] 自然, 重要的是不排除 $\underline{D}M(b) = -\infty$ 的情形, 因为函数 $f(x)$ 可以在点 $x=b$ 加以改变, 这样并不影响它的 (P) 可积性.

§8. Γ. 哈盖定理

当 $x=c$ 时不等式也显然是满足的, 如果 $\underline{D}U(x)$ 了解为**左**下导数. 我们要证明, 当 $x\in[c,b]$ 时关系式 (6) 是成立的. 设 x 及 $x+\Delta x$ 是 $[c,b]$ 中的不同的二点. 则

$$\frac{U(x+\Delta x)-U(x)}{\Delta x}=\frac{M(x+\Delta x)-M(x)}{\Delta x}-\frac{S(x+\Delta x)-S(x)}{\Delta x}$$
$$-\frac{\varepsilon}{\sqrt{b-c}}\cdot\frac{\sqrt{b-x-\Delta x}-\sqrt{b-x}}{\Delta x}.$$

因为两个函数 $S(x)$ 及 $\sqrt{b-x}$ 都是减函数, 故

$$\frac{U(x+\Delta x)-U(x)}{\Delta x}\geqslant \frac{M(x+\Delta x)-M(x)}{\Delta x},$$

而当 $x\neq b$ 时关系式 (6) 之正确性由 (2) 式得出.

另一方面, 如果 $c\leqslant b-h<b$, 则

$$\frac{U(b-h)-U(b)}{-h}=\frac{M(b-h)-M(b)-S(b-h)}{-h}+\frac{\varepsilon}{\sqrt{b-c}}\frac{1}{\sqrt{h}}.$$

由定义, $S(x)$ 有 $M(b-h)-M(b)\leqslant S(b-h)$, 因此

$$\frac{U(b-h)-U(b)}{-h}\geqslant \frac{\varepsilon}{\sqrt{b-c}}\cdot\frac{1}{\sqrt{h}}.$$

从而推得 $U'(b)=+\infty$, 即当 $x=b$ 时不等式 (6) 成立. 因此 $U(x)$ 是 $f(x)$ 的上函数. 同时

$$U(b)=M(b)+S(c)+\varepsilon$$

而因此 $U(b)<J+3\varepsilon$.

用相似的方法可以建立函数 $f(x)$ 的下函数 $V(x)$, 且 $V(b)>J-3\varepsilon$. 由于 ε 的任意性由上所述乃得出 $f(x)$ 在整个 $[a,b]$ 上是 (P) 可积的. 至于等式 (1) 由佩龙不定积分的连续性即明.

引理 2 如果 1) $f(x)$ 定义于 $[a,b]$ 且在每一个 $[\alpha,b]$ 上为 (P) 可积, 其中 $a<\alpha<b$, 2) 存在着有限极限

$$\lim_{\alpha\to a}(P)\int_\alpha^b f(x)dx,$$

则 $f(x)$ 在整个 $[a,b]$ 上为 (P) 可积.

证明 代替 $f(x)$ 我们考察函数 $f^*(x)$, 它在 $[-b,-a]$ 上由 $f^*(x)=f(-x)$ 所定义. 如果 $a<\alpha<b$ 及 $U(x)$ 是 $f(x)$ 在 $[\alpha,b]$ 上的上函数, 则函数

$$U^*(x)=U(b)-U(-x)$$

是 $f^*(x)$ 在 $[-b,-\alpha]$ 上的上函数, 因为

$$\frac{U^*(x+h)-U^*(x)}{h}=\frac{U(-x-h)-U(-x)}{-h},$$

因此

$$\underline{D}U^*(x)=\underline{D}U(-x).$$

因为 $U^*(-\alpha)=U(b)$, 故 $\inf\{U^*(-\alpha)\}=\inf\{U(b)\}$. 依靠这个事实容易说明 $f^*(x)$ 在闭区间 $[-b,-a]$ 上满足引理 1 的所有条件. 自然, $f^*(x)$ 在 $[-b,-a]$ 上为 (P) 可积, 而此事与 $f(x)$ 在 $[a,b]$ 上为 (P) 可积是等价的.

结合上述两个引理, 就得

定理 1 如果函数 $f(x)$ 定义于 $[a,b]$,在每一个 $[\alpha,\beta]\subset[a,b]$ 上是 (P) 可积的,且存在着有限极限

$$\lim(P)\int_\alpha^\beta f(x)dx \quad (\alpha\to a+0,\ \beta\to b-0),$$

则 $f(x)$ 在整个 $[a,b]$ 上是 (P) 可积的.

为了今后需要我们证

引理 3 设在 $[a,b]$ 上分布了可数个闭区间 $[a_k,b_k]$,两两没有共同内点. 设函数 $f(x)$ 定义于 $[a,b]$,在区间 (a_k,b_k) 之外等于 0,而在每一个 $[a_k,b_k]$ 上为 (P) 可积. 如果

$$W_k = \sup\left|(P)\int_\alpha^\beta f(x)dx\right| \quad (a_k\leqslant\alpha\leqslant\beta\leqslant b_k)$$

及

$$\sum_{k=1}^\infty W_k = H < +\infty,$$

则对于任意的 $\varepsilon>0$,对于 $f(x)$ 存在着这样的上函数 $U(x)$,使

$$U(b)\leqslant 3H+\varepsilon. \tag{7}$$

证明 设 $M_k(x)$ 是 $f(x)$ 在闭区间 $[a_k,b_k]$ 上的这种上函数,使

$$M_k(b_k) < (P)\int_{a_k}^{b_k} f(x)dx + \frac{\varepsilon}{3\cdot 2^k}.$$

因为对于 $[a_k,b_k]$ 上所有的 x 有

$$(P)\int_{a_k}^x f(x)dt \leqslant M_k(x) \leqslant (P)\int_{a_k}^x f(x)dt + \frac{\varepsilon}{3\cdot 2^k},$$

故

$$-W_k \leqslant M_k(x) \leqslant W_k + \frac{\varepsilon}{3\cdot 2^k}.$$

记 $M_k(t)$ 依次在闭区间 $[a_k,b_k]$,$[a_k,x]$ 及 $[x,b_k]$ 上的振幅为 $R_k,P_k(x)$ 及 $Q_k(x)$. 则

$$0\leqslant P_k(x)\leqslant R_k, \quad 0\leqslant Q_k(x)\leqslant R_k,$$

$P_k(a_k)=0, Q_k(b_k)=0, P_k(x)$ 及 $Q_k(x)$ 在 $[a_k,b_k]$ 上连续,且 $P_k(x)$ 为增函数,$Q_k(x)$ 为减函数.

今证 $R_k\leqslant W_k+\dfrac{\varepsilon}{3\cdot 2^k}$. 事实上,如果 x 及 y 是 $[a_k,b_k]$ 中的两点且 $x\leqslant y$,则

$$(P)\int_{a_k}^x f(t)dt + \frac{\varepsilon}{3\cdot 2^k} \geqslant M_k(x) \geqslant (P)\int_{a_k}^x f(t)dt,$$

$$(P)\int_{a_k}^y f(t)dt \leqslant M_k(y) \leqslant (P)\int_{a_k}^y f(t)dt + \frac{\varepsilon}{3\cdot 2^k},$$

从而

$$(P)\int_x^y f(t)dt - \frac{\varepsilon}{3\cdot 2^k} \leqslant M_k(y)-M_k(x) \leqslant (P)\int_x^y f(t)dt + \frac{\varepsilon}{3\cdot 2^k},$$

因此,
$$|M_k(y) - M_k(x)| \leqslant W_k + \frac{\varepsilon}{3 \cdot 2^k},$$
由此也证得了所要求的 R_k 的估计.

在整个 $[a, b]$ 上定义函数序列 $\{\varphi_k(x)\}$ 如下:
$$\varphi_k(x) = \begin{cases} 0, & \text{当 } a \leqslant x \leqslant a_k; \\ M_k(x) + R_k + P_k(x) - Q_k(x), & \text{当 } a_k \leqslant x \leqslant b_k; \\ M_k(b_k) + 2R_k, & \text{当 } b_k \leqslant x \leqslant b. \end{cases}$$

所有这些函数是连续的, 且
$$0 \leqslant \varphi_k(x) \leqslant 3W_k + \frac{\varepsilon}{2^k}.$$

今证, 函数
$$U(x) = \sum_{k=1}^{\infty} \varphi_k(x)$$
是所要求的函数. 等式 $U(a) = 0$, 不等式 (7) 及 $U(x)$ 的连续性是明显的. 剩下来要证的是
$$\underline{D}U(x) > -\infty, \quad \underline{D}U(x) \geqslant f(x).$$

我们只就**右**导出数[①] $\underline{D}_+ U(x)$ 加以证明, 因为对于左导出数 $\underline{D}_- U(x)$ 论证几乎是相似的 (虽然稍许复杂些).

设 $a \leqslant x_0 < b$. 如果找到这样的 i 使 $a_i \leqslant x_0 < b_i$, 则对于足够小的 $h > 0$ 有 $a_i < x_0 + h < b_i$, 因此对于 $k \neq i$ 时是 $\varphi_k(x_0 + h) = \varphi_k(x_0)$, 因此
$$U(x_0 + h) - U(x_0) = \varphi_i(x_0 + h) - \varphi_i(x_0) \geqslant M_i(x_0 + h) - M_i(x_0).$$

从而立即可以推得两个不等式
$$\underline{D}_+ U(x_0) > -\infty, \quad \underline{D}_+ U(x_0) \geqslant f(x_0). \tag{8}$$

现在假定这种 i 不存在. 那么 x_0 处于所有区间 $[a_k, b_k]$ 之外而因此 $f(x_0) = 0$. 我们取任何一个自然数 k. 如果 $b_k \leqslant x_0$, 则对于任意的 $h > 0$ 有 $\varphi_k(x_0 + h) = \varphi_k(x_0)$. 如果 $b_k > x_0$, 则也是 $a_k > x_0$ (因为否则是 $a_k \leqslant x_0 < b_k$). 可见 $\varphi_k(x_0) = 0 \leqslant \varphi_k(x_0 + h)$. 这样, 当 $h > 0$ 及任意的 k 就有 $\varphi_k(x_0) \leqslant \varphi_k(x_0 + h)$. 但由 $\underline{D}_+ U(x_0) \geqslant 0$, 就再次的得到 (8) 式是满足的. 引理证毕.

现在我们来证明以后论断的基础:

定理 2 如果积分 $\overset{b}{\underset{a}{\mathrm{T}}}(f)$ 比佩龙积分狭义[②], 那么它的推广积分 $\overset{b}{\underset{a}{\mathrm{T}_*}}(f)$ 也比佩龙积分狭义.

[①] 右导出数是序列 $\dfrac{U(x_0 + h_k) - U(x_0)}{h_k}$ 的极限, 其中 $h_k \to 0, h_k > 0$. 同理, 代之以 $h_k < 0$, 就得到左导出数的定义.

[②] 这就是说, 积分 $(P)\int_a^b f(x)dx$ 比 $\overset{b}{\underset{a}{\mathrm{T}}}(f)$ 更为广义 (依照 §6 的意义).

证明 设 $f(x)$ 在 $[a,b]$ 上是 T_* 可积但在该闭区间上不是 T 可积, 记其 T 奇异点全体为 S, 而以 (a_k,b_k) 表示 S 的余区间. 根据定理 1, 函数 $f(x)$ 在每一闭区间 $[a_k,b_k]$ 上为 P 可积.

取 $\varepsilon > 0$, 可找出这样的 m, 使
$$\sum_{k=m+1}^{\infty} W_k < \varepsilon,$$
于此, 如同前面一样,
$$W_k = \sup\left|\mathop{T}\limits_{\alpha}^{\beta}(f)\right| = \sup\left|(P)\int_{\alpha}^{\beta} f(x)dx\right| \quad (a_k < \alpha < \beta < b_k).$$

我们用下列方式定义三个函数 $p(x), q(x), r(x)$:
$$p(x) = \begin{cases} f(x), & \text{当 } x \in \sum_{k=1}^{m}(a_k,b_k), \\ 0, & \text{当 } x \in [a,b] - \sum_{k=1}^{m}(a_k,b_k); \end{cases}$$

$$q(x) = \begin{cases} f(x), & \text{当 } x \in \sum_{k=m+1}^{\infty}(a_k,b_k), \\ 0, & \text{当 } x \in [a,b] - \sum_{k=m+1}^{\infty}(a_k,b_k); \end{cases}$$

$$r(x) = \begin{cases} f(x), & \text{当 } x \in S, \\ 0, & \text{当 } x \in [a,b] - S. \end{cases}$$

显然,
$$f(x) = p(x) + q(x) + r(x).$$

函数 $r(x)$ 在 $[a,b]$ 上是可和的, 这就是说, 它在闭区间上是 P 可积的, 且
$$(P)\int_a^b r(x)dx = (L)\int_a^b r(x)dx = (L)\int_S f(x)dx.$$

函数 $p(x)$ 在 $[a,b]$ 上也是 P 可积的. 事实上, 已经在上面注意到, 函数 $f(x)$ 在每一个 $[a_k,b_k]$ 上是可积的. 如果在两点 a_k 及 b_k 改变函数值, 使之等于 0, 那么并不改变它的 P 可积性, 也不改变它的积分值. 因此函数 $p(x)$ 在闭区间 $[a_k,b_k](k=1,2,\cdots,m)$ 上是 P 可积的. 但在集 $[a,b] - \sum_{k=1}^{m}(a_k,b_k)$ (这只是有限个闭区间之和) 上函数是 0, 显然是 P 可积的. 因此, $p(x)$ 在整个 $[a,b]$ 上为 P 可积, 且
$$(P)\int_a^b p(x)dx = \sum_{k=1}^{m}(P)\int_{a_k}^{b_k} f(x)dx = \sum_{k=1}^{m} I_k,$$
于此规定
$$I_k = \lim \mathop{T}\limits_{\alpha}^{\beta}(f) \quad (\alpha \to a_k+0, \beta \to b_k-0).$$

由于 $p(x)$ 及 $r(x)$ 的 P 可积性 (及已经指出的 P 积分值) 可以找到它们的这种上函数 $U_p(x)$ 及 $U_r(x)$ 使
$$U_p(b) < \sum_{k=1}^{m} I_k + \varepsilon, U_r(b) < (L)\int_S f(x)dx + \varepsilon.$$

最后, 由引理 3, 对于 $q(x)$ 存在着这样的上函数 $U_q(x)$, 使[①] $U_q(b) < 4\varepsilon$. 置

$$U(x) = U_p(x) + U_q(x) + U_r(x).$$

那么 (参看 §2 引理 1 的推论) $U(x)$ 是 $f(x)$ 的上函数, 且

$$U(b) < \sum_{k=1}^{m} I_k + (L)\int_S f(x)dx + 6\varepsilon.$$

另一方面,

$$\left|\sum_{k=m+1}^{\infty} I_k\right| \leqslant \sum_{k=m+1}^{\infty} W_k < \varepsilon.$$

可见

$$U(b) < \sum_{k=1}^{\infty} I_k + (L)\int_S f(x)dx + 7\varepsilon,$$

也就是,

$$U(b) < \underset{a}{\overset{b}{T}}_*(f) + 7\varepsilon.$$

剩下来的事情是显然的.

现在已经容易证明我们所感兴趣的定理了.

定理 3 (Γ. 哈盖) 佩龙积分比狭义的当茹瓦积分更为广义.

证明 所有 D 可积的函数对于任意的 $\xi < \Omega$ 都 D_ξ 可积. 因此只要证明下列的命题就够了: 如果函数对于 $\xi < \Omega$ 是 D_ξ 可积, 那么它是 P 可积的且两个积分 (P) 及 (D_ξ) 相同. 当 $\xi = 0$ 这个命题是真的. 假设这个命题对于所有的 $\xi < \eta$ 是真的, 而设 $f(x)$ 是 D_η 可积的. 如果 η 为第二种的数, 那么命题对于这种 η 的成立很显然. 如果 η 是第一种的数而 $\eta - 1$ 是适在其先的数, 那么由我们命题的假定已知对于积分 $D_{\eta-1}$ 是真的, 援引

$$D_\eta = (D_{\eta-1})_*,$$

再用定理 2, 就得到定理的证明.

§9. П. С. 亚历山德罗夫–Γ. 罗曼定理

在本节中我们要证明佩龙积分和当茹瓦积分是完全一样的. 由于哈盖定理我们只要证明当茹瓦积分比佩龙积分更广义[②]就行了. 这个事实, 被苏联数学家 П. С. 亚历山德罗夫 (1924) 和荷兰学者 Γ. 罗曼 (1925) 各自独立地建立.

引理 1 设函数 $f(x)$ 在 $[a,b]$ 上为 (P) 可积而 $U(x)$ 是它的任一上函数. 我们以 $E_i(i = 1, 2, 3, \cdots)$ 表示 $[a,b]$ 的所有这些 x, 使得对于任意的 $t \neq x$ 且 $t \in [a,b]$ 有

$$\frac{U(t) - U(x)}{t - x} \geqslant -i. \tag{1}$$

[①] 此地 $H < \varepsilon$.
[②] 参考 §8 开头时 (439 页) 的那个脚注.

那么 a) 每一个集 E_i 为闭集, b) 成立公式

$$[a,b] = \sum_{i=1}^{\infty} E_i. \tag{2}$$

c) 在每一个集 E_i 上 $f(x)$ 是可和的.

证明 设 E_i 的点的序列 $\{x_k\}$ 有极限点 x^*. 取任一个 $t \in [a,b]$ 异于 x^*. 那么对于足够大的 k 有 $x_k \neq t$ 且

$$\frac{U(t) - U(x_k)}{t - x_k} \geqslant -i.$$

再根据 $U(x)$ 的连续性, 令 $k \to \infty$ 取极限. 这样, a) 就证明了. 为了要证明 b), 我们取任何一个 $x_0 \in [a,b]$. 那么由上函数的定义有

$$\varliminf \frac{U(t) - U(x_0)}{t - x_0} = \underline{D}U(x_0) > -\infty.$$

取任意的 A, 使满足不等式

$$A < \varliminf \frac{U(t) - U(x_0)}{t - x_0}.$$

根据下极限的定义存在这样的 $\delta > 0$, 使得当 $t \in [a,b](x_0 - \delta, x_0 + \delta)$ (及 $t \neq x_0$) 时有

$$\frac{U(t) - U(x_0)}{t - x_0} > A.$$

另一方面, 如果 $t \in [a,b]$ 及 $t \overline{\in} (x_0 - \delta, x_0 + \delta)$, 则

$$\left|\frac{U(t) - U(x_0)}{t - x_0}\right| \leqslant \frac{2M}{\delta},$$

于此置 $M = \max |U(x)|$. 因而对于这些 t 有

$$\frac{U(t) - U(x_0)}{t - x_0} \geqslant -\frac{2M}{\delta}.$$

如果 i 是这样的大, 使

$$-i < \min\left\{A, -\frac{2M}{\delta}\right\},$$

则 $x_0 \in E_i$.

剩下来要证明[①] c). 为此取任一 i 而置

$$U_i(x) = U(x) + ix.$$

如果 $t \neq x$, 则

$$\frac{U_i(t) - U_i(x)}{t - x} = \frac{U(t) - U(x)}{t - x} + i,$$

因此对于 $x \in E_i$ 且 $t \neq x$ 有

$$\frac{U_i(t) - U_i(x)}{t - x} \geqslant 0.$$

[①] 自然, 只有当 $mE_i > 0$ 才有内容. 我们假定它是满足的.

§9. П. С. 亚历山德罗夫–Г. 罗曼定理

从而得到, 在集 E_i 上函数 $U_i(x)$ 是增函数, 由康托尔–本迪克松 (I. O. Bendixson) 定理, 将 E_i 表示成形式 $P_i + D_i$, 其中 P_i 为完满集而 D_i 至多为可数集. 我们记 P_i 的最左点与最右点分别为 $\bar{a}$ 及 $\bar{b}$, 又设 $\{(a_n, b_n)\}$ 是对于 $[\bar{a}, \bar{b}]$ 而言的 P_i 的余区间的全体. 我们在 $[\bar{a}, \bar{b}]$ 上定义函数 $\overline{U}_i(x)$, 使它在 P_i 上等于 $U_i(x)$ 而在每一个闭区间 $[a_n, b_n]$ 上为线性函数. 这个函数在 $[\bar{a}, \bar{b}]$ 上是递增的. 因此在 $[\bar{a}, \bar{b}]$ 上几乎处处有有限的导数 $\overline{U}'_i(x)$, 且后者在 $[\bar{a}, \bar{b}]$ 上可和因而更加是在 P_i 上为可和.

另一方面, 上函数 $U(x)$ 在 $[a,b]$ 上几乎处处有有限的导数 $U'(x)$ (参考 §4). 因为 $U_i(x) = U(x) + ix$, 所以 $U_i(x)$ 在 $[a,b]$ 上几乎处处可以微分, 自然在 $[\bar{a}, \bar{b}]$ 上更加这样. 如果 x_0 是 P_i 中的这样的点, 在此点上存在着两个导数 $\overline{U}'_i(x_0)$, 及 $U'_i(x_0)$, 那么二者互相一致, 因为 x_0 是点集 P_i 的极限点, 而在 P_i 上, $\overline{U}_i(x)$ 及 $U_i(x)$ 是相等的. 这就是说, 在 P_i 上导函数 $U'_i(x)$ 与可和函数 $\overline{U}'_i(x)$ 是等价的, 因而本身也是可和的. 因此 $U'(x) = U'_i(x) - i$ 在 P_i 上是可和的.

置
$$F(x) = (P)\int_a^x f(t)dt.$$

差 $U(x) - F(x)$ 在 $[a,b]$ 上递增, 因此它几乎处处有有限的导数, 在 $[a,b]$ 上是可和的, 因而在 P_i 上亦然. 但
$$F(x) = U(x) - [U(x) - F(x)].$$

从而得到, $F'(x)$ 在 P_i 上可和, 而因在 $[a,b]$ 上几乎处处是 $F'(x) = f(x)$, 所以 $f(x)$ 在 P_i 上为可和.

因为 $f(x)$ 在可数集 D_i 的可和性是显然的, 因此 c) 证毕.

引理 2 如果 $f(x)$ 在 $[a,b]$ 上为 (P) 可积, 那么存在这样的闭区间 $[c,d] \subset [a,b]$, 使 $f(x)$ 在其上为可和.

证明 对于闭区间 $[a,b]$, 应用第十五章 §3 的定理 2, 即闭集在其自身上不是第一范畴集. 根据这个定理的推论和关系式 (2), 可以找到闭区间 $[c,d] \subset [a,b]$ 及这样的自然数 i, 使 $[c,d] \subset E_i$. 因为 $f(x)$ 在 E_i 上可和, 因此它在 $[c,d]$ 上更为可和. 于是定理证毕.

因为所证引理可以运用到任意的闭区间 $[a_1, b_1] \subset [a,b]$, 所以从而推出

引理 3 如果函数 $f(x)$ 在 $[a,b]$ 上为 (P) 可积, 那么所有它的不可和的点 (即 L 奇异点) 所成的集 S_0 是疏集.

用 §7 的记号有 $S_0 \supset S_1 \supset S_2 \supset \cdots \supset S_\xi \supset \cdots$.

因此每一个集 S_ξ 更加是疏集.

引理 4 如果函数 $f(x)$ 在 $[a,b]$ 上为 (P) 可积, 且 $S_\xi = S_\xi(f;[a,b]) \neq \varnothing$, 则 $S_\xi - S_{\xi+1} \neq \varnothing$.

证明 首先假设在 S_ξ 中有孤立点 c. 我们假定 $a < c < b$ (如果 $c = a$ 或 $c = b$, 则论证几乎没有什么变动). 那么可以找到这样的 p 和 q ($a \leqslant p < c < q \leqslant b$), 使得在 $[p,q]$ 上 c 是唯一的 D_ξ 奇异点. 设 r 及 s 使 $p < r < c < s < q$. 在闭区间 $[p,r]$ 及 $[s,q]$ 的每一个上面 $f(x)$ 是 D_ξ

可积的, 且[1]
$$(D_\xi)\int_p^r f(x)dx = F(r) - F(p), \quad (D_\xi)\int_s^q f(x)dx = F(q) - F(s).$$

由于 $F(x)$ 的连续性, 上面所写的积分当 $r \to c, s \to c$ 时趋向有限的极限. 从而推出, 在 $[p,c]$ 上和在 $[c,q]$ 上, 因而在 $[p,q]$ 上, 函数 $f(x)$ 是 $D_{\xi+1}$ 可积的, 换言之, $c\overline{\in}S_{\xi+1}$, 定理证毕.

现在我们讨论这种情形, 当 S_ξ 中没有孤立点, 就是说, 当 S_ξ 是完满集的时候. 我们引入已经在引理 1 中讨论过的函数 $U(x)$ 及集 E_i.

此外, 用 $V(x)$ 表示 $f(x)$ 的任一下函数并且对于每个自然数 j 作集 F_j, 它是由这些 x 所组成的: 当 $t \neq x$ 有
$$\frac{V(t) - V(x)}{t - x} \leqslant j.$$

同 E_i 相似, F_j 是闭集且其和组成整个闭区间 $[a,b]$. 在此情形下,
$$S_\xi = \sum_{i,j} S_\xi E_i F_j.$$

因此 (根据在第十五章 §3 定理 2 的推论) 可以找到 i_0 及 j_0 及这样的区间 (h,g) 使
$$\varnothing \neq (h,g)S_\xi \subset E_{i_0} F_{j_0}.$$

设 x_0 是 $(h,g)S_\xi$ 中某一点. 因为 S_ξ 为疏集, 那么可以找到这样的点 p 及 q, 使 $h < p < x_0 < q < g$ 及 $p\overline{\in}S_\xi, q\overline{\in}S_\xi$. 显然,
$$\varnothing \neq [p,q]S_\xi \subset E_{i_0} F_{j_0}.$$

由于 p 和 q 不属于 S_ξ, 导出[2]
$$[p,q]S_\xi = S_\xi([p,q]).$$

这样, $S_\xi([p,q]) \subset E_{i_0} F_{j_0}$. 我们要证明, 在闭区间 $[p,q]$ 上函数是 $D_{\xi+1}$ 可积的. 由此可以推出引理的正确性, 因为在闭区间 $[p,q]$ 的 **内部** 不可能与 $S_{\xi+1}$ 中某个点重合而在 S_ξ 中显然有这种点 (例如点 x_0).

$f(x)$ 在集 $S_\xi([p,q])$ (疏集!) 的可和性条件的满足是由于它含在 E_{i_0} 中和由于引理 1. 我们记关于闭区间 $[p,q]$ 的 $S_\xi([p,q])$ 的所有余区间全体为 $\{(a_n, b_n)\}$. 如果 n 固定及 $a_n < \alpha < \beta < b_n$, 则 $f(x)$ 在 $[\alpha, \beta]$ 上为 D_ξ 可积, 且由哈盖定理得出
$$(D_\xi)\int_\alpha^\beta f(x)dx = F(\beta) - F(\alpha).$$

从而, 由于佩龙不定积分的连续性, 立即推得: 当 $\alpha \to a_n + 0, \beta \to b_n - 0$ 存在着上述 D_ξ 积分的有限极限.

因此, 为了要完成证明剩下来只要证明
$$\sum_n W_n < +\infty,$$

---

[1] 记 $(P)\int_a^x f(t)dt$ 为 $F(x)$. 在此地我们利用了哈盖定理的一部分, 就是断言说, D 积分值等于 P 积分值.

[2] 如果说 $p \in S_\xi$, 则 p 原来是 S_ξ 的余区间的左端点, 那么 $p \in [p,q]S_\xi - S_\xi([p,q])$.

其中

$$W_n = \sup \left|(D_\xi)\int_\alpha^\beta f(x)dx\right| \quad (a_n < \alpha < \beta < b_n).$$

为此目的, 注意到对于所有的[①]n 有

$$a_n \in S_\xi([p,q]) \subset E_{i_0} F_{j_0}.$$

就是说, 对于所有异于 a_n 的 $[a,b]$ 中的 t, 有

$$\frac{U(t) - U(a_n)}{t - a_n} \geqslant -i_0, \frac{V(t) - V(a_n)}{t - a_n} \leqslant j_0.$$

特别, 如果 $a_n < t < b_n$, 则

$$U(t) - U(a_n) \geqslant -i_0(t - a_n), \quad V(t) - V(a_n) \leqslant j_0(t - a_n),$$

因此对这些 t 更有

$$U(t) - U(a_n) \geqslant -i_0(b_n - a_n), \quad V(t) - V(a_n) \leqslant j_0(b_n - a_n).$$

另一方面, 两个函数

$$L(t) = U(t) - F(t), \quad M(t) = F(t) - V(t)$$

是增函数. 因此

$$F(t) - F(a_n) = [U(t) - U(a_n)] - [L(t) - L(a_n)] \geqslant -i_0(b_n - a_n)$$
$$-[L(b_n) - L(a_n)],$$
$$F(t) - F(a_n) = [V(t) - V(a_n)] + [M(t) - M(a_n)] \leqslant j_0(b_n - a_n)$$
$$+[M(b_n) - M(a_n)].$$

从而得出, 当 $a_n < \alpha < \beta < b_n$ 有

$$|F(\beta) - F(\alpha)| \leqslant (i_0 + j_0)(b_n - a_n) + [L(b_n) - L(a_n)] + [M(b_n) - M(a_n)],$$

这就是说

$$W_n \leqslant (i_0 + j_0)(b_n - a_n) + [L(b_n) - L(a_n)] + [M(b_n) - M(a_n)].$$

因此显然 $\sum W_n < +\infty$. 定理证毕.

定理 (П. С. 亚历山德罗夫–Г. 罗曼) 佩龙可积的函数是狭义当茹瓦可积的.

事实上, 由康托尔–贝尔的定态原理存在着这样的 $\alpha < \Omega$, 使 $\prod\limits_{\xi < \Omega} S_\xi = S_\alpha = S_{\alpha+1}$.

如果集 $\prod S_\xi$ 不是空的, 那么就和引理 4 相矛盾. 剩下来的事情引用 §7 的定理 2 即行.

[①]除了使得 $a_n = p$ 的唯一的 n (由于 $p \in S_\xi$, 这种 n 是存在的).

§10. 广义的当茹瓦积分的概念

为了要给出广义的当茹瓦积分或者当茹瓦-辛钦积分的概念，我们返回到 §6 的一般讨论。设已给某个积分 $\overset{b}{\underset{a}{T}}(f)$. 我们作它的推广 $\overset{b}{\underset{a}{T}}{}^*(f)$，但不同于在 §6 中熟知的它的推广 $\overset{b}{\underset{a}{T}}{}_*(f)$. 就是说，把所有在 $[a,b]$ 上定义且满足下面四个条件的函数 $f(x)$ 放入类 $T^*([a,b])$：

1) 集 $S_T = S_T(f;[a,b])$ 为疏集，函数在其上为勒贝格可积；
2) 如果 $\{(a_n, b_n)\}$ 是 S_T 的余区间①的全体，那么对于每一个 n，存在着有限的极限

$$I_n = \lim \overset{\beta}{\underset{\alpha}{T}}(f) \quad (a_n < \alpha < \beta < b_n, \alpha \to a_n, \beta \to b_n);$$

3) 成立不等式

$$\sum_n |I_n| < +\infty; \tag{1}$$

4) 如果区间 (a_n, b_n) 有无穷多个且

$$W_n = \sup \left| \overset{\beta}{\underset{\alpha}{T}}(f) \right| \quad (a_n < \alpha < \beta < b_n),$$

则

$$\lim W_n = 0. \tag{2}$$

我们看到类 $T^*([a,b])$ 与类 $T_*([a,b])$ 的区别在于将一个条件

$$\sum_n W_n < +\infty \tag{3}$$

换了两个要求 (1) 式和 (2) 式. 因为 $|I_n| \leqslant W_n$，所以由 (3) 式可以导出 (1) 式和 (2) 式，从而得知

$$T_*([a,b]) \subset T^*([a,b]).$$

特别由此推出 $T^*([a,b])$ 的不空性. 如同 §6 的讨论一样，不加以什么改变可以证明这个类系是正则的.

引入了类 $T^*([a,b])$，我们可以在它们的每一个上面给出泛函 $\overset{b}{\underset{a}{T}}{}^*$：对于每一个 $f \in T^*([a,b])$ 对应数

$$\overset{b}{\underset{a}{T}}{}^*(f) = \sum_n I_n + (L)\int_{S_T} f(x)dx.$$

因此，$\overset{b}{\underset{a}{T}}{}^*(f)$ 给出与 $\overset{b}{\underset{a}{T}}{}_*(f)$ 同一个公式，但这是就更广义的函数类而言的. 如同在 §6 中所讨论的那样可以证得 $\overset{b}{\underset{a}{T}}{}^*(f)$ 是在 §6 意义下的积分. 综上所述，得到这个积分比 $\overset{b}{\underset{a}{T}}{}_*(f)$ 更为广义.

如同狭义的当茹瓦积分是利用 T_* 构成的那样，我们利用 T^* 来构成广义的当茹瓦积分. 就是说，引入由归纳法定义的超限 (型 $\Omega + 1$) 的积分序列：

$$(D^\xi) \int_a^b f(x)dx \tag{4}$$

---

① 保留着那些在 §6 中说过的关于区间 (a_n, b_n) 中的最左的和最右的情形的条件.

当 $\xi=0$ 时积分 (4) 就是勒贝格积分. 如果对于所有的 $\xi<\eta$, 于此 $\eta\leqslant\Omega$, 积分 (4) 已经定义, 那么当 η 是第一种的数时令

$$D^\eta = (D^{\eta-1})^*,$$

而当 η 是第二种的数时令

$$D^\eta = \sum_{\xi<\eta} D^\xi.$$

积分

$$D^\Omega = \sum_{\xi<\Omega} D^\xi$$

就是广义的当茹瓦积分.

可以证明, 广义的当茹瓦积分广于狭义的当茹瓦积分. 还可以证明[1], 一般对于任意的 $\xi\leqslant\Omega$, 积分 D^ξ 比 D_ξ 广义.

第十六章的习题

1. 如果在 $f(x)$ 的上函数 $U(x)$ 及下函数 $V(x)$ 的定义中只要求几乎处处满足不等式 $\underline{D}U(x)\geqslant f(x)$ 及 $\overline{D}V(x)\leqslant f(x)$, 则佩龙积分的概念并不扩张.

2. 设在 $[a,b]$ 上分布了闭的疏集 $S,\{(a_n,b_n)\}$ 是它的余区间的全体, T 是某种积分及 $f(x)$ 是在 $[a,b]$ 上定义的函数且在每一个 $[\alpha,\beta]\subset(a_n,b_n)(n=1,2,3,\cdots)$ 上为 T 可积, 设

$$W_n = \sup\left|\underset{\alpha}{\overset{\beta}{T}}(f)\right| \quad (a_n<\alpha<\beta<b_n).$$

如果: a) 对于每一个 n 存在着有限的极限

$$I_n = \lim\underset{\alpha}{\overset{\beta}{T}}(f) \quad (\alpha\to a_n+0, \beta\to b_n-0)$$

及 b) $\sum W_n<+\infty$, 则 c) 对于所有的 $\varepsilon>0$ 对应着这样的 $\delta>0$, 使得对于任意的有限个或可数个闭区间系 $[\alpha_i,\beta_i]$, 有

$$\left|\sum_n I_n - \sum_i \underset{\alpha_i}{\overset{\beta_i}{T}}(f)\right|<\varepsilon,$$

其中 $[\alpha_i,\beta_i]\subset(a_{n_i},b_{n_i})$ (当 $i\neq k$ 时 $n_i\neq n_k$) 及 $\sum(\beta_i-\alpha_i)>\sum(b_n-a_n)-\delta$.

3. 设 (在相同的记号下) 数 H 具有性质: 对于所有 $\varepsilon>0$, 对应着这样的 $\delta>0$, 使得对于闭区间 $[\alpha_i,\beta_i]$ 的任意有限系, 有

$$\left|H - \sum_i \underset{\alpha_i}{\overset{\beta_i}{T}}(f)\right|<\varepsilon,$$

其中 $[\alpha_i,\beta_i]\subset(a_{n_i},b_{n_i})$ (当 $i\neq k$ 时 $n_i\neq n_k$) 及 $\sum(\beta_i-\alpha_i)>\sum(b_n-a_n)-\delta$. 则 a) 及 b) 成立.

---

[1] 参阅 И. П. 那汤松及 Г. И. 那汤松, "К взаимоотноющению между узким и широким интегралами Данжуа". Успехи матем. наук, 1958, т. 13, № 1.

4. 如果 S_ξ 是函数 $f(x)$ 的 D_ξ 奇异点的集, 则
$$\prod_{\xi<\Omega} S_\xi = S_\Omega.$$

5. 函数 $f(x)$ 为 D 可积的必要且充分的条件是: 由关系式 $S_\xi \neq \varnothing$ 能推出关系式 $S_\xi \neq S_{\xi+1}$.

6. 证明: 在 §8 引理 3 中所作的函数 $U(x)$ 满足关系式 $-\infty \neq \underline{D}_- U(x) \geqslant f(x)$.

7. 证明: 如果 $\overset{b}{\underset{a}{T}}(f)$ 是积分, 则 $\overset{b}{\underset{a}{T}}^*(f)$ 是积分.

8. 如果 $f(x) \in D_\xi([a,b])D^\eta([a,b])$, 则其 D_ξ 及 D^η 积分相同.

9. 积分 D^ξ 比 D_ξ 更为广义.

10. 对于任意的 $\xi < \Omega$ 存在函数 $f(x)$, 属于 $D_{\xi+1}([a,b]) - D^\xi([a,b])$.

11. 对于任意的 $\xi < \Omega$ 有
$$D^{\xi+1}([a,b]) \neq D_{\xi+1}([a,b]) + D^\xi([a,b]).$$

第十七章　在无界区域上定义的函数

到现在为止我们只考察了定义在有界集上的函数. 现在我们打算将以前叙述的结果推广到定义在无界区域上的函数上去. 为简单起见我们只讨论一元函数, 因为移到多元的情况并不显出新的困难.

§1. 无界集的测度

设集 E 含在 $(-\infty, +\infty)$ 中, 如果对于任意的自然数 n, 集

$$E(n) = [-n, n] \cap E$$

为可测, 则称 E 是可测集.

极限

$$mE = \lim_{n \to \infty} mE(n)$$

称为这个集的**测度**. 此极限常存在, 因为 $mE(n)$ 与 n 同时增加. 但是并没有将 $mE = +\infty$ 的情形除外.

代替线性点集, 我们可以讨论平面点集, 或者更一般地讨论任意多维空间的点集. 自然, 此时在定义中需要将闭区间 $[-n, n]$ 换以正方形 $[-n, n; -n, n]$ 或者在一般情形下换以相应的立方体.

可以证明, 集 E 为可测是当且仅当下列情形时: 对于任意可测的有界集 e, 交集 $E \cap e$ 为可测. 其次,

$$mE = \sup me,$$

其中上确界是指取 e 为所有可测的有界集 $e \subset E$.

经过上述的扩充之后, 可测集类对于运算和, 交, 差, 如果实施有限回或可数回则保持不变.

现在我们讲到完全可加性的证明. 设 $E_1, E_2, E_3, \cdots$ 是两两不相交的可测集又
$$E = \sum_{k=1}^{\infty} E_k.$$
那么
$$E(n) = \sum_{k=1}^{\infty} E_k(n), \tag{1}$$
从而
$$mE(n) = \sum_{k=1}^{\infty} mE_k(n) \leqslant \sum_{k=1}^{\infty} mE_k$$
及
$$mE \leqslant \sum_{k=1}^{\infty} mE_k. \tag{2}$$

另一方面, 由 (1) 式推得, 对于所有有限的 N 有
$$mE \geqslant \sum_{k=1}^{N} mE_k(n).$$

首先令 $n \to \infty$, 然后令 $N \to \infty$, 得
$$mE \geqslant \sum_{k=1}^{\infty} mE_k,$$

从而由 (2) 式得到①
$$mE = \sum_{k=1}^{\infty} mE_k. \tag{3}$$

特别, 如果 $A \supset B$ 又两集都是可测时, 则
$$mA = mB + m(A - B).$$

如果附加地要求 mB 为有限, 则
$$m(A - B) = mA - mB.$$

容易将第三章 §4 的定理 11 移到无界集上去. 亦即, 设 $E_1 \subset E_2 \subset E_3 \subset \cdots$ 为可测集而 E 为其和集. 如果至少有一个 n 使 $mE_n = +\infty$, 则 $mE = +\infty$, 从而
$$mE = \lim_{n \to \infty} mE_n. \tag{4}$$

如果所有的 E_n 有有限测度, 那么 (4) 的证明与第三章所叙述的完全一样.

定理 12 搬到无界集上来成下列形式:

---
①等式 (3) 的每一部分可以等于 $+\infty$.

定理 设 $E_1 \supset E_2 \supset E_3 \supset \cdots$ 为可测集而 E 为其交集. 如果 $mE_1 < +\infty$, 则 (4) 式成立.

它的证明只要将上述结果用到集 $E_1 - E_n (n = 1, 2, 3, \cdots)$ 上去就行了.

如果没有 $mE_1 < +\infty$ 的预先声明, 则定理不真. 这由例子 $E_n = [n, +\infty)$ 即明.

§2. 可测函数

设函数 $f(x)$ 定义于集 E, 和从前一样, 如果 E 及所有集 $E(f > c)$ 都可测, 那么称 $f(x)$ 是可测的.

如果要求 $mE < +\infty$, 那么将第四章的结果移到集 E 上定义的函数时几乎不需要任何新的考虑. 但是对于在可测集 E 上定义的收敛函数列 $\{f_k(x)\}$ 的极限函数也在 E 上可测的定理当没有 $mE < +\infty$ 的限制时仍旧成立. 此事从集 $E(n)$ 经过极限过程容易证明. 又卢津定理的推广也不需要 $mE < +\infty$ 的限制. 我们就半数轴上定义的函数加以证明.

定理 (H. H. 卢津) 设 $f(x)$ 在 $E = [0, +\infty)$ 为可测且几乎处处有限. 那么对于任意的 $\varepsilon > 0$ 存在着在 E 上连续的函数 $\varphi(x)$, 使

$$mE(\varphi \neq f) < \varepsilon. \tag{1}$$

证明 置 $E_k = [k, k+1] (k = 0, 1, \cdots)$. 对于任意的 k, 可找到在 E_k 上定义的连续函数 $\varphi_k(x)$, 使

$$mE_k(\varphi_k \neq f) < \frac{\varepsilon}{2^{k+1}}.$$

不妨假设[①]

$$\varphi_k(k) = \varphi_k(k+1) = 0.$$

那么所需要的函数 $\varphi(x)$ 可以如下定义之:

$$\varphi(x) = \varphi_k(x) \quad \text{当} \quad k \leqslant x \leqslant k+1 \quad (k = 0, 1, \cdots).$$

§3. 在无界集上的积分

设 $f(x)$ 是在无界集 E 上定义的非负可测函数. 我们定义

$$\int_E f(x)dx = \lim_{n \to \infty} \int_{E(n)} f(x)dx, \tag{1}$$

[①] 设 $f(x)$ 在 $S = [a, b]$ 上为可测和几乎处处有限. 取任意的 $\varepsilon > 0$, 可以 (由第四章的卢津定理) 找到在 S 上连续的函数 $\psi(x)$ 使得 $mS(\psi \neq f) < \varepsilon$. 然后取这样的 $\delta > 0$ 使 $2\delta < \min\{b - a, \varepsilon\}$, 又造函数 $\varphi(x)$ 如下: $\varphi(x)$ 在 S 上连续, 当 $a + \delta \leqslant x \leqslant b - \delta$ 时等于 $\psi(x)$, $\varphi(a) = \varphi(b) = 0$, 在 $[a, a+\delta]$ 及 $[b-\delta, b]$ 上为线性函数. 容易证明, $mE(\varphi \neq f) < 2\varepsilon$.

其中如同以前一样, $E(n) = [-n, n] \cap E$. 极限 (1) 一定存在 (虽然可以等于 $+\infty$), 因为积分

$$\int_{E(n)} f(x)dx$$

随 n 增加而增加.

如果积分 (1) 为有限, 则 $f(x)$ 称为可和函数. 现在我们讨论如下问题: 如何将第六章 §1 的定理推广到积分 (1) 上来? 此地首先从法图定理开始.

定理 1 如果定义在 E 上的非负可测函数列 $\{f_k(x)\}$ 几乎处处在 E 上收敛于函数 $F(x)$, 则

$$\int_E F(x)dx \leqslant \sup\left\{\int_E f_k(x)dx\right\}. \tag{2}$$

事实上, 对于任意的自然数 n 有

$$\int_{E(n)} Fdx \leqslant \sup\left\{\int_{E(n)} f_k dx\right\} \leqslant \sup\left\{\int_E f_k dx\right\},$$

从而令 $n \to \infty$ 经过极限过程即得 (2) 式.

根据这个命题及逐句重复[①] 第六章 §1 的叙述, 就可将那一章的定理 10, 11 和 12 转移到 E 为无界集的情形.

作为 B. 莱维定理的推论我们得到:

定理 2 如果 $f(x)$ 在集 E 上为可测及非负, 而 $f_n(x)$ 为截断函数, $f_n(x) = \min\{f(x), n\}$, 则

$$\int_E f(x)dx = \lim_{n\to\infty} \int_E f_n(x)dx.$$

还要注意到这个情形, $f(x)$ 是有界可测函数, 定义于**有限测度**的集 E 上, $0 \leqslant f(x) \leqslant A$, 则 $f(x)$ 为可和且

$$\int_E f(x)dx \leqslant AmE.$$

这也是从集 $E(n)$ 经极限过程而建立的, 将第六章 §1 的其他结果转移到所讨论的情形也没有什么困难.

如果 $f(x)$ 是在 E 上的可测函数, 能够取到负值, 那么如同在第六章那样, 引进函数 $f_+(x)$ 及 $f_-(x)$:

$$f_+(x) = \max\{f(x), 0\}, \quad f_-(x) = \max\{-f(x), 0\},$$

[①] 在进行中需要依靠这样的事: 由不等式 $f(x) \leqslant g(x)$, 得 $\int_E f dx \leqslant \int_E g dx$. 这个命题容易从某 $E(n)$ 经极限过程而得.

而定义①

$$\int_E f(x)dx = \int_E f_+(x)dx - \int_E f_-(x)dx, \tag{3}$$

仅当差有意义的时候. 如果积分 (3) **存在**且**有限**, 则称 $f(x)$ 是 E 上的可和函数. 这种 $f(x)$ 的函数类记作 $L(E)$.

第六章 §2 的结果也容易转移到我们所讨论的情形上来. 特别, 由 $f(x)$ 的可和性推得 $|f(x)|$ 的可和性. 如果 $f(x) \in L(E)$, 而 $g(x)$ 在 E 上是有界可测函数, 则 $f(x)g(x) \in L(E)$. 第六章 §2 的定理 8 (关于积分的绝对连续性) 也保持成立, 不过对于定理的证明不是引用积分的定义而是引用本节的定理 2.

§4. 平方可和函数

如同在有界集的情形一样来定义函数在 E 上的平方可和的概念. 亦即是这种函数 $f(x)$, 它在 E 上可测且 $f^2 \in L(E)$. 这种函数类记作 $L_2(E)$. 如果 $mE < +\infty$, 则所有有界可测函数属于 $L(E)$. 特别地, $1 \in L(E)$, 从而由不等式 $2|a| \leqslant 1 + a^2$, 推得 $L_2(E) \subset L(E)$. 如果 $mE = +\infty$ 那么, $L_2(E) \subset L(E)$ 不成立②. 例如, 设 $E = [1, +\infty)$, 则 $\dfrac{1}{x} \in L_2(E) - L(E)$.

布尼亚科夫斯基不等式③及柯西不等式可以推广到无界集上来, 并且所有基于此二不等式的几何解释也可推广到作为空间的 $L_2(E)$ 上来. 这个空间是完全的: 所有本来收敛的元素列都有极限. 如果 $mE = +\infty$, 那么存在着可测有界函数 $g(x)$ (甚至 $g(x) = 1$) 不属于 $L_2(E)$. 但有

定理 1 属于 $L_2(E)$ 的连续有界函数类在 $L_2(E)$ 中是处处稠密的.

我们只就 $E = [0, +\infty)$ 的情形④来证明本定理. 设 $f \in L_2(E)$ 及 $\varepsilon > 0$. 固定这样大的 A, 使

$$\int_A^{+\infty} f^2(x)dx < \frac{\varepsilon^2}{2}, \tag{1}$$

又引进在 $[0, A]$ 上连续的函数 $\psi_0(x)$ 而满足不等式

$$\int_0^A [\psi_0(x) - f(x)]^2 dx < \frac{\varepsilon^2}{8}. \tag{2}$$

---

①当 $E = (-\infty, +\infty), E = (-\infty, b]$ 或 $E = [a, +\infty)$ 时积分 (3) 相应地被记为

$$\int_{-\infty}^{\infty} f(x)dx, \int_{-\infty}^{b} f(x)dx, \int_a^{+\infty} f(x)dx.$$

②我们让读者证明这个一般情形.
③特别, 由 $f \in L_2(E), g \in L_2(E)$ 推得 $fg \in L(E)$.
④从而对于所有可测集 $E \subset [0, +\infty)$ 时定理也得到证明, 因为所有在 E 上定义的函数可以这样确定, 使它在 $[0, +\infty) - E$ 时等于零.

设 $M = \max |\psi_0(x)|$ 及 $\delta > 0$ 这样地小, 使 $\delta < A$ 及 $32M^2\delta < \varepsilon^2$. 在 $[0, A]$ 上定义函数 $\psi(x)$ 如下: 当 $0 \leqslant x \leqslant A - \delta$ 时 $\psi(x) = \psi_0(x)$, $\psi(A) = 0$ 又使 $\psi(x)$ 在 $[A - \delta, A]$ 上是线性的. 显然, $\psi(x)$ 为连续且

$$\int_0^A [\psi(x) - \psi_0(x)]^2 dx \leqslant 4M^2\delta < \frac{\varepsilon^2}{8}. \tag{3}$$

因为

$$(a+b)^2 \leqslant 2(a^2 + b^2),$$

那么由 (2) 式及 (3) 式推得

$$\int_0^A (\psi - f)^2 dx < \frac{\varepsilon^2}{2}.$$

如果当 $0 \leqslant x \leqslant A$ 时置 $\varphi(x) = \psi(x)$, 而当 $x \geqslant A$ 时 $\varphi(x) = 0$, 则 $\varphi(x)$ 为连续的有界的函数, 属于 $L_2(E)$ 且[①] $\|f - \varphi\| < \varepsilon$.

对于无穷区间积分的正交系的理论与有限区间上的情形几乎[②]没有什么区别: 里斯–费舍尔定理, B. A. 斯捷克洛夫定理, 函数系的封闭性与完全性的等价定理等等都仍旧成立.

§5. 有界变差函数、斯蒂尔切斯积分

设函数 $f(x)$ 在全数轴 $(-\infty, +\infty)$ 上定义且有限. 称极限

$$\overset{+\infty}{\underset{-\infty}{V}}(f) = \lim_{n \to +\infty} \overset{n}{\underset{-n}{V}}(f)$$

为它的全变差. 同理定义[③]

$$\overset{a}{\underset{-\infty}{V}}(f) = \lim_{n \to +\infty} \overset{a}{\underset{-n}{V}}(f), \quad \overset{+\infty}{\underset{a}{V}}(f) = \lim_{n \to +\infty} \overset{n}{\underset{a}{V}}(f). \tag{1}$$

对于任意有限数 a 与 $b(a < b)$ 有

$$\overset{+\infty}{\underset{-\infty}{V}}(f) = \overset{a}{\underset{-\infty}{V}}(f) + \overset{+\infty}{\underset{a}{V}}(f), \quad \overset{+\infty}{\underset{a}{V}}(f) = \overset{b}{\underset{a}{V}}(f) + \overset{+\infty}{\underset{b}{V}}(f).$$

如果 $\overset{+\infty}{\underset{-\infty}{V}}(f) < +\infty$, 则

$$\lim_{a \to -\infty} \overset{a}{\underset{-\infty}{V}}(f) = 0, \quad \lim_{a \to +\infty} \overset{+\infty}{\underset{a}{V}}(f) = 0.$$

我们略去这些 (及类似的) 简单命题的证明.

[①] 同理, 对于任意的 $f \in L(E)$ 及任意的 $\varepsilon > 0$, 存在着连续和有界的 $\varphi \in L(E)$ 使得

$$\int_E |\varphi - f| dx < \varepsilon.$$

[②] 因为函数 x^n 不属于 $L_2(E)$, 所以斯捷克洛夫定理的推论 1 的例子不会发生.

[③] 自然, 为了引进量 (1) 并不需要 $f(x)$ 在全数轴上定义.

§5. 有界变差函数、斯蒂尔切斯积分

定理 1 要使 $f(x)$ 的全变差为有限的必要且充分条件是: $f(x)$ 是两个递增有界函数之差.

证明 为确定起见我们就 $f(x)$ 在 $(-\infty, +\infty)$ 上定义的情形来证明. 如果 $\overset{+\infty}{\underset{-\infty}{V}}(f) < +\infty$, 则 $f(x)$ 为有界[①]. 置

$$\pi(x) = \overset{x}{\underset{-\infty}{V}}(f), \quad \nu(x) = \pi(x) - f(x),$$

则得所要求的表示式

$$f(x) = \pi(x) - \nu(x). \tag{2}$$

反之, 如果 (2) 式成立, 其中 $\pi(x)$ 及 $\nu(x)$ 为增函数和有界, 则

$$\overset{+\infty}{\underset{-\infty}{V}}(f) \leqslant \overset{+\infty}{\underset{-\infty}{V}}(\pi) + \overset{+\infty}{\underset{-\infty}{V}}(\nu),$$

而剩下来的只要注意到, 对于所有增函数 $\varphi(x)$ 有

$$\overset{+\infty}{\underset{-\infty}{V}}(\varphi) = \varphi(+\infty) - \varphi(-\infty),$$

其中 $\varphi(+\infty)$ 及 $\varphi(-\infty)$ 是 $\varphi(x)$ 当 $x \to +\infty$ 及 $x \to -\infty$ 时相应的极限.

推论 如果 $\overset{+\infty}{\underset{-\infty}{V}}(f) < +\infty$, 则存在有限的 $f(+\infty)$ 及 $f(-\infty)$.

定理 2 (E. 黑利) 设 $F = \{f(x)\}$ 是定义在 $(-\infty, +\infty)$ 上的无穷函数族. 如果存在这样的 $K < +\infty$, 使得对于所有的 $f \in F$ 有

$$|f(x)| \leqslant K, \quad \overset{+\infty}{\underset{-\infty}{V}}(f) \leqslant K,$$

那么由 F 可以选出函数列 $\{f_n(x)\}$, 它对于所有的 x 收敛于某个有界变差的函数 $\varphi(x)$.

证明 我们考察扩展的闭区间序列 $[-1, +1] \subset [-2, +2] \subset [-3, +3] \subset \cdots$. 由 F 选出序列 $\{f_k^{(1)}(x)\}$, 使它在 $[-1, +1]$ 上收敛. 由此序列选出序列[②] $\{f_k^{(2)}(x)\}$, 在较宽的闭区间 $[-2, +2]$ 上收敛; 依此类推. 作序列的序列

$$\{f_k^{(1)}\} \supset \{f_k^{(2)}\} \supset \{f_k^{(3)}\} \supset \cdots$$

而考察 "对角线" 序列

$$f_n(x) = f_n^{(n)}(x),$$

[①] 事实上, 如果 $-n \leqslant x \leqslant n$, 则 $|f(x) - f(0)| \leqslant \overset{+n}{\underset{-n}{V}}(f) \leqslant \overset{+\infty}{\underset{-\infty}{V}}(f)$.
[②] 重要的是注意到, $\{f_k^{(2)}\}$ 的元素间的次序与 $\{f_k^{(1)}\}$ 的相同.

那么就得到所要求的函数列，因为很显然极限函数的全变差不会大于 K.

我们只就 $f(x)$ 为连续有界，而 $g(x)$ 有有界变差的情形定义斯蒂尔切斯积分

$$\int_{-\infty}^{+\infty} f(x)dg(x), \quad \int_{-\infty}^{a} f(x)dg(x), \quad \int_{a}^{+\infty} f(x)dg(x). \tag{3}$$

现在讨论 (3) 式中的最后一个.

容易证明[①]，存在着有限的极限

$$\lim_{A\to+\infty} \int_{a}^{A} f(x)dg(x),$$

而我们根据定义令 (3) 的最后一个等于此极限. (3) 的其余积分也可类似的加以定义.

不去讨论积分 (3) 的初等性质. 但是指出: 第八章 §7 的黑利定理不能推广到这个情形. 例如，如果 $f(x) = 1$ 又

$$g_n(x) = \begin{cases} 0, & \text{当 } 0 \leqslant x \leqslant n, \\ x - n, & \text{当 } n \leqslant x \leqslant n+1, \\ 1, & \text{当 } n+1 \leqslant x < +\infty, \end{cases}$$

那么

$$\overset{+\infty}{\underset{0}{V}}(g_n) = 1, \quad g(x) = \lim_{n\to\infty} g_n(x) = 0,$$

$$\int_{0}^{+\infty} f dg_n = 1, \quad \int_{0}^{+\infty} f dg = 0.$$

但是如果 $f(x)$ 在无穷大时为 0，那么定理仍旧保持正确.

定理 3 设函数 $g_n(x) (0 \leqslant x < +\infty, n = 1, 2, 3, \cdots)$ 满足关系式

$$\overset{+\infty}{\underset{0}{V}}(g_n) \leqslant K < +\infty, \quad \lim_{n\to\infty} g_n(x) = g(x).$$

如果 $f(x) (0 \leqslant x < +\infty)$ 连续，有界，且使 $f(+\infty) = 0$，则

$$\lim_{n\to\infty} \int_{0}^{+\infty} f(x)dg_n(x) = \int_{0}^{+\infty} f(x)dg(x).$$

证明 取 $\varepsilon > 0$，固定这样大的 A，使得对于 $x \geqslant A$ 有 $|f(x)| < \varepsilon$. 那么

$$\left|\int_{A}^{+\infty} f dg_n\right| \leqslant K\varepsilon, \quad \left|\int_{A}^{+\infty} f dg\right| \leqslant K\varepsilon.$$

[①] 事实上，如果 $a < B < C$，则 $\left|\int_{B}^{C} f dg\right| \leqslant M \overset{+\infty}{\underset{B}{V}}(g)$，其中 $M = \max|f(x)|$. 如果 $B \to +\infty$，则 $\overset{+\infty}{\underset{B}{V}}(g) \to 0$，其余的事情是显然的.

对于足够大的 n 有

$$\left|\int_0^A fdg_n - \int_0^A fdg\right| < \varepsilon,$$

从而

$$\left|\int_0^{+\infty} f(x)dg_n(x) - \int_0^{+\infty} f(x)dg(x)\right| < (2K+1)\varepsilon,$$

于是定理证毕.

§6. 不定积分及绝对连续的集函数

我们将第十三章的某些结果推广到在无界区域上定义的函数上来. 为简单起见我们只讨论在 $(-\infty, +\infty)$ 上定义[①]的一元函数.

定理 1 要使可测函数 $f(x)$ 在每一个具有有限测度的集上为可和的必要且充分的条件是:$f(x)$ 可以表示为形式

$$f(x) = g(x) + h(x), \tag{1}$$

其中 $g(x)$ 在 $(-\infty, +\infty)$ 上为可和, 但 $h(x)$ 为可测及有界.

证明 定理的条件的充分性是很显然的. 要证明它的必要性. 于是, 假设 $f(x)$ 在每一个有限测度的集上为可和. 首先假定 $f(x) \geqslant 0$ 且引进集

$$E_k = E(f > 2^k) \quad (k = 1, 2, 3, \cdots).$$

要证明, 在这些集中至少有一个具有有限测度. 事实上, 如果对于所有的 k 都是 $mE_k = +\infty$, 那么我们可以引入这样的可测及有界的集 $e_1, e_2, e_3, \cdots$, 使

$$e_1 \subset E_1, \quad me_1 = \frac{1}{2},$$

$$e_2 \subset E_2 - e_1, \quad me_2 = \frac{1}{2^2},$$

$$\cdots\cdots\cdots\cdots$$

$$e_k \subset E_k - (e_1 + e_2 + \cdots + e_{k-1}), \quad me_k = \frac{1}{2^k},$$

$$\cdots\cdots\cdots\cdots$$

如果 $s = e_1 + e_2 + e_3 + \cdots$, 则 $ms = 1$, 因此 $f \in L(s)$. 同时集 e_k 两两不相交, 从而

$$\int_s f(x)dx = \sum_{k=1}^{\infty} \int_{e_k} f(x)dx > \sum_{k=1}^{\infty} 2^k me_k = +\infty,$$

这与关系 $f \in L(s)$ 不能相容.

[①] 所有下面叙述的事情容易被转移到在异于 $(-\infty, +\infty)$ 的集 A 上定义的函数上去. 为此只要扩充函数的定义范围, 令它在 A 外时等于零.

因此, 可以找到这种 N, 使得
$$mE(f > 2^N) < +\infty.$$
置
$$g(x) = \begin{cases} f(x), & \text{当 } f(x) > 2^N, \\ 0, & \text{当 } f(x) \leqslant 2^N, \end{cases} \quad h(x) = \begin{cases} 0, & \text{当 } f(x) > 2^N, \\ f(x), & \text{当 } f(x) \leqslant 2^N, \end{cases}$$
那么就得到所需要的 $g(x)$ 与 $h(x)$ 及 (1). 如果 $f(x)$ 可以取负值, 那么需要将已证部分用到 $f_+(x)$ 及 $f_-(x)$ 上去.

我们可用 Γ 表示在每一个有有限测度的集上都可和的可测函数类. 如果 $f \in \Gamma$, 那么对于每一个集 e, 其中 $me < +\infty$, 对应着数
$$\Phi(e) = \int_e f(x)dx. \tag{2}$$

换句话说, 对每一函数 $f \in \Gamma$ 引进了一个定义在一切具有有限测度的集上的集函数 (2). 这个函数是完全可加[①]的又是 (由定理 1) 绝对连续的. 函数 $\Phi(e)$ 称为函数 $f(x)$ 的不定积分.

定理 2 凡是定义在具有有限测度的集上的绝对连续及完全可加的函数 $\Phi(e)$ 是 Γ 中某个函数的不定积分.

证明 因为函数 $\Phi(e)$ 特别在可测的**有界**集 e 上有定义, 所以在此情形下可用第十三章的结果. 因此几乎处处存在着对称导数.
$$f(x) = D_x \Phi(e) = \lim_{h \to 0} \frac{\Phi([x-h, x+h])}{2h}, \tag{3}$$
它是在所有可测的有界集 E 上为可和, 且对于所有这种集有[②]
$$\Phi(E) = \int_E f(x)dx. \tag{4}$$

取任意的具有有限测度的集 E. 它可以表示为
$$E = A + B, \quad \text{其中} \quad A = E(f \geqslant 0), B = E(f < 0).$$

集 A 与 B 中的每一个是可测的及具有有限测度. 集 A 可以表示为下列和的形式:
$$A = \sum_{k=1}^{\infty} A_k,$$
其中被加集 A_k 为可测及**有界**. 对于每一集可以写出 (4) 式, 从而
$$\Phi(A) = \sum_{k=1}^{\infty} \int_{A_k} f(x)dx.$$
于是证得 $f \in L(A)$ 及等式
$$\Phi(A) = \int_A f(x)dx.$$

类似的可以得到以 B 换 A 的等式. 于是 $f \in L(E)$ 及 (4) 成立. 由于集 E 的任意性定理就证明完毕.

[①]意义如下: 当 $E = \sum e_k$, 其中 $e_k e_i = \phi(k \neq i)$, 及在**条件** $mE < +\infty$ 下有 $\Phi(E) = \sum \Phi(e_n)$.
[②]我们补充 $f(x)$ 的定义, 在极限 (3) 不存在处 (这些点的全体成一测度为零的集) 令 $f(x) = 0$.

§6. 不定积分及绝对连续的集函数

推论 绝对连续及完全可加的有限测度集函数类与 $\varGamma$ 的函数的不定积分类是一致的.

由于这个推论, 在第十三章 §2 定理 3 中可以不说可和函数而是说 $\varGamma$ 中的函数.

定理 3 要定义在有限测度集上的绝对连续及完全可加的函数 $\varPhi(e)$ 为有界的必要且充分的条件是: 它是在全数轴上可和函数的不定积分.

证明 根据前述定理成立 (2) 式, 其中, $f \in \varGamma$. 如果 $f \in L[(-\infty, +\infty)]$, 那么对于任意具有有限测度的集 e 有

$$|\varPhi(e)| \leqslant \int_{-\infty}^{+\infty} |f(x)|dx,$$

于是证得定理中条件的充分性. 反过来, 如果对于所有这种集 e 有 $|\varPhi(e)| \leqslant K$, 那么对于集 $e(f \geqslant 0)$ 及 $e(f < 0)$ 可得同样的不等式, 从而

$$\int_e |f(x)|dx \leqslant 2K. \tag{5}$$

特别, 置 $e = [-n, +n]$, 又在 (5) 中令 $n \to +\infty$ 取极限, 即得

$$\int_{-\infty}^{+\infty} |f(x)|dx \leqslant 2K,$$

这样就完成了证明.

第十八章　泛函分析的某些知识

§1. 度量空间及其特殊情形 —— 赋范线性空间

在第七章中我们已经讲过度量空间的概念. 设 $x, y, z, \cdots$ 表示集 E 中的元素, 如果对于任意一对元素 x 和 y, 有一个如下的实数 $\rho(x,y)$ 具有下列诸性质:

1) $\rho(x,y) \geqslant 0$, 当 $x = y$ 时且仅在此时 $\rho(x,y) = 0$;
2) $\rho(x,y) = \rho(y,x)$;
3) $\rho(x,z) \leqslant \rho(x,y) + \rho(y,z)$,

则称 E 为度量空间. 称 $\rho(x,y)$ 为元素 x 与 y 间的距离, 而称不等式 3) 为 "三角不等式", 因为在二维欧几里得空间中, 不等式 3) 表示三角形一边不大于其他二边的和.

在度量空间中, 可以引进元素序列 $x_1, x_2, x_3, \cdots$ 的极限概念, 如果此空间中有元素 x 满足

$$\lim_{n \to \infty} \rho(x_n, x) = 0,$$

则称 x 为 $\{x_n\}$ 的极限, 而记之以

$$\lim x_n = x \quad \text{或} \quad x_n \to x.$$

不难证明, 元素列 $\{x_n\}$ 顶多只有一个极限, 事实上, 如果 $x_n \to x$ 又 $x_n \to y$, 则

$$0 \leqslant \rho(x,y) \leqslant \rho(x, x_n) + \rho(x_n, y),$$

令 $n \to \infty$, 乃得

$$\rho(x,y) = 0, \quad \text{因此 } x = y.$$

§1. 度量空间及其特殊情形 —— 赋范线性空间

定义 1 设 $\{x_n\}$ 是度量空间中的元素列. 对于任一正数 ε, 有 N, 当 $n > N$, $m > N$ 时, 成立

$$\rho(x_n, x_m) < \varepsilon$$

的话, 称 $\{x_n\}$ 是本来收敛的.

容易看到, 有极限的元素列是本来收敛的. 事实上, 设 $x_n \to x$, 那么对于任一正数 ε, 有 N, 当 $n > N$ 时, $\rho(x_n, x) < \dfrac{\varepsilon}{2}$. 故当 n 和 m 都大于 N 时,

$$\rho(x_n, x_m) < \varepsilon.$$

但是其逆, 一般而言是不真的. 例如特别取度量空间为不等于零的实数全体而定义 $\rho(x, y) = |x - y|$, 那么 $\left\{\dfrac{1}{n}\right\}$ 是本来收敛的, 但是没有极限. 显然, 这种情况之所以产生是由于此空间是 "不完全" 的缘故, 如果加上元素 0 于此空间, 那么就变成 "完全" 的空间了. 我们给以下面的定义.

定义 2 若度量空间的任何本来收敛的元素列常有极限, 则称此空间是完全的.

显然, n 维欧几里得空间是完全的. 在第七章中所讲的空间 L_p 及 l_p 也是完全的. 很重要的特殊的度量空间是 "赋范线性空间".

定义 3 设集 E 由元素 $x, y, z, \cdots$ 构成, 如果下列 I, II, III 种种条件得到满足, 那么称 E 为线性空间:

I. 对于 E 中每一对元素 x 与 y 有如下的第三个元素 $z \in E : z = x + y$, 称 z 为 x 与 y 的 "和".

II. 对每个 $x \in E$ 与每个实数 a, 对应有 $ax \in E$, 称此元素 ax 为 a 与 x 的 "乘积".

III. 上面所定义的和及乘积有下面种种性质:

1) $x + y = y + x$, 即加法交换律.
2) $(x + y) + z = x + (y + z)$, 即加法结合律.
3) 关系式 $x + y = x + z$ 蕴含 $y = z$.
4) $1 \cdot x = x$.
5) $a(bx) = (ab)x$.
6) $(a + b)x = ax + bx$.
7) $a(x + y) = ax + ay$.

设 E 是一线性空间. 对于 E 中每一元素 x, 作乘积

$$\Theta_x = 0 \cdot x.$$

我们将证此 Θ_x 事实上与 x 的选择无关. 因为, 首先

$$x + \Theta_x = 1 \cdot x + 0 \cdot x = (1 + 0)x = 1 \cdot x = x.$$

所以对于任意一对元素 x 与 y 有

$$(x+y) + \Theta_x = x + (y + \Theta_x) = x + (\Theta_x + y) = (x + \Theta_x) + y = x + y,$$
$$(x+y) + \Theta_y = x + (y + \Theta_y) = x + y.$$

于是, $(x+y) + \Theta_x = (x+y) + \Theta_y$, 从而得到

$$\Theta_x = \Theta_y.$$

今后简记 Θ_x 为 Θ. 显然, 它在 E 中元素的加法中的作用与零相同. 为此我们有时即以 0 记之 (但是与数 0 有混淆可能时, 应该避免此记号), 不难看到, 除了元素 Θ 以外, 此空间中不存在别的元素 z 使关系式 $x + z = x$ 对于任何 x 成立. 事实上, 从 $x + z = x + \Theta$, 即得 $z = \Theta$.

因此, 线性空间 E 具有下述的性质:

8) E 有如下的元素 Θ: 使等式 $x + \Theta = x$ 对于 E 中所有元素 x 成立. 如果至少对于 E 中某一元素 x 成立 $x + z = x$, 则必 $z = \Theta$.

其次, 我们注意到

9) 如果 $ax = \Theta$, 则或是 $a = 0$ 或是 $x = \Theta$. 反之, 由关系式 $a = 0$ 或 $x = \Theta$ 中任一个即可导出 $ax = \Theta$.

事实上, 如果 $a = 0$, 则由 Θ 之定义即得 $ax = \Theta$. 其次, 从 $0\Theta = \Theta$, 得 $a\Theta = a(0\Theta) = (a \cdot 0)\Theta = 0 \cdot \Theta = \Theta$. 因此由关系式 $a = 0$ 或 $x = \Theta$ 中的任何一个即可导得 $ax = \Theta$. 今设 $ax = \Theta$. 如果 $a \neq 0$, 则 $x = 1 \cdot x = \left(\dfrac{1}{a} \cdot a\right) x = \dfrac{1}{a} \cdot (ax) = \dfrac{1}{a} \Theta = \Theta$.

由 9) 不难引出

10) 如果 $x \neq \Theta$, 则 $ax = bx$ 包含 $a = b$.

11) 如果 $a \neq 0$, 则 $ax = ay$ 包含 $x = y$.

事实上, 从 $ax = bx$ 得 $(a-b)x = ax + (-b)x = bx + (-b)x = [b+(-b)]x = 0 \cdot x = \Theta$, 从而当 $x \neq \Theta$ 时, $a = b$.

同样的, 从 $ax = ay$, 可以逐步地引出

$$a[x + (-1)y] = ax + (-a)y = ay + (-a)y = [a + (-a)]y = 0 \cdot y = \Theta,$$

所以当 $a \neq 0$ 时包含 $x + (-1)y = \Theta$. 但由另一方面, $y + (-1)y = \Theta$, 因此得到 $x = y$.

今后我们记

$$(-1)x = -x, \quad x + (-1)y = x - y.$$

容易指出下面种种事实:

12) $x - x = \Theta$. 又若 $x - y = \Theta$, 则 $x = y$.

13) $x - y = x - z$ 蕴含 $y = z$.

14) 如果 $x + y = z$, 则 $x = z - y$, 其逆亦真.

这种简单的事实我们不一一加以证明了.

定义 4 设 E 是一线性空间. 对于 E 中每一元素 x, 有一实数 $\|x\|$(称为 x 的范数) 与之对应, 且具有下列诸性质:

1) $\|x\| \geqslant 0$, 当 $x = \Theta$ 时且仅当此时 $\|x\| = 0$.
2) $\|ax\| = |a| \cdot \|x\|$, 特别 $\|-x\| = \|x\|$.
3) $\|x + y\| \leqslant \|x\| + \|y\|$.

那么称 E 是赋范线性空间.

对于赋范线性空间 E, 置

$$\rho(x,y) = \|x - y\| \tag{1}$$

的话, 则 E 成一度量空间. 以后讲到赋范线性空间, 总认为它是一个度量空间, 而以 (1) 式表示它的距离.

完全的赋范线性空间是波兰数学家 S. 巴拿赫所首先研究的, 因此, 称这种空间为巴拿赫空间.

在第七章中所讲的空间 L_p 及 l_p 都是巴拿赫空间的例子. 此地我们再举出两个巴拿赫空间.

空间 C 设闭区间 $[a,b]$ 上所定义的一切连续函数的全体为 C. 设 $f_1 = f_1(x)$ 和 $f_2 = f_2(x)$ 都属于 C, c 是一个实数. 定义和与乘积如下:

$$f_1 + f_2 = f_1(x) + f_2(x), \quad cf = cf(x).$$

易知 C 是一线性空间. 对于 C 中的 $f = f(x)$, 定义

$$\|f\| = \max |f(x)|,$$

那么 C 成一赋范线性空间. 事实上, 关于范数的三性质 1),2),3) 显然成立.

设 $f_n = f_n(x) \in C (n = 1, 2, \cdots)$. 那么显然地, 由关系式 $f_n \to f$[其中 $f = f(x) \in C$] 可得函数列 $\{f_n(x)\}$ 一致收敛于 $f(x)$.

定理 1 空间 C 是完全的.

事实上, 设 $\{f_n\}[f_n = f_n(x)]$ 是 C 中一个本来收敛的函数列. 固定 $[a,b]$ 中任意一点 x. 因为

$$|f_n(x) - f_m(x)| \leqslant \|f_n - f_m\|,$$

所以数列 $\{f_n(x)\}$ 是本来收敛的且 (由著名的波尔查诺–柯西定理) 存在着有限的极限

$$\lim_{n \to \infty} f_n(x) = f(x). \tag{2}$$

由于 x 是任意的, 因此函数 $f(x)$ 在 $[a,b]$ 上全有定义. 其次, 取任意的正数 ε, 有 N, 当 $n > N, m > N$ 时,

$$\|f_n - f_m\| < \varepsilon.$$

因此, 对于一切的 x, 当 $n > N, m > N$ 时,

$$|f_n(x) - f_m(x)| < \varepsilon.$$

在此地暂且固定 x 而令 $m \to \infty$, 那么就得到

$$|f_n(x) - f(x)| \leqslant \varepsilon$$

对于一切 x 当 $n > N$ 时成立. 因为数 N 与 x 无关系, 所以 (2) 一致地成立, 从而 $f(x)$ 是连续函数, 因此 $f(x) \in C$. 除此而外, 极限式 (2) 的一致性表示 $f = f(x)$ 乃为度量空间 C 中元素列 $\{f_n\}$ 的极限.

空间 m 设有界实数列[①]

$$x = (x_1, x_2, x_3, \cdots)$$

的全体为 m. 设 $x = (x_1, x_2, x_3, \cdots)$ 与 $y = (y_1, y_2, y_3, \cdots)$ 是两个有界数列, a 是一实数. 定义和、乘积及范数如下:

$$x + y = (x_1 + y_1, x_2 + y_2, x_3 + y_3, \cdots),$$
$$ax = (ax_1, ax_2, ax_3, \cdots),$$
$$\|x\| = \sup\{|x_k|\}.$$

不难证明, m 成一赋范线性空间.

定理 2 空间 m 是完全的.

证明 设 $\{x^{(n)}\}$ 是 m 中之一本来收敛的元素列, 且设

$$x^{(n)} = (\xi_1^{(n)}, \xi_2^{(n)}, \xi_3^{(n)}, \cdots) \quad (n = 1, 2, 3, \cdots).$$

因为对于任意固定的 k, 成立

$$|\xi_k^{(n)} - \xi_k^{(m)}| \leqslant \|x^{(n)} - x^{(m)}\|,$$

所以数列 $\{\xi_k^{(1)}, \xi_k^{(2)}, \xi_k^{(3)}, \cdots\}$ 是本来收敛的. 因此有有限的极限

$$\xi_k = \lim_{n \to \infty} \xi_k^{(n)}.$$

对于 $\varepsilon > 0$, 有 N, 当 $n > N, m > N$ 时, $\|x^{(n)} - x^{(m)}\| < \varepsilon$. 那么对于任意的 k, 成立

$$|\xi_k^{(n)} - \xi_k^{(m)}| < \varepsilon.$$

[①] 如果存在常数 A, 使对于一切 k 成立 $|x_k| \leqslant A$, 则称数列 $(x_1, x_2, x_3, \cdots)$ 是有界的. 这样, 数列之有界性并不表示数列中只含有限项. 相反, 数列中的项数是可数个 (虽然可能有些项是相同的).

在此地固定 k 和 $n > N$, 令 $m \to \infty$. 乃得不等式

$$|\xi_k^{(n)} - \xi_k| \leqslant \varepsilon. \tag{3}$$

由此特别导出 $|\xi_k| \leqslant |\xi_k^{(n)}| + \varepsilon \leqslant \|x^{(n)}\| + \varepsilon$. 因此数列 $x = (\xi_1, \xi_2, \xi_3, \cdots)$ 为有界因而属于 m. 除此而外, 由于 k 是任意的, 所以由 (3) 得到 $\|x^{(n)} - x\| \leqslant \varepsilon$. 此不等式当 $n > N$ 时常成立, 所以

$$\lim_{n \to \infty} x^{(n)} = x.$$

定理证毕.

不应该认为, 除赋范空间外, 不存在另外的度量空间. 事实上, 容易引进度量空间而不是赋范空间的例子.

空间 s 设 s 是一切实数列

$$x = (x_1, x_2, x_3, \cdots)$$

的全体, s 中两个元素的和及元素与数的乘积, 其意义同于空间 m 中所述.

设 $x = (x_1, x_2, x_3, \cdots), y = (y_1, y_2, y_3, \cdots)$ 是 s 中的两元素, 定义其间的距离为

$$\rho(x, y) = \sum_{k=1}^{\infty} \frac{1}{2^k} \frac{|x_k - y_k|}{1 + |x_k - y_k|}.$$

距离的前两个条件显然是成立的. 今证三角不等式

$$\rho(x, z) \leqslant \rho(x, y) + \rho(y, z) \tag{4}$$

之成立:

函数

$$\varphi(t) = \frac{t}{1+t}$$

在范围 $0 \leqslant t < +\infty$ 中是增函数 $\left(\text{因 } \varphi(t) = 1 - \frac{1}{1+t}\right)$. 因此设 $z = (z_1, z_2, z_3, \cdots)$ 是第三个数列,

$$\frac{|x_k - z_k|}{1 + |x_k - z_k|} \leqslant \frac{|x_k - y_k| + |y_k - z_k|}{1 + |x_k - y_k| + |y_k - z_k|}.$$

但是

$$\frac{|x_k - y_k|}{1 + |x_k - y_k| + |y_k - z_k|} \leqslant \frac{|x_k - y_k|}{1 + |x_k - y_k|},$$

$$\frac{|y_k - z_k|}{1 + |x_k - y_k| + |y_k - z_k|} \leqslant \frac{|y_k - z_k|}{1 + |y_k - z_k|}.$$

所以

$$\frac{|x_k - z_k|}{1 + |x_k - z_k|} \leqslant \frac{|x_k - y_k|}{1 + |x_k - y_k|} + \frac{|y_k - z_k|}{1 + |y_k - z_k|}.$$

在上面的不等式中边边乘以 2^{-k} 然后关于 k 相加, 即得 (4) 式. 这样, 就知道 s 是一度量空间. 但是 s 却不是赋范的[①]. 不难证明, 如果

$$x^{(n)} = (\xi_1^{(n)}, \xi_2^{(n)}, \xi_3^{(n)}, \cdots), \quad x = (\xi_1, \xi_2, \xi_3, \cdots),$$

那么要关系式

$$\lim_{n \to \infty} x^{(n)} = x$$

成立的必要且充分的条件是对于一切 k, 成立

$$\lim_{n \to \infty} \xi_k^{(n)} = \xi_k,$$

由是易证空间 s 的完全性.

空间 S 设 E 是一可测集, $mE > 0$. 在 E 上所定义的一切可测函数的全体, 成一空间 S. 把等价的一切函数看作同一个元素. 两元素 $f_1 = f_1(x)$ 与 $f_2 = f_2(x)$ 之和以及元素 $f = f(x)$ 与数 a 之乘积, 如同空间 C 的情形那样定义为

$$f_1 + f_2 = f_1(x) + f_2(x), \quad af = af(x)$$

的话, S 成一线性空间. 置

$$\rho(f_1, f_2) = \int_E \frac{|f_1(x) - f_2(x)|}{1 + |f_1(x) - f_2(x)|} dx,$$

那么 S 变成度量空间, (但不是赋范的!) 读者可自行证明下列事实: 在这个空间 S 中, $\lim_{n \to \infty} f_n = f$ [其中 $f_n = f_n(x), f = f(x)$] 恰为函数列 $\{f_n(x)\}$ 依测度收敛于 $f(x)$. 由是可证 S 是完全的.

§2. 紧性

我们建立了度量空间中元素序列的极限概念后, 就不难把点集论的重要概念引入. 例如, 设 A 是度量空间 E 中之一点集, 如果由 A 中可选出不同元素的序列 $\{x_n\}$ 以 E 中的点 x 为其极限, 则称 x 为集 A 的极限元 或极限点. 点集 A 包含 A 的所有极限点时, 称 A 是一闭集. 将 A 中的点及 A 的极限点之全体合并一集, 记为 $\overline{A}$, 称为集 A 的闭包. 凡闭集之余集称为开集, 等等.

设 x_0 是度量空间中之一固定点, $r > 0$, 那么空间中满足不等式

$$\rho(x, x_0) < r$$

[①] 因为如果 $\|x\| = \rho(x, \theta)$, 则不能满足条件

$$\|ax\| = |a| \cdot \|x\|.$$

例如设 $e_0 = (1, 1, 1, \cdots)$, 则 $\|e_0\| = \frac{1}{2}$, $\|2e_0\| = \frac{2}{3}$.

的点 x 的全体, 称为以 x_0 为中心, r 为半径之开球, 以 $S_r(x_0)$ 记之. 凡满足

$$\rho(x,x_0) \leqslant r$$

的 x 的全体称为以 x_0 为中心, r 为半径的闭球, 以 $\overline{S_r(x_0)}$ 记之. 容易证明: 闭球是闭集[①] 而开球是开集. $\overline{S_r(x_0)}$ 是 $S_r(x_0)$ 的闭包. 用球的概念可以用通常的办法定义集中内点的概念. 由是可证开集中每一点都是内点. 所有这些事情, 由于没有新的原则性的成分我们就不再讨论了.

设 E 是一度量空间. A 是由 E 中元素所组成之集. 对于点集 A, 假如有某一个球含有 A, 则称 A 是一有界集. 在第二章中我们已经证明: 在直线上的有界无穷点集至少有一个极限点. 在第十一章中我们并且将这个结果移转到任意维的欧几里得空间中去. 但是这个性质不可能移转到**任意**的度量空间中去. 只要拿 L_2 来看一看就可以知道. 设 A 是 L_2 中之一规范正交系 $\{\omega_k\}[\omega_k = \omega_k(x)]$, 由于 $\|\omega_k\| = 1$, 所以 A 是一有界集, 但是当 $i \neq k$ 时却成立

$$\|\omega_i - \omega_k\|^2 = \int_a^b [\omega_i^2(x) - 2\omega_i(x)\omega_k(x) + \omega_k^2(x)]dx = 2.$$

因此 A 中并不存在收敛元素列. 所以在一般的度量空间, 有界集的概念, 已不如欧几里得空间中的有界集概念那样具有重要的作用了. 紧集的概念取代了它的位置.

定义 1 设 A 是度量空间 E 中不空的集. 假如 A 是一有限集, 或是 A 的**任一无穷子集** A_0 至少有一极限点, 那么称 A 是一紧集.

注意下面的定理:

定理 1 任何紧集必为有界.

假如 A 不是有界集, 那么固定了 E 中某点 x_0, A 中有点 x_1, 使

$$\rho(x_1, x_0) > 1.$$

又有 $x_2 \in A$, 使

$$\rho(x_2, x_0) > \rho(x_1, x_0) + 1.$$

这种手续继续进行, 得 A 中之一点列 $x_1, x_2, x_3, \cdots$, 使

$$\rho(x_n, x_0) > \rho(x_1, x_0) + \rho(x_2, x_0) + \cdots + \rho(x_{n-1}, x_0) + 1.$$

那么当 $n > m$ 时,

$$\rho(x_n, x_0) > \rho(x_m, x_0) + 1.$$

[①] 只要证明距离函数 $\rho(x,y)$ 是连续的, 即证明 $x_n \to x$, $y_n \to y$ 蕴含 $\rho(x_n, y_n) \to \rho(x, y)$ 就行. 事实上, $\rho(x_n, y_n) \leqslant \rho(x_n, x) + \rho(x, y) + \rho(y, y_n)$, 取 n 甚大则 $\rho(x_n, y_n) < \rho(x, y) + \varepsilon$. 另一方面, $\rho(x, y) \leqslant \rho(x, x_n) + \rho(x_n, y_n) + \rho(y_n, y)$, 取 n 甚大, 则 $\rho(x, y) < \rho(x_n, y_n) + \varepsilon$.

由于
$$\rho(x_n,x_0) < \rho(x_n,x_m) + \rho(x_m,x_0),$$
所以
$$\rho(x_n,x_m) > 1,$$
因此在 $\{x_n\}$ 中不可能找到收敛子列, 即 $\{x_n\}$ 没有极限点. 所以 A 不是紧集.

有了下面的定义, 我们可以把已证定理的意义加强:

定义 2 设 A 是一度量空间 E 中之一点集, $B \subset A$, $\varepsilon > 0$. 如果对于 A 中任一元素 x, B 有元素 y 满足
$$\rho(x,y) < \varepsilon$$
的话, 称 B 是 A 的一个 ε 网.

定理 2 设 A 是度量空间中之一紧集, 那么对于任一正数 ε, A 中存在着有限的 ε 网.

首先注意, 如果一个集以有限集做它的 ε 网, 则此集必为有界集①. 所以本定理是定理 1 的加强. 我们现在来证明此定理. 如果定理不成立, 那么对于某一正数 ε, 不存在有限的 ε 网. 先在 A 中任取一元素 x_1. 因为一点 x_1 并不组成 ε 网, 所以 A 中有 x_2 使 $\rho(x_1,x_2) \geqslant \varepsilon$. 又因两点 x_1 和 x_2 并不组成 ε 网, 所以 A 中有 x_3 使
$$\rho(x_1,x_3) \geqslant \varepsilon, \quad \rho(x_2,x_3) \geqslant \varepsilon.$$
根据这样的理由, 继续进行, 那么 A 中有一点列 $\{x_n\}$: 当 $n \neq m$ 时,
$$\rho(x_n,x_m) \geqslant \varepsilon.$$
这就是说, $\{x_n\}$ 没有极限点. 此事与 A 的紧性矛盾. 定理证毕.

由上所述, 对于任意的正数 ε, A 中存在有限的 ε 网, 乃是 A 为紧集的必要条件. 自然要问, 这个条件是否保证 A 的紧性呢? 我们可以看到, 对于一般的度量空间, 这句话是不成立的. 例如所考虑的度量空间是 $[0,1]$ 中有理数的全体, 照通常的方法定义距离 $\rho(x,y) = |x-y|$. 我们就此空间本身说, 对于任意的正数 ε, 存在有限的 ε 网 $\left(\text{这样的网例如当 } n\varepsilon > 1 \text{ 时取点集 } 0, \dfrac{1}{n}, \dfrac{2}{n}, \cdots, 1 \text{ 即行}\right)$. 可是我们的集并非是紧的, 因为其中有点列
$$x_n = \frac{1}{3}\left(1 + \frac{1}{n}\right)^n,$$
以无理数 $\dfrac{e}{3}$ 为极限, 所以此空间中存在着无极限的点列. 此种不方便的结果, 实由于空间的不完全性所致. 实际上, 存在下面的定理.

---

①事实上, 设 ε 网的元素是 $y_1, y_2, \cdots, y_s$. 在空间中取一点 x_0 并记 $\max\{\rho(y_i,x_0)\} = d, r = d+\varepsilon$, 则 $A \subset S_r(x_0).(i=1,2,\cdots,s)$

定理 3 设 E 是一完全的度量空间, A 是 E 中之一无穷点集. 如果对于任意的正数 ε, A 中有有限的 ε 网, 则 A 是一紧集.

证明 设 P 是 A 中任一无穷子集, $\varepsilon > 0$. 对应于 $\dfrac{\varepsilon}{2}$, 当然有 $\dfrac{\varepsilon}{2}$ 网, 假定它是由点 $y_1, y_2, \cdots, y_s$ 所组成, 那么集 A 及其子集 P, 含在有限个开球的和之中:

$$P \subset \sum_{i=1}^{s} S_{\frac{\varepsilon}{2}}(y_i).$$

因此, 至少有一个开球, 设为 $S_{\frac{\varepsilon}{2}}(y_m)$, 含有 P 的无穷个的点 (否则变成 P 为有限集了). 设 x' 与 x'' 是交集 (无穷集!) $Q = S_{\frac{\varepsilon}{2}}(y_m)P$ 中的二点, 则 $\rho(x', x'') < \varepsilon$. 换言之, 我们证得了这样的事实: 对于任一正数 ε, A 的任一无穷子集 P 必含有直径[①]$d(Q)$ 小于 ε 的无穷子集 Q.

利用这个事实, 取 A 中任一无穷子集 A_0, 根据已证明的一定有 A_0 的无穷子集 A_1, 其直径 $d(A_1) < 1$. 其次, A_1 中有无穷子集 A_2, 其直径 $d(A_2) < \dfrac{1}{2}$. 这个手续继续进行, 乃得一列无穷集

$$A_0 \supset A_1 \supset A_2 \supset A_3 \supset \cdots,$$

使得 $d(A_n) < \dfrac{1}{n}$. 我们从每一个 A_n 中选取一点 x_n, 使 x_n 不同于 $x_1, x_2, \cdots, x_{n-1}$. 当 $m > n$ 时, $x_m \in A_m \subset A_n$, 所以 $\rho(x_n, x_m) < \dfrac{1}{n}$. 由是可知 $\{x_n\}$ 是本来收敛的. 但是由于 E 的完全性, 存在着极限 $x = \lim x_n$. 这个极限点即为 A_0 的极限点. 因此, 对于 A 的任一无穷子集 A_0 常存在极限点, 所以 A 是紧的.

用相似的方法可证

定理 4 设 A 是度量空间 E 中的一无穷点集. A 成一紧点集的必要条件是: 对于任意的正数 ε, E 中存在紧集 B_ε[②], 使对于任意的 $x \in A$, 有 $y \in B_\varepsilon$ 满足 $\rho(x, y) < \varepsilon$, 当 E 是完全的时, 则所述条件并且是充分的.

条件的必要性是很明显的, 因为 A 是一紧集的话, 即以 A 取作 B_ε 好了. 要证明条件的充分性, 只要证明: 对于 A 中任一无穷子集 P, 一定可从其找出无穷子集 Q, 其直径 $d(Q)$ 小于任何小的数 ε 就行了. 因为若已证此, 那么我们可以用定理 3 的证明方法来完成我们的证明.

今设 P 是 A 之一无穷子集, $\varepsilon > 0$. 对于 $\dfrac{\varepsilon}{3}$, 设其对应的集是 $B_{\frac{\varepsilon}{3}}$, 而对于每一点 $x \in P$, $B_{\frac{\varepsilon}{3}}$ 中有点 $y(x)$, 使

$$\rho(x, y(x)) < \frac{\varepsilon}{3}.$$

设 D 是这种 $y(x)$ 的全体, 其中 $x \in P$.

[①] 点集 Q 的直径的意义是: $d(Q) = \sup \rho(x', x'')$, 其中 $x' \in Q, x'' \in Q$.
[②] 此地我们没有说 B_ε 是 A 中的 ε 网, 因为没有假设 $B_\varepsilon \subset A$.

我们先设 D 只含有限个不同的元素. 那么 D 中至少有一个点 y_0, $y_0 = y(x)$ 对于 P 的无穷个元素 x 成立. 因此, 此集 D 即为所要求的 Q, 因为它的直径小于 $\dfrac{2}{3}\varepsilon$. 如果 D 是一无穷集 (它是**紧集** $B_{\frac{\varepsilon}{3}}$ 的子集!), 那么 D 中有收敛点列

$$y(x_1),\ y(x_2),\ y(x_3),\ \cdots,$$

其中元素 $x_1, x_2, x_3, \cdots$ 两两不相同.

由于 $\{y(x_n)\}$ 的收敛性, 所以有 N 使当 $n > N$, $m > N$ 时,

$$\rho(y(x_n),\ y(x_m)) < \frac{\varepsilon}{3}.$$

于是所要求的 Q 可以取为集 $\{x_{N+1}, x_{N+2}, x_{N+3}, \cdots\}$. 事实上, 当 $n > N, m > N$ 时,

$$\rho(x_n, x_m) \leqslant \rho(x_n, y(x_n)) + \rho(y(x_n), y(x_m)) + \rho(y(x_m), x_m) < \varepsilon.$$

故得

$$d(Q) \leqslant \varepsilon.$$

定理证毕.

定理 3 和定理 4 是完全空间的紧性的一般判定法. 但是对于有些空间, 其紧性之判定较为简单.

§3. 某些空间的紧性条件

本节要将四个空间 s, l_p, C, L_p 逐个讨论其中点集的紧性条件.

空间 s 这个空间的元素是数列 $x = (\xi_1, \xi_2, \xi_3, \cdots)$. 其中第 k 个位置上的数 ξ_k, 称为点 x 的第 k 个 "坐标", 因为它是 x 的函数, 今后以 $\xi_k(x)$ 记之.

利用这个定义, 我们可以写出下面的定理.

定理 1 设空间 s 中有一无穷点集 $A = \{x\}$, 其中 $x = (\xi_1(x), \xi_2(x), \xi_3(x), \cdots)$, 则 A 为紧集的必要且充分的条件是存在着如下的数列 $M_1, M_2, M_3, \cdots$ 使对于 A 中任一点 x, 成立

$$|\xi_k(x)| \leqslant M_k \quad (k = 1, 2, 3, \cdots).$$

证明 事实上, 假如有这种 $\{M_k\}$ 存在, 那么在 A 中取一列两两相异的点 $x_1, x_2, x_3, \cdots$. 对于这些点, 将其第一坐标写成数列

$$\xi_1(x_1),\ \xi_1(x_2),\ \xi_1(x_3),\ \cdots. \tag{1}$$

因为 $|\xi_1(x_n)| \leqslant M_1$, 所以根据波尔查诺-魏尔斯特拉斯定理, 从 (1) 中可以选取收敛数列:

$$\xi_1\left(x_1^{(1)}\right), \xi_1\left(x_2^{(1)}\right), \xi_1\left(x_3^{(1)}\right), \cdots, \lim_{n \to \infty} \xi_1\left(x_n^{(1)}\right) = \alpha_1.$$

此地的 $x_1^{(1)}, x_2^{(1)}, x_3^{(1)}, \cdots$ 是 $x_1, x_2, x_3, \cdots$ 的子列, 并且不打乱其次序.

由 $x_1^{(1)}, x_2^{(1)}, x_3^{(1)}, \cdots$, 将其第二坐标写成数列

$$\xi_2(x_1^{(1)}), \xi_2(x_2^{(1)}), \xi_2(x_3^{(1)}), \cdots,$$

因为 $\left|\xi_2(x_n^{(1)})\right| \leqslant M_2$, 其中必有收敛子数列:

$$\xi_2(x_1^{(2)}), \xi_2(x_2^{(2)}), \xi_2(x_3^{(2)}), \cdots, \lim_{n\to\infty} \xi_2(x_n^{(2)}) = \alpha_2.$$

此地 $x_1^{(2)}, x_2^{(2)}, x_3^{(2)}, \cdots$ 是 $x_1^{(1)}, x_2^{(1)}, x_3^{(1)}, \cdots$ 的子列, 且不变其项与项间的次序.

将此手续继续进行, 乃得由 A 中之点所组成的无穷矩阵:

$$x_1^{(1)}, x_2^{(1)}, x_3^{(1)}, \cdots$$
$$x_1^{(2)}, x_2^{(2)}, x_3^{(2)}, \cdots$$
$$x_1^{(3)}, x_2^{(3)}, x_3^{(3)}, \cdots$$
$$\cdots\cdots\cdots\cdots$$

并且每一行是前行除去一部分的点而得的, 但是并不打乱其次序. 这个矩阵的每一行存在着有限的极限

$$\lim_{n\to\infty} \xi_p(x_n^{(p)}) = \alpha_p \quad (p=1,2,3,\cdots).$$

得到上面的矩阵后, 取其位于对角线上的元素列:

$$y_1 = x_1^{(1)}, y_2 = x_2^{(2)}, y_3 = x_3^{(3)}, \cdots,$$

这个点列是 A 中**两两相异**的点所组成的.

固定任一自然数 p, 则元素 $y_p, y_{p+1}, \cdots$ 都在矩阵的第 p 行中出现:

$$y_n = x_{m(n,p)}^{(p)} \quad (n \geqslant p),$$

显然的, $m(n,p) \geqslant n$. 但是

$$\xi_p(y_n) = \xi_p\left(x_{m(n,p)}^{(p)}\right) \quad (n \geqslant p),$$

因此

$$\lim_{n\to\infty} \xi_p(y_n) = \alpha_p.$$

此即表示, 从 A 的点列 $x_1, x_2, x_3, \cdots$ 中所选取的子列 $y_1, y_2, y_3, \cdots$ 具有极限点

$$a = (\alpha_1, \alpha_2, \alpha_3, \cdots).$$

所以, A 的任何可数子集都有极限点. 此即表示 A 是一紧集. 条件的充分性已经证毕.

现在证明条件的必要性. 设此条件不满足, 那么至少有一个 k, 对于这个 k 不存在如下的 $M_k : |\xi_k(x)| \leqslant M_k(x \in A)$. 固定这个 k, 知数集 $\{\xi_k(x)\}$ 不是有界的. 所以 A 中有如下的点列 $x_1, x_2, x_3, \cdots$:

$$\lim_{n \to \infty} \xi_k(x_n) = \infty.$$

那么 $\{x_n\}$ 没有极限点[①]. 定理证毕.

空间 $l_p(p \geqslant 1)$. 这个空间的元素是数列

$$x = (\xi_1(x), \xi_2(x), \xi_3(x), \cdots),$$

但满足条件

$$\|x\| = \left[\sum_{k=1}^{\infty} |\xi_k(x)|^p\right]^{\frac{1}{p}} < +\infty.$$

下面的定理决定这个空间的紧性条件.

定理 2 设 A 是空间 l_p 中之一无穷集, A 成一紧集的必要且充分的条件如下:
1) 存在着数列 $M_1, M_2, M_3, \cdots$ 使对于 A 中一切 x, 成立

$$|\xi_k(x)| \leqslant M_k \quad (k = 1, 2, 3, \cdots).$$

2) 级数

$$\sum_{k=1}^{\infty} |\xi_k(x)|^p$$

在 A 上一致收敛.

证明 先证条件的**充分性**. 假设两个条件都满足, 那么必有 m 使不等式

$$\sum_{k=m+1}^{\infty} |\xi_k(x)|^p < 1$$

对于 A 中一切点 x 成立. 固定这个 m, 对于 A 中一切 x,

$$\sum_{k=1}^{m} |\xi_k(x)|^p \leqslant \sum_{k=1}^{m} M_k^p.$$

因此, 置

$$\sum_{k=1}^{m} M_k^p + 1 = H,$$

[①] 因为如果 $\{x_n\}$ 有子列 $\{x_{n_i}\}$ 有极限 a, 那么 $\xi_k(x_{n_i}) \to \xi_k(a)$, 可是 $\xi_k(x_{n_i}) \to \infty$.

那么对于 A 中一切 x, 成立
$$\sum_{k=1}^{\infty} |\xi_k(x)|^p < H.$$

设 A_0 是 A 中任一无穷子集. 那么完全如同定理 1 中所述的一样, A_0 中可以选取如下的点列 $y_1, y_2, y_3, \cdots$:
$$\lim_{n \to \infty} \xi_k(y_n) = \alpha_k \quad (k = 1, 2, 3, \cdots),$$

于此 $\alpha_1, \alpha_2, \cdots$ 都是有限数.

对于任意的 N, 不等式
$$\sum_{k=1}^{N} |\xi_k(y_n)|^p < H$$

成立. 固定 N, 使 $n \to \infty$, 则得
$$\sum_{k=1}^{N} |\alpha_k|^p \leqslant H.$$

因 N 可以任意的, 故 $a = (\alpha_1, \alpha_2, \alpha_3, \cdots) \in l_p$.

我们可证
$$a = \lim_{n \to \infty} y_n. \tag{2}$$

为此对于任一正数 ε, 取 h 使对于 A 中一切 x, 成立
$$\sum_{k=h+1}^{\infty} |\xi_k(x)|^p < \left(\frac{\varepsilon}{3}\right)^p.$$

用上面的方法 $\left(\text{即首先考虑} \sum_{k=h+1}^{N}\right)$, 可得
$$\sum_{k=h+1}^{\infty} |\alpha_k|^p \leqslant \left(\frac{\varepsilon}{3}\right)^p.$$

但是
$$\left[\sum_{k=h+1}^{\infty} |\xi_k(y_n) - \alpha_k|^p\right]^{\frac{1}{p}} \leqslant \left[\sum_{k=h+1}^{\infty} |\xi_k(y_n)|^p\right]^{\frac{1}{p}} + \left[\sum_{k=h+1}^{\infty} |\alpha_k|^p\right]^{\frac{1}{p}}.$$

因此
$$\left[\sum_{k=h+1}^{\infty} |\xi_k(y_n) - \alpha_k|^p\right]^{\frac{1}{p}} < \frac{2}{3}\varepsilon.$$

又
$$\|y_n - a\| < \left[\sum_{k=1}^{h} |\xi_k(y_n) - \alpha_k|^p\right]^{\frac{1}{p}} + \frac{2}{3}\varepsilon.$$

因为对于适当大的 n, 成立

$$\sum_{k=1}^{h}|\xi_k(y_n)-\alpha_k|^p < \left(\frac{\varepsilon}{3}\right)^p,$$

所以对于这些 n,

$$\|y_n - a\| < \varepsilon,$$

所以 (2) 式成立. 从而 A 是一紧集.

第一个条件的**必要性**可以逐句的照证明定理 1 中条件之必要性证之. 现在假设第二个条件不满足. 那么存在这样的正数 ε, 使对于一切自然数 n, A 中有元素 x_n 满足不等式

$$\sum_{k=n+1}^{\infty}|\xi_k(x_n)|^p \geqslant \varepsilon. \tag{3}$$

可以做到, 使得 $\{x_n\}$ 是一个其元素 x_n 两两相异的无穷集, 但是在 $\{x_n\}$ 中却不存在收敛点列.

事实上, 如果点列

$$x_{n_1}, x_{n_2}, x_{n_3}, \cdots \quad (n_1 < n_2 < n_3 < \cdots)$$

具有极限 $a = (\alpha_1, \alpha_2, \alpha_3, \cdots)$, 那么我们首先找到如下的 h:

$$\sum_{k=h+1}^{\infty}|\alpha_k|^p < \frac{\varepsilon}{2^p}.$$

然后对于足够大的 i $(i > i_0)$, 我们有

$$\|x_{n_i} - a\| < \frac{\varepsilon^{\frac{1}{p}}}{2},$$

从而对于这些 i, 更加是

$$\sum_{k=n_i+1}^{\infty}|\xi_k(x_{n_i})-\alpha_k|^p < \frac{\varepsilon}{2^p}.$$

那么, 取 $i > i_0$ 甚大, 使当 $n_i \geqslant n$ 时,

$$\left(\sum_{k=n_i+1}^{\infty}|\xi_k(x_{n_i})|^p\right)^{\frac{1}{p}} \leqslant \left(\sum_{k=n_i+1}^{\infty}|\xi_k(x_{n_i})-\alpha_k|^p\right)^{\frac{1}{p}}$$
$$+ \left(\sum_{k=n_i+1}^{\infty}|\alpha_k|^p\right)^{\frac{1}{p}} < \varepsilon^{\frac{1}{p}},$$

但此式与不等式 (3) 是矛盾的. 定理证毕.

作为特例, 假设 A 是由 l_p 中的单位向量, 即具下列形式

$$e_n = (0, \cdots, 0, 1, 0, 0, \cdots) \quad (1 \text{ 是第 } n \text{ 个坐标})$$

的元素所组成的. 此时第一个条件显然满足. 其次, 级数

$$\sum_{k=1}^{\infty} |\xi_k(e_n)|^p$$

对于一切 n 是收敛的, 因为当 $k \neq n$ 时, $\xi_k(e_n) = 0$. 但是这个级数关于 n 并非为一致收敛, 所以 A 不是紧集. 这是直接可以得到的. 事实上, 由于

$$\lim_{n \to \infty} \xi_k(e_n) = 0,$$

因此唯一可能作为 A 的极限点的是 $\Theta = (0, 0, 0, \cdots)$. 但对于任意的 n,

$$\|e_n - \Theta\| = 1.$$

所以 A 没有极限点[①]. 可是对于一切 n 是 $\|e_n\| = 1$, 所以 A 是一有界集. 于此我们又得到一个虽为有界但非紧的集.

空间 C 现在对于空间 C 来研究紧性条件. 我们先说函数族的等度连续性.

定义 设 $A = \{f(x)\}$ 是定义在闭区间 $[a, b]$ 上的一个连续函数族. 如果对于任一正数 ε, 有这样的 $\delta > 0$, 使当 $|x'' - x'| < \delta$(其中 x' 及 x'' 取自 $[a, b]$) 时, 不等式

$$|f(x'') - f(x')| < \varepsilon$$

对于 A 中任意的函数 $f(x)$ 成立, 那么称函数族 A 是等度连续的.

我们晓得, 对于 A 中的**每一个**函数存在如上的 δ 是由函数的连续性直接得到的. 此地的事情是要**对于所有的函数, 存在同一个** δ.

定理 3 (C. 阿尔泽拉 (C. Arzelà)–G. 阿斯科利 (G. Ascoli)) 设 $A = \{f(x)\}$ 是在 $[a, b]$ 上定义的连续函数的无穷族. 假如

1) 存在一个数 M 使此族中的函数都满足 $|f(x)| \leqslant M$,
2) 这些函数是等度连续的,

那么 A 中存在着一致收敛的函数列.

证明 记 $[a, b]$ 中所有有理数之全体为 E, E 是一可数集, 因此由第八章 §4 的引理 1, 由 A 可选出**两两相异**的函数列 $f_1(x), f_2(x), f_3(x), \cdots$ 使在 E 中一切点收敛. 我们要证明, 这个函数列在整个闭区间 $[a, b]$ 上是处处收敛的. 事实上, 设 x 是 $[a, b]$ 上任一无理点, $\varepsilon > 0$. 于 $[a, b]$ 中取有理点 r 使对于 A 中一切函数 $f(x)$ 适合

$$|f(x) - f(r)| < \frac{\varepsilon}{3}.$$

[①] 从 $\|e_n - e_m\| = \sqrt[p]{2}\,(n \neq m)$ 可以更简单地看出同样的结果.

这种 r 的存在是由于函数族的等度连续性，因为数列 $\{f_n(r)\}$ 是收敛的，所以对于上面的 ε，有 N，当 $n > N, m > N$ 时，

$$|f_n(r) - f_m(r)| < \frac{\varepsilon}{3}.$$

对于这样的 n 及 m，成立

$$|f_n(x) - f_m(x)| \leqslant |f_n(x) - f_n(r)| + |f_n(r) - f_m(r)|$$
$$+ |f_m(r) - f_m(x)| < \varepsilon.$$

因此，函数列 $\{f_n(x)\}$ 是本来收敛的，因而收敛于有限的极限。置

$$\lim_{n \to \infty} f_n(x) = \varphi(x), \quad a \leqslant x \leqslant b.$$

容易证明，函数 $\varphi(x)$ 是连续的。事实上，对于正数 ε，有 $\delta > 0$ 使当 $|x'' - x'| < \delta$ 时，A 中一切函数 $f(x)$ 满足 $|f(x'') - f(x')| < \varepsilon$。因此，当 $|x'' - x'| < \delta$ 时，

$$|f_n(x'') - f_n(x')| < \varepsilon,$$

从而令 $n \to \infty$ 得

$$|\varphi(x'') - \varphi(x')| \leqslant \varepsilon,$$

所以 $\varphi(x)$ 是连续的。

剩下来要证明的是 $f_n(x)$（关于 x）**一致**收敛于 $\varphi(x)$。

首先我们注意：函数 $f_n(x) - \varphi(x)$ 如同 $f_n(x)$ 一般，也是等度连续的。因此，对于正数 ε，有 $\delta > 0$，当 $|x'' - x'| < \delta$ 时，对于任意的 n 成立

$$|\{f_n(x'') - \varphi(x'')\} - \{f_n(x') - \varphi(x')\}| < \frac{\varepsilon}{2}. \tag{4}$$

固定 δ，取自然数 s 足够大，使

$$\frac{b-a}{s} < \delta.$$

置

$$z_0 = a, z_1 = a + \frac{b-a}{s}, z_2 = a + 2\frac{b-a}{s}, \cdots, z_s = b.$$

对于每一点 z_i 成立

$$\lim_{n \to \infty} f_n(z_i) = \varphi(z_i),$$

因此有如下的 N_i，当 $n > N_i$ 时，

$$|f_n(z_i) - \varphi(z_i)| < \frac{\varepsilon}{2}. \tag{5}$$

设 $N = \max\{N_0, N_1, \cdots, N_s\}$, 则当 $n > N$ 时, 不等式

$$|f_n(x) - \varphi(x)| < \varepsilon \tag{6}$$

对于 $[a,b]$ 中的任一 x 成立. 事实上, 对于 $x \in [a,b]$, 必有 z_i, 使 $|z_i - x| < \dfrac{b-a}{s} < \delta$. 因此, 由 (4) 式及 (5) 式可得 (6) 式. 由于此地的 N 与 x 之选择无关, 故 (6) 一致地成立. 定理证毕.

定理 4 设 A 是空间 C 中之一无穷集, A 为紧集的必要且充分的条件是: A 中一切函数为一致有界且为等度连续.

证明 定理中条件的充分性已在定理 3 中证明了. A 中函数 $f(x)$ 为一致有界的必要性由上节之定理 1 可以导出, 因为由该定理知紧集必为有界, 在此地即表示 A 中所有函数其绝对值都小于同一常数, 故必为一致有界. 现在证明等度连续的必要性. 假如 A 不是等度连续, 那么对于某一 $\varepsilon_0 > 0$, 可在 A 中取函数列 $\{f_n(x)\}$, 在 $[a,b]$ 中取如下的点列 $\{x_n\}$ 及 $\{y_n\}$:

$$\lim(y_n - x_n) = 0, \quad |f_n(x_n) - f_n(y_n)| \geqslant \varepsilon_0. \tag{7}$$

函数列 $\{f_n(x)\}$ 中应该含有 A 中**相异**的无穷个元素. 但是从 $\{f_n(x)\}$ 不能选出任何一个一致收敛的子函数列. 其证如下: 如果 $\{f_n(x)\}$ 存在着一致收敛的子函数列, 则不失一般性, 就可以令 $\{f_n(x)\}$ 表示此函数数列, 因为这不过是符号变动一下的问题. 这样, $\{f_n(x)\}$ 除了满足关系式 (7) 以外, 并且是一致收敛于某 (连续) 函数 $\varphi(x)$.

对于上面已述的 $\varepsilon_0 > 0$, 存在 $\delta > 0$, 使当 $|x'' - x'| < \delta$ 时, $|\varphi(x'') - \varphi(x')| < \dfrac{\varepsilon_0}{3}$. 另一方面, 可以找到 N, 使当 $n > N$ 时, 对于任意的 $x \in [a,b]$,

$$|f_n(x) - \varphi(x)| < \dfrac{\varepsilon_0}{3}.$$

取 $n > N$ 且使满足条件 $|y_n - x_n| < \delta$. 对于这个 n, 成立

$$|f_n(x_n) - f_n(y_n)| \leqslant |f_n(x_n) - \varphi(x_n)| + |\varphi(x_n) - \varphi(y_n)|$$
$$+ |\varphi(y_n) - f_n(y_n)| < \varepsilon_0,$$

可是此式与 (7) 式相矛盾. 所以证得, 如果 A 不满足等度连续的条件, 那么在 A 中就存在无极限元素的无限子集. 此即表示 A 非为紧集. 定理证毕.

现在我们把定理 3 应用到古典分析上的一个问题[①]. 设有微分方程

$$\dfrac{dy}{dx} = f(x, y), \tag{8}$$

其中 $f(x, y)$ 在闭矩形 R 中是一连续的函数.

[①]我仿效彼得罗夫斯基的叙述 (参阅他的 "Лекции по теории обыкновенных дифференциальных уравнений", ГОНТИ, 1939, §12).

定理 5 设 (x_0, y_0) 为 R 之一内点，那么经过此点 (x_0, y_0) (8) 式至少有一条积分曲线.

证明 因为 $f(x, y)$ 在闭矩形 R 中为连续，所以在 R 上是有界的. 设

$$|f(x, y)| < M.$$

经过 (x_0, y_0) 引两直线 I 及 II 分别以 M 及 $-M$ 为斜率. 其次，我们作二直线 $x = a$ 及 $x = b$, 此处 $a < x_0 < b$, 并且选取数 a 和 b 满足下面的要求：由直线 $x = a$ 和 $x = b$ 及直线 I 及 II 所包围的三角形 ABC 及 ADE 全部含在 R 中 (见图 9).

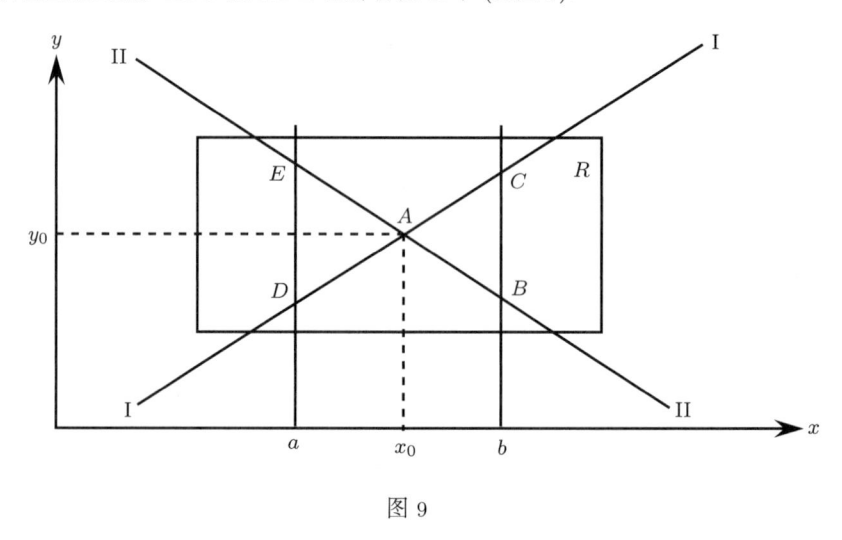

图 9

然后用点 $z_0 = a < z_1 < z_2 < \cdots < z_s = b$ 将 $[a, b]$ 分成 s 个部分，其中一个分点是 x_0: 设 $x_0 = z_m$ 经过 (x_0, y_0) 我们引一直线以 $f(x_0, y_0)$ 为斜率，这个直线一定位在三角形 BAC 及 DAE 的对顶角中. 由点 (x_0, y_0) 沿着此直线向右移动，我们就遇到点 (z_{m+1}, u_{m+1}). 假设 $m + 1 < s$, 那么通过此点引一条以 $f(z_{m+1}, u_{m+1})$ 为斜率之直线，而考虑位在闭区间 $[z_{m+1}, z_{m+2}]$ 上之一个线段. 这个线段完全含在三角形 ABC 之中. 如果 $m + 2 < s$, 那么通过右端的点 (z_{m+2}, u_{m+2}) 以 $f(z_{m+2}, u_{m+2})$ 为斜率引直线. 将此手续继续进行，直到如此所作得之线段其右端位在直线 $x = b$ 上而止. 同样的可以从 (x_0, y_0) 向左逐步移动.

于是我们得到一个以点

$$(z_0, u_0), (z_1, u_1), \cdots, (z_s, u_s)$$

为顶点的折线，其中 $z_m = x_0, u_m = y_0$. 由顶点 (z_k, u_k) 及 (z_{k+1}, u_{k+1}) 所连接之直线段其斜率当 $k \geqslant m$ 时为 $f(z_k, u_k)$ 而当 $k < m$ 时为 $f(z_{k+1}, u_{k+1})$. 这个折线称为欧拉折线. 所当注意的是，这个折线不会跑出三角形 ABC 及 ADE 之外 (可用归纳法证之). 以此折线为图形的函数设为 $\varphi(x)$, 则 $\varphi(x)$ 是一有界函数，因为它的图形全在 R 中. 不难看到，函数 $\varphi(x)$ 满足利普希茨条件：

$$|\varphi(x'') - \varphi(x')| \leqslant M|x'' - x'|.$$

对应于 $[a, b]$ 中任一分解所得的如上的函数 $\varphi(x)$, 称为欧拉函数. 对于 $[a, b]$ 的不同的分法即得不同的欧拉函数. 这种函数之全体是一致有界的且为等度连续. 因此，这种函数所成之集在 C 中是紧集 (定理 3).

于 $[a,b]$ 插入分点 $z_0, z_1, z_2, \cdots, z_s$ 使具有性质

$$\max[z_{k+1} - z_k] \to 0.$$

那么对于这些分法得到种种欧拉函数. 其中必有一致收敛的子函数列 $\varphi_1(x), \varphi_2(x), \varphi_3(x), \cdots$. 设

$$\lim_{n \to \infty} \varphi_n(x) = \psi(x).$$

显然的, $\psi(x_0) = y_0$, 故曲线 $y = \psi(x)$ 通过点 (x_0, y_0). 现在我们证明, 此曲线是方程 (8) 的积分曲线.

假设对于分点 $z_0^{(n)}, z_1^{(n)}, \cdots, z_{s_n}^{(n)}$, 欧拉函数是 $\varphi_n(x)$. 我们注意到

$$\lim_{n \to \infty} [\max_k \{z_{k+1}^{(n)} - z_k^{(n)}\}] = 0. \tag{9}$$

我们在半开区间 $(x_0, b]$ 中任取一点 x. 设

$$z_p^{(n)} < x \leqslant z_{p+1}^{(n)} \quad [p = p(n)].$$

仍以 $z_m [m = m(n)]$ 表示与 x_0 一致的分点, 我们就有

$$\varphi_n\left(z_{m+1}^{(n)}\right) = \varphi_n\left(z_m^{(n)}\right) + f\left(x_0, \varphi_n(x_0)\right)\left(z_{m+1}^{(n)} - x_0\right),$$
$$\varphi_n\left(z_{m+2}^{(n)}\right) = \varphi_n\left(z_{m+1}^{(n)}\right) + f\left(z_{m+1}^{(n)}, \varphi_n\left(z_{m+1}^{(n)}\right)\right)\left(z_{m+2}^{(n)} - z_{m+1}^{(n)}\right),$$
$$\cdots \cdots \cdots \cdots$$
$$\varphi_n\left(z_p^{(n)}\right) = \varphi_n\left(z_{p-1}^{(n)}\right) + f\left(z_{p-1}^{(n)}, \varphi_n\left(z_{p-1}^{(n)}\right)\right)\left(z_p^{(n)} - z_{p-1}^{(n)}\right),$$
$$\varphi_n(x) = \varphi_n\left(z_p^{(n)}\right) + f\left(z_p^{(n)}, \varphi_n\left(z_p^{(n)}\right)\right)\left(x - z_p^{(n)}\right).$$

由上面的等式, 得到

$$\varphi_n(x) = y_0 + \sum_{k=m}^{p-1} f\left(z_k^{(n)}, \varphi_n\left(z_k^{(n)}\right)\right)\left(z_{k+1}^{(n)} - z_k^{(n)}\right) + f\left(z_p^{(n)}, \varphi_n\left(z_p^{(n)}\right)\right)\left(x - z_p^{(n)}\right).$$

函数 $f(x, y)$ 是一致连续的. 所以, 对于 $\varepsilon > 0$ 必有 $\delta > 0$, 使当 $|y'' - y'| < \delta$ 时, 对于所有的 $x \in [a, b]$ 成立

$$|f(x, y'') - f(x, y')| < \varepsilon.$$

不失一般性, 我们可以假设 $\delta \leqslant \varepsilon$. 我们取 n 如此之大, 使对于所有的 $x \in [a, b]$, 成立

$$|\varphi_n(x) - \psi(x)| < \delta.$$

那么和式

$$\sum_{k=m}^{p-1} f\left(z_k^{(n)}, \varphi_n\left(z_k^{(n)}\right)\right)\left(z_{k+1}^{(n)} - z_k^{(n)}\right) + f\left(z_p^{(n)}, \varphi_n\left(z_p^{(n)}\right)\right)\left(x - z_p^{(n)}\right)$$

与相似的和式

$$\sigma_n = \sum_{k=m}^{p-1} f\left(z_k^{(n)}, \psi\left(z_k^{(n)}\right)\right)\left(z_{k+1}^{(n)} - z_k^{(n)}\right) + f\left(z_p^{(n)}, \psi\left(z_p^{(n)}\right)\right)\left(x - z_p^{(n)}\right)$$

之差小于 $\varepsilon(x-x_0)$. 由此, 对于所说的适当大的 n, 成立
$$|\psi(x)-y_0-\sigma_n|<\varepsilon(1+x-x_0). \tag{10}$$

和式 σ_n 是积分
$$\int_{x_0}^x f[z,\psi(z)]dz$$
的黎曼和, 所以由 (9) 式, 把 (10) 式中的 $n\to\infty$, 乃得
$$\left|\psi(x)-y_0-\int_{x_0}^x f[z,\psi(z)]dz\right|\leqslant\varepsilon(1+x-x_0).$$

由于 ε 是任意的, 所以
$$\psi(x)=y_0+\int_{x_0}^x f[z,\psi(z)]dz. \tag{11}$$

将此式关于 x 微分, 那么等式
$$\psi'(x)=f[x,\psi(x)] \tag{12}$$

在 $[x_0,b]$ 上成立①. 同样地可得 (12) 式对于 $a\leqslant x\leqslant x_0$ 亦真. 定理完全证毕.

附注 1 如果矩形 R 由不等式
$$R(x_0-A\leqslant x\leqslant x_0+A,\ y_0-B\leqslant y\leqslant y_0+B)$$
所决定, 那么在闭区间 $[x_0-\delta,\ x_0+\delta]$ 中 (8) 式存在着解, 其中
$$\delta=\min\left\{A,\frac{B}{M}\right\}.$$

附注 2 在定理 5 的条件下, 经过点 (x_0,y_0) 的积分曲线不一定是唯一的. 例如对于方程 $\dfrac{dy}{dx}=3\sqrt[3]{y^2}$, 经过点 $(0,0)$ 有两条积分曲线 $y=0$ 及 $y=x^3$.

空间 L_p 最后我们要讨论空间 L_p 中点集之紧性条件. 对于 $p>1$, 这些条件是由 А. Н. 柯尔莫戈洛夫在 1931 年发现的. 二年以后, А. Н. 图拉伊柯夫 (А. Н. Тулайков) ② 证明柯尔莫戈洛夫的条件对于 $p=1$ 时也是必要且充分的.

为了要讲这些有趣的结果, 我们需要一些预备知识.

引理 1 设 $\varphi(t)$ 在 $[a,b]$ 上是一可和函数. 将此函数 $\varphi(t)$ 的定义范围扩充到闭区间 $[a-h,b+h]$ 上: 当 $t\overline{\in}[a,b]$ 时置 $\varphi(t)=0$. 置
$$\varphi_h(x)=\frac{1}{2h}\int_{x-h}^{x+h}\varphi(t)dt,\quad a\leqslant x\leqslant b,$$
则函数 $\varphi_h(x)$ 在 $[a,b]$ 上是连续的 (称 $\varphi_h(x)$ 为 $\varphi(x)$ 的斯捷克洛夫函数).

---

① 虽然 (11) 只有当 $x>x_0$ 时加以证明, 但 (12) 当 $x=x_0$ 时也可由 (11) 导出. 自然, 当 $x=x_0$ 及 $x=b$ 时, 所说的只是**单侧导数**.

② "Zur Kompaktheit im Raum L_p für $p=1$", Göttingen Nachrichten 1933, 167–170 页.

事实上，设 $F(x) = \int_{a-h}^{x} \varphi(t)dt$，则

$$\varphi_h(x) = \frac{1}{2h}[F(x+h) - F(x-h)],$$

函数 $F(x)$ 是熟知的连续函数。

引理 2 在引理 1 的情况下，成立

$$\int_a^b |\varphi_h(x)|\, dx \leqslant \int_a^b |\varphi(x)|dx. \tag{13}$$

证明 首先假设 $\varphi(x) \geqslant 0$。我们在矩形 $R(a \leqslant t \leqslant b, -h \leqslant z \leqslant h)$ 中考虑函数 $\varphi(z+t)$。根据第十二章 §4 的定理 2 有①

$$\int_a^b dt \int_{-h}^{+h} \varphi(z+t)dz = \int_{-h}^{+h} dz \int_a^b \varphi(z+t)dt. \tag{14}$$

因为

$$\int_{-h}^{+h} \varphi(z+t)dz = \int_{t-h}^{t+h} \varphi(x)dx = 2h\varphi_h(t),$$

则 (14) 式左边的积分，不是别的，恰好是

$$2h \int_a^b \varphi_h(t)dt.$$

而 (14) 右边的积分可以化为

$$\int_{-h}^{+h} dz \int_{a+z}^{b+z} \varphi(x)dx,$$

剩下来再注意到②

$$\int_{a+z}^{b+z} \varphi(x)dx \leqslant \int_a^b \varphi(x)dx, \tag{15}$$

---

①当函数 $\varphi(z+t)$ 看作 t 或者 z 的一元函数，将其他的一个变量任意固定时，其可测性很显然。我们要证明当它看作二元函数在 R 中也是可测的。对于任意的 c，那些点 $x \in [a-h, b+h]$ 使 $\varphi(x) > c$ 者，成一可测集。但是 (参考第十二章 §2 的引理) 当点 (x,y) 在矩形 $(a-h \leqslant x \leqslant b+h, -h \leqslant y \leqslant h)$ 中使 $\varphi(x) > c$ 者其全体为一可测集 A。设 E 是点 (t,z) 所成之集，它是从 A 经过平面上由 $t = x-y, z = y$ 所决定的仿射变换而得的集。它是可测的，并且考虑到

$$R[\varphi(z+t) > c] = RE.$$

②当 $z = 0$ 时两个积分是相同的。假如 $z > 0$，则由 $\varphi(x) \geqslant 0$，得

$$\int_{a+z}^{b+z} \varphi(x)dx = \int_{a+z}^b \varphi(x)dx \leqslant \int_a^b \varphi(x)dx.$$

就得到 (13) 式.

现在我们要去掉 $\varphi(x) \geqslant 0$ 的假定, 以 $\overline{\varphi}_h(x)$ 表示 $|\varphi(x)|$ 的斯捷克洛夫函数. 那么
$$|\varphi_h(x)| = \left|\frac{1}{2h}\int_{x-h}^{x+h}\varphi(t)dt\right| \leqslant \frac{1}{2h}\int_{x-h}^{x+h}|\varphi(t)|dt = \overline{\varphi}_h(x)$$

及
$$\int_a^b |\varphi_h(x)|dx \leqslant \int_a^b \overline{\varphi}_h(x)dx. \tag{16}$$

但由已经证明的结果,
$$\int_a^b \overline{\varphi}_h(x)dx \leqslant \int_a^b |\varphi(x)|dx,$$

从而再由 (16) 式就导出 (13) 式.

引理 3 如果 $\varphi(t) \in L_p, p \geqslant 1$, 则
$$\|\varphi_h\| \leqslant \|\varphi\|, \tag{17}$$

此地
$$\|\varphi\| = \sqrt[p]{\int_a^b |\varphi(x)|^p dx}.$$

由于斯捷克洛夫函数 $\varphi_h(x)$ 的连续性, 知 $\varphi_h(x)$ 亦属于 L_p.

当 $p = 1$ 时则此引理即为引理 2. 因此我们假设 $p > 1$. 但是此时由赫尔德不等式, 成立
$$\left|\int_{x-h}^{x+h}\varphi(t)dt\right| \leqslant \left(\int_{x-h}^{x+h}|\varphi(t)|^p dt\right)^{\frac{1}{p}}\left(\int_{x-h}^{x+h}dt\right)^{\frac{1}{q}}, \quad \left(\frac{1}{p}+\frac{1}{q}=1\right)$$

或是
$$|\varphi_h(x)|^p \leqslant \frac{1}{2h}\int_{x-h}^{x+h}|\varphi(t)|^p dt. \tag{18}$$

此不等式的右方是函数 $|\varphi(x)|^p$ 的斯捷克洛夫函数, 记它为 $\overline{\varphi}_h(x)$, 则 (18) 式可以重写为:
$$|\varphi_h(x)|^p \leqslant \overline{\varphi}_h(x).$$

从而得到
$$\int_a^b |\varphi_h(x)|^p dx \leqslant \int_a^b \overline{\varphi}_h(x)dx.$$

但由引理 2,
$$\int_a^b \overline{\varphi}_h(x)dx \leqslant \int_a^b |\varphi(x)|^p dx.$$

由上两不等式即得 (17) 式.

引理 4 若 $p \geqslant 1, \varphi(x) \in L_p$, 则
$$\lim_{h \to 0} \int_a^b |\varphi_h(x) - \varphi(x)|^p dx = 0. \tag{19}$$

事实上, 先假设 $\varphi(x)$ 是一连续函数. 设 $a < x < b$, 取 h 甚小使 $[x-h, x+h] \subset [a, b]$, 那么由平均值定理,
$$\varphi_h(x) = \frac{1}{2h} \int_{x-h}^{x+h} \varphi(t) dt = \varphi(\xi),$$

其中 $\xi \in [x-h, x+h]$. 因此, 对于 $x \in (a, b)$ 成立
$$\lim_{h \to 0} \varphi_h(x) = \varphi(x),$$

由是, (19) 式的积分符号下的函数, 在 $[a, b]$ 上几乎处处收敛于 0 [更确切地说, 在**区间** (a, b) 中处处成立]. 另一方面, 因为 $\varphi(x)$ 为连续, 所以是有界的. 假设 $|\varphi(x)| \leqslant M$, 则 $|\varphi_h(x)| \leqslant M$. 显然, (19) 式中积分符号下的函数, 其绝对值小于一个常数, 此常数与参数无关. 因此, 可将极限手续放到积分符号里面去, 由是得 (19) 式.

今设 $\varphi(x)$ 为 L_p 中任一函数. 对于 $\varepsilon > 0$, 取连续函数 $\psi(x)$ 使
$$\|\psi - \varphi\| < \varepsilon. \tag{20}$$

设 $\psi(x)$ 的斯捷克洛夫函数为 $\psi_h(x)$, 则 $\varphi(x) - \psi(x)$ 的斯捷克洛夫函数是 $\varphi_h(x) - \psi_h(x)$. 由 (20) 式及引理 3 乃得
$$\|\psi_h - \varphi_h\| < \varepsilon.$$

但是
$$\|\varphi_h - \varphi\| \leqslant \|\varphi_h - \psi_h\| + \|\psi_h - \psi\| + \|\psi - \varphi\|.$$

所以
$$\|\varphi_h - \varphi\| < 2\varepsilon + \|\psi_h - \psi\|,$$

但是利用已经证明的事实, 当 h 适当地小时, $\|\psi_h - \psi\| < \varepsilon$. 因此对于这些 h 成立 $\|\varphi_h - \varphi\| < 3\varepsilon$. 引理证毕.

定理 6 (A. H. 柯尔莫戈洛夫) 设 $A = \{f(x)\}$ 是 $L_p(p > 1)$ 中的函数集. A 为紧集的必要且充分的条件如下:

1) 在 L_p 中 A 是一有界集,
2) 当 $h \to 0$ 时 $\|f_h - f\|$ 对 $f(x) \in A$ 来说一致收敛于 0.

证明 第一个条件之必要性是显然的, 因为凡紧集必为有界. 今证第二个条件的必要性. 假设第二个条件不成立, 那么存在着如下的 $\varepsilon_0 > 0$, 正数数列 $\{h_n\}$ 与 A 中的函数列 $\{f^{(n)}(x)\}$ 满足下列二式:
$$\lim h_n = 0, \quad \|f^{(n)}_{h_n} - f^{(n)}\| \geqslant \varepsilon_0.$$

我们要证明, 由 $\{f^{(n)}(x)\}$ 一定不能选出收敛的子函数列. 如果说: 相反的, 有这种收敛子函数列的存在, 那么不妨假设 $\{f^{(n)}(x)\}$ 本身是一收敛函数列 (这不过是变换一下上标的问题). 今设 $\{f^{(n)}(x)\}$ (在 L_p 度量意义下) 收敛于 $g(x)$, 那么

$$\varepsilon_0 \leqslant \|f_{h_n}^{(n)} - f^{(n)}\| \leqslant \|f_{h_n}^{(n)} - g_{h_n}\| + \|g_{h_n} - g\| + \|g - f^{(n)}\|.$$

于此, 用引理 3, 乃得

$$\varepsilon_0 \leqslant 2\|g - f^{(n)}\| + \|g_{h_n} - g\|.$$

由引理 4, 对于适当大的 $n, \|g_{h_n} - g\| < \dfrac{\varepsilon_0}{2}$. 因此, 对于这种 n, 成立

$$\|g - f^{(n)}\| > \frac{\varepsilon_0}{4}.$$

此结果与假设 $f^{(n)}(x) \to g(x)$ 相矛盾. 因此得到条件必要性的证明①.

现在我们假定 A 满足第一个和第二个条件. 那么对于任意的 $f(x) \in A$,

$$\|f\| = \left(\int_a^b |f(x)|^p dx\right)^{\frac{1}{p}} < M,$$

其中 M 是一与 f 无关的常数. 固定 $h > 0$, 作 A 中一切函数 $f(x)$ 的斯捷克洛夫函数: $A_h = \{f_h(x)\}$. 由赫尔德不等式, 对于任一 $f_h(x)$ 成立

$$|f_h(x)| \leqslant \frac{1}{2h}\left(\int_{x-h}^{x+h} |f(t)|^p dt\right)^{\frac{1}{p}} \left(\int_{x-h}^{x+h} dt\right)^{\frac{1}{q}} < \frac{M}{(2h)^{1/p}}, \left(\frac{1}{p} + \frac{1}{q} = 1\right).$$

这就表示 A_h 中一切函数是一致有界的. 现再证 A_h 中函数的等度连续性. 事实上, 当 $a \leqslant x < x' \leqslant b$ 时, 对于 A_h 中任一函数成立

$$f_h(x') - f_h(x) = \frac{1}{2h}\left\{\int_{x+h}^{x'+h} f(t)dt - \int_{x-h}^{x'-h} f(t)dt\right\}. \tag{21}$$

但是

$$\left|\int_{x+h}^{x'+h} f(t)dt\right| \leqslant \left(\int_{x+h}^{x'+h} |f(t)|^p dt\right)^{\frac{1}{p}} \left(\int_{x+h}^{x'+h} dt\right)^{\frac{1}{q}} < M(x'-x)^{\frac{1}{q}}.$$

对于 (21) 式括号中的另一积分, 也可作相似的估计. 因此,

$$|f_h(x') - f_h(x)| < \frac{M}{h}(x'-x)^{\frac{1}{q}},$$

从而证得 $\{f_h(x)\}$ 的等度连续性.

因此, 对于任意的 $h > 0$, 集 A_h 在 C 中是紧集, 所以在 L_p 中更加是紧集. 由第二个条件及 §2 的定理 4, 就得到 A 的紧性.

---

① 在证明中并未用到 $p > 1$, 因此对 $p = 1$ 也能适合.

注意 В. Н. 苏达柯夫 (В. Н. Судаков)[①]证明了, 定理 6 的条件中的第一个条件是第二个条件的推论.

§4. 巴拿赫的 "不动点原理" 及其某些应用

我们研究 n 个未知数的 n 个一次方程组. 它时常可以写成下列形式:

$$\left.\begin{array}{l} x_1 = a_{1,1}x_1 + a_{1,2}x_2 + \cdots + a_{1,n}x_n + b_1, \\ x_2 = a_{2,1}x_1 + a_{2,2}x_2 + \cdots + a_{2,n}x_n + b_2, \\ \cdots\cdots\cdots\cdots \\ x_n = a_{n,1}x_1 + a_{n,2}x_2 + \cdots + a_{n,n}x_n + b_n. \end{array}\right\} \quad (1)$$

我们要指出可以用全新的观点来研究方程组 (1) 的解法. 为此目的, 作 n 个等式

$$\left.\begin{array}{l} y_1 = a_{1,1}x_1 + a_{1,2}x_2 + \cdots + a_{1,n}x_n + b_1, \\ y_2 = a_{2,1}x_1 + a_{2,2}x_2 + \cdots + a_{2,n}x_n + b_2, \\ \cdots\cdots\cdots\cdots \\ y_n = a_{n,1}x_1 + a_{n,2}x_2 + \cdots + a_{n,n}x_n + b_n. \end{array}\right\} \quad (2)$$

于 (2) 式的右边给 $(x_1, x_2, \cdots, x_n)$ 以任一组的数, 就得到一组数 $(y_1, y_2, \cdots, y_n)$. 因此, (2) 乃表示一种运算, 此运算是将一组数 $(x_1, x_2, \cdots, x_n)$ 变换为另一组数 $(y_1, y_2, \cdots, y_n)$. 换言之, 等式 (2) 是将 n 维欧几里得空间 $\mathbb{R}^n$ 中的点变到同一空间的点. 在这样新的观点之下求 (1) 的解, 乃为在 $\mathbb{R}^n$ 中求一个对算子 (2) 为不变的点, 即为变换的不动点.

此新的看法, 不仅限于一次代数方程, 在解微分方程 (组)、积分方程 (组) 以及其他许多解析问题时, 都可用相似的看法来处理. 这种有用的方法[②]称为 "不动点方法." 它的理论建立在研究种种型式的算子, 并建立适当的条件使在此条件下这些算子具有不动点. 我们此地只讲一些非常特殊的条件, 详细的情形读者可参阅涅梅茨基的论文.

定义 1 设 E 及 E_1 都是度量空间, 又设 U 是某一规则, 由 U 使 E 中任一点 x 对应于 E_1 中某一点 y. 称这种规则 U 为定义于空间 E, 将空间 E 变到空间 E_1 的算子. 设 $x \in E$, 由 U 对应于 $y \in E_1$ 则记 $y = U(x)$, 称 y 为算子的值.

定义 2 设算子 U 将度量空间 E 变到自身. 假如存在着如下的常数 $q, 0 \leqslant q < 1$, 对于 E 中任何两点 x, x', 不等式

$$\rho(U(x), U(x')) \leqslant q \cdot \rho(x, x') \quad (3)$$

[①] "К вопросу о критериях компактности в функционадьных пространствах", Успехи мат. наук, 1957, 12, № 3.

[②] 详细的叙述见 В. В. 涅梅茨基 (В. В. Немыцкий), "Метод неподвижных точек в анализе" (Успехи математических наук, вып. 1, 1936).

成立, 则称 U 是一压缩算子.①

定理 1 (S. 巴拿赫) 对于完全的度量空间 E, 设有压缩算子 U, 那么 E 中存在一个且只有一个点 x^* 满足

$$U(x^*) = x^*. \tag{4}$$

称这个点 x^* 为 U 的不动点. 要证明此定理, 我们于空间 E 任取一点 x_0. 作

$$x_1 = U(x_0), x_2 = U(x_1), x_3 = U(x_2), \cdots.$$

我们要证明这个点列是本来收敛的. 事实上, 对于 $n \geqslant 1$ 成立

$$\rho(x_{n+1}, x_n) = \rho(U(x_n), U(x_{n-1})) \leqslant q \cdot \rho(x_n, x_{n-1}).$$

从而得到

$$\rho(x_{n+1}, x_n) \leqslant aq^n,$$

其中 $a = \rho(x_1, x_0)$. 设 N 是任一自然数, $n > N, m > N$, 为明确起见, 设 $m > n$. 那么从

$$\rho(x_n, x_m) \leqslant \rho(x_n, x_{n+1}) + \rho(x_{n+1}, x_{n+2}) + \cdots + \rho(x_{m-1}, x_m),$$

得

$$\rho(x_n, x_m) \leqslant aq^n + aq^{n+1} + \cdots + aq^{m-1} \leqslant \frac{aq^n}{1-q},$$

因此更加是

$$\rho(x_n, x_m) \leqslant \frac{aq^N}{1-q}.$$

因为 q^N 当 N 增加时趋向于 0, 故 $\{x_n\}$ 是本来收敛的. 由于空间 E 的完全性, $\{x_n\}$ 收敛于 E 中一点 x^*:

$$\lim_{n \to \infty} x_n = x^*.$$

根据 (3) 式,

$$\rho(x_{n+1}, U(x^*)) = \rho(U(x_n), U(x^*)) \leqslant q \cdot \rho(x_n, x^*).$$

因此,

$$\lim_{n \to \infty} \rho(x_{n+1}, U(x^*)) = 0,$$

即 $U(x^*) = \lim x_n$, 注意到极限的唯一性, 乃得 (4) 式. 所以不动点是存在的. 剩下来的, 要说明不动点的唯一性. 事实上, 对于 U, 如果另有其他的不动点 x, 那么 $\rho(x^*, x) > 0$ 且成立不等式

$$\rho(x^*, x) = \rho(U(x^*), U(x)) \leqslant q \cdot \rho(x^*, x),$$

但此式与 $q < 1$ 之假定相矛盾. 定理完全证毕.

---

①此处 "压缩" 一词是第 5 版校订者改译的, 原作者所用定语是 "сближающим", 俄文原意有使 "靠近" 和 "集中" 的意思。但是凡讲到 "压缩映射原理" 时, 大多将其映射称为 "压缩映射".

附注 1 在巴拿赫定理的证明中, 不动点 x^* 的获得是由空间中任意一点 x_0 出发, 经过一列的逼近法得到的. 此事告诉我们在实际上去寻找不动点近似值的方法. 并且于不等式

$$\rho(x_n, x_m) \leqslant \frac{aq^n}{1-q},$$

固定 n 而令 $m \to \infty$, 即可估计出近似值的精确度:

$$\rho(x_n, x^*) \leqslant \frac{aq^n}{1-q}.$$

由此可见, q 愈小, 则逼近过程收敛得愈快.

附注 2 在条件

$$\rho(U(x'), U(x)) < \rho(x', x) \quad (x' \neq x)$$

下, 并不一定存在不动点. 这是很有趣味的. 例如 E 为实数集, 其距离之概念同平常的一样. 设

$$U(x) = x + \frac{\pi}{2} - \arctan x.$$

因为对于所有的 x 是 $\arctan x < \frac{\pi}{2}$, 因此不存在不动点. 但是如果 $x < y$, 那么

$$U(y) - U(x) = y - x - (\arctan y - \arctan x).$$

利用拉格朗日公式, 得

$$U(y) - U(x) = y - x - \frac{y-x}{1+z^2} \quad (x < z < y).$$

由此可得

$$|U(y) - U(x)| < |y - x|.$$

事实上, 如果

$$|U(y) - U(x)| \geqslant |y - x|,$$

那么

$$\left|1 - \frac{1}{1+z^2}\right| \geqslant 1,$$

但是上述不等式对于任何 z 是不成立的.

附注 3 巴拿赫定理可以推广为更一般的形式, 而无需改变其证明[①]. 详细地说: 只要假定 U 在完全的度量空间 E 中的闭集 F 上定义, 且其对应点都属于 F, 那么巴拿赫定理中的结果仍真. 事实上, 只要将逐次逼近法的开始的点 x_0 取自 F 就行了. 自然, 不动点 x^* 亦必属于 F.

[①] 由于一个完全的度量空间中的闭集其自身也是一个完全的度量空间, 所以实际上可以更简单地说明这个问题.

下面我们引入几个巴拿赫定理应用的例子.

例 1 设微分方程
$$y' = f(x, y) \tag{5}$$
中的 $f(x,y)$ 是在全平面上所定义的连续函数, 且关于 y 满足利普希茨条件
$$|f(x,y) - f(x, y_1)| \leqslant K|y - y_1|. \tag{6}$$

定理 2 通过任一点 (x_0, y_0), 必有一条且只有一条方程 (5) 的积分曲线 $y = \varphi(x)$, 函数 $\varphi(x)$ 对于所有实数 x 都满足方程 (5).

事实上, 微分方程 (5) 加上初始条件 $y(x_0) = y_0$ 就完全相当于积分方程
$$\varphi(x) = y_0 + \int_{x_0}^{x} f[t, \varphi(t)]dt. \tag{7}$$

我们取任意的 $\delta > 0$, 但使满足唯一的条件
$$K\delta < 1.$$

又设 C 是在 $[x_0 - \delta, x_0 + \delta]$ 上定义的一切连续函数所成的空间. 在 C 中定义算子 U, 使当 $\varphi(x) \in C$ 时,
$$U(\varphi) = \psi(x),$$
其中
$$\psi(x) = y_0 + \int_{x_0}^{x} f[t, \varphi(t)]dt.$$

这个算子是一压缩的算子. 事实上, 如果 $\psi_1(x) = U(\varphi_1)$, 则
$$\|\psi_1 - \psi\| = \max_{|x-x_0| \leqslant \delta} \left|\int_{x_0}^{x} \{f[t, \varphi_1(t)] - f[t, \varphi(t)]\}dt\right|.$$

但
$$|f[t, \varphi_1(t)] - f[t, \varphi(t)]| \leqslant K|\varphi_1(t) - \varphi(t)| \leqslant K\|\varphi_1 - \varphi\|.$$

因此
$$\|\psi_1 - \psi\| \leqslant \max_{|x-x_0| \leqslant \delta} \left|\int_{x_0}^{x} K\|\varphi_1 - \varphi\|dt\right| \leqslant K\delta \cdot \|\varphi_1 - \varphi\|.$$

由巴拿赫的不动点原理, 对于算子 U 必有一不动点. 设此点是 $\varphi(x)$. 那么 $y = \varphi(x)$ 即为通过 (x_0, y_0) 的积分曲线. 但此时函数 $\varphi(x)$ 只是在闭区间 $[x_0 - \delta, x_0 + \delta]$ 上有意义. 如果置 $x_1 = x_0 + \delta, y_1 = \varphi(x_1)$, 再以 (x_1, y_1) 为出发点, 那么我们就得到一条通过 (x_1, y_1) 的积分曲线 $y = \varphi_1(x)$ 定义于 $[x_1 - \delta, x_1 + \delta]$. (此地的 δ 与上面相同!) 闭区间 $[x_0 - \delta, x_0 + \delta]$ 与 $[x_1 - \delta, x_1 + \delta]$ 有共同部分为 $[x_0, x_1]$. 在 $[x_0, x_1]$ 上两个函数 $\varphi(x)$ 及 $\varphi_1(x)$ 都满足微分方程 (5) 及条件 $y(x_1) = y_1$, 由上面所证, 两函数

§4. 巴拿赫的"不动点原理"及其某些应用

应该是一致的. 因此在引进 $\varphi_1(x)$ 以后, 就可以将 $\varphi(x)$ 的定义范围 $[x_0-\delta, x_0+\delta]$ 延伸到 $[x_0-\delta, x_0+2\delta]$.

继续施行此种手续, 我们可以将 $\varphi(x)$ 的定义范围延伸到整个区间 $(-\infty, +\infty)$.

我们注意, 应用巴拿赫的原理可以实在地在 $[x_0-\delta, x_0+\delta]$ 上来建造 $\varphi(x)$. 就是说: 任意取一个在这个闭区间上定义的连续函数 $\varphi_0(x)$, 置

$$\varphi_{n+1}(x) = y_0 + \int_{x_0}^x f[t, \varphi_n(t)]dt,$$

则

$$\max |\varphi_n(x) - \varphi(x)| \leqslant \frac{aK^n\delta^n}{1-K\delta} \quad (x_0-\delta \leqslant x \leqslant x_0+\delta).$$

这个估计表示, δ 越取得小, 序列逼近过程的收敛速度越增高.

我们证明了微分方程 (5) 有解 $\varphi(x)$, 此解在全数轴上有效. 但是这个结果是在 (5) 的右方的函数满足很强的条件下才获得的. 这个条件甚至很简单的方程 $y' = 2xy$ (尽管有解 $y = Ce^{x^2}$) 都不能满足. 自然, 我们要想设法弱化定理中的条件.

设方程 (5) 之右方仅在矩形 $R(x_0-A \leqslant x \leqslant x_0+A, y_0-B \leqslant y \leqslant y_0+B)$ 上定义, 在 R 上满足利普希茨条件 (6). 我们取如下的正数 δ:

$$\delta < \min\left\{A, \frac{B}{M}, \frac{1}{K}\right\},$$

其中 $M = \max|f(x,y)|$. 那么存在一个且只有一个在闭区间 $[x_0-\delta, x_0+\delta]$ 上定义的函数 $\varphi(x)$ 满足方程 (5) 及初始条件 $\varphi(x_0) = y_0$.

事实上, 设 C 是 $[x_0-\delta, x_0+\delta]$ 上定义的一切连续函数所成之空间, 而 F 是满足不等式

$$|\varphi(x) - y_0| \leqslant B$$

的 C 的子集. 集 F 在空间 C 中是闭集. 在 F 中定义如下的 U:

$$U(\varphi) = \psi(x) = y_0 + \int_{x_0}^x f[t, \varphi(t)]dt \quad (|x-x_0| \leqslant \delta).$$

那么 $U(\varphi)$ 仍属于 F, 因为当 $x \in [x_0-\delta, x_0+\delta]$ 时,

$$|\psi(x) - y_0| \leqslant \left|\int_{x_0}^x Mdx\right| \leqslant M\delta \leqslant B.$$

此外还由于 U 是一压缩算子. 所以由定理 1 的附注 3, 可得巴拿赫定理的结果.

我们注意: 如果不用巴拿赫原理, 而是对于 (7) 直接从 $\varphi_0(x) = y_0$ 开始用逐次逼近法, 那么不必放上条件 $K\delta < 1$.

例 2 设有**线性积分方程**

$$\varphi(x) = f(x) + \lambda \int_a^b K(x,t)\varphi(t)dt, \tag{8}$$

此地 $f(x)$ 是在 $a \leqslant x \leqslant b$ 定义的连续函数, 称为积分方程 (8) 的自由项; $K(x,t)$ 是在 $a \leqslant x \leqslant b, a \leqslant t \leqslant b$ 上定义的连续函数, 称为积分方程 (8) 的核. 积分前的乘数 λ 是参数, $\varphi(x)$ 是所求未知函数.

设 C 是在 $[a,b]$ 上定义的一切连续函数所成的空间. 在 C 中定义算子 U: $U(\varphi) = \psi(x)$, 其中

$$\psi(x) = f(x) + \lambda \int_a^b K(x,t)\varphi(t)dt.$$

于是算子 U 使 C 变为自身.

设 $M = \max |K(x,t)|$, 又设 $U(\varphi) = \psi(x), U(\varphi_1) = \psi_1(x)$, 那么

$$|\psi_1(x) - \psi(x)| \leqslant |\lambda| \cdot M \cdot \int_a^b |\varphi_1(t) - \varphi(t)|dt$$
$$\leqslant |\lambda| \cdot M(b-a) \cdot \|\varphi_1 - \varphi\|.$$

因此, 当 λ 满足不等式

$$|\lambda| < \frac{1}{M(b-a)} \tag{9}$$

时,U 是一压缩算子. 于是得到

定理 3 在条件 (9) 下, 方程 (8) 有一个且只有一个连续函数解 $\varphi(x)$. 这个解可以用逐次逼近法获得: 先取任意的 $\varphi_0(x) \in C$, 而后置

$$\varphi_{n+1}(x) = f(x) + \lambda \int_a^b K(x,t)\varphi_n(t)dt.$$

我们并且注意到,

$$\max |\varphi_n(x) - \varphi(x)| \leqslant C|\lambda|^n M^n (b-a)^n,$$

其中 C 是与初始函数 $\varphi_0(x)$ 有关的常数.

例 3 最后考察无穷线性方程组的求解问题. 即对于可数无穷个的方程组

$$\left.\begin{array}{l} a_{1,1}x_1 + a_{1,2}x_2 + a_{1,3}x_3 + \cdots = b_1, \\ a_{2,1}x_1 + a_{2,2}x_2 + a_{2,3}x_3 + \cdots = b_2, \\ a_{3,1}x_1 + a_{3,2}x_2 + a_{3,3}x_3 + \cdots = b_3, \\ \cdots\cdots\cdots\cdots, \end{array}\right\} \tag{10}$$

其中系数 $a_{i,k}$ 及自由项 b_i 都是已知数, 而 x_k 是未知数. 所谓方程组 (10) 之解乃为求一列数代入 (10) 的左方时各成收敛级数, 且其和等于右方的数 $b_1, b_2, b_3, \cdots$.

我们将左方移到右方, 又在一般的第 i 个方程上加上 x_i, 而设

$$-a_{i,k} = c_{i,k}(k \neq i), \quad 1 - a_{i,i} = c_{i,i},$$

那么 (10) 式可以写成如下的形式

$$x_i = \sum_{k=1}^{\infty} c_{i,k} x_k + b_i \quad (i = 1, 2, 3, \cdots). \tag{11}$$

如果

$$\sum_{k=1}^{\infty} |c_{i,k}| \leqslant q < 1, \quad |b_i| \leqslant B \quad (i = 1, 2, 3, \cdots),$$

且常数 q 及 B 与 i 无关的话, 则称 (11) 是完全正则的. 如果对于所有的 k 成立

$$|x_k| \leqslant M,$$

则称解 $\{x_n\}$ 是有界的.

定理 4 完全正则的方程组有一个且只有一个有界的解. 这个解可以用逐次逼近法获得, 而初始的数列可以由任何一个有界数列充任.

证明 设一切有界数列所成之空间为 m. 在此空间中定义算子 U 如下: 对于数列 $x = \{x_k\} \in m$, 定义 $U(x) = y$, 其中 $y = \{y_i\}$ 乃为数列

$$y_i = \sum_{k=1}^{\infty} c_{i,k} x_k + b_i \quad (i = 1, 2, 3, \cdots).$$

首先要说明的, 我们的确是定义了 U 的意义. 事实上, 如果 $\|x\| = \sup\{|x_k|\}$, 则

$$|y_i| \leqslant \sum_{k=1}^{\infty} |c_{i,k}| \cdot \|x\| + |b_i| \leqslant q \cdot \|x\| + B. \tag{12}$$

这表明, U 把每一个 $x \in m$, 对应于数列 $\{y_i\}$. 此外这些数是有界的. 算子 U 的确把空间 m 变到自身. 且由 (12) 得到

$$\|U(x)\| \leqslant B + q \cdot \|x\|. \tag{13}$$

其次, 证明 U 是一压缩的算子. 设 $\{x_k\} = x, \{x'_k\} = x', U(x) = \{y_i\}, U(x') = \{y'_i\}$, 则

$$y'_i - y_i = \sum_{k=1}^{\infty} c_{i,k}(x'_k - x_k),$$

从而 $|y'_i - y_i| \leqslant q\|x' - x\|$, 于是

$$\|U(x') - U(x)\| \leqslant q \cdot \|x' - x\|,$$

此即表示 U 是一压缩的算子.

由于空间 m 的完全性及巴拿赫原理, 即得本定理.

附注 1 我们不难得到方程组的解的估计: 首先取开始的点为 $x^{(0)} = \Theta = (0,0,0,\cdots)$, 又设 $x^{(n+1)} = U(x^{(n)})$. 依照 (13) 式,

$$\|x^{(1)}\| \leqslant B, \quad \|x^{(2)}\| \leqslant B + qB, \quad \|x^{(3)}\| \leqslant B + qB + q^2 B,$$

用归纳法得

$$\|x^{(n+1)}\| \leqslant B + Bq + Bq^2 + \cdots + Bq^n.$$

因此

$$\|x\| \leqslant \frac{B}{1-q}.$$

此外, 因为 $\|x^{(n)} - x\| \leqslant \dfrac{\|x^{(1)} - x^{(0)}\|}{1-q} \cdot q^n$. 因此, 当初始点选为 Θ 时,

$$\|x^{(n)} - x\| \leqslant \frac{B}{1-q} \cdot q^n.$$

附注 2 在定理中我们证明了, 完全正则组有唯一的有界解. 但除了这个有界解而外尚可能有非有界的解. 例如下列的完全正则组

$$x_1 = \frac{1}{2} x_2,$$
$$x_2 = \frac{1}{2} x_3,$$
$$x_3 = \frac{1}{2} x_4,$$
$$\cdots\cdots\cdots\cdots$$

有无穷个的解 $(c, 2c, 4c, 8c, \cdots)$, 其中 c 为任意的常数 (此乃为这组方程的**通解**). 所有这些解, 除了 $(0,0,0,\cdots)$ 而外都不是有界的.

附注 3 有的时候不得不考虑到无穷方程组是否存在着属于 $l_p(p \geqslant 1)$ 的解. 对于这个问题我们就 $p = 2$ 时加以讨论.

假设方程组 (11) 满足条件

$$\sum_{i=1}^{\infty} \sum_{k=1}^{\infty} c_{i,k}^2 = q^2 < 1, \quad \sum_{i=1}^{\infty} b_i^2 < +\infty. \tag{14}$$

如果 $x = \{x_k\}$ 是 l_2 中的一点, 那么级数

$$\sum_{k=1}^{\infty} c_{i,k} x_k$$

是收敛的, 设其和为 z_i, 由布尼亚科夫斯基不等式,

$$z_i^2 \leqslant \left(\sum_{k=1}^{\infty} c_{i,k}^2 \right) \cdot \|x\|^2.$$

于是, $(z_1, z_2, z_3, \cdots)$ 属于 l_2, 同时令

$$y_i = \sum_{k=1}^{\infty} c_{i,k} x_k + b_i = z_i + b_i$$

时, $(y_1, y_2, y_3, \cdots)$ 亦属于 l_2. 因此, 将 $\{x_k\}$ 变到 $\{y_i\}$ 的算子 U 定义于 l_2, 且其对应的元素仍属于 l_2. 此外, 如果 $x = \{x_k\}$ 及 $x' = \{x'_k\}$ 为 l_2 中二点而 $y = \{y_i\} = U(x), y' = \{y'_i\} = U(x')$, 则

$$y'_i - y_i = \sum_{k=1}^{\infty} c_{i,k}(x'_k - x_k),$$

从而得到

$$(y'_i - y_i)^2 \leqslant \left(\sum_{k=1}^{\infty} c_{i,k}^2\right) \cdot \|x' - x\|^2,$$
$$\|y' - y\| \leqslant q \cdot \|x' - x\|.$$

所以 U 是一压缩的算子. 因此方程组 (11) 当满足条件 (14) 时, 有唯一的 l_2 中之解.

同样, 对于任意的 $p > 1$ 如果满足条件

$$\sum_{i=1}^{\infty} \left(\sum_{k=1}^{\infty} |c_{i,k}|^{\frac{p}{1-p}}\right)^{p-1} < 1, \quad \sum_{i=1}^{\infty} |b_i|^p < +\infty,$$

那么系 (11) 在 l_p 中存在唯一的解. 当 $p = 1$ 时, 其解的存在且为唯一的条件乃是

$$\sum_{i=1}^{\infty} \alpha_i < 1, \quad \sum_{i=1}^{\infty} |b_i| < +\infty,$$

此地 $\alpha_i = \sup\{|c_{i,k}|\}$ $(k = 1, 2, 3, \cdots)$. 证明留给读者.

附录

I. 曲线弧的长

为了了解有界变差函数的几何意义，我们研究曲线弧的可求长问题. 为简单起见，我们限于下列形式的曲线:

$$y = f(x) \quad (a \leqslant x \leqslant b), \tag{1}$$

其中 $f(x)$ 在 $[a,b]$ 上是连续的. 如所周知，内接折线长当各折线段的最大者趋于零时的极限 s 称为曲线 (1) 的长. 如果折线端点的横坐标是 $a = x_0 < x_1 < \cdots < x_n = b$，则

$$s = \lim_{\lambda \to 0} \sum_{k=0}^{n-1} \sqrt{(x_{k+1} - x_k)^2 + [f(x_{k+1}) - f(x_k)]^2}, \tag{2}$$

其中① $\lambda = \max(x_{k+1} - x_k)$. 如果 $s < +\infty$，则称曲线是可求长的.

引理 设分点组 $a = x_0 < x_1 < x_2 < \cdots < x_n = b$ 对应着和

$$\sigma = \sum_{k=0}^{n-1} \sqrt{(x_{k+1} - x_k)^2 + (y_{k+1} - y_k)^2}. \tag{3}$$

如果添上新的分点 $\bar{x} \in (x_i, x_{i+1})$ 而记 $\bar{\sigma}$ 为新的和，则

$$\sigma \leqslant \bar{\sigma} < \sigma + 2[x_{i+1} - x_i + \omega_i],$$

---

①严格说来，反映折线微小程度的不是 λ 而是量

$$\mu = \max \sqrt{(x_{k+1} - x_k)^2 + (y_{k+1} - y_k)^2}.$$

但容易证明，关系 $\lambda \to 0$ 与 $\mu \to 0$ 是等价的.

其中 ω_i 是 $f(x)$ 在 $[x_i, x_{i+1}]$ 上的振幅.

证明 不等式 $\sigma \leqslant \bar{\sigma}$ 是显然的. 另一方面, 差 $\bar{\sigma} - \sigma$ 不超过两个新被加项的和, 其中每一项不大于[①] $(x_{i+1} - x_i) + \omega_i$.

定理 1 所有曲线 (1) 有有限或无穷的长 s. 它等于对应于 $[a,b]$ 的一切分点组的和 (3) 的上确界.

证明 设 L 是上述的上确界. 以 L_0 表示任意一个小于 L 的数, 又设 $L_0 < M < L$. 由上确界的定义可以找到这样的分点组

$$x_0^* = a < x_1^* < \cdots < x_m^* = b, \tag{4}$$

使得对应于它的和 σ^* 有关系

$$\sigma^* > M.$$

再由 $f(x)$ 的连续性可以找到 $\eta > 0$, 使得当 $|x'' - x'| < \eta$ 时有

$$|f(x'') - f(x')| < \frac{M - L_0}{4m}.$$

记 (4) 式中分点间的距离之最小者为 d, 又设

$$\delta = \min\{d, \frac{M - L_0}{4m}, \eta\}.$$

考察任何一个分点组

$$x_0 = a < x_1 < \cdots < x_n = b \tag{5}$$

但满足条件 $\lambda = \max(x_{k+1} - x_k) < \delta$, 而以 σ 表示对应于它的和 (3).

为了要估计 σ, 再引进一个方法——"合并"——分点组是 (4) 与 (5) 的分点, 而设对应于这个"合并"的分点组的和 (3) 是 $\bar{\sigma}$. 因为这个合并的分点组是由 (4) 添加新的分点而得, 所以根据引理, 有

$$\bar{\sigma} \geqslant \sigma^* > M. \tag{6}$$

另一方面, 合并的分点组可以从点 (5) 每次添加一个点, 共添加 $(m-1)$ 次而得. 所有点 x_k^* 落在不同的线段 $[x_i, x_{i+1}]$ 中又由于每一点的添加, 和 (3) 的增加不超过 $\frac{M - L_0}{m}$. 从而推得

$$\bar{\sigma} \leqslant \sigma + (m-1)\frac{M - L_0}{m} < \sigma + (M - L_0).$$

由此式及 (6) 式得

$$\sigma > L_0.$$

[①] 因为 $\sqrt{a^2 + b^2} \leqslant |a| + |b|$.

因此, 对于任意的 $L_0 < L$, 有这样的 δ 与之对应, 使得当 $\lambda < \delta$ 时便有 $\sigma > L_0$. 因为所有的 $\sigma \leqslant L$, 于是证得 L 就是极限 (2).

定理 2 (C. 若尔当) 曲线 (1) 可求长的必要且充分条件是: $f(x)$ 有有限的变差.

证明 因为对于任意的分点组, 和

$$V = \sum_{k=0}^{n-1} |f(x_{k+1}) - f(x_k)|$$

不超过对应于同一分点组的和 (3), 所以条件的必要性显而易见.

另一方面,

$$\sigma = \sum_{k=0}^{n-1} \sqrt{(x_{k+1} - x_k)^2 + [f(x_{k+1}) - f(x_k)]^2}$$
$$\leqslant \sum_{k=0}^{n-1} \{[x_{k+1} - x_k] + |f(x_{k+1}) - f(x_k)|\},$$

从而

$$\sigma \leqslant b - a + \bigvee_a^b (f),$$

所以证得定理的条件是充分的.

定理 3 如果函数 $f(x)$ 在 $[a,b]$ 上为绝对连续, 则长 s 可由公式

$$s = \int_a^b \sqrt{1 + f'^2(x)} dx \tag{7}$$

来计算.

证明 因为 $\sqrt{1 + f'^2(x)} \leqslant 1 + |f'(x)|$, 所以积分 (7) 为有限. 首先要证明

$$\sqrt{(b-a)^2 + [f(b) - f(a)]^2} \leqslant \int_a^b \sqrt{1 + f'^2(x)} dx. \tag{8}$$

为此注意到 (8) 的左方是

$$\sqrt{(b-a)^2 + \left[\int_a^b f'(x)dx\right]^2}.$$

置

$$b - a = r\cos\theta, \quad \int_a^b f'(x)dx = r\sin\theta.$$

则
$$\sqrt{(b-a)^2 + \left[\int_a^b f'(x)dx\right]^2} = r = \int_a^b [\cos\theta + f'(x)\sin\theta]dx.$$

剩下来只要注意到①
$$|\cos\theta + f'(x)\sin\theta| \leqslant \sqrt{1+f'^2(x)}$$

就行了.

如果用分点 x_k 来细分 $[a,b]$, 又对于每一个线段 $[x_k, x_{k+1}]$ 利用 (8) 式, 那么就不难得到估计式
$$s \leqslant \int_a^b \sqrt{1+f'^2(x)}dx. \tag{9}$$

现在我们要证明相反的不等式也成立. 为此用点 $x_k^{(n)} = a + \dfrac{k}{n}(b-a)(k=0,1,\cdots,n)$ 把 $[a,b]$ 分成 n 等分而作函数 $f_n(x)$ 如下:

当 $x_k^{(n)} < x < x_{k+1}^{(n)}$ 时 $f_n(x) = \dfrac{f\left(x_{k+1}^{(n)}\right) - f\left(x_k^{(n)}\right)}{x_{k+1}^{(n)} - x_k^{(n)}}$, 在点 $x_k^{(n)}$ 置 $f_n(x_k^{(n)}) = 0$.

于是几乎处处有②
$$\lim_{n\to\infty} f_n(x) = f'(x).$$

所以由法图定理,
$$\int_a^b \sqrt{1+f'^2(x)}dx \leqslant \sup\left\{\int_a^b \sqrt{1+f_n^2(x)}dx\right\}.$$

但
$$\int_a^b \sqrt{1+f_n^2(x)}dx$$
$$= \sum_{k=0}^{n-1} \sqrt{\left(x_{k+1}^{(n)} + x_k^{(n)}\right)^2 + \left[f\left(x_{k+1}^{(n)}\right) - f\left(x_k^{(n)}\right)\right]^2} \leqslant s,$$

从而③再由 (9) 式即得 (7) 式.

附注 可以证明, 等式 (7) (当 $s < +\infty$) 的存在已足够使 $f(x)$ 为绝对连续.

---

①根据布尼亚科夫斯基不等式.
②参考 p.253 上第九章 §4 有关定理 7 陈述的脚注 1.
③我们看到, 不等式
$$\int_a^b \sqrt{1+f'^2(x)}dx \leqslant s$$
在没有 $f(x)$ 为绝对连续的假定下也是真的. 只要 $f(x)$ 是有界变差即行.

II. 施坦豪斯例子

在第十章 §4 我们看到:三角级数当它在正测度集上收敛时,其系数趋向于零. 有趣的是其逆不真.

例如[①], 级数
$$\sum_{k=3}^{\infty} \frac{\cos k(x - \ln\ln k)}{\ln k}, \tag{1}$$
其系数显然趋向于零, 是处处发散的.

为了证明此事我们引进记号[②]
$$u_k = [\ln k], \quad v_k = \ln\ln k, \quad \Delta_n = [v_n, v_{n+1}),$$
$$G_n(x) = \sum_{k=n+1}^{n+u_n} \frac{\cos k(x - v_k)}{\ln k},$$
$$G_n = \sum_{k=n+1}^{n+u_n} \frac{1}{\ln k}.$$

在和 G_n 中最小项是最后一项, 因此
$$G_n > \frac{u_n}{\ln(n + u_n)}.$$

但此不等式的右方当 n 增加时趋向于 1, 所以对于 $n > n_0$, 有
$$G_n > 0.9. \tag{2}$$

另一方面,
$$G_n - G_n(x) < \frac{1}{\ln n} \sum_{k=n+1}^{n+u_n} [1 - \cos k(x - v_k)]$$

又因为
$$1 - \cos\alpha = 2\sin^2\frac{\alpha}{2} \leqslant \frac{\alpha^2}{2},$$

所以
$$G_n - G_n(x) < \frac{1}{2\ln n} \sum_{k=n+1}^{n+u_n} k^2(x - v_k)^2. \tag{3}$$

再注意到, 对于 $\ln\ln x$ 根据拉格朗日公式有
$$v_{n+u_n} - v_n = \frac{u_n}{(n + \theta u_n)\ln(n + \theta u_n)} < \frac{u_n}{n\ln n} < \frac{1}{n}$$

[①] 这个例子属于波兰数学家 H. 施坦豪斯 (H. Steinhaus). A. H. 柯尔莫戈洛夫造出了一个可和函数的处处发散的**傅里叶级数**.

[②] $[x]$ 表示 x 的整数部分.

如果 $x \in \Delta_n$, 则①$v_n \leqslant x < v_{n+u_n}$. 因此, 当 $n < k \leqslant n+u_n$ 时有

$$|x - v_k| < v_{n+u_n} - v_n < \frac{1}{n}$$

及

$$\sum_{k=n+1}^{n+u_n} k^2(x-v_k)^2 < \frac{(n+u_n)^2 u_n}{n^2}.$$

由此式及 (3) 式导出: 当 $x \in \Delta_n$ 时有

$$G_n - G_n(x) < \frac{(n+u_n)^2 u_n}{2n^2 \ln n}.$$

此不等式的右方当 n 增加时趋向于 0.5. 因此, 当 $n > n_1$ 时它变成小于 0.6, 从而再由 (2) 我们看到, 当 $n > \max(n_0, n_1)$ 及对于所有 Δ_n 中的 x 有

$$G_n(x) > 0.3.$$

现在已经容易完成证明了. 就是说, 固定任意的 x_0, 置

$$x_i = x_0 + 2\pi i \quad (i = 1, 2, 3, \cdots).$$

每一个点 x_i(至少从某一个开始) 落入某个间隔 Δ_{n_i} 中, 且数 n_i 随 i 增加而无界. 由于和 $G_n(x)$ 的 2π 周期性, 有

$$G_{n_i}(x_0) = G_{n_i}(x_i) > 0.3.$$

这样就证得了级数 (1) 在点 x_0 是发散的, 因为 $G_n(x)$ 是级数的部分和 S_{n+u_n} 与 S_n 的差.

III. 关于凸函数的某些补充知识

现在我们要补充第十章 §5.

引理 如果 $f(x)$ 是 (a,b) 上的下凸函数, 又 $c \in (a,b)$, 那么对于 $x \neq c$, 比

$$\frac{f(x) - f(c)}{x - c} \tag{1}$$

是 x 的增函数.

证明 设 $c < x < y < b$. 则②

$$f(x) = f\left[\frac{y-x}{y-c}c + \frac{x-c}{y-c}y\right] \leqslant \frac{y-x}{y-c}f(c) + \frac{x-c}{y-c}f(y).$$

---

①此地从 $n \geqslant 3$ 算起, 从而 $u_n \geqslant 1$.
②基于第十章 §5 的不等式 (16). 因为在 (a,b) 上函数 $f(x)$ 是连续的, 所以可以应用 (16) 式.

从而
$$\frac{f(x)-f(c)}{x-c} \leqslant \frac{f(y)-f(c)}{y-c}. \tag{2}$$

同理当 $a<x<y<c$ 及 $a<x<c<y<b$ 时可以证得 (2) 式.

定理 1 在引理的条件下函数 $f(x)$ 在每一个线段 $[p,q] \subset (a,b)$ 上满足利普希茨条件.

证明 设 x 及 y 为 $[p,q]$ 中两点又设 $m = \dfrac{q+b}{2}$. 由引理,
$$\frac{f(y)-f(x)}{y-x} \leqslant \frac{f(m)-f(x)}{m-x} \leqslant \frac{|f(m)|+|f(x)|}{m-q}. \tag{3}$$

因为我们的函数在 $[p,q]$ 上有界, 所以 (3) 的右方上有界, 因而有
$$\frac{f(y)-f(x)}{y-x} \leqslant K.$$

同理可证
$$\frac{f(y)-f(x)}{y-x} \geqslant L.$$

剩下来的事情很显然.

推论 在引理的条件下有
$$f(x) = f(c) + \int_c^x \varphi(t)dt, \tag{4}$$

其中 c 是 (a,b) 内的任意点, 而 $\varphi(t)$ 是可测函数且在每一个 $[p,q] \subset (a,b)$ 上是有界的.

定理 2 在区间 (a,b) 上为下凸的函数类与在 (a,b) 上为增函数而在每一个 $[p,q] \subset (a,b)$ 上为有界的函数的不定积分类重合.

证明 每一个这样的不定积分是下凸函数已在第十章中证得. 为了证明相反的断言, 我们指出在 (4) 中的 $\varphi(t)$ 可以认为是增函数. 设 $x<y$ 是 (a,b) 中的两点及 $h>0$ 如此的小, 使 $x+h<y$ 及 $y+h<b$.

由引理, 分数 $\dfrac{f(x+h)-f(x)}{h}$ 当 $x+h$ 代以 y 时并不减少, 从而
$$\frac{f(x+h)-f(x)}{h} \leqslant \frac{f(y)-f(x)}{y-x} = \frac{f(x)-f(y)}{x-y}.$$

用 $y+h$ 代替 x, 我们更加强了不等式. 就是说,
$$\frac{f(x+h)-f(x)}{h} \leqslant \frac{f(y+h)-f(y)}{h}.$$

假设在点 x 及 y 存在导数 $f'(x)$ 及 $f'(y)$, 那么就有 $f'(x) \leqslant f'(y)$.

使 $f'(x)$ 存在的点集记作 E, 又对于所有的 $t \in (a,b)$ 置

$$\varphi(t) = \sup\{f'(x)\} \quad (x \leqslant t, x \in E),$$

于是证明完成.

设凸函数 $M(x)$ 定义于 $[0, +\infty)$, 表示成形式

$$M(x) = \int_0^x m(t)dt,$$

其中 $m(t)$ **严格增且连续**, 且 $m(0) = 0, m(+\infty) = +\infty$. 那么函数 $z = m(t)$ 有反函数 $t = n(z)$, 定义于区间 $0 \leqslant z < +\infty$, 也是连续的和严格增的, 且 $n(0) = 0, n(+\infty) = +\infty$. 置

$$N(x) = \int_0^x n(z)dz.$$

如同 $M(x)$ 一样, 这个函数是增函数且在 $[0, +\infty)$ 上是下凸的.

定理 3 在上述记号下, 对于任意的 $a \geqslant 0, b \geqslant 0$ 成立所谓 "杨 (Young) 不等式"

$$ab \leqslant M(a) + N(b). \tag{5}$$

证明 ① 易见积分

$$N(b) = \int_0^b n(z)dz$$

可以表示②为斯蒂尔切斯积分形式

$$(N)b = \int_0^{n(b)} t dm(t).$$

用分部积分并且考虑到 $m[n(b)] = b$, 得到

$$N(b) = bn(b) - M[n(b)].$$

从而

$$ab = bn(b) - [n(b) - a]b = M[n(b)] + N(b) - [n(b) - a]b,$$

或者

$$ab = M(a) + N(b) + \left\{ \int_a^{n(b)} m(t)dt - [n(b) - a]b \right\}.$$

---

①(5) 式的几何意义几乎是自明的.
②如果 $m(t)$ 在 $[p,q]$ 上为连续及严格增, 而 $f(z)$ 在 $[m(p), m(q)]$ 连续, 则

$$(S)\int_p^q f[m(t)]dm(t) = (R)\int_{m(p)}^{m(q)} f(z)dz.$$

这是由所考虑的对应的积分和中直接推得的.

剩下来只要证明
$$\int_a^{n(b)} m(t)dt \leqslant [n(b)-a]b. \tag{6}$$

假设 $a \leqslant n(b)$ [当 $a > n(b)$ 时可相仿地证明]. 因为 $m(t)$ 增,所以对于 $t \leqslant n(b)$ 有 $m(t) \leqslant m[n(b)] = b$, 从而得到 (6) 式.

定义 在 $[0, +\infty)$ 上定义的函数 $M(x)$ 及 $N(x)$, 如果对于任意的 $a \geqslant 0$ 及 $b \geqslant 0$ 成立 (5) 式, 称为在杨的意义下互为余函数.

定理 4 (Z. 伯恩鲍姆 (Z. Birnbaum)–W. 奥尔利奇 (W. Orlicz)) 如果 $M(x)$ 在 $[0, +\infty)$ 上连续, $M(0) = 0$, $M(x) \geqslant 0$ 当 $x > 0$, 且
$$\lim_{x \to +\infty} \frac{M(x)}{x} = +\infty, \tag{7}$$
则存在非负函数 $N(x)$, 它是 $M(x)$ 依照杨意义的余函数, 在 $[0, +\infty)$ 上连续, 是增的与下凸的.

证明 对于每一个 $x \geqslant 0$ 看函数
$$\varphi_x(y) = xy - M(y).$$

显然, $\varphi_x(0) = 0$, 由 (7) 式, 当 y 足够大时有 $\varphi_x(y) < 0$. 设当 $y \geqslant y_0$ 时是这样. 在线段 $[0, y_0]$ 上连续函数 $\varphi_x(y)$ 有最大值, 它显然也是在半轴 $[0, +\infty)$ 上的最大值. 我们记此数为 $N(x)$:
$$N(x) = \max_{y \geqslant 0} [xy - M(y)]. \tag{8}$$

易见 $N(0) = 0$. 我们要证明: $N(x)$ 满足定理中所有的要求.

因为 $N(x) \geqslant \varphi_x(0) = 0$, 所以 $N(x)$ 是非负的. 如果 x 固定, 那么对于任意的 y 有 $xy - M(y) \leqslant N(x)$, 从而显然得到 $N(x)$ 是 $M(x)$ 依照杨意义的余函数. 其次, 对于任意的 $x_1 \geqslant 0$ 及 $x_2 \geqslant 0$ 有
$$N\left(\frac{x_1+x_2}{2}\right) = \max\left[\frac{x_1+x_2}{2}y - M(y)\right].$$

但
$$\frac{x_1+x_2}{2}y - M(y) = \frac{x_1 y - M(y)}{2} + \frac{x_2 y - M(y)}{2} \leqslant \frac{N(x_1) + N(x_2)}{2}.$$

于是证得 $N(x)$ 是凸函数. 因此这个函数除了 $x = 0$ 外是处处连续的. 现在要证在 $x = 0$ 函数也是连续的.

由 (7) 式, 使得 $M(y) \leqslant y$ 的数值 y 的全体所成之集 (显然是不空的闭集) 是有上界的. 设 p 是它的最右点. 如果 $0 < x \leqslant 1$, 那么对于所有的 $y > p$ 有
$$\varphi_x(y) = xy - M(y) < xy - y \leqslant 0.$$

因而使 $\varphi_x(y)$ 取最大值的点 y_0 一定有 $y_0 \leqslant p$. 于是

$$N(x) = xy_0 - M(y_0) \leqslant xy_0 \leqslant px.$$

从而得到 $N(x)$ 在 $x = 0$ 的连续性.

剩下来要证明 $N(x)$ 是增函数. 取点 $0 < x_1 < x_2$. 则

$$N(x_1) = N\left[\frac{x_2 - x_1}{x_2} \cdot 0 + \frac{x_1}{x_2} x_2\right] \leqslant \frac{x_2 - x_1}{x_2} N(0) + \frac{x_1}{x_2} N(x_2),$$

又因 $N(0) = 0$, 所以

$$N(x_1) \leqslant N(x_2).$$

定理完全证毕.

附注 1) 借助于公式 (8) 所作的函数 $N(x)$ 有

$$\lim_{x \to +\infty} \frac{N(x)}{x} = +\infty.$$

事实上, 取任意的 n 及 ε, 可找出这样的 x_0, 使得由 $x > x_0$ 得出 $M(n+\varepsilon) < \varepsilon x$. 对于这些 x, 由 (5) 式有

$$(n+\varepsilon)x \leqslant M(n+\varepsilon) + N(x) < \varepsilon x + N(x),$$

从而 $N(x) > nx$.

2) 定理 4 是定理 3 的推广, 因为在后者的条件下 (7) 式是被满足的. 事实上, 取任意的 $A > 0$, 可以找到这样的 a, 使得当 $t \geqslant a$ 时有 $m(t) \geqslant A$. 如果 $x > a$, 则

$$\frac{M(x)}{x} > \frac{M(a) + A(x-a)}{x}. \tag{9}$$

当 x 增加时 (9) 式右方趋向于 A. 所以

$$\lim_{x \to +\infty} \frac{M(x)}{x} \geqslant A,$$

因而 (7) 式得证.

3) 在定理 4 中没有假设 $M(x)$ 是凸的, 并且也不需要[①]

$$\lim_{x \to 0} \frac{M(x)}{x} = 0. \tag{10}$$

[①] 例如对于函数

$$M(x) = \begin{cases} \sqrt{x}, & \text{当 } 0 \leqslant x \leqslant 1, \\ x^2, & \text{当 } 1 \leqslant x < +\infty, \end{cases}$$

定理 4 可以适用.

相反地, 在定理 3 的条件下有 $M(x) \leqslant xm(x)$, 且 (10) 式也必满足. 如果定理 4 的条件 $M(x) \geqslant 0$ 加强为: 当 $x > 0$ 时有 $M(x) > 0$, 那么可以证明, 由公式 (8) 所定义的函数 $N(x)$ 满足条件[①]

$$\lim_{x \to 0} \frac{N(x)}{x} = 0. \tag{11}$$

因此, $N(x)$ "较好" 于 $M(x)$.

4) 如果 $M(x)$ 满足定理 3 的条件, 那么公式 (8) 所给予的 $N(x)$ 就是定理 3 的 $N(x)$. 事实上, 此时

$$\frac{d\varphi_x(y)}{dy} = x - m(y).$$

此方程的根是 $y = n(x)$. 因此

$$N(x) = xn(x) - \int_0^{n(x)} m(t)dt.$$

在积分中置 $m(t) = z$, 再将所得积分进行部分积分法, 即得所要求的结果.

5) 应用定理 3 于 $m(t) = t^{p-1}(p > 1)$, 就得赫尔德不等式

$$ab \leqslant \frac{a^p}{p} + \frac{b^q}{q} \quad \left(\frac{1}{p} + \frac{1}{q} = 1\right).$$

[①]没有上述的加强, (11) 可能不成立.

补充 豪斯多夫定理

在本书第三章我们已经叙述了豪斯多夫定理，根据这一定理，对于维数大于 2 的空间，测度理论的 "较易" 测度问题不可解. 在这里我们叙述这个定理的证明. 证明的基础是

引理　三维空间中的单位球面 K 可分解为两两不相交的四个集合：

$$K = Q + R + S + T, \tag{1}$$

其中 Q 是可数集, 而集合 R, S 与 T 两两相合, 并且 R 与和集 $S+T$ 相合. 自然, 空间环绕球心的旋转是使这些相合的集合重合的运动.

我们首先证明, 由此引理实际上可推出豪斯多夫定理, 而后再证明引理本身. 假设测度理论的 "较易" 问题对三维空间是可解的, 并设 μE 是有界集 E 的测度.

以 K_0 表示单位球体中除去球心之外所有点的集合. 与球面按公式 (1) 分解相对应, 集合 K_0 也分解成 4 个彼此不相交的部分：

$$K_0 = Q_0 + R_0 + S_0 + T_0, \tag{2}$$

其中 Q_0 是在联结球心与集合 Q 中诸点的射线上点的集合, 而 R_0, S_0 与 T_0 具有类似的含义.

我们来证明 $\mu Q_0 = 0$. 事实上, 把直角坐标系的坐标原点置于球心, 选取 Oz 轴使其不通过集合 Q 的任一点. 如果现在引入球面坐标, 那么在球面上点的位置则可用两个角度, 即 "纬度" 和 "经度", 来确定. Q 中点的经度的集合, 以及同样地这些经度的差的集合是**可数的**. 所以可以选择与所有这些差均不同的角度 λ. 如果绕 Oz 轴把空间旋转 λ 角, 那么就把集合 Q 变成集合 Q', 而 Q' 与 Q 没有一个共同的点.

与集合 Q 一样, 集合 Q' 也是可数的. 从而可以找到角度 λ', 使 λ' 与集合 $Q+Q'$ 的点的经度的差不同. 现在我们把空间再绕 Oz 轴旋转 λ' 角, 则由集合 Q 又得到新的集合 Q'', Q'' 与 Q 可合同但与 Q, Q' 均不相交. 重复进行这一手续, 我们可得到 n 个彼此相合, 但两两不相交的集合 $Q, Q', \cdots, Q^{(n-1)}$. 在这种情况下, 易知

$$\mu K_0 \geqslant \mu\left(\sum_{k=0}^{n-1} Q_0^{(k)}\right) = n\mu Q_0 \quad (Q_0^{(0)} = Q_0),$$

由此推出 $\mu Q_0 = 0$.

其次, 要注意使 R 变为 S 的旋转, 同时使 R_0 变为 S_0. 所以集合 R_0 与 S_0 相合. 类似地有, R_0 与 T_0 相合, R_0 与 S_0+T_0 相合.

由 (2) 式以及由 $\mu Q_0 = 0$ 可推出

$$\mu K_0 = \mu R_0 + \mu S_0 + \mu T_0.$$

由于 $\mu R_0 = \mu S_0 = \mu T_0$, 由此得出

$$\mu K_0 = 3\mu R_0.$$

同时 $\mu R_0 = \mu(S_0 + T_0) = \mu S_0 + \mu T_0 = 2\mu R_0$ 故 $\mu R_0 = 0$. 这意味着 $\mu K_0 = 0$, 然而这与单位立方体 E_0 有 $\mu E_0 = 1$ 矛盾 (因为 E_0 可分解成有限多个如此小的全等的正方形, 而这些小的正方形可 "装进" K_0 内).

于是, 由引理得出空间 $\mathbb{R}^3$ 中 "较易" 测度问题的不可解性. 但是对于 $n > 3$ 的空间 $\mathbb{R}^n$, 这个问题也不可解. 事实上, 例如假定这个问题对 $\mathbb{R}^4$ 是可解的, 且 μE^* 是有界集 $E^* \subset \mathbb{R}^4$ 的测度. 那么我们使三维空间中的每一个有界集 E 与空间 $\mathbb{R}^4$ 中由点 (x, y, z, t) 所构成的集 E^* 相对应, E 的点为 (x, y, z), 而 $t \in [0, 1]$. 不难看出, 作为定义, 置 $\mu E = \mu E^*$ 后, 我们可以解出 $\mathbb{R}^3$ 中的 "较易" 测度问题. 但如上所见, 这是不可能的. 因此, 对于 $\mathbb{R}^4$ 中这一问题不可解. 这一断言对其他 $\mathbb{R}^n$ 同样成立.

于是全部问题都归结为引理的证明.

考虑原点位于前述单位球球心的直角坐标系, 并且认定: 如果沿 Oz 的正方向看过去时, 由 Ox 的正向到 Oy 轴的正向要顺时针旋转 $+\dfrac{\pi}{2}$ 角. 在 zx 平面上由原点引出 Ou 轴, 其方向为: 如果沿 Oy 轴的正向看过去, 需从 Oz 轴顺时针旋转 $\dfrac{\theta}{2}$ 角 $(0 < \theta < \pi)$ 到 Ou 轴.

以 φ 表示空间绕 Ou 轴旋转 $180°$, 以 ψ 表示空间绕 Oz 轴旋转 $120°$ (注意到如果沿旋转轴的正向看过去, 旋转是顺时针的). 我们将把这些旋转组合起来. 结果便得到空间绕坐标原点的各种旋转, 并且每一个这样的旋转将用符号记为形如

$$\varphi^2\psi^4\varphi, \quad \varphi\psi\varphi^4, \quad \psi^5\varphi\psi^2\varphi^3 \text{①} \tag{3}$$

---

①并且先进行的旋转, 我们记在左边.

的形式等等.

由于
$$\varphi^2 = 1, \quad \psi^3 = 1 \tag{4}$$

(这里 1 表示旋转群的 "单位元", 即静止不动), 显然, 所有的旋转都可以用前述符号来记, 在这种表示中不会遇到因子 φ^m, $m > 1$ 及因子 ψ^m, $m > 2$. 例如, 在 (3) 式中旋转的记法为

$$\psi\varphi, \quad \varphi\psi, \quad \psi^2\varphi\psi^2\varphi.$$

考虑所有借助上述记号得到的旋转组成的群 G, 则可能的情况是, 这些旋转中有某些在几何上是恒等的, 虽然它们有不一样的记法. 我们当前的任务是证明, 可以选取这样的角 θ, 对于这种 θ, 不出现上述情况, 即用所引入的不同的记号所记的旋转, 从几何上说是不同的.

为此目的, 我们注意到, 任何形状如 $\rho = \sigma$ 的等式都可以改成与其等价的形式 $\rho\sigma^{-1} = 1$. 因此只需证明, 可以这样选取角 θ, 使得在所选取角之下, 我们引入的符号没有一个表示群 G 的单位元.

群 G 中与 $1, \varphi, \psi, \psi^2$ 四者不同的元可能具有如下四种形式之一:

$$\alpha = \varphi\psi^{m_1}\varphi\psi^{m_2}\cdots\varphi\psi^{m_n}, \quad \gamma = \varphi\psi^{m_1}\varphi\psi^{m_2}\cdots\varphi\psi^{m_n}\varphi,$$
$$\beta = \psi^{m_1}\varphi\psi^{m_2}\varphi\cdots\psi^{m_n}\varphi, \quad \delta = \psi^{m_1}\varphi\psi^{m_2}\varphi\cdots\varphi\psi^{m_n},$$

其中 n 为自然数[①], 而 m_k 等于 1 或 2.

假定我们得以实现角 θ 的选择, 在此选择之下, 不可能有任一个形如

$$\alpha = 1$$

的等式. 那么我们来证明, 在这个假设下同样不可能有如下的任何一个等式:

$$\beta = 1, \quad \gamma = 1, \quad \delta = 1.$$

实际上, 由等式 $\beta = 1$ 得出 $\varphi\beta\varphi = 1$. 又因为

$$\varphi\beta\varphi = \varphi[\psi^{m_1}\varphi\psi^{m_2}\cdots\psi^{m_n}\varphi]\varphi = \varphi\psi^{m_1}\varphi\cdots\varphi\psi^{m_n} = \alpha,$$

所以由等式 $\beta = 1$ 推出 $\alpha = 1$ 而与假设相反. 因而 $\beta \neq 1$. 其次, 由等式 $\gamma = 1$ 推出[②] $\varphi\gamma\varphi = \delta = 1$. 因此, 余下的仅仅是证明, (当等式 $\alpha = 1$ 不可能时) 等式 $\delta = 1$ 是不可能的.

[①] 并且对于元 δ 应当是 $n > 1$.
[②] 或者 [如果 $\gamma = \varphi\psi^m\varphi$] $\psi^m = 1$, 而这是不正确的, 因为 $m = 1, 2$.

把 δ 形式的元分为两类: 如果 $m_1+m_n \neq 3$, 则 δ 属于第一类; 如果 $m_1+m_n = 3$ 则 δ 属于第二类.

如果 δ 属于第一类且 $\delta = 1$, 那么

$$\varphi\psi^{m_n}\delta\psi^{m_1}\varphi = 1,$$

而按照假设这是不可能的.

如果 δ 属于第二类, 且 $\delta = 1$, 那么

$$\varphi\psi^{m_n}\delta\psi^{m_1}\varphi = 1,$$

或者写成

$$\varphi\psi^{m_n}[\psi^{m_1}\varphi\psi^{m_2}\cdots\varphi\psi^{m_n}]\psi^{m_1}\varphi = 1$$

或者是

$$\psi^{m_2}\cdots\psi^{m_{n-1}} = 1.$$

但是元 $\psi^{m_2}\varphi\cdots\varphi\psi^{m_{n-1}}$ 也是 δ 型的 (一般地说, $\varphi\psi^{m_n}\delta\psi^{m_1}\varphi$ 可以与 φ, ψ, ψ^2 重合, 但是因为后面的诸元显然与单位元不同, 那么这些可能性不成立). 于是, 如果 δ 是属于第二类, 且 $\delta = 1$, 那么还存在着另一个 δ 型的元 δ', 并且 $\delta' = 1$, 但 δ' 比 δ 少两个因子 ψ^{m_k}. 因为, 按已证明的, 元 δ' 不属于第一类, 所以存在着进一步减少因子 ψ^{m_k} 的可能性. 由于我们既不可能得到第一类元, 也不可能得到元 φ, ψ, ψ^2, 似乎可以**无限制地**降低因子 ψ^{m_k} 的数目, 这显然不合理, 因为从一开始它们就仅仅是有限个数的.

于是问题归结为求出使得没有一个等式 $\alpha = 1$ 成立的角 θ.

但任一旋转 α 是 n 个形如 $\varphi\psi$ 及 $\varphi\psi^2$ 旋转的乘积. 用通常的解析几何方法不难证明: 旋转 $\varphi\psi$ 使点 $M(x,y,z)$ 变为点 $N(x',y',z')$, 其中

$$\left.\begin{aligned} x' &= \frac{1}{2}x\cos\theta + \frac{\sqrt{3}}{2}y - \frac{1}{2}z\sin\theta, \\ y' &= -\frac{\sqrt{3}}{2}x\cos\theta + \frac{1}{2}y + \frac{\sqrt{3}}{2}z\sin\theta, \\ z' &= x\sin\theta + z\cos\theta. \end{aligned}\right\} \tag{5}$$

对旋转 $\varphi\psi^2$, 当点 $M(x,y,z)$ 变为点 $N(x',y',z')$ 时, x',y',z' 仍可用与 (5) 式类似的公式表示, 不过只需把上述的公式 (5) 中的 $\sqrt{3}$ 换为 $-\sqrt{3}$.

对 n 作归纳法, 由公式 (5) 容易得到①, (由于旋转 α) 点 $M_0(0,0,1)$ 变到点 $M_n(x_n, y_n, z_n)$, 其中

$$z_n = a_0 \cos^n \theta + a_1 \cos^{n-1} \theta + \cdots + a_{n-1} \cos\theta + a_n \quad (a_0 \neq 0)$$

如果旋转 α 与群 G 的单位元恒等, 那么 $z_n = 1$, 并且 $\cos\theta$ 是多项式

$$P_\alpha(u) = a_0 u^n + a_1 u^{n-1} + \cdots + a_{n-1} u + a_n - 1$$

的根.

每一个旋转 α 都对应着一个多项式 $P_\alpha(u)$. 因为旋转 α 为一个可数集, 所以所有的多项式 $P_\alpha(u)$ 也是一个可数集, 这也就意味着, 诸多项式的根也仅仅是可数集. 这表明, 可以如此地选择 θ, 使 $\cos\theta$ 与所有这些根都不同. 同时, 对这样的 θ, 没有一个 α 与单位元 1 重合. 今后, 我们就认为角 θ 就是这样选好的.

我们把群 G 的元分成三个彼此不相交的类 A, B 与 C, 使得其满足如下两个要求:

I. 如果 $\rho \in A$, 那么 $\rho\psi \in B + C$, 反之亦然.

II. 三个关系 $\rho \in A$, $\rho\psi \in B$, $\rho\psi^2 \in C$ 之中的每一个可推出其余两个.

这样分法的可能性的验证是极为麻烦的, 我们把它放在证明的末尾, 而暂时认为已经做好了这一步.

其次, 约定今后的表示方法. 如果 $\rho \in G$, 而 M 是空间中的某一点, 用 $\rho(M)$ 表示点 M 由于旋转 ρ 所变成的点②. 如果 $E = \{M\}$ 是某些点的集合, 那么用 $\rho(E)$ 表示在旋转 ρ 之下这个集合的像:

$$\rho(E) = \sum_{M \in E} \rho(M).$$

设 Q 是单位球面 K 上在旋转群 G 中某一个异于单位元的旋转之下保持不动的点的集合. 因为整个群是可数的, 而对每一个个别的旋转仅有两个不动点③, 因此集合 Q 也是可数的.

---

①尚需同时用归纳法证明三个公式:
$$x_n = \sin\theta \left[A_n^{(n)} \cos^{n-1}\theta + A_{n-1}^{(n)} \cos^{n-2}\theta + \cdots + A_1^{(n)} \right],$$
$$y_n = \sin\theta \left[B_n^{(n)} \cos^{n-1}\theta + B_{n-1}^{(n)} \cos^{n-2}\theta + \cdots + B_1^{(n)} \right],$$
$$z_n = C_n^{(n)} \cos^n \theta + C_{n-1}^{(n)} \cos^{n-1}\theta + \cdots + C_0^{(n)},$$

顺便注意到, $C_{n+1}^{(n+1)} = C_n^{(n)} - A_n^{(n)}$, $A_{n+1}^{(n+1)} = \dfrac{A_n^{(n)} - C_n^{(n)}}{2}$, 由此可推出 $C_{n+1}^{(n+1)} - A_{n+1}^{(n+1)} = \dfrac{3}{2}\left(C_n^{(n)} - A_n^{(n)}\right) = \left(\dfrac{3}{2}\right)^n \cdot \left(C_1^{(1)} - A_1^{(1)}\right) = \left(\dfrac{3}{2}\right)^{n+1}$, 且有 $C_n^{(n)} = \left(\dfrac{3}{2}\right)^{n-1}$.

②这种表示有一点不方便的地方. 即, 如果例如 $\rho = \psi\varphi\psi^2$, 那么 $\rho(M) = \psi^2\{\varphi[\psi(M)]\}$, 因为在记法 $\rho = \psi\varphi\psi^2$ 中, 左端是最先进行的旋转.

③根据运动学的著名定理, 任何绕一点的旋转都是绕通过这一点的某个轴的旋转.

如果 $M \in K - Q$, 而 ρ_1 与 ρ_2 是 G 中两个不同的旋转, 那么 $\rho_1(M) \neq \rho_2(M)$. 事实上, 在相反的情形则有 $\rho_2^{-1}[\rho_1(M)] = M$, 点 M 是旋转 $\rho_1\rho_2^{-1}$ 之下的不动点, 而由于我们对 θ 角的选择, $\rho_1\rho_2^{-1}$ 显然异于单位元 1.

注意到这一点后, 我们用 $H(M)$ 表示形如 $\rho(M)$ 的点的这样一个集合: 其中 $M \in K - Q$, 而 ρ 遍历整个群 G.

如果 M 与 N 是 $K - Q$ 中两个不同的点, 那么 $H(M)$ 与 $H(N)$ 或者完全不相交, 或者全等. 因此整个集合 $K - Q$ 被**分割**成许多**类** $H(M)$. 在每一个这样的类中选取一个代表元, 设 X 是这些代表元的集合. 且令

$$R = \sum_{\rho \in A} \rho(X), \quad S = \sum_{\rho \in B} \rho(X), \quad T = \sum_{\rho \in C} \rho(X),$$

我们就得到了引理中所谈到的那些集合.

事实上, 我们可首先确定, 这些集合是不相交的: 假若不然, 如果有点 P 在交集 RS 中, 那么这表明

$$P = \rho_1(M) = \rho_2(N) \ [\rho_1 \in A, \ \rho_2 \in B, \ M \in X, N \in X].$$

等式 $M = N$ 是不可能的, 因为点 M 与 N 不含于 Q 中. 如果 $M \neq N$, 那么由 $\rho_1(M) = \rho_2(N)$ 得出, $N \in H(M)$, 这也是不可能的, 因为含于 X 中的点 M 与 N 乃是**不同类** H 的代表. 这就意味着 $RS = \varnothing$. 类似可得 $RT = ST = \varnothing$.

其次, $K - Q = R + S + T$. 实际上, 如果 $P \in K - Q$, 那么 $P \in H(P)$. 如果含于 X 中的类 $H(P)$ 的代表是 M, 那么 $P \in H(M)$ 且 $P = \rho(M)$. 根据 ρ 是在 A, B 或 C 中, 故 $P \in R$, $P \in S$ 或者 $P \in T$.

最后 (这是最主要的), 有

$$\varphi(R) = S + T, \quad \psi(R) = S, \quad \psi^2(R) = T. \tag{6}$$

我们至少验证这些关系中的第一个. 如果 $P \in R$, 那么 $P = \rho(M)$, 其中 $M \in X$, 而 $\rho \in A$. 从而

$$\varphi(P) = \varphi[\rho(M)] = (\rho\varphi)(M) \in S + T,$$

因为根据第一个要求 I, 应有 $\rho\varphi \in B + C$. 反之, 如果 $P \in S + T$, 那么 $P = \sigma(M)$, 其中 $M \in X$, 而 $\sigma \in B + C$. 置 $\rho = \sigma\varphi^{-1}$, 那么 $\sigma = \rho\varphi$, 根据 I 有 $\rho \in A$. 因此,

$$P = \varphi[\rho(M)],$$

同时 $\rho(M) \in R$. 但这就意味着 $P \in \varphi(R)$. 于是 $\varphi(R) = S + T$. 类似地 (仅借助于要求 II) 可验证 (6) 式中其余的关系.

这样一来, 余下的仅仅是证明把群 G 分解成类 A, B 和 C, 以使其满足 I、II 两条要求是可能的.

为此，用 G_n 表示 G 中那些依前述记法、由因子 φ, ψ 及 ψ^2 的个数不多于 n 个所构成的元的集合，特别地，
$$G_1 = \{1, \varphi, \psi, \psi^2\}$$

把 1 列入 A, φ 列入 B, ψ 列入 B, 而 ψ^2 列入 C. G_1 中元素的这一配置满足了 I 与 II 两个要求. 实际上，如果 $\rho \in A$ (并且 ρ 属于 G_1)，那么这意味着 $\rho = 1$, 而 $\rho\varphi = \varphi \in B \subset B + C$. 如果 $\rho\varphi \in B + C$ (并且不仅 $\rho\varphi$ 属于 G_1, 而且 ρ 属于 G_1)，那么必然 $\rho\varphi = \varphi$ (因为在 G_1 中除 1 与 φ 之外没有形如 $\rho\varphi$ 的其他元，其中 $\rho \in G_1$). 于是 $\rho = 1 \in A$. 这样一来，要求 I 是满足的. 类似地可以验证，也满足要求 II. 即如果 ρ, $\rho\psi$ 与 $\rho\psi^2$ 全都属于 G_1, 那么对于 ρ 仅有三个可能:
$$\rho = 1, \quad \rho = \psi, \quad \rho = \psi^2. \tag{7}$$

设关系式
$$\rho \in A, \quad \rho\psi \in B, \quad \rho\psi^2 \in C \tag{8}$$

之一成立.

如果就是 $\rho \in A$, 那么 $\rho = 1$ 且满足 (8) 式中第二与第三个关系式. 如果 $\rho\psi \in B$, 那么由 (7) 式的可能性实现了 $\rho = 1$, 意味着 $\rho\psi^2 \in C$. 最后，如果 $\rho\psi^2 \in C$, 那么这就引出 $\rho = 1$.

总之，集合 G_1 按照类 A, B, C 分配符合两个要求 I 与 II. 不言而喻，如果 $\rho \in G_1$, 而 $\rho\varphi \overline{\in} G_1$, 那么提出关于 (在 G_1 中) 符合要求 I 的问题没有意义. 当 $\rho\varphi \in G_1$, 而 $\rho \overline{\in} G_1$ (例如 $\rho = \psi\varphi$) 也属于这种情形.

假设我们已经把集合 G_n 的元素按类 A, B, C 分配好，使其符合要求 I 与 II (仍然约定：在验证要求时，所有[①]考虑的元素属于 G_n).

我们来考虑 $G_{n+1} - G_n$ 中的任意一个这样的元 τ: τ 刚好是 $n+1$ 个因子构成的. 对于 τ, 有三种可能:
$$\tau = \sigma\varphi, \quad \tau = \sigma\psi, \quad \tau = \sigma\psi^2, \tag{9}$$

其中 σ 刚好是 n 个因子构成的，并且要看 (9) 式中三种可能性哪一个成立，而有
$$\sigma = \cdots\psi^m, \quad \sigma = \cdots\varphi, \quad \sigma = \cdots\varphi.$$

如果 $\tau = \sigma\varphi(\sigma = \cdots\psi^m)$, 那么，我们把 τ 放入 B, A, A 类，要视是否
$$\sigma \in A, \quad \sigma \in B, \quad \sigma \in C. \tag{10}$$

如果 $\tau = \sigma\psi(\sigma = \cdots\varphi)$, 那么我们置
$$\tau \in B, \quad \tau \in C, \quad \tau \in A,$$

[①] 对要求 I, 这就是 ρ 与 $\rho\varphi$, 而对要求 II, 则是 $\rho, \rho\psi, \rho\psi^2$.

仍视 (10) 式中哪一个关系式成立.

最后, 如果 $\tau = \sigma\psi^2 (\sigma = \cdots \varphi)$, 那么视 (10) 式中哪一个关系式成立, 而置

$$\tau \in C, \quad \tau \in A, \quad \tau \in B.$$

这些约定唯一地确定了整个群 G 分为类 A, B, C 的分配. 为了更便于观察, 我们给出群 G 按 A, B, C 类的分布表:

类	τ 的类		
	$\tau = \sigma\varphi$	$\tau = \sigma\psi$	$\tau = \sigma\psi^2$
A	B	B	C
B	A	C	A
C	A	A	B

(11)

作为例子, 我们来说明集合 G_3 的元是如何按 A, B, C 三类分配的:

	G_1	$G_2 - G_1$	$G_3 - G_2$	$G_4 - G_3$
A	1	$\psi\varphi, \psi^2\varphi, \varphi\psi^2$	$\varphi\psi\varphi$	$\cdots$
B	φ, ψ		$\varphi\psi^2\varphi, \psi\varphi\psi, \psi^2\varphi\psi$	$\cdots$
C	ψ^2	$\varphi\psi$	$\psi\varphi\psi^2, \psi^2\varphi\psi^2$	$\cdots$

现在我们来证明, 当把 G 按 A, B, C 三类分配时, 按照刚才所指出的规则, 对集合 G_{n+1} 中的诸元素来说, 要求 I 与 II 是满足的 (并且, 如已指出的, 对 G_n 来说, 我们认为上述要求 I 与 II 已然满足).

取属于 G_{n+1} 的两个元 ρ 与 $\rho\varphi$. 可意料有 4 种情形:

1) $\rho \in G_n$, $\rho\varphi \in G_n$; 2) $\rho \in G_n$, $\rho\varphi \overline{\in} G_n$;
3) $\rho \overline{\in} G_n$, $\rho\varphi \in G_n$; 4) $\rho \overline{\in} G_n$, $\rho\varphi \overline{\in} G_n$.

在情形 1), 两个关系式

$$\rho \in A, \quad \rho\varphi \in B + C$$

按照假设是等价的.

在情形 2), ρ 正是由 n 个因子构成的. 并且最后的因子是 ψ 或者是 ψ^2. 如果 $\rho \in A$, 那么表 (11) 表明, $\rho\varphi \in B \subset B + C$. 反之, 如果 $\rho\varphi \in B + C$, 那么由表 (11) 看出 $\rho\varphi \in B$, 且 $\rho \in A$.

情形 3) 仅当

$$\rho = \sigma\varphi, \quad \rho\varphi = \sigma, \quad \sigma = \cdots \psi^m$$

时才是可能的.

如果 $\rho \in A$, 那么由表 (11) 看出 $\sigma \in B + C$, 且反之亦然.

至于情形 4), 它是不可能的. 事实上, 在这种情形下, ρ 应由 $(n+1)$ 个因子构成, 并且最后一个因子不是 φ (因为否则 $\rho\varphi \in G_n$). 因此, $\rho = \cdots \psi^m$ 且 $\rho\varphi$ 不在 G_{n+1} 中.

于是, 要求 I 是满足的.

其次, 由 G_{n+1} 中取元 ρ, $\rho\psi$ 及 $\rho\psi^2$. 这里可以分成三种情况:

1) 所有三个元出自 G_n;
2) 三个元中没有一个出自 G_n;
3) 这些元中有某些但不是全部出自 G_n.

在情形 1), 按照假设, 要求 II 是满足的. 情形 2) 是不可能的, 因为在这种情形 $\rho = \cdots \varphi$, $\rho\psi \in G_{n+1}$,

我们来考虑情形 3). 设 $\rho \in G_n$. 那么必然是

$$\rho = \cdots \varphi$$

(因为否则 $\rho\psi$ 与 $\rho\psi^2$ 同样属于 G_n). 如果 $\rho \in A$, 那么表 (11) 的第一列表明 $\rho\psi \in B$, $\rho\psi^2 \in C$. 此外, 如果 (在同样的假设 $\rho \in G_n$ 下) $\rho\psi \in B$, 那么 $\rho \in A$; 如果 $\rho\psi^2 \in C$, 那么仍有 $\rho \in A$. 总之, 如果 $\rho \in G_n$, 那么要求 II 是满足的. 设 $\rho \bar{\in} G_n$, 但 $\rho\psi \in G_n$, 这意味着 $\rho = \sigma\psi^2$ (其中 $\sigma = \cdots \varphi$), 而 $\rho\psi = \sigma$. 如果 $\rho \in A$, 那么 $\sigma \in B$, 而 $\sigma\psi = \rho\psi^2 \in C$. 同样, 如果 $\rho\psi \in B$, 或 $\rho\psi^2 \in C$, 那么 $\rho \in A$. 总之, 在这种情况下要求 II 也是满足的. 最后, 设 $\rho \bar{\in} G_n$ 且 $\rho\psi^2 \in G_n$. 那么 $\rho = \sigma\psi (\sigma = \cdots \varphi)$ 及 $\rho\psi^2 = \sigma$. 如果 $\rho \in A$, 那么 $\rho\psi^2 = \sigma \in C$, 而 $\rho\psi = \sigma\psi^2 \in B$ 且后面的每一个关系式同样推出 $\rho \in A$. 证明就此完成.

附注 已证明的引理具有某种悖论的性质, 同时它的证明还不是有效的[①]. 这使人产生想法: 只在应用有效的方法时, 可以避免类似的悖论. 依据这一点, 应当认识到: 悖论性不意味着全然荒谬, 而仅仅是结果的某种不寻常性表现. 所以认为这些无效方法因导致悖论而为人们所诟病是没有根据的. 此外, 更为重要的是, 可以构造如同豪斯多夫引理那样的, 且完全有效的悖论. 下面是一个简单的例子[②]:

定理 存在着可表为两个不相交的集合 A 与 B 的和形式的平面集合 E, 其中每一个都与 E 可合同[③].

为了证明, 我们考虑在复变量 z 的平面上的两个运动:

$$R(z) = e^i z, \quad T(z) = z + 1.$$

[①] 当构造集合 X 时, 利用了策梅洛公理 (参看第十四章).
[②] 此例子属于 W. 谢尔品斯基 (W. Sierpiński) 和 C. 马祖尔凯维奇 (C. Мазуркевич).
[③] 集合 E 无界且因此由定理不能推出对于 $\mathbb{R}^2$ 的 "较易" 测度问题的不可解性 (此外, E 是可数的).

设 E 是由点 $z=0$ 以及所有由 $z=0$ 藉由有限次的运动 R 与 T, 所得到的诸点的集合. E 的每个点都是变量 e' 的非负整系数多项式, 同时鉴于数 e' 的超越性, 用唯一的方法表示集合 E 的点为这样的多项式的形式是可能的.

建立了这一点之后, 用 A 表示这样一些点的集合: 这些点可表为无常数项的 e' 的多项式, 设 $B = E - A$. 那么 $AB = \varnothing$, $A + B = E$, 此外

$$R(E) = A, \quad T(E) = B.$$

外国数学家译名对照表

阿贝尔　Abel, N. H.
阿尔泽拉　Arzelà, C.
阿斯科利　Ascoli, G.
奥尔贝克　Орбек
奥尔利奇　Orlicz, W.
奥强　Очан, Ю. С.
巴里　Бари, Н. К.
巴拿赫　Banach, S.
贝尔　Baire, R. L.
贝塞尔　Bessel, F. W.
本迪克松　Bendixson, I. O.
彼得罗夫斯基　Петровский, И. Г.
毕达哥拉斯　Pythagoras
波尔查诺　Bolzano, B.
伯恩鲍姆　Birnbaum, A.
伯恩斯坦　Bernstein, S. N., Бернщтейн, С. Н
泊松　Poisson, S. D.
博雷尔　Borel, É.
布拉利-福尔蒂　Burali-Forti, C.
布尼亚科夫斯基　Буняковский, В. Я.
策梅洛　Zermelo, E
戴德金　Dedekind, W.R.

当茹瓦　Denjoy, A.
狄利克雷　Dirichlet, P. G. L.
蒂奇马什　Titchmarsh, E. C.
杜布瓦雷蒙　du Bois-Reymond, P. D. G.
法捷耶夫　Фаддеев, Д. К.
法图　Fatou, P. J. L.
菲赫金哥尔茨　Фихтенгольц, Г. М.
菲舍尔　Fischer, E.
费耶尔　Fejér, L.
弗雷歇　Fréchet, M. R.
傅里叶　Fourier, J. B. J.
富比尼　Fubini, G.
格拉姆　Gram, J. P.
哈盖　Хаке, Г.
豪斯多夫　Hausdorff, F.
黑利　Helly, E.
济格蒙德　Zygmund, A.
焦普列尔　Тёплер, A.
卡扶林　Гаврин, М. К.
卡拉泰奥多里　Carathéodory, C.
卡契马什　Качмаш, С.
康杜拉里　Кондурарь, В.
康托尔　Cantor, G.
康托罗维奇　Канторович, Л. В.
柯尔莫戈洛夫　Колмогоров, А. Н.
柯西　Cauchy, A. L.
科兹洛夫　Козлов, В. Я.
拉德马赫　Rademacher, H.
拉格朗日　Lagrange, J. L.
拉伊赫曼　Райхман, А.
莱维　Levy, B.
兰道　Landau, E. G. H.
勒贝格　Lebesgue, H. L.
勒让德　Legendre, A. M.
黎曼　Riemann, G. F. B.
里斯　Reisz, F.

利普希茨　Lipschitz, R. O. S.
林德勒夫　Lindelöf, E. L.
卢津　Лузин, Н. Н.
罗戈津斯基　Рогозинский, В.
罗曼　Ломан, Г.
罗曼诺夫斯基　Романовский, П. И.
马尔可夫　Марков, А. А.
梅德韦杰夫　Медведев, Ю. Т.
梅尼绍夫　Меньшов, Д. Е.
闵科夫斯基　Minkowski, H
那汤松　Натонсон, И. П.
涅梅茨基　Немыцкий, В. В.
欧拉　Euler, L.
帕塞瓦尔　Parseval, M. A.
佩龙　Perron, O.
普立瓦洛夫　Привалов, И. И.
切萨罗　Cesaro, E.
热加尔金　Жегалкин, И. И.
若尔当　Jordan, C.
萨克斯　Saks, S.
赛维里尼　Северини, К.
施罗德　schröder, F. W. K. E.
施密特　Schmidt, E.
施坦豪斯　Steinhaus, H. D.
施瓦茨　Schwarz, H. A.
斯蒂尔切斯　Stielties, T. J.
斯捷克洛夫　Стеклов, В. А.
苏达柯夫　Судаков, В. Н.
图拉伊柯夫　Тулайков, А. Н.
瓦莱–普桑　Vallee-Pussin, C.-J. de la
维塔利　Vitali, G.
魏尔斯特拉斯　Weierstrass, K. T. W.
沃尔泰拉　Volterra, V.
希尔伯特　Hilbert, D.
谢尔品斯基　Sierpiński, W.
辛钦　Хинчин, А. Я.

亚历山德罗夫　Александров, П. С.
延森　Jensen, J. L. W.
杨　Young, W.
叶戈洛夫　Егоров, Д. Ф.
扎列茨基　Зарецкий, М. А.

名词索引

(L) 可测, 65
F_σ 型集, 75
G_δ 型集, 75
M 型集, 311
U 型集, 311
ε 网, 472
$f(x)$ 具有性质 (N), 245
p 次幂的可和函数, 193
p 阶平均收敛, 197
(P) 可积, 421
"广义" 当茹瓦积分, 419
"狭义" 当茹瓦积分, 419
C. 阿尔泽拉 (C. Arzelà)–G. 阿斯科利 (G. Ascoli) 定理, 479
E. 施密特定理, 191
F. 里斯 –E. 菲舍尔定理, 176
Z. 伯恩鲍姆 –W. 奥尔利奇 (W. Orlicz) 定理, 506

A

阿列夫, 379, 381

B

巴拿赫的 "不动点原理", 489
巴拿赫的指标函数, 223
巴拿赫空间, 467

半径, 317
半连续函数, 410
贝尔分类, 388
贝尔函数, 388
贝尔上函数, 127
贝尔下函数, 127
贝塞尔不等式, 173
贝塞尔等式, 173
本来收敛, 165, 465
彼此成叠合的对应, 367
彼此相似, 368
闭包, 30, 470
闭集, 30, 470
闭集 F 的余区间, 44
闭球, 471
闭区间上的上半连续函数, 413
闭圆, 317
并集, 3
波尔查诺 – 魏尔斯特拉斯定理, 28, 29, 318
博雷尔定理, 33
博雷尔集, 75
不动点, 490
不动点方法, 489
不可测集的例子, 76
布尼亚科夫斯基不等式, 161, 457

C

策梅洛定理, 385
策梅洛公理, 383
测度, 51, 52, 64, 324, 453
超限阿列夫, 381
超限归纳法, 378
超限数, 374
称 ψ 为使 A 与 B 彼此成叠合的对应, 367
稠密点, 260
处处稠密, 168
次序规则, 366

D

单调函数, 200
单元素集, 2
当茹瓦 – 佩龙积分, 419, 437
当茹瓦 – 辛钦积分, 419
导集, 30
等测包, 355
等价的函数, 87
狄利克雷函数, 409
狄利克雷奇异积分, 282
第 m 类的函数, 388
第二类函数, 388
第二数类, 378
第二种序数, 377
第一范畴集, 403
第一类的函数, 388
第一种序数, 377
点 M 的一个对称导出数, 355
点 x_0 与点集 E 间的距离, 38
度量空间, 163, 464
度量空间而不是赋范空间的例子, 469
对称导出数, 355
对称导数, 356
对等, 6

F

法图定理, 138
范数, 162, 196, 197
范数的连续性, 165

仿射变换, 331
非退化的仿射变换, 331
费耶尔奇异积分, 282
分部积分法, 265
分部积分公式, 227
封闭的函数系, 174
封闭公式, 173
峰形优函数, 280
弗雷歇定理, 108
赋范线性空间, 465, 467
傅里叶级数, 172
傅里叶系数, 172

G

格拉姆 (J. P. Gram) 行列式, 190
隔离性, 40, 41
共轭指数, 194
构成区间, 42
广义封闭公式, 174
规范的函数, 171
规范正交系, 171

H

函数 $f(M)$ 的下方图形, 344
函数 $f(x)$ 在 x_0 的一个导出数, 204
函数类 H_ω, 388
核, 273
和集, 3
赫尔德 (O. L. Hölder) 不等式, 195
黑利的选择原理, 217
黑利定理, 219
互相正交, 171
滑背法, 154

J

基数, 6
积分的绝对连续性, 148
积分的完全可加性, 119, 141
积分的有限可加性, 144
积分平均值定理, 117

名词索引

极限, 163
极限点, 27, 317, 470
极限概念, 464
极限元, 470
集, 1
集 A 与集 B 间之距离, 38
集 E 在点 x_0 的密度, 260
集的序型, 368
集的映射, 203
集函数, 354
级数的黎曼函数, 308
几乎处处成立, 87
交集, 3
较难的测度问题, 78
较易的测度问题, 79
阶梯函数, 87
紧集, 471
紧性, 470
近似 (或渐近) 导数, 419
近似连续, 261
距离, 38, 464
绝对连续, 355
绝对连续函数, 239
均方收敛, 163

K

卡拉泰奥多里 (C. Carathéodory) 的检验法, 84
开集, 35, 319, 470
开球, 471
开圆, 317
康托 – 贝尔的定态原理, 406
康托尔的集 G_0 与 P_0, 44
柯西不等式, 162, 196, 457
可测函数, 86
可测集, 64, 453
可测集的完全可加性, 65
可测集类, 74
可和, 143
可和函数, 456

可数的, 8
可数集, 8
可以逐项积分的傅里叶级数, 292
空集, 2
空间 C, 467
空间 m, 468
空间 S, 470
空间 s, 469
空间 L_p, 193
空间 l_p, 197
空间的完全性, 167

L

莱维定理, 140
勒贝格不定积分, 248
勒贝格的小和 s 与大和 S, 114
勒贝格点, 251
勒贝格定理, 125, 148
勒贝格积分, 116, 142
勒贝格可积, 143
勒让德多项式, 192
黎曼积分, 112
里斯定理, 96
里斯 – 菲舍尔定理, 177
利普希茨 (R. Lipschitz) 条件, 212
连续函数隔离半连续函数, 416
连续统的势, 13
连续统假设, 20
连续统问题, 387
良序集, 371
两集的相合, 74
零类的函数, 388
卢津定理, 104
卢津院士关于性质 (N) 的定义, 245

M

闵可夫斯基 (H. Minkowski) 不等式, 196
模范子集, 386
末元素, 367
某些空间的紧性条件, 474

N

内点, 35, 319, 471
内积, 184
凝聚点, 48

O

欧拉函数, 482
欧拉折线, 482

P

帕塞瓦尔等式, 173
佩龙不定积分, 425
佩龙积分, 421
平方可和函数, 160

Q

奇异函数, 263
奇异积分, 274
切萨罗求和方法, 282
全变差, 212, 458
缺项的三角级数, 286
缺项的数列, 285

R

弱收敛, 171, 197, 276

S

三角不等式, 464
上半连续, 411, 413
上导数, 420
上函数, 421
上极限, 394, 410
射影, 185
施瓦茨 (Schwarz) 导数, 295
施瓦茨二阶导出数, 297
势, 6
势的三歧性, 25
首元素, 367
疏集, 84, 131, 403
斯蒂尔切斯积分, 225
斯捷克洛夫函数, 484
苏斯林的 A 集, 75

算子, 489
算子的值, 489
所属类数 $< \alpha$ 的贝尔函数集的通用函数, 397

T

特征函数, 89
跳跃, 201
跳跃函数, 202, 217
通用函数, 397

W

瓦莱 – 普桑 (Vallée-Poussin) 的检验法, 84
完满集, 30, 318
完全的赋范线性空间, 467
完全归纳法, 377
完全可加函数, 354
完全可加性, 53
完全空间, 465
完全正交系, 177
完全正则的, 495
维塔利定理, 80, 81, 150
魏尔斯特拉斯定理, 105
无穷线性方程组, 494

X

稀薄点, 260
希尔伯特空间, 163
狭义的当茹瓦积分, 437
下半连续, 411, 413
下导数, 420
下函数, 421
下极限, 394, 410
线性泛函, 235
线性积分方程, 493
线性空间, 465
线性无关, 189
线性无关组, 189
像, 69, 203
向量 x 与 y 的内积, 183

序数, 374

Y

压缩算子, 490
严格单调函数, 200
严格减函数, 200
严格增函数, 200
延森 (Jensen) 总和不等式, 303
延森积分不等式, 304
一般选择原理, 384
一一对应, 6
依测度收敛, 94
依照佩龙的意义可积, 421
依照维塔利意义被覆盖的点集, 80
以平面 $x=x_0$ 截 E 的截面, 339
以直线 $(x=x_0)$ 截 E 的截线, 335
映射, 69, 203
用数 N 对函数 $f(x)$ 的截断, 134
有等度的绝对连续积分, 150
有界闭集的测度, 56
有界变差函数, 212
有界集, 471
有界集 E 的内测度, 61
有界集 E 的外测度, 61
有界开集的测度, 51

有序集, 366, 367
有序集的序型, 368
右方跳跃, 201
诱导函数, 404
余集, 36
元素 a 截 A 的初始段, 370
原像, 69, 203
圆的中心, 317
运动, 70

Z

在 $[a,b]$ 上是一下半连续函数, 413
在杨的意义下互为余函数, 506
增函数, 200
正规的有序子集, 385
正交系, 171
正则的, 431
正则地收缩于 M 的集族, 363
子集, 2, 367
自稠密集, 30
自然的次序, 367
最大值函数, 395
最小的超限数, 378
左方跳跃, 201

第 5 版校订后记

由徐瑞云先生翻译、陈建功先生校订的《实变函数论》上、下册 (原作者为俄罗斯数学家 И. П. 那汤松) 是高等教育出版社在 20 世纪 50 年代出版的. 1955 年出版的第一版是根据原苏联 "国立技术理论书籍出版社" 1950 年的原版译出的, 后来译者又根据原书 1957 年第 2 版做了修订, 这就是 1958 年由高等教育出版社出版的第 2 版 (即修订版).

此书在 20 世纪 50—60 年代是我国高校数学专业实变函数论课程的重要教学参考书. 当时学习数学专业的人几乎都知道这本书. 有的学校甚至按此书的体系讲授这门课程. 因此, 可以说这是一本有重要影响的书.

高等教育出版社自然科学学术著作分社决定根据此书的原文第 5 版 (版权已转归俄罗斯的 ЛАНЬ 出版社), 重新出版修订本, 是一个善举, 一定会受到有关读者的欢迎. 我感到荣幸的是, 学术分社的同志委托我参与这件事: 即由我逐字对照第 5 版原文, 在徐瑞云先生原译第 2 版的基础上, 做校订工作. 这对我来说当然又是一个学习的过程. 在完成这一任务的过程中, 我深深地感受到徐先生、陈先生严谨、细致的工作作风和科学精神, 这使我深为敬佩. 此书原第 2 版的译文流畅、准确, 与原文对照, 绝少错漏之处. 同时, 也看到此书在编校质量方面也是十分优良的. 我所做的工作除对照原文核对一过之外, 主要是根据全国科学技术名词委员会数学名词分委员会审定公布的《数学名词》, 把过去曾使用过、不规范的名词改为规范的名词, 同时也把外国数学家的中译名根据《数学名词》和张鸿林、葛显良编订的《英汉数学词汇》中的译法加以统一, 以方便读者. 当然也有少数地方的译文依照新版做了适当修改 (这也许就是原书以后各版有所改动之处, 但因原书第 2 版已无从找到, 而不能确切肯定). 此外原书第 5 版恢复了原第 2 版删去的一个 "补充", 即 "豪斯多夫定理", 这是原书第 1 版曾有过的内容, 但因一时找不到第一版的译本, 我把它重新译出了.

还应当声明的是: 原书中某些数学符号, 即表示空集、自然数集、有理数集和实数集的符号, 已改为我国数学界现今通行的记法, 这是与原书不同的. 为了方便读者查阅, 书末加了外国数学家译名对照表和名词索引.

在做这件事的过程中, 我曾多次请教北京大学周民强教授. 在大学求学期间, 正是周先生教过我们年级的实变函数课. 周先生热情、耐心的指教对我完成任务是十分重要的, 其中关于连续统的注释更是直接引用了周先生著作中的论述. 我所重译的 "补充 豪斯多夫定理" 也请周先生校订过了. 在此, 我首先要对我的老师周先生表示衷心的感谢!

如同以前一样, 在俄译中方面的一些困难问题, 一直得到高等教育出版社编审田文琪同志的耐心帮助.

为了规范数学名词, 我曾就一些重要的或困难问题多次与科学出版社编审张鸿林同志商讨, 他给予我许多的帮助和启发, 使我受益良多.

本书修订版书稿的审阅工作是由高等教育出版社编审张小萍同志担任的, 我在校订中就许多数学问题和文字表达问题和她多次讨论. 她在审阅过程中指出了许多问题和疏漏之处, 对保证本书质量起了很大作用. 本书修订版的责任编辑赵天夫同志对我提供了许多实际的帮助.

我对以上提到的各位表示衷心的感谢!

还应当说明的是, 由于个人水平所限, 校订过程中对译文的改动, 不妥之处在所难免, 还请专家和广大读者不吝指正.

郭思旭

2009 年 12 月于高等教育出版社

利用第三次印刷的机会更正了一些印刷错误, 在网上发来的很多修改意见, 尤其是一位没有具名的读者发来的勘误信息, 对我们的帮助极大, 校订者在此深表感谢.

郭思旭

2017 年 1 月于高等教育出版社

图字：01-2009-4449 号

Originally published in Russian in the title
Theory of Functions of a Real Variable by I. P. Natanson
Copyright © Yaroslav Natanson
All Rights Reserved

实变函数论

SHIBIAN HANSHU LUN

策划编辑　和　静

责任编辑　和　静

封面设计　张申申

责任校对　王　巍

责任印制　张益豪

图书在版编目 (CIP) 数据

实变函数论：第 5 版 / (苏) 那汤松著；徐瑞云译.
北京：高等教育出版社，2025.2. — ISBN 978-7-04-063754-0

I．O174.1

中国国家版本馆 CIP 数据核字第 2024G8N990 号

郑重声明

高等教育出版社依法对本书享有专有出版权。任何未经许可的复制、销售行为均违反《中华人民共和国著作权法》，其行为人将承担相应的民事责任和行政责任；构成犯罪的，将被依法追究刑事责任。为了维护市场秩序，保护读者的合法权益，避免读者误用盗版书造成不良后果，我社将配合行政执法部门和司法机关对违法犯罪的单位和个人进行严厉打击。社会各界人士如发现上述侵权行为，希望及时举报，我社将奖励举报有功人员。

出版发行	高等教育出版社
社　　址	北京市西城区德外大街 4 号
邮政编码	100120
印　　刷	北京利丰雅高长城印刷有限公司
开　　本	787mm×1092mm　1/16
印　　张	34.25
字　　数	750 千字
购书热线	010-58581118
咨询电话	400-810-0598
网　　址	http://www.hep.edu.cn
	http://www.hep.com.cn
网上订购	http://www.hepmall.com.cn
	http://www.hepmall.com
	http://www.hepmall.cn
版　　次	2025 年 2 月第 1 版
印　　次	2025 年 2 月第 1 次印刷
定　　价	89.00 元

反盗版举报电话
(010) 58581999　58582371

反盗版举报邮箱
dd@hep.com.cn

通信地址
北京市西城区德外大街 4 号
高等教育出版社知识产权与法律事务部
邮政编码
100120

本书如有缺页、倒页、脱页等质量问题，请到所购图书销售部门联系调换

版权所有　侵权必究
物　料　号　63754-00